科学出版社“十四五”普通高等教育研究生规划教材

# 数字通信工程

马东堂　张晓瀛　赵海涛　熊　俊　魏急波　编著



科学出版社
北　京

## 内 容 简 介

本书系统介绍数字通信系统的设计和分析方法，理论与工程实践相结合，兼顾系统性和先进性，通俗易懂，实用性强。

全书共 12 章，主要内容包括绪论、信道建模与链路预算、数字调制方式的设计与分析、加性高斯白噪声信道下的最佳接收机设计与分析、载波与符号同步、信道编码、自适应均衡、多载波和多天线系统、无线协同通信、物理层安全传输技术、多址接入技术和机器学习在数字通信物理层中的应用等。

本书既可用作信息与通信工程学科和通信工程、新一代电子信息技术等专业领域研究生和高年级本科生的教材，又可供从事研究开发的相关工程技术人员参考和借鉴。

**图书在版编目(CIP)数据**

数字通信工程 / 马东堂等编著. — 北京：科学出版社，2022.10
科学出版社“十四五”普通高等教育研究生规划教材
ISBN 978-7-03-072908-8

Ⅰ. ①数… Ⅱ. ①马… Ⅲ. ①数字通信－通信工程－研究生－教材
Ⅳ. ①TN914.3

中国版本图书馆 CIP 数据核字(2022)第 148715 号

责任编辑：潘斯斯 / 责任校对：王 瑞
责任印制：张 伟 / 封面设计：迷底书装

科 学 出 版 社 出版
北京东黄城根北街 16 号
邮政编码：100717
http://www.sciencep.com
北京九州迅驰传媒文化有限公司 印刷
科学出版社发行 各地新华书店经销
*
2022 年 10 月第 一 版 开本：787×1092 1/16
2023 年 1 月第二次印刷 印张：22
字数：563 000

**定价：128.00 元**

(如有印装质量问题，我社负责调换)

# 前　言

本书是根据当前数字通信技术的发展编著而成的。编著的理念是“立足数字通信技术前沿，强调基础理论和基本方法，贴近实际应用和工程实践”。力求使读者掌握数字通信的基础理论、关键技术和设计分析方法，了解数字通信技术前沿，为进一步从事相关科学研究和技术开发工作奠定坚实的基础。

本书的主要特点是：

(1) 力求通俗易懂，可读性好。本书尽量用通俗的语言深入浅出地讲解，语言流畅。在保证论证严谨性和准确性的前提下，简化理论推导的复杂度，加强物理概念的诠释。

(2) 贴近工程实践，实用性强。较系统地阐述了数字通信工程设计和分析相关的基础理论和关键技术，充分体现了数字通信的工程实践性，对于工程技术开发具有重要参考价值。

(3) 立足技术前沿，内容新颖。包含了机器学习在数字通信中的应用、协同无线通信、物理层安全传输等数字通信前沿技术。

(4) 精选例题和习题，深化理解。本书精选了一些例题和习题，有助于数字通信基本概念和原理的理解。

(5) 学习资源丰富，形式多样。本书部分章节配有微课视频和拓展阅读资料，读者可扫描二维码查看相关内容。

全书共 12 章。第 1 章是本书内容的导引，包括数字通信系统的组成、信息论基础、主要性能指标和数字通信发展历程等；第 2 章是有关信道的论述，包括信道的概念、电波传播特性、信道模型和链路预算方法；第 3 章是数字调制技术，包括数字已调信号的表征、不同调制方式的设计与分析、数字已调信号的功率谱密度；第 4 章重点论述加性高斯白噪声（AWGN）信道下的最佳接收机设计及其差错性能分析，包括最佳接收机组成、不同数字已调信号的最佳检测及其误码性能；第 5 章论述数字接收机中的载波与符号同步技术，包括载波频率估计、载波相位估计和符号定时估计；第 6 章是信道编码，包括循环码、卷积码、Turbo 码、LDPC 码和 Polar 码；第 7 章论述自适应均衡，包括均衡准则、自适应线性均衡和盲均衡；第 8 章论述多载波和多天线系统，包括正交频分复用原理、FFT 实现、功率分配和降峰均比方法，以及多输入多输出信道建模和容量分析；第 9 章论述无线协同通信，包括系统模型、协同分集与合并，以及协同中继选择；第 10 章是物理层安全传输，包括窃听信道模型、无密钥的安全传输技术和基于无线信道的密钥生成技术；第 11 章论述多址接入技术，包括正交多址、非正交多址和随机多址；第 12 章论述机器学习在数字通信物理层中的应用，包括机器学习在数字通信物理层应用的限制条件和基于机器学习的信道估计方法等。

参与本书编著的作者都是长期工作在数字通信相关领域教学和科研一线的教师。全书的提纲设计、统稿、定稿等由马东堂完成。第 1、3、4 章和附录由马东堂执笔，第 2、6、8 章由张晓瀛执笔，第 7、11 章由赵海涛执笔，第 9、10 章由熊俊执笔，第 5、12 章由魏急波执笔。博士生郭登科、刘军和梅锴分别参与了第 5 章和第 12 章的资料收集和撰写工作，硕士生王茜、汪海潮和曾晓婉等参与了本书的资料整理工作，在此一并表示感谢。

在本书编著过程中参考了大量国内外相关文献和著作，在此对这些文献和著作的作者表示衷心的感谢。

本书涉及通信领域广泛的理论和技术问题，由于作者的知识局限，书中难免有不妥之处，敬请读者批评指正。

作　者

2022 年 4 月于国防科技大学

# 目 录

# 第 1 章 绪　　论

通信工程是指以实现信息的传输与交换为目标，应用通信领域有关的科学知识和技术手段，将现有资源转化为通信产品、系统或网络的过程。在当今信息化和智能化的社会，社会生产活动中的各类信息由声音、文字、图像、数据和视频等多种媒体承载，并通过通信网络将信息传递到各类信息应用系统，实现信息资源的共享和基于信息的社会生产。数字传输是通信网络支持各种通信服务的基础，数字通信工程重点讨论数字通信系统的工程设计中涉及的基础理论和关键技术。

本章主要介绍数字通信系统的组成、数字通信的信息论基础、数字通信系统的主要性能指标，以及数字通信的发展历程和趋势，旨在使读者对数字通信系统及其发展有一个初步的认识。

## 1.1　通信系统的组成

微课

### 1.1.1　通信系统的一般模型

传递信息所需的一切设备的总和称为通信系统。一个点对点的信息传输系统可以简单分为发射机、信道和接收机三个部分，其中发射机是将承载信息的消息转化为适合于传输的信号，并将信号能量注入传输媒介(或信道)中，接收机从传输媒介(或信道)中接收信号，并将接收到的信号转化为用户需要的形式。发射机分为信源和发送设备，接收机分为接收设备和信宿，就得到通信系统的一般模型，如图 1-1 所示。

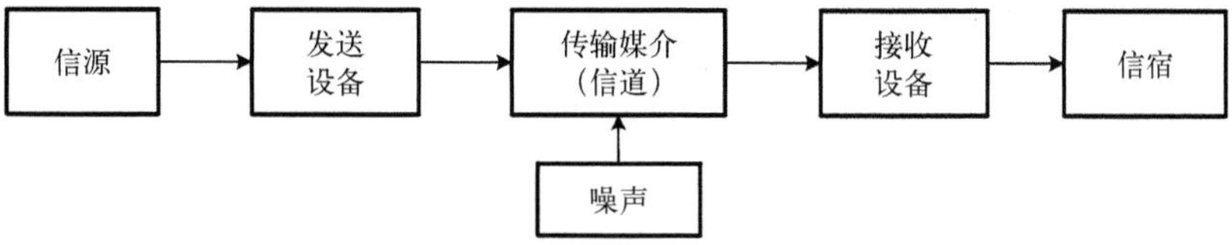


图 1-1　通信系统的一般模型

通信系统的一般模型中，各模块的功能和作用如下。

1. 信源和信宿

信源是指信息的发送者，信宿是指信息的接收者。信源可以分为模拟信源和数字信源两类，模拟信源输出特征值(如幅度、频率和相位等)取值连续的信号，即模拟信号；数字信源输出特征值取值离散的信号，即数字信号。如果模拟信号通过数字通信系统传输，则需要将模拟信号转换为数字信号。

2. 发送设备

发送设备的作用是将信源产生的信号变换为适合在信道中传输的形式。变换的方式有多种，如放大、滤波、编码、调制和混频等，发送设备还可以包含特殊的处理模块，如多路复用和加密等。

3. 信道

狭义上，信道就是指传输信号的通道，是从发送设备到接收设备之间信号传递所经过的媒介，可以是有线信道，如双绞线、同轴电缆或光纤等，也可以是无线信道，如短波信道、陆地移动信道和卫星信道等。信道既给信号提供传输通路，同时也会带来各种干扰和噪声，主要的噪声类型有热噪声、信号衰减、相位噪声和多径噪声等。影响信道利用率的主要因素有发射机功率、接收机灵敏度和信道容量等。广义上，发送设备和接收设备的一部分都可以和传输媒介一起视为广义信道，如调制信道和编码信道等。

4. 接收设备

接收设备的基本功能是完成发送过程的反变换，即将信号放大并进行滤波、解调、检测、变频和译码等，其目的是从带有噪声和干扰的信号中恢复出发送端发送的原始信息。对于多路复用信号，还包括多路解复用处理，实现正确分路功能；此外，在接收设备设计中，还需要尽可能减小噪声与干扰所带来的影响。

以上所述是一个单向通信系统。很多情况下，信源兼为信宿，通信的双方需要交互信息，需要实现双向通信。在双向通信中，要求通信双方都有发送设备和接收设备，如果两个方向有各自的传输媒介，则双方可以独立进行发送和接收。若共用同一传输媒介，则通常采用频率、时间或其他通信资源分割的方法来共享信道。

### 1.1.2　数字通信系统的组成

微课

数字通信系统的组成如图 1-2 所示。

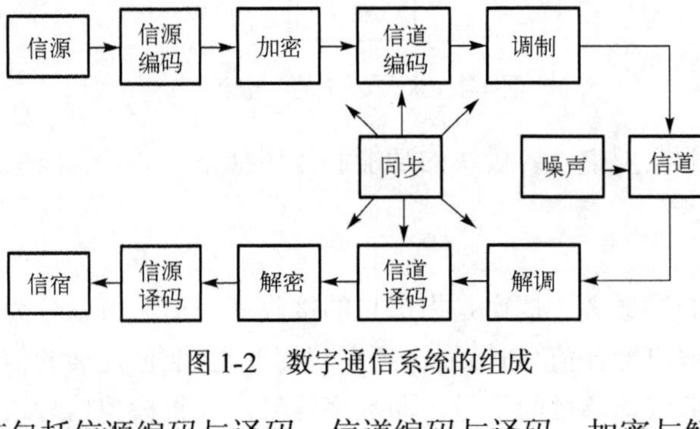


图 1-2　数字通信系统的组成

数字通信系统包括信源编码与译码、信道编码与译码、加密与解密、调制与解调、信道和同步等模块，下面分别进行介绍。

1. 信源编码与译码

信源编码主要完成模拟信号的数字化。如果信源产生的信号是模拟信号，首先需要对模拟信号进行数字化，一般包括采样、量化和编码三个过程。数字电话系统中话音信号的脉冲编码调制(Pulse Code Modulation，PCM)就是一个典型的模拟信号数字化过程。信源编码的另外一个功能是通过压缩编码来提高信息传输效率，压缩编码的方法可分为波形编码、参数编码和混合编码等。例如，数字电话系统中采用 PCM 编码的单路语音信息速率为 64Kbit/s，进行压缩编码后单路话音的速率可以降到 32Kbit/s 或更低。

2. 信道编码与译码

信道编码的目的是增强信息传输的可靠性。由于信号在信道传输时受到噪声和干扰的影响，接收端恢复数字信息时可能会出现差错，为了减小接收信息的差错概率，信道编码器对传输的信息按照一定的规则进行差错控制编码，接收端的信道译码器按照相应的逆规则进行信道译码，从而实现纠错或检错。在计算机系统中广泛使用的奇偶校验码就是一种简单的差错控制编码方式，它具有 1bit 的检错能力。

3. 加密与解密

为了保证信息传输的安全性，按照一定的规则将要传输的信号加上密码，即加密。接收端(通常是授权或指定的接收机)对接收到的数字序列解密，恢复明文信息。在需要保证信息传输的私密性的场合通常需要有加密与解密模块，加密与解密技术在军事通信中被广泛采用。随着信息安全的需求日益迫切，近年来，物理层安全传输技术迅速发展，可以作为上层加密技术的一种安全增强和有益补充。

4. 调制与解调

基本的数字调制方式有幅移键控(Amplitude Shift Keying，ASK)、频移键控(Frequency Shift Keying，FSK)和相移键控(Phase Shift Keying，PSK)。在接收端可以采用相干解调或非相干解调的方法进行信号的解调，此外，还有在这三种基本调制方式基础上发展起来的其他数字调制方式，如正交幅度调制(Quadrature Amplitude Modulation，QAM)、最小频移键控(Minimum Shift Keying，MSK)、连续相位调制(Continuous Phase Modulation，CPM)等。为了进一步提高频谱利用效率，高阶调制(如 512QAM)已被广泛应用。

5. 同步

同步是使收发两端的信号在时间上保持步调一致，是保证数字通信系统有序、准确和可靠工作的前提条件，可以分为载波同步、符号同步和帧同步等不同类型，在数字化接收机中通常采用参数估计的方法来实现。

需要指出的是，图 1-2 给出的只是点到点数字通信系统的一般组成，实际数字通信系统不一定包括所有的模块，例如，只有需要保证通信私密性的数字通信系统才需要加密与解密模块；实际通信系统也可能增加一些模块，如多路传输的情况下会在信道编码前增加数字复接模块，并在信道译码后进行数字分接。

数字通信已成为当今通信技术发展的主流。与模拟通信相比，数字通信具有以下优点。

(1) 抗干扰能力强，且中继传输过程中不存在噪声积累。在数字通信系统中，接收机的设计目标不是精确还原信号波形，而是从受到噪声污染的信号中判断发射机发送的是哪一个波形。以二进制数字通信系统为例，发射机发送的信号波形有两种，分别对应二进制信息“1”和“0”，接收机通过判断收到的是哪一种信号波形来恢复所传输的二进制信息。在数字中继通信系统中，各个中继站可以采用再生式中继转发，在多级中继转发过程中，信号噪声不积累。而在模拟中继传输中，要求接收机能够以尽量小的失真度重现原信号波形，每一级中继站不仅将信号进行了放大，同时还将前面每一级中继站的带内噪声进行了放大，噪声是逐级积累的。

(2) 传输差错可控。在数字通信系统中，可以通过信道编码技术进行检错与纠错，降低误码率，提高信息传输的可靠性。

(3) 便于用现代数字信号处理技术对信号进行处理、交换和存储。采用数字信号处理技术能够实现数字基带信号频谱成形、同步参数估计、信号复用/解复用等功能。

(4) 易于集成化和小型化，使通信设备小型化、功耗低、重量轻。数字通信大量采用大规模集成电路技术，可以极大地减小通信设备的功耗和体积。

(5) 易于进行加密处理，且保密性高。

数字通信系统也存在不足，一般比模拟通信系统需要占用更大的传输带宽。以话音传输为例，单边带模拟话音信号通常占据的带宽约为 3.4kHz，而 1 路同样话音质量的标准 PCM 数字电话信号的无码间串扰传输约需要占用 32kHz 的带宽。另外，数字通信系统对于同步的要求和实现的复杂度比模拟通信系统高。

## 1.2　数字通信的信息论基础

微课

### 1.2.1　信息的定义

什么是信息？谁释放信息？谁传播信息？谁接收信息？这些都是数字通信系统设计中的基础概念问题。

关于信息的定义有很多种说法，科恩-塔诺季(G. Cohen-Tannoudji)认为信息是一种物理实体，尽管它不是一种粒子，它可能比较类似于场或力的概念，是一种抽象的但确实具有物理意义的量。阿列克谢·格林鲍姆(Alexei Grinbaum)认为，信息是一种语言，不具备物理实质，是一种解决我们遇到的理论障碍的办法；米歇尔·勒贝拉克认为，信息是信息学及算法学的一个数学概念。1948 年，香农(C. E. Shannon)在 *A Mathematical Theory of Communication*(通信的数学理论)一文中给出了信息的定量表示，香农信息反映的是事物的不确定性。这里我们主要讨论香农信息。

关于信息的释放者，以爱因斯坦(A. Einstein)为代表的现实主义者认为，信息是由物理学应该描述的一种基本现实释放的。以玻尔(N. H. D. Bohr)为代表的流派认为，不能确定是否存在释放信息的基本现实，只有进行测量才会出现信息，探究谁是信息的释放者是徒劳的；约翰·惠勒(John A. Wheeler)认为现实始于信息，著名物理学家霍金(S. W. Hawking)也是这一观点的支持者。

关于谁传播信息的问题，有一种观点认为信息本身是一种实体，可以被提取出来，可以直接传播而不必借助于某些外在的物理载体(光子、电子和辐射波等)；另一种观点认为，并不存在纯粹状态的物理信息比特。这样，信息要得以传播就需要一个物理载体，如电磁波、声波或某种粒子的量子态等。

关于信息的接收者，任何被观察的物理现象都会向观察者提供一些信息。恒星闪耀时，会告诉天文学家、物理学家关于其结构、温度等的信息，如果没有人能够从理论上解读从恒星发来的光，这些光是否还在“讲述”关于这颗恒星构造的信息呢？这仍是一个尚无定论的问题。

下面讨论信息、消息和信号的关系。信息是消息中包含的某种有意义的抽象的东西。消息是对事件的具体描述，可以是一组有序符号序列，如状态、字母、文字或数字等，也可以是连续时间函数，如语音、图像或视频等。前者称为离散消息，后者称为连续消息。信号是消息的具体物理表现形式，如声信号、光信号和电信号等。因此，消息和信号是信息的载体，信息是消息的内涵。一份电报、一句话、一段文字和报纸上登载的一则新闻都是消息，只有消息中包含接收者未知的内容才构成信息。如果某个事件对于接收者是确知的，则对于接收者而言，该消息没有任何价值。

虽然消息的传递意味着信息的传递，但是对于接收者而言，某些消息比起另外一些消息却包含有更多的信息，如果某个概率很小的事件实际发生了，会使人感到十分惊讶或引起更多的关注，则该事件包含的信息量大。如果概率很大的事件发生了，人们会觉得不足为奇，这说明消息中所包含的信息量与消息所描述事件的发生概率是密切相关的。

### 1.2.2　信源的数学模型

微课

数字通信中，信源的输出总是随机的，需要采用统计的方法进行定性描述。本节主要讨论离散信源和连续信源的数学模型。

最简单的离散信源输出的是一串取自有限符号集的符号序列。若字符集包含 $n$ 个可能的字符，如 $\{x_1, x_2, \cdots, x_n\}$，则该离散信源的输出是选自该字符集的符号序列。假设字符集 $\{x_1, x_2, \cdots, x_n\}$ 的第 $i$ 个字符 $x_i$ 出现的概率为 $P(x_i)$，则离散信源输出符号序列可用概率分布集合来描述：

$$\begin{pmatrix} x_1, & x_2, & \cdots, & x_n \\ P(x_1), & P(x_2), & \cdots, & P(x_n) \end{pmatrix}$$

且

$$\sum_{i=1}^{n} P(x_i) = 1$$

若$x_1$，$x_2,\cdots$，$x_n$出现的概率相等，则$P(x_i)=1/n$。

若离散信源输出序列的各符号之间满足统计独立的条件，则称为离散无记忆信源(Discrete Memoryless Source，DMS)。若离散信源的输出是统计相关的，可基于统计平稳的概念进行数学建模。若基于某有限符号集的信源$X$产生随机序列$\{x_i\}$，$i=1, 2, \cdots, i_1, i_2, \cdots, i_n, \cdots$，且对所有$i_1$，$i_2,\cdots$，$i_n, m, x_i \in X$，满足

$$P(x_{i_1}, x_{i_2}, \cdots, x_{i_n}) = P(x_{i_1+m}, x_{i_2+m}, \cdots, x_{i_n+m})$$

则称该信源为离散平稳信源，所产生的符号序列为平稳序列。也就是说，信源输出的两个任意相同长度的序列的联合概率不因序列时间起始位置的移动而变化。

连续信源输出波形是随机过程$X(t)$的一个样本函数，用$x(t)$表示。可用概率空间描述

$$\begin{bmatrix} X \\ P(x) \end{bmatrix} = \begin{bmatrix} (a,b) \\ P(x) \end{bmatrix} \text{或} \begin{bmatrix} R \\ P(x) \end{bmatrix}$$

且

$$\int_a^b P(x)\mathrm{d}x = 1 \quad \text{或} \quad \int_R P(x)\mathrm{d}x = 1$$

假设$X(t)$是一个平稳随机过程，其自相关函数为$\phi_{xx}(\tau)$，功率谱密度为$\varPhi_{xx}(f)$。如果$X(t)$是一个低通的随机过程，即$|f|>W$时，$\varPhi_{xx}(f)=0$，可以利用低通采样定理对$x(t)$进行采样，采样值与原信号的关系为

$$x(t) = \sum_n x[n/2(W)] \times \frac{\sin\{2\pi W[t - n/2(W)]\}}{2\pi W[t - n/2(W)]} \tag{1-1}$$

式中，采样频率$f_s$取为奈奎斯特速率，即$f_s = 2W$；$x(n/2W)$为对$x(t)$采样后得到的样值。式(1-1)也称为内插公式，等效为将采样后的信号经过一个理想低通滤波器来重建$x(t)$。采样后，连续信源就转换为等效的时间离散信源，可以用联合概率密度函数从统计角度来描述该时间离散信源输出的信号特性。

通常，连续信号采样后得到的时间离散信号仍然是模拟信号。在数字通信中，需要把采样信号进行量化和编码，转化为数字信号后进行处理和传输。例如，把每个采样值用幅度离散的量化值来表示，然后对量化值进行编码得到数字序列。量化过程中必然会引入量化误差，结果是不能从量化样值无失真地恢复原信号。在工程设计中，应尽量减小量化误差的影响。

### 1.2.3 信息的对数度量

微课

要定量描述事件$X=x_i$所包含的信息量$I(x_i)$与其发生概率$P(x_i)$之间的关系，应该反映以下规律：

(1) $I(x_i)$应该是概率$P(x_i)$的单调递减函数，如果$P(x_1)>P(x_2)$，则$I(x_1)<I(x_2)$。

(2) 当$P(x_i)=1$时，$I(x_i)=0$；当$P(x_i)=0$时，$I(x_i)\to\infty$。

(3) $n$个相互独立事件构成的消息所含的信息量等于各独立事件信息量的和，即

$$I[P(x_1)P(x_2)\cdots P(x_n)] = I[P(x_1)] + I[P(x_2)] + \cdots + I[P(x_n)] \tag{1-2}$$

基于上述考虑，哈特莱(Hartley)首先提出信息定量化的初步设想，香农给出了事件 $X = x_i$ 自信息的对数度量：

$$I(x_i) = \log_a \frac{1}{P(x_i)} = -\log_a P(x_i) \tag{1-3}$$

$I(x_i)$ 的单位取决于对数底 $a$ 的取值。当对数底 $a=2$ 时，$I(x_i)$ 的单位为比特(bit)；当 $a=\mathrm{e}$（自然对数）时，$I(x_i)$ 的单位为奈特(nat)；当 $a=10$ 时，$I(x_i)$ 的单位为哈特莱(Hartley)。本书后续内容统一采用比特为信息量单位。

为了进一步说明信息量的对数度量是一种合理的度量方法，下面给出一个例子。

**【例 1-1】** 一个离散信源每 $T_s$ 间隔内等概率发送二进制符号“0”或“1”，则该信源输出的每个符号包含的信息量为

$$I(x_i) = -\log_2 P(x_i) = -\log_2 0.5 = 1\ \text{bit}\ \ (x_i = 0,1)$$

假设该信源是离散无记忆信源，即信源输出是相互统计独立的，研究 $kT_s$ 时间间隔内信源输出 $k$ 个二进制符号分组包含的信息量。$k$ 个二进制符号分组共有 $M = 2^k$ 种可能的组合，每种组合出现的概率等于 $1/M$。所以，在 $kT_s$ 时间内该信源输出的 $k$ 个二进制符号分组包含的信息量(自信息)为

$$I[x_1, x_2 \cdots, x_k] = -\log_2(1/M) = k\ \ \text{bit}$$

该结果反映了式(1-2)给出的规律。当离散无记忆信源的输出被看作分组块时，信息量的对数度量具有相加的特性。

接下来考虑信源的熵，即信源符号的平均自信息。令 $X$ 表示信源输出的符号集，用 $H(X)$ 表示信源的熵，则有

$$H(X) = \sum_{i=1}^{n} P(x_i)I(x_i) = -\sum_{i=1}^{n} P(x_i)\log_2 P(x_i) \tag{1-4}$$

当信源产生的每个符号等概率出现时，对于所有 $x_i$ 有 $P(x_i) = 1/n$。

$$H(X) = -\sum_{i=1}^{n} \frac{1}{n}\log_2 \frac{1}{n} = \log_2 n \tag{1-5}$$

信源的熵具有非负性和极值性，即 $0 \leqslant H(X) \leqslant \log_2 n$（$n$ 表示信源符号集的大小）。当信源输出符号等概率出现时，离散信源的熵最大。这也是数据压缩的理论依据之一。

**【例 1-2】** 考虑一个离散无记忆信源，输出符号“0”的概率为 $p$，输出符号“1”的概率为 $1-p$。该信源的熵为

$$H(X) = H(p) = -p\log_2 p - (1-p)\log_2(1-p) \tag{1-6}$$

二元熵函数曲线如图 1-3 所示。从图中可见，熵函数的最大值发生在 $p=0.5$ 处，此时信源的熵为 1。

考虑离散随机变量 $X$ 和 $Y$，关于事件 $Y = y_j$ ($j$ =1, 2, $\cdots$, $m$)的出现提供的关于事件 $X = x_i$ ($i$ =1, 2, $\cdots$, $n$)的信息量可定义为

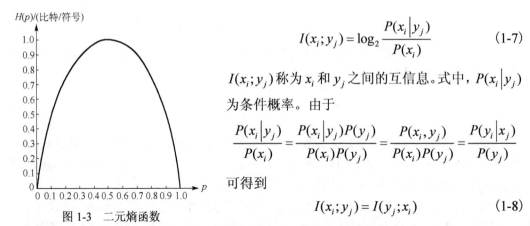

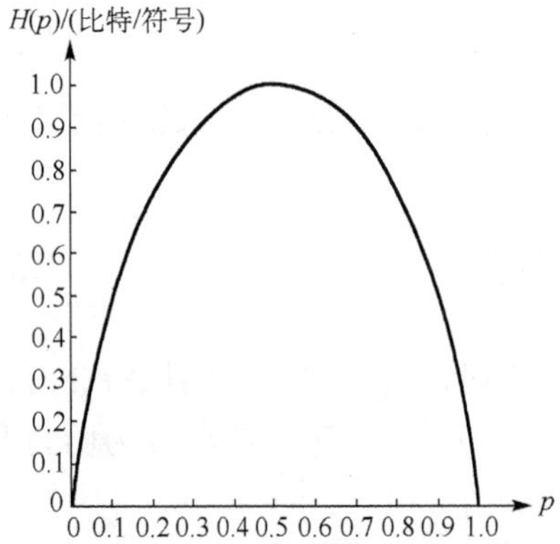


图 1-3　二元熵函数

$$I(x_i;y_j)=\log_2\frac{P(x_i|y_j)}{P(x_i)} \tag{1-7}$$

$I(x_i;y_j)$称为$x_i$和$y_j$之间的互信息。式中，$P(x_i|y_j)$为条件概率。由于

$$\frac{P(x_i|y_j)}{P(x_i)}=\frac{P(x_i|y_j)P(y_j)}{P(x_i)P(y_j)}=\frac{P(x_i,y_j)}{P(x_i)P(y_j)}=\frac{P(y_i|x_j)}{P(y_j)}$$

可得到

$$I(x_i;y_j)=I(y_j;x_i) \tag{1-8}$$

**【例 1-3】** 设$X$和$Y$分别表示二元对称信道的输入和输出随机变量。令信道输入符号出现的概率$P(X=0)=p$和$P(X=1)=1-p$，输出符号与输入符号的转移概率分别为

$$P(Y=0|X=0)=P(Y=1|X=1)=1-p_e$$

$$P(Y=1|X=0)=P(Y=0|X=1)=p_e$$

求$I(x_i;y_j)$。

信道输出符号的概率分别为

$$\begin{aligned}P(Y=0)&=P(Y=0|X=0)P(X=0)+P(Y=0|X=1)P(X=1)\\&=(1-p_e)p+p_e(1-p)=p+p_e-2pp_e\end{aligned}$$

$$\begin{aligned}P(Y=1)&=P(Y=1|X=1)P(X=1)+P(Y=1|X=0)P(X=0)\\&=(1-p_e)(1-p)+p_e p=1-p-p_e+2pp_e\end{aligned}$$

利用式(1-7)可知：

$$I(x_1;y_1)=I(0;0)=\log_2\frac{P(Y=0|X=0)}{P(Y=0)}=\log_2\frac{1-p_e}{p+p_e-2pp_e}$$

$$I(x_2;y_1)=I(1;0)=\log_2\frac{P(Y=0|X=1)}{P(Y=0)}=\log_2\frac{p_e}{p+p_e-2pp_e}$$

$$I(x_1;y_2)=I(0;1)=\log_2\frac{P(Y=1|X=0)}{P(Y=1)}=\log_2\frac{p_e}{1-p-p_e+2pp_e}$$

$$I(x_2;y_2)=I(1;1)=\log_2\frac{P(Y=1|X=1)}{P(Y=1)}=\log_2\frac{1-p_e}{1-p-p_e+2pp_e}$$

考虑几个特例。若$p_e=0$，则信道称为无噪信道，$I(0;0)=\log_2\frac{1}{p}=I(X=0)$，从输出可以完全确定输入；若$p_e=0.5$，则信道为无用信道，$I(0;0)=\log_2 1=0\text{bit}$；若$p_e=0.2$，

$p=0.5$，则 $I(0;0)=\log_2\frac{1-0.2}{0.5}=\log_2(8/5)=0.68\text{bit}$，$I(0;1)=\log_2\frac{0.2}{1-0.2}=-2\text{bit}$。

$X$ 和 $Y$ 之间的平均互信息可定义为

$$I(X;Y)=\sum_{i=1}^{n}\sum_{j=1}^{m}P(x_i,y_j)I(x_i;y_j) \tag{1-9}$$

式中，$P(x_i,y_j)$ 为联合概率。当 $X$ 和 $Y$ 统计独立时，$I(X;Y)=0$。

平均条件互信息称为条件熵，定义为

$$H(X|Y)=-\sum_{i=1}^{n}\sum_{j=1}^{m}P(x_i,y_j)\log_2 P(x_i\mid y_j) \tag{1-10}$$

条件熵的含义为 $Y$ 已知的条件下 $X$ 不确定度的平均度量，也称为模糊度(Equivocation)。

联合式(1-4)、式(1-9)和式(1-10)，可得

$$I(X;Y)=H(X)-H(X\mid Y) \tag{1-11}$$

由于 $I(X;Y)$ 具有非负性，因此 $H(X)\geqslant H(X\mid Y)$，当且仅当 $X$ 和 $Y$ 统计独立时，等号成立。当事件 $Y=y_j$ 的出现唯一地确定了事件 $X=x_i$ 时，$I(X;Y)=H(X)$。

随机变量 $(X, Y)$ 的熵称为 $X$ 和 $Y$ 的联合熵，可看作单个随机变量熵的扩展，定义为

$$H(X,Y)=-\sum_{i=1}^{n}\sum_{j=1}^{m}P(x_i,y_j)\log_2 P(x_i,y_j) \tag{1-12}$$

根据式(1-10)和式(1-12)可知，$H(X,Y)=H(X)+H(Y\mid X)$。

联合熵和条件熵的概念可扩展到多重随机变量，即

$$H(X_1,X_2,\cdots,X_k)=-\sum_{i_1=1}^{n_1}\sum_{i_2=1}^{n_2}\cdots\sum_{i_k=1}^{n_k}P(x_{i_1},x_{i_2},\cdots,x_{i_k})\log_2 P(x_{i_1},x_{i_2},\cdots,x_{i_k}) \tag{1-13}$$

根据联合概率的性质，可得到联合熵和条件熵的关系：

$$\begin{aligned}H(X_1,X_2,\cdots,X_k)&=H(X_1)+H(X_2|X_1)+H(X_3|X_1X_2)\\&\quad+\cdots+H(X_k|X_1X_2\cdots X_{k-1})\end{aligned} \tag{1-14}$$

利用 $H(X)\geqslant H(X\mid Y)$，可得

$$H(X_1,X_2,\cdots,X_k)\leqslant\sum_{l=1}^{k}H(X_l) \tag{1-15}$$

式(1-9)给出的离散随机变量平均互信息定义，可以推广到连续随机变量的情况。令连续随机变量 $X$ 和 $Y$ 的联合概率密度函数为 $p(x,y)$，边际概率密度函数分别为 $p(x)$ 和 $p(y)$，$X$ 和 $Y$ 的平均互信息定义为

$$I(X;Y)=\int_{-\infty}^{+\infty}\int_{-\infty}^{+\infty}p(x)p(y|x)\log_2\frac{p(x)p(y|x)}{p(x)p(y)}\mathrm{d}x\mathrm{d}y \tag{1-16}$$

由于连续随机变量需要无限多个二进制数字符号才能精确表征，按照自信息的定义

取值为无穷大，因此自信息的定义不适用于连续随机变量。可定义连续随机变量的差熵：

$$H(X) = -\int_{-\infty}^{+\infty} p(x)\log_2 p(x)\mathrm{d}x \tag{1-17}$$

定义已知 $Y$ 时 $X$ 的平均条件熵：

$$H(X|Y) = \int_{-\infty}^{+\infty}\int_{-\infty}^{+\infty} p(x,y)\log_2 p(x|y)\mathrm{d}x\mathrm{d}y \tag{1-18}$$

由式(1-16)～式(1-18)可知：

$$I(X;Y) = H(X) - H(X|Y) \quad 或 \quad I(X;Y) = H(Y) - H(Y|X)$$

实际系统存在随机变量 $X$ 和 $Y$ 中一个离散、另一个连续的情况。令 $X$ 的可能取值为 $x_i$ $(i=1, 2, \cdots, n)$，$Y$ 的边际概率密度函数为 $p(y)$，$p(y)$ 可表示为

$$p(y) = \sum_{i=1}^{n} p(y|x_i)P(x_i) \tag{1-19}$$

事件 $Y = y$ 为 $X = x_i$ 提供的互信息为

$$I(x_i;y) = \log_2 \frac{p(y|x_i)}{p(y)} \tag{1-20}$$

此时，$X$ 和 $Y$ 的平均互信息为

$$I(X;Y) = \sum_{i=1}^{n}\int_{-\infty}^{+\infty} p(y|x_i)p(x_i)\log_2 \frac{p(y|x_i)}{p(y)}\mathrm{d}y \tag{1-21}$$

## 1.3　数字通信系统的主要性能指标

微课

设计和评价数字通信系统时，需要建立一套能反映系统各方面性能的指标参数。不同业务对通信系统的指标要求不同。从信息传输的角度来说，有效性、可靠性和安全性是通信系统性能指标需要重点考虑的方面。除此之外，还要考虑系统实现复杂度、经济性、标准性、适应性、可维修性和工艺性等。

有效性是指传输一定信息所占用的资源(如功率、带宽、时间和码长等)多少；而可靠性是指接收信息的准确程度；安全性是指信息传输的保密性，以及抗窃听和抗截获的性能；经济性指的是系统成本的高低；标准性是指通信系统的接口、结构及协议是否符合国际或国家标准；适应性主要是指通信系统的环境适应性；可维修性指的是系统是否维修方便；工艺性则要求通信系统需要满足一定的工艺要求。

本节重点讨论通信系统的有效性、可靠性和安全性方面的指标参数，下面将分别进行介绍。

### 1.3.1　有效性指标

数字通信系统的有效性指标主要有码元速率(Symbol Rate)、信息速率(Information Rate)、频谱效率(Spectral Efficiency)和能量效率(Energy Efficiency)等。

### 1. 传输速率

(1)码元速率 $R_s$。

码元速率又称符号速率或传码率，它表示单位时间内传输的码元数或符号数。码元速率的单位为波特(Baud)，一般用符号“B”表示。码元速率也称为波特率。但是要注意，码元速率仅表示单位时间内传输码元的数量，而没有限定所采用的码型，在数字通信系统设计中，合适的基带信号码型有助于传输效率的提升。根据码元速率的定义，如果发送码元的时间间隔为 $T_s$，则码元速率为

$$R_s = \frac{1}{T_s} \quad \text{(B)} \tag{1-22}$$

(2)信息速率 $R_b$。

信息速率又称比特率。它表示单位时间内传送的信息比特数，单位为比特/秒，可记为 bit/s。通常可假设信源输出每个符号的概率都是相等的，每个二进制码元携带 1bit 的信息，因此二进制传输的情况下，信息速率和码元速率是一致的；而对于四进制数字通信系统，每个码元间隔内的波形携带 2bit 的信息，此时信息速率为码元速率的 2 倍。对于 $M$ 进制($M$ 为 2 的整数次幂)数字通信系统，则其码元速率和信息速率之间的关系为

$$R_b = R_s \log_2 M \tag{1-23}$$

信息速率的倒数称为比特间隔，即

$$T_b = \frac{T_s}{\log_2 M} \tag{1-24}$$

其他传输条件相同的情况下，码元速率越高则需要占用的传输带宽就越大。

### 2. 频谱效率

频谱效率也称为频带利用率。在比较不同数字通信系统的传输效率时，单看传输速率是不够的，还应当考虑所占用的频带宽度，因为两个传输速率相等的系统其传输效率不一定相同。频带利用率定义为单位频带传送的码元速率或信息速率，单位分别为波特/赫兹(B/Hz)和(比特/秒)/赫兹[(bit/s)/Hz]，即

$$\eta_s = \frac{R_s}{B} \tag{1-25}$$

或

$$\eta_b = \frac{R_b}{B} \tag{1-26}$$

### 3. 能量效率

数字通信中的能效一般定义为有效信息速率 $R_b$ 与信号发射功率的比值，单位是比特/焦(bit/J)。

$$\eta_{\mathrm{EE}} = \frac{R_b}{P_t} \tag{1-27}$$

描述了系统消耗单位能量可以获得的信息速率，表示系统对能量资源的利用效率。

### 1.3.2 可靠性指标

衡量数字通信系统可靠性的主要指标是误码率、误比特率和输出信噪比。在传输过程中发生误码的个数与传输的总码元个数之比，称作误码率，通常用 $P_e$ 表示。

$$P_e = \lim_{N\to\infty} \frac{\text{错误码元数}n}{\text{传输的总码元数}N} \tag{1-28}$$

误比特率 $P_b$ 定义为接收到的错误比特数目与传输的总比特数之比：

$$P_b = \lim_{N_b\to\infty} \frac{\text{错误比特数}n_b}{\text{传输的总码比特}N_b} \tag{1-29}$$

在二进制系统中，误码率和误比特率相等。相同传输条件下，不同传输速率下的误码性能也不同。所以，在工程设计中通常会在一定的传输速率下讨论数字通信系统的误码性能。

为了比较不同数字传输方式的性能，通常采用 $E_b / n_0$ 作为参数。其中，$E_b$ 为单位比特的平均信号能量，$n_0$ 为噪声单边功率谱密度。实际应用中，人们能够直接测量的是信号功率 $P_s$ 和噪声平均功率 $N$，并由此得到信噪比 $P_s / N$。

假设每间隔 $T_s$ 发送一个码元，则码元速率为 $R_s = 1/T_s$，平均信号码元功率为

$$P_s = \frac{E_s}{T_s} = E_s R_s = E_s R_b / \log_2 M \tag{1-30}$$

式中，$E_s$ 是平均信号码元能量。

对于二进制传输，发送 1 个比特所需要的能量 $E_b$ 与发送一个码元的能量 $E_s$ 相同，即 $E_b = E_s$。对于 $M$ 进制数字传输，则有

$$E_b = E_s / \log_2 M \tag{1-31}$$

每个码元所携带的信息为 $\log_2 M$ bit，将式(1-31)代入式(1-30)，可得

$$P_s = E_s R_b \tag{1-32}$$

另外，若接收机带宽为 $B$，则接收到的噪声平均功率为

$$N = n_0 B$$

因此，信噪比可表示为

$$\frac{P_s}{N} = \left(\frac{E_b}{n_0}\right)\left(\frac{R_b}{B}\right) \tag{1-33}$$

### 1.3.3 安全性指标

数字通信系统物理层的安全传输可分为无密钥的安全传输和基于信道特性的有密

钥安全传输。前者可用安全速率、安全中断概率和截获概率等指标衡量物理层传输的安全性，后者可用密钥不一致概率、密钥生成速率和安全密钥容量等来描述密钥生成性能。

#### 1. 保密速率和保密容量

1975 年，A.D. Wyner 提出了经典的窃听信道模型，该模型由发射端(Alice)、合法接收端(Bob)和窃听者(Eve)构成。Alice 以某一速率传输信息时，能够保证合法接收端的错误概率任意小，同时窃听者 Eve 接收不到 Alice 发送的任何信息。该速率就称为保密速率(Secrecy Rate)。保密速率的最大值称为保密容量(Secrecy Capacity)。

#### 2. 保密中断概率

保密中断概率(Secrecy Outage Probability)定义为系统的保密速率 $C_s$ 低于某一给定速率的概率。给定某一目标速率 $R_0 > 0$，保密中断概率为

$$\varepsilon_{\text{out}} = P_r(C_s < R_0) \tag{1-34}$$

保密中断概率有两层含义：第一层是指 Bob 不能准确译码 Alice 发送信息的中断概率；第二层是 Alice 发送的信息不安全的概率，即一部分消息内容泄露给了 Eve。

#### 3. 中断保密容量

中断保密容量(Outage Secrecy Capacity)是基于上述保密中断概率定义的，表示保密中断概率低于某一概率值 $\varepsilon_0$ 的最大保密速率，即

$$R_{\max} = \varepsilon_{\text{out}}^{-1}(\varepsilon_0) \tag{1-35}$$

#### 4. 密钥不一致概率

密钥不一致概率(Key Disagreement Probability)是指错误纠正前，Alice 和 Bob 之间不一致的比特数目与总比特数的比值，它刻画了基于无线信道的密钥产生的鲁棒性。

#### 5. 密钥生成速率和安全密钥容量

密钥生成速率(Key Generation Rate)是指 Alice 和 Bob 之间单位时间基于无线信道生成密钥的比特数，它刻画了基于无线信道的密钥产生的有效性。安全密钥容量(Secret Key Capacity)是指 Alice 和 Bob 之间基于无线信道的密钥生成速率最大值。

## 1.4　数字通信的发展历程和趋势

微课

1837 年，美国艺术家兼发明家莫尔斯(S. F. D. Morse)发明的莫尔斯电码和电报，开创了人类利用电来传递信息的历史，也是最早的数字通信。

1875 年，苏格兰青年贝尔(A.G. Bell)发明了世界上第一台电话机，并于 1878 年在相距 300km 的波士顿和纽约之间进行了首次长途电话实验，获得了成功，后来就成立了著名的贝尔电话公司。

1895 年，意大利的马可尼（G. Marconi）和俄国的波波夫（A.C. Popov）分别成功地进行了无线电通信实验，马可尼于 1901 年成功进行了跨大西洋的无线电信号接收，无线通信从此开始。

1906 年，美国人德弗雷斯特（L. De Forest）发明了真空三极管，可以将信号放大，能把电话、电报信号传送到更远的地方，极大地促进了通信技术的发展。

1918 年，美国阿姆斯特朗（E.H. Armstrong）提出了超外差原理，利用本地产生的振荡波与输入信号混频，将输入信号频率变换为某个预先确定的频率，以适应远程通信对高频率、弱信号接收的需要。1919 年，利用超外差原理制成超外差接收机。

1924 年，美国科学家奈奎斯特（Henry Nyquist）推导出了理想低通信道下无码间串扰的最高码元传输速率公式，等效于带限信号的采样定理，奠定了现代数字通信的基础。鉴于奈奎斯特的研究工作，哈特莱研究了采用多电平时带限信道下的可靠传输问题。1948 年，香农准确阐述了采样定理，给出了式（1-1）所示的重构原信号的插值公式。

在数字通信的发展中，柯尔莫哥洛夫（Kolmogorov）和维纳（Wiener）的研究具有重要意义，他们研究了存在加性噪声 $n(t)$ 的信道条件下，利用对接收信号 $r(t)=s(t)+n(t)$ 的观测值来估计信号 $s(t)$ 的问题。维纳设计了一个线性滤波器，其输出是对信号 $s(t)$ 最佳的均方近似。这个滤波器称为柯尔莫哥洛夫-维纳滤波器，也称为最佳线性滤波器。1947 年，科捷利尼科夫（Kotelnikov）用几何的方法对各种数字通信系统进行了相干分析。

1948 年，香农发表了著名的论文《通信的数学理论》，提出了信息熵、信道容量等概念，定量揭示了通信的实质问题，成为现代信息论研究的开端。此后香农又发表了率失真理论和密码理论等方面的论文，奠定了编码理论的基础。香农还证明了发射机的功率限制、带宽限制和加性噪声的影响可以和信道联系起来，给出了信道容量的表达式，即香农公式。几十年来，香农等人导出的信道容量极限已成为设计和开发更高效数字通信系统的目标。

1950 年，汉明（Hamming）发明了一种可以纠正一个独立错误的线性分组码，也就是人们所熟知的汉明码，用来克服信道噪声的不利影响。1954 年穆勒（D. E. Muller）提出一种能纠正多个错误的码。1957 年，普勒齐（E. Prange）引入了循环码的概念。1963 年，加拉杰（Gallager）提出了一种具有稀疏校验矩阵的分组纠错码，即 LDPC 码。

1965 年，腊齐（R.W. Lucky）发明了自适应时域横向均衡器。

1967 年，伯利坎普（E.R. Berlekamp）提出了一种迭代算法，大大简化了译码，使纠错码趋于实用。1982～1987 年，恩格伯克（Ungerboeck）、福尼（Forney）和魏（Wei）等发展了网格编码调制。1993 年，伯罗（Berrou）等提出了 Turbo 码。

1992 年，第一个数字蜂窝移动通信系统-全球移动通信（Global System for Mobile Communication，GSM）系统在欧洲开始商用，此后 GSM 成为第二代移动通信标准。

1993 年，中国第一个全数字移动电话 GSM 系统建成开通。其他第二代移动通信标准包括北美使用的 IS-54、IS-95（采用美国高通公司提出的 CDMA 技术）和日本的个人数字蜂窝（Personal Digital Cellular，PDC）等系统。2000 年，国际电信联盟（ITU）确定 W-CDMA、CDMA2000 和 TD-SCDMA 为第三代移动通信（3G）的三大主流无线接口标准，写入 3G 技术指导性文件。正交频分复用(Orthogonal Frequency Division Multiplexing，OFDM)成为 3G 以后移动通信的物理层主流技术之一。

1995～1996 年，特勒塔(Telestar)和福斯基尼(Foschini)等对 MIMO 系统的信道容量进行了深入分析。2002 年，贝尔实验室分层时空(Bell Labs Layered Space-Time，BLAST)芯片问世，标志着 MIMO 技术逐渐开始走向商用。

2008 年，土耳其数学家阿里坎(Arıkan)教授首次提出了极化码。2016 年，中国华为技术有限公司率先完成中国 IMT-2020(5G)推进组第一阶段的空口关键技术验证测试，在 5G 信道编码领域使用极化码。同年，极化码被确定为 5G 控制信道编码标准。

## 习　　题

扩展阅读

**1-1**　试画出数字通信系统的组成框图。

**1-2**　数字通信系统主要有哪些优点？

**1-3**　在数字通信系统中，有哪些可靠性、有效性和安全性指标？

**1-4**　一个通信系统在 125 μs 内传输 256bit 的信息，试计算该系统的信息传输速率。若保持信息传输速率不变，采用四进制传输时，试计算其码元传输速率。若该四进制码元序列传输中，在 2s 内有 3 个码元产生误码，试求出其误码率。

**1-5**　某数字通信系统的码元传输速率为 1200B，试问它采用四进制和二进制传输时，其信息传输速率各为多少？

**1-6**　某数字通信系统使用 1024kHz 的信道带宽，传输比特速率为 2048Kbit/s 的信息序列，试问其频带利用率是多少？

**1-7**　设英文字母 E 出现的概率为 0.105，X 出现的概率为 0.002，试求 E 和 X 包含的信息量。

**1-8**　设有四个消息 A、B、C 和 D，分别以概率 1/4、1/8、1/8 和 1/2 发送，每一个消息的出现是相互独立的，试求其平均信息量。

**1-9**　已知 $X$ 和 $Y$ 是两个离散随机变量，概率分布为

$$P(X=x,Y=y)=P(x,y)$$

试证明 $I(X,Y)\geqslant 0$，当且仅当 $X$ 和 $Y$ 统计独立时等号成立。

**1-10**　某离散无记忆信源(DMS)输出的字符集为 $\{x_1,x_2,\cdots,x_n\}$，对应的发生概率分别为 $P(x_1),P(x_2),\cdots,P(x_n)$。试证明该 DMS 信源熵 $H(X)$ 最大值为 $\log_2 n$ 比特/符号。

**1-11**　两个二进制随机变量 $X$ 和 $Y$ 服从以下联合分布：

$$P(X=Y=0)=P(X=0,Y=1)=P(X=Y=1)=1/3$$

计算 $H(X)$、$H(Y)$、$H(X|Y)$、$H(Y|X)$ 和 $H(X,Y)$。

**1-12**　$X$ 是一个概率密度函数为 $p_x(x)$ 的随机变量，定义新变量 $Y=aX+b$ 是 $X$ 的线性变换，其中，$a$ 和 $b$ 都是常数，试根据 $H(X)$ 计算差熵 $H(Y)$。

# 第 2 章　信道建模与链路预算

在前一章数字通信系统模型中已经提到过信道(Channel)。信道是通信系统中的重要组成部分。当信号在信道中传播时不可避免地会受到衰落、噪声、干扰等因素的影响，为了采取有效措施对信道影响进行补偿，建立合理准确的信道模型至关重要，信道模型能很好地模拟实际场景中信道对信号产生的影响，为通信系统仿真评估和算法设计提供了科学的依据。本章将介绍信道的概念和几种实际信道，分析信道的输入输出模型，论述无线信道的传播特性和常用的信道统计模型，最后介绍链路预算方法。

## 2.1　通信信道的概念和实际信道

信道是传输信息的媒质或通道，其任务是将信号能量从发送端传送到接收端。按照传输媒质的不同，可以分为有线信道(Wired Channel)和无线信道(Wireless Channel)两大类。

### 2.1.1　有线信道

有线信道主要有四类，即明线(Open Wire)、双绞线(Twisted Wire Pair)、同轴电缆(Coaxial Cable)和光纤(Fiber)。

明线是指平行架设在电线杆上的架空线路。它本身是导电裸线或带绝缘层的导线。虽然它的传输损耗低，但是由于易受天气和环境的影响，对外界噪声干扰比较敏感。1878年，贝尔电话公司开始采用由明线构成电话环路线连接用户和电话端局，用于传输语音信号。目前，明线已经逐渐被电缆取代。

双绞线起源于电话公司布设的语音通信传输线，是一种常用的通信传输介质。它由两根具有绝缘保护的导线按照一定规格扭绞形成，因此称为双绞线。导线扭绞的目的是减小每对导线之间的干扰。在很多通信传输设备中常把若干对传输信号的双绞线按照一定的规律扭绞在一起，采用规定的色谱组合以识别不同线对，放在一根保护套内制成对称电缆。

同轴电缆是由内外两层同心圆柱导体构成的，在这两根导体之间用绝缘体隔离开，内导体多为实心导线，外导体是一根空心导电管或金属编织网，在外导体外面有一层绝缘保护层，在内外导体之间可以填充实心介质材料或绝缘支架，起到支撑和绝缘的作用。由于外导体通常接地，因此能够起到很好的屏蔽作用。目前，有线电视广播中广泛地采用同轴电缆为用户提供电视信号，另外同轴电缆也是通信设备内部中频和射频部分经常使用的传输介质，用于连接无线通信收发设备和天线之间的馈线。

传输光信号的有线信道是光导纤维，简称光纤。光纤由华裔科学家高锟(Charles Kuenkao)发明，他被认为是“光纤之父”。光纤具有衰减小、传输速率快的特点，目前世界各国干线传输网络主要是由光纤构成的。光纤中光信号的传输基于全反射原理，光纤中包含两种不同折射率的导光纤维，内层导光纤维称为纤芯(Core)，纤芯外包有另一种折射率的导光介质，称为包层(Cladding)。纤芯折射率大于包层折射率，因此当入射光从纤芯以大于或者等于临界角的角度投射到纤芯和包层临界面时就会发生全反射，光信号被完全反射回纤芯，并按此规律发生多次反射，完成远距离传输。

光纤可以分为多模光纤(Multi-Mode Fiber，MMF)和单模光纤(Single Mode Fiber，SMF)。多模光纤中光信号具有多种传播模式，而单模光纤中只有一种传播模式。这里的模式是指光线传播的路径。多模光纤允许多个光波在光纤内传播，因而通常具有较大的纤芯直径和数值孔径。光纤的数值孔径描述了光纤从光源获取发生内部全反射光线的能力，数值孔径越大，获取能力越强。单模光纤仅允许一个光波传播，其纤芯直径一般为 8～10 μm，单模光纤通常以光谱纯度高的激光作为信号光源，因此单模光纤的色散要比多模光纤要小得多。

### 2.1.2　电磁波的传播特性

无线信道在现代通信中占据着非常重要的地位。要分析无线信道的物理特性，首先要了解电磁波传播的机制。下面介绍影响电磁波传播的 3 种主要机制，包括反射、衍射和散射。

#### 1. 反射

反射的发生与电磁波的波长有关。当体积远大于波长长度的物体处在电磁波传播路径上时，电磁波就会被物体表面反射。反射能量的大小取决于反射材料。具有良好导电性的光滑金属表面是电磁波的有效反射器。地球表面本身就是一个相当好的反射器。值得注意的是，无线电波不是从反射面上的单个点反射，而是从其表面的一个区域反射。发生反射所需的面积取决于无线电波的波长和无线电波入射的角度。

对于电介质来说，电磁波到达其表面时会将能量分散为主要的两部分，即折射的部分以及沿表面反射回原介质的部分，这个比例与电介质的自身性质和电磁波入射角度相关。如果原介质介电常数小于入射介质，而且入射角超过布儒斯特角时，电磁波不会发生折射，而会发生全反射。对于理想导体来说，电磁波是无法穿透的，因此没有电介质折射产生的能量损耗，在电磁波接触导体表面时发生全反射，入射角和反射角关于导体表面法线是对称的。

#### 2. 衍射

在发射端和接收端之间有障碍物遮挡的情况下，电波绕到遮挡物后面传播的现象称为衍射，也称为绕射。衍射现象可由惠更斯-菲涅耳原理进行解释：在电磁波的传播过程中，波前的每个点都可以视为次级球面波的点源，这些次级波组合起来形成传播方向上新的波前，从而发生衍射，在障碍物后面产生二次波。在实际的信道传播中，电磁波遇到实际地形中的尖锐建筑物顶端或山脊的阻挡就有可能发生衍射效应。

在电磁波遇到障碍物的传播中，菲涅耳区是一个较为重要的概念。菲涅耳区表示从发射点到接收点次级波的路径长度比直射路径长度大$n\lambda/2$的连续区域，其中，$n$为整数，$\lambda$表示波长。当$n=1$时，次级波路径和直射路径差刚好等于半波长，此时两信号相位差为$\pi$，会出现相互抵消的现象。通常认为接收点处第一菲涅耳区的场强占全部场强的一半。

3. 散射

散射是当传播的电波遇到了粗糙的物体表面，向很多方向反射的传播方式。散射发生的条件是其周围的障碍物尺寸小于电磁波的波长，例如，电磁波遇到树叶或者一些粗糙的物体表面就会发生散射现象。日常生活中，电磁波遇到建筑物外墙或者突出的窗台都会建模为具有随机粗糙度的表面。为了研究方便，可以用式(2-1)估算表面平整度的参数高度：

$$h_c = \frac{\lambda}{8\sin\theta_i} \tag{2-1}$$

式中，$\theta_i$表示入射角。若平面上最大的突起高度小于$h_c$，则表示该平面是近似光滑的；反之，若大于$h_c$，则认为表面是粗糙的，计算粗糙表面的反射时需要乘以散射损耗系数，使得反射场减弱。

### 2.1.3 无线信道

无线通信可以利用电波、声波、光波等的传播实现信号传输。这里主要讨论电波的无线传播。大气和水可视为无线信道。从理论上讲，任何电信号都会向外辐射电磁波，但是为了能够有效地向空间辐射电磁波，通常要求天线尺寸不小于电磁信号波长的 1/10。因此当电波频率过低时，形成有效电磁辐射所需的天线尺寸就可能很大，不利于实现。

无线信道传播特性需要综合考虑电波特性和传播介质特性。从电波自身特性方面考虑，可以将电波按照频率划分为如图 2-1 所示的频段。

3kHz 30kHz 300kHz 3MHz 30MHz 300MHz 3GHz 30GHz 300GHz

| | | | | | | | |
|---|---|---|---|---|---|---|---|
| VLF 甚低频 | LF 低频 | MF 中频 | HF 高频 | VHF 甚高频 | UHF 特高频 | SHF 超高频 | EHF 极高频 |
| VLW 甚长波 | LW 长波 | MW 中波 | SW 短波 | VSW 甚短波 | 分米波 | 厘米波 | 毫米波 |

$10^5$m $10^4$m $10^3$m $10^2$m $10^1$m 1m $10^{-1}$m $10^{-2}$m $10^{-3}$m

图 2-1 无线电频率划分

一般来说，电波频率越高，其绕射能力越弱；反之，电波频率越低，则其绕射能力越强。频率范围在 3～30kHz 的甚低频(Very Low Frequency，VLF)，又称为甚长波(Very Long Wave，VLW)，具有带宽受限、路径损耗低的特点，通常用作语音传输，还可用于无线电导航。甚低频的较长波长使其即使遇到大型障碍物也可以发生绕射传播。VLF 信号还具有水下通信的特点，电磁波频率越低，穿透海水的能力就越强，因而对于潜艇通信具有重要的利用价值。频率范围在 30～300kHz 的低频(Low Frequency，LF)信号，又称为长波(Long Wave)，常用于固定航海移动通信和无线电导航。频率范围在300kHz～3MHz的中频(Medium Frequency)信号又称为中波(Medium Wave)，常用作调幅无线电广播。

频率较低的电磁波具有绕射能力，可以沿弯曲的地表传播。因此，对于上述中频和低频电磁波而言，地波(Ground Wave)传播是一种重要的传播方式。地波传播指电磁波在地球表面和大气的电离层之间传播，主要受到地面和大气影响。大地可以视为良导体，地球表面是弯曲的。在距离地面60～400km的上空，太阳的紫外线和宇宙射线使得稀薄大气发生电离，形成电离层(Ionosphere)。电离层对于频率较低的电磁波会产生吸收和衰减的作用，因此对于甚低频(VLF)和低频(LF)无线电信号，由于信号波长与电离层距离地面的高度可比拟，因此地面和电离层对信号的作用形同波导，此时信号将沿地球表面传播，形成地波传播，地波能够传播超过数百千米或数千千米，能够克服视距传输的限制，例如，海上通信中就有工作在长波/超长波波段的电台，VLF、LF波段电台的天线体积庞大而且信息传输速率通常较低。

对于频率在3～30MHz的短波(Short Wave，SW)频段，又称为高频(High Frequency，HF)无线电信号不能够穿透电离层，但是可以通过电离层反射实现远距离的通信传输。这种利用电离层反射的传播方式称为天波(Sky Wave)传播，天波传播示意图如图2-2所示。发射机发射的短波经过电离层反射到达地面后可能被地面再次反射，这样通过电离层和地面的多次反射可以实现10000km的远距离传输。短波的长距离传播特性被用于军事上建造短波军用电台，短波电台一般用于传送话音、等幅报和频移电报。

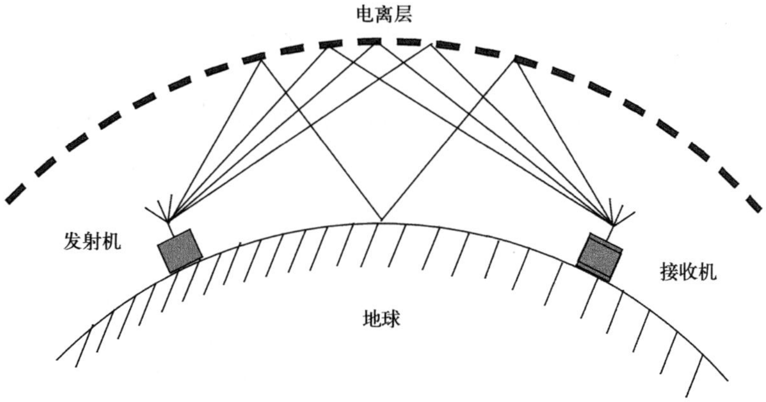


图2-2　天波传播

依靠电离层反射的天波传播是短波通信的主要方式。因此电离层的结构、特性、变化规律对短波信道有很大的影响。电离层是分层、不均匀、时变的媒介，所以短波信道属于随机变参信道，即传输参数是随机变化的，而且随着电离层随机扰动呈现不稳定特性。另外，短波从不同仰角发射传播，或从不同的电离层高度反射以及多次反射产生的多跳传播都会使得短波经历不同的路径到达接收端，由此产生多径效应。多径效应是指无线信号经过多条路径后被接收端接收。例如，在图2-2中给出了几个多径分量。接收信号是所有这些多径分量相叠加的结果，这些多径信号传播路径不同，到达接收端的多径信号之间存在相位差，因而就会产生衰减和信号时延扩展，电离层随时间的扰动会造成这种衰减随时间而发生变化，从而影响接收信号的质量。

频率高于 30MHz 以上的无线电信号可以穿透电离层，不能被反射回来，而且其沿地面的绕射能力也较弱，所以 30MHz 以上电波传播方式主要是视距(Line of Sight，LOS)传播。视线传播需要在发射和接收天线之间存在直接连线，在远距离传输时还需要考虑地球的球面特性。视距传播的典型应用有陆地微波无线电中继系统用于固定站点之间的无线通信、卫星之间的星间通信等。微波无线电中继系统通常使用 1GHz 以上的频段，采用视距通信。为了能够传输更远的距离，微波站需要建设在海拔较高的地方，其原因除了考虑到地球曲率影响之外，还考虑到了电磁波的衍射效应，因为在发送和接收的视距线附近位于第一菲涅耳带(The First Fresnel Zone)内的障碍物即使不会直接阻挡视线也可能对视距传播造成干扰，因此视线距离地面要有足够的余隙，此时信号的衰减近似看作只有由于距离的增加而带来的信号能量的扩散，信道条件比较稳定。

视距传播是超短波(Very Short Wave)信号的主要传播方式。超短波频段是无线通信中极为重要的一个频段，频率为 30～300MHz，波长为 1～10m，可用于调频广播、电视广播、军事和应急通信，还可用于航空交通管制通信和空中导航。不同于短波，超短波信号不会被电离层反射，受大气噪声和其他电子干扰的影响比其他低端频率要小，但其传播会受到山体等地形环境的影响。和更低频段电磁波相比，超短波频段对应的天线尺寸相对较小，可以放置在车辆和手持机上，支持更加灵活的通信终端。八木天线常用于民用超短波广播电视的接收天线。

除了上述的地波、天波、视线传播之外，电磁波还可以通过散射方式传播。根据散射传播媒介的不同又可以分为电离层散射(Ionospheric Scattering)、对流层(Troposphere)散射和流星余迹散射。

电离层 E 层具有复杂和不均匀的离子云结构，当频率为 30～100MHz 的电磁波投射至 E 层时会发生散射现象，这种散射现象可以支持 1000～2250km 的远距离通信。

从地面至高十余千米的大气层称为对流层，日常的天气现象就发生在对流层。强烈的上下对流会在对流层中形成不均匀的湍流，这种不均匀性可以使电磁波产生散射现象到达接收点，形成对流层散射通信。对流层散射通信使用的频率范围是 100～4000MHz，传播距离最大约为 600km。

当地球在轨道运行时，每天都会有数亿被称为流星的颗粒状物体进入地球大气层，这些流星燃烧时会产生持续数秒的电离离子拖尾，当电磁波投射至流星电离余迹时发生散射现象，可以支持远距离通信。通常流星余迹高度在 80～120km，余迹长度为 15～40km，流星余迹通信可支持的频率范围为 30～100MHz，传播距离可达 1000km 以上。

## 2.2 信道的输入/输出模型

信道对信号的传输具有重要的影响，是设计和优化通信系统时必须考虑的因素。因此，建立一个能够反映信道传输主要特征的数学模型是十分必要的。信道模型是用数学建模方法对信道输入和输出之间的变换关系进行描述。根据所研究问题的不同，可以定义不同内涵的信道模型。下面主要从调制解调的观点研究和定义信道，将调制器输出端至解调器输入端定义为调制信道，其中可能包含放大器、前端滤波器以及具体传输介质。

### 2.2.1　加性噪声信道模型

在实际的通信信道中，存在大量独立于信道所传输信号的加性噪声。以这种噪声影响为主的信道称为加性噪声信道，其信道模型是最简单的，也是最常用的通信信道模型。如图 2-3 所示，在通信信道传输过程中发送信号不可避免地发生衰减，因此发送信号 $s(t)$ 首先乘以衰减因子 $\alpha$ ，然后叠加加性随机噪声 $n(t)$ 。接收信号 $r(t)$ 由此可以表示为

$$r(t) = \alpha s(t) + n(t) \tag{2-2}$$

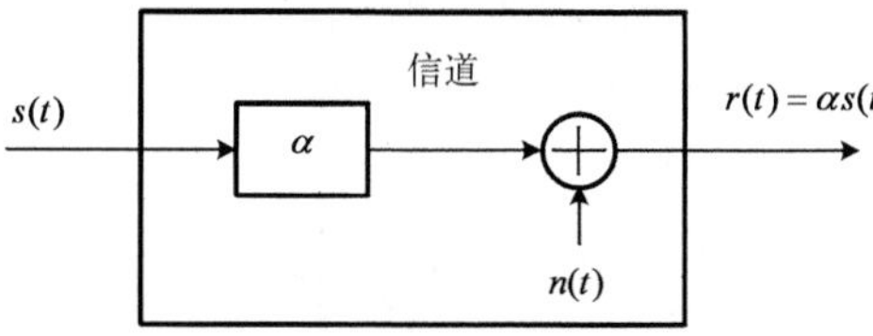


图 2-3　加性噪声信道模型

在加性噪声信道模型中，常假设 $n(t)$ 为加性高斯白噪声(Additive White Gaussian Noise，AWGN)。这中假设来源于通信系统中一种非常重要的噪声，即热噪声(Thermal Noise)的特性。热噪声来自电阻性元器件中电子的热运动。在电阻一类的导体中，自由电子含热能而引起热能运动，这些电子与其他粒子随机碰撞以曲折路径运动，人们称此运动为布朗运动。在没有外界作用力时，所有这些电子的布朗运动形成了均值为零的电流，该电流中含交流成分，人们称此交流分量为热噪声。测量和分析表明热噪声功率谱密度可以表示为

$$P_N(f) = \frac{N_0}{2} = \frac{k_B T}{2} (\text{W/Hz}) \tag{2-3}$$

式中，$k_B$ 为玻尔兹曼常量，其单位为 J/K，$k_B = 1.38 \times 10^{-23}$ J/K ；$T$ 为以开尔文为单位的环境温度。通常高空中非太阳直射下的空气温度大约为 4K，地球表面温度大约为 300K，一般研究地面设备的热噪声时可以近似取温度为 300K。假设已知通信设备的接收带宽为 $B$ Hz，则可以计算出噪声功率为

$$P = N_0 B \tag{2-4}$$

根据热噪声形成的物理过程看出，大量电子形成电流时满足中心极限定理，因此热噪声可以用高斯随机过程表征，又常称为高斯噪声。从式(2-3)可以看出，热噪声功率谱密度在信号频谱范围内是常数，如同白光的频谱在可见光频谱范围内均匀分布，因此热噪声还被称为加性高斯白噪声。加性噪声信道模型主要用于理想条件下或者仅存在视线传播条件下信道行为的描述，是通信系统分析和设计中较常使用的简化信道模型。

### 2.2.2　线性时不变滤波器信道模型

在有些信道中，除了加性噪声的影响之外，信道对传输信号各个频率成分的响应不同，此时接收信号可以看作发送信号 $s(t)$ 通过具有某种时域冲激响应特性的信道所输出的结果。如果信道的冲激响应特性不随时间发生变化，则这种信道可以表征为带有加性噪声的线性时不变滤波器，线性时不变滤波器信道模型如图 2-4 所示。如果发送信号为 $s(t)$，那么信道输出信号为

$$r(t)=s(t)*c(t)+n(t)=\int_{-\infty}^{+\infty}c(\tau)s(t-\tau)\mathrm{d}\tau+n(t) \tag{2-5}$$

式中，$c(t)$ 为信道的时域冲激响应；符号“＊”表示线性卷积。在有线电话通信中常采用线性时不变滤波器来表征有线电话信道对信号的影响。

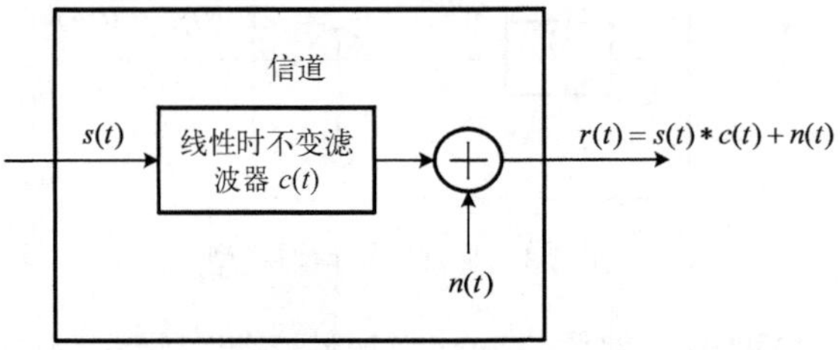


图 2-4　带有加性噪声的线性时不变滤波器信道

### 2.2.3　线性时变滤波器信道模型

除了线性时不变信道之外，还有一些物理信道具有随时间变化的传输特性，例如，短波电离层信道，用户快速移动条件下的蜂窝移动通信信道等。在基于电离层反射的传输场景中，电离层高度以及离子浓度随时间不断变化，使得信道特性随之变化；在用户快速移动时，接收端接收到的多个多径分量也在不断变化，因而信道响应特性具有时变特征。这种类型的物理信道可以表征为时变线性滤波器，其冲激响应可以用 $c(\tau,t)$ 表示，$c(\tau,t)$ 表示信道在 $t-\tau$ 时刻加入的冲激脉冲而在 $t$ 时刻的响应。因此 $\tau$ 表示时间延迟变量。带有加性噪声的线性时变滤波器信道模型如图 2-5 所示。对于信道输入信号 $s(t)$，信道输出信号为

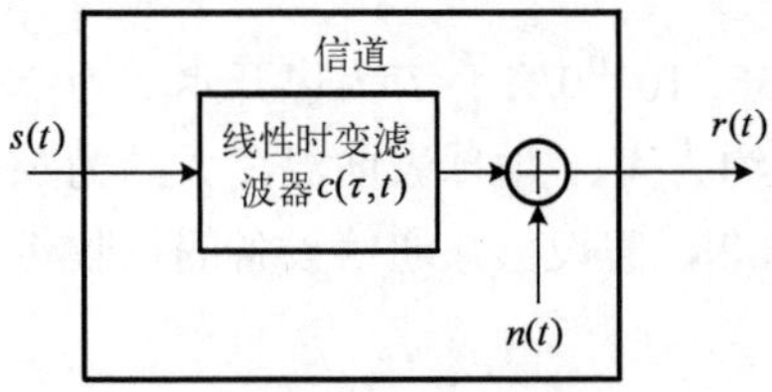


图 2-5　带有加性噪声的线性时变滤波器信道

$$r(t)=s(t)*c(\tau,t)+n(t)=\int_{-\infty}^{+\infty}c(\tau,t)s(t-\tau)\mathrm{d}\tau+n(t) \tag{2-6}$$

在多径信道中，为了更加清楚地表示信号通过多条路径进行传播，也可以用式(2-6)的特例表征信道。此时，信道输出直接写成多个多径分量相叠加的形式：

$$r(t)=\sum_{k}\alpha_k(t)s(\tau-\tau_k)+n(t) \tag{2-7}$$

式中，$\{\alpha_k(t), k=1,2,\cdots\}$ 为第 $k$ 条传播路径上的时变衰减因子；$\{\tau_k, k=1,2,\cdots\}$ 为第 $k$ 条传播路径对应的延迟。因此信道的时变冲激响应可以表示为

$$c(\tau,t)=\sum_k \alpha_k(t)\delta(\tau-\tau_k) \tag{2-8}$$

上面描述的三种信道模型能够适用于绝大多数物理信道。在本书中，主要分析加性高斯白噪声信道下的接收误码性能，在分析数字基带传输系统的码间干扰和均衡器时，需要使用另外两种信道模型。

## 2.3　无线信道传播特性

信号在无线信道环境中传播会产生衰落现象，为了完成可靠的数字通信系统设计，需要研究无线信道的统计特性。通常，将无线信道的衰落统计特性分为大尺度衰落和小尺度衰落，如图 2-6 所示。其中，大尺度衰落主要描述发射机和接收机之间长距离(几百或几千米)的信号强度变化，包括随传输距离变化而产生的路径损耗及由于传播环境中地形起伏、建筑物对电磁波遮挡而引起的阴影衰落等。小尺度衰落通常是指较短距离(几个波长)或短时间(秒级)内信号强度的快速变化，包括多径效应、多普勒效应等。如图 2-6 所示，大尺度衰落和小尺度衰落是同一信道内的共存特性，无线信道总的衰落特性 $r(t)$ 可以写成大尺度衰落和小尺度衰落的乘积，即

$$r(t)=e(t)h(t) \tag{2-9}$$

式中，$e(t)$ 表示信道的大尺度衰落；$h(t)$ 表示信道的小尺度衰落。

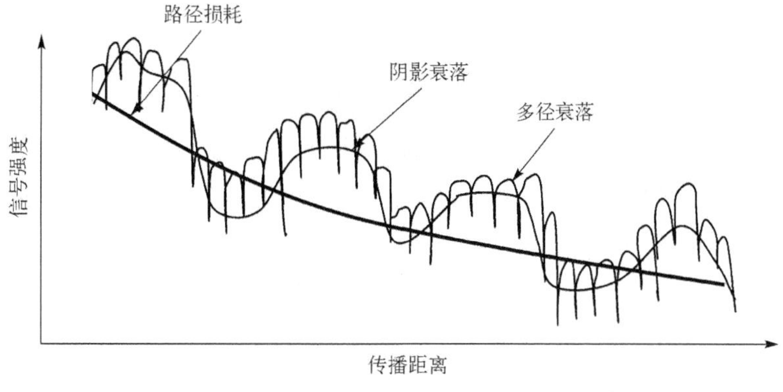


图 2-6　无线信道衰落示意图

### 2.3.1　大尺度衰落

大尺度衰落包含路径损耗和阴影衰落，通常与发射和接收端的天线间距、高度、载波频率和环境特性的参数相关。当只需要考虑信号随着传输距离增大发生的衰减时，常利用自由空间传播模型研究传播距离对接收信号功率的影响。自由空间传播模型是一种假设模型，假设电磁波在理想的、均匀的、各向同性的介质中传播，不发生反射、绕射、

散射和吸收现象，只存在电磁波能量扩散而引起的传播损耗。在自由空间中设发射机发射功率为 $P_t$，以球面波辐射，接收的功率为 $P_r$，则有

$$P_r = P_t\left(\frac{\lambda}{4\pi d}\right)^2 G_t G_r \tag{2-10}$$

式中，$G_t$、$G_r$ 分别表示发射天线和接收天线的增益；$\lambda$ 表示波长；$d$ 表示发射和接收天线之间的距离。可以定义路径损耗 $L_p$ (Path Loss)，定量分析自由空间传播与距离相关的确定性功率衰减：

$$L_p(\text{dB}) = 10\lg\frac{P_t}{P_r} = -20\lg\left(\frac{\lambda}{4\pi}\right) + 20\lg d \tag{2-11}$$

传播距离导致的确定性衰减对通信系统的网络规划有重大的影响，在早期的蜂窝网规划中传播衰减决定了接收机信噪比和最大覆盖范围。

自由空间损耗仅考虑了传输距离的影响，没有考虑在发射和接收端附近的散射体存在较大的环境差异。无线电波在传播路径上遇到如图 2-7 所示的高大建筑物、山体等的遮挡时，即使传输距离不发生变化，接收功率也会产生较大影响。如图 2-7 所示，移动小车在小山的遮挡下，接收功率可能大幅下降，这种因为建筑、树林、小山等障碍物阻挡导致的功率衰减就是阴影效应，这种现象类似于云层部分遮挡阳光形成阴影，因而得名。

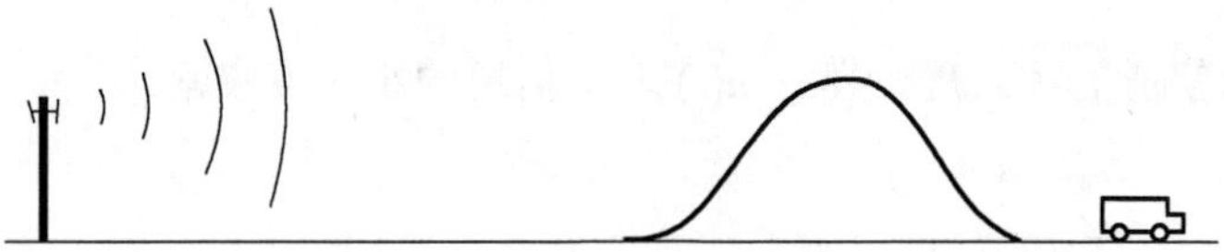

图 2-7　阴影衰落示意图

一般来说，自由空间传输损耗仅能预测接收功率的平均值，而阴影效应则可能导致接收功率关于均值产生较大的波动。研究表明：总的功率损耗(dB)可以写成路径传输损耗和对数正态分布阴影损耗之和：

$$L(\text{dB}) = L_p(\text{dB}) + X_\sigma \tag{2-12}$$

式中，$L_p$(dB) 为路径损耗；$X_\sigma$ 为阴影衰落因子，通常假设零均值的高斯随机变量，标准差为 $\sigma$。$X_\sigma$ 表示除了通过路径损耗预测的功率之外，还存在和传输地形及位置相关的变量。注意：阴影衰落一般会使得数百波长量级的移动范围内的信号功率发生较大波动，而在数十个波长的距离范围内接收功率不会发生较大变化。对应到时间上，阴影衰落的持续时间通常长达几秒甚至几分钟，这种时间尺度较多径衰落要慢得多。

### 2.3.2　小尺度衰落

小尺度衰落描述的是在接收端空间位置小范围波动时，接收信号幅度与相位的剧烈变化，其典型的物理表现为信道的多径衰落、时变现象和空间衰落。

1. 多径扩展和相干带宽

首先讨论多径衰落现象。多径衰落是指电磁波在传播过程中遇到建筑物、树木或起伏的地形等发生反射、散射、绕射等效应，一方面会引起能量损失，另一方面这些反射、散射或绕射波在经历了不同的传播路径到达接收端，各个路径来波在相位和强度上有很大差别。不同相位的多径信号分量(Multi Path Components)在接收端叠加会产生同相叠加增强、反相叠加减弱的现象，这种现象导致接收信号的幅度产生剧烈变化。在电磁波传播过程中，若定义信道的第一条路径和最后一条路径之间的时间扩展为$\Delta\tau$，则$\Delta\tau$又可以被称作多径扩展(Multipath Spread)或称延迟扩展(Delay Spread)。

以一个简单的静态两径信道为例。假设第一条路径增益因子为常数$\alpha$，时延为$\tau_0$，第二条路径增益因子与第一条路径相同，时延为$\tau_1$。此时该信道的冲激响应可以写成：

$$C(t)=\alpha\cdot\delta(t-\tau_0)+\alpha\cdot\delta(t-\tau_1) \tag{2-13}$$

利用傅里叶变换可以求出该两径信道的总的系统函数：

$$\begin{aligned}C(f)&=\alpha\cdot \mathrm{e}^{-\mathrm{j}2\pi f\tau_0}+\alpha\cdot \mathrm{e}^{-\mathrm{j}2\pi f\tau_1}\\&=\alpha\cdot \mathrm{e}^{-\mathrm{j}2\pi f\tau_0}[1+\mathrm{e}^{-\mathrm{j}2\pi f(\tau_1-\tau_0)}]\end{aligned} \tag{2-14}$$

从式(2-14)可以看出，等增益两径信道会引入信号衰减因子$\alpha$和系统传输时延$\tau_0$，最后一项是与信号频率$f$和多径时延扩展$\Delta\tau=\tau_1-\tau_0$相关的复因子。可以绘出信道的幅频特性曲线如图 2-8 所示。

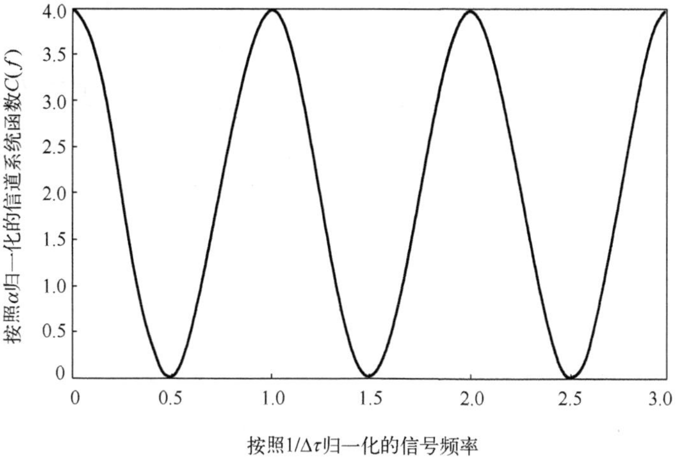


图 2-8　等增益两径信道的幅频响应

从图 2-8 可以看出信道的衰减程度随着输入信号频率的不同表现出巨大的变化。当信号频率等于多径时延扩展倒数$1/\Delta\tau$的整数倍时，信道表现出最大的增益；当信号频率等于$1/(2\Delta\tau)$的奇数倍时，信道幅频响应为零。多径信道衰落程度随输入频率不同而变化的现象决定了信道对于不同带宽的通信信号影响不同，通常定义信道的相干带宽$B_c$(Coherent Bandwidth)为延迟扩展的倒数，即

$$B_c = \frac{1}{\Delta\tau} \tag{2-15}$$

对于窄带信号，当信号带宽小于信道相干带宽时，信道对整个带宽内的信号影响近似相同，此时称信道为频率非选择性衰落信道或平衰落信道。在平衰落信道中，信道的多径时延扩展往往可以忽略不计，信道对信号的影响可以简化为乘性因子衰减；反之，如果信号带宽大于相干带宽，则信道对信号频谱中不同频率分量的影响具有较大差异，此时，信道被称为频率选择性衰落信道。

2. 信道时变和相干时间

信道的传播特性经常还表现出随时间变化的特性。由于发射端移动，接收端移动，或者周围散射体的移动，电磁波从发端到达接收端的传播路径长度会随时间发生变化，路径长度的变化会使得多径信号相互作用的图案发生时变效应。

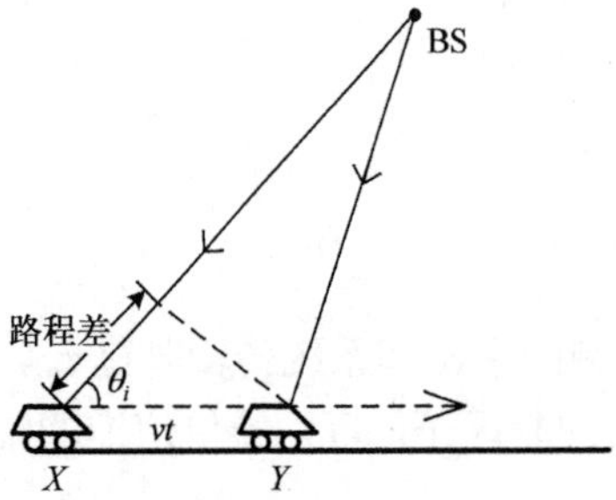


图 2-9 终端移动时产生 Doppler 频移示意图

首先考虑单条路径传播假设下发射机运动产生的频率变化现象。考虑如图 2-9 所示的移动终端运动条件下的信道模型，假设接收终端的移动速度为 $v$，传播路径与终端移动方向的夹角为 $\theta_i$。

假设接收端位于 $X$ 位置时电磁波的传播距离为 $L_i$，则对应 $L_i$ 导致的传播时延为 $\tau_i = L_i/c$，其中，$c = 3\times10^8\,\text{m/s}$。在终端移动效应的影响下，传播路径长度变为 $L_i - vt\cos\theta_i$，由此可得对应的多径时延为 $\tau_i - \frac{vt\cos\theta_i}{c}$。假设发射信号为单音信号 $\cos(2\pi f_c t)$，则此时接收端得到的实信号可以写成：

$$\begin{aligned}\tilde{y}(t) &= \cos 2\pi f_c(t-\tau_i+vt\cos\theta_i/c) \\ &= \cos[2\pi f_c(1+v\cos\theta_i/c)t-2\pi f_c\tau_i] \\ &= \cos[2\pi(f_c+f_{d,i})t-2\pi f_c\tau_i]\end{aligned} \tag{2-16}$$

式中，$f_{d,i}$ 定义为当前路径的多普勒频移：

$$f_{d,i} = f_c\frac{v}{c}\cos\theta_i = f_D\cos\theta_i \tag{2-17}$$

式中，$f_D = f_c v/c$ 是最大多普勒频移。由式(2-17)可知，路径的多普勒频移 $f_{d,i}$ 和终端移动速度、到达方位角(Azimuth Angles of Arrival，AAOA) $\theta_i$ 以及载波频率 $f_c$ 相关。实际的无线信道中，接收机运动方向可能与来波方向成任意夹角 $\theta$，不同多径信号呈现不同的多普勒频移，此时多普勒频移值为 $f_c v\cos\theta/c$，通常将最大多普勒频移 $f_{d\max}$ 和最小多普勒频移 $f_{d\min}$ 之间的差值定义为多普勒扩展(Doppler Spread)，多普勒扩展直观反映了时变信道对输入信号的频率展宽作用：

$$f_{\text{spread}} = f_{d\max} - f_{d\min} \tag{2-18}$$

为了更好地理解线性时变信道对信号的影响，首先讨论时变两径传输的例子，如图 2-10 所示。假设发射机向正在运动的接收端发射频率为 $f_c$ 的正弦信号 $\cos(2\pi f_c t)$，接收端此时距离发送端 $r$ 且正在以速度 $v$ 远离发射机。在距离发射机 $d$ 处有一堵墙，它可以将投射到墙体的信号反射给接收机。此时接收机可以接收到两个来自不同传输路径的信号，用路径 1 的信号 $y_1(t)$ 表示从发射机直接传输到接收机的信号，路径 2 的信号 $y_2(t)$ 表示经历反射墙体反射后传输到接收机的信号，这两条路径的信号具有不同的传播路径、时延和增益，接收端收到的总信号是该两径信号的合成信号。

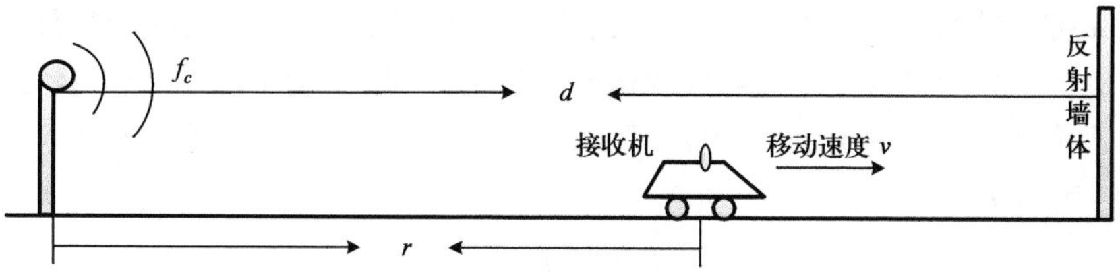


图 2-10　时变两径信道的例子

根据电磁传播基本原理，首先写出运动接收端接收到的直接从发射端发射而来的信号：

$$
\begin{aligned}
y_1(t) &= \frac{\Theta(f_c)}{r+vt}\cos\left[2\pi f_c\left(t-\frac{r+vt}{c}\right)\right] \\
&= \frac{\Theta(f_c)}{r+vt}\cos\left[2\pi f_c\left(1-\frac{v}{c}\right)t-2\pi f_c r/c\right]
\end{aligned} \tag{2-19}
$$

式中，$c$ 表示光速；$\Theta(f_c)$ 表示由发射、接收天线模式以及信号频率决定的增益因子。注意到电磁波在路径 1 中传输的距离为 $(r+vt)$，一方面，路径传输距离会引入与之成反比的信号幅度衰减因子 $1/(r+vt)$，表示信号功率随着传输距离的增加而减小；另一方面，会使得信号相位发生变化，变化量正比于传输时延 $(r+vt)/c$。从式(2-19)可以看出，接收机和发射机之间的相对运动使得实际接收到的信号频率发生多普勒频移，该对应路径 1 的多普勒频移记作 $f_{d1}=-f_c v/c$。类似地，可以写出路径 2 的信号，即运动接收机接收到的墙体反射波：

$$
\begin{aligned}
y_2(t) &= -\frac{\Theta(f_c)}{2d-r-vt}\cos\left[2\pi f_c\left(t-\frac{2d-r-vt}{c}\right)\right] \\
&= -\frac{\Theta(f_c)}{2d-r-vt}\cos\left[2\pi f_c(1+v/c)t+2\pi f_c\left(\frac{r-2d}{c}\right)\right]
\end{aligned} \tag{2-20}
$$

式中，路径 2 信号传输距离为 $2d-r-vt$，由于该传输距离产生的多径时延为 $(2d-r-vt)/c$。由于墙体发射作用使得信号发生反向，因此表达式前面加负号。对于路径 2 而言，可以等效认为接收机在朝着来波方向运动，因此多普勒频移为 $f_{d2}=f_c v/c$。在上述理想的假设场景下多普勒扩展 $f_{\text{spread}}=2f_c v/c$。

假设接收端与反射墙非常接近，以至于可以认为路径 1 和路径 2 的传输距离损耗大致相等，即 $y_1(t)$ 和 $y_2(t)$ 的分母大致相等，则路径 1 和路径 2 的合成信号可以近似写成：

$$y_1(t)+y_2(t)\propto \sin[2\pi f_c(vt/c+r/c-d/c)]\sin[2\pi f_c(t-d/c)] \tag{2-21}$$

式中，用“$\propto$”表示正比符号。从式(2-21)可以看出，两条不同路径信号的合成信号为两个正弦信号的乘积，第一个正弦信号的频率等于多普勒扩展的一半，而第二个正弦信号则保持了载波频率 $f_c$。两个正弦信号相乘的结果使得最后合成信号的包络呈现出时变特性：多普勒扩展越大，表明合成信号包络变化越剧烈；反之，多普勒扩展越小，合成信号包络变化越缓慢。

将上述两条路径的传输场景扩展到多条路径的情况。经过多条不同多普勒频移的多径信号合成所生成的信号可以视为一个具有时变包络的合成信号，包络的变化反映的就是信道的变化，大的多普勒扩展对应快速时变信道，反之，小的多普勒扩展对应慢时变信道。由于多普勒扩展和信道时变之间的对应关系，人们通常定义信道的相干时间 $T_c$ (Coherent Time)为

$$T_c=1/f_{\text{spread}} \tag{2-22}$$

相干时间能大致上反映信道保持时不变的时间，因此常用于定性衡量信道衰落的快慢。如果通信系统发射信号的时间间隔相对相干时间较小，则可以认为信号经历慢衰落，反之，认为经历快衰落。

### 2.3.3　等效低通信道

下面从信号的等效低通模型出发分析信道特性。假设发送带通实信号为 $\tilde{s}(t)$，发射信号载波频率为 $f_c$，则有

$$\tilde{s}(t)=\text{Re}\{s(t)\text{e}^{\text{j}2\pi f_c t}\} \tag{2-23}$$

带通实信号通过信道传输，经历不同的反射、散射、折射、衍射形成多径效应，假设存在 $N$ 条时不变的密集路径，接收端得到的带通实信号 $\tilde{y}(t)$ 可以写成：

$$\tilde{y}(t)=\sum_{i=0}^{N-1}\alpha_i\tilde{s}(t-\tau_i) \tag{2-24}$$

式中，$\alpha_i$ 为第 $i$ 条子路径的实数增益(第 $i$ 条路径的衰减)；$\tau_i$ 为第 $i$ 条子路径的传播时延。将式(2-23)代入式(2-24)可得

$$\begin{aligned}\tilde{y}(t)&=\sum_{i=0}^{N-1}\alpha_i\tilde{s}(t-\tau_i)\\&=\sum_{i=0}^{N-1}\alpha_i\,\text{Re}\{s(t-\tau_i)\text{e}^{\text{j}2\pi f_c t}\text{e}^{-\text{j}2\pi f_c\tau_i}\}\\&=\text{Re}\left\{\left(\sum_{i=0}^{N-1}\alpha_i\text{e}^{-\text{j}2\pi f_c\tau_i}s(t-\tau_i)\right)\text{e}^{\text{j}2\pi f_c t}\right\}\end{aligned} \tag{2-25}$$

因此，接收的等效低通信号(复包络)表示为

$$y(t)=h(t)\otimes s(t)=\sum_{i=0}^{N-1}\alpha_i\,\mathrm{e}^{-\mathrm{j}2\pi f_c\tau_i}s(t-\tau_i) \tag{2-26}$$

符号“$\otimes$”表示线性卷积。此时，多径信道响应写成：

$$h(t)=\sum_{i=0}^{N-1}\alpha_i\mathrm{e}^{-\mathrm{j}2\pi f_c\tau_i}\delta(t-\tau_i)=\sum_{i=0}^{N-1}h_i\delta(t-\tau_i) \tag{2-27}$$

式中，$h_i=\alpha_i\mathrm{e}^{-\mathrm{j}2\pi f_c\tau_i}$ 表示第 $i$ 条多径的信道增益系数。

下面分析时变信道的等效低通表达式。考虑图 2-9 所示的接收端运动传输场景。对于发射的带通实信号 $\tilde{s}(t)$，在终端移动效应的影响下，接收端得到的带通实信号可以写成：

$$\begin{aligned}\tilde{y}(t)&=\sum_{i=0}^{N-1}\alpha_i\tilde{s}\left(t-\tau_i+\frac{v\cos\theta_i}{c}t\right)\\&=\mathrm{Re}\left\{\sum_{i=1}^{N}\left[\alpha_i s\left(t-\tau_i+\frac{vt\cos\theta_i}{c}\right)\mathrm{e}^{\mathrm{j}2\pi f_c\left(t-\tau_i+\frac{vt\cos\theta_i}{c}\right)}\right]\right\}\\&=\mathrm{Re}\left\{\sum_{i=1}^{N}\alpha_i s\left(t-\tau_i+\frac{vt\cos\theta_i}{c}\right)\mathrm{e}^{-\mathrm{j}2\pi f_c\tau_i}\mathrm{e}^{\mathrm{j}2\pi f_{d,i}t}\mathrm{e}^{\mathrm{j}2\pi f_c t}\right\}\end{aligned} \tag{2-28}$$

进一步简化式(2-28)，将相位变化 $\mathrm{e}^{-\mathrm{j}2\pi f_c\tau_i}$ 包含在信道的复增益因子 $\tilde{\alpha}_i$ 中，即 $\tilde{\alpha}_i=\alpha_i\mathrm{e}^{-\mathrm{j}2\pi f_c\tau_i}$；其次，认为时延的变化量和发送信号 $\tilde{s}(t)$ 的时间尺度相比非常小，因此忽略 $s\left(t-\tau_i+\frac{vt\cos\theta_i}{c}\right)\approx s(t-\tau_i)$。则实带通接收信号可以表示为

$$\tilde{y}(t)=\mathrm{Re}\left\{\sum_{i=0}^{N-1}\tilde{\alpha}_i s(t-\tau_i)\mathrm{e}^{\mathrm{j}2\pi f_{d,i}t}\mathrm{e}^{\mathrm{j}2\pi f_c t}\right\} \tag{2-29}$$

对应的等效低通接收信号可以表示为

$$y(t)=\sum_{i=0}^{N-1}\tilde{\alpha}_i\mathrm{e}^{\mathrm{j}2\pi f_{d,i}t}s(t-\tau_i) \tag{2-30}$$

时变信道的等效低通传输特性可以写成：

$$h(t,\tau)=\sum_{i=0}^{N-1}\tilde{\alpha}_i\mathrm{e}^{\mathrm{j}2\pi f_{d,i}t}\delta(\tau-\tau_i)=\sum_{i=0}^{N-1}h_i(t)\delta(\tau-\tau_i) \tag{2-31}$$

式中，$h_i(t)=\tilde{\alpha}_i\mathrm{e}^{\mathrm{j}2\pi f_{d,i}t}$ 表示第 $i$ 条多径的时变信道系数。$h(t,\tau)$ 又被称为信道的时变冲激响应(Time Variant Impulse Response)，它是观测时间和时延的函数，表示在时刻 $t$ 观察到的信道对 $t-\tau$ 时刻输入信号的影响。此时输出信号 $y(t)$ 可以写成：

$$y(t)=\int_{-\infty}^{\infty}h(t,\tau)s(t-\tau)\mathrm{d}\tau \tag{2-32}$$

### 2.3.4　信道的系统函数

在移动通信系统中，最为常见的信道模型是线性时变滤波器信道模型。通过对时变冲激响应 $h(t,\tau)$ 的变量 $\tau$ 和 $t$ 进行傅里叶变换，得到与时变信道冲激响应对应的另外三种形式的信道系统函数，即时变传递函数 $H(t,f)$、多普勒变量冲激函数 $s(v,\tau)$、多普勒变量传递函数 $B(v,f)$。用 $F_\tau$ 和 $F_t$ 分别表示变量 $t$ 和 $\tau$ 的傅里叶变换，则线性时变信道的不同表达式之间关系如图 2-11 所示。

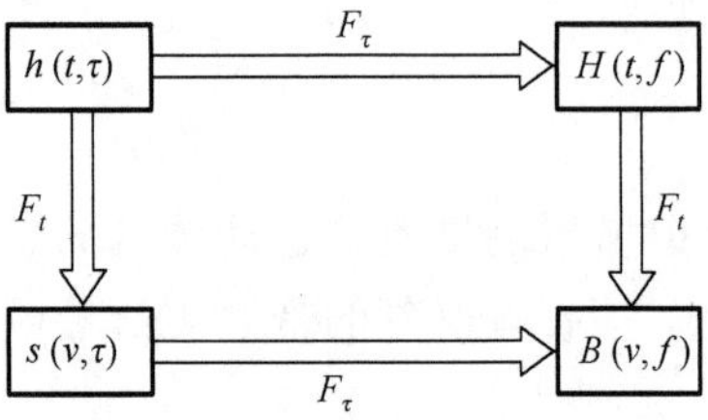


图 2-11　系统函数的变换示意图

将信道当作一个随机系统，研究它的相关函数以描述信道的统计特性是很有必要的。针对以上四种系统函数，定义如下四个相关函数：

$$R_h(t,t';\tau,\tau') = E\{h^*(t,\tau)\cdot h(t',\tau')\} \tag{2-33}$$

$$R_H(t,t';f,f') = E\{H^*(t,f)\cdot H(t',f')\} \tag{2-34}$$

$$R_s(v,v';\tau,\tau') = E\{s^*(v,\tau)\cdot s(v',\tau')\} \tag{2-35}$$

$$R_B(v,v';f,f') = E\{B^*(v,f)\cdot B(v',f')\} \tag{2-36}$$

无线信道中，时间上的广义平稳性假设和时间延迟上的不相关散射假设组合起来构成了广义平稳非相关假设(Wide-Sense Stationary Uncorrelated Scattering，WSSUS)，运用该假设可以进一步简化上述的四个相关函数。广义平稳在数学上指自相关函数与时间无关，只与时间差有关。由此可以得到

$$R_h(t,t';\tau,\tau') = R_h(\Delta t;\tau,\tau') \tag{2-37}$$

$$R_H(t,t';f,f') = R_H(\Delta t;f,f') \tag{2-38}$$

非相关散射指不同时延的散射分量是非相关的，即不同时延的回波不相关，不能相互提供任何信息。由此可以得到

$$R_h(\Delta t;\tau,\tau') = R_h(\Delta t,\tau)\delta(\tau-\tau') = R_h(\Delta t,\tau) \tag{2-39}$$

$$\begin{aligned} R_H(\Delta t;f,f') &= \int_{-\infty}^{\infty}\int_{-\infty}^{\infty} R_h(\Delta t,\tau)\delta(\tau-\tau')\mathrm{e}^{\mathrm{j}2\pi(f\tau-f'\tau')}\mathrm{d}\tau\mathrm{d}\tau' \\ &= R_H(\Delta t,\Delta f) \end{aligned} \tag{2-40}$$

式中，$R_h(\Delta t,\tau)$ 为时延互功率谱密度(Delay Cross Power Spectral Density)函数，它给出了不同多径时延 $\tau$ 和不同时间差 $\Delta t$ 下信道的平均功率；$R_H(\Delta t,\Delta f)$ 称为时频相关函数(Time Frequency Correlation Function)，它表征了信道在不同时间差和频率差下信道的相关函数。显然，$R_H(\Delta t,\Delta f)$ 可以通过 $R_h(\Delta t,\tau)$ 关于时延 $\tau$ 的傅里叶变换求得。在 WSSUS 假设下，信道的散射函数(Scattering Function)可以定义为

$$S_h(\lambda;\tau) = \int_{-\infty}^{\infty} R_h(\Delta t;\tau)\mathrm{e}^{-\mathrm{j}2\pi\lambda\Delta t}\mathrm{d}\Delta t \tag{2-41}$$

散射函数用于描述信道在不同多径时延 $\tau$ 和多普勒频率 $\lambda$ 上的平均功率。散射函数是 $R_h(\Delta t,\tau)$ 关于时间变量 $\Delta t$ 的傅里叶变换。

多径时延功率分布(Power Delay Profile)用于表征给定多径时延下信道的平均功率：

$$P_h(\tau)=R_h(\Delta t=0,\tau) \tag{2-42}$$

根据多径时延功率分布可以计算多径信道的平均时延和均方根时延拓展。平均时延是功率延迟分布的一阶矩，均方根时延拓展是其二阶矩。

$$\overline{\tau}=\sqrt{\frac{\int_0^{\infty}\tau P_h(\tau)\mathrm{d}\tau}{\int_0^{\infty}P_h(\tau)\mathrm{d}\tau}} \tag{2-43}$$

$$\tau_{\mathrm{RMS}}=\sqrt{\frac{\int_0^{\infty}(\tau-\overline{\tau})^2P_h(\tau)\mathrm{d}\tau}{\int_0^{\infty}P_h(\tau)\mathrm{d}\tau}} \tag{2-44}$$

多径时延功率分布在时延域上的傅里叶变换为频率相关函数 $P_H(\Delta f)$：

$$P_H(\Delta f)=\int_{-\infty}^{\infty}P_h(\tau)\mathrm{e}^{-\mathrm{j}2\pi\Delta f\tau}\mathrm{d}\tau \tag{2-45}$$

频率相关函数表征了频率间隔为 $\Delta f$ 的信道响应的相关特性。

对 $R_H(\Delta t;\Delta f)$ 关于变量 $\Delta t$ 进行傅里叶变换可得

$$S_H(\lambda;\Delta f)=\int_{-\infty}^{\infty}R_H(\Delta t;\Delta f)\mathrm{e}^{-\mathrm{j}2\pi\lambda\Delta t}\mathrm{d}\Delta t \tag{2-46}$$

取 $\Delta f=0$，则 $P_H(\lambda)=S_H(\lambda;0)$ 表示信道的多普勒功率谱(Doppler Power Spectrum)：

$$P_H(\lambda)=\int_{-\infty}^{\infty}R_H(\Delta t;0)\mathrm{e}^{-\mathrm{j}2\pi\lambda\Delta t}\mathrm{d}\Delta t \tag{2-47}$$

在移动无线通信系统中，最为常用的多普勒功率谱为 Jakes 模型，如图 2-12 所示。在该模型下，时变信道传递函数的时间自相关函数为

$$R_H(\Delta t)=E\{H^*(t,f)\cdot H(t+\Delta t,f)\}=J_0(2\pi f_{dm}\Delta t) \tag{2-48}$$

式中，$J_0(\cdot)$ 表示零阶第一类 Bessel 函数；$f_{dm}=vf_c/c$ 表示最大多普勒频移。此时，对应的信道多普勒功率谱为

$$\begin{aligned}P_H(\lambda)&=\int_{-\infty}^{\infty}R_H(\Delta t)\mathrm{e}^{-\mathrm{j}2\pi\lambda\Delta t}\mathrm{d}\Delta t\\&=\int_{-\infty}^{\infty}J_0(2\pi f_{dm}\Delta t)\mathrm{e}^{-\mathrm{j}2\pi\lambda\Delta t}\mathrm{d}\Delta t\\&=\begin{cases}\dfrac{1}{\pi f_{dm}}\dfrac{1}{\sqrt{1-(f/f_{dm})^2}}, & |f|\leqslant f_{dm}\\0, & |f|>f_{dm}\end{cases}\end{aligned} \tag{2-49}$$

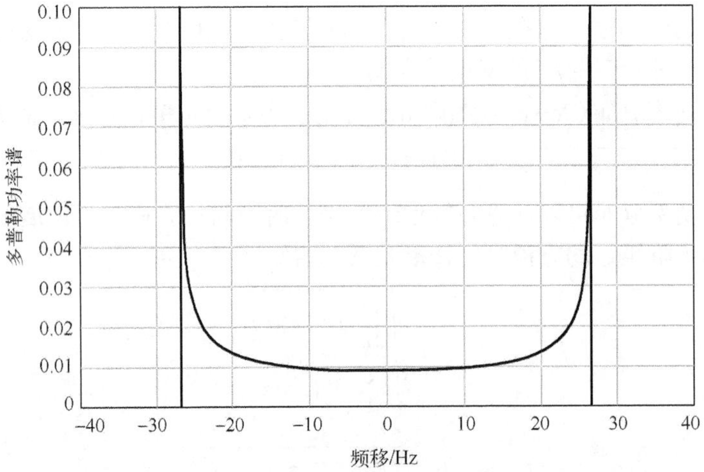


图 2-12　Jakes 模型的多普勒功率谱

# 2.4　信 道 模 型

## 2.4.1　电波传播损耗预测模型

在电波传播损耗预测中，主要考虑接收场强的确定模型。大多数移动通信系统都工作在复杂的传播环境中，此时自由空间路径损耗模型无法适用。人们通过实地测量、统计分析等方法开发了许多针对特定频率范围和典型无线环境的路径损耗模型。这些模型可以用于辅助无线移动通信网络设计，计算基站覆盖区域接收信号的平均强度和变化特点。

电波传播损耗预测模型通常将接收功率与发射功率的比值表征为距离的函数，其中包括路径损耗、阴影衰落和多径的影响。为了消除小尺度上多径衰落的影响，测量时通常将相应的路径损耗在几个波长距离上取平均，获得距离 $d$ 处的局部平均衰减。一般来说，路径损耗不仅取决于距离，还取决于一些额外的外部参数，主要包括：①自然地形，如高原、丘陵、平原、水域等；②建筑物的密集程度、高度和材料以及分布特性；③天线高度；④植被覆盖特征；⑤自然和人为噪声的分布情况等。下面介绍几种典型的传播损耗预测模型。

1. Okumura-Hata 模型

Okumura-Hata 模型是根据测试数据统计分析得到的经验模型。Okumura 是 Okumura 模型的创始人，后续 Hata 又对此模型的预测曲线采取公式化拟合得到了 Okumura-Hata 模型。Okumura-Hata 模型的适用频率范围为 150～1500MHz，小区半径大于 1km，基站有效天线高度为 30～200m，移动台有效天线高度为 1～10m。Okumura-Hata 路径损耗的公式为

$$L = 69.55 + 26.16\lg(f_c) - 13.82\lg(h_b) - \alpha(h_m) + [44.9 - 6.55\lg(h_b)]\lg d + C_{\text{cell}} + C_{\text{terrain}} \tag{2-50}$$

式中，$f_c$ 表示工作频率，单位为 MHz；$h_b$ 表示基站天线的有效高度，单位为 m；$h_m$ 表示移动台有效天线高度，即移动台天线高出地表的高度，单位为 m；$d$ 表示基站天线和移动台天线之间的水平距离，单位为 km；$\alpha(h_m)$ 表示移动台天线有效高度修正因子，它同时也和覆盖区大小相关。

$$\alpha(h_m)=\begin{cases}(1.1\times\lg f-0.7)h_m-1.56\lg f+0.8, & \text{中小城市}\\ 8.29\times[\lg(1.54h_m)]^2-1.1,\quad f\leqslant 300\text{MHz}, & \text{大城市}\\ 3.2\times[\lg(11.75h_m)]^2-4.97,\quad f>300\text{MMz}, & \text{大城市}\end{cases} \tag{2-51}$$

$C_{\text{cell}}$ 表示小区类型修正因子：

$$C_{\text{cell}}=\begin{cases}0, & \text{城市}\\ -2(\lg f/28)^2-5.4, & \text{郊区}\\ -4.78(\lg f)^2+18.33\lg f-40.98, & \text{乡村}\end{cases} \tag{2-52}$$

$C_{\text{terrain}}$ 表示地形校正因子。地形包括水域、海洋、湿地、郊区开阔地、绿地、树林、40m 以上高层建筑群、20～40m 规则建筑群、20m 以下高密度建筑群、20m 以下中密度建筑群、20m 以下低密度建筑群等。地形校正因子反映了地形环境因素对路径损耗的影响。

2. COST-231 Hata 模型

Mogensen 等将 Okumura-Hata 模型进行进一步扩展，得到了适用于 1500～2000MHz 的 COST-231 Hata 信道模型。该模型适用的基站高度为 30～200m，移动台天线高度为 1～10m，传输距离为 1～20km。COST-231Hata 模型可以表示为

$$L_p=A+B\lg d+C \tag{2-53}$$

其中

$$A=46.3+33.9\lg f_c-13.82\lg h_b-\alpha(h_m) \tag{2-54}$$

$$B=44.9-6.55\lg h_b \tag{2-55}$$

$$C=\begin{cases}0,\ \text{中等城市和中等树木密度郊区}\\ 3,\ \text{大城市中心}\end{cases} \tag{2-56}$$

相较于 Okumura-Hata 模型，COST-231 Hata 模型采用了更大的频率衰减因子，因此可以解决频率较高时 Okumura-Hata 模型对传播损耗估计不足的问题。注意：虽然 Okumura-Hata 和 COST-231 Hata 模型都要求基站天线高度大于 30m，但如果周围建筑物的高度明显低于基站天线高度，这些模型也能适用。

### 2.4.2 常用平衰落信道模型

在实际的通信工程中，无线信道通常需要通过测量获得大量实测数据后，再用统计建模的方法给出信道数学模型。下面我们讨论两种最为基础的信道统计模型。

1. 瑞利(Rayleigh)信道模型

瑞利信道模型是移动无线通信中最为常用的统计模型。该模型假设空中散射体均匀分布，数量足够多，各反射、散射波相互独立，强度近似相同(即不存在较强的直射分量)，则信道增益因子可以表示为多个时延互相不能区分的散射因子叠加之和：

$$\begin{aligned} h &= \sum_{i=1}^{N} \alpha_i \mathrm{e}^{\mathrm{j}\phi_i} \\ &= \sum_{i=1}^{N} \alpha_i (\cos\phi_i + \mathrm{j}\sin\phi_i) \\ &= \sum_{i=1}^{N} \alpha_i \cos\phi_i + \mathrm{j}\sum_{i=1}^{N} \alpha_i \sin\phi_i \end{aligned} \tag{2-57}$$

由于不同散射因子来自不同的散射体，因此可以假设它们之间相互独立。根据中心极限定理(The Central Limit Theorem)，当子路径数目足够大时，信道增益因子的实部 $h_R = \sum_{i=1}^{N} a_i \cos\phi_i$ 和虚部 $h_I = \sum_{i=1}^{N} a_i \sin\phi_i$ 都是大量独立随机变量之和，因此都服从高斯分布。假设不同路径的随机相位都服从均匀分布 $\phi_i \sim U[0, 2\pi)$，因此

$$E(h_R) = \sum_{i=1}^{N} \alpha_i E(\cos\phi_i) = 0 \tag{2-58}$$

$$E(h_I) = \sum_{i=1}^{N} \alpha_i E(\sin\phi_i) = 0 \tag{2-59}$$

进一步分析可知 $h_R$ 和 $h_I$ 也都具有相等的方差 $\sigma^2$。信道系数 $h$ 可以建模为循环对称复高斯随机变量：

$$h = h_R + \mathrm{j}h_I, \qquad h_R, h_I \in N(0, \sigma^2) \tag{2-60}$$

其中，实部 $h_R$ 和虚部 $h_I$ 均为均值为 0、方差为 $\sigma^2$ 的高斯随机变量。信道系数还可以用复指数形式 $h = r\exp(\mathrm{j}\theta)$ 表示，此时信道系数的包络和相位可以分别写成：

$$r = |h| = \sqrt{h_R^2 + h_I^2}, \qquad \theta = \arctan\frac{h_I}{h_R} \tag{2-61}$$

利用雅可比行列式，可以求得包络 $r$ 服从瑞利分布，概率密度函数为

$$p(r) = \frac{r}{\sigma^2}\mathrm{e}^{-\frac{r^2}{2\sigma^2}}, \quad r \geqslant 0 \tag{2-62}$$

相位 $\theta$ 服从 $[0, 2\pi)$ 上的均匀分布 $p(\theta) = 1/(2\pi)$。

此时信道的总功率为 $E(r^2) = 2\sigma^2$，包络平方 $z = r^2$ 服从指数分布：

$$f(z) = \frac{1}{2\sigma^2}\mathrm{e}^{-\frac{z}{2\sigma^2}}, \quad z \geqslant 0 \tag{2-63}$$

瑞利衰落信道常用于描述由电离层和对流层反射、散射的短波信道，因为大气中存在的各种粒子能够将无线信号大量散射；还可以用于建模建筑物密集的城镇中心地带的无线信道，因为密集的建筑和其他障碍物使得无线设备的发射机和接收机之间没有直射路径，而且使得无线信号发生丰富反射、折射和衍射。

2. 莱斯(Rician)信道模型

当传输环境中不仅存在丰富的散射体带来的大量独立路径，同时还存在明显较强的直达路径或者明显强于其他路径的散射路径时，信道衰落系数通常建模为莱斯信道模型。莱斯信道常用于对卫星信道或遮挡较少的郊区无线信道建模。

莱斯信道系数可由一个均值为 0，方差为 $\sigma^2$ 的循环对称复高斯变量叠加直射路径分量进行描述：

$$h_{\text{Rician}} = A_{\text{Los}} \mathrm{e}^{\mathrm{j}\phi_{\text{Los}}} + C_R + \mathrm{j}C_I, \quad C_R, C_I \in N(0, \sigma^2) \tag{2-64}$$

式中，等号右边第一项表示直射路径分量；$A_{\text{Los}} \geqslant 0$ 表示直射路径的幅度；$\phi_{\text{Los}}$ 表示直射路径的相位；后两项与瑞利衰落过程相同，代表丰富散射的多径分量叠加构成的分量；$C_R, C_I \in N(0, \sigma^2)$ 是独立同分布的零均值高斯随机变量，方差都为 $\sigma^2$，因此散射分量部分的总功率可以记作 $2\sigma^2$。通常采用莱斯因子表征直射分量功率与散射分量功率的相对大小：

$$K = \frac{A_{\text{Los}}^2}{2\sigma^2} \tag{2-65}$$

显然，当 $K = 0$ 时，莱斯信道等效为瑞利信道；当 $K \to \infty$ 时，信道变为恒定参数信道。若已知信道总功率为 1，则直射分量功率为 $K/(K+1)$，散射分量部分的功率为 $1/(K+1)$。

注意：莱斯信道系数实际上是均值非零的复高斯随机变量。令信道系数的包络为 $r$，则

$$r = \sqrt{(A_{\text{Los}} \cos\phi_{\text{Los}} + C_R)^2 + (A_{\text{Los}} \sin\phi_{\text{Los}} + C_I)^2} \tag{2-66}$$

式中，$r$ 为服从莱斯分布的随机变量，其概率密度函数为

$$p(r) = \frac{r}{\sigma^2} \mathrm{e}^{-\left(\frac{A_{\text{Los}}^2 + r^2}{2\sigma^2}\right)} I_0\left(\frac{A_{\text{Los}} r}{\sigma^2}\right), \qquad r \geqslant 0 \tag{2-67}$$

式中，$I_0(\cdot)$ 为零阶第一类修正贝塞尔函数(The Zero Order-modified Bessel Function of the First Kind)。

$$I_0(x) = \frac{1}{2\pi} \int_0^{2\pi} \exp(x \cos\theta) \mathrm{d}\theta \tag{2-68}$$

根据莱斯因子 $K$ 的定义，莱斯随机变量的概率密度函数可以转化成另外一种表述形式：

$$p(r) = \frac{r}{\sigma^2} \mathrm{e}^{-K - \frac{r^2}{2\sigma^2}} I_0\left(\frac{\sqrt{2K} r}{\sigma}\right) \tag{2-69}$$

3. Nakagami 信道模型

Nakagami 分布由 Nakagami 在 20 世纪 40 年代提出，用于表征长距离短波信道的快速衰落。基于场测试实验结果进行拟合，人们发现 Nakagami 分布比其他 Rayleigh、Rician 或 log-normal 分布都有更好的拟合效果。

若接收信号的复包络服从 Nakagami 分布，则其概率密度函数可以写成：

$$p(r)=\frac{2}{\Gamma(m)}\left(\frac{m}{\Omega}\right)^{m} r^{2m-1}\mathrm{e}^{-mr^2/\Omega},\quad m\geqslant 1/2 \tag{2-70}$$

式中，$m$ 表示形状因子，取值大于或等于 1/2；$\Omega=E(r^2)$；$\Gamma(m)=\int_0^{\infty}x^{m-1}\mathrm{e}^{-x}\mathrm{d}x$ 表示伽马函数。在 Nakagami 分布中，形状因子 $m$ 有重要的影响。调节 $m$ 的大小可以模拟严重、轻微到无衰落的信道环境。当 $m$=1 时，Nakagami 分布退化成为瑞利分布；当 $m$=1/2 时，成为单边高斯分布；当 $m\to\infty$时，分布接近脉冲，表示无衰减。另外，莱斯分布可以通过莱斯因子 $K$ 和 Nakagami 形状因子 $m$ 之间的以下关系来近似。

$$m=\frac{(K+1)^2}{2K+1} \tag{2-71}$$

Nakagami 信道包络平方 $z=r^2$ 概率密度函数可以写成：

$$p(z)=\left(\frac{m}{\Omega}\right)^{m}\frac{z^{m-1}}{\Gamma(m)}\exp\left\{-\frac{mz}{\Omega}\right\} \tag{2-72}$$

在一些实测信道场景中，$m$ 取值小于 1，此时 Nakagami 衰落会引起比 Rayleigh 衰落更加严重的性能损失。

### 2.4.3　频率选择性衰落信道模型

根据等效低通信道的解析表达式，频率选择性衰落信道通常可以看成由多个不同时延的平坦衰落信道构成，可以用图 2-13 所示的抽头延迟线模型进行表征。

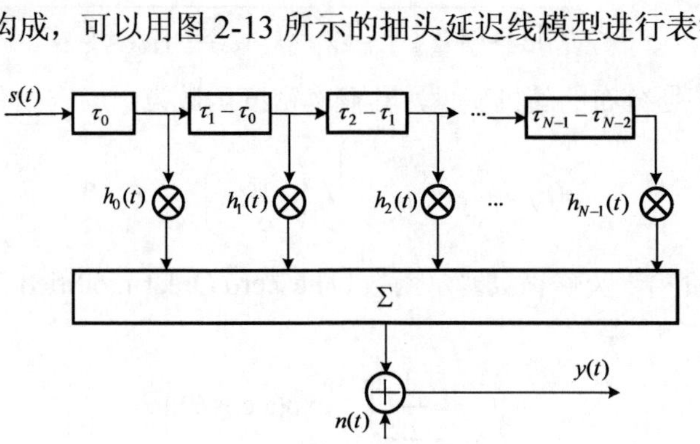


图 2-13　抽头延迟线模型

当对频率选择性衰落信道进行建模时，需要用信道的多径时延功率分布函数和各条路径的多普勒谱对信道进行描述。下面以基于 GSM 构建的 COST-207 信道模型为例，说明一般通信标准中对于信道模型的描述。如表 2-1 所示，表中给出了 COST-207 信道模型中典型城区(Typical Urban，TU)、恶劣城区(Bad Urban，BU)以及丘陵地区(Hiily Terrain，HT)的信道特征参数。

**表 2-1　基于 COST-207 的 $L$ 条路径的信道模型规范**

| 区域 | 路径序号 | 传播时延 $\tau$ / μs | 路径功率/dB | 多普勒功率谱类型 |
|---|---|---|---|---|
| 典型城区(TU) | 0 | 0.0 | 0.189 | Jakes |
| | 1 | 0.2 | 0.379 | Jakes |
| | 2 | 0.5 | 0.239 | Jakes |
| | 3 | 1.6 | 0.095 | Gauss Ⅰ |
| | 4 | 2.3 | 0.061 | Gauss Ⅱ |
| | 5 | 5.0 | 0.037 | Gauss Ⅱ |
| 恶劣城区(BU) | 0 | 0.0 | 0.164 | Jakes |
| | 1 | 0.3 | 0.293 | Jakes |
| | 2 | 1.0 | 0.147 | Gauss Ⅰ |
| | 3 | 1.6 | 0.094 | Gauss Ⅰ |
| | 4 | 5.0 | 0.185 | Gauss Ⅱ |
| | 5 | 6.6 | 0.117 | Gauss Ⅱ |
| 丘陵地区(HT) | 0 | 0.0 | 0.413 | Jakes |
| | 1 | 0.1 | −0.293 | Jakes |
| | 2 | 0.3 | −0.145 | Jakes |
| | 3 | 0.5 | −0.074 | Jakes |
| | 4 | 15.0 | −0.066 | Gauss Ⅱ |
| | 5 | 17.2 | −0.008 | Gauss Ⅱ |

从表 2-1 可以看出，COST-207 信道模型采用了三种多普勒功率谱：Jakes、Gauss-Ⅰ和 Gauss-Ⅱ型多普勒谱，具体公式如下：

$$p_{\text{Jakes}}(f)=\frac{1}{\pi f_{\max}\sqrt{1-(f/f_{\max})^2}},\quad |f|\leqslant f_{\max} \tag{2-73}$$

$$p_{\text{Gauss-Ⅰ}}(f)=A_1\exp\left\{-\frac{(f+0.8f_{\max})^2}{0.005f_{\max}^2}\right\}+0.1A_1\exp\left\{-\frac{(f-0.4f_{\max})^2}{0.02f_{\max}^2}\right\} \tag{2-74}$$

$$p_{\text{Gauss-Ⅱ}}(f)=A_2\exp\left\{-\frac{(f-0.7f_{\max})^2}{0.02f_{\max}^2}\right\}+A_2/10^{1.5}\exp\left\{-\frac{(f+0.4f_{\max})^2}{0.045f_{\max}^2}\right\} \tag{2-75}$$

## 2.5　链路预算

链路预算(Link Budget)是在一个通信系统中对发送端、通信链路、传播环境和接收端中所有增益和衰减的核算，通常用来估算信号能成功从发射端传送到接收端的最远距离。

### 2.5.1　移动通信系统的链路预算

链路预算是无线通信系统设计的重要工具，其计算需要考虑通过无线信道到接收机的所有增益和损耗。链路预算可以用来预测接收信号强度以及系统所需的功率余量。在视距微波链路和卫星通信系统中，路径损耗通常是传输距离的确定性函数，可以通过自由空间路径损耗公式计算。

在蜂窝无线通信系统中，链路预算需要考虑很多参数，包括发射功率 $\Omega_t$、发射天线增益 $G_t$、路径损耗 $L_p$、接收天线增益 $G_r$，每个接收符号的平均能量 $E_s$、接收系统的噪声温度 $T_0$、接收噪声的等效带宽 $B_w$、噪声功率谱密度 $N_0$、调制符号速率 $R_c$、噪声因子 $F$、接收机实现损耗 $L_{\mathrm{Rx}}$、干扰余量 $L_{\mathrm{I}}$、阴影余量 $M_{\mathrm{shad}}$、接收机灵敏度 $\Omega_{\mathrm{sen}}$ 等。接收信号平均功率 $\Omega_r$ 可以表示为

$$\Omega_r = \frac{\Omega_t G_t G_r}{L_{\mathrm{Rx}} L_p} \tag{2-76}$$

接收端的噪声功率可以写成：

$$N = k_{\mathrm{B}} T_0 B_w F \tag{2-77}$$

式中，$k_{\mathrm{B}}$ 表示玻尔兹曼常量，室温条件下通常取 $k_{\mathrm{B}}T_0 = -174\mathrm{dBm/Hz}$，噪声因子 $F$ 通常取 5～6dB。载噪比可以写成

$$\Gamma = \frac{\Omega_r}{N} = \frac{\Omega_t G_t G_r}{(k_{\mathrm{B}} T_0 B_w F) L_{\mathrm{Rx}} L_p} \tag{2-78}$$

载噪比和已调符号能量噪声比之间关系为

$$\frac{E_s}{N_0} = \Gamma \frac{B_w}{R_s} \tag{2-79}$$

代入式(2-78)可得

$$\frac{E_s}{N_0} = \frac{\Omega_t G_t G_r}{k_{\mathrm{B}} T_0 F R_s L_{\mathrm{Rx}} L_p} \tag{2-80}$$

将式(2-80)转换到 dB 可得

$$\begin{aligned} E_s / N_0(\mathrm{dB}) = {} & \Omega_t(\mathrm{dB}) + G_t(\mathrm{dB}) + G_r(\mathrm{dB}) - k_{\mathrm{B}} T_0(\mathrm{dBm/Hz}) \\ & - R_s(\mathrm{dBHz}) - F(\mathrm{dB}) - L_{\mathrm{Rx}}(\mathrm{dB}) - L_p(\mathrm{dB}) \end{aligned} \tag{2-81}$$

接收机灵敏度可以定义为

$$\Omega_{\mathrm{sen}} = k_{\mathrm{B}} T_0 F L_{\mathrm{Rx}} \frac{E_s}{N_0} R_s \tag{2-82}$$

转化为 dB 后得到

$$\Omega_{\mathrm{sen}}(\mathrm{dBm}) = L_{\mathrm{Rx}}(\mathrm{dB}) + k_{\mathrm{B}} T_0(\mathrm{dBm/Hz}) + F(\mathrm{dB}) + E_s / N_0(\mathrm{dB}) + R_s(\mathrm{dBHz}) \tag{2-83}$$

在确定接收机灵敏度时，首先找到能够保证合适链路服务质量的最小 $E_s/N_0(\mathrm{dB})$，然后求得接收机灵敏度 $\Omega_{\mathrm{sen}}(\mathrm{dBm})$，由此获得最大可能的路径损耗值：

$$L_{\max(\mathrm{dB})} = \Omega_{t(\mathrm{dB})} + G_{t(\mathrm{dB})} + G_{r(\mathrm{dB})} - \Omega_{\mathrm{sen(dBm)}} \tag{2-84}$$

求得最大允许路径损耗后就可以根据路径损耗模型来确定最大传播的小区半径。除了确定性的路径损耗模型以外，阴影衰落和系统负载可能出现随机变化的情况，因此在实际应用中，通常还会增加对于系统负载或干扰负载的余量以及阴影余量的考虑。

### 2.5.2 卫星通信系统的链路预算

星地链路预算是卫星通信系统设计的基础和理论依据，直接决定了卫星通信系统的链路通信质量。卫星通信链路预算需要考虑的重要参数包括等效全向辐射功率(Effective Radiated Power，EIRP)和接收品质因子($G/T$)等。卫星的 $G/T$ 值即天线增益与噪声温度的比值，它代表了卫星的接收能力，其值越大越有利于地球站上行发射，但是随着卫星覆盖区域往外呈现出等高递减规律。下面以从地面发射站到卫星之间的上行链路为例讨论链路预算。

地面站发射的等效全向辐射功率可以写成：

$$\mathrm{EIRP}_{(\mathrm{dBw})} = P_{t(\mathrm{dBw})} + G_{t(\mathrm{dB})} - L_{\mathrm{line(dB)}} \tag{2-85}$$

式中，$P_t$ 表示地面站的发射功率，这里用 dBW 表示；$G_t$ 表示地面站的天线增益；$L_{\mathrm{line}}$ 表示馈线损耗。假设发射端采用抛物面天线，则其增益的计算公式为

$$G_t = \left(\frac{4\pi A}{\lambda^2}\right)\eta = \left(\frac{\pi D}{\lambda}\right)^2 \eta \tag{2-86}$$

式中，$A$ 表示天线口径面积；$D$ 表示天线主面直径；$\lambda$ 表示信号波长；$\eta$ 表示天线效率，通常可以采用经验值或者实测估算值，例如，C 频段发射天线效率通常估算为 65%，接收天线效率为 70%。

发射信号达到卫星的接收功率 $C$ 可以表示为

$$C_{(\mathrm{dBW})} = \mathrm{EIRP}_{(\mathrm{dBW})} + G_{\mathrm{sat(dB)}} - L_{p(\mathrm{dB})} - L_{a(\mathrm{dB})} \tag{2-87}$$

式中，$G_{\mathrm{sat}}$ 表示卫星通信天线增益；$L_p$ 表示根据传输距离计算的自由空间传输损耗；$L_a$ 表示空间传播的大气损耗，包括大气吸收，对流层闪烁，云、雨、雾等天气现象产生的损耗。

上行链路的热噪声功率为

$$N_{(\mathrm{dBW})} = k_{\mathrm{B(dB)}} + T_{\mathrm{sat(dB)}} + B_{(\mathrm{dB})} \tag{2-88}$$

式中，玻尔兹曼常量通常取为 $k_{\mathrm{B}} = 1.38\times 10^{-23}\,\mathrm{J/K} \approx -228.6\mathrm{dBW\cdot s/K}$；$T_{\mathrm{sat}}$ 表示卫星通信系统的等效噪声温度，是指将环境温度下放大器内部噪声在输出端产生的噪声功率折算到输入端热噪声在输出端产生相同大小的噪声功率时对应的热力学温度。$B$ 表示等效噪声带宽。因此，可以计算出上行链路的载噪比($C/N$)：

$$C/N_{(\mathrm{dB})} = \mathrm{EIRP}_{(\mathrm{dBW})} + (G/T_{\mathrm{sat}})_{(\mathrm{dB})} - L_{p(\mathrm{dB})} - L_{a(\mathrm{dB})} - k_{\mathrm{B(dB)}} - B_{(\mathrm{dB})} \tag{2-89}$$

式中，$(G/T_{\text{sat}})_{(\text{dB})}$ 表示卫星接收品质因子，如果不考虑带宽的影响，载噪比有时也可以写成信号功率与噪声功率密度之比：

$$C/N_{0(\text{dB})} = \text{EIRP}_{(\text{dBW})} + (G/T_{\text{sat}})_{(\text{dB})} - L_{p(\text{dB})} - L_{a(\text{dB})} - k_{\text{B(dB)}} \tag{2-90}$$

在通信工程的实际计算中，通常还需要在式(2-90)基础上增加链路余量(Link Margin) $M_{\text{dB}}$ 的考虑。假设卫星通信系统的信道编码码率为 $R_c$，调制阶数为 $\log_2 M$，每个数字调制符号的能量为 $E_s$，可以建立传输链路载噪比和比特信噪比之间的关系：

$$\left(\frac{E_b}{N_0}\right)_{\text{dB}} = \frac{C}{N_{0\,(\text{dB})}} - R_{s(\text{dB})} - (R_c \log_2 M)_{\text{dB}} - M_{(\text{dB})} \tag{2-91}$$

根据式(2-91)，首先可以依据卫星传输链路对传输性能的要求确定达到一定误码率所需的比特信噪比，然后根据系统参数得到链路要求的载噪比，最后根据公式计算出可以支持的链路传输速率 $R_s$。

## 习　题

**2-1**　电磁波主要有几种传播方式，列举出各个频段信号采用的主要传播方式。

**2-2**　什么是多径效应？阐述频率选择性衰落、平衰落、快衰落以及慢衰落信道的概念。

**2-3**　考虑图 2-10 所示的反射墙两径传播模型，假设发射信号频率为 900MHz，接收端以 50km/h 的速度向反射墙运动，试求该两径信道的多普勒扩展和相干时间。

**2-4**　假设有某同步轨道卫星的下行链路预算。假设卫星发射功率为 120W，发射天线增益为 16dB，地球站采用 3.5m 的抛物面天线，工作频率为 5GHz，天线的效率因子为 0.5，试求接收信号功率为多少？考虑地球站前端加性噪声的等效噪声温度为 300K，试求噪声的功率谱密度以及链路的载噪比。假设预留 6dB 的链路余量，则通过链路预算计算的链路容量为多少？

**2-5**　假设某窄带信道服从 Rayleigh 分布，其平均接收功率为 25dBm，求接收功率小于 12dBm 的概率。

# 第 3 章　数字调制方式的设计与分析

数字通信中的信源输出通常是数字序列形式，如“0”和“1”的序列。数字通信系统设计的目标之一是针对给定的信道将这些数字序列可靠地传输到目的地。由第 2 章的讨论可知，信道会给传输信号带来不同类型的损伤，如衰减、失真、噪声、衰落和干扰等。为了实现数字序列的可靠传输，需要把数字序列映射为适合在信道上传输的信号。这种将数字序列映射为适合在信道上传输的信号(也称为信道符号)的过程就称为**数字调制**。信道符号设计的基本原则是能够从受到信道损伤的信道符号中恢复出原来的数字序列，同时所传输信号的带宽与信道带宽相匹配。由于不同信道导致的信号损伤不同，所设计的信道符号存在很大的差异。本章主要讨论数字调制方式的设计方法，分析几种常用数字调制方式的特性。

## 3.1　数字已调信号的表征和信号空间

数字调制的映射过程如下：将数字序列(不失一般性，假定为二进制序列)的每 $k = \log_2 M$ 比特形成 1 个分组，再映射为 $M$ 个确定的有限能量波形(信道符号)之一送往信道传输。根据数字序列分组与信道符号之间映射关系的不同，数字调制可以分为无记忆调制和有记忆调制，如图 3-1 所示。

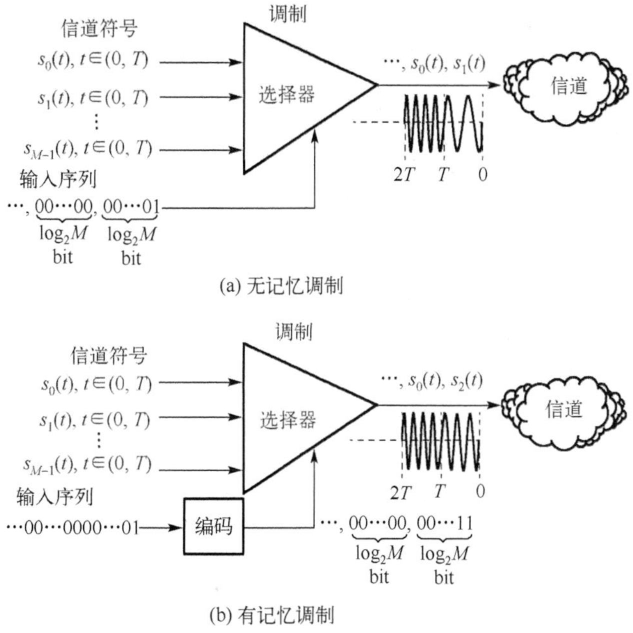


(a) 无记忆调制

(b) 有记忆调制

图 3-1　无记忆调制和有记忆调制

在无记忆调制中，当前的 $k$ 比特分组到信道符号的映射不受先前发送的信道符号的约束，即当前码元送往信道传输的已调信号与先前发送的信道符号无关，如图 3-1(a)所示。在有记忆调制中，当前的 $k$ 比特分组到信道符号的映射受到先前发送的信道符号的约束，任意时间间隔内发送的信道符号与一个或多个先前发送的信道符号有关。理论上，有记忆调制的实现可以先对数字序列进行编码引入记忆，然后进行比特分组并映射到对应的信道符号，如图 3-1(b)所示。

理论上，信道符号可以是任何适合在信道中传输的信号形式。目前常用的载波主要有正弦信号和脉冲波形，尤其是正弦载波应用最为广泛。正弦载波的幅度、相位、频率，以及它们的组合均可以用于承载信息。近年来，电磁波(尤其是光波)的轨道角动量也被用于提高信息传输速率，成为新的增长点。本节主要讨论数字已调信号的表示和信号空间。

### 3.1.1 带通信号和带通系统的等效低通表示

考虑到许多信道(如无线信道)具有带通特性，信道上传输的已调信号也应该是带通信号。为了简化信号处理的复杂度和便于信号的解析分析，实际传输的实带通信号与系统可以分别等效成复低通信号和系统，从而使得各种调制方式的分析独立于载波频率。

实带通信号 $s(t)$ 的频谱 $S(f)$ 具有埃尔米特(Hermitian)对称性，即 $S(-f)=S^*(f)$。也就是说，对于实带通信号 $s(t)$，$S(f)$ 的幅度偶对称而相位奇对称，如图 3-2 所示(仅在基带信号为实带通信号时具有关于载频 $f_c$ 的谱形状对称性)。

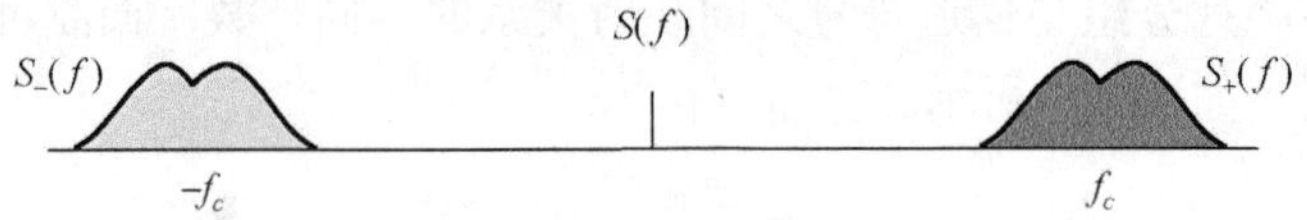


图 3-2 实带通信号的频谱示意图

1. 带通信号的等效低通表示

首先，定义信号 $s_+(t)$，其频谱 $S_+(f)$ 仅包含 $S(f)$ 的正频域部分，即

$$S_+(f)=u(f)S(f) \tag{3-1}$$

式中，$u(f)$ 为单位阶跃函数(在 $f<0$、$f=0$ 和 $f>0$ 时分别取值为 0、0.5 和 1)，也可表示为 $u(f)=\frac{1}{2}[\mathrm{sgn}(f)+1]$ (sgn$(f)$ 在 $f<0$、$f=0$ 和 $f>0$ 时分别取值为−1、0、1)，则信号 $s_+(t)$ 可表示为

$$\begin{aligned} s_+(t) &= \int_{-\infty}^{\infty} S_+(f)\mathrm{e}^{\mathrm{j}2\pi ft}\mathrm{d}f \\ &= \int_{-\infty}^{\infty} [u(f)S(f)]\mathrm{e}^{\mathrm{j}2\pi ft}\mathrm{d}f \\ &= F^{-1}[u(f)] * F^{-1}[S(f)] \end{aligned} \tag{3-2}$$

信号 $s_+(t)$ 称为 $s(t)$ 的解析信号（或预包络）。式中，$F^{-1}[u(f)]=\frac{1}{2}F^{-1}[\mathrm{sgn}(f)]+\frac{1}{2}\delta(t)$。由于 $\int_{-\infty}^{\infty}|\mathrm{sgn}(f)|\mathrm{d}f=\infty$，所以严格意义上，不存在 $\mathrm{sgn}(f)$ 的傅里叶逆变换，需要采用扩展意义上的傅里叶逆变换。若满足

$$S(f)=\lim_{n\to\infty}S_n(f)，\ 且(\forall n)\int_{-\infty}^{\infty}|S_n(f)|\mathrm{d}f<\infty$$

则

$$F^{-1}[S(f)]=\lim_{n\to\infty}F^{-1}[S_n(f)]$$

$$\mathrm{e}^{-\alpha|f|}\mathrm{sgn}(f)\xrightarrow{\alpha\to 0}\mathrm{sgn}(f)$$

$$\begin{aligned}
&\lim_{\alpha\to 0}\int_{-\infty}^{\infty}\mathrm{e}^{-\alpha|f|}\mathrm{sgn}(f)\mathrm{e}^{\mathrm{j}2\pi ft}\mathrm{d}f\\
&=\lim_{\alpha\to 0}\left(-\int_{-\infty}^{0}\mathrm{e}^{f(\alpha+\mathrm{j}2\pi t)}\mathrm{d}f+\int_{0}^{\infty}\mathrm{e}^{f(-\alpha+\mathrm{j}2\pi t)}\mathrm{d}f\right)\\
&=\lim_{\alpha\to 0}\left(-\frac{1}{\alpha+\mathrm{j}2\pi t}+\frac{1}{\alpha-\mathrm{j}2\pi t}\right)\\
&=\lim_{\alpha\to 0}\left(\frac{\mathrm{j}4\pi t}{\alpha^2+4\pi^2t^2}\right)=\frac{\mathrm{j}}{\pi t}
\end{aligned}$$

所以

$$F^{-1}[u(f)]=\frac{\mathrm{j}}{2\pi t}+\frac{1}{2}\delta(t) \tag{3-3}$$

将式(3-3)代入式(3-2)，可得

$$s_+(t)=\frac{1}{2}s(t)+\frac{\mathrm{j}}{2}\hat{s}(t) \tag{3-4}$$

式中

$$\hat{s}(t)=\frac{1}{\pi t}*s(t)=\frac{1}{\pi}\int_{-\infty}^{\infty}\frac{s(\tau)}{t-\tau}\mathrm{d}\tau$$

称为 $s(t)$ 的希尔伯特变换。希尔伯特变换器的冲激响应和传递函数分别为

$$h(t)=\frac{1}{\pi t},\qquad -\infty<t<\infty \tag{3-5}$$

$$H(f)=F[1/(\pi t)]=-\mathrm{j}\,\mathrm{sgn}(f)=\begin{cases}-\mathrm{j}, & f>0\\ 0, & f=0\\ \mathrm{j}, & f<0\end{cases} \tag{3-6}$$

从式(3-6)可以得到希尔伯特变换器的幅频特性和相频特性为

$$\begin{cases} |H(f)| = 1, & f \neq 0 \\ \Theta(f) = -\pi/2, & f > 0 \\ \Theta(f) = \pi/2, & f < 0 \end{cases}$$

所以，希尔伯特变换器本质上是一个 90°的相移器。

对 $S_+(f)$ 进行频谱搬移，可得到带通信号的等效低通形式。定义 $S_l(f)$ 为

$$S_l(f) = 2S_+(f + f_c) \tag{3-7}$$

对应的时域关系为

$$s_l(t) = 2s_+(t)\mathrm{e}^{-\mathrm{j}2\pi f_c t} = [s(t) + \mathrm{j}\hat{s}(t)]\mathrm{e}^{-\mathrm{j}2\pi f_c t} \tag{3-8}$$

令 $s_l(t)$ 的实部和虚部分别为 $x(t)$ 和 $y(t)$，则有

$$s_l(t) = x(t) + \mathrm{j}y(t) \tag{3-9}$$

对比式(3-8)和式(3-9)，并利用欧拉公式，可得

$$s(t) = x(t)\cos(2\pi f_c t) - y(t)\sin(2\pi f_c t) \tag{3-10}$$

$$\hat{s}(t) = x(t)\sin(2\pi f_c t) + y(t)\cos(2\pi f_c t) \tag{3-11}$$

式(3-10)是带通信号的一般表示形式，$x(t)$ 和 $y(t)$ 分别称为带通信号 $s(t)$ 的同相分量和正交分量。

由式(3-8)可得实带通信号 $s(t)$ 的第 2 种表示形式：

$$s(t) = \mathrm{Re}[s_l(t)\mathrm{e}^{\mathrm{j}2\pi f_c t}] \tag{3-12}$$

式中，Re 表示取实部；$s_l(t)$ 是带通信号 $s(t)$ 的等效低通形式，也称为 $s(t)$ 的复包络。

对式(3-12)进行变换，可得实带通信号 $s(t)$ 的第 3 种表示形式：

$$s(t) = \mathrm{Re}[a(t)\mathrm{e}^{\mathrm{j}\theta(t)}\mathrm{e}^{\mathrm{j}2\pi f_c t}] = a(t)\cos[2\pi f_c t + \theta(t)] \tag{3-13}$$

式中，$a(t) = \sqrt{x^2(t) + y^2(t)}$ 称为 $s(t)$ 的包络，$\theta(t) = \arctan[y(t)/x(t)]$ 称为 $s(t)$ 的相位。

实带通信号的频谱 $S(f)$ 与其等效低通信号频谱 $S_l(f)$ 之间的关系，可利用恒等式 $\mathrm{Re}(\xi) = (\xi + \xi^*)/2$ 和傅里叶变换推导得到，即

$$\begin{aligned} S(f) &= \int_{-\infty}^{\infty} s(t)\mathrm{e}^{-\mathrm{j}2\pi ft}\mathrm{d}t = \int_{-\infty}^{\infty} \{\mathrm{Re}[s_l(t)\mathrm{e}^{\mathrm{j}2\pi f_c t}]\}\mathrm{e}^{-\mathrm{j}2\pi ft}\mathrm{d}t \\ &= \int_{-\infty}^{\infty} \left\{\frac{1}{2}\left[s_l(t)\mathrm{e}^{\mathrm{j}2\pi f_c t} + (s_l(t)\mathrm{e}^{\mathrm{j}2\pi f_c t})^*\right]\right\}\mathrm{e}^{-\mathrm{j}2\pi ft}\mathrm{d}t \\ &= \frac{1}{2}\int_{-\infty}^{\infty} s_l(t)\mathrm{e}^{-\mathrm{j}2\pi(f-f_c)t}\mathrm{d}t + \frac{1}{2}\int_{-\infty}^{\infty} s_l^*(t)\mathrm{e}^{-\mathrm{j}2\pi(f+f_c)t}\mathrm{d}t \\ &= \frac{1}{2}[S_l(f - f_c) + S_l^*(-f - f_c)] \end{aligned} \tag{3-14}$$

实带通信号 $s(t)$ 的能量可定义为

$$\varepsilon = \int_{-\infty}^{\infty} s^2(t)\mathrm{d}t = \int_{-\infty}^{\infty} \{\mathrm{Re}[s_l(t)\mathrm{e}^{\mathrm{j}2\pi f_c t}]\}^2\mathrm{d}t \tag{3-15}$$

利用恒等式 $\mathrm{Re}(\xi)=(\xi+\xi^*)/2$，可推导得到

$$\varepsilon=\int_{-\infty}^{\infty}\left[\frac{1}{2}(s_l(t)\mathrm{e}^{\mathrm{j}2\pi f_c t})+\frac{1}{2}(s_l(t)\mathrm{e}^{\mathrm{j}2\pi f_c t})^*\right]^2\mathrm{d}t$$

$$=\int_{-\infty}^{\infty}\left\{\frac{1}{2}(s_l(t)\mathrm{e}^{\mathrm{j}2\pi f_c t})(s_l(t)\mathrm{e}^{\mathrm{j}2\pi f_c t})^*+\frac{(s_l(t)\mathrm{e}^{\mathrm{j}2\pi f_c t})^2+[(s_l(t)\mathrm{e}^{\mathrm{j}2\pi f_c t})^*]^2}{4}\right\}\mathrm{d}t \tag{3-16}$$

$$=\frac{1}{2}\int_{-\infty}^{\infty}|s_l(t)|^2\,\mathrm{d}t+\frac{1}{2}\int_{-\infty}^{\infty}\{[x^2(t)-y^2(t)]\cos(4\pi f_c t)-2x(t)y(t)\sin(4\pi f_c t)\}\mathrm{d}t$$

式(3-16)中后一项变换后可得

$$\varepsilon=\frac{1}{2}\int_{-\infty}^{\infty}|s_l(t)|^2\,\mathrm{d}t+\frac{1}{2}\int_{-\infty}^{\infty}|s_l(t)|^2\cos[4\pi f_c t+\varphi(t)]\mathrm{d}t \tag{3-17}$$

式中

$$\varphi(t)=\arctan\frac{2x(t)y(t)}{x^2(t)-y^2(t)}$$

式(3-17)中的后一项积分是 $|s_l(t)|^2$ 加权的 2 倍载频余弦函数的积分，积分值相对于前一项的积分值可以忽略。所以，带通信号 $s(t)$ 的能量为

$$\varepsilon=\frac{1}{2}\int_{-\infty}^{\infty}|s_l(t)|^2\,\mathrm{d}t \tag{3-18}$$

由式(3-18)可以看出，带通信号的能量是其对应的等效低通信号能量的一半。

#### 2. 带通系统的等效低通表示

为了分析带通信号通过带通系统的响应特性，需要考虑带通系统的等效低通表示。令实带通系统的单位冲激响应为 $h(t)$，对应的等效低通形式用 $h_l(t)$ 表示。由于 $h(t)$ 是实的，所以对应的传递函数 $H(f)$ 具有埃尔米特对称性

$$H^*(-f)=\int_{-\infty}^{\infty}[h(t)\mathrm{e}^{-\mathrm{j}2\pi(-f)t}]^*\,\mathrm{d}t=\int_{-\infty}^{\infty}h(t)\mathrm{e}^{-\mathrm{j}2\pi ft}\,\mathrm{d}t=H(f) \tag{3-19}$$

与式(3-1)和式(3-7)类似，定义

$$\begin{aligned}H_+(f)&=u(f)H(f)\\H_l(f)&=2H_+(f+f_c)\end{aligned} \tag{3-20}$$

则有

$$H(f)=\frac{1}{2}[H_l(f-f_c)+H_l^*(-f-f_c)] \tag{3-21}$$

对式(3-21)进行傅里叶逆变换，可得

$$h(t)=\frac{1}{2}[h_l(t)\mathrm{e}^{\mathrm{j}2\pi f_c t}+h_l^*(t)\mathrm{e}^{-\mathrm{j}2\pi f_c t}]=\mathrm{Re}[h_l(t)\mathrm{e}^{\mathrm{j}2\pi f_c t}] \tag{3-22}$$

3. 带通系统对带通信号的响应

带通信号经过带通系统的输出信号可以由等效低通信号通过带通系统的等效低通响应得到。假定输入带通信号为 $s(t)$，带通系统的单位冲激响应为 $h(t)$，则系统的输出信号 $r(t)$ 也是一个带通信号，可表示为

$$r(t) = \mathrm{Re}[r_l(t)\mathrm{e}^{\mathrm{j}2\pi f_c t}] \tag{3-23}$$

输出信号 $r(t)$ 和输入信号 $s(t)$ 之间的关系为

$$r(t) = s(t) * h(t) = \int_{-\infty}^{\infty} s(\tau)h(t-\tau)\mathrm{d}\tau \tag{3-24}$$

对应的频域关系为

$$R(f) = S(f)H(f) \tag{3-25}$$

利用式(3-7)和式(3-20)，可得

$$\begin{aligned} R_l(f) &= 2R(f+f_c)u(f+f_c) \\ &= 2S(f+f_c)H(f+f_c)u(f+f_c) \\ &= \frac{1}{2}[2S(f+f_c)u(f+f_c)][2H(f+f_c)u(f+f_c)] \\ &= \frac{1}{2}S_l(f)H_l(f) \end{aligned} \tag{3-26}$$

对应的时域关系为

$$r_l(t) = \frac{1}{2}s_l(t) * h_l(t) \tag{3-27}$$

式(3-26)和式(3-27)表明，当采用等效低通形式表示带通信号和带通系统时，输入输出信号之间的关系与带通形式下的输入输出关系类似，唯一的差别在于引入了 1/2 因子。式(3-27)主要用于分析等效低通信号通过等效低通信道的传输特性，是一种简便的解析分析方法。

### 3.1.2 波形的信号空间描述

在数字调制方式的设计和分析中，信号空间是一种更加紧凑、高效而实用地描述已调信号的方法。本节首先讨论矢量空间和信号空间的相关概念，说明信号波形与其矢量表示的等价性，然后导出信号波形的矢量表示法。

1. 矢量空间

在 $n$ 维矢量空间中，矢量 $\boldsymbol{v}$ 可以表示成单位矢量 $\boldsymbol{e}_i$ ($i = 1, 2, \cdots, n$)的线性组合，即

$$\boldsymbol{v} = \sum_{i=1}^{n} v_i \boldsymbol{e}_i \tag{3-28}$$

式中，$v_i$ 是矢量 $\boldsymbol{v}$ 在单位矢量 $\boldsymbol{e}_i$ (长度为 1)上的投影。下面回顾矢量的几个概念和性质。

(1)矢量的**内积**。2 个 $n$ 维矢量 $\boldsymbol{v}_1=[v_{11},v_{12},\cdots,v_{1n}]^{\mathrm{T}}$ 和 $\boldsymbol{v}_2=[v_{21},v_{22},\cdots,v_{2n}]^{\mathrm{T}}$（$[\ ]^{\mathrm{T}}$表示转置)的内积(Inner Product)定义为

$$\boldsymbol{v}_1\cdot\boldsymbol{v}_2=\sum_{i=1}^{n}v_{1i}v_{2i} \tag{3-29}$$

如果 $\boldsymbol{v}_1\cdot\boldsymbol{v}_2=0$，则矢量 $\boldsymbol{v}_1$ 和 $\boldsymbol{v}_2$ 相互正交。对于一组矢量 $\boldsymbol{v}_1,\boldsymbol{v}_2,\cdots,\boldsymbol{v}_m$，如果对所有 $1\leqslant i,j\leqslant m$，且 $i\neq j$，满足

$$\boldsymbol{v}_i\cdot\boldsymbol{v}_j=0 \tag{3-30}$$

则这组矢量是相互正交的。

(2)矢量 $\boldsymbol{v}$ 的**范数**(Norm)。矢量 $\boldsymbol{v}$ 的范数也称为长度，记为 $\|\boldsymbol{v}\|$，定义为

$$\|\boldsymbol{v}\|=\sqrt{\boldsymbol{v}\cdot\boldsymbol{v}}=\sqrt{\sum_{i=1}^{n}v_i^2} \tag{3-31}$$

如果一组矢量相互正交且每个矢量的范数均为 1，则称这组矢量是标准(归一化)正交的。如果一组矢量中任何一个矢量不能表示成其他矢量的线性组合，则称这组矢量为线性独立的。

(3)**欧氏距离(Distance)**。欧氏距离定义为

$$\|\boldsymbol{v}_1-\boldsymbol{v}_2\|=\sqrt{\sum_{i=1}^{n}(v_{1i}-v_{2i})^2} \tag{3-32}$$

是对两个矢量之间相似度的一种度量。

(4)**柯西-施瓦茨(Cauchy-Schwartz)**不等式。两个 $n$ 维矢量 $\boldsymbol{v}_1$ 和 $\boldsymbol{v}_2$ 满足三角不等式：

$$\|\boldsymbol{v}_1+\boldsymbol{v}_2\|\leqslant\|\boldsymbol{v}_1\|+\|\boldsymbol{v}_2\| \tag{3-33}$$

如果 $\boldsymbol{v}_1=\alpha\boldsymbol{v}_2$（$\alpha$ 为正的实常数)，则式(3-33)取等号。由三角不等式可导出柯西-施瓦茨不等式：

$$|\boldsymbol{v}_1\cdot\boldsymbol{v}_2|\leqslant\|\boldsymbol{v}_1\|\cdot\|\boldsymbol{v}_2\| \tag{3-34}$$

如果 $\boldsymbol{v}_1=\alpha\boldsymbol{v}_2$，则式(3-34)取等号。

(5)**勾股定理**关系。两个矢量之和的范数平方可以展开为

$$\|\boldsymbol{v}_1+\boldsymbol{v}_2\|^2=\|\boldsymbol{v}_1\|^2+\|\boldsymbol{v}_2\|^2+2\boldsymbol{v}_1\cdot\boldsymbol{v}_2 \tag{3-35}$$

如果 $\boldsymbol{v}_1\cdot\boldsymbol{v}_2=0$，即 $\boldsymbol{v}_1$ 和 $\boldsymbol{v}_2$ 是相互正交的，则得到

$$\|\boldsymbol{v}_1+\boldsymbol{v}_2\|^2=\|\boldsymbol{v}_1\|^2+\|\boldsymbol{v}_2\|^2 \tag{3-36}$$

这就是两个相互正交的 $n$ 维矢量之间的勾股定理关系式。

(6)**矩阵变换**。$n$ 维矢量空间中矢量的线性变换是一种矩阵变换，即

$$\boldsymbol{v}'=\boldsymbol{A}\boldsymbol{v} \tag{3-37}$$

式中，$\boldsymbol{A}$ 是矢量 $\boldsymbol{v}$ 变换为矢量 $\boldsymbol{v}'$ 的变换矩阵。如果标量 $\lambda$ 满足：

$$\boldsymbol{A}\boldsymbol{v}=\lambda\boldsymbol{v} \tag{3-38}$$

则矢量 $\boldsymbol{v}$ 称为变换矩阵 $\boldsymbol{A}$ 的特征矢量，$\lambda$ 为相应的特征值。

由一组 $n$ 维矢量 $\boldsymbol{v}_1$, $\boldsymbol{v}_2$, $\cdots$, $\boldsymbol{v}_m$ 构造出一组标准正交矢量，可采用格拉姆-施密特正交化的方法，过程如下：第一步，从这组矢量中任意选择一个矢量，如 $\boldsymbol{v}_1$，对它的长度进行归一化，得到标准正交矢量 $\boldsymbol{u}_1 = \boldsymbol{v}_1 / \|\boldsymbol{v}_1\|$；第二步，选择 $\boldsymbol{v}_2$，先从 $\boldsymbol{v}_2$ 中减去其在 $\boldsymbol{u}_1$ 上的投影(图 3-3)得到 $\boldsymbol{u}_2' = \boldsymbol{v}_2 - (\boldsymbol{v}_2 \cdot \boldsymbol{u}_1)\boldsymbol{u}_1$，再将矢量 $\boldsymbol{u}_2'$ 进行归一化，得到 $\boldsymbol{u}_2 = \boldsymbol{u}_2' / \|\boldsymbol{u}_2'\|$；继续第二步的过程，选择 $\boldsymbol{v}_3$，先从 $\boldsymbol{v}_3$ 中减去 $\boldsymbol{v}_3$ 在 $\boldsymbol{u}_1$ 和 $\boldsymbol{u}_2$ 上的投影，得到 $\boldsymbol{u}_3' = \boldsymbol{v}_3 - (\boldsymbol{v}_3 \cdot \boldsymbol{u}_1)\boldsymbol{u}_1 - (\boldsymbol{v}_3 \cdot \boldsymbol{u}_2)\boldsymbol{u}_2$，再将矢量 $\boldsymbol{u}_3'$ 进行归一化，得到 $\boldsymbol{u}_3 = \boldsymbol{u}_3' / \|\boldsymbol{u}_3'\|$。

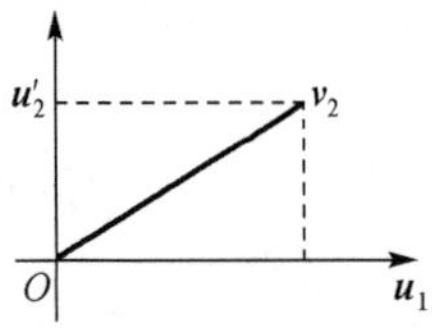


图 3-3　矢量的正交化过程

按照上述方法对给定的 $m$ 个 $n$ 维矢量进行处理后可得到 $l$ 维标准正交矢量组。一般情况下，$l$ 的取值小于等于 $m$ 和 $n$ 中取值较小的一个。

2. 信号空间

如果把每个信号(或波形) $s(t)$ 抽象为集合中的元素，各种各样的信号就构成了所研究信号的集合。进一步分析发现，可以把信号 $s(t)$ 称为**信号点**(Signal Point)，把信号点的集合称为**信号空间**(Signal Space)。本节考虑定义在有限时间区间[$a$, $b$]上的一组有限能量信号。

(1) 信号的**内积**。复信号 $z_1(t)$ 和 $z_2(t)$ 的内积记为 $\langle z_1(t), z_2(t)\rangle$，定义为

$$\langle z_1(t), z_2(t)\rangle = \int_a^b z_1(t) z_2^*(t)\mathrm{d}t \tag{3-39}$$

如果内积为 0，则 $z_1(t)$ 和 $z_2(t)$ 是相互正交的。

(2) 复信号 $z(t)$ 的**范数**(长度)。复信号 $z(t)$ 的范数定义为

$$\sqrt{\varepsilon_z} = \|z(t)\| = \sqrt{\int_a^b |z(t)|^2 \mathrm{d}t} \tag{3-40}$$

如果一个信号集中的任意两个信号之间相互正交，且每个信号的范数均为 1，则称该信号集是标准(归一化)正交信号集。如果信号集中任何一个信号都不能表示成其他信号的线性组合，则称该信号集是线性独立的。

(3) 复信号之间的**距离**。复信号之间的距离定义为

$$d_{12} = \|z_1(t) - z_2(t)\| = \sqrt{\int_a^b |z_1(t) - z_2(t)|^2 \,\mathrm{d}t} \tag{3-41}$$

是对两个信号之间相似度的一种度量。

(4) 柯西-施瓦茨不等式。两个信号的三角不等式可表示为

$$\|z_1(t) + z_2(t)\| \leqslant \|z_1(t)\| + \|z_2(t)\| \tag{3-42}$$

由式(3-42)可导出柯西-施瓦茨不等式为

$$\left|\int_a^b z_1(t) z_2^*(t)\mathrm{d}t\right| \leqslant \sqrt{\int_a^b |z_1(t)|^2 \mathrm{d}t} \cdot \sqrt{\int_a^b |z_2(t)|^2 \mathrm{d}t} \tag{3-43}$$

如果 $z_1(t)=\alpha z_2(t)$，则式(3-43)取等号。

3. 信号的正交展开

对于某确定性的有限能量信号 $s(t), t\in[0,T]$，存在函数集 $\{\psi_k(t), k=1,2,\cdots,K\}$，满足

$$\int_0^T \psi_j(t)\psi_k(t)dt=\begin{cases}1, & j=k,\\ 0, & j\neq k,\end{cases}\quad j,k=1,2,\cdots,K \tag{3-44}$$

基于上述标准正交函数集，信号 $s(t)$ 可近似表示为

$$\tilde{s}(t)=\sum_{k=1}^{K}a_k\psi_k(t),\ \ 0\leqslant t\leqslant T \tag{3-45}$$

式中，系数 $a_k=\int_0^T s(t)\psi_k(t)\mathrm{d}t, k=1,2,\cdots,K$。引起的近似误差为

$$e(t)=s(t)-\tilde{s}(t),\ \ 0\leqslant t\leqslant T \tag{3-46}$$

令近似误差能量关于 $a_j$ 的导数为 0，可推导得到使近似误差能量最小的展开系数 $a_j$，过程如下：

$$\begin{aligned}\frac{\mathrm{d}\left[\int_0^T e^2(t)\mathrm{d}t\right]}{\mathrm{d}a_j}&=\frac{\mathrm{d}\left\{\int_0^T\left[s(t)-\sum_{k=1}^{K}a_k\psi_k(t)\right]^2\mathrm{d}t\right\}}{\mathrm{d}a_j}\\&=\int_0^T 2\left[s(t)-\sum_{k=1}^{K}a_k\psi_k(t)\right][-\psi_j(t)]\mathrm{d}t\\&=-2\int_0^T s(t)\psi_k(t)\mathrm{d}t+2\sum_{k=1}^{K}a_k\int_0^T\psi_k(t)\psi_j(t)\mathrm{d}t\\&=-2\int_0^T s(t)\psi_j(t)\mathrm{d}t+2a_j=0\end{aligned} \tag{3-47}$$

由式(3-47)可得

$$a_j=\int_0^T s(t)\psi_j(t)\mathrm{d}t \tag{3-48}$$

因此，使得近似误差能量最小的系数 $a_j$ 就是 $s(t)$ 在 $\psi_j(t)$ 上的投影。式(3-47)还可以等效为误差 $e(t)$ 正交于函数 $\{\psi_k(t), k=1,2,\cdots,K\}$，即

$$\int_0^T e(t)\psi_j(t)\mathrm{d}t=0 \tag{3-49}$$

所以，有 $\int_0^T e(t)\tilde{s}(t)\mathrm{d}t=0$。此时的最小误差能量 $\varepsilon_{e\min}$ 为

$$\min_{\{a_k\}}\int_0^T e^2(t)\mathrm{d}t=\int_0^T e(t)[s(t)-\tilde{s}(t)]\mathrm{d}t=\int_0^T s^2(t)\mathrm{d}t-\sum_{k=1}^{K}a_k^2 \tag{3-50}$$

当 $\varepsilon_{e\min}=0$ 时，有

$$\int_0^T s^2(t)\mathrm{d}t = \sum_{k=1}^{K} a_k^2 \tag{3-51}$$

此时，信号 $s(t)$ 可表示为

$$s(t) = \sum_{k=1}^{K} a_k \psi_k(t), \quad 0 \leqslant t \leqslant T \tag{3-52}$$

如果每一个能量有限信号均满足式(3-52)，则称 $\{\psi_k(t), k=1,2,\cdots,K\}$ 为完备正交函数集。典型的例子是傅里叶级数三角函数集，即

$$\left\{\sqrt{2/T}\cos\frac{2\pi kt}{T}, \sqrt{2/T}\sin\frac{2\pi kt}{T}\right\}_{0\leqslant k\leqslant\infty} \tag{3-53}$$

对于取值在 $[0,T]$ 区间的有限能量信号 $s(t)$，可以得到最小误差能量为 0 的傅里叶级数展开：

$$s(t) = \sum_{k=0}^{\infty}\left(a_k \cos\frac{2\pi kt}{T} + b_k \sin\frac{2\pi kt}{T}\right) \tag{3-54}$$

系数 $a_k$ 和 $b_k$ 分别为

$$a_k = \frac{1}{\sqrt{T}}\int_0^T s(t)\cos\frac{2\pi kt}{T}\mathrm{d}t$$

$$b_k = \frac{1}{\sqrt{T}}\int_0^T s(t)\sin\frac{2\pi kt}{T}\mathrm{d}t$$

给定一组能量有限的信号波形 $\{s_k(t), k=1,2,\cdots,K\}$，可以利用格拉姆-施密特正交化过程构造一个标准正交波形集。过程如下：第一步，从这组信号中任意选择一个信号，如 $s_1(t)$，对它的长度进行归一化，得到标准正交信号 $\psi_1(t) = s_1(t)/\|s_1(t)\|$；第二步，选择 $s_2(t)$，先从 $s_2(t)$ 中减去其在 $\psi_1(t)$ 上的投影，得到 $\psi_2'(t) = s_2(t) - \langle s_2(t), \psi_1(t)\rangle \psi_1(t)$，再将信号 $\psi_2'(t)$ 进行归一化，得到 $\psi_2(t) = \psi_2'(t)/\|\psi_2'(t)\|$；以此类推，按照上述方法对给定的 $K$ 个信号处理完毕，得到标准正交波形集。正交波形集的归一化信号波形个数(信号空间维数) $n$ 不大于 $K$。如果给定的所有信号波形相互独立，则信号空间维数 $n$ 等于 $K$。

确定了 $n$ 维标准正交波形集后，每个信号 $\{s_k(t), k=1,2,\cdots,K\}$ 都可以表示成矢量 $[s_{k1}, s_{k2},\cdots,s_{kn}]$，等效为 $n$ 维信号空间中的一个点。空间中每个点的能量可以用该点对应矢量长度的平方表示。

需要说明的是，由格拉姆-施密特正交化过程获得的标准正交波形集不是唯一的，改变信号 $\{s_k(t)\}$ 的正交化处理过程，则标准正交波形集会有所不同，对应的信号矢量也会随之变化，但是其维数不会发生变化。

两个信号波形的相似度可以用欧氏距离来衡量。假设 $s_1(t)$ 和 $s_2(t)$ 对应的信号矢量分别为 $[a_1,a_2,\cdots,a_n]$ 和 $[b_1,b_2,\cdots,b_n]$，则 $s_1(t)$ 和 $s_2(t)$ 之间的欧氏距离定义为

$$\begin{aligned} d_{12} &= \sqrt{(a_1-b_1)^2 + (a_2-b_2)^2 + \cdots + (a_n-b_n)^2} \\ &= \sqrt{\|s_1(t)\| + \|s_2(t)\| - 2\langle s_1(t), s_2(t)\rangle} \end{aligned} \tag{3-55}$$

任意两个定义在$[0,T]$区间的有限能量信号波形的相似度还可以用归一化相关系数来衡量，定义为

$$\rho_{12}=\frac{<s_1(t),s_2(t)>}{\|s_1(t)\|\|s_2(t)\|}=\int_0^T\frac{s_1(t)}{\|s_1(t)\|}\cdot\frac{s_2(t)}{\|s_2(t)\|}\mathrm{d}t \tag{3-56}$$

由式(3-55)和式(3-56)可以看出，欧氏距离和归一化相关系数之间的关系为

$$d_{12}=\sqrt{\|s_1(t)\|+\|s_2(t)\|-2\|s_1(t)\|\|s_2(t)\|\cdot\rho_{12}} \tag{3-57}$$

相关系数越大，则欧氏距离越小，说明信号之间的相似度越高。对于复信号，可定义复数的归一化相关系数为

$$\rho_{l,12}=\frac{\int_0^T s_{l,1}(t)[s_{l,2}(t)]^*\mathrm{d}t}{\|s_{l,1}(t)\|\times\|s_{l,2}(t)\|}=\frac{\int_0^T s_{l,1}(t)[s_{l,2}(t)]^*\mathrm{d}t}{2\|s_1(t)\|\times\|s_2(t)\|} \tag{3-58}$$

显然，$\mathrm{Re}(\rho_{l,12})=\rho_{12}$。

以上是对确定性信号的表征和分析，也是数字已调信号设计和分析的基础。对于可建模为广义平稳随机过程的随机信号，可以分析其自相关函数和功率谱密度。

下面首先针对无记忆调制方式，利用上述信号空间分析法对其进行分析。

## 3.2　无记忆调制方式

常用的无记忆调制方式主要有数字幅度调制(Amplitude Modulation，AM)、数字相位调制(Phase Modulation，PM)、正交幅度调制(Quadrature Amplitude Modulation，QAM)和正交多维调制(Orthogonal Multi-dimension Modulation，OMM)等。本节主要讨论这些调制方式的已调信号表示方法，并分析其特性。

### 3.2.1　数字幅度调制

数字幅度调制也称为数字幅移键控，已调信号(或信道符号)可表示为

$$s_m(t)=\mathrm{Re}[A_m g(t)\mathrm{e}^{\mathrm{j}2\pi f_c t}]=A_m g(t)\cos(2\pi f_c t) \tag{3-59}$$

式中，$f_c$为载波频率；$g(t)$为实信号脉冲，脉冲形状会影响已调信号的功率谱密度，常见的脉冲形状有矩形脉冲和升余弦脉冲等。通常，取$A_m=(2m-1-M)d$，$m=1,2,\cdots,M$，表示$M$个可能的幅度值，对应$M$个可能的$k=\log_2 M$比特分组，$2d$为相邻信号幅度的差值。此时，$A_m$的取值是双极性的，还有另外一种定义$A_m$的方式，即所有的$A_m$取值为单极性的，简单的例子是通断键控(On Off Keying，OOK)信号。本节主要讨论$A_m$取值为双极性的情况。

利用格拉姆-施密特正交化过程，可以求得数字 AM 信号对应的标准正交函数为

$$u_1(t)=\frac{g(t)}{\|g(t)\|}\sqrt{2}\cos(2\pi f_c t) \tag{3-60}$$

函数$u_1(t)$的归一化可验证如下：

$$\begin{aligned}\|u_1(t)\|^2 &= \frac{2}{\|g(t)\|^2}\int_0^T g^2(t)\frac{1+\cos(4\pi f_c t)}{2}\mathrm{d}t \\ &= \frac{1}{\|g(t)\|^2}\int_0^T g^2(t)\mathrm{d}t + \frac{1}{\|g(t)\|^2}\int_0^T g^2(t)\cos(4\pi f_c t)\mathrm{d}t \\ &\approx \frac{1}{\|g(t)\|^2}\int_0^T g^2(t)\mathrm{d}t = 1\end{aligned}$$

基于式(3-60)中的标准正交函数，可得到数字 AM 已调信号的矢量形式：

$$\boldsymbol{s}_m = (A_m \cdot \|g(t)\| / \sqrt{2}) \tag{3-61}$$

该矢量只有 1 个分量，所以数字 AM 信号是一维信号。

根据数字 AM 信号的矢量形式，可以简便地得到第 $m$ 个已调信号的能量为

$$\varepsilon_m = \int_0^T s_m^2(t)\mathrm{d}t \approx A_m^2 \|g(t)\|^2 / 2 = \frac{1}{2}A_m^2 \varepsilon_g \tag{3-62}$$

式中，$\varepsilon_g$ 为脉冲 $g(t)$ 的能量。

根据数字 AM 信号的矢量形式，还可以得到信号空间图。通常采用格雷(Gray)编码实现 $k$ 比特分组和 $M = 2^k$ 个可能信号点之间的映射，如图 3-4 所示。格雷编码的特点是相邻信号点对应的 $k$ 比特分组之间只相差 1 比特。这样，当出现相邻幅度值判决错误时，只会导致 1 比特的错误。而相邻幅度值出现判决错误的概率远大于其他情况，所以采用格雷码可有效降低误比特率。

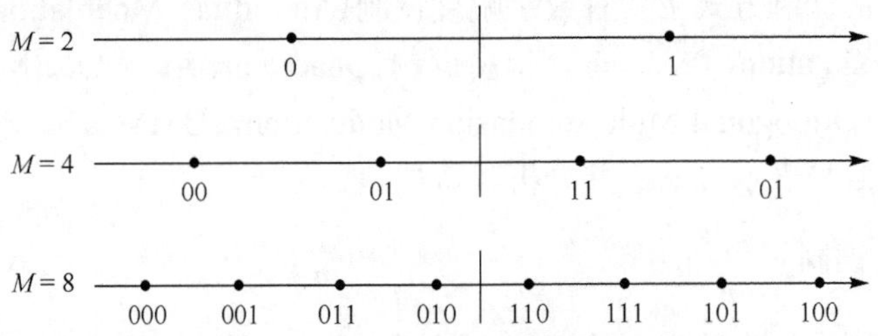

图 3-4　数字 AM 信号空间图

下面分析信号点之间的相似性。任意一对信号点之间的欧氏距离为

$$\begin{aligned}\|s_m(t) - s_n(t)\| &= \sqrt{[A_m \cdot \|g(t)\|/\sqrt{2} - A_n \cdot \|g(t)\|/\sqrt{2}]^2} \\ &= \left|A_m \cdot \|g(t)\|/\sqrt{2} - A_n \cdot \|g(t)\|/\sqrt{2}\right| \\ &= \frac{\|g(t)\|}{\sqrt{2}}|A_m - A_n| \\ &= \frac{\|g(t)\|}{\sqrt{2}}|(2m-1-M)d - (2n-1-M)d| \\ &= d\sqrt{2} \cdot \|g(t)\| \cdot |m-n|\end{aligned} \tag{3-63}$$

相邻信号点之间的欧氏距离，即最小欧氏距离为

$$d_{\min} = d\sqrt{2\varepsilon_g} \tag{3-64}$$

由于 $g(t)$ 为实信号脉冲，因此 $g(t)$ 的频谱 $G(f)$ 具有对称性。所以式(3-59)表示的载波调制数字 AM 信号是双边带(Double Side Band，DSB)信号，所需传输带宽是等效低通信号的两倍。为了节省带宽，可以采用单边带(Single Side Band，SSB)数字幅度调制，其表达式(以保留上边带为例)为

$$s_{m,\text{SSB}}(t) = \text{Re}\{A_m[g(t) + \text{j}\hat{g}(t)]\text{e}^{\text{j}2\pi f_c t} / \sqrt{2}\} \tag{3-65}$$

利用格拉姆-施密特正交化过程，可得 SSB 信号的标准正交函数为

$$u_1(t) = \text{Re}[\sqrt{2}g_+(t)\text{e}^{\text{j}2\pi f_c t}] / \|g_+(t)\| \tag{3-66}$$

式中，$g_+(t) = g(t) + \text{j}\hat{g}(t)$。基于 $u_1(t)$，可得 SSB 信号的矢量表示为

$$\boldsymbol{s}_{m,\text{SSB}}(t) = (A_m\|g_+(t)\| / 2) \tag{3-67}$$

由该矢量形式可知单边带数字幅度调制信号也是一维信号，同时可求得 SSB 信号能量为

$$\varepsilon_{m,\text{SSB}} = \int_0^T s_{m,\text{SSB}}^2(t)\text{d}t \approx A_m^2\|g_+(t)\|^2 / 4 = \frac{1}{4}A_m^2\varepsilon_g^+ \tag{3-68}$$

由于 $\|g_+(t)\|^2 = g^2(t) + \hat{g}^2(t)$，可得 $\varepsilon_g^+ = \int_0^T \|g_+(t)\|^2\,\text{d}t = \int_0^T g^2(t)\text{d}t + \int_0^T \hat{g}^2(t)\text{d}t = 2\varepsilon_g$，代入式(3-68)，得到 SSB 信号的能量表达式为

$$\varepsilon_{m,\text{SSB}} = \frac{1}{4}A_m^2\varepsilon_g^+ = \frac{1}{2}A_m^2\varepsilon_g \tag{3-69}$$

比较式(3-62)和式(3-69)，可以发现上述双边带和单边带数字幅度调制信号的能量相等。原因在于信号表达式中选择了不同的常数因子 $1/\sqrt{2}$ 和 $1/2$，即

$$\begin{aligned} \boldsymbol{s}_{m,\text{DSB}} &= (A_m \cdot \|g(t)\| / \sqrt{2}) \\ \boldsymbol{s}_{m,\text{SSB}} &= (A_m\|g_+(t)\| / 2) \end{aligned} \tag{3-70}$$

在信号能量相等的条件下，SSB 信号占用的带宽是 DSB 信号的一半，代价是增加了一个希尔伯特变换器，实现复杂度有所提高。

单边带数字幅度调制的原理框图如图 3-5 所示，图中累加器下方的“-”号换成“+”号，则得到下边带数字 AM 信号。因而，SSB 数字 AM 信号可表示为

$$\begin{aligned} s_{m,\text{SSB}}(t) &= \text{Re}\{A_m[g(t) \pm \text{j}\hat{g}(t)]\text{e}^{\text{j}2\pi f_c t} / \sqrt{2}\} \\ &= \frac{A_m}{\sqrt{2}}g(t)\cos(2\pi f_c t) \mp \frac{A_m}{\sqrt{2}}\hat{g}(t)\sin(2\pi f_c t) \end{aligned} \tag{3-71}$$

图 3-6 所示为 4 电平基带数字脉冲信号和对应的载波调制波形。

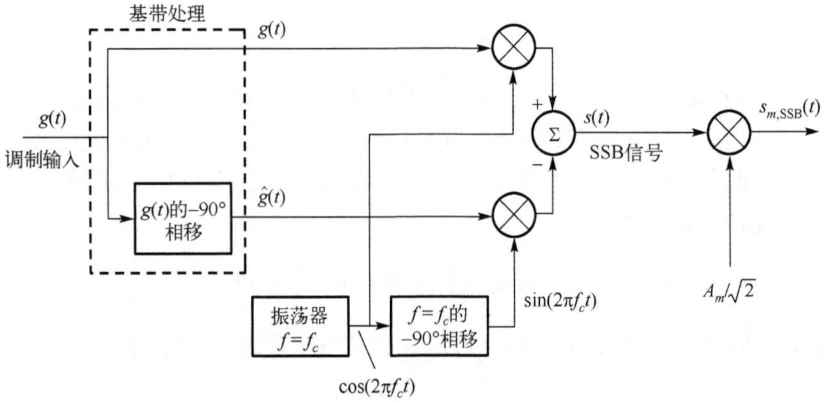


图 3-5　单边带调制原理框图

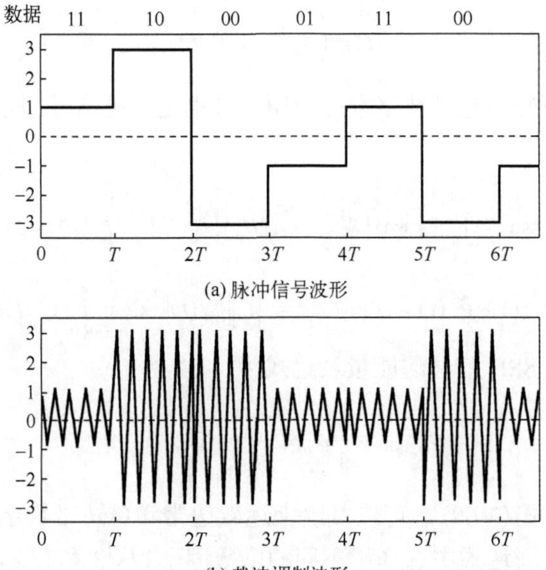


图 3-6　基带数字脉冲信号与载波调制波形

对于 $M=2$ 的数字幅度调制信号具有特殊的性质，即 $s_1(t)=-s_2(t)$。此时，这两个信号的能量相等且归一化相关系数为−1。这样的信号也称为双极性信号。

### 3.2.2　数字相位调制

数字相位调制也称为相移键控(PSK)，信道符号可表示为

$$\begin{aligned} s_m(t) &= \mathrm{Re}[g(t)\mathrm{e}^{\mathrm{j}2\pi(m-1)/M}\mathrm{e}^{\mathrm{j}2\pi f_c t}] \\ &= g(t)\cos(2\pi f_c t+\theta_m) \\ &= g(t)\cos\theta_m\cos(2\pi f_c t)-g(t)\sin\theta_m\sin(2\pi f_c t) \end{aligned} \tag{3-72}$$

式中，$\theta_m=2\pi(m-1)/M\ (m=1,2,\cdots,M)$ 用于承载要发送的信息，通过信号空间图(星座图)映射为某个 $k=\log_2 M$ 比特分组，$g(t)$ 为实信号脉冲。

以 $M=4$ 为例，信道符号可表示为

$$\begin{cases} s_1(t)=g(t)\cdot\cos(2\pi f_c t) \\ s_2(t)=g(t)\cdot\cos(2\pi f_c t+\pi/2) \\ s_3(t)=g(t)\cdot\cos(2\pi f_c t+\pi) \\ s_4(t)=g(t)\cdot\cos(2\pi f_c t+3\pi/2) \end{cases} \tag{3-73}$$

利用格拉姆-施密特正交化的方法，可以得到一个完备的正交函数集：

$$u_1(t)=\frac{g(t)}{\|g(t)\|}\sqrt{2}\cos(2\pi f_c t) \tag{3-74}$$

$$u_2(t)=-\frac{g(t)}{\|g(t)\|}\sqrt{2}\sin(2\pi f_c t) \tag{3-75}$$

基于该函数集，可得数字 PM 信号的矢量形式：

$$\boldsymbol{s}_m=\left[\frac{1}{\sqrt{2}}\|g(t)\|\cos\theta_m,\frac{1}{\sqrt{2}}\|g(t)\|\sin\theta_m\right] \tag{3-76}$$

当 $M>2$ 时，数字相位调制信号是二维的。BPSK 是一个特例，它是一维信号，与二进制数字 AM 信号相同。图 3-7 给出了 $M=2$、4 和 8 时的数字相位调制信号空间图实例。

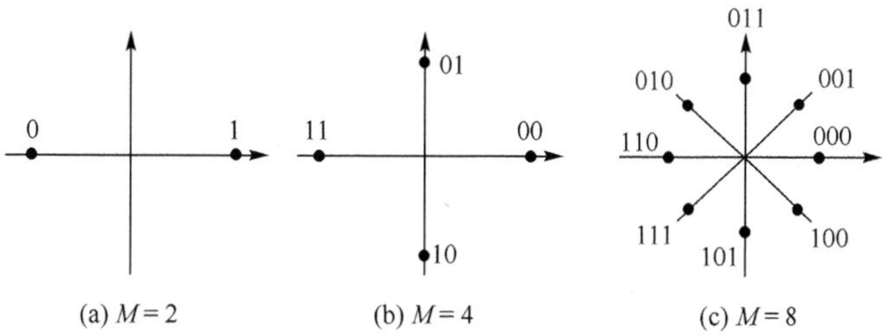


图 3-7　BPSK、QPSK 和 8PSK 的信号空间图实例

值得注意的是，数字相位调制的每个信道符号都是等能量的，即

$$\varepsilon_m=\int_0^T s_m^2(t)\mathrm{d}t=\frac{1}{2}\|g(t)\|^2\cos^2\theta_m+\frac{1}{2}\|g(t)\|^2\sin^2\theta_m=\frac{1}{2}\varepsilon_g \tag{3-77}$$

在数字相位调制中，实现 $k$ 比特分组和 $M=2^k$ 个信号点之间映射的优选方案同样是格雷编码。如图 3-7 所示，相邻信号点对应的 $k$ 比特分组之间只相差 1 比特。这样，当出现相邻信号点判决错误时，只会导致 1 比特的错误。而相邻信号点出现判决错误的概率远大于其他情况，所以采用格雷码可有效降低误比特率。

信号点之间的欧氏距离为

$$\begin{aligned}&\|s_m(t)-s_n(t)\|\\&=\frac{\|g(t)\|}{\sqrt{2}}\sqrt{(\cos\theta_m-\cos\theta_n)^2+(\sin\theta_m-\sin\theta_n)^2}\end{aligned}$$

$$= \|g(t)\|\sqrt{1-\cos(\theta_m - \theta_n)} \tag{3-78}$$

当$|m-n|=1$时，即得到最小欧氏距离，即相邻相位信号点之间的距离为

$$d_{\min} = \|g(t)\|\sqrt{1-\cos(2\pi / M)} \tag{3-79}$$

与数字幅度调制不同，数字相位调制信号的等效低通形式$g(t)e^{j\theta_m}$不是实值的，其频谱不具有对称性，所以数字相位调制不存在单边带和双边带的不同形式。

下面介绍π/4-QPSK，它是 QPSK 的一种变形。π/4-QPSK 信号是由两个相位差π/4的 QPSK 星座图(如图 3-8(b)中的每个信号点的相位都可看作图 3-8(a)中对应的信号点相移π/4 后得到的)交替使用产生的。假设在偶数码元间隔采用星座图 3-8(a)，奇数码元间隔采用星座图 3-8(b)。当π/4-QPSK 系统要传送的二进制信息序列为 011010111100 时，各信号码元对应星座图中的相位依次为 5π/4、0、π/4、π/2、3π/4、3π/2。这种交替使用会导致每一个码元间隔相对于前一码元产生相位跳变，有利于接收端提取码元同步信号。

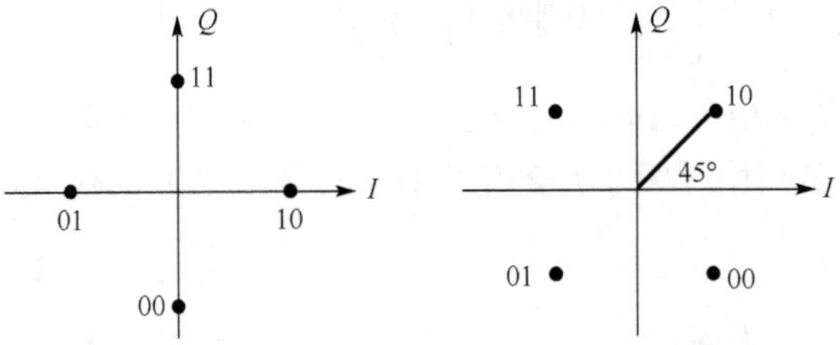


(a) 偶数码元间隔　　(b) 奇数码元间隔

图 3-8　π/4-QPSK 信号星座图

π/4-QPSK 已成功应用于北美第二代数字蜂窝网络、欧洲中继无线 TETRA 和数字音频广播(DAB)等系统中。

### 3.2.3　正交幅度调制

分析数字相位调制信号的表达式可以发现，相互正交的载波分量承载的数字信息是相同的。如果在正交的两个载波分量上承载不同的信息，可以有效提高频带效率。把要发送的信息序列分成 2 路，每路各取 $k/2$bit 通过星座图映射为$A_{mc}$和$A_{ms}$，再分别经过$g(t)$脉冲成形后加在两个正交载波$\cos 2\pi f_c t$和$-\sin 2\pi f_c t$上，这种调制技术称为正交幅度调制(QAM)。

QAM 的信道符号可表示为

$$\begin{aligned} s_m(t) &= \mathrm{Re}[(A_{mc} + \mathrm{j}A_{ms})g(t)e^{\mathrm{j}2\pi f_c t}], \quad m = 1,2,\cdots,M, \quad t \in [0,T] \\ &= A_{mc}g(t)\cos(2\pi f_c t) - A_{ms}g(t)\sin(2\pi f_c t) \end{aligned} \tag{3-80}$$

式中，$A_{mc}$和$A_{ms}$分别为同相和正交载波携带信息的信号幅度；$g(t)$是信号脉冲。利用格拉姆-施密特正交化的方法，可以得到一个完备的正交函数集：

$$u_1(t) = \frac{g(t)}{\|g(t)\|}\sqrt{2}\cos(2\pi f_c t) \tag{3-81}$$

$$u_2(t) = -\frac{g(t)}{\|g(t)\|}\sqrt{2}\sin(2\pi f_c t) \tag{3-82}$$

由此可知 QAM 信号是二维的，QAM 信号的矢量形式为

$$\boldsymbol{s}_m = \left[\frac{A_{mc}}{\sqrt{2}}\|g(t)\|, \frac{A_{ms}}{\sqrt{2}}\|g(t)\|\right] \tag{3-83}$$

QAM 信号的能量为

$$\begin{aligned}\varepsilon_m &= \int_0^T s_m^2(t)\mathrm{d}t = \frac{1}{2}\|g(t)\|^2 A_{mc}^2 + \frac{1}{2}\|g(t)\|^2 A_{ms}^2 \\ &= \frac{1}{2}\|g(t)\|^2 (A_{mc}^2 + A_{ms}^2) = \frac{1}{2}\varepsilon_g (A_{mc}^2 + A_{ms}^2)\end{aligned} \tag{3-84}$$

显然，QAM 信号不是等能量的，与同相和正交分量的幅度有关。

QAM 中的任意一对信号点之间的欧氏距离为

$$|\boldsymbol{s}_m - \boldsymbol{s}_n| = \frac{\|g(t)\|}{\sqrt{2}}\sqrt{[A_{mc} - A_{nc}]^2 + [A_{ms} - A_{ns}]^2} \tag{3-85}$$

实际工程应用中，QAM 系统常采用矩形或十字形星座图，如图 3-9 所示。当 $M$ 为 2 的偶次幂时，星座图为矩形，$M = 32, 128$ 时则为十字形。前者的每个符号携带偶数个比特信息，后者的每个符号携带奇数个比特信息。

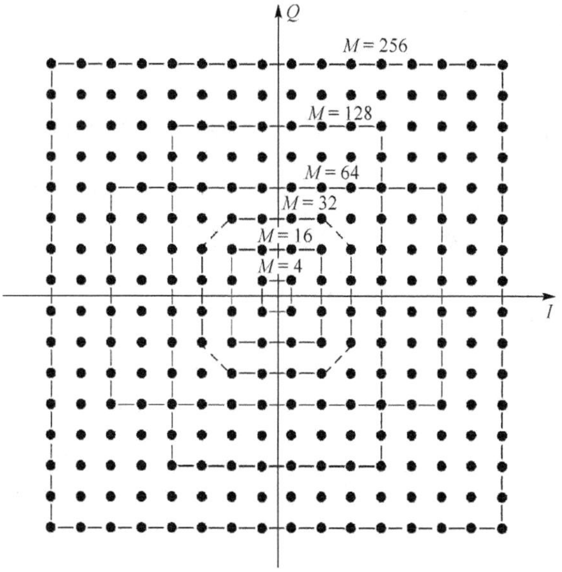


图 3-9　矩形 QAM 的信号空间图

V.22 调制解调器就是采用矩形星座图的 16QAM 应用实例，其调制器如图 3-10 所示。

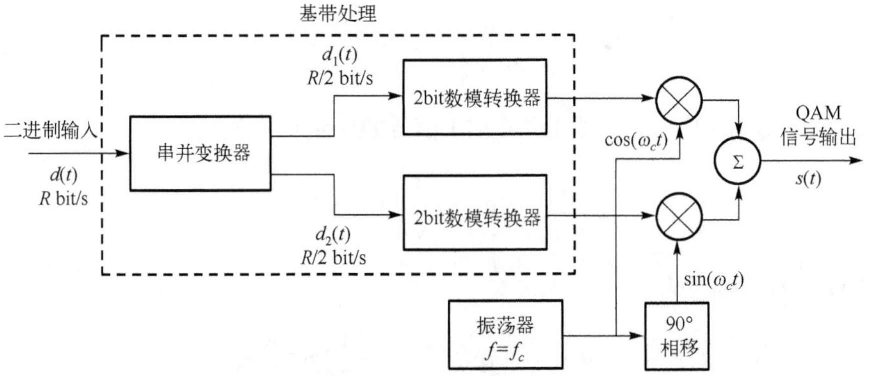


图 3-10　16QAM 调制器

QAM 信号波形还可以看作幅度（$V_{m1}$）和相位（$\theta_{m2}$）联合调制，利用幅度和相位两个参量承载不同的信息，信号波形表示为

$$s_m(t)=\mathrm{Re}[V_{m1}\mathrm{e}^{\mathrm{j}\theta_{m2}}g(t)\mathrm{e}^{\mathrm{j}2\pi f_c t}]=V_{m1}g(t)\cos(2\pi f_c t+\theta_{m2}) \tag{3-86}$$

式中，$V_{m1}=\sqrt{A_{mc}^2+A_{ms}^2},\theta_{m2}=\arctan(A_{ms}/A_{mc})$。这种表示方法与前一种表示方法存在一对一的映射关系，即$(A_{mc},A_{ms})$与$(V_{m1},\theta_{m2})$相互映射。图 3-11 给出了幅度和相位联合调制信号空间图的实例。此时，星座图的形状不再是矩形的，其中，$M$ 分别取为 8 和 16。

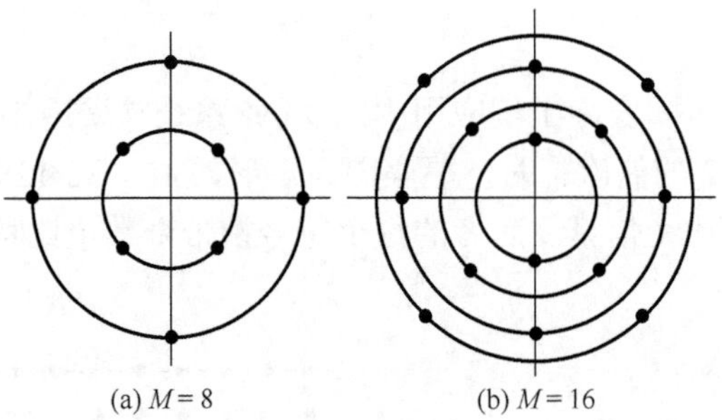


图 3-11　幅度和相位联合调制信号空间图

### 3.2.4　正交多维调制

由前面的讨论可知，数字 AM 信号是一维的，数字 PM 和 QAM 信号可以构建二维信号空间信号波形。如果想要构建三维或更高维信号，可以使用时间、频率、空间和极化等通信资源，以及它们之间的结合来实现。下面主要讨论基于时分和频分的多维信号。

1. 多维信号

第一种方式是时分多维信号。将长度为 $NT$ 的时间间隔分割为 $N$ 个长度为 $T$ 的时隙，在每个时隙中采用二进制 AM 信号（一维信号）传输，可以利用 $N$ 个时隙发送 $N$ 维信号。如果在每个时隙分别独立调制两个正交载波的幅度（二维信号），可以实现在 $NT$ 时间内发送 $2N$ 维信号。

第二种方式是频分多维信号。将宽度为 $N\Delta f$ 的频段分割成 $N$ 个频率间隔，每一个频率间隔宽度为 $\Delta f$，每个频率间隔采用二进制 AM 信号在信道上传输，可用 $N$ 个频率间隔发送 $N$ 维信号。如果每个频率间隔采用两个正交载波调制传输，则 $N$ 个频率间隔可以发送 $2N$ 维信号，占用的信道带宽减少一半。需要注意的是，载波之间需要提供足够的频率间隔，以免发生邻道干扰。

还可以将时域和频域结合起来发送多维信号。例如，3 个时隙和 4 个频率间隔可以构成 12 个间隔，可用数字 AM 发送 12 维的信号，或者在每个时隙用 QAM 发送 24 维的信号。多维信号的使用可以提高信息传输速率。

2. 正交多维信号

作为多维信号的一种特例，考虑一组等能量、频率间隔为 $\Delta f$ 的正交信号波形：

$$s_m(t)=\mathrm{Re}[s_{lm}(t)\mathrm{e}^{\mathrm{j}2\pi f_c t}]=\sqrt{\frac{2\varepsilon}{T}}\cos[2\pi f_c t+2\pi(m\Delta f)t] \tag{3-87}$$

式中，$s_{lm}(t)=\sqrt{2\varepsilon/T}\mathrm{e}^{\mathrm{j}2\pi(m\Delta f)t}$（$m=1,2,\cdots,M$，$0\leqslant t\leqslant T$）为 $s_m(t)$ 的等效低通形式。这种利用不同频率来承载信息的调制方式称为 FSK。

下面讨论保证 FSK 信号之间的正交性，$\Delta f$ 需要满足的条件。任意两个信号之间的归一化相关系数为

$$\begin{aligned}\rho_{mn}&=\frac{\int_{-\infty}^{\infty}s_{l,m}(t)[s_{l,n}(t)]^*\mathrm{d}t}{2\|s_m(t)\|\times\|s_n(t)\|}=\frac{1}{T}\int_0^T\mathrm{e}^{\mathrm{j}2\pi(m-n)(\Delta f)t}\mathrm{d}t\\&=\mathrm{sinc}[\pi T(m-n)(\Delta f)]\mathrm{e}^{\mathrm{j}\pi T(m-n)(\Delta f)}\end{aligned} \tag{3-88}$$

$$\begin{aligned}\mathrm{Re}[\rho_{mn}]&=\frac{\sin[\pi T(m-n)(\Delta f)]}{\pi T(m-n)(\Delta f)}\cos[\pi T(m-n)(\Delta f)]\\&=\frac{\sin[2\pi T(m-n)(\Delta f)]}{2\pi T(m-n)(\Delta f)}\end{aligned} \tag{3-89}$$

由式(3-89)可知，当 $\Delta f=k/(2T)$（$k$ 为整数）且 $m\neq n$ 时，$\mathrm{Re}[\rho_{mn}]=0$，即 $\Delta f=1/(2T)$ 是保证 FSK 信号正交性的条件下相邻载频的最小频率间隔。

由 FSK 信号的正交性，可得到其完备正交函数集为

$$u_m(t)=\frac{1}{\sqrt{\varepsilon}}s_m(t),\ \ 1\leqslant m\leqslant M \tag{3-90}$$

则 FSK 信号可表示为 $M$ 维矢量：

$$\begin{bmatrix}\boldsymbol{s}_1\\\boldsymbol{s}_2\\\vdots\\\boldsymbol{s}_M\end{bmatrix}=\begin{bmatrix}\sqrt{\varepsilon}&0&0&\cdots&0&0\\0&\sqrt{\varepsilon}&0&\cdots&0&0\\\vdots&\vdots&\vdots&&\vdots&\vdots\\0&0&0&\cdots&0&\sqrt{\varepsilon}\end{bmatrix} \tag{3-91}$$

进一步，可求得 FSK 信号的能量：

$$\varepsilon_m=\int_0^T s_m^2(t)\mathrm{d}t=\int_0^T\varepsilon u_m^2(t)\mathrm{d}t=\varepsilon \tag{3-92}$$

显然，每个信道符号都是等能量的。

由式(3-91)可以看出，对于任意 $m \neq n$，信号矢量 $\boldsymbol{s}_m$ 和 $\boldsymbol{s}_n$ 之间的欧氏距离为

$$d_{mn} = \|\boldsymbol{s}_m - \boldsymbol{s}_n\| = \sqrt{2\varepsilon} \tag{3-93}$$

也是最小欧氏距离。

图 3-12 给出了 $M = 2$ 和 $M = 3$ 时的 FSK 信号空间图。

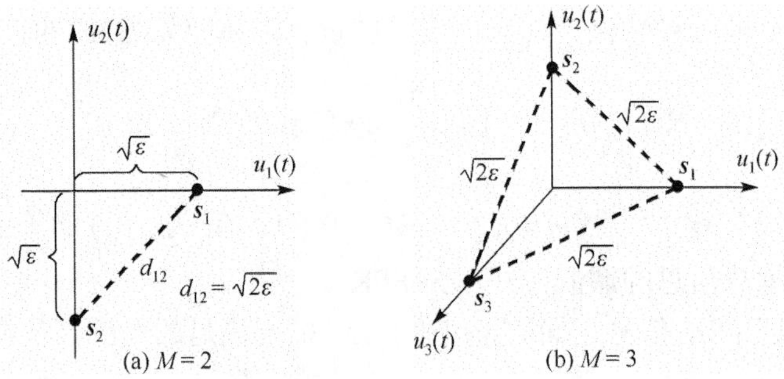


图 3-12　$M = 2$ 和 $M = 3$ 时的 FSK 信号空间图

3. 双正交信号

$M/2$ 个正交信号与其负的信号一起可构成一组 $M$ 个信号的双正交信号集。如图 3-13 给出的信号空间图，正交信号 $\{\boldsymbol{s}_1, \boldsymbol{s}_2, \boldsymbol{s}_3\}$ 和 $\{-\boldsymbol{s}_1, -\boldsymbol{s}_2, -\boldsymbol{s}_3\}$ 构成了 $M = 6$ 的双正交信号集。

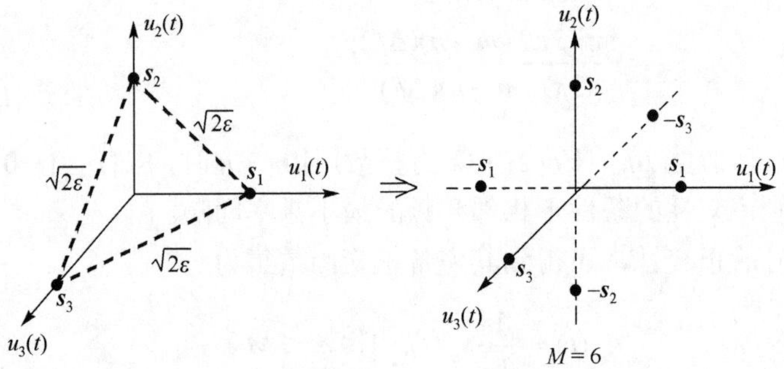


图 3-13　$M = 6$ 时双正交信号的信号空间图

双正交 FSK 信号的能量为

$$\varepsilon_m = \int_0^T s_m^2(t)\mathrm{d}t = \int_0^T \varepsilon u_m^2(t)\mathrm{d}t = \varepsilon \tag{3-94}$$

所以，所有信道符号都是等能量的。

双正交 FSK 信号的等效低通形式为

$$s_{l,m}(t) = \mathrm{sgn}(m)\sqrt{\frac{2\varepsilon}{T}}\mathrm{e}^{\mathrm{j}2\pi|m|(\Delta f)t}, \quad m = \pm 1, \pm 2, \cdots, \pm M/2 \tag{3-95}$$

任意两个双正交 FSK 信号的归一化相关系数为

$$\rho_{mn} = \mathrm{sgn}(mn)\frac{1}{T}\int_0^T \mathrm{e}^{\mathrm{j}2\pi(|m|-|n|)(\Delta f)t}\mathrm{d}t$$
$$= \begin{cases} 1, & m = n \\ -1, & m = -n \\ \mathrm{sgn}(mn)\mathrm{sinc}[(|m|-|n|)T\Delta f]\mathrm{e}^{\mathrm{j}\pi(|m|-|n|)T(\Delta f)}, & \text{其他} \end{cases} \tag{3-96}$$

在频率间隔 $\Delta f = 1/(2T)$ 时，双极性 FSK 信号可表示为

$$\begin{bmatrix} \boldsymbol{s}_{-1} \\ \vdots \\ \boldsymbol{s}_{-M/2} \\ \boldsymbol{s}_1 \\ \vdots \\ \boldsymbol{s}_{M/2} \end{bmatrix} = \begin{bmatrix} -\sqrt{\varepsilon} & 0 & 0 & \cdots & 0 & 0 \\ \vdots & \vdots & \vdots & & \vdots & \vdots \\ 0 & 0 & 0 & \cdots & 0 & -\sqrt{\varepsilon} \\ \sqrt{\varepsilon} & 0 & 0 & \cdots & 0 & 0 \\ \vdots & \vdots & \vdots & & \vdots & \vdots \\ 0 & 0 & 0 & \cdots & 0 & \sqrt{\varepsilon} \end{bmatrix} \tag{3-97}$$

由式(3-97)可以看出，当 $m \neq n$ 时，信号之间的距离有两种：

$$\|\boldsymbol{s}_m - \boldsymbol{s}_n\| = \sqrt{2\varepsilon} \text{ 或 } 2\sqrt{\varepsilon} \tag{3-98}$$

4. 单纯信号

假设有一个 $M$ 元正交信号波形集，其矢量形式为

$$\boldsymbol{s}_m = [a_{m1}, a_{m2}, \cdots, a_{mk}], \quad m = 1, 2, \cdots, M \tag{3-99}$$

均值为

$$\overline{\boldsymbol{s}} = \left[\frac{1}{M}\sum_{m=1}^{M} a_{m1}, \frac{1}{M}\sum_{m=1}^{M} a_{m2}, \cdots, \frac{1}{M}\sum_{m=1}^{M} a_{mk}\right] \tag{3-100}$$

从每一个正交信号中减去均值，得到新的信号波形集：

$$\boldsymbol{s}'_m = \boldsymbol{s}_m - \overline{\boldsymbol{s}}, \quad m = 1, 2, \cdots, M \tag{3-101}$$

则 $\{\boldsymbol{s}'_m, m = 1, 2, \cdots, M\}$ 称为单纯信号。

单纯信号具有如下特性：首先，单纯信号的能量小于正交信号的能量，即

$$\varepsilon'_m = \int_0^T [s'_m(t)]^2 \mathrm{d}t = \|\boldsymbol{s}_m - \overline{\boldsymbol{s}}\|^2 = \|\boldsymbol{s}_m\|^2 + \|\overline{\boldsymbol{s}}\|^2 - 2(\boldsymbol{s}_m \cdot \overline{\boldsymbol{s}})$$
$$= \|\boldsymbol{s}_m\|^2 + \|\overline{\boldsymbol{s}}\|^2 - \frac{2}{M}\sum_{m'=1}^{M} \boldsymbol{s}_m \cdot \boldsymbol{s}_{m'} = \|\boldsymbol{s}_m\|^2 + \frac{1}{M}\|\boldsymbol{s}_m\|^2 - \frac{2}{M}\|\boldsymbol{s}_m\|^2 \tag{3-102}$$
$$= \left(1 - \frac{1}{M}\right)\|\boldsymbol{s}_m\|^2 = \left(1 - \frac{1}{M}\right)\varepsilon_m$$

由式(3-102)可见，单纯信号的能量减小为正交信号能量的 $1-1/M$。其次，单纯信号是等相关的，任意一对信号的归一化相关系数为

$$
\begin{aligned}
\rho_{mn} &= \frac{s'_m \cdot s'_n}{\|s'_m\| \times \|s'_n\|} = \frac{(s_m - \overline{s}) \cdot (s_n - \overline{s})}{(1 - 1/M)\|s_m\|^2} \\
&= \frac{s_m \cdot s_n - s_m \cdot \overline{s} - \overline{s} \cdot s_n + \overline{s} \cdot \overline{s})}{(1 - 1/M)\|s_m\|^2} \\
&= \frac{\left[\delta(m-n) - \dfrac{2}{M} + \dfrac{1}{M}\right]\|s_m\|^2}{(1 - 1/M)\|s_m\|^2} = \begin{cases} \dfrac{-1}{M-1}, & m \neq n \\ 1, & m = n \end{cases}
\end{aligned}
\tag{3-103}
$$

由于单纯信号是正交信号减去均值得到的，任意一对信号之间的距离保持为$\sqrt{2\varepsilon}$，与原正交信号相同。

## 3.3　有记忆调制方式

3.2 节讨论了几种无记忆调制方式，无记忆调制信号在不同码元间隔内发送的信号不存在相关性。为了发送信号的频谱成形以适应信道的频域特性，需要引入信号间的相关性，一般采用对调制器输入端的数字序列进行编码的方法来实现。本节讨论有记忆调制信号的设计和分析方法，主要包括有记忆线性调制和有记忆非线性调制。基本分析思路为采用马尔可夫链描述有记忆调制信号的记忆特性。本节的讨论主要针对基带信号或带通信号的等效低通形式。

### 3.3.1　有记忆线性调制

首先，讨论两种常用的基带信号码型。第一种是双极性非归零码(Non-Return-to-Zero，NRZ)，二进制数字“1”用幅度为 $A$ 的矩形脉冲表示，二进制数字“0”用幅度为$-A$ 的矩形脉冲表示。所以，NRZ 调制是无记忆的，等价于二进制数字 AM 或二进制 PSK 信号。第二种是非归零反转码(Non-Return-to-Zero Inverted，NRZI)，也称为差分编码。差分编码可分为传号差分和空号差分两类。以传号差分为例，当发送“0”时，电平极性保持不变；当发送“1”时，电平极性发生跳变，其编码运算关系可表示为

$$
b_k = a_k \oplus b_{k-1} \tag{3-104}
$$

式中，$a_k$ 是输入差分编码器的第 $k$ 个二进制符号；$b_k$ 是差分编码器输出的第 $k$ 个二进制符号；$\oplus$ 表示模 2 加。$b_k$ 的变化规律如下：

$$
\begin{cases} b_k = b_{k-1}, & a_k = 0 \\ b_k = \overline{b}_{k-1}, & a_k = 1 \end{cases} \tag{3-105}
$$

差分编码器的输出 $b_k$ 和发送波形的映射关系与 NRZ 相同，即 $b_k = 1$ 时发送幅度为 $A$ 的矩形脉冲；$b_k = 0$ 时发送幅度为$-A$ 的矩形脉冲。差分编码常用于解决数字相位调制系统相干解调中出现的相位模糊问题。以二进制差分相移键控(DBPSK)为例，既可以在本地载波提取出现相位模糊时通过相干解调得到正确的判决输出，又可以在不产生本地载波的情况下采用延迟差分相干解调恢复数字信息序列。

差分编码引入的记忆性可以用信号状态图(马尔可夫链)来描述，如图 3-14 所示。图中，编码器输入比特为 0 或 1，状态 $S_j$ 对应输出信道比特 $j$，$j=0$ 时输出信道符号为 $-s(t)$，$j=1$ 时输出信道符号为 $s(t)$。

信号状态图可采用输入为 0 和 1 时的两个状态转移矩阵来描述。当输入为 0 时，状态 $S_0$ 和 $S_1$ 均保持不变；当输入为 1 时，状态 $S_0$ 转换为 $S_1$，状态 $S_1$ 转换为 $S_0$。假设 $(n-1)T$ 码元对应的可能状态为 $S_0(nT-T)$ 和 $S_1(nT-T)$，则输入为 0 时 $nT$ 码元的信号可能的状态为

$$[S_0(nT) \quad S_1(nT)]=[S_0(nT-T) \quad S_1(nT-T)]\begin{bmatrix}1 & 0\\ 0 & 1\end{bmatrix} \tag{3-106}$$

输入为 1 时 $nT$ 码元的信号可能的状态为

$$[S_0(nT) \quad S_1(nT)]=[S_0(nT-T) \quad S_1(nT-T)]\begin{bmatrix}0 & 1\\ 1 & 0\end{bmatrix} \tag{3-107}$$

由此可得，输入为 0 和 1 时的状态转移矩阵分别为

$$T_0=\begin{bmatrix}1 & 0\\ 0 & 1\end{bmatrix},\quad T_1=\begin{bmatrix}0 & 1\\ 1 & 0\end{bmatrix} \tag{3-108}$$

另一种描述记忆性的方法是网格图，其特点是精确描述了信号的状态转移信息，并给出了信号状态转移的时间演进。差分编码的网格图如图 3-15 所示。

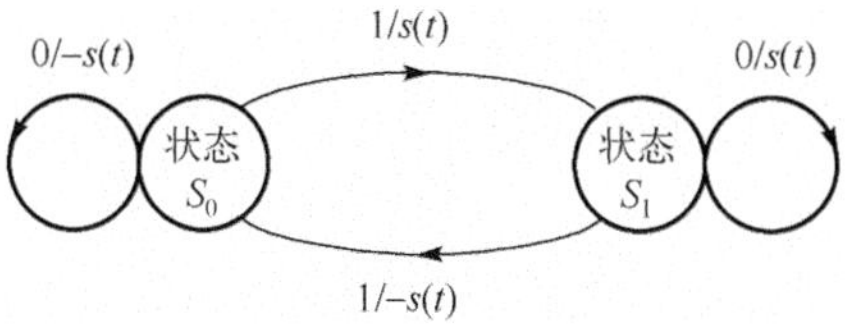


图 3-14　NRZI 信号的状态图

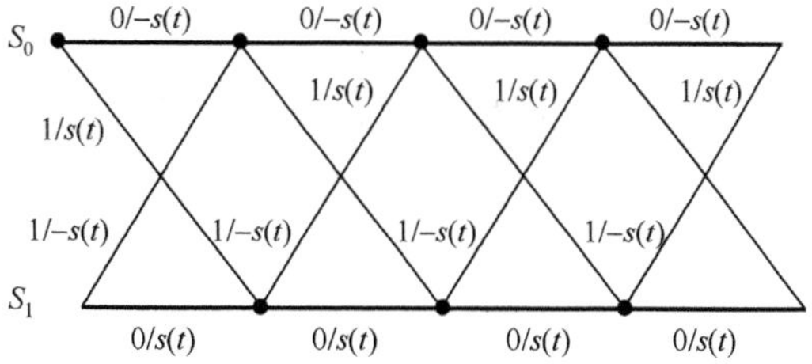


图 3-15　差分编码的网格图

除了差分编码以外，还有一种常用的有记忆线性调制方式，即延迟调制。延迟调制码也称密勒码(Miller Code)，首先采用游程长度受限码对数据序列进行编码，再做差分变换得到编码序列，可用于数字磁记录，也可用于低速的基带数据传输以及 2PSK 频带传输。

游程长度受限码是指连“0”和连“1”码的数量受限的编码。$(d,k)$ 中的 $d$ 和 $k$ 分别表示 0 的游程最小长度和最大长度，如 $(1,3)$ 表示 0 的游程最小长度为 1，0 的游程最大长度为 3。其编码规则为：$D=1$ 表示数据比特“1”，$D=0$ 表示数据比特“0”，连零序列的第一个零对应 $C=0$，连零序列中的其他零为 $C=1$。图 3-16 所示为游程受限码的一个实例。

进行游程长度受限编码后，再将编码结果进行差分编码就可以得到延迟调制码，如图 3-17 所示。延迟调制的编码规则为：数据比特“1”用码元周期的中点出现跳变来表

示；数据比特“0”分为两种情况：当出现单个“0”时码元周期内不出现跳变；当遇到连“0”时，在前一个“0”结束，后一个“0”开始时出现电平跳变。

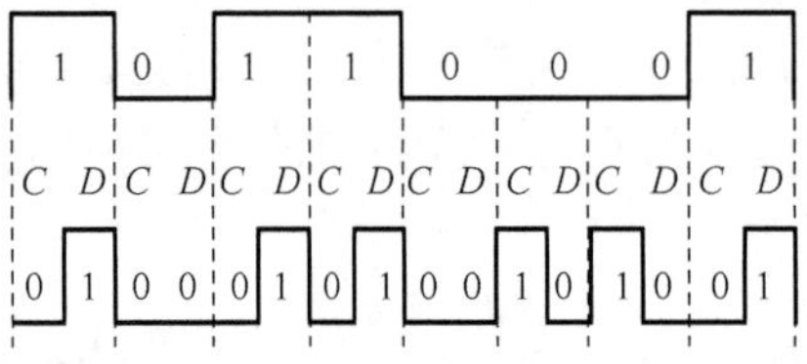


图 3-16　游程受限码的实例

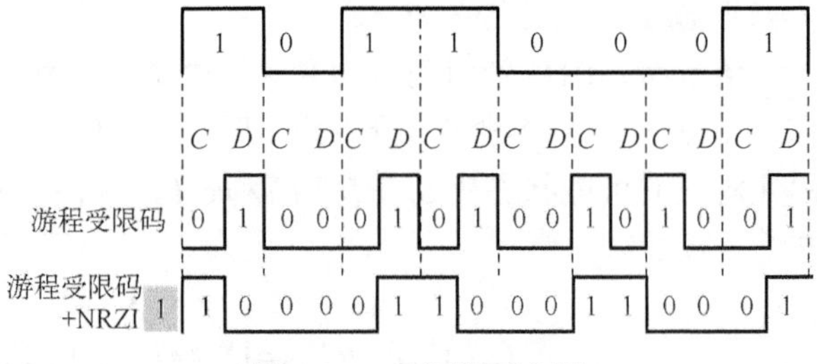


图 3-17　延迟调制实例

延迟调制信号可以分成四种基本波形 $\{s_i(t),\ i=1,2,3,4\}$，其中，$s_3(t)=-s_2(t)$，$s_4(t)=-s_1(t)$，分别发送二进制比特分组 11、10、01 和 00，对应 $S_1$、$S_2$、$S_3$ 和 $S_4$ 四种状态，如图 3-18(a)所示。延迟调制的记忆性可以通过图 3-18(b)所示的状态转移图来描述。

由 3-18(b)中的状态转移图容易得到，输入二进制数字 $a_k=0$ 和 1 时的状态转移矩阵分别为

$$T_0=\begin{bmatrix}0&0&0&1\\0&0&0&1\\1&0&0&0\\1&0&0&0\end{bmatrix},\quad T_1=\begin{bmatrix}0&1&0&0\\0&0&1&0\\0&1&0&0\\0&0&1&0\end{bmatrix} \tag{3-109}$$

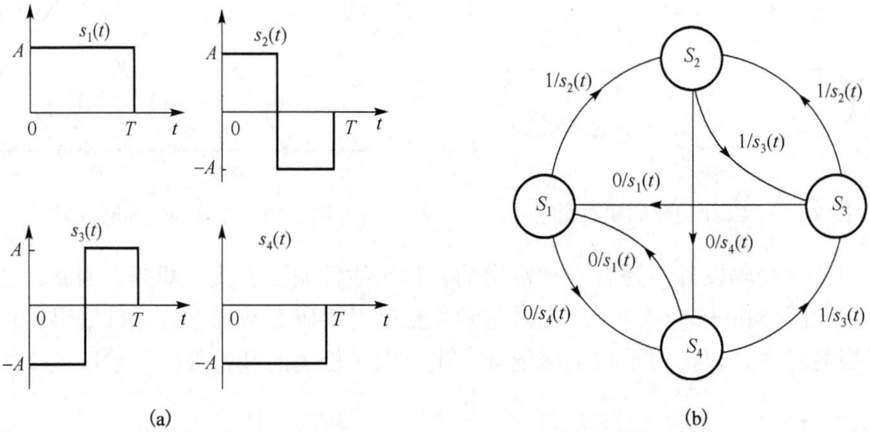


图 3-18　延迟调制信号的基本波形和马尔可夫状态图

有记忆调制(如 NRZI 和延迟调制)记忆性的表征还可以采用状态转移矩阵的等效统计描述方法，即采用先验概率 $\{p_i,\ i=1,2,\cdots,K\}$ 和转移概率 $\{p_{ij},\ i,j=1,2,\cdots,K\}$ 的 $K$ 状态马尔可夫链来描述，对应每一次转移发送信号 $\{s_j(t),\ j=1,2,\cdots,K\}$。$p_{ij}=P_r[S_j\mid S_i]$ 表示前一个码元发送信号 $s_i(t)$ 之后，当前码元发送信号 $s_j(t)$ 的概率，矩阵 $\boldsymbol{P}=[p_{ij}]$ 称为转移概率矩阵。延迟调制的转移概率矩阵可表示为

$$
\boldsymbol{P}=\begin{bmatrix} p_{11} & p_{12} & p_{13} & p_{14} \\ p_{21} & p_{22} & p_{23} & p_{24} \\ p_{31} & p_{32} & p_{33} & p_{34} \\ p_{41} & p_{42} & p_{43} & p_{44} \end{bmatrix}=\begin{bmatrix} p(S_1|S_1) & p(S_2|S_1) & p(S_3|S_1) & p(S_4|S_1) \\ p(S_1|S_2) & p(S_2|S_2) & p(S_3|S_2) & p(S_4|S_2) \\ p(S_1|S_3) & p(S_2|S_3) & p(S_3|S_3) & p(S_4|S_3) \\ p(S_1|S_4) & p(S_2|S_4) & p(S_3|S_4) & p(S_4|S_4) \end{bmatrix} \tag{3-110}
$$

转移概率矩阵可以通过转移矩阵和输入比特出现的先验概率求得，即

$$
\boldsymbol{P}=P_r(a_k=0)\boldsymbol{T}_0+P_r(a_k=1)\boldsymbol{T}_1 \tag{3-111}
$$

当输入比特先验概率相等，即 $P(0)=P(1)=1/2$ 时，将式(3-108)代入式(3-111)，可得 NRZI 信号的转移概率矩阵为

$$
\boldsymbol{P}=\frac{1}{2}\begin{bmatrix} 1 & 0 \\ 0 & 1 \end{bmatrix}+\frac{1}{2}\begin{bmatrix} 0 & 1 \\ 1 & 0 \end{bmatrix}=\begin{bmatrix} 1/2 & 1/2 \\ 1/2 & 1/2 \end{bmatrix} \tag{3-112}
$$

同样，当输入比特先验概率相等时(等价于 $p_1=p_2=p_3=p_4=1/4$)，延迟调制信号的转移概率矩阵为

$$
P=\frac{1}{2}\begin{bmatrix} 0 & 0 & 0 & 1 \\ 0 & 0 & 0 & 1 \\ 1 & 0 & 0 & 0 \\ 1 & 0 & 0 & 0 \end{bmatrix}+\frac{1}{2}\begin{bmatrix} 0 & 1 & 0 & 0 \\ 0 & 0 & 1 & 0 \\ 0 & 1 & 0 & 0 \\ 0 & 0 & 1 & 0 \end{bmatrix}=\begin{bmatrix} 0 & \frac{1}{2} & 0 & \frac{1}{2} \\ 0 & 0 & \frac{1}{2} & \frac{1}{2} \\ \frac{1}{2} & \frac{1}{2} & 0 & 0 \\ \frac{1}{2} & 0 & \frac{1}{2} & 0 \end{bmatrix} \tag{3-113}
$$

转移概率矩阵是有记忆调制信号频域特性分析的基础，3.4 节将详细讨论。

### 3.3.2　有记忆非线性调制

本节研究有记忆非线性调制方式，重点讨论相位连续的有记忆数字调制方式，这个相位连续的约束条件导致这种调制方式是非线性的。

1. 连续相位频移键控

回顾式(3-87)表示的 FSK 信号，它是由载波频移产生的，频移量 $m\Delta f(1\leqslant m\leqslant M)$ 承载着所要发送的数字信息，这种 FSK 信号是无记忆的。载波频移的实现方法是使用 $M=2^k$ 个调谐到期望频率的振荡器，再根据 $k$ 比特分组和 $M$ 个频率之间的映射关系从其中选择相应的频率生成 FSK 信号。但是存在的问题是，从一个振荡器到另一个振荡器的突发式切换会带来比较大的频谱旁瓣，导致信号占用带宽增大。为了避免产生较大的频谱旁瓣，可以用携带信息的信号对单一载波进行频率调制，载波频率连续变化。由于所得到的频率调制信号是相位连续的，所以称为连续相位频移键控(Continuous Phase FSK，CPFSK)。

FSK 信号可以表示为

$$s_{l,m}(t)=\begin{cases}\sqrt{2\varepsilon/T}\exp\{\mathrm{j}2\pi(mf_d)t\}, & t\in(0,T]\\ 0, & 其他\end{cases} \tag{3-114}$$

式中，$m\in\{-(M-1),-(M-3),\cdots,(M-3),(M-1)\}$；$f_d$ 是峰值频率偏移。

考虑一个实例，令 $T=0.5$，$\varepsilon=0.25$，$f_d=0.5$，$I_n\in\{1,-1\}$，$f_c=1.5$，可以得到

$$s(t)=\mathrm{Re}[s_l(t)\mathrm{e}^{\mathrm{j}2\pi f_c t}]=\begin{cases}\cos(4\pi t), & I_n=1\\ \cos(2\pi t), & I_n=-1\end{cases},\quad n\in\{nT,(n+1)T\} \tag{3-115}$$

其信号波形图如图 3-19 所示。从图中可以看出，在频率变化的点上相位是不连续的，如 $t=1/2$ 和 $t=3/2$ 时。要构造出 CPFSK 信号，需要去除这些相位不连续点，可以通过数字基带脉冲信号 $d(t)$ 进行频率调制来实现。

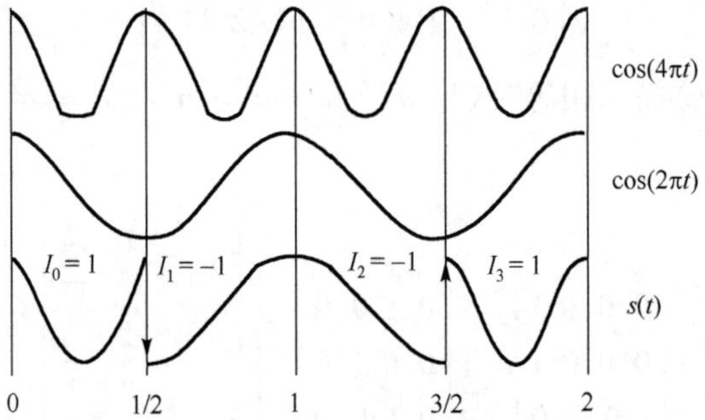


图 3-19　FSK 信号波形图实例

数字基带脉冲序列信号 $d(t)$ 可表示为

$$d(t)=\sum_{n=-\infty}^{\infty}I_k g(t-kT) \tag{3-116}$$

式中，$I_k\in\{-(M-1),-(M-3),\cdots,(M-1)\}$ 表示幅度序列，由信息序列的 $k$bit 分组映射到幅度电平得到；$g(t)$ 是一个幅度为 $1/(2T)$，持续时间为 $T$ 的矩形脉冲。

$d(t)$ 对载波进行频率调制，得到等效低通信号波形：

$$s_l(t)=\sqrt{\frac{2\varepsilon}{T}}\exp\left\{\mathrm{j}\left[4\pi Tf_d\left(\int_{-\infty}^{t}d(\tau)\mathrm{d}\tau\right)+\phi_0\right]\right\} \tag{3-117}$$

式中，$\phi_0$ 是载波的初始相位；$f_d$ 是峰值频率偏移。对应式(3-117)的带通信号形式为

$$s(t)=\mathrm{Re}\{s_l(t)\mathrm{e}^{\mathrm{j}2\pi f_c t}\}=\sqrt{\frac{2\varepsilon}{T}}\cos[2\pi f_c t+\phi(t;\boldsymbol{I})+\phi_0] \tag{3-118}$$

式中，$\phi(t;\boldsymbol{I})$ 表示信号 $s(t)$ 的瞬时相位偏移，定义为

$$\begin{aligned}\phi(t;\boldsymbol{I})&=4\pi Tf_d\int_{-\infty}^{t}d(\tau)\mathrm{d}\tau\\&=4\pi Tf_d\int_{-\infty}^{t}\sum_{k=-\infty}^{n}I_k g(\tau-kT)\mathrm{d}\tau\end{aligned}$$

$$
\begin{aligned}
&= 4\pi T f_d \left( \sum_{k=-\infty}^{n-1} I_k \cdot [T \times 1/(2T)] + I_n \cdot (t-nT)/(2T) \right) \\
&= 2\pi T f_d \left( \sum_{k=-\infty}^{n-1} I_k \right) + 2\pi f_d (t-nT) I_n, \quad t \in [nT,(n+1)T]
\end{aligned} \tag{3-119}
$$

进一步，可以将 $\phi(t;\boldsymbol{I})$ 表示为

$$
\begin{aligned}
\phi(t;\boldsymbol{I}) &= 2\pi f_d T \left( \sum_{k=-\infty}^{n-1} I_k \right) + 2\pi f_d (t-nT) I_n \\
&= \theta_n + 2\pi h I_n \times q(t-nT) = 2\pi h \sum_{k=-\infty}^{n} I_k q(t-kT)
\end{aligned} \tag{3-120}
$$

式中，$h$、$q(t)$ 和 $\theta_n$ 的定义分别为

$$
\begin{aligned}
&h = 2 f_d T \\
&q(t) = \begin{cases} 0, & t < 0 \\ t/2T, & 0 \leqslant t \leqslant T \\ 1/2, & t > T \end{cases} \\
&\theta_n = \pi h \sum_{k=-\infty}^{n-1} I_k
\end{aligned} \tag{3-121}
$$

式中，$h$ 称为调制指数；$q(t)$ 是基带脉冲 $g(t)$ 的积分；$\theta_n$ 表示到 $nT$ 时刻所有符号的相位累积值。对于任意序列 $\{I_k\}$，$\phi(t;\boldsymbol{I}) \neq \sum_{k=-\infty}^{n} \alpha_k I_k$，所以 CPFSK 不是线性的。

### 2. 连续相位调制

通过改变调制指数的设置，可将 CPFSK 信号扩展为更具一般意义的连续相位调制(Continuous Phase Modulation，CPM)信号，此时，瞬时相位偏移为

$$
\phi(t;\boldsymbol{I}) = 2\pi \sum_{k=-\infty}^{n} I_k h_k q(t-kT), \qquad nT \leqslant t \leqslant (n+1)T \tag{3-122}
$$

式中，$\{I_k\}$ 是要发送的 $M$ 进制信息序列；$\{h_k\}$ 为调制指数序列，以循环的方式在调制指数集中取值。当 CPM 信号的调制指数 $h_k$ 随着符号的变化而变化时，称为多重 $h$ CPM 信号。当 $h_k$ 取固定值 $h$ 时，则还原为 CPFSK 信号，可视为 CPM 信号的一个特例。$q(t)$ 为归一化波形，一般表示为脉冲波形 $g(t)$ 的积分形式，即

$$
q(t) = \int_{-\infty}^{t} g(\tau) \mathrm{d}\tau \tag{3-123}
$$

如果 $t > T$ 时 $g(t) = 0$，则称为全响应 CPM 信号；如果 $t > T$ 时 $g(t) \neq 0$，则称为部分响应 CPM 信号。图 3-20 和图 3-21 分别给出了全响应与部分响应 CPM 的脉冲形状实例。图中，LREC 表示持续时间为 $LT$ 的矩形脉冲，LRC 表示持续时间为 $LT$ 的升余弦脉冲。通过选择不同的脉冲形状，以及改变调制指数和进制数 $M$，可以产生多种 CPM 信号。

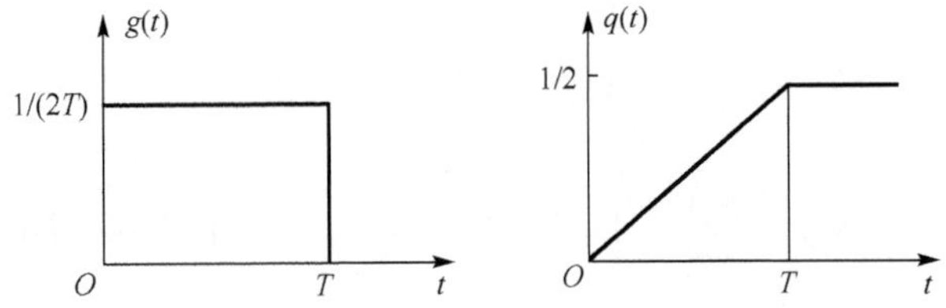


(a) LREC ($L$ = 1)

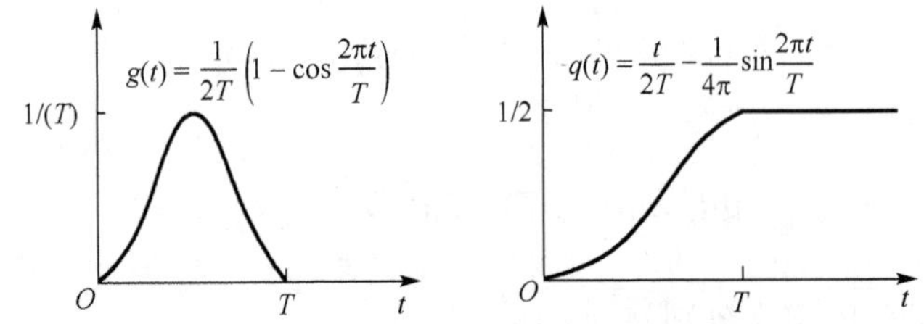


(b) LRC ($L$ = 1)

图 3-20　全响应 CPM 的脉冲形状及其积分

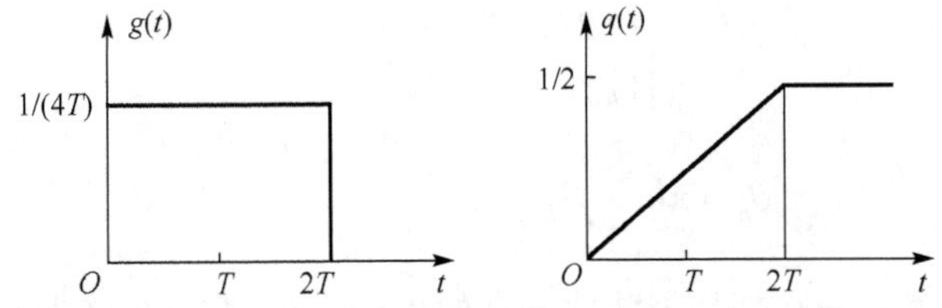


(a) LREC ($L$ = 2)

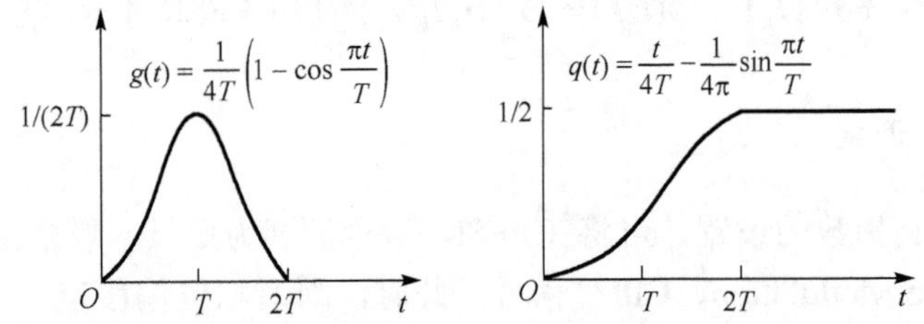


(b) LRC ($L$ = 2)

图 3-21　部分响应 CPM 的脉冲形状及其积分

CPM 信号的记忆性是通过相位的连续性引入的。对于部分响应 CPM，脉冲 $g(t)$ 会引入附加的记忆性。在 CPM 信号的设计、分析和检测中，连续相位 $\phi(t;\boldsymbol{I})$ 的描述起到重要作用，常用的表示方法有相位轨迹或相位树、相位网格、相位柱、相位状态网格和相位状态图等。

**相位轨迹**或相位树是对连续相位随时间变化的精确描述。例如，对于二进制 CPFSK 信号，假设 $I_n \in \{-1,+1\}$ ，$g(t)$ 是全响应的矩形脉冲，则

$$\phi(t;\boldsymbol{I})=\pi h\sum_{k=-\infty}^{n-1} I_k + 2\pi h I_n \times q(t-nT) \tag{3-124}$$

在 $t=0$ 起始的一组二进制 CPFSK 信号的相位轨迹如图 3-22 所示。假设 $I_n \in \{-3,-1,+1,+3\}$ ，$g(t)$ 是全响应矩形脉冲，四进制 CPFSK 信号的相位轨迹如图 3-23 所示。

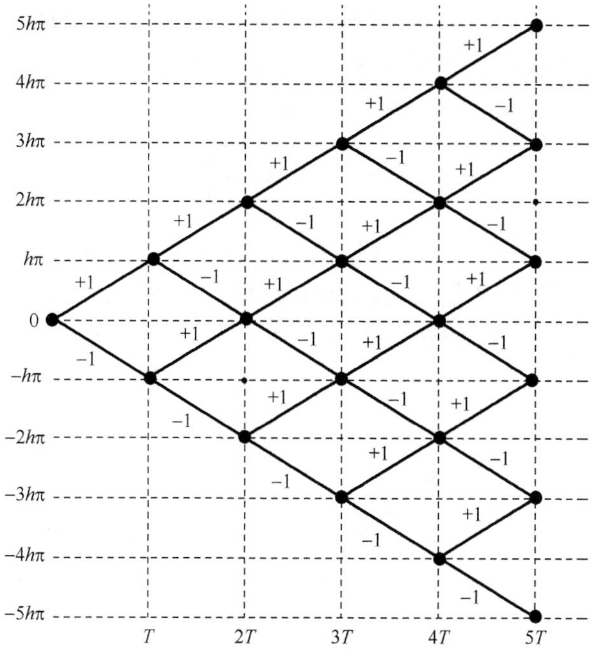


图 3-22　二进制 CPFSK 的相位轨迹

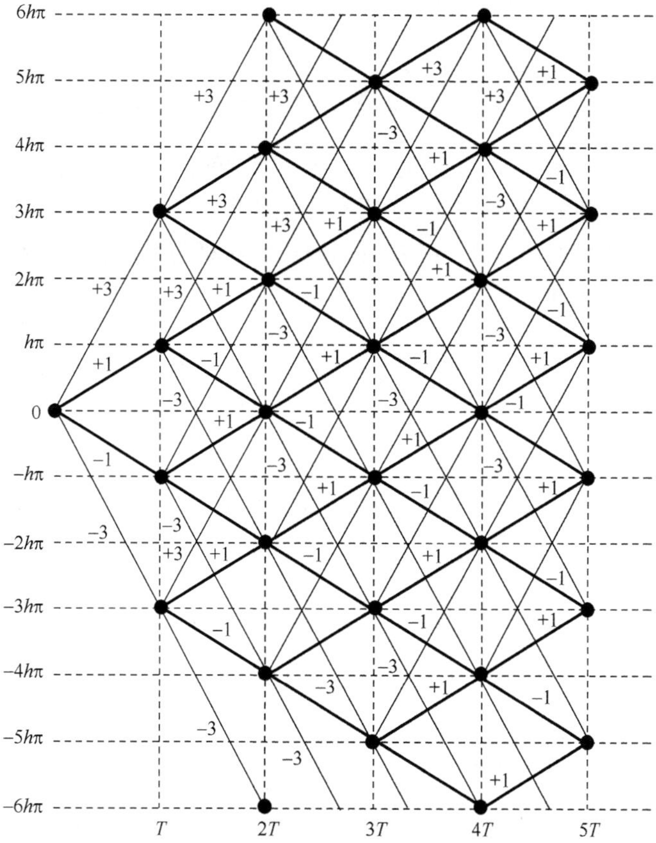


图 3-23　四进制 CPFSK 的相位轨迹

从图 3-22 和图 3-23 可以看出，CPFSK 的相位轨迹是分段线性的，这是由于脉冲 $g(t)$ 是矩形的。如果要获得较平滑的相位轨迹，则需要采用不含跃变的脉冲，如升余弦脉冲。

以长度为 $3T$ 的升余弦脉冲为例，其表达式为

$$g(t)=\frac{1}{6T}\left(1-\cos\frac{2\pi t}{3T}\right) \tag{3-125}$$

当要发送的二进制符号序列 $I_n=(+1,-1,-1,-1,+1,+1,-1,+1,\cdots)$ 时，采用该升余弦脉冲的部分响应 CPM 信号的相位轨迹如图 3-24 所示。为了便于比较，图中虚线给出了基于矩形脉冲的二进制全响应 CPFSK 的相位轨迹。

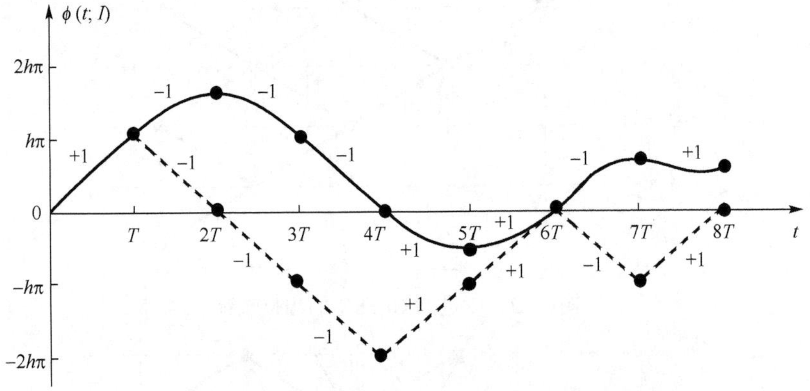


图 3-24　基于升余弦脉冲(长度为 3*T*)的二进制 CPM 信号的相位轨迹

注：(虚线为基于全响应矩形脉冲的二进制 CPFSK 的相位轨迹)

从相位轨迹图(相位树)可以看出，相位值随时间的延续而增大，而载波相位仅在 $(-\pi,\pi)$ 或 $(0,2\pi)$ 内取值时是唯一的。对所有相位值取模 $2\pi$，即限制在 $(-\pi,\pi)$ 范围内，相位轨迹就折叠成了**相位网格**。图 3-22 所示的相位轨迹折叠后得到的相位网格如图 3-25 所示。图中，调制指数 $h=1/2$。

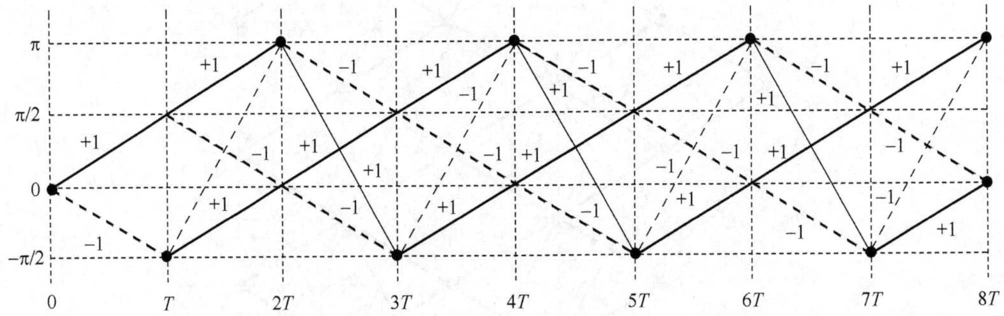


图 3-25　$h=1/2$ 的二进制 CPFSK 的相位网格

进一步全面考察相位网格图，画出两个正交分量 $x_c(t;\boldsymbol{I})=\cos\phi(t;\boldsymbol{I})$ 和 $x_s(t;\boldsymbol{I})=\sin\phi(t;\boldsymbol{I})$ 作为时间的函数，进而得到一条三维曲线，该曲线的两个相互正交的分量 $x_c$ 和 $x_s$ 出现在单位半径的圆柱面上。图 3-26 所示为调制指数 $h=1/2$、采用长度为 $3T$ 的升余弦脉冲的二进制 CPFSK 信号的**相位柱**，该信号的等效低通形式为

$$
\begin{aligned}
e^{j\phi(t;\boldsymbol{I})} &= \cos\phi(t;\boldsymbol{I}) + j\sin\phi(t;\boldsymbol{I}) \\
&= x_c(t;\boldsymbol{I}) + jx_s(t;\boldsymbol{I})
\end{aligned}
\tag{3-126}
$$

更简单的相位轨迹描述方法是相位状态网格，网格中只显示 $t = nT$ 时刻的信号相位终值，相位终值之间通过直线连接，从一个状态到另一个状态的相位转移并不是真正的相位轨迹，只表示在 $t = nT$ 时刻终值状态的相位转移。限定 CPM 信号的调制指数为有理数，假定 $h = i/p$（$i$ 和 $p$ 为互素的有理数）。当 $i$ 为偶数时，$t = nT$ 时刻的全响应 CPM 信号具有 $p$ 个终值相位状态：

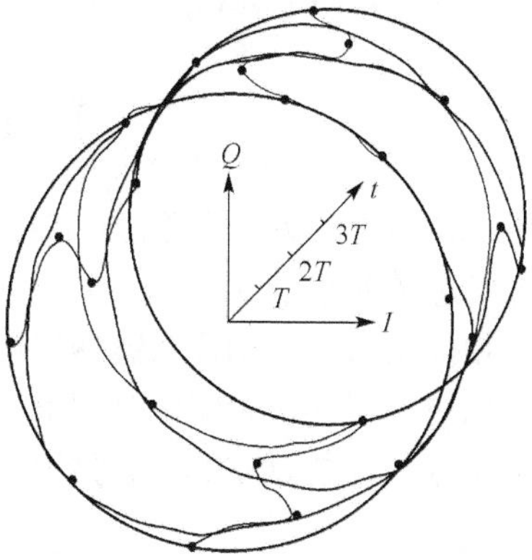


图 3-26　二进制 CPFSK 信号的相位柱示意图

$$
\Theta_s = \left\{0, \frac{i}{p}\pi, \frac{2i}{p}\pi, \cdots, \frac{(p-1)i}{p}\pi\right\} \tag{3-127}
$$

当 $i$ 为奇数时，全响应 CPM 信号具有 $2p$ 个终值相位状态：

$$
\Theta_s = \left\{0, \frac{i}{p}\pi, \frac{2i}{p}\pi, \cdots, \frac{(2p-1)i}{p}\pi\right\} \tag{3-128}
$$

当 $h = 1/2$ 时，矩形脉冲全响应二进制 CPFSK 信号具有 4 个终值相位状态，它的相位状态网格如图 3-27 所示。

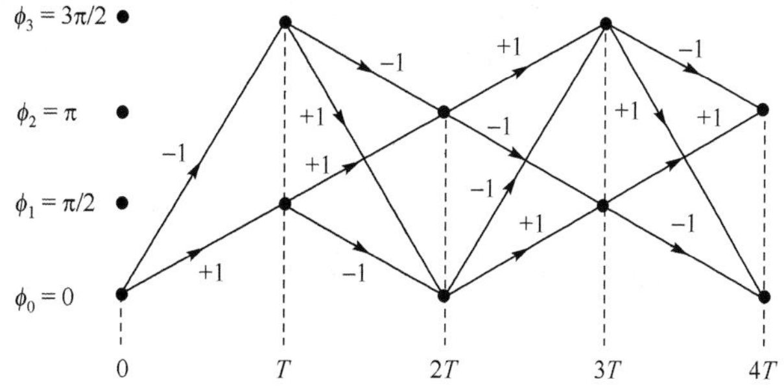


图 3-27　$h = 1/2$ 时的矩形脉冲全响应二进制 CPFSK 的相位状态网格

对于部分响应 CPM，当脉冲形状 $g(t)$ 扩展为 $L$ 个符号间隔时，相位表达式为

$$
\begin{aligned}
\phi(nT;\boldsymbol{I}) &= 4\pi T f_d \int_{-\infty}^{nT} \left[\sum_{k=-\infty}^{n} I_k g(\tau - kT)\right] d\tau \\
&= 2\pi h \left[\sum_{k=-\infty}^{n} \int_{-\infty}^{nT} I_k g(\tau - kT) d\tau\right] \\
&= 2\pi h \left[\sum_{k=-\infty}^{n-L} I_k q(LT) + I_{n-L+1} q((L-1)T) + \cdots + I_{n-1} q(T) + I_n q(0)\right] \\
&= \pi h \sum_{k=-\infty}^{n-L} I_k + 2\pi h \left[I_{n-L+1} q((L-1)T) + \cdots + I_{n-1} q(T)\right]
\end{aligned}
\tag{3-129}
$$

因此，部分响应 CPM 的终值相位状态数的可能最大值

$$S_t=\begin{cases}pM^{L-1}, & i\text{为偶数}\\ 2pM^{L-1}, & i\text{为奇数}\end{cases} \tag{3-130}$$

式中，$M$ 为进制数。注意：式(3-130)给出的终值相位状态数是可能的最大值，实际终值相位状态数通常小于该最大值。

**相位状态图**是相位状态网格的一种简化形式，同样显示 $t=nT$ 时刻的状态转移，不同之处在于相位状态图中时间不作为变量出现，表达形式更简洁、紧凑。例如，$h=1/2$ 的全响应二进制 CPFSK 信号的相位状态图如图 3-28 所示。

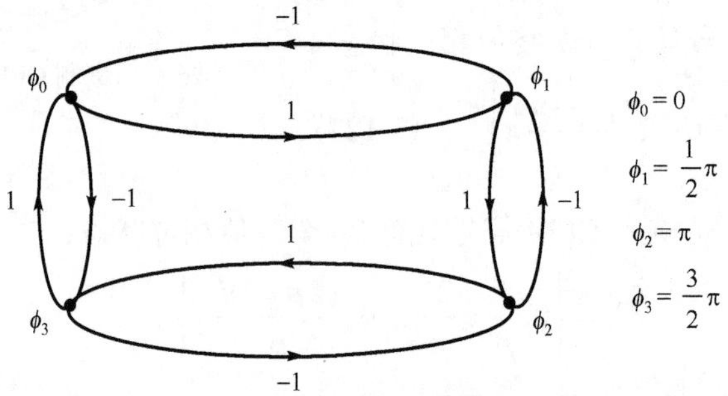


图 3-28 $h=1/2$ 的 CPFSK 的相位状态图

另外，CPM 信号可以表示为多个幅度调制信号的线性叠加，但本质上 CPM 信号仍是非线性的，这种表示方法为 CPM 信号的产生和解调提供了一种低复杂度的工程实现方法。

### 3. 最小频移键控

最小频移键控(Minimum-Shift keying，MSK)是二进制 CPFSK 的一个特例，其调制指数 $h=1/2$。在 $nT\leqslant t\leqslant(n+1)T$ 间隔内的瞬时相位偏移为

$$\phi(t;\boldsymbol{I})=\frac{\pi}{2}\sum_{k=-\infty}^{n-1}I_k+\pi I_n q(t-nT)=\theta_n+\pi I_n\left(\frac{t-nT}{2T}\right),\quad nT\leqslant t\leqslant(n+1)T \tag{3-131}$$

信道符号为

$$\begin{aligned}s(t)&=\mathrm{Re}[A\mathrm{e}^{\mathrm{j}\phi(t;\boldsymbol{I})}\cdot\mathrm{e}^{\mathrm{j}2\pi f_c t}]\\&=\cos\left[2\pi f_c t+\theta_n+\frac{\pi(t-nT)}{2T}I_n\right]\\&=\cos\left[2\pi\left(f_c+\frac{1}{4T}I_n\right)t-\frac{n\pi}{2}I_n+\theta_n\right]\end{aligned} \tag{3-132}$$

由式(3-132)可以看出，MSK 信号可以表示成在 $nT\leqslant t\leqslant(n+1)T$ 间隔内具有两个频率之一的正弦波。这两个载波频率定义为

$$f_1 = f_c - \frac{1}{4T}, \quad f_2 = f_c + \frac{1}{4T}$$

则 MSK 信号可以写成

$$s(t) = \begin{cases} \cos\left[2\pi\left(f_c - \dfrac{1}{4T}\right)t + \dfrac{n\pi}{2} + \theta_n\right], & I_n = -1 \\ \cos\left[2\pi\left(f_c + \dfrac{1}{4T}\right)t - \dfrac{n\pi}{2} + \theta_n\right], & I_n = +1 \end{cases} \tag{3-133}$$

$$= \cos\left[2\pi f_i t - \frac{n\pi}{2}(-1)^i + \theta_n\right], \quad i = 1,2$$

其中，$f_i = f_c + \frac{1}{4T}(-1)^i, i = 1,2$，频率间隔 $\Delta f = f_2 - f_1 = 1/(2T)$。$\Delta f = 1/(2T)$ 是保证信道符号 $s_1(t)$ 和 $s_2(t)$ 之间正交性的最小频移，所以调制指数 $h = 1/2$ 的二进制 CPFSK 称为最小频移键控（MSK）。

MSK 信号也可以看作一种四相 PSK 信号。令 $n \to \infty$ 且 $I_{-\infty} = -1$，可以得到 MSK 信号的等效低通形式：

$$s_l(t) = \left[\sum_{k=-\infty}^{\infty} I_{2k} g(t - 2kT)\right] - \mathrm{j}\left\{\sum_{k=-\infty}^{\infty} I_{2k+1} g[t - (2k+1)T]\right\} \tag{3-134}$$

对应的带通信号形式为

$$s_{\mathrm{MSK}}(t) = \sum_{k=-\infty}^{\infty} \{I_{2k} g(t - 2kT)\cos(2\pi f_c t) + I_{2k+1} g[t - (2k+1)T]\sin(2\pi f_c t)\} \tag{3-135}$$

式中，$g(t)$ 是半个周期的正弦波。值得注意的是，同相分量和正交分量错开了时间 $T$。MSK 信号与 QPSK 信号形式相似，因此，MSK 可以看作一种四相 PSK 信号。

由式(3-135)可得，MSK 信号可看作两个交错正交调制 BPSK 信号之和，如图 3-29 所示。图中参数设置为：$T = 1$，$f_c = 1/2$，同相支路为 $\cos(2\pi f_c t)\sum_{k=0}^{1} g(t - 2kT)$，正交支路为 $\sin(2\pi f_c t)\sum_{k=0}^{1} g[t - (2k+1)T]$，二者之和 $s(t)$ 为幅度恒定的调频信号。

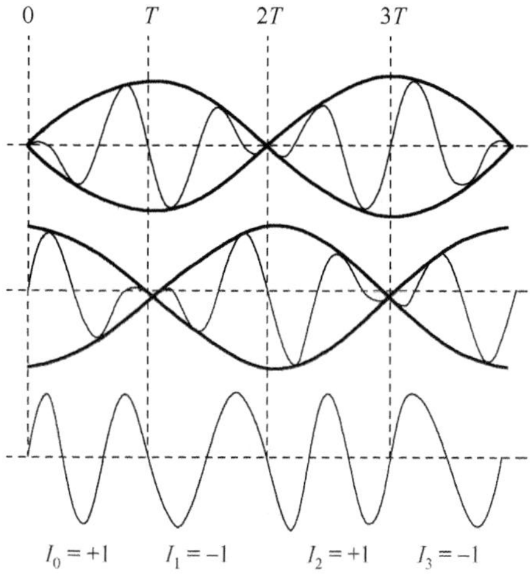


图 3-29　MSK 作为两个交错正交调制 BPSK 信号之和的表示

4. *偏移四相相移键控（OQPSK）*

偏移四相相移键控（OQPSK），也称为交错正交 PSK，其基本原理为偶数编号的二进制符号由余弦载波发送，奇数编号的二进制符号由正弦载波发送，两个正交分量的传输速率分别为 1/(2T)，合成传输速率为 1/T，比特间隔为 T。QPSK 和 OQPSK 的信号波形如图 3-30 所示。

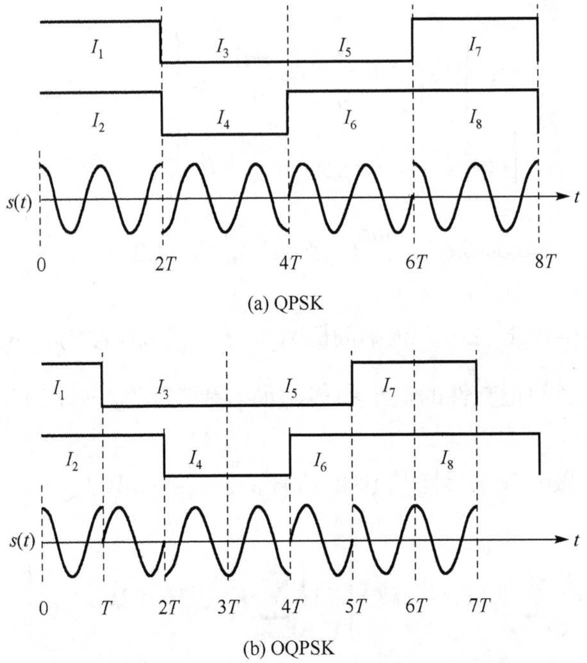


图 3-30　QPSK 和 OQPSK 的信号波形图

在 OQPSK 中，正弦和余弦分量错开了时间 T。QPSK 信号波形每相隔 2T，相位跳变量可能为±90°或±180°。当发生对角跳变，即产生 180°相移时，限带后形成的包络起伏将达到最大。OQPSK 使得星座图中信号点只能沿正方形的四个边跳变，不会再出现沿对角线的相位跳变，如图 3-31 所示。

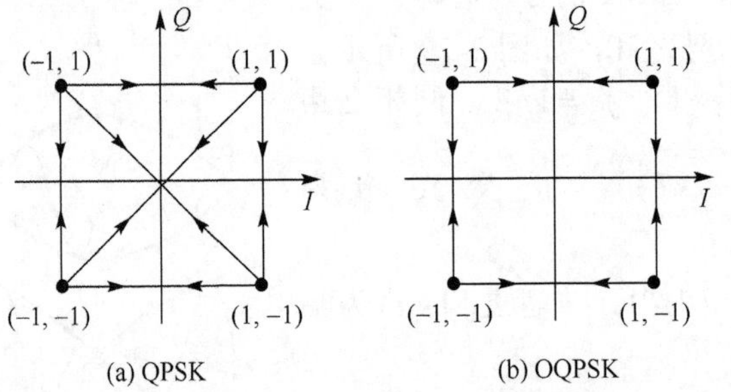


图 3-31　QPSK 和 OQPSK 信号的相位跳变

OQPSK 信号的表达式可以写为

$$s(t)=\sum_{k=-\infty}^{\infty}\{[I_{2k}g(t-2kT)]\cos(2\pi f_c t)+I_{2k+1}g[t-(2k+1)T]\sin(2\pi f_c t)\} \tag{3-136}$$

式中，$g(t)$ 为矩形脉冲：

$$g(t)=\begin{cases}1, & 0\leqslant t\leqslant 2T\\ 0, & \text{其他}\end{cases} \tag{3-137}$$

MSK 也可以看作一种 OQPSK，采用的脉冲波形为半个周期的正弦波：

$$g(t)=\begin{cases}\sin\dfrac{\pi t}{2T}, & 0\leqslant t\leqslant 2T\\ 0, & \text{其他}\end{cases} \tag{3-138}$$

最后讨论一下 MSK 信号和一般 CPM 信号的维度。首先对 MSK 信号进行矢量化，具体过程如下：

$$\begin{aligned}
s(t)&=\cos[2\pi f_c t+\theta_n+\pi I_n(t-nT)/(2T)], \qquad nT\leqslant t<(n+1)T\\
&=\cos[2\pi(f_c+I_n/(4T))t+n\pi I_n/2+\theta_n]\\
&=\begin{cases}\cos[2\pi f_+ t+0\cdot\pi/2], \cos[2\pi f_- t+0\cdot\pi/2]\\ \cos[2\pi f_+ t+1\cdot\pi/2], \cos[2\pi f_- t+1\cdot\pi/2]\\ \cos[2\pi f_+ t+2\cdot\pi/2], \cos[2\pi f_- t+2\cdot\pi/2]\\ \cos[2\pi f_+ t+3\cdot\pi/2], \cos[2\pi f_- t+3\cdot\pi/2]\end{cases}\\
&=\begin{cases}+\cos[2\pi f_+ t], +\cos[2\pi f_- t]\\ -\sin[2\pi f_+ t], -\sin[2\pi f_- t]\\ -\cos[2\pi f_+ t], -\cos[2\pi f_- t]\\ +\sin[2\pi f_+ t], +\sin[2\pi f_- t]\end{cases}\\
&\in\{\cos[2\pi f_+ t], \sin[2\pi f_+ t], \cos[2\pi f_- t], \sin[2\pi f_- t]\}
\end{aligned} \tag{3-139}$$

所以，MSK 信号为四维信号。

对于一般 CPM 信号，其瞬时相位偏移为

$$\begin{aligned}
\phi(t;\boldsymbol{I})&=2\pi\sum_{k=-\infty}^{n} I_k h_k q(t-kT), \quad nT\leqslant t\leqslant (n+1)T\\
&=2\pi I_n h_n q(t-nT)+2\pi I_{n-1}h_{n-1}q[t-(n-1)T]+\cdots\\
&\quad+2\pi I_{n-L+1}h_{n-L+1}q[t-(n-L+1)T]+2\pi\sum_{k=-\infty}^{n-L} I_L h_L q(LT)\\
&=I_n a_1(t)+I_{n-1}a_2(t)+\cdots+I_{n-L+1}a_L(t)+\theta_{n-L+1}
\end{aligned} \tag{3-140}$$

式中，$a_i(t)=2\pi h_{n+1-i}q[t-(n+1-i)T]$，$s(t)=\mathrm{Re}[\mathrm{e}^{\mathrm{j}\phi(t;I)}\mathrm{e}^{\mathrm{j}2\pi f_c t}]=\cos[2\pi f_c t+\phi(t;\boldsymbol{I})]$。因而，一般 CPM 信号的基函数的数量最大为 $M^L\times|\{\theta_n\}|$，即最高维数为 $M^L\times|\{\theta_n\}|$（$|\{\theta_n\}|$ 表示 $\{\theta_n\}$ 的终值相位状态数）。

5. 多幅度 CPM

多幅度 CPM 对 CPM 信号进行了进一步拓展，其信号可以在不同幅度上变化，同时保证相位的连续性。例如，2 幅度 CPFSK 信号，可表示为

$$s(t)=2A\cos[2\pi f_c t+\phi_2(t;\boldsymbol{I})]+A\cos[2\pi f_c t+\phi_1(t;\boldsymbol{J})] \tag{3-141}$$

式中

$$
\begin{cases}
\phi_2(t;\boldsymbol{I}) = \pi h \sum_{k=-\infty}^{n-1} I_k + 2\pi h I_n[(t-nT)/(2T)] \\
\phi_1(t;\boldsymbol{J}) = \pi h \sum_{k=-\infty}^{n-1} J_k + 2\pi h J_n[(t-nT)/(2T)]
\end{cases}
\tag{3-142}
$$

信息由数据序列$\{I_n\}$和$\{J_n\}$承载，两个幅度不同的 CPFSK 信号相叠加构成 2 幅度 CPM 信号。需要指出的是，分量$\{I_n\}$和$\{J_n\}$不是统计独立的，而是受约束的，以保证相位的连续性。图 3-32 所示为调制指数 $h$ 分别为 1/2、1/4、2/3、1/3 时的 2 幅度 CPFSK 的信号空间图。

对于多幅度 CPM 信号的解调，可以根据信号空间图中的前一状态/节点和当前节点的相位轨迹来实现。

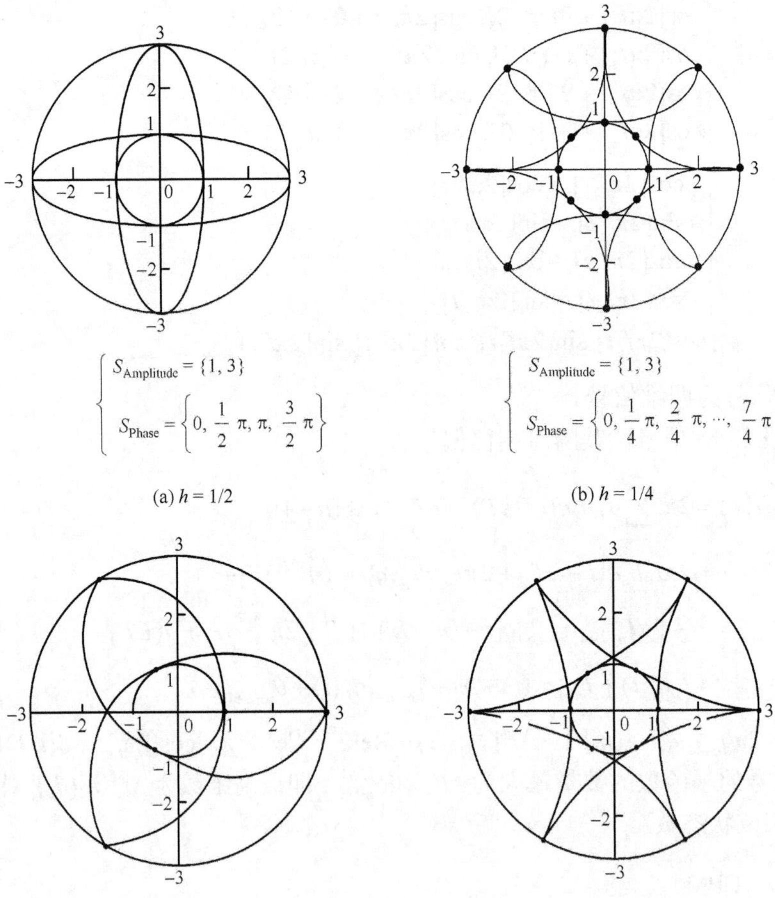

$$\begin{cases} S_{\text{Amplitude}} = \{1, 3\} \\ S_{\text{Phase}} = \left\{0, \frac{1}{2}\pi, \pi, \frac{3}{2}\pi\right\} \end{cases}$$

(a) $h = 1/2$

$$\begin{cases} S_{\text{Amplitude}} = \{1, 3\} \\ S_{\text{Phase}} = \left\{0, \frac{1}{4}\pi, \frac{2}{4}\pi, \cdots, \frac{7}{4}\pi\right\} \end{cases}$$

(b) $h = 1/4$

$$\begin{cases} S_{\text{Amplitude}} = \{1, 3\} \\ S_{\text{Phase}} = \{0, (2/3)\pi, (4/3)\pi\} \end{cases}$$

(c) $h = 2/3$

$$\begin{cases} S_{\text{Amplitude}} = \{1, 3\} \\ S_{\text{Phase}} = \left\{0, (1/3)\pi, (2/3)\pi, \cdots, \frac{5}{3}\pi\right\} \end{cases}$$

(d) $h = 1/3$

图 3-32　2 幅度 CPFSK 的信号空间图和相位轨迹

# 3.4　数字已调信号的功率谱密度

在数字通信中，由于信息序列是随机的，所以数字已调信号是随机信号，因此不能用求确知信号频谱函数的方法来分析它的频域特性，应求其功率谱密度来确定数字已调信号的带宽及其他频域特性。本节主要讨论线性调制、CPFSK 和 CPM 信号的功率谱密度。

## 3.4.1　线性调制信号的功率谱密度

考虑随机信号 $S_t$ 的样本函数 $s(t)$，其表达式为

$$s(t)=\mathrm{Re}[s_l(t)\mathrm{e}^{\mathrm{j}2\pi f_c t}] \tag{3-143}$$

$s(t)$ 的自相关函数为

$$\phi_s(\tau)=\mathrm{Re}[\phi_{s_l}(\tau)\mathrm{e}^{\mathrm{j}2\pi f_c t}] \tag{3-144}$$

式中，$\phi_{s_l}(\tau)$ 是等效低通信号 $s_l(t)$ 的自相关函数。假设 $S_t$ 是广义平稳随机过程，则可对其自相关函数进行傅里叶变换，得到功率谱密度为

$$\Phi_s(f)=\frac{1}{2}[\Phi_{s_l}(f-f_c)+\Phi_{s_l}(-f-f_c)] \tag{3-145}$$

式中，$\Phi_{s_l}(f)$ 是 $s_l(t)$ 的功率谱密度，要得到数字已调信号的功率谱密度只需要求其等效低通信号的功率谱密度即可。

下面讨论线性调制信号的功率谱密度，数字已调信号的等效低通形式为

$$s_l(t)=\sum_{n=-\infty}^{\infty}I_n g(t-nT) \tag{3-146}$$

式中，$I_n(n=-\infty,\cdots,-1,0,1,\cdots,+\infty)$ 是要发送的第 $n$ 个符号由 $k$ 比特分组通过信号空间图(星座图)映射得到。对于数字 AM，$\{I_n\}$ 是实值的，对应着信号的幅度；对于 PSK 和 QAM，$\{I_n\}$ 是复值的，信道符号是二维的。

$s_l(t)$ 的自相关函数为

$$\begin{aligned}\phi_{s_l}(t+\tau,t)&=\frac{1}{2}\mathrm{E}[s_l(t+\tau)\left(s_l(t)\right)^*]\\&=\frac{1}{2}\sum_{n=-\infty}^{\infty}\sum_{k=-\infty}^{\infty}\mathrm{E}[I_k I_n^*]g(t+\tau-kT)g^*(t-nT)\end{aligned} \tag{3-147}$$

假定 $\{I_n\}$ 是广义平稳随机过程，且均值为 $\mu_i$，自相关函数为

$$\phi_I(i)=\phi_I(k-n)=\frac{1}{2}\mathrm{E}[I_k I_n^*] \tag{3-148}$$

所以，式(3-147)可表示为

$$\begin{aligned}\phi_{s_I}(t+\tau,t) &= \sum_{i=-\infty}^{\infty}\sum_{n=-\infty}^{\infty}\phi_I(i)g(t+\tau-nT-iT)g^*(t-nT)\\ &= \sum_{i=-\infty}^{\infty}\phi_I(i)\sum_{n=-\infty}^{\infty}g(t+\tau-nT-iT)g^*(t-nT)\\ &= \sum_{i=-\infty}^{\infty}\phi_I(i)\kappa(t,\tau,i)\end{aligned} \tag{3-149}$$

式中，$\kappa(t,\tau,i)=\sum_{n=-\infty}^{\infty}g(t+\tau-nT-iT)g^*(t-nT)=\kappa(t+T,\tau,i)$ 是以 $T$ 为周期、$t$ 为变量的周期函数。所以，$s_I(t)$ 的自相关函数也是以 $T$ 为周期、$t$ 为变量的周期函数。$s_I(t)$ 的均值为

$$\mathrm{E}[s_I(t)]=\sum_{n=-\infty}^{\infty}\mathrm{E}[I_n]g(t-nT)=\mu_i\sum_{n=-\infty}^{\infty}g(t-nT) \tag{3-150}$$

也是以 $T$ 为周期的周期函数。所以，$S_t$ 是一个均值和自相关函数的周期均为 $T$ 的随机过程，此类随机过程称为广义循环平稳随机过程或周期平稳随机过程。

为了计算周期平稳随机过程的功率谱密度，需要消除自相关函数对时间 $t$ 的依赖性，可以在一个周期内对 $\phi_{s_I}(t+\tau,t)$ 求时间平均来实现。所以，$s_I(t)$ 的时间平均自相关函数为

$$\begin{aligned}\bar{\phi}_{s_I}(\tau) &= \frac{1}{T}\int_{-T/2}^{T/2}\sum_{i=-\infty}^{\infty}\phi_I(i)\kappa(t,\tau,i)\mathrm{d}t\\ &= \sum_{i=-\infty}^{\infty}\phi_I(i)\frac{1}{T}\int_{-T/2}^{T/2}\kappa(t,\tau,i)\mathrm{d}t\\ &= \sum_{i=-\infty}^{\infty}\left[\phi_I(i)\frac{1}{T}\int_{-T/2}^{T/2}\sum_{n=-\infty}^{\infty}g(t+\tau-nT-iT)g^*(t-nT)\mathrm{d}t\right]\\ &= \sum_{i=-\infty}^{\infty}\left[\phi_I(i)\sum_{n=-\infty}^{\infty}\frac{1}{T}\int_{-T/2-nT}^{T/2-nT}g(t+\tau-iT)g^*(t)\mathrm{d}t\right]\\ &= \frac{1}{T}\sum_{i=-\infty}^{\infty}\left[\phi_I(i)\int_{-\infty}^{\infty}g(t+\tau-iT)g^*(t)\mathrm{d}t\right]\\ &= \frac{1}{T}\sum_{i=-\infty}^{\infty}[\phi_I(i)\lambda_g(\tau-iT)]\end{aligned} \tag{3-151}$$

式中，$\lambda_g(\tau)=\int_{-\infty}^{\infty}g(t+\tau-iT)g^*(t)\mathrm{d}t$，物理意义是 $g(t)$ 的自相关函数。

对 $\bar{\phi}_{s_I}(\tau)$ 进行傅里叶变换，可得到 $s_I(t)$ 的平均功率谱密度：

$$\bar{\Phi}_{s_I}(f)=\int_{-\infty}^{\infty}\bar{\phi}_{s_I}(\tau)\mathrm{e}^{-\mathrm{j}2\pi f\tau}\mathrm{d}\tau=\frac{1}{T}\Phi_I(f)\left|G(f)\right|^2 \tag{3-152}$$

式中，$G(f)$ 是 $g(t)$ 的傅里叶变换，即脉冲信号的频谱。$\Phi_I(f)$ 是 $\phi_I(i)$ 的傅里叶变换，

即$\{I_n\}$的功率谱密度：

$$\Phi_I(f)=\sum_{k=-\infty}^{\infty}\phi_I(k)\mathrm{e}^{-\mathrm{j}2\pi fkT} \tag{3-153}$$

由式(3-152)可以看出，$s_l(t)$的平均功率谱密度由脉冲形状和输入信息序列决定，因而可以通过控制脉冲形状$g(t)$的频谱特性和信息序列的相关特性来控制$s_l(t)$的频域特性。

下面研究一个实例，假设输入信息符号序列$\{I_n\}$是实信号序列且互不相关，其自相关函数为

$$\phi_I(k)=\begin{cases}\sigma_i^2+\mu_i^2, & k=0\\ \mu_i^2, & k\neq 0\end{cases} \tag{3-154}$$

式中，$\mu_i$表示信息符号的均值；$\sigma_i^2$表示信息符号的方差。代入式(3-153)，可得

$$\phi_I(f)=\sigma_i^2+\mu_i^2\sum_{k=-\infty}^{\infty}\mathrm{e}^{-\mathrm{j}2\pi fkT}=\sigma_i^2+\frac{\mu_i^2}{T}\sum_{k=-\infty}^{\infty}\delta\left(f-\frac{k}{T}\right) \tag{3-155}$$

代入式(3-152)，可得到$\{I_n\}$为实信号序列且互不相关时$s_l(t)$的(平均)功率谱密度为

$$\overline{\Phi}_{s_l}(f)=\frac{\sigma_i^2}{T}|G(f)|^2+\frac{\mu_i^2}{T^2}\sum_{k=-\infty}^{\infty}\delta\left(f-\frac{k}{T}\right)|G(f)|^2 \tag{3-156}$$

平均功率谱密度表达式的第一项为连续谱，它的形状取决于脉冲$g(t)$的频谱特性，连续谱决定了信号能量集中的频率范围，并可由此确定信号带宽；第二项为离散谱，由频率间隔为 $1/T$ 的离散频率分量构成。当$\mu_i\neq 0$且$G(k/T)\neq 0$时，离散谱一定存在，且离散谱功率与$|G(k/T)|^2$成正比；当$\mu_i=0$时离散谱消失。

下面讨论$\{I_n\}$为实信号且互不相关时脉冲$g(t)$对频谱成形的影响。

首先，考虑图 3-33(a)所示的矩形脉冲，$g(t)$的频谱为

$$G(f)=AT\frac{\sin(\pi fT)}{\pi fT}\mathrm{e}^{-\mathrm{j}\pi fT} \tag{3-157}$$

$$|G(f)|^2=A^2T^2\frac{\sin^2(\pi fT)}{(\pi fT)^2} \tag{3-158}$$

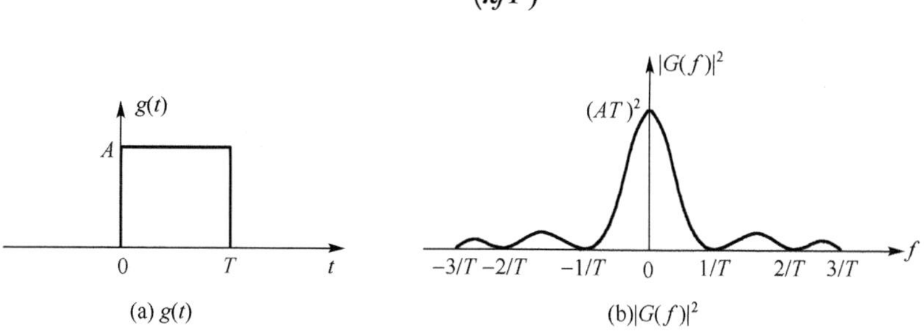


图 3-33　矩形脉冲$g(t)$和$|G(f)|^2$

$|G(f)|^2$如图 3-33(b)所示，将其代入式(3-156)，得到

$$\overline{\Phi}_{s_i}(f)=\sigma_i^2A^2T\frac{\sin^2(\pi fT)}{(\pi fT)^2}+\mu_i^2A^2\delta(f) \tag{3-159}$$

可见，式(3-159)中只剩下一个离散谱分量，连续谱的拖尾与 $f^2$ 成反比衰减。

其次，考虑图 3-34(a)所示的升余弦脉冲，$g(t)$ 的表达式为

$$g(t)=\frac{A}{2}\left[1+\cos\frac{2\pi}{T}\left(t-\frac{T}{2}\right)\right],\quad 0\leqslant t<T \tag{3-160}$$

$g(t)$ 的傅里叶变换为

$$G(f)=\frac{AT}{2}\frac{\sin(\pi fT)}{\pi fT}\frac{1}{1-f^2T^2}\mathrm{e}^{-\mathrm{j}\pi fT} \tag{3-161}$$

$\left|G(f)\right|^2$ 如图 3-34(b)所示，将其代入式(3-156)，可以得到

$$\overline{\Phi}_{s_i}(f)=\frac{\sigma_i^2A^2\sin^2(\pi fT)}{4\pi^2f^2T(1-f^2T^2)^2}+\frac{\mu_i^2A^2}{4}\delta(f)+\frac{\mu_i^2A^2}{16}\delta(f-1/T)+\frac{\mu_i^2A^2}{16}\delta(f+1/T) \tag{3-162}$$

可见，除了 $f=0$ 和 $f=\pm1/T$ 外，没有其他离散谱分量。

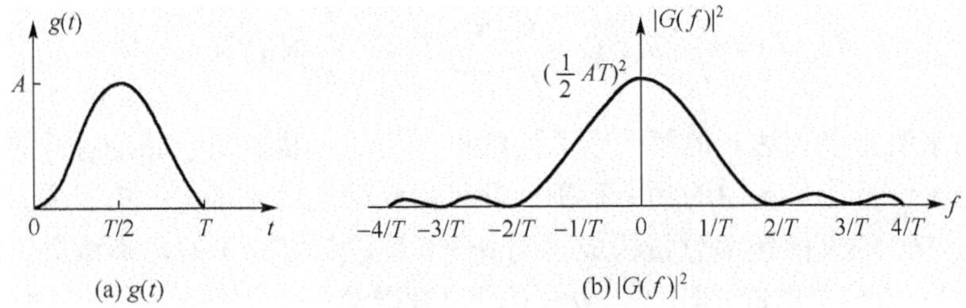


图 3-34　升余弦脉冲 $g(t)$ 及其频谱幅度的平方

对比图 3-33 和图 3-34 可以看出，与矩形脉冲成形相比，升余弦脉冲成形的功率谱密度主瓣更宽，但拖尾衰减更快，其拖尾与 $f^6$ 成反比衰减。

假设 $A=T=\sigma_i^2=1,\ \mu_i=0$，可得到矩形脉冲成形和升余弦脉冲成形的归一化平均功率谱密度，如图 3-35 所示。从图中可以看出，升余弦脉冲成形下的功率谱密度主瓣更宽，但拖尾衰减更快，功率分布更集中，带宽效率更高。脉冲形状越平滑，则带宽效率越高。

为了说明信息符号序列对信号功率谱密度的影响，考虑一个互不相关的二进制随机符号序列 $\{b_n\}$，其均值为 0，方差为 1。令 $I_n=b_n+b_{n-1}$，$\{I_n\}$ 的自相关函数为

$$\phi_I(k)=\begin{cases}2, & k=0\\1, & k=\pm1\\0, & \text{其他}\end{cases} \tag{3-163}$$

对式(3-163)求傅里叶变换，可得

$$\Phi_I(f)=2+\mathrm{e}^{\mathrm{j}2\pi fT}+\mathrm{e}^{-\mathrm{j}2\pi fT}=2(1+\cos2\pi fT)=4\cos^2\pi fT \tag{3-164}$$

代入式(3-152)，得到已调信号 $s_I(t)$ 的功率谱密度为

$$\overline{\Phi}_{s_l}(f)=\frac{1}{T}\left|G(f)\right|^2\Phi_I(f)=\frac{4}{T}\left|G(f)\right|^2\cos^2\pi fT \tag{3-165}$$

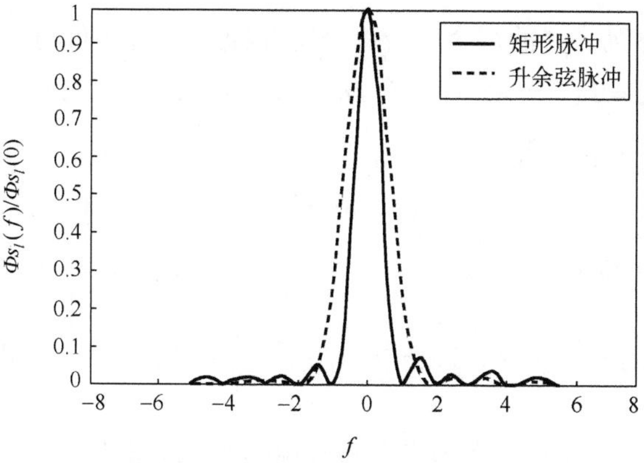


图 3-35　矩形脉冲与升余弦脉冲成形的归一化功率谱密度示意图

以矩形脉冲成形为例，假设 $A=T=1$，对应序列 $\{b_n\}$ 和 $\{I_n\}$ 的已调信号归一化功率谱密度如图 3-36 所示。

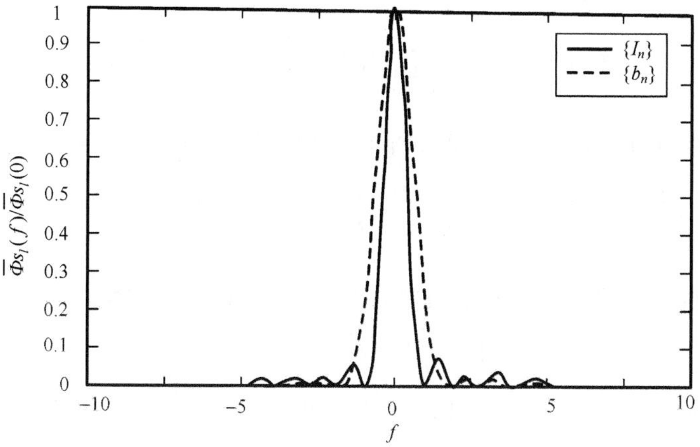


图 3-36　矩形脉冲成形相关和非相关序列对应的归一化功率谱密度示意图

从图 3-36 可以看出，通过对信息符号序列的相关编码可以达到频谱成形的目的，相关性的引入改变信号的功率谱密度。图中，$1/(2T)$ 处新增了零点，旁瓣衰减速度明显加快。

### 3.4.2　CPFSK 和 CPM 信号的功率谱密度

CPM 信号可以表示为

$$s(t;\boldsymbol{I})=A\cos[2\pi f_c t+\phi(t;\boldsymbol{I})] \tag{3-166}$$

式中

$$\phi(t;\boldsymbol{I})=2\pi h\sum_{k=-\infty}^{\infty}I_k q(t-nT) \tag{3-167}$$

式中，$q(t)=\int_{-\infty}^{t} g(\tau)\mathrm{d}\tau$（$t \geqslant LT$ 时，$q(t)=1/2$；$t<0$ 时，$q(t)=0$），$L$ 是 $g(t)$ 持续的码元数。

假设信息符号序列 $\{I_n\}$ 的每个符号都是统计独立且同分布的，且先验概率均为

$$P_n = P(I_k = n) = 1/M, \quad n = \pm 1, \pm 3, \cdots, \pm(M-1) \tag{3-168}$$

$s(t;\boldsymbol{I})$ 的等效低通形式为

$$s_l(t) = \mathrm{e}^{\mathrm{j}\phi(t;\boldsymbol{I})} \tag{3-169}$$

$s_l(t)$ 的自相关函数为

$$\phi_{s_l}(t+\tau,t) = \frac{1}{2}\mathrm{E}\left[\exp\left(\mathrm{j}2\pi h\sum_{k=-\infty}^{\infty} I_k[q(t+\tau-kT)-q(t-kT)]\right)\right] \tag{3-170}$$

将式(3-170)中指数项的求和变换为多个指数项的乘积，得到

$$\phi_{s_l}(t+\tau,t) = \frac{1}{2}\mathrm{E}\left[\prod_{k=-\infty}^{\infty} \exp\{\mathrm{j}2\pi h I_k[q(t+\tau-kT)-q(t-kT)]\}\right] \tag{3-171}$$

对 $\{I_n\}$ 求数学期望，并将式(3-168)应用于式(3-171)，得到

$$\phi_{s_l}(t+\tau,t) = \frac{1}{2}\prod_{k=-\infty}^{\infty}\left(\sum_{m\in\{I_k\}} P_m \mathrm{e}^{\mathrm{j}2\pi hm[q(t+\tau-kT)-q(t-kT)]}\right) \tag{3-172}$$

自相关函数对时间 $t$ 取平均，得到平均自相关函数为

$$\overline{\phi}_{s_l}(\tau) = \frac{1}{T}\int_0^T \phi_{s_l}(t+\tau,t)\mathrm{d}t = \frac{1}{2T}\int_0^T \prod_{k=-\infty}^{\infty}\left(\sum_{m\in\{I_k\}} P_m \mathrm{e}^{\mathrm{j}2\pi hm[q(t+\tau-kT)-q(t-kT)]}\right)\mathrm{d}t \tag{3-173}$$

经推导可知，$s(t;\boldsymbol{I})$ 的时间平均自相关函数具有共轭对称性，即

$$[\overline{\phi}_{s_l}(\tau)]^* = \overline{\phi}_{s_l}(-\tau) \tag{3-174}$$

由式(3-174)的傅里叶变换导出 CPM 信号的平均功率谱密度的数值计算公式为

$$\overline{\varPhi}_{s_l}(f) = \int_{-\infty}^{\infty} \overline{\phi}_{s_l}(\tau)\mathrm{e}^{-\mathrm{j}2\pi f\tau}\mathrm{d}\tau = 2\mathrm{Re}\left[\int_0^{\infty} \overline{\phi}_{s_l}(\tau)\mathrm{e}^{-\mathrm{j}2\pi f\tau}\mathrm{d}\tau\right] \tag{3-175}$$

式中

$$\int_0^{\infty} \overline{\phi}_{s_l}(\tau)\mathrm{e}^{-\mathrm{j}2\pi f\tau}\mathrm{d}\tau = \int_0^{LT} \overline{\phi}_{s_l}(\tau)\mathrm{e}^{-\mathrm{j}2\pi f\tau}\mathrm{d}\tau + \int_{LT}^{\infty} \overline{\phi}_{s_l}(\tau)\mathrm{e}^{-\mathrm{j}2\pi f\tau}\mathrm{d}\tau \tag{3-176}$$

在 $0 \leqslant \tau \leqslant LT$ 范围内，积分通过下面的数值计算得到

$$\overline{\phi}_{s_l}(\tau) = \frac{1}{2T}\int_0^T \prod_{k=1-L}^{\alpha+1}\left(\sum_{m\in\{I_k\}} P_m \mathrm{e}^{\mathrm{j}2\pi hm[q(t+\tau-kT)-q(t-kT)]}\right)\mathrm{d}t, \quad 0 \leqslant \alpha T \leqslant \tau < (\alpha+1)T \tag{3-177}$$

在 $LT \leqslant \tau \leqslant \infty$ 范围内，积分可以表示为

$$\int_{LT}^{\infty} \overline{\phi}_{s_l}(\tau)\mathrm{e}^{-\mathrm{j}2\pi f\tau}\mathrm{d}\tau = \sum_{k=L}^{\infty}\int_{kT}^{(k+1)T} \overline{\phi}_{s_l}(\tau)\mathrm{e}^{-\mathrm{j}2\pi f\tau}\mathrm{d}\tau \tag{3-178}$$

此时，令 $\tau=\xi+mT$，则平均自相关函数可简化为

$$\overline{\phi}_{s_l}(\xi+mT)=[\Psi(\mathrm{j}h)]^{m-L}\lambda(\xi) \tag{3-179}$$

式中，$\Psi(\mathrm{j}h)$ 是随机符号序列 $\{I_n\}$ 的特征函数，可定义为

$$\Psi(\mathrm{j}h)=\mathrm{E}[\mathrm{e}^{\mathrm{j}\pi hI_n}]=\sum_{\substack{n=-(M-1)\\ n\text{为奇数}}}^{M-1}P_n\mathrm{e}^{\mathrm{j}\pi hn} \tag{3-180}$$

$\lambda(\xi)$ 是平均自相关函数的剩余项。特征函数的一个性质是 $|\Psi(\mathrm{j}h)|\leqslant 1$。当 $|\Psi(\mathrm{j}h)|<1$ 时，在 $LT\leqslant\tau\leqslant\infty$ 范围内的积分可以简化为

$$\int_{LT}^{\infty}\overline{\phi}_{s_l}(\tau)\mathrm{e}^{-\mathrm{j}2\pi f\tau}\mathrm{d}\tau=\frac{1}{1-\Psi(\mathrm{j}h)\mathrm{e}^{-\mathrm{j}2\pi fT}}\int_0^T\lambda(\xi)\mathrm{e}^{-\mathrm{j}2\pi f(\xi+LT)}\mathrm{d}\xi \tag{3-181}$$

合并式(3-175)、式(3-176)和式(3-181)，可以得到 CPM 信号的平均功率谱密度为

$$\begin{aligned}\overline{\Phi}_{s_l}(f)=2\,\mathrm{Re}\Bigg[&\int_0^{LT}\overline{\phi}_{s_l}(\tau)\mathrm{e}^{-\mathrm{j}2\pi f\tau}\mathrm{d}\tau\\&+\left(\frac{1}{1-\Psi(\mathrm{j}h)\mathrm{e}^{-\mathrm{j}2\pi fT}}\right)\left(\int_0^T\lambda(\xi)\mathrm{e}^{-\mathrm{j}2\pi f(\xi+LT)}\mathrm{d}\xi\right)\Bigg]\end{aligned} \tag{3-182}$$

对于 $|\Psi(\mathrm{j}h)|=1$ 的情况，若 $h$ 为整数，可以假定特征函数的形式为指数形式且小于或等于 1。假设 $\Psi(\mathrm{j}h)=\mathrm{e}^{\mathrm{j}2\pi\nu}$，将其代入式(3-182)，可得

$$\begin{aligned}\int_0^{\infty}\overline{\phi}_{s_l}(\tau)\mathrm{e}^{-\mathrm{j}2\pi f\tau}\mathrm{d}\tau=&\int_0^{LT}\overline{\phi}_{s_l}(\tau)\mathrm{e}^{-\mathrm{j}2\pi f\tau}\mathrm{d}\tau\\&+\left(\sum_{n=0}^{\infty}\Psi^n(\mathrm{j}h)\mathrm{e}^{-\mathrm{j}2\pi fnT}\right)\left(\int_0^T\lambda(\xi)\mathrm{e}^{-\mathrm{j}2\pi f(\xi+LT)}\mathrm{d}\xi\right)\end{aligned} \tag{3-183}$$

式中

$$\begin{aligned}\sum_{n=0}^{\infty}\Psi^n(\mathrm{j}h)\mathrm{e}^{-\mathrm{j}2\pi fnT}&=\sum_{n=0}^{\infty}\mathrm{e}^{\mathrm{j}2\pi n\nu}\mathrm{e}^{-\mathrm{j}2\pi fnT}=\sum_{n=0}^{\infty}\mathrm{e}^{-\mathrm{j}2\pi T(f-\nu/T)n}\\&=\frac{1}{2}+\sum_{n=-\infty}^{\infty}u(nT)\mathrm{e}^{-\mathrm{j}2\pi T(f-\nu/T)n}\\&=\frac{1}{2}+\frac{1}{2T}\sum_{n=-\infty}^{\infty}\delta(f-\nu/T-n/T)\\&\quad-\frac{\mathrm{j}}{2}\sum_{n=-\infty}^{\infty}\frac{1}{\pi T(f-\nu/T-n/T)}\end{aligned} \tag{3-184}$$

可见，CPM 信号平均功率谱密度包含的冲激位于频率 $f_n=\dfrac{n+\nu}{T},(n=0,1,2,\cdots)$ 处，平均功率谱密度包括连续谱分量和离散谱分量。

考虑 $|\Psi(\mathrm{j}h)|<1$ 的情况，假定信息符号序列 $\{I_n\}$ 的所有符号是等概率的，即 $P_m=1/M$，且 $M=2k$，则特征函数简化为

$$\begin{aligned}\Psi(\mathrm{j}h)&=\frac{1}{2k}\sum_{m\in\{\pm1,\pm3,\cdots,\pm(2k+1)\}}\mathrm{e}^{\mathrm{j}\pi hm}\\&=\frac{1}{M}\frac{\sin(M\pi h)}{\sin(\pi h)}\end{aligned}\tag{3-185}$$

显然，特征函数为实数。时间平均自相关函数为

$$\begin{aligned}\overline{\phi}_{s_l}(\tau)&=\frac{1}{2T}\int_0^T\prod_{k=1-L}^{\alpha+1}\left(\sum_{m\in\{I_k\}}P_m\mathrm{e}^{\mathrm{j}2\pi hm[q(t+\tau-kT)-q(t-kT)]}\right)\mathrm{d}t,\quad \alpha\geqslant 0\\&=\frac{1}{2T}\int_0^T\prod_{k=1-L}^{\alpha+1}\left(\frac{1}{M}\frac{\sin(2\pi hM[q(t+\tau-kT)q(t-kT)])}{\sin(2\pi h[q(t+\tau-kT)q(t-kT)])}\right)\mathrm{d}t\end{aligned}\tag{3-186}$$

其时间平均自相关函数也是实数。相应的功率谱密度可简化为

$$\begin{aligned}\overline{\Phi}_{s_l}(f)&=2\int_0^{LT}\overline{\phi}_{s_l}(\tau)\cos(2\pi f\tau)\mathrm{d}\tau\\&+2\frac{1-\Psi(\mathrm{j}h)\cos(2\pi fT)}{1+\Psi^2(\mathrm{j}h)-2\Psi(\mathrm{j}h)\cos(2\pi fT)}\left(\int_{LT}^{(L+1)T}\overline{\phi}_{s_l}(\tau)\cos(2\pi f\tau)\mathrm{d}\tau\right)\\&-2\frac{\Psi(\mathrm{j}h)\sin(2\pi fT)}{1+\Psi^2(\mathrm{j}h)-2\Psi(\mathrm{j}h)\cos(2\pi fT)}\left(\int_{LT}^{(L+1)T}\overline{\phi}_{s_l}(\tau)\sin(2\pi f\tau)\mathrm{d}\tau\right)\end{aligned}\tag{3-187}$$

下面讨论 CPFSK 信号的功率谱密度。考虑采用全响应矩形脉冲成形 $g(t)(L=1)$ 的 CPFSK 信号，可得到功率谱密度表达式为

$$\overline{\Phi}_{s_l}(f)=T\left[\frac{1}{M}\sum_{n=1}^{M}A_n^2(f)+\frac{2}{M^2}\sum_{n=1}^{M}\sum_{m=1}^{M}B_{mn}(f)A_n(f)A_m(f)\right]\tag{3-188}$$

式中

$$\begin{cases}A_n(f)=\operatorname{sinc}[fT-(2n-1-M)(h/2)]\\B_{nm}(f)=\dfrac{\cos[2\pi fT-\alpha_{nm}]-\Psi\cos\alpha_{nm}}{1+\Psi^2-2\Psi\cos(2\pi fT)}\\\alpha_{nm}=\pi h(m+n-1-M)\\\Psi=\Psi(\mathrm{j}h)=\dfrac{\sin(M\pi h)}{M\sin(\pi h)}\end{cases}\tag{3-189}$$

通过数值计算可画出等效低通 CPFSK 信号的平均功率谱密度。由于平均功率谱密度具有共轭对称性，所以下面的图中只给出了其上边带。

图 3-37 所示为 $M=2$ 时的 CPFSK 功率谱密度，它的是横坐标是归一化频率 $fT$，纵坐标是归一化功率谱密度，调制指数 $h=2f_dT$，其中心频率为载波频率 $f_c$。当 $h<1$ 时，CPFSK 的平均功率谱密度相对平滑，并得到了很好的限制；当 $h$ 趋近于 1 时，谱变宽且出现尖峰形，并且在 $h=1$ 时有 $M$ 个频率处出现冲激；当 $h>1$ 时，其平均信号频带变得更宽。在采用 CPFSK 的数字通信系统中，为了节省带宽，通常取调制指数 $h<1$。

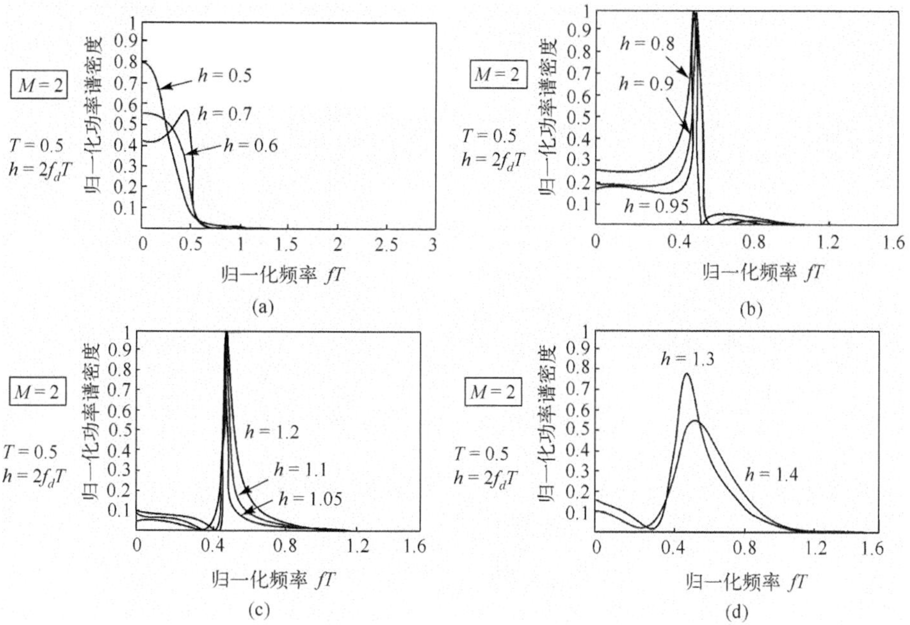


图 3-37　二进制 CPFSK 的功率谱密度

蓝牙协议中采用高斯滤波频移键控(GFSK)，$BT=0.5$，$B=5\text{MHz}$，$T=1\mu\text{s}$，符号“1”对应正的频偏，符号“0”对应负的频偏，调制指数 $h=0.28\sim0.35$，峰值频偏为 $140\text{kHz}<f_d<175\text{kHz}$。

$M=4$ 时的 CPFSK 功率谱密度如图 3-38 所示。从图中可以看出，四进制 CPFSK 信号占用的带宽几乎是二进制 CPFSK 信号的两倍，原因是同样的码元周期下四进制 CPFSK 信号承载的信息是二进制 CPFSK 信号的两倍。另外，当调制指数 $h$ 趋近于 1 时，功率谱密度曲线出现 4 个冲激。

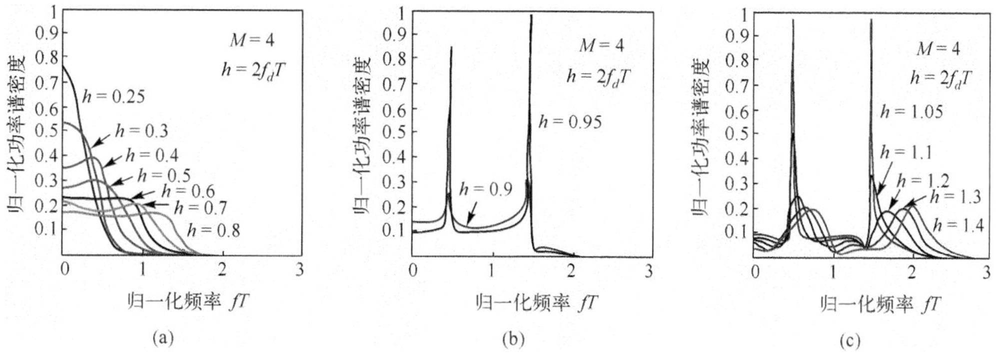


图 3-38　四进制 CPFSK 的功率谱密度

$M=8$ 时的 CPFSK 功率谱密度如图 3-39 所示。八进制 CPFSK 信号占用的带宽几乎是二进制 CPFSK 的 3 倍，原因是同样的码元周期下，八进制 CPFSK 信号承载的信息是二进制 CPFSK 的 3 倍。另外，当调制指数 $h$ 趋近于 1 时，功率谱密度曲线出现了 8 个冲激。

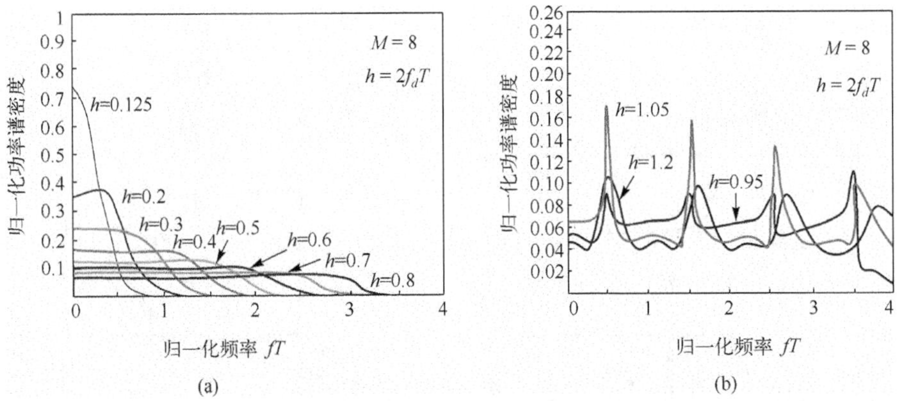


图 3-39 八进制 CPFSK 的功率谱密度

MSK 是 $h=1/2$ 的二进制 CPFSK 的特例，其特征函数为

$$\Psi(\mathrm{j}h)=\frac{\sin(M\pi h)}{M\sin(\pi h)}=\frac{\sin\pi}{2\sin(\pi/2)}=0$$

由于

$$\begin{cases}A_n(f)=\mathrm{sinc}\left[fT-(2n-3)/4\right]\\ B_{nm}(f)=\cos(2\pi fT-\alpha_{nm})\\ \alpha_{nm}=\pi(m+n-3)/2\end{cases}\tag{3-190}$$

可以求得 MSK 信号的等效低通形式的平均功率谱密度为

$$\begin{aligned}\overline{\Phi}_{s_l}(f)&=\frac{T}{2}\sum_{n=1}^{2}A_n^2(f)+\frac{T}{2}\sum_{n=1}^{2}\sum_{m=1}^{2}B_{mn}(f)A_n(f)A_m(f)\\&=\frac{16T\cos^2(2\pi fT)}{\pi^2(1-16f^2T^2)^2}\end{aligned}\tag{3-191}$$

下面将MSK信号的功率谱密度与矩形脉冲成形的OQPSK信号的功率谱密度进行对比。OQPSK 信号的等效低通形式为

$$s_l(t)=\sum_{k=-\infty}^{\infty}\{I_{2k}g(t-2kT)+\mathrm{j}I_{2k+1}g[t-(2k+1)T]\}\tag{3-192}$$

其中，矩形脉冲成形函数为

$$g(t)=\begin{cases}1, & 0\leqslant t\leqslant 2T\\ 0, & 其他\end{cases}\tag{3-193}$$

该等效低通信号的自相关函数为

$$\begin{aligned}\phi_{s_l}(t+\tau,t)=&\frac{1}{2}\sum_{k=-\infty}^{\infty}\sum_{k'=-\infty}^{\infty}\mathrm{E}[I_{2k}I_{2k'}]g(t-2kT)g(t+\tau-2k'T)\\&+\frac{1}{2}\sum_{k=-\infty}^{\infty}\sum_{k'=-\infty}^{\infty}\mathrm{E}[I_{2k+1}I_{2k'+1}]g(t-2kT-T)g(t+\tau-2k'T-T)\end{aligned}$$

$$
\begin{aligned}
&-\mathrm{j}\frac{1}{2}\sum_{k=-\infty}^{\infty}\sum_{k'=-\infty}^{\infty}\mathrm{E}[I_{2k+1}I_{2k'}]g(t-2kT-T)g(t+\tau-2k'T)\\
&-\mathrm{j}\frac{1}{2}\sum_{k=-\infty}^{\infty}\sum_{k'=-\infty}^{\infty}\mathrm{E}[I_{2k}I_{2k'+1}]g(t-2kT)g(t+\tau-2k'T-T)
\end{aligned}
\tag{3-194}
$$

令 $\{I_n\}$ 是独立同分布的，且服从均匀的边缘分布，则式(3-194)可进一步简化为

$$
\begin{aligned}
\phi_{s_l}(t+\tau,t) &= \frac{1}{2}\sum_{k=-\infty}^{\infty}g(t-2kT)g(t+\tau-2kT)\\
&\quad+\frac{1}{2}\sum_{k=-\infty}^{\infty}g(t-2kT-T)g(t+\tau-2kT-T)\\
&=\frac{1}{2}\sum_{k=-\infty}^{\infty}g(t-kT)g(t+\tau-kT)
\end{aligned}
\tag{3-195}
$$

对自相关函数求平均值，可得

$$
\overline{\phi}_{s_l}(\tau)=\begin{cases}
\dfrac{1}{T}\displaystyle\int_0^T\phi(t+\tau,t)\mathrm{d}t=\dfrac{1}{T}\int_0^{2T-\tau}\dfrac{1}{2}\mathrm{d}t=\dfrac{2T-\tau}{2T}, & T\leqslant\tau\leqslant 2T\\
\dfrac{1}{T}\displaystyle\int_0^T\phi(t+\tau,t)\mathrm{d}t=\dfrac{1}{T}\int_0^T\dfrac{1}{2}\mathrm{d}t+\int_0^{T-\tau}\dfrac{1}{2}\mathrm{d}t=\dfrac{2T-\tau}{2T}, & 0\leqslant\tau<T\\
\dfrac{2T+\tau}{2T}, & -2T\leqslant\tau<0\\
0, & 其他
\end{cases}
\tag{3-196}
$$

因此，可得到矩形脉冲成形 OQPSK 信号的平均功率谱密度为

$$
\overline{\Phi}_{s_l}(f)=\frac{2T\sin^2(2\pi fT)}{(2\pi fT)^2}
\tag{3-197}
$$

归一化后，得到

$$
\frac{\overline{\Phi}_{s_l}(f)}{\overline{\Phi}_{s_l}(0)}=\frac{\sin^2(2\pi fT)}{(2\pi fT)^2}
\tag{3-198}
$$

图 3-40 所示为 MSK 信号和矩形脉冲成形 OQPSK 信号的频谱图。由图 3-40 可以看出，MSK 信号的功率谱密度主瓣比矩形脉冲成形的 OQPSK 的主瓣宽 50%，MSK 的拖尾比 OQPSK 衰减更快。如果按总功率的 99%来计算带宽，MSK 信号的带宽为 $1.2/T$，矩形脉冲 OQPSK 信号的带宽为 $8/T$，因此 MSK 比矩形脉冲 OQPSK 具有更高的带宽效率。

如果进一步降低 $h$ 可达到更高的带宽效率，但带来的问题是信号的正交性被破坏，误码率会提高。

为了度量数字调制方式的带宽效率，可引入部分带外功率的概念。部分带外功率是指落入带外的功率与总功率的比值。

部分带内功率可定义为

$$
\Delta P_{带内}(B)=\frac{1}{P_{总}}\left[\int_{f_c-B/2}^{f_c+B/2}\Phi(f)\mathrm{d}f+\int_{-f_c-B/2}^{-f_c+B/2}\Phi(f)\mathrm{d}f\right]
\tag{3-199}
$$

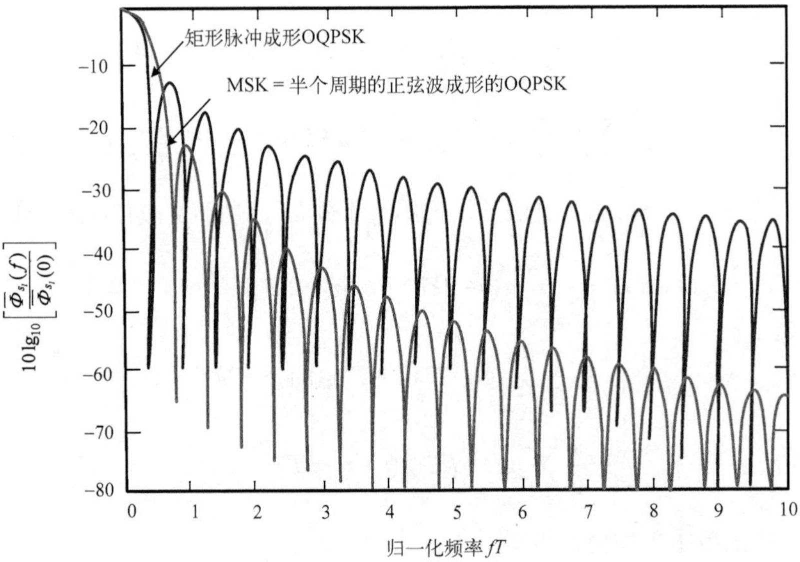


图 3-40　MSK 信号和矩形脉冲成形 OQPSK 信号的频谱图

式中，$P_{总} = \int_{-\infty}^{\infty} \Phi(f)\mathrm{d}f$。部分带外功率可表示为

$$\Delta P_{带外}(B) = 1 - \Delta P_{带内}(B) \tag{3-200}$$

OQPSK 和 MSK 的部分带外功率如图 3-41 所示，其中横坐标为双边归一化带宽，纵坐标为部分带外功率。

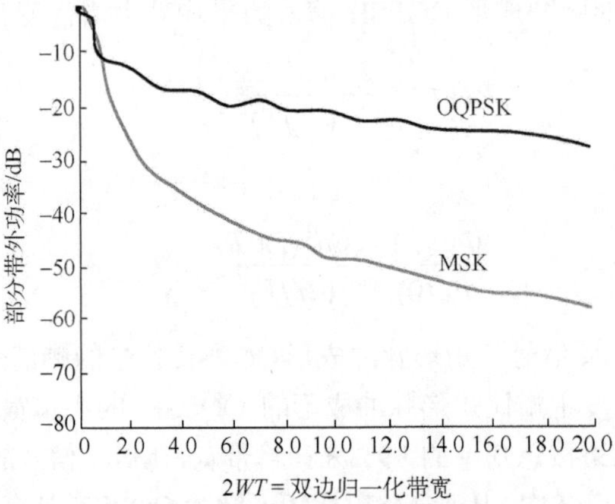


图 3-41　部分带外功率

CPM 频域特性的影响因素主要包括调制指数 $h$、脉冲形状 $g(t)$、记忆阶 $L$ 和进制数 $M$。正如前述 CPFSK 的频谱特性，调制指数 $h$ 越小，带宽效率越高；脉冲形状越平滑，则带宽效率越高，如升余弦脉冲的带宽效率高于矩形脉冲的带宽效率。对于更为一般的 CPM 信号亦是如此。

例如，采用平滑的长度为 $LT$ 的升余弦脉冲(LRC)，其信号表达式为

$$g(t)=\begin{cases}\dfrac{1}{2LT}\left(1-\cos\dfrac{2\pi t}{LT}\right), & 0\leqslant t\leqslant LT\\ 0, & \text{其他}\end{cases} \tag{3-201}$$

对于全响应有 $L=1$，而对于部分响应有 $L>1$，这导致较少的带宽占用，且可以比采用矩形脉冲获得更高的带宽效率，$L$ 越大则带宽效率越高。图 3-42 还给出了 $h=1/2$ 时采用不同脉冲宽度部分响应升余弦脉冲成形的二进制 CPM 信号的功率谱密度，图中同时画出了 MSK 的功率谱密度。可见，当 $L$ 增加时，相应的 CPM 信号占用带宽减少。

图 3-43 给出了不同调制指数对 CPM 信号功率谱密度的影响，其中 $M=4$ 且升余弦脉冲宽度 $L=3$，可见调制指数 $h$ 越小，带宽效率越高。这些频谱特性与前述 CPFSK 的频域特性相似，但由于采用了更平滑的脉冲形状，占用的带宽更窄。

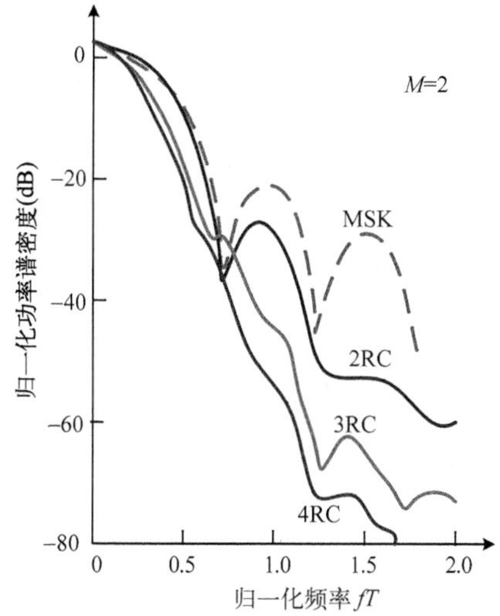


图 3-42　$h$=1/2 的不同脉冲成形 CPM 信号的功率谱密度

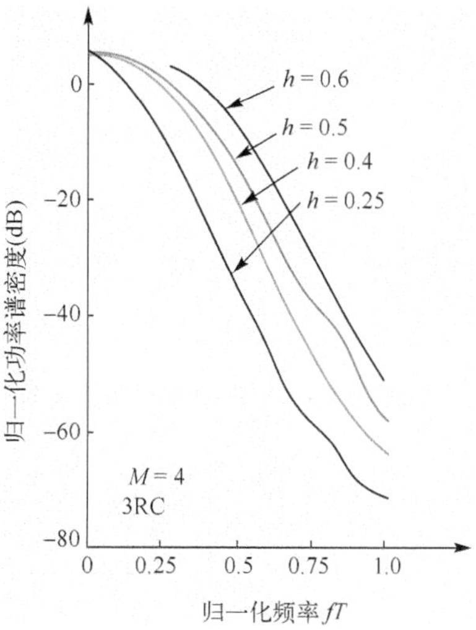


图 3-43　$M=4$ 时 3RC 成形不同 $h$ 的 CPM 信号的功率谱密度

## 习　题

**3-1**　假设复信号 $s(t)$ 可以表示为标准正交函数集 $\{\psi_k(t), k=1,2,\cdots,K\}$ 的线性组合，即

$$\tilde{s}(t)=\sum_{k=0}^{K}s_k\psi_k(t)$$

式中

$$\int_{-\infty}^{+\infty}\psi_j(t)\psi_k(t)\mathrm{d}t=\begin{cases}1, & j=k\\ 0, & j\neq k\end{cases}\quad j,k=1,2,\cdots,K$$

试求使得误差能量 $\varepsilon_{\mathrm{e}}=\int_{-\infty}^{+\infty}\left|s(t)-\tilde{s}(t)\right|^2\mathrm{d}t$ 最小的展开系数 $\{s_k\}$ 和 $\varepsilon_{\mathrm{e}}$ 的表达式。

**3-2**　假设 $s(t)$ 是一个实值带通信号，试证明其等效低通形式 $s_l(t)$ 一般是复值信号，并给出 $s_l(t)$ 为实信号的条件。

**3-3**　试证明 $x(t)=s(t)\cos(2\pi f_c t)\pm\hat{s}(t)\sin(2\pi f_c t)$ 是一个单边带信号，其中，$s(t)$ 带限于 $B\leqslant f_c$，$\hat{s}(t)$ 是 $s(t)$ 的希尔伯特变换。

**3-4**　考虑图 T3-4 所示的四个波形：

(1) 确定信号波形的维数和一组标准正交函数集；

(2) 利用基函数来表示这四个信号波形，给出矢量 $\boldsymbol{s}_1,\boldsymbol{s}_2,\boldsymbol{s}_3,\boldsymbol{s}_4$ 的具体形式；

(3) 确定任何一对矢量之间的最小距离。

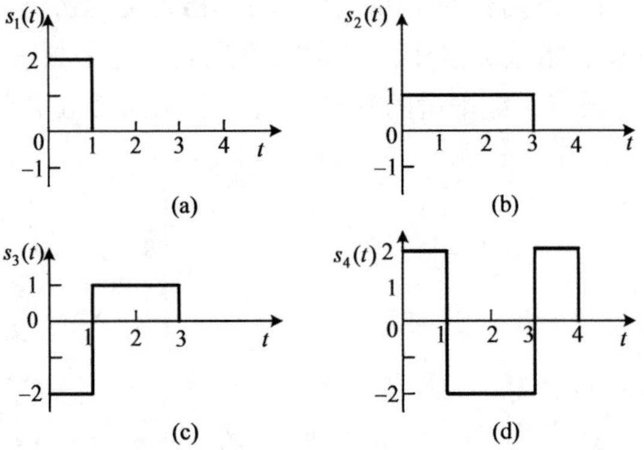


图 T3-4

**3-5**　试求图 T3-5 中四个信号的一组标准正交函数集，并说明这组信号的维数。

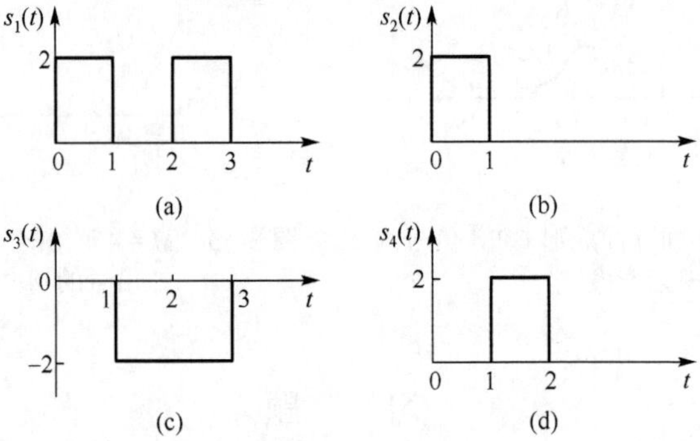


图 T3-5

**3-6**　如图 T3-6 所示，标准正交函数集为 $\{\psi_k(t), k=1,2\}$，试求信号 $\{s_i(t), i=1,2,3,4\}$ 的信号空间表示形式，绘制信号空间图，并说明该信号集等价于四相 PSK 信号集。

**3-7**　$\pi/4$-QPSK 可以视为两个偏移了 $\pi/4$ 的 QPSK 系统，试绘制 $\pi/4$-QPSK 信号空间图，并在图中使用格雷码对各信号点进行标识。

**3-8**　考虑图 T3-8 中的 8PSK 和 8QAM 的星座图。

(1) 若 8PSK 星座图中两相邻星座点之间的最小欧氏距离为 $A$，求圆的半径 $r$；

(2) 若 8QAM 星座图中两相邻星座点之间的最小欧氏距离为 $A$，求其内圆和外圆的半径 $a$ 和 $b$；

(3) 假设星座图上的各信号点等概率出现，求出两信号星座图对应的信号平均功率，在相邻星座点之间的最小欧氏距离均为 $A$ 的条件下比较这两种星座图对应的 8PSK 和 8QAM 信号的发送功率差异。

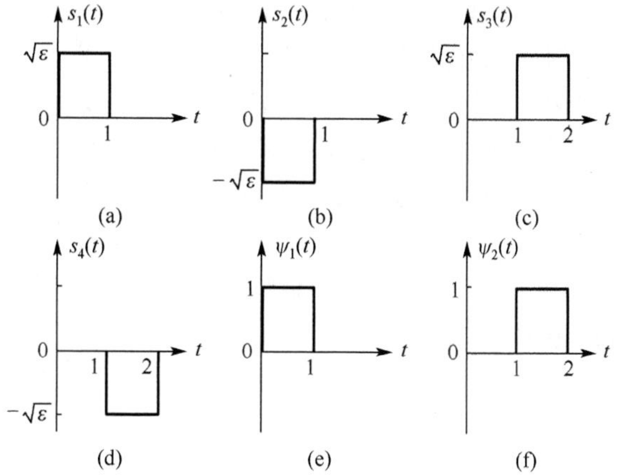


图 T3-6

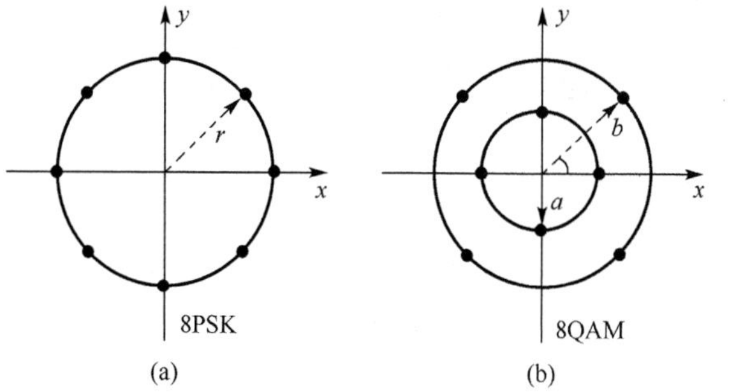


图 T3-8

**3-9**　考虑图 T3-8 所示的 8QAM 信号星座：

(1) 是否可以为信号星座的每个点映射一个 3bit 分组，并满足格雷码编码规则？

(2) 如果所需的比特传输率为 180Mbit/s，试计算符号传输速率。

**3-10**　考虑图 T3-10 所示的两个 8QAM 信号星座图。相邻点之间的最小距离为 2。假设各信号点是等概的，试求各星座图中的信号平均发射功率，并比较它们的功率效率。

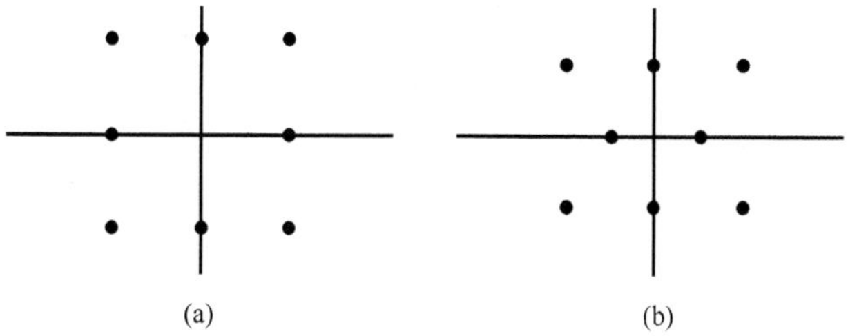


图 T3-10

**3-11**　为图 T3-11 所示的 16 QAM 信号星座指定格雷码。

**3-12**　带通信号 $s(t)$ 的载波频率为 $f_c$，对应的等效低通信号用 $s_l(t)=s_I(t)+\mathrm{j}s_Q(t)$ 表示，试给出由 $s_l(t)$ 得到 $s(t)$ 以及由 $s(t)$ 得到 $s_l(t)$ 的原理框图。假设接收端载波存在一个相位偏移，用 $\theta$ 表示，试给出此时的等效低通信号表达式。

**3-13**　语音信号以 8kHz 的速率采样，按 A 律压缩，再对每个样本进行 8bit PCM 编码。然后，该二进制 PCM 数据流通过 AWGN 基带信道以 $M$ 元 ASK 传输。试求 $M=4$、8 和 16 所需的传输带宽。

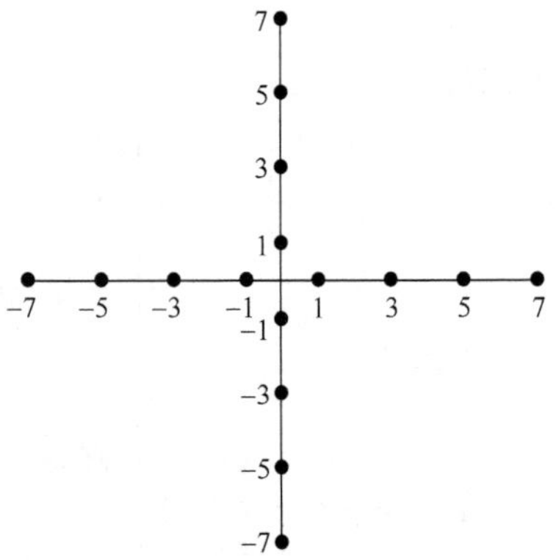

图 T3-11

**3-14**　试给出 NRZI 码的 Markov 状态图、网格图，以及输入为“0”和“1”时的状态转移矩阵。

**3-15**　针对以下两种情况，试列出状态网格中可能出现的所有终端相位状态。

(1) 全响应二进制 CPFSK，$h=2/3$ 或 3/4。

(2) 部分响应 $L$=3 二进制 CPFSK，$h=2/3$ 或 3/4。

**3-16**　有一种部分响应 CPM，$h=1/2$，且

$$g(t)=\begin{cases}1/(4T), & 0\leqslant t\leqslant 2T\\ 0, & \text{其他}\end{cases}$$

试画出相位树图和状态网格图。

**3-17**　求解周期平稳过程

$$u(t)=\sum_{n=-\infty}^{\infty}I_n g(t-nT)$$

的功率谱密度，可以通过在其周期 $T$ 内对自相关函数 $R_u(t+\tau,t)$ 求平均，再对平均自相关函数求傅里叶变换。另一种方法是添加一个在 $0\leqslant\varDelta<T$ 上均匀分布的随机变量 $\varDelta$，将周期平稳随机过程变换为平稳随机过程 $u_\Delta(t)$：

$$u_\Delta(t)=\sum_{n=-\infty}^{\infty}I_n g(t-nT-\varDelta)$$

并求平稳随机过程 $u_\Delta(t)$ 自相关函数的傅里叶变换。试通过求 $u_\Delta(t)$ 的自相关函数及其傅里叶变换，推导出式(3-152)中的结果。

**3-18**　试根据图 T3-18 给出的 Markov 状态图给出输入信号分别为 00、01、11、10 的状态转移矩阵，并导出 00、01、11 和 10 等概率出现时的概率转移矩阵。

**3-19**　考虑一个 4 元 PSK 信号，其等效低通形式为

$$u(t)=\sum_n I_n g(t-nT)$$

式中，$I_n$ 等概率取四个可能值 $\sqrt{1/2}(\pm1\pm\mathrm{j})$ 之一。信息符号序列 $\{I_n\}$ 是统计独立的。

试分别求 $g(t)=A(0\leqslant t<T)$ 和 $g(t)=A\sin(\pi t/T)(0\leqslant t<T)$ 时 $u(t)$ 的功率谱密度，并比较二者的 3dB 带宽和第一个谱零点的带宽。

**3-20**　试从传输速率、码元相位跳变和频带利用率三个方面比较 MSK、具有矩形脉冲的 OQPSK

信号和常规 QPSK 信号的异同。

**3-21**　数字幅度调制信号的等效低通表达式为

$$d(t) = \sum_n I_n g(t - nT)$$

令 $g(t)$ 为矩形脉冲，且 $I_n = a_n - a_{n-2}$，其中，$a_n$ 是等概率出现的不相关二进制 (1, –1) 随机变量序列，试求序列 $I_n$ 的自相关函数和 $d(t)$ 的功率谱密度。

**3-22**　假设信息序列 $\{I_n\}$ 为三元序列，每个 $I_n$ 分别以概率 1/4、1/2 和 1/4 取值 2、0 和–2。假定信源输出符号之间是相互独立的。信源产生的低通信号为

$$u(t) = \sum_{n=-\infty}^{\infty} I_n g(t - nT)$$

(1) $g(t)$ 是图 T3-22 所示的信号，试求 $u(t)$ 的功率谱密度。

(2) 试求 $v(t) = \sum_{n=-\infty}^{\infty} J_n g(t - nT)$ 的功率谱密度，式中，$J_n = I_{n-1} + I_n + I_{n+1}$。

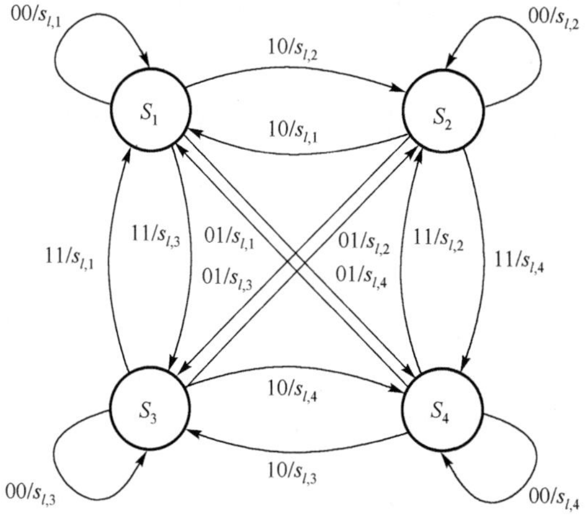


图 T3-18

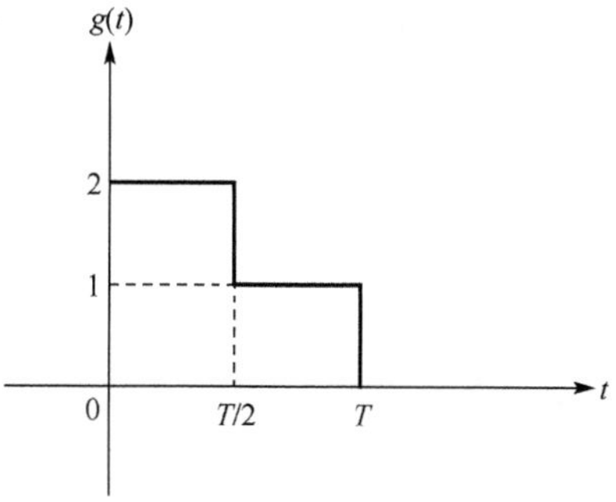


图 T3-22

**3-23**　假设要传输的信息符号序列是均值为零且不相关的，试求 MSK 和 OQPSK 已调信号的自相关函数。

# 第 4 章　加性高斯白噪声信道下的最佳接收机设计与分析

第 3 章讨论了数字调制方式的设计和分析方法，发送端的调制器将信息符号序列映射成信号波形，这些信号经过信道传输后进入接收机。在信道传输过程中信号会受到各种损伤，信道的特性决定了信号损伤的类型和影响数字通信系统性能的要素。噪声是多数通信系统的主要信号损伤。本章讨论噪声对数字通信系统可靠性的影响，重点研究加性高斯白噪声信道下的最佳接收机的设计和误码性能分析等问题。

## 4.1　加性高斯白噪声信道下的最佳接收机

加性高斯白噪声信道(AWGN)下的接收信号等效低通模型(图 4-1)可表示为

$$r_l(t) = s_{l,m}(t) + n_l(t) \tag{4-1}$$

式中，$r_l(t)$ 是接收信号；$s_{l,m}(t)$ 是发送信道符号 $(m = 1,2,\cdots,M)$；$n_l(t)$ 是高斯白噪声随机过程的样本波形，其均值为零，功率谱密度为 $N_0/2$。

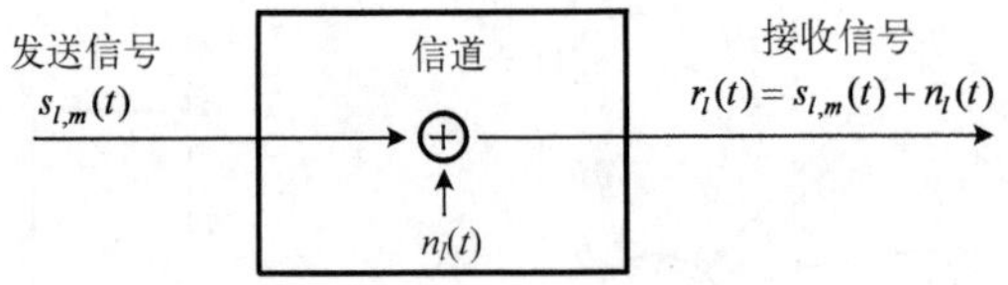


图 4-1　加性高斯白噪声信道下的接收信号模型

接收机在每个符号间隔对接收信号进行观测，并根据观测结果给出发送的是哪一个信道符号的最佳判决。这里的“最佳”是指错误概率最小意义上是最佳的。错误概率可定义为

$$P_e = P[\hat{m} \neq m] \tag{4-2}$$

为了分析问题方便，可以把接收机分为解调器和检测器两部分，如图 4-2 所示。其中，解调器的功能是将接收信号波形 $r_l(t)$ 转化为 $N$ 维矢量 $\boldsymbol{r} = [r_1, r_2, \cdots, r_N]$，若解调器基函数为发送信号波形对应的正交函数集，则 $N$ 为发送信号波形的维数。检测器则根据矢量 $\boldsymbol{r}$ 在 $M$ 个可能的发送信号波形中判定哪个波形被发送，恢复出对应的 $k$ 比特分组。

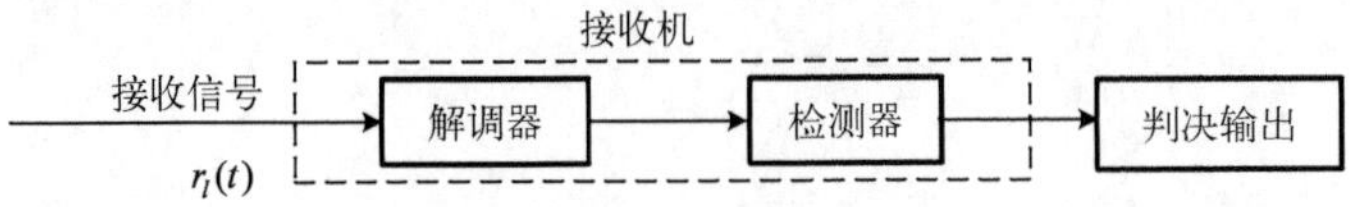


图 4-2　接收机的结构划分

解调器主要有相关型和匹配滤波型两种，最佳检测器的设计准则是使错误概率最小。

### 4.1.1　相关型解调器

假设正交函数集$\{f_k(t)\}(k=1,2,\cdots,N)$可张成发送信号空间，则发送信号波形集中的每一个信号可表示为正交函数集$\{f_k(t)\}(k=1,2,\cdots,N)$的加权线性组合，但正交函数集不能构建噪声空间。接收信号$r_l(t)$通过如图 4-3 所示的$N$个并行的相关运算器，可得到$r_l(t)$在正交函数集$\{f_k(t)\}(k=1,2,\cdots,N)$上的投影。

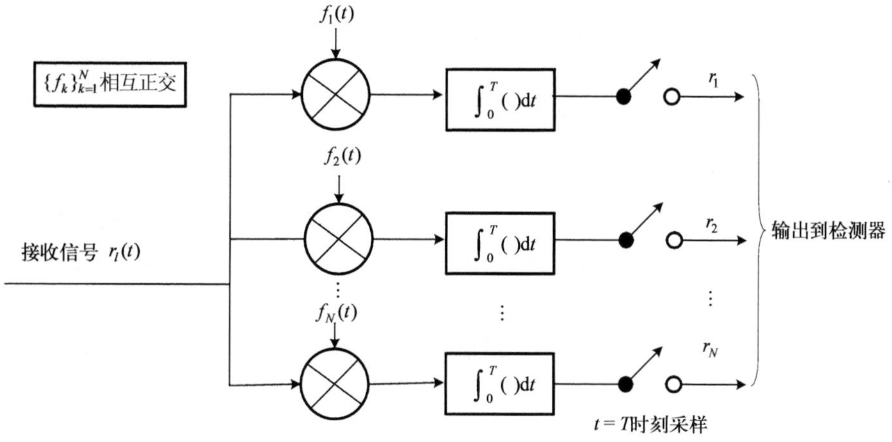


图 4-3　相关型解调器

从图 4-3 可得，第$k$个相关运算器的输出为

$$r_k=s_{mk}+n_k=\int_0^T s_{l,m}f_k(t)\mathrm{d}t+\int_0^T n_l f_k(t)\mathrm{d}t \tag{4-3}$$

式中，$s_{mk}=\int_0^T s_{l,m}f_k(t)\mathrm{d}t,\ n_k=\int_0^T n_l f_k(t)\mathrm{d}t$，分别为发送信号$s_{l,m}(t)$和加性噪声$n_l(t)$在$f_k(t)$上的投影。

所以，在$0\leqslant t\leqslant T$时间间隔内，接收信号可表示为

$$r_l(t)=\sum_{k=1}^N s_{mk}f_k(t)+\sum_{k=1}^N n_k f_k(t)+n_l'(t) \tag{4-4}$$

式中，$n_l'(t)$为

$$n_l'(t)=n_l(t)-\sum_{k=1}^N n_k f_k(t) \tag{4-5}$$

也就是说，$n_l'(t)$是原噪声$n_l(t)$与其在函数集$\{f_n\}_{n=1}^N$上正交分解之间的差值，可称为剩余噪声。

信号的检测与估计是基于统计理论展开的，因而有必要研究相关信号的统计特性。首先讨论解调器输出噪声$\{n_1,n_2,\cdots,n_N\}$的统计特性。由于$n_l(t)$是零均值的高斯白噪声，高斯白噪声经过线性系统后抽样值仍服从高斯分布，因此$\{n_1,n_2,\cdots,n_N\}$是高斯分布的。对所有$n_k(k=1,2,\cdots,N)$，其均值为

$$\mathrm{E}[n_k] = \int_0^T \mathrm{E}[n_l(t)] f_k(t) \mathrm{d}t = 0 \tag{4-6}$$

$\{n_k\}$和$\{n_m\}(n,k=1,2,\cdots,N)$的互相关函数为

$$\begin{aligned}
\mathrm{E}[n_k n_m] &= \int_0^T \int_0^T \mathrm{E}[n_l(t) n_l(\tau)] f_k(t) f_m(\tau) \mathrm{d}t\mathrm{d}\tau \\
&= \frac{1}{2} N_0 \int_0^T \int_0^T \delta(t-\tau) f_k(t) f_m(\tau) \mathrm{d}t\mathrm{d}\tau \\
&= \frac{1}{2} N_0 \int_0^T f_k(t) f_m(t) \mathrm{d}t \\
&= \frac{1}{2} N_0 \delta(k-m)
\end{aligned} \tag{4-7}$$

式中，仅当$k=m$时$\delta(k-m)=1$。所以，$\{n_1,n_2,\cdots,n_N\}$是均值为零、方差为$N_0/2$，且互不相关的高斯随机变量，也是统计独立的。式(4-7)的推导过程中用到了基函数的正交性，这就解释了为何在相关型解调器中要求$\{f_k\}_{k=1}^N$是相互正交的。否则，噪声$\{n_1,n_2,\cdots,n_N\}$为零均值的相关高斯噪声。

由于$r_k = s_{mk} + n_k$，而发送信号$s_{mk}$是确定性信号，因此$\{r_k\}(k=1,2,\cdots,N)$是高斯随机变量，其均值为

$$\mathrm{E}[r_k] = \mathrm{E}[s_{mk} + n_k] = s_{mk} \tag{4-8}$$

方差为

$$\sigma_r^2 = \sigma_n^2 = N_0/2 \tag{4-9}$$

由于$\{n_k\}(k=1,2,\cdots,N)$是统计独立的高斯变量，因此$\{r_k\}(k=1,2,\cdots,N)$也是统计独立的。所以，在发送第$m$个信道符号$\boldsymbol{s}_m$的条件下相关解调器输出矢量$\boldsymbol{r}$的条件概率密度函数为

$$p(\boldsymbol{r}|\boldsymbol{s}_m) = \prod_{k=1}^N p(r_k|s_{mk}),\quad m=1,2,\cdots,M \tag{4-10}$$

式中

$$P(r_k|s_{mk}) = \frac{1}{\sqrt{\pi N_0}} \exp\left[-\frac{(r_k - s_{mk})^2}{N_0}\right],\quad m=1,2,\cdots,N \tag{4-11}$$

将式(4-11)代入式(4-10)，得到联合条件概率密度函数为

$$p(\boldsymbol{r}|\boldsymbol{s}_m) = \frac{1}{(\pi N_0)^{N/2}} \exp\left[-\sum_{k=1}^N \frac{(r_k - s_{mk})^2}{N_0}\right],\quad m=1,2,\cdots,M \tag{4-12}$$

下面说明剩余噪声$n_l'(t)$与后续的检测无关。由式(4-5)可知，$n_l'(t)$是零均值高斯噪声。$n_l'(t)$和$\{r_k\}(k=1,2,\cdots,N)$的互相关函数为

$$\begin{aligned}
\mathrm{E}[n'(t) r_k] &= \mathrm{E}[n'(t)] s_{mk} + \mathrm{E}[n'(t) n_k] \\
&= \mathrm{E}[n'(t) n_k]
\end{aligned}$$

$$
\begin{aligned}
&= \mathrm{E}\left\{\left[n_l(t)-\sum_{j=1}^{N} n_j f_j(t)\right]n_k\right\} \\
&= \int_0^T \mathrm{E}[n(t)n(\tau)]f_k(\tau)\mathrm{d}\tau - \sum_{j=1}^{N}\mathrm{E}(n_j n_k) f_j(t) \\
&= \frac{N_0}{2} f_k(t) - \frac{N_0}{2} f_k(t) = 0
\end{aligned}
\tag{4-13}
$$

所以，$n_l'(t)$ 和 $\{r_k\}(k=1,2,\cdots,N)$ 是互不相关的，又都是高斯的，因此它们之间统计独立，剩余噪声 $n_l'(t)$ 不包含与判决有关的任何信息。

下面以矩形脉冲成形的 $M$ 元数字 AM 信号为例，对比分析信号的等效低通形式和带通形式下的相关解调性能。

假定信道噪声是均值为零、方差为 $N_0/2$ 的加性高斯白噪声，$M$ 元数字 AM 信道符号为

$$
s_m(t) = \mathrm{Re}[A_m g(t)\mathrm{e}^{\mathrm{j}2\pi f_c t}] = A_m g(t)\cos(2\pi f_c t) \tag{4-14}
$$

式中，$A_m = (2m-1-M)d,\ m=1,2,\cdots,M$。该数字 AM 信号的等效低通形式为

$$
s_{l,m}(t) = A_m g(t) \tag{4-15}
$$

式中，$g(t)$ 为矩形脉冲，取值为 $g(t)=a,\ 0 \leqslant t < T$。

根据格拉姆-施密特正交化方法，可得基函数为

$$
f(t) = \begin{cases} \dfrac{1}{\sqrt{T}}, & 0 \leqslant t \leqslant T \\ 0, & \text{其他} \end{cases} \tag{4-16}
$$

相关型解调器的输出 $r_l$ 可表示为

$$
r_l = s_{l,m} + n_l \tag{4-17}
$$

式中，$n_l$ 是均值为零、方差为 $N_0/2$ 的高斯随机变量。

$$
r_l = \frac{1}{\sqrt{T}}\int_0^T r_l(t)\mathrm{d}t \tag{4-18}
$$

由于基函数 $f(t)$ 是一个矩形，相关型解调器简化为一个积分器，如图 4-4 所示。

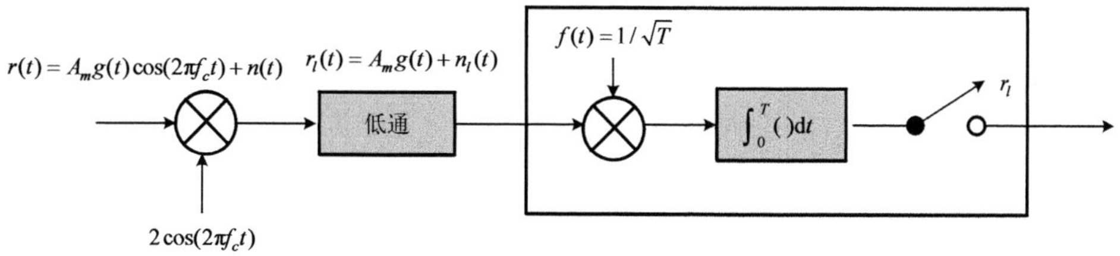


图 4-4　数字 AM 信号等效低通形式的相关解调

有用信号分量 $s_{l,m}$ 为

$$s_{l,m} = \int_0^T \frac{1}{\sqrt{T}} A_m g(t) \mathrm{d}t = aA_m\sqrt{T} \tag{4-19}$$

为了简化分析，将图 4-4 中的$1/\sqrt{T}$替换为$1/T$，$a=1$，低通滤波器是理想的，其频率响应特性为

$$\Pi(f/B) = \begin{cases} 0, & |f/B| \geqslant 0.5 \\ 1, & |f/B| < 0.5 \end{cases} \tag{4-20}$$

由图 4-4 可知：

$$\begin{aligned} r_l(t) &= 2A_m \cos^2(2\pi f_c t) * B\mathrm{sinc}(Bt) + 2n(t)\cos(2\pi f_c t) * B\mathrm{sinc}(Bt) \\ &= A_m + 2n(t)\cos(2\pi f_c t) * B\mathrm{sinc}(Bt) \end{aligned} \tag{4-21}$$

$r_l(t)$经过相关解调，可得

$$s_l = \frac{1}{T}\int_0^T A_m \mathrm{d}t = A_m \tag{4-22}$$

$$n_l = \frac{1}{T}\int_0^T [2n(t)\cos(2\pi f_c t) * B\mathrm{sinc}(Bt)]\mathrm{d}t \tag{4-23}$$

对噪声项$n_l$求均方值，得到

$$\begin{aligned} \mathrm{E}[n_l^2] &= \frac{BN_0}{T^2}\int_0^T\int_0^T \mathrm{sinc}(B(t'-t))\mathrm{d}t\mathrm{d}t' \\ &\leqslant \frac{BN_0}{T^2}\int_0^T\int_0^T |\mathrm{sinc}(B(t'-t))| \mathrm{d}t\mathrm{d}t' \\ &\leqslant BN_0 \end{aligned} \tag{4-24}$$

采用式(4-14)所示的带通形式的相关解调，如图 4-5 所示。

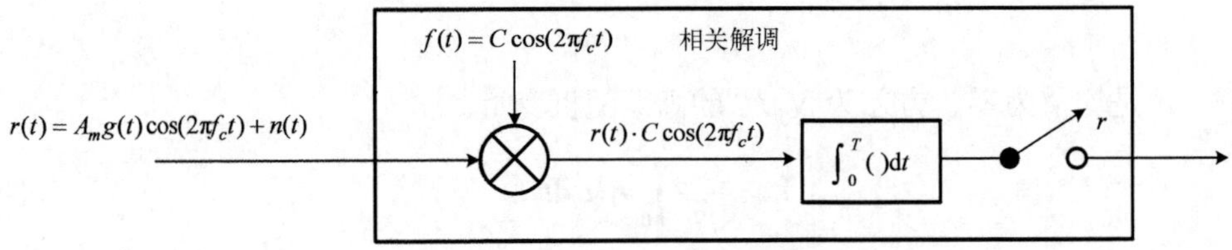


图 4-5　数字 AM 信号带通形式的相关解调

正交基函数为

$$f(t) = C\cdot\cos(2\pi f_c t) \tag{4-25}$$

式中，$\frac{1}{C^2} = \int_0^T \cos^2(2\pi f_c t)\mathrm{d}t$，可保证正交函数的归一化，则

$$\begin{aligned} s_m &= C\int_0^T s_m(t)\cos(2\pi f_c t)\mathrm{d}t \\ &= C\int_0^T [A_m g(t)\cos(2\pi f_c t)]\cos(2\pi f_c t)\mathrm{d}t \end{aligned} \tag{4-26}$$

$$
\begin{aligned}
r &= C\int_0^T r(t)\cos(2\pi f_c t)\mathrm{d}t \\
&= aA_m C\int_0^T \cos^2(2\pi f_c t)\mathrm{d}t
\end{aligned}
\tag{4-27}
$$

$$
n = C\int_0^T n(t)\cos(2\pi f_c t)\mathrm{d}t \tag{4-28}
$$

为了方便与等效低通处理结果进行对比，将图 4-5 中的 $f(t)=C\cos(2\pi f_c t)$ 替换为 $f(t)=C^2\cos(2\pi f_c t)$，可得

$$
s = C^2\int_0^T A_m\cos^2(2\pi f_c t)\mathrm{d}t = A_m \tag{4-29}
$$

$$
n = C^2\int_0^T n(t)\cos(2\pi f_c t)\mathrm{d}t \tag{4-30}
$$

对噪声项 $n$ 求均方值，得到

$$
\begin{aligned}
\mathrm{E}[n^2] &= C^4\int_0^T\int_0^T \mathrm{E}[n(t)n(\tau)]\cos(2\pi f_c t)\cos(2\pi f_c \tau)\mathrm{d}t\mathrm{d}\tau \\
&= \frac{N_0C^4}{2}\int_0^T \cos^2(2\pi f_c \tau)\mathrm{d}t = \frac{N_0C^2}{2} = \frac{N_0}{T}
\end{aligned}
\tag{4-31}
$$

对比式(4-22)和式(4-29)可得到 $s=s_l=A_m$，联合式(4-24)和式(4-31)可知，当 $B\leqslant 1/T$ 时，有

$$
\mathrm{E}[n_l^2] \leqslant BN_0 \leqslant \mathrm{E}[n^2] = \frac{N_0C^2}{2} = \frac{N_0}{T} \tag{4-32}
$$

所以，通过恰当地设计低通滤波器，基于等效低通处理得到的相关解调输出信噪比高于基于带通模型的解调输出信噪比。理论上，低通滤波器的带宽 $B$ 可以非常小(远小于码元速率)。主要原因在于带通处理中混合了全部噪声，而等效低通处理中通过低通滤波器滤除了部分噪声。

### 4.1.2　匹配滤波型解调器

匹配滤波型解调器是使用 $N$ 个线性滤波器替代相关型解调器中的 $N$ 个相关器(图 4-6)来实现接收信号的矢量化，输出矢量 $\boldsymbol{r}=[r_1,r_2,\cdots,r_N]$。

假设第 $k(k=1,2,\cdots,N)$ 个滤波器的冲激响应为

$$
h_k(t) = f_k(T-t),\quad 0\leqslant t\leqslant T \tag{4-33}
$$

式中，正交基 $\{f_k(t)\}(k=1,2,\cdots,N)$ 可张成发送信号空间。当 $t<0$ 和 $t>T$ 时 $h_k(t)=0$。滤波器的输出为

$$
y_k(t) = \int_{-\infty}^{+\infty} r(\tau)h_k(t-\tau)\mathrm{d}\tau = \int_{-\infty}^{+\infty} r(\tau)f_k(T-t+\tau)\mathrm{d}\tau \tag{4-34}
$$

在 $t=T$ 时刻对滤波器的输出进行采样，可得

$$
r_k = \int_{-\infty}^{+\infty} r(\tau)f_k(\tau)\mathrm{d}\tau,\ k=1,2,\cdots,N \tag{4-35}
$$

式(4-33)定义的冲激响应为 $f_k(T-t)$ 的滤波器称为信号 $\{f_k(t)\}(k=1,2,\cdots,N)$ 的匹配滤波器，所以图 4-6 中的解调器称为匹配滤波型解调器。推广到定义在 $[0,T]$ 间隔内的任意信号 $s(t)$，其匹配滤波器的冲激响应为 $s(T-t)$，图 4-7 给出了一个实例。实际工程应用中，如果匹配滤波型解调器不是定义在正交基 $\{f_k(t)\}(k=1,2,\cdots,N)$ 上的一组匹配滤波器，即 $\{h_k(T-t)\}$ 不能张成发送信号空间，则解调器输出的就不是 $N$ 维矢量 $\boldsymbol{r}$。

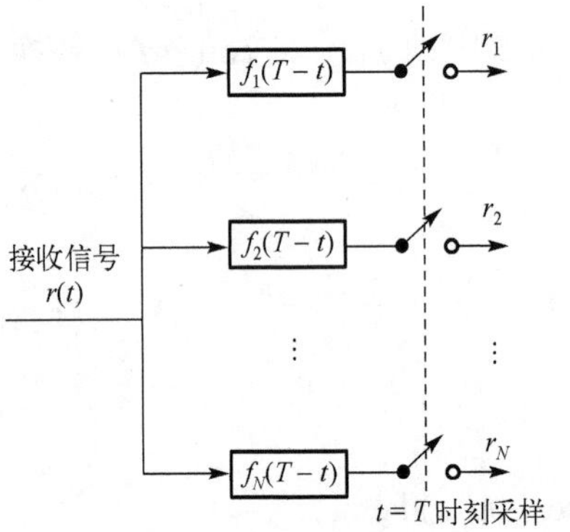


图 4-6　匹配滤波型解调器

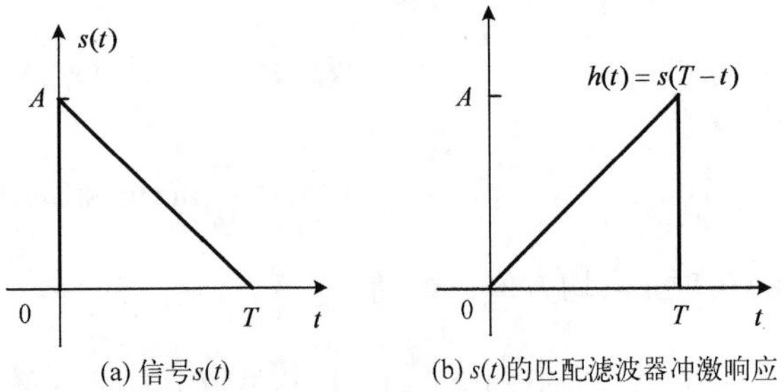


图 4-7　匹配滤波器实例

$s(t)$ 经过与其匹配的滤波器的输出为

$$y(t)=\int_{-\infty}^{+\infty}s(\tau)h(t-\tau)\mathrm{d}\tau=\int_{-\infty}^{+\infty}s(\tau)s(T-(t-\tau))\mathrm{d}\tau \tag{4-36}$$

该式实际上就是 $s(t)$ 的自相关函数。图 4-7(a)所示的信号 $s(t)$ 经过与其匹配的滤波器 $h(t)$ 后的输出为

$$y(t)=\begin{cases}\displaystyle\int_0^t s(\tau)s(\tau+(T-t))\mathrm{d}\tau, & 0\leqslant t\leqslant T\\ \displaystyle\int_{t-T}^t s(\tau)s(\tau+(T-t))\mathrm{d}\tau, & T\leqslant t<2T\\ 0, & 其他\end{cases}=\begin{cases}\dfrac{A^2}{2T}t^2-\dfrac{A^2}{6T^2}t^3, & 0\leqslant t\leqslant T\\ \dfrac{A^2}{2T}(t+T)^2-\dfrac{A^2}{6T^2}(t+T)^3, & T\leqslant t<2T\\ 0, & 其他\end{cases} \tag{4-37}$$

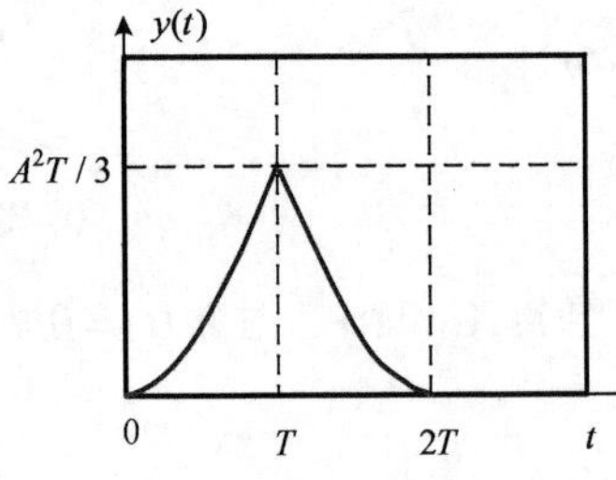


图 4-8　匹配滤波器的输出

匹配滤波器的输出信号如图 4-8 所示。从图中可以看出，$y(t)$ 在 $t=T$ 时刻达到最大值。

下面分析匹配滤波器在 AWGN 信道下的输出信噪比。由于匹配滤波器是线性的，根据线性电路叠加定理，假定接收信号 $r(t)$ 包含有用信号 $s(t)$ 和加性高斯白噪声 $n(t)$ 两部分，则滤波器的输出信号 $y(t)$ 中也包含相应的输出有用信号 $y_s(t)$ 和输出噪声 $y_n(t)$ 两部分，即

$$y(t)=y_s(t)+y_n(t) \tag{4-38}$$

在 $t=T$ 时刻对 $y(t)$ 抽样，得到有用信号分量 $y_s(T)$ 和噪声分量 $y_n(T)$。定义输出信噪比为有用信号功率 $y_s^{\,2}(T)$ 和噪声平均功率 $\mathrm{E}[y_n^{\,2}(T)]$ 之比，即

$$\mathrm{SNR}_0=\frac{y_s^2(T)}{\mathrm{E}[y_n^2(T)]} \tag{4-39}$$

式中

$$y_s(T)=\int_{-\infty}^{+\infty}s(\tau)h(T-\tau)\mathrm{d}\tau \tag{4-40}$$

$$y_n(T)=\int_{-\infty}^{+\infty}n(\tau)h(T-\tau)\mathrm{d}\tau \tag{4-41}$$

式(4-40)和式(4-41)代入式(4-39)，可得

$$\begin{aligned}\mathrm{SNR}_0&=\frac{y_s^{\,2}(T)}{\mathrm{E}[y_s^{\,2}(T)]}=\frac{\left[\int_{-\infty}^{+\infty}s(\tau)h(T-\tau)\mathrm{d}\tau\right]^2}{\int_{-\infty}^{+\infty}\int_{-\infty}^{+\infty}\mathrm{E}[n(t)n(\tau)]h(T-\tau)h(T-t)\mathrm{d}\tau\mathrm{d}t}\\&=\frac{\left[\int_{-\infty}^{+\infty}s(\tau)h(T-\tau)\mathrm{d}\tau\right]^2}{(N_0/2)\int_{-\infty}^{+\infty}h^2(T-\tau)\mathrm{d}\tau}\end{aligned} \tag{4-42}$$

根据柯西-施瓦茨不等式，对于能量有限信号 $f_1(x)$ 和 $f_2(x)$，有

$$\left|\int_{-\infty}^{\infty}f_1(x)f_2(x)\mathrm{d}x\right|^2\leqslant\int_{-\infty}^{\infty}|f_1(x)|^2\,\mathrm{d}x\int_{-\infty}^{\infty}|f_2(x)|^2\,\mathrm{d}x \tag{4-43}$$

当 $f_1(x)=Cf_2(x)$ 时，等号成立。

将式(4-43)应用于式(4-42)，可得

$$\mathrm{SNR}_0=\frac{\left[\int_{-\infty}^{+\infty}s(\tau)h(T-\tau)\mathrm{d}\tau\right]^2}{(N_0/2)\int_{-\infty}^{+\infty}h^2(T-\tau)\mathrm{d}\tau}\leqslant\frac{2}{N_0}\left[\int_0^T s^2(\tau)\mathrm{d}\tau\right]=\frac{2\varepsilon}{N_0} \tag{4-44}$$

当 $h(T-\tau)=C\cdot s(\tau)$ 时，等号成立。

下面讨论匹配滤波器的频率响应特性。对 $h(t)=s(T-\tau)$ 进行傅里叶变换，则有

$$\begin{aligned}H(f)&=\int_{-\infty}^{\infty}s(T-t)\mathrm{e}^{-\mathrm{j}2\pi ft}\mathrm{d}t\\&=\left[\int_{-\infty}^{\infty}s(\tau)\mathrm{e}^{\mathrm{j}2\pi f\tau}\mathrm{d}\tau\right]\mathrm{e}^{-\mathrm{j}2\pi fT}\\&=S^*(f)\mathrm{e}^{-\mathrm{j}2\pi fT}\end{aligned} \tag{4-45}$$

也就是说，匹配滤波器的频率响应是有用信号 $s(t)$ 频谱的共轭与相位因子 $\mathrm{e}^{-\mathrm{j}2\pi fT}$ 的乘积，该相位因子表示抽样延迟 $T$。

在此基础上，可以从频域推导出匹配滤波器的输出信噪比。首先，匹配滤波器输出的有用信号波形为

$$y_s(t) = \int_{-\infty}^{+\infty} |S(f)|^2 e^{-j2\pi fT} e^{j2\pi ft} df \tag{4-46}$$

在 $t = T$ 时刻对 $y(t)$ 进行抽样，并应用帕塞瓦尔(Parseval)关系式，可得

$$y_s(T) = \int_{-\infty}^{+\infty} |S(f)|^2 df = \int_0^T |s(t)|^2 dt = \varepsilon \tag{4-47}$$

匹配滤波器的输出噪声平均功率为

$$P_n = \frac{N_0}{2} \int_{-\infty}^{+\infty} |H(f)|^2 df = \frac{N_0}{2} \int_{-\infty}^{+\infty} |S(f)|^2 df \tag{4-48}$$

所以，匹配滤波器在 $t = T$ 时刻的输出信噪比为

$$\mathrm{SNR}_0 = \frac{y_s^2(T)}{P_n} = \frac{\varepsilon^2}{(N_0/2)\int_0^T |s(t)|^2 dt} = \frac{2\varepsilon}{N_0} \tag{4-49}$$

与式(4-25)完全一致。

下面以四元双正交信号为例，讨论匹配滤波型解调器的应用。假定正交基函数如图 4-9 所示。四元双正交信号可表示为

$$s_1(t) = A\sqrt{T/2} f_1(t) = [A\sqrt{T/2}, 0] \tag{4-50}$$

$$s_2(t) = A\sqrt{T/2} f_2(t) = [0, A\sqrt{T/2}] \tag{4-51}$$

$$s_3(t) = -A\sqrt{T/2} f_1(t) = [-A\sqrt{T/2}, 0] \tag{4-52}$$

$$s_4(t) = -A\sqrt{T/2} f_2(t) = [0, -A\sqrt{T/2}] \tag{4-53}$$

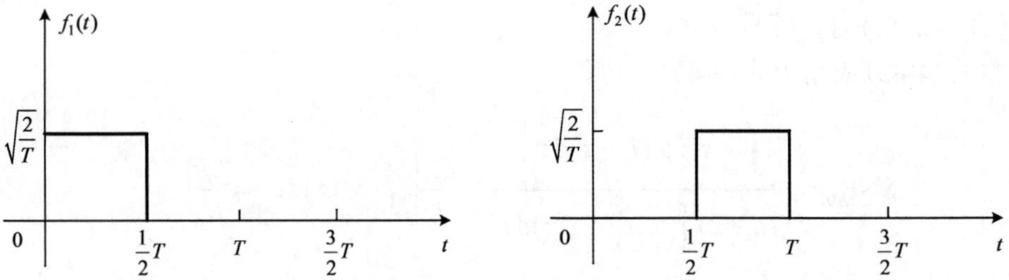


图 4-9　四元双正交信号的正交基函数

对应于 $f_1(t)$ 和 $f_2(t)$ 的匹配滤波器如图 4-10 所示。

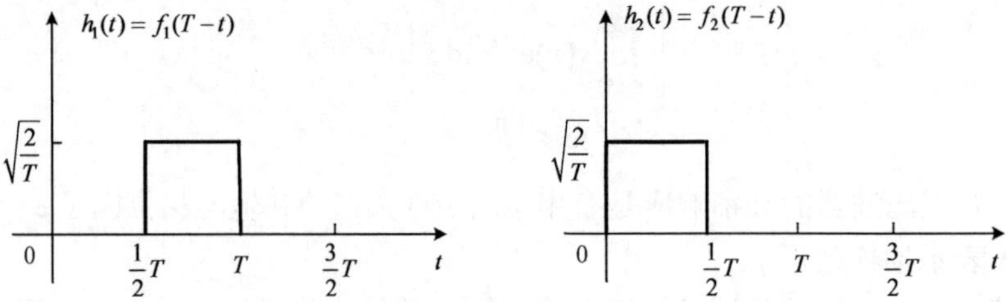


图 4-10　匹配滤波器的冲激响应

无噪声的情况下，假设发送信号 $s_1(t)$，则经过匹配滤波器 $h_1(t)$ 和 $h_2(t)$ 后的输出 $y_{1s}(t)$ 和 $y_{2s}(t)$ 如图 4-11 所示。

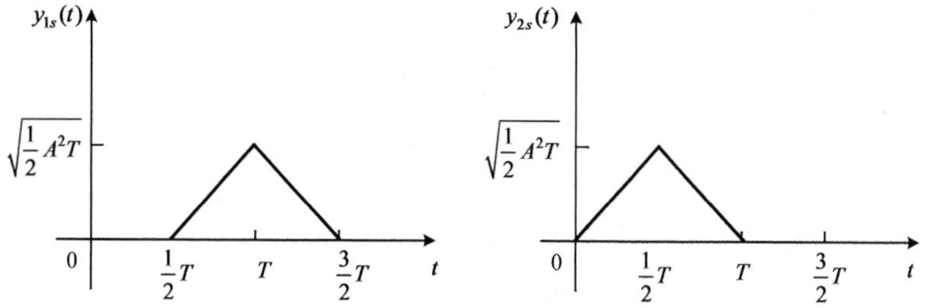


图 4-11 无噪声下匹配滤波器的输出

在 $t=T$ 时刻对 $y_{1s}(t)$ 和 $y_{2s}(t)$ 进行采样，得到

$$y_{1s}(T)=\sqrt{A^2T/2}=\sqrt{\varepsilon},\quad y_{2s}(T)=0 \tag{4-54}$$

考虑到加性噪声，此时匹配滤波型解调器的输出矢量为

$$\boldsymbol{r}=[\sqrt{\varepsilon}+n_1,\ n_2] \tag{4-55}$$

式中，$n_k=y_{kn}(T)\ (k=1,2)$ 是匹配滤波器的输出噪声分量在 $t=T$ 时刻的采样值，即

$$y_{kn}(T)=\int_{-\infty}^{+\infty}n(\tau)h_k(T-\tau)\mathrm{d}\tau=\int_{-\infty}^{+\infty}n(t)f_k(t)\mathrm{d}t,\ \ k=1,2 \tag{4-56}$$

显然，$n_k$ 的均值 $E(n_k)=E[y_{kn}(T)]=0(k=1,2)$，方差为

$$\sigma_n^2=\int_{-\infty}^{+\infty}\int_{-\infty}^{+\infty}E[n(t)n(\tau)]f_k(t)f_k(\tau)\mathrm{d}t\mathrm{d}\tau=\frac{N_0}{2} \tag{4-57}$$

此时，$h_1(t)$ 的输出信噪比为

$$\mathrm{SNR}_0=\frac{[y_{1s}(T)]^2}{\sigma_n^2}=\frac{2\varepsilon}{N_0} \tag{4-58}$$

对应于四元双正交信号的 4 个不同发送信号 $s_i(t)(i=1,2,3,4)$，图 4-8 中的两个滤波器的输出分别为 $[r_1,r_2]=[\sqrt{\varepsilon}+n_1,n_2]$、$[n_1,\sqrt{\varepsilon}+n_2]$、$[-\sqrt{\varepsilon}+n_1,n_2]$ 和 $[n_1,-\sqrt{\varepsilon}+n_2]$。

### 4.1.3 最佳检测器

对于 AWGN 信道传输的信号，相关型解调器或匹配滤波型解调器都会输出矢量 $\boldsymbol{r}=[r_1,r_2,\cdots,r_N]$，该矢量包含了判断“发送哪一个信号波形?”的所有相关信息。下面讨论基于解调器输出矢量 $\boldsymbol{r}$ 的最佳检测问题。

假设连续符号间隔内传输的信号之间不存在记忆性。常用的最佳判决准则有最大后验概率和最大似然准则。最大后验概率是指在某符号间隔内解调器的输出矢量为 $\boldsymbol{r}$ 的前提下发送信号 $\boldsymbol{s}_m$ 的概率。选择对应后验概率集 $P\{\boldsymbol{s}_m\,|\,\boldsymbol{r}\}(m=1,2,\cdots,M)$ 中最大的信号为判决输出，该准则称为最大后验概率(Maximum a Posterior Probability，MAP)准则，可表示为

$$d_{\text{MAP}}(\boldsymbol{r}) = \arg\max_{1\leqslant m\leqslant M} P\{\boldsymbol{s}_m \mid \boldsymbol{r}\} \tag{4-59}$$

可以证明 MAP 使正确判决概率最大，也就是错误判决概率最小。

根据贝叶斯定理，后验概率可以表示为

$$P(\boldsymbol{s}_m|\boldsymbol{r}) = \frac{p(\boldsymbol{r}|\boldsymbol{s}_m)P(\boldsymbol{s}_m)}{p(\boldsymbol{r})} \tag{4-60}$$

式中，$p(\boldsymbol{r}\mid\boldsymbol{s}_m)$ 表示发送信号 $\boldsymbol{s}_m$ 的条件下得到观测矢量 $\boldsymbol{r}$ 的概率密度函数；$P(\boldsymbol{s}_m)$ 是发送第 $m$ 个信道符号的先验概率；$p(\boldsymbol{r})$ 可通过 $P(\boldsymbol{s}_m)$ 和 $p(\boldsymbol{r}\mid\boldsymbol{s}_m)$ 计算得到，即

$$p(\boldsymbol{r}) = \sum_{m=1}^{M} p(\boldsymbol{r}\mid\boldsymbol{s}_m)P(\boldsymbol{s}_m) \tag{4-61}$$

当 $M$ 个信道符号的先验概率相等，即 $P(\boldsymbol{s}_m) = 1/M\ (m = 1,2,\cdots,M)$ 时，$p(\boldsymbol{r})$ 与哪一个信道符号被发送无关。所以，由式(4-61)可知，此时基于 $P\{\boldsymbol{s}_m\mid\boldsymbol{r}\}$ 最大的判决准则等价于基于 $p(\boldsymbol{r}\mid\boldsymbol{s}_m)$ 最大的判决准则。

条件概率密度函数 $p(\boldsymbol{r}\mid\boldsymbol{s}_m)$ 通常称为似然函数。所以，基于 $p(\boldsymbol{r}\mid\boldsymbol{s}_m)$ 最大的判决准则称为最大似然(Maximum Likehood，ML)准则，可表示为

$$d_{\text{ML}}(\boldsymbol{r}) = \arg\max_{1\leqslant m\leqslant M} P\{\boldsymbol{r}\mid\boldsymbol{s}_m\} \tag{4-62}$$

在先验概率相等情况下，ML 准则与 MAP 准则等价。

在 AWGN 信道下，似然函数 $p(\boldsymbol{r}\mid\boldsymbol{s}_m)$ 由式(4-12)给出。通常为了简化运算，取其自然对数，即

$$\ln p(\boldsymbol{r}\mid\boldsymbol{s}) = -\frac{1}{2}N\ln(\pi N_0) - \sum_{k=1}^{N}\frac{(r_k - s_{mk})^2}{N_0} \tag{4-63}$$

$\ln p(\boldsymbol{r}\mid\boldsymbol{s}_m)$ 是单调函数，$\ln p(\boldsymbol{r}\mid\boldsymbol{s}_m)$ 的最大化等价于 $\boldsymbol{r}$ 和 $\boldsymbol{s}_m$ 之间的欧氏距离最小化。$\boldsymbol{r}$ 和 $\boldsymbol{s}_m$ 之间的欧氏距离可表示为

$$D(\boldsymbol{r},\boldsymbol{s}_m) = \sum_{k=1}^{N}(r_k - s_{mk})^2 \tag{4-64}$$

$D(\boldsymbol{r},\boldsymbol{s}_m)(m = 1,2,\cdots,M)$ 也称为距离度量。在 AWGN 信道下，ML 准则可以简化为最小距离准则，即选择与 $\boldsymbol{r}$ 距离最小的 $\boldsymbol{s}_m$ 为判决输出，即

$$d_{\text{ML}}(\boldsymbol{r}) = \arg\min_{1\leqslant m\leqslant M} \sum_{k=1}^{N}(r_k - s_{mk})^2 \tag{4-65}$$

进一步，可对距离度量进行展开，得到

$$D(\boldsymbol{r},\boldsymbol{s}_m) = \|\boldsymbol{r}\|^2 - 2 < \boldsymbol{r},\boldsymbol{s}_m > + \|\boldsymbol{s}_m\|^2 \tag{4-66}$$

式中，$\|\boldsymbol{r}\|^2$ 对于所有信号 $\boldsymbol{s}_m(m = 1,2,\cdots,M)$ 的距离度量是相同的，可忽略。所以，可定义一个新的简化后的度量：

$$C(\boldsymbol{r},\boldsymbol{s}_m) = -\frac{1}{2}(\|\boldsymbol{s}_m\|^2 - 2\boldsymbol{r}\cdot\boldsymbol{s}_m) = < \boldsymbol{r},\boldsymbol{s}_m > -\frac{1}{2}\|\boldsymbol{s}_m\|^2 \tag{4-67}$$

式中，$\langle \boldsymbol{r}, \boldsymbol{s}_m \rangle$ 表示接收信号矢量 $\boldsymbol{r}$ 和发送信号 $\boldsymbol{s}_m$ 之间的相关运算，所以 $C(\boldsymbol{r}, \boldsymbol{s}_m)$ 称为相关度量。ML 准则可以简化为最大相关度量准则。$\|\boldsymbol{s}_m\|^2$ 表示不同发送信号的能量，用于对非等能量符号集的补偿。对于所有信道符号等能量的情况(如 PSK)，则可以忽略 $\|\boldsymbol{s}_m\|^2$。

相关度量 $C(\boldsymbol{r}, \boldsymbol{s}_m)$ 还可以表示为

$$C(\boldsymbol{r}, \boldsymbol{s}_m) = \int_0^T r(t) s_m(t) \mathrm{d}t - \frac{1}{2}\varepsilon_m \tag{4-68}$$

基于该相关度量表达式，可得到基于信号波形 $r(t)$ 和 $s_m(t)$ 的最佳接收机(解调器和检测器)的另一种实现形式，如图 4-12 所示。具体实现过程为：使接收信号 $r(t)$ 与 $M$ 个可能发送的信号进行相关运算(不一定就是相关型解调器)，在符号间隔结束的 $T$ 时刻抽样。在信号能量不等的情况下，再以偏置调整相关器的输出，最后选择输出最大值对应的信号。

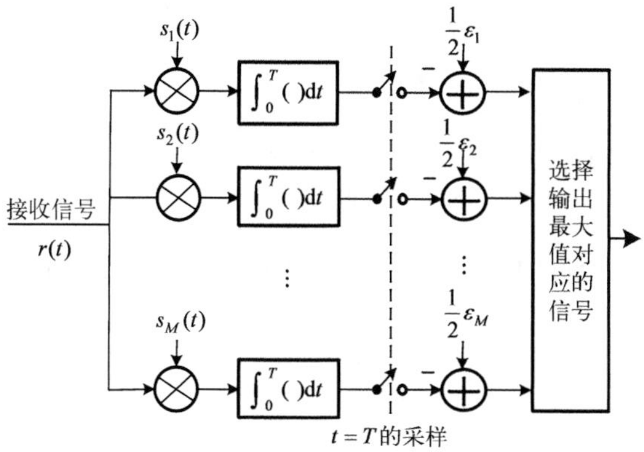


图 4-12　AWGN 信道下最佳接收机的一种实现形式

以上讨论了发送信号等概情况下的最佳检测，AWGN 信道下 ML 判决准则和 MAP 判决准则等价。在发送信号不等概时，需要采用 MAP 判决准则。也可以等价为度量：

$$\mathrm{PM}(\boldsymbol{r}, \boldsymbol{s}_m) = p(\boldsymbol{r} \mid \boldsymbol{s}_m) P(\boldsymbol{s}_m) \tag{4-69}$$

在先验概率不等的情况下，PM 度量最大准则等价于 MAP。

下面以二进制双极性信号为例，讨论发送信号在 AWGN 信道下的 MAP 检测。令要发送的信道符号为 $s_1 = -s_2 = \sqrt{\varepsilon}$，$\varepsilon$ 是二进制符号能量，先验概率 $P(s_1) = 1 - P(s_2) = p$。

二进制双极性信号是一维的，其接收信号矢量可表示为标量形式：

$$r = \pm\sqrt{\varepsilon} + n \tag{4-70}$$

式中，$n$ 是均值为 0、方差为 $N_0/2$ 的高斯随机变量，所以 $r$ 是均值为 $\pm\sqrt{\varepsilon}$、方差为 $N_0/2$ 的高斯随机变量。对应发送 $s_1$ 和 $s_2$ 时的条件概率密度函数为

$$p(r \mid s_1) = \frac{1}{\sqrt{\pi N_0}} \exp\left[-\frac{(r - \sqrt{\varepsilon})^2}{N_0}\right] \tag{4-71}$$

$$p(r \mid s_2) = \frac{1}{\sqrt{\pi N_0}} \exp\left[-\frac{(r + \sqrt{\varepsilon})^2}{N_0}\right] \tag{4-72}$$

根据式(4-69)可得，PM 度量分别为

$$\mathrm{PM}(r,s_1)=p(r\mid s_1)P(s_1)=\frac{p}{\sqrt{\pi N_0}}\exp\left[-\frac{(r-\sqrt{\varepsilon})^2}{N_0}\right] \tag{4-73}$$

$$\mathrm{PM}(r,s_2)=p(r\mid s_2)P(s_2)=\frac{1-p}{\sqrt{\pi N_0}}\exp\left[-\frac{(r+\sqrt{\varepsilon})^2}{N_0}\right] \tag{4-74}$$

当 $\mathrm{PM}(r,s_1)>\mathrm{PM}(r,s_2)$ 时，判断 $s_1$ 为发送信号，否则判为 $s_2$。判决规则可表示为

$$\begin{aligned}d_{\mathrm{MAP}}(r)&=\arg\max\left\{p\mathrm{e}^{-(r-\sqrt{\varepsilon})^2/N_0},(1-p)\mathrm{e}^{-(r+\sqrt{\varepsilon})^2/N_0}\right\}\\&=\begin{cases}s_1, & p\cdot\mathrm{e}^{-(r-\sqrt{\varepsilon})^2/N_0}>(1-p)\mathrm{e}^{-(r+\sqrt{\varepsilon})^2/N_0}\\ s_2, & \text{其他}\end{cases}\end{aligned} \tag{4-75}$$

化简为

$$d_{\mathrm{MAP}}(r)=\begin{cases}s_1, & \text{当}\,r>\dfrac{N_0}{4\sqrt{\varepsilon}}\ln\dfrac{1-p}{p}\text{时}\\ s_2, & \text{其他}\end{cases} \tag{4-76}$$

式(4-76)给出了 MAP 检测的最终形式，当接收信号 $r$ 大于判决门限 $\tau_h=\dfrac{N_0}{4\sqrt{\varepsilon}}\ln\dfrac{1-p}{p}$ 时，判为发送 $s_1$；否则，判为发送 $s_2$。判决门限 $\tau_h$ 取决于 $N_0$ 和 $p$。当先验概率相等时，$\tau_h$ 与 $N_0$ 无关。

### 4.1.4　最大似然序列检测器

有记忆调制系统的记忆性可以建模为用网格表示的有限状态机，发送信号序列相应于通过网格的路径。假设发送信号的持续时间为 $K$ 个符号间隔，如果分析在 $K$ 个符号间隔上的信号传输，将通过网格每一条长度为 $K$ 的路径作为消息信号，那么问题就可简化为前一节讨论的最佳检测问题。在这种情况下，消息的数目等于通过网格的路径数，最大似然序列检测(MLSD)算法就是在 $K$ 个信号传输间隔上选择与接收信号 $r(t)$ 之间距离最短的路径。ML 检测器相当于选择通过网格的 $K$ 个信号的路径，该路径与 $r(t)$ 之间的欧氏距离最小。

$$\int_0^{KT_s}\left|r(t)-s(t)\right|^2\mathrm{d}t=\sum_{k=1}^{K}\int_{(k-1)T_s}^{kT_s}\left|r(t)-s(t)\right|\mathrm{d}t \tag{4-77}$$

所以，最佳检测为

$$\begin{aligned}(\hat{\boldsymbol{s}}^{(1)},\hat{\boldsymbol{s}}^{(2)},\cdots,\hat{\boldsymbol{s}}^{(K)})&=\mathop{\arg\min}_{(\boldsymbol{s}^{(1)},\boldsymbol{s}^{(2)},\cdots,\boldsymbol{s}^{(K)})\in\gamma}\sum_{k=1}^{K}\left\|\boldsymbol{r}^{(k)}-\boldsymbol{s}^{(k)}\right\|^2\\&=\mathop{\arg\min}_{(\boldsymbol{s}^{(1)},\boldsymbol{s}^{(2)},\cdots,\boldsymbol{s}^{(K)})\in\gamma}\sum_{k=1}^{K}D(\boldsymbol{r}^{(k)},\boldsymbol{s}^{(k)})\end{aligned} \tag{4-78}$$

式中，$\gamma$ 表示网格。上述讨论适用于所有的有记忆调制系统。注意

$$\min_{(\boldsymbol{s}^{(1)},\boldsymbol{s}^{(2)},\cdots,\boldsymbol{s}^{(K)})\in\gamma}\sum_{k=1}^{K}D(\boldsymbol{r}^{(k)},\boldsymbol{s}^{(k)})\neq\sum_{k=1}^{K}\min_{\boldsymbol{s}^{(k)}\in\gamma}D(\boldsymbol{r}^{(k)},\boldsymbol{s}^{(k)}) \tag{4-79}$$

下面以 NRZI 信号为例研究最大似然序列检测算法。NRZI 信号的网格图如图 4-13 所示。每个符号间隔内的发送信号是二进制 PSK 信号。因此，有两个可能的发送信号的信号点是 $s_1=-s_2=\sqrt{\varepsilon}$，其中，$\varepsilon$ 是二进制符号的能量。

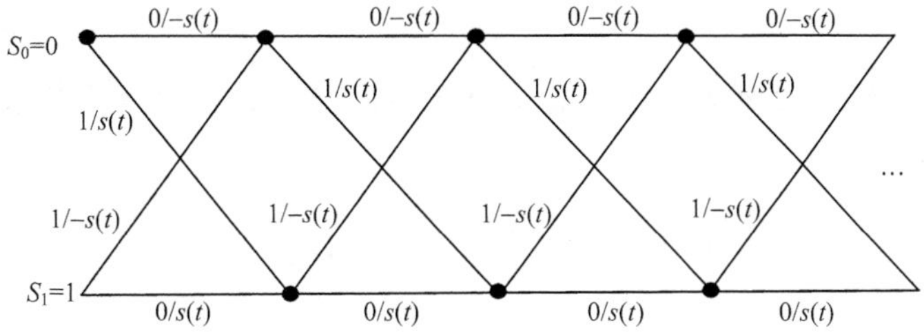


图 4-13　NRZI 信号的网格图

在通过网格图搜索最可能的序列中，必须对每个可能的序列计算欧氏距离。对于 NRZI，它使用二进制数字调制，序列的总数是 $2^K$，其中 $K$ 是从解调器得到的输出数目。然而，可以在网格搜索中减少序列的数目，方法是当解调器接收到新的信号时，使用维特比算法(Viterbi Algorithm)消去一些序列。

维特比算法是一种顺序网格搜索算法，用来执行 ML 序列检测。下面在 NRZI 信号检测范围内描述该算法，假定搜索过程从状态 $S_0$ 开始。图 4-14 给出了相应网格。

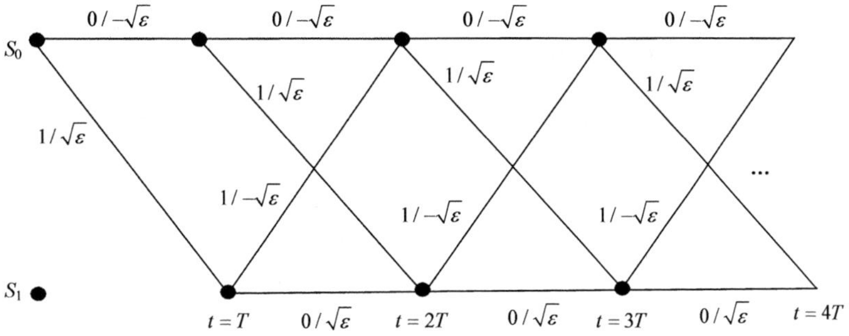


图 4-14　从状态 $S_0$ 开始的 NRZI 信号的网格图

在 $t=T$ 时刻，$r_1=S_1^{(m)}+n_1$，在 $t=2T$ 时刻，$r_2=S_2^{(m)}+n_2$。因为信号记忆是 1bit，以 $L=1$ 表示，观测到两次转移后网格达到规则形式。因此，根据在 $t=2T$ (及其后续)时刻 $r_2$ 的接收，我们看到有两条信号路径进入每一个节点，并有两条信号路径离开每个节点。在 $t=2T$ 时刻进入节点 $S_0$ 的两条路径相应于比特序列(0, 0)和(1, 1)，分别等价于信号点($-\sqrt{\varepsilon}$, $-\sqrt{\varepsilon}$)和($\sqrt{\varepsilon}$，$-\sqrt{\varepsilon}$)。在 $t=2T$ 时刻进入节点 $S_1$ 的两条路经相应于比特序列(0, 1)和(1, 0)，分别等价于信号点($-\sqrt{\varepsilon}$，$\sqrt{\varepsilon}$)和($\sqrt{\varepsilon}$，$\sqrt{\varepsilon}$)。

对于进入节点 $S_0$ 的两条路径，用解调器的输出 $r_1$ 和 $r_2$ 来计算两条路径的距离度量：

$$\begin{cases} D_0(0,0)=(r_1+\sqrt{\varepsilon})^2+(r_2+\sqrt{\varepsilon})^2 \\ D_0(1,1)=(r_1-\sqrt{\varepsilon})^2+(r_2+\sqrt{\varepsilon})^2 \end{cases} \tag{4-80}$$

维特比算法比较这两个距离度量并舍弃度量较大的路径，存储度量较小的路径，称为$t=2T$时刻的幸存路径。在两条路径中舍弃一条的做法不会损失网格搜索的最佳性，因为在$t=2T$之后较大距离的路径延伸将总是比沿着同样路径延伸的幸存路径具有更大的度量。

同样地，在$t=2T$时刻对进入节点$S_1$的两条路径用解调器的输出$r_1$和$r_2$来计算其欧氏距离度量，即

$$\begin{cases} D_1(0,1)=(r_1+\sqrt{\varepsilon})^2+(r_2-\sqrt{\varepsilon})^2 \\ D_1(1,0)=(r_1-\sqrt{\varepsilon})^2+(r_2-\sqrt{\varepsilon})^2 \end{cases} \tag{4-81}$$

比较这两个距离度量并舍弃距离度量较大的路径。因此，留下两条幸存路径以及它们相应的度量，一条在节点$S_0$，另一条在节点$S_1$。然后，在节点$S_0$和$S_1$的两条路径将沿着两条幸存路径延伸。

在$t=3T$时刻，根据接收到的$r_3$，计算进入状态$S_0$的两条路径的距离度量。假设在$t=2T$时刻的幸存路径是在$S_0$的路径$(0, 0)$和在$S_1$的路径$(0, 1)$，那么在$t=3T$时刻进入$S_0$的两条路径的距离度量是

$$\begin{cases} D_0(0,0,0)=D_0(0,0)+(r_3+\sqrt{\varepsilon})^2 \\ D_0(0,1,1)=D_1(0,1)+(r_3+\sqrt{\varepsilon})^2 \end{cases} \tag{4-82}$$

比较这两个距离度量，并舍弃度量较大的路径。同样地，在$t=3T$时刻进入$S_1$的两条路径的距离度量是

$$\begin{cases} D_1(0,0,1)=D_0(0,0)+(r_3-\sqrt{\varepsilon})^2 \\ D_1(0,1,0)=D_1(0,1)+(r_3-\sqrt{\varepsilon})^2 \end{cases} \tag{4-83}$$

比较这两个度量并舍弃度量较大的路径，保留度量较小的路径。

当从解调器收到新的信号值时，上述过程继续进行。因此，在网格搜索的每一级，维特比算法都要计算进入一个节点的两个信号路径的距离度量，并在每个节点舍弃两条路径中的一条路径，然后将两条幸存路径延伸到下一状态。因此，在网格中搜索路径的数量在每一级减少一半，如图 4-15 所示。

维特比算法执行的网格搜索可以推广到$M$元调制。例如，延迟调制使用了$M=4$的有记忆信号，可用图 4-16 所示的状态网格表征。每一个状态都有两条信号路径进入和两条信号路径离开，信号的记忆阶$L=1$，因此，维特比算法在每一级有 4 条幸存路径及其相应的距离度量。在每一个节点，计算两条进入路径的距离度量，并在网格的每一个状态舍弃进入节点的两条信号路径中距离度量较大的一条。因此，维特比算法将 ML 序列

检测器所执行的网格路径搜索的数量减到最小。但是需要说明的是，维特比算法并不减少计算的复杂度，度量计算的次数不会减少。

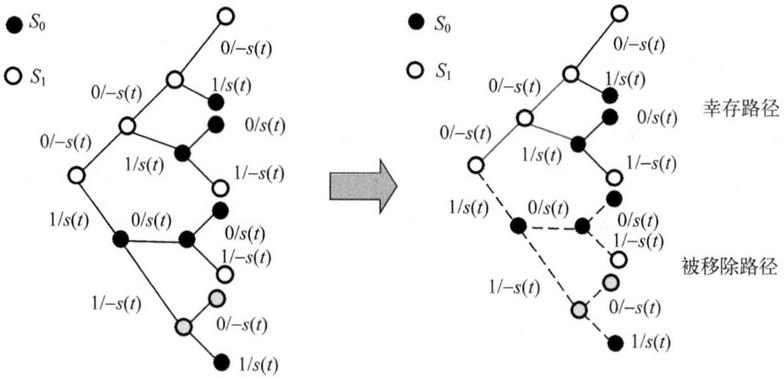


图 4-15　搜索路径减少一半的示意图

上述讨论中，我们仅讨论了“如何移除路径”的问题，还没有涉及“如何做出判决？”的问题。如果网格搜索已经延伸到第 $K$ 级，而且在网格中 $K \gg L$，比较幸存路径，我们将发现在符号位置 $K-5L$ 及更靠前的位置处，所有幸存路径重叠的概率趋于 1。在维特比算法的实现中，对每个信息符号的判决通常需要在延迟 $5L$ 个符号之后进行，因此，幸存路径被截断至 $5L$ 个最近的符号，所以应避免符号检测中的可变延迟。如果延迟至少是 $5L$，那么由准最佳检测过程引起的性能损失可以忽略不计。这种实现维特比算法的方法称为路径记忆截断法。

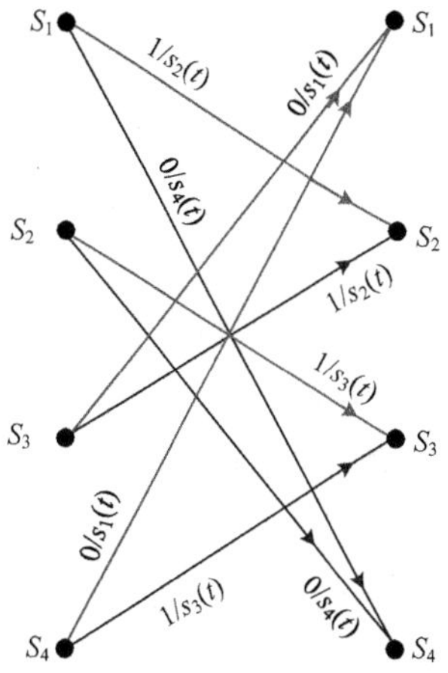


图 4-16　延迟调制的状态网格图示意

下面以 NRZI 信号为例，说明数据序列的判决规则。检测方法采用具有 $5L$ bit 延迟的维特比算法。NRZI 信号的网格如图 4-13 所示。在这种情况下，$L=1$，因此在比特检测延迟设置为 5bit。因此，在 $t=6T$ 时刻，将有两个幸存路径，每个状态都有一条幸存路径及其相应的度量，分别为 $D_6(b_1,b_2,b_3,b_4,b_5,b_6)$ 和 $D_6(b_1',b_2',b_3',b_4',b_5',b_6')$。在第一级，比特 $b_1$ 与 $b_1'$ 相同的概率近似等于 1，即两条幸存路径将有共同的第一个分支。如果 $b_1 \neq b_1'$，则可以选择相应于两个度量中较小度量的比特，然后从两个幸存路径中丢弃第一个比特。在 $t=7T$ 时刻，再使用两个度量 $D_7(b_2,b_3,b_4,b_5,b_6,b_7)$ 和 $D_7(b_2',b_3',b_4',b_5',b_6',b_7')$ 对比特 $b_2$ 进行判决，这一过程在通过网格搜索最小距离序列的每一级上不断进行下去，因此，检测延迟固定为 5bit。

对于有记忆数字调制信号，除了采用上述讨论的 MLSD 检测算法以外，还可以采用逐符号 MAP 检测，通过对被检测信号序列的最大后验概率进行逐符号判决，从最佳的意义上在给定延迟的条件下使符号错误概率最小。

# 4.2　带宽受限信号的最佳检测和性能分析

## 4.2.1　BPSK 信号的最佳检测和误码性能

假定可能要发送的 BPSK 信道符号为 $s_1=-s_2=\sqrt{\varepsilon}$，$\varepsilon$ 是二进制符号能量，先验概率 $P(s_1)=1-P(s_2)=p$。由于 BPSK 信号是一维的，接收信号矢量可表示为 $r=\pm\sqrt{\varepsilon}+n$。其中，$n$ 是均值为 0、方差为 $N_0/2$ 的高斯随机变量。根据 4.1.4 节的讨论，基于 MAP 准则的最佳检测器为

$$d_{\mathrm{MAP}}(r)=\begin{cases}s_1, & 当 r\geqslant\dfrac{N_0}{4\sqrt{\varepsilon}}\ln\dfrac{1-p}{p}时\\ s_2, & 其他\end{cases} \tag{4-84}$$

平均错误概率为

$$\begin{aligned}P_{e,\mathrm{BPSK}}&=P(s_1)P(\mathrm{error}\mid s_1)+P(s_2)P(\mathrm{error}\mid s_2)\\&=p\int_{-\infty}^{\tau}p(r\mid s_1)\mathrm{d}r+(1-p)\int_{\tau}^{\infty}p(r\mid s_2)\mathrm{d}r\\&=p\int_{-\infty}^{\tau}\frac{1}{\sqrt{\pi N_0}}\exp\left[-\frac{(r-\sqrt{\varepsilon})^2}{N_0}\right]\mathrm{d}r+(1-p)\int_{\tau}^{\infty}\frac{1}{\sqrt{\pi N_0}}\exp\left[-\frac{(r+\sqrt{\varepsilon})^2}{N_0}\right]\mathrm{d}r\end{aligned} \tag{4-85}$$

式中，$\tau$ 是最佳判决门限，即式(4-84)中给出的 $[N_0/(4\sqrt{\varepsilon})]\ln[(1-p)/p]$。

由式(4-85)可以得出以下结论。

(1) 先验概率相等时，$\tau=0$，则

$$P_{e,\mathrm{BPSK}}=\frac{1}{2}\times Q(\sqrt{2\varepsilon/N_0})+\frac{1}{2}Q(\sqrt{2\varepsilon/N_0})=Q(\sqrt{2\varepsilon/N_0}) \tag{4-86}$$

式中，$Q$ 函数定义为

$$Q(x)=\frac{1}{\sqrt{2\pi}}\int_{x}^{\infty}\mathrm{e}^{-t^2/2}\mathrm{d}t,\quad x\geqslant 0 \tag{4-87}$$

通常可定义 SNR 为 $\gamma_b=\dfrac{\varepsilon}{N_0}$，则有

$$P_{e,\mathrm{BPSK}}=Q(\sqrt{2\times\mathrm{SNR}})=Q(\sqrt{2\times\gamma_b}) \tag{4-88}$$

可以看出，信噪比 SNR 越大，错误概率越小。

(2) 信号之间的欧氏距离越大，则错误概率越小。发送信号之间的距离为 $2\sqrt{\varepsilon}$，代入式(4-86)可得

$$P_{e,\mathrm{BPSK}}=Q\left(\frac{d_{12}}{\sqrt{2N_0}}\right) \tag{4-89}$$

式中，$d_{12}=\left|\sqrt{\varepsilon}-(-\sqrt{\varepsilon})\right|=2\sqrt{\varepsilon}$。

根据式(4-87)可以得到 BPSK 信号的误比特率曲线，如图 4-17 所示。横轴是比特信噪比(dB)，纵轴是误比特率。

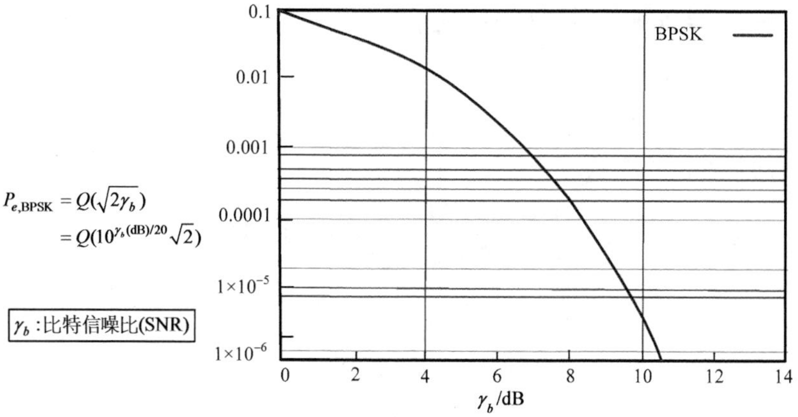


图 4-17　BPSK 的误比特率曲线

### 4.2.2　MASK 信号的最佳检测和误码性能

多进制数字幅度调制信号是一维信号。考虑基带脉冲序列为双极性的情况，其矢量化信道符号 $s_m=\sqrt{\varepsilon/2}A_m$，式中 $A_m=(2m-1-M)d,\ m=1,2,\cdots,M$。

考虑先验概率相等的情况，根据式(4-65)，最大似然检测器可简化为

$$d_{\mathrm{ML}}(r)=\arg\min_{1\leqslant m\leqslant M}\left\|r-s_m\right\|^2 \tag{4-90}$$

根据图 4-18 所示的星座图，可得到发生判决错误的情况有：

$$\begin{cases}\left|r-s_m\right|>d\sqrt{\varepsilon/2}, & 2\leqslant m\leqslant M-1, \quad 发送 s_m \\ r-s_1>d\sqrt{\varepsilon/2}, & 发送 s_1 \\ r-s_M<-d\sqrt{\varepsilon/2}, & 发送 s_M\end{cases} \tag{4-91}$$

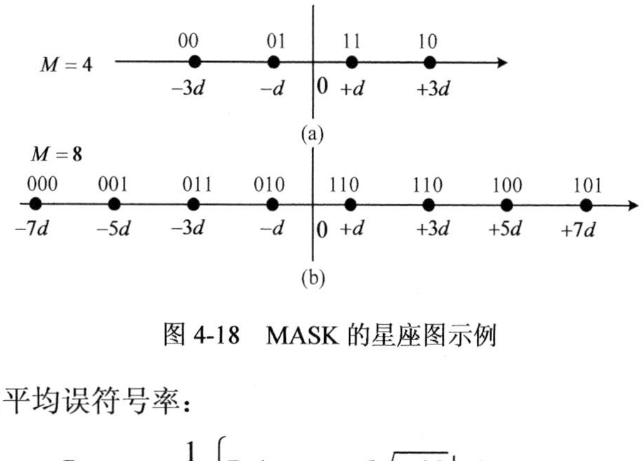


图 4-18　MASK 的星座图示例

先验概率相等时的平均误符号率：

$$P_{e,\mathrm{MASK}}=\frac{1}{M}\left\{\Pr\left(r-s_1>d\sqrt{\varepsilon/2}\,\middle|\,s_1\right)\right.$$

$$+\sum_{m=2}^{M-1}\Pr(|r-s_m|>d\sqrt{\varepsilon/2}\,|s_m)+\Pr(r-s_M<-d\sqrt{\varepsilon/2}\,|s_M)\Bigg\}$$

$$=\frac{M-1}{M}\Pr(|r-s_m|>d\sqrt{\varepsilon/2}\,|s_m) \tag{4-92}$$

$$=\frac{2(M-1)}{M}Q(d\sqrt{\varepsilon/N_0})$$

MASK 信号的平均符号能量为

$$\begin{aligned}\varepsilon_{\text{av}}&=\frac{1}{M}\sum_{m=1}^{M}\varepsilon_m=\frac{d^2\varepsilon}{2M}\sum_{m=1}^{M}(2m-1-M)^2\\&=\frac{1}{6}d^2\varepsilon(M^2-1)\end{aligned} \tag{4-93}$$

将式(4-93)代入式(4-92)，可得

$$\begin{aligned}P_{e,\text{MASK}}&=\frac{2(M-1)}{M}Q\left(\sqrt{\frac{6\varepsilon_{\text{av}}}{(M^2-1)N_0}}\right)\\&=\frac{2(M-1)}{M}Q\left(\sqrt{\frac{6(\log_2 M)\varepsilon_{\text{bit,av}}}{(M^2-1)N_0}}\right)\\&=\frac{2(M-1)}{M}Q\left(\sqrt{\frac{6(\log_2 M)}{(M^2-1)}\frac{\varepsilon_{\text{bit,av}}}{N_0}}\right)\end{aligned} \tag{4-94}$$

由式(4-94)可得到 $M$ 取不同值时 MASK 的符号错误概率曲线，如图 4-19 所示。

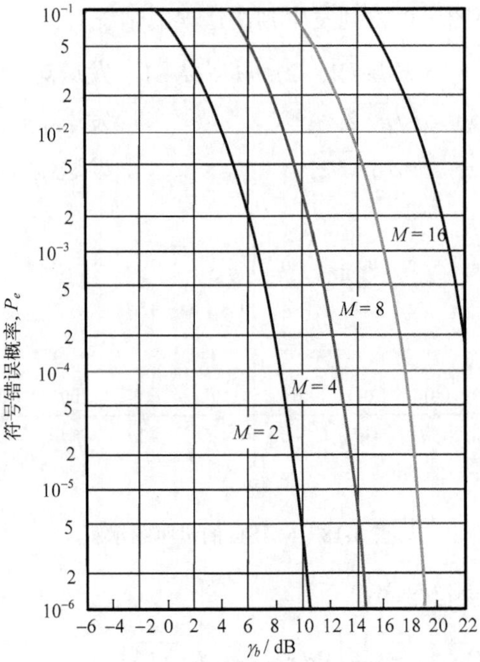


图 4-19　$M$ 取不同值时 MASK 的符号错误概率

从图 4-19 可以看出，随着比特信噪比的增加，误码率下降，$M$ 越大则误码性能越差。相同误码率下，$M$ 每增加一倍，所需比特信噪比增加 4dB 以上；$M$ 取值很大时，$M$ 每增加一倍，所需比特信噪比增加 6dB 以上。

### 4.2.3　MPSK 信号的最佳检测和误码性能

MPSK 信号波形为 $s_m(t)=g(t)\cos(2\pi f_c t+\theta_m)$。式中，$\theta_m=2\pi(m-1)/M, m=1,2,\cdots,M$，$0\leqslant t\leqslant T$。假定先验概率是相等的，即 $P(s_m)=1/M$，$m=1,2,\cdots,M$。采用格拉姆-施密特正交化方法，可得到 MPSK 信号的正交基函数为

$$u_1(t)=\frac{g(t)}{\|g(t)\|}\sqrt{2}\cos(2\pi f_c t) \tag{4-95}$$

$$u_2(t)=-\frac{g(t)}{\|g(t)\|}\sqrt{2}\sin(2\pi f_c t) \tag{4-96}$$

所以，矢量表达式为

$$\boldsymbol{s}_m=\left[\frac{1}{\sqrt{2}}\|g(t)\|\cos\theta_m,\frac{1}{\sqrt{2}}\|g(t)\|\sin\theta_m\right] \tag{4-97}$$

式中，$g(t)$ 是发送信号的脉冲波形。由于 MPSK 信号所有可能发送的信道符号具有相同的能量且等概率出现，所以 AWGN 信道下的最大似然判决准则可简化为最大相关度量准则，即选择接收信号矢量 $\boldsymbol{r}$ 在所有可能发送信号上的投影分量最大的信号作为判决输出，即

$$d_{\mathrm{ML}}(\boldsymbol{r})=\arg\max_{1\leqslant m\leqslant M}<\boldsymbol{r},\boldsymbol{s}_m> \tag{4-98}$$

令 $(r_1,r_2)$ 是矢量 $\boldsymbol{r}$ 的两个分量，将矢量 $\boldsymbol{s}_m$ 代入式(4-98)后化简，可得

$$\begin{aligned}d_{\mathrm{ML}}(\boldsymbol{r})&=\arg\max_{1\leqslant m\leqslant M}(r_1\cos\theta_m+r_2\sin\theta_m)\\&=\arg\max_{1\leqslant m\leqslant M}(\cos\theta\cos\theta_m+\sin\theta\sin\theta_m)\\&=\arg\max_{1\leqslant m\leqslant M}\cos(\theta-\theta_m)\end{aligned} \tag{4-99}$$

式中，$\theta=\arctan(r_2/r_1)$。上述相关检测等价为相位检测器。假设发送信号相位 $\theta_m=0$，则发送信号矢量为

$$\boldsymbol{s}_m=[\sqrt{\varepsilon},0] \tag{4-100}$$

式中，$\varepsilon=\|\boldsymbol{s}_m\|^2=\|g(t)\|^2/2$。接收信号矢量为

$$\boldsymbol{r}=[r_1,r_2]=[\sqrt{\varepsilon}+n_1,n_2] \tag{4-101}$$

在 AWGN 信道下，$n_1$ 和 $n_2$ 都是均值为 0、方差为 $N_0/2$ 的高斯随机变量。所以 $r_1$ 和 $r_2$ 也是高斯随机变量，均值分别为 $\sqrt{\varepsilon}$ 和 0，方差均为 $N_0/2$。因此

$$p(r_1,r_2)=\frac{1}{\pi N_0}\exp\left[-\frac{(r_1-\sqrt{\varepsilon})^2+r_2^2}{N_0}\right] \tag{4-102}$$

令 $r_1=v\cos\theta, r_2=v\sin\theta$，代入式(4-102)可得

$$p(\nu,\theta)=\frac{\nu}{\pi N_0}\exp\left[-\frac{\nu^2-2\sqrt{\varepsilon}\nu\cos\theta+\varepsilon}{N_0}\right] \tag{4-103}$$

式(4-103)对$\nu$积分，得到$p_\theta(\theta)$，即

$$\begin{aligned}p_\theta(\theta)&=\int_0^\infty p(\nu,\theta)\mathrm{d}\nu\\&=\frac{1}{\pi N_0}\mathrm{e}^{-\frac{\varepsilon\sin^2\theta}{N_0}}\int_0^\infty \nu\mathrm{e}^{-\frac{(\nu-\sqrt{\varepsilon}\cos\theta)^2}{N_0}}\mathrm{d}\nu\\&=\frac{1}{\pi N_0}\mathrm{e}^{-\gamma_s\sin^2\theta}\int_0^\infty \hat{\nu}\mathrm{e}^{-\frac{(\hat{\nu}-\sqrt{\varepsilon}\cos\theta)^2}{N_0}}\mathrm{d}\hat{\nu}\end{aligned} \tag{4-104}$$

式中，$\hat{\nu}=\nu/\sqrt{N_0/2},\gamma_s=\varepsilon/N_0$。图 4-20 给出了发送 PSK 信号相位$\theta_m=0$时，不同$\gamma_s$下的$p_\theta(\theta)$。

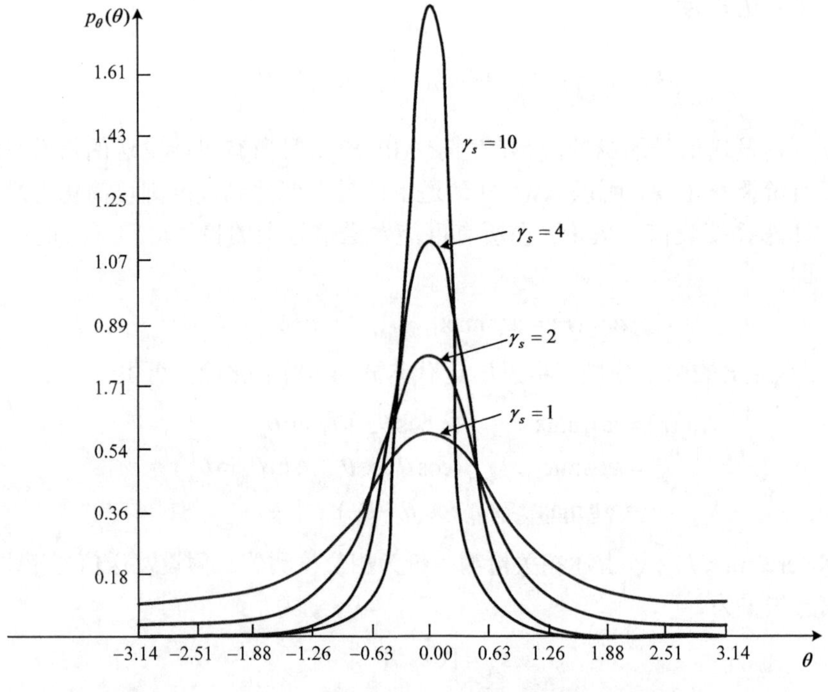


图 4-20　不同信噪比下的相位分布概率密度函数 $p_\theta(\theta)$

从图 4-20 中可以看出，$\gamma_s$越大，$p_\theta(\theta)$在$\theta=0$附近变得更窄、更尖。相位落在$(-\pi/M,\pi/M)$之外会导致错误判决。所以，符号错误概率为

$$P_{e,\mathrm{MPSK}}=P(\mathrm{error}|\theta_m=0)=1-\int_{-\pi/M}^{\pi/M}p_\theta(\theta)\mathrm{d}\theta \tag{4-105}$$

除了$M=2$和$M=4$以外，$p_\theta(\theta)$的积分难以简化为闭式解析表达式。当$M=2$时，也就是 4.2.1 节中讨论的双极性信号，误码率与信噪比的关系由式(4-88)给出。当$M=4$

时，可以看作两路相互正交的 BPSK 信号，相互正交的两个支路上的噪声是统计独立的。所以，QPSK 的符号错误概率为

$$\begin{aligned} P_{e,\text{QPSK}} &= 1-(1-P_{e,\text{BPSK}})^2 \\ &= 1-\left[1-Q\left(\sqrt{\frac{2\varepsilon}{N_0}}\right)\right]^2 \\ &= Q\left(\sqrt{\frac{2\varepsilon}{N_0}}\right)\left[2-Q\left(\sqrt{\frac{2\varepsilon}{N_0}}\right)\right] \end{aligned} \tag{4-106}$$

当 $M>4$ 时，需要通过对式(4-105)进行数值积分得到符号错误概率。图 4-21 给出了 $M=2$、4、8、16 和 32 时 MPSK 的符号错误概率随着比特信噪比变化的曲线。可以看出，当 $M>4$ 时，要达到同样的符号错误概率，所付出的比特信噪比代价更高。例如，$P_e=10^{-4}$ 时，$M=4$ 与 $M=8$ 的差别略小于 4dB；$M=8$ 与 $M=16$ 之间的差异近似为 5dB；$M=16$ 与 $M=32$ 之间所需比特信噪比约差 6dB。

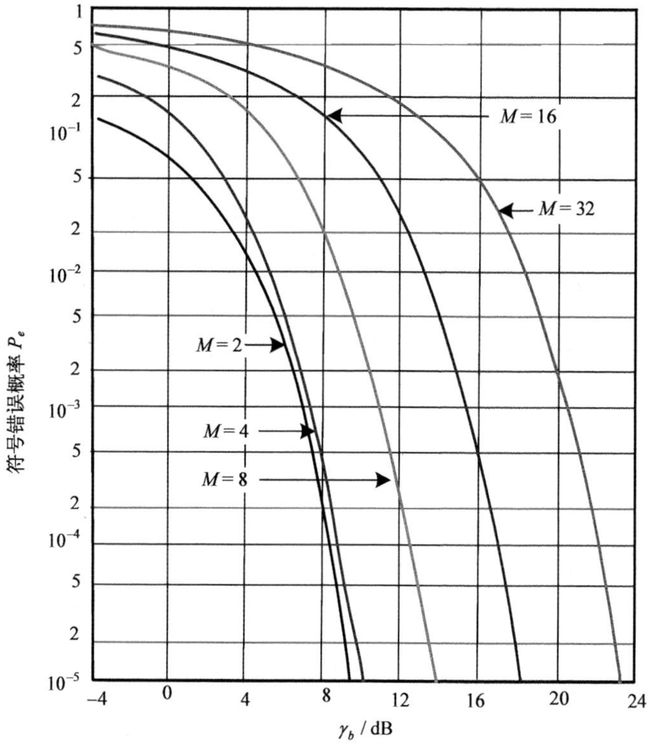


图 4-21　$M$ 取不同值时 MPSK 的符号错误概率与比特信噪比的关系

当 $M$ 取值较大且大信噪比情况下，符号错误概率的近似表达式可以通过 $p_\theta(\theta)$ 的近似求得。当 $\varepsilon/N_0 \gg 1$ 且 $|\theta| \leqslant \pi/2$ 时，$p_\theta(\theta)$ 可近似为

$$p_\theta(\theta)=\sqrt{\frac{\gamma_s}{\pi}}\cos\theta \mathrm{e}^{-\gamma_s \sin^2\theta} \tag{4-107}$$

将式(4-108)代入式(4-105)，并作变量替换 $u=\sqrt{\gamma_s}\sin\theta$，可得

$$\begin{aligned}P_{e,\text{MPSK}} &\approx 1-\int_{-\pi/M}^{\pi/M}\sqrt{\frac{\gamma_s}{\pi}}\cos\theta \mathrm{e}^{-\gamma_s\sin^2\theta}\mathrm{d}\theta \\ &\approx \frac{2}{\sqrt{\pi}}\int_{\sqrt{2\gamma_s}\sin(\pi/M)}^{\infty}\mathrm{e}^{-u^2}\mathrm{d}u \\ &= 2Q\left(\sqrt{2k\gamma_b}\sin\frac{\pi}{M}\right)\end{aligned} \tag{4-108}$$

式中，$\gamma_s=k\gamma_b=\log_2 M\cdot\gamma_b$。当 $\sqrt{2\gamma}\cos(\pi/M)\gg 1$ 时，该式的近似是足够精确的。当 $M$ 一定时，信噪比越大，近似越准确。

MPSK 的误比特率(bit-POE)和符号错误概率(symbol-POE)之间的换算关系与 $k$ 比特分组与信号相位之间的映射有关。当在映射中采用格雷(Gray)码(图 4-22)时，邻近相位点对应的 $k$ 比特分组只相差 1 比特，而错判为相邻相位点的概率远大于错判成其他相位点，所以 MPSK 的比特错误概率近似为

$$P_{eb,\text{MPSK}}\approx\frac{1}{k}P_{e,\text{MPSK}} \tag{4-109}$$

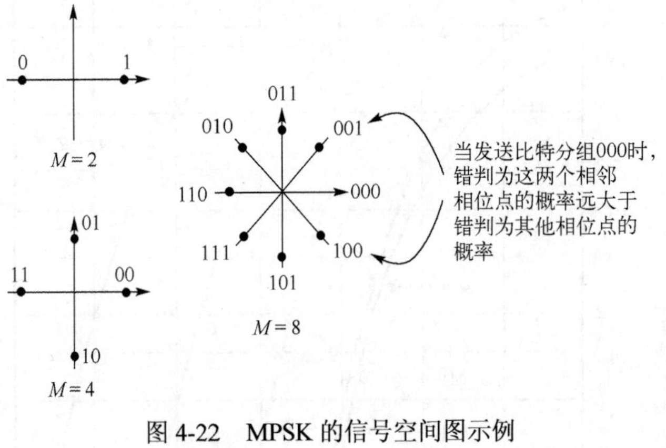


图 4-22　MPSK 的信号空间图示例

### 4.2.4　MQAM 信号的最佳检测和误码性能

由 3.2 节可知，MQAM 的信道符号可表示为

$$s_m(t)=A_{mc}g(t)\cos(2\pi f_c t)-A_{ms}g(t)\sin(2\pi f_c t),\ m=1,2,\cdots,M \tag{4-110}$$

式中，$A_{mc}$ 和 $A_{ms}$ 分别为同相和正交载波携带信息的信号幅度；$g(t)$ 是信号脉冲。信道符号的矢量化形式为

$$\boldsymbol{s}_m=\left[\frac{A_{mc}}{\sqrt{2}}\|g(t)\|,\ \frac{A_{ms}}{\sqrt{2}}\|g(t)\|\right] \tag{4-111}$$

由于错误概率一定程度上决定于信号点之间的最小欧氏距离。因而，为了求 QAM 的错误概率，必须首先了解信号星座图。所以，可以固定信号点之间的最小欧氏距离(一

定程度上固定 POE）假设信号点之间的最小欧氏距离不变，研究信号集要达到相同的错误概率所需的平均功率。

固定信号点之间的最小欧氏距离为 2，4 个 8QAM 的信号星座图如图 4-23 所示。

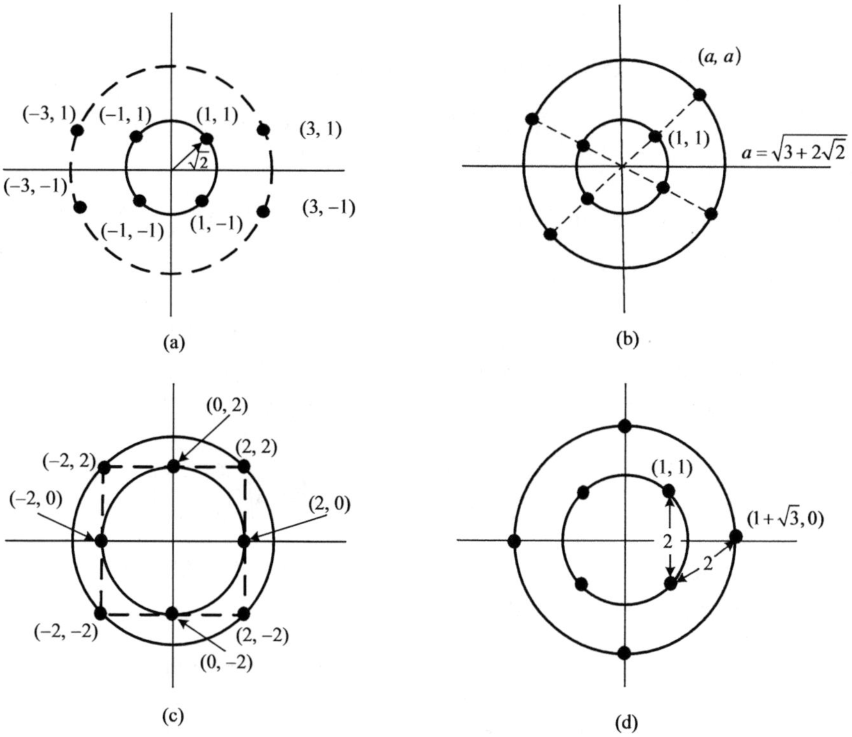


图 4-23　4 个不同分布的 8QAM 星座图

假设每个星座图中的所有信号点都是等概率的，所以平均发送功率为

$$P_{\text{av}} = \frac{1}{M}\sum_{m=1}^{M}(A_{mc}^2 + A_{ms}^2) = \frac{1}{M}\sum_{m=1}^{M}(a_{mc}^2 + a_{ms}^2) \tag{4-112}$$

式中，$(a_{mc}, a_{ms})$ 为星座图中信号点的坐标。把图 4-23 中的信号点坐标分别代入式(4-112)计算后发现，星座图 4-23(a)和图 4-23(c)中的信号点分布在矩形的栅格上，平均发送功率为 6；星座图 4-23(b)和图 4-23(d)中的信号平均发送功率分别为 6.83 和 4.73。显然，四个星座图中最佳的是星座图 4-23(d)，这个最佳是从给定最小距离下所需功率最小的角度的最佳。然而，矩形 QAM 信号星座图中的信号具有容易产生和解调的独特优点，且矩形星座图信号所需的平均发射功率仅稍大于最好的信号星座图信号所需平均功率。所以，矩形星座 MQAM 信号在实际工程中应用最多。

下面来求解 $M = 2^k$ 且 $k$ 为偶数的矩形星座 QAM 信号的误码性能。此时，MQAM 信号可以看作两个相互正交的 $2^{k/2} = \sqrt{M}$ 元数字幅移键控(ASK)信号的叠加。MQAM 信号的正确判决概率为

$$P_{c,\text{MQAM}} = (1 - P_{e,\sqrt{M}\text{ASK}})^2 \tag{4-113}$$

式中，$P_{e,\sqrt{M}\text{ASK}}$ 是 $\sqrt{M}$ 元 ASK 信号的错误概率。$\sqrt{M}$ 元 ASK 信号的平均功率是 MQAM 信号平均功率的一半，即

$$P_{\text{av}}(\text{MQAM}) = \frac{1}{M}\sum_{m=1}^{M} A_{mc}^2 + \frac{1}{M}\sum_{m=1}^{M} A_{ms}^2 = 2P_{\text{av}}(\sqrt{M}\text{ASK}) \tag{4-114}$$

由式(4-94)可知，$\sqrt{M}$ 元 ASK 信号的符号错误概率为

$$P_{e,\sqrt{M}\text{ASK}} = \frac{2(\sqrt{M}-1)}{\sqrt{M}} Q\left(-\sqrt{\frac{3}{M-1}\frac{\varepsilon_{\text{av}}}{N_0}}\right) \tag{4-115}$$

式中，$\varepsilon_{\text{av}}/N_0$ 为 MQAM 信号的平均符号信噪比。所以，MQAM 的符号错误概率为

$$P_{e,\text{MQAM}} = 1-(1-P_{e,\sqrt{M}\text{ASK}})^2 \tag{4-116}$$

当 $k$ 为偶数时，由式(4-116)可精确得到矩形星座 MQAM 的符号错误概率。当 $k$ 为奇数时，无法等效为两个 $\sqrt{M}$ 元 ASK 系统。此时，可以采用式(4-65)给出的最小距离度量准则实现最佳检测，得到 MQAM 的符号错误概率的紧上边界为

$$P_{e,\text{MQAM}} \leqslant 1-\left[1-2Q\left(\sqrt{\frac{3\varepsilon_{\text{av}}}{(M-1)N_0}}\right)\right]^2 \leqslant 4Q\left(\sqrt{\frac{3k\gamma_{b,\text{av}}}{M-1}}\right) \tag{4-117}$$

式中，$\gamma_{b,\text{av}} = \varepsilon_{b,\text{av}}/N_0$ 是平均比特信噪比。图 4-24 给出了 MQAM 系统的符号错误概率随着平均比特信噪比的变化曲线。从图中可以看出，$M$ 越大，MQAM 的误码性能越差。

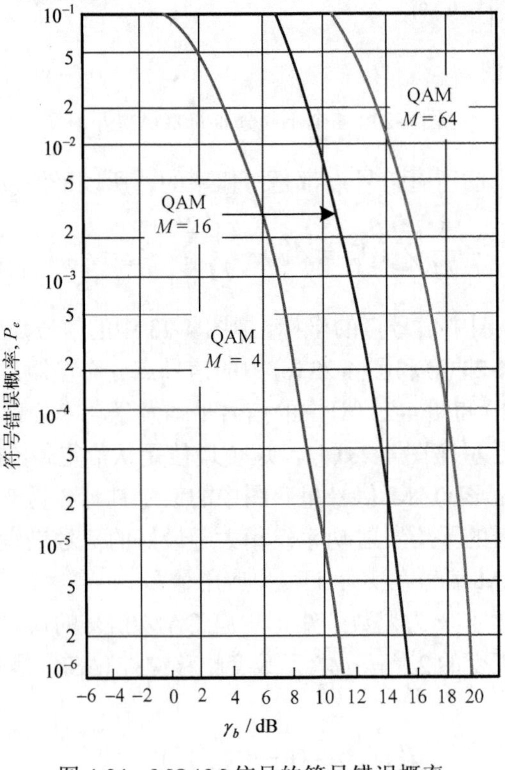


图 4-24　MQAM 信号的符号错误概率

对于非矩形星座 QAM 信号，可以采用一致边界作为系统符号错误概率的上边界，如

$$P_e < (M-1)Q[\sqrt{(d_{\min})^2/(2N_0)}] \tag{4-118}$$

式中，$d_{\min}$ 为信号点之间的最小欧氏距离。在 $M$ 较大时，该边界也许是疏松的。

下面在信道符号数 $M$ 给定的情况下，对比分析 MQAM 和 MPSK 系统的误码性能。根据式(4-108)，MPSK 的符号错误概率为

$$P_{e,\text{MPSK}} \approx 2\cdot Q\left[\sqrt{2\gamma_s}\sin(\pi/M)\right] \tag{4-119}$$

式中，$\gamma_s$ 是符号信噪比。对比式(4-117)给出的 MQAM 的符号错误概率，主要差异在于 Q 函数的自变量。定义

$$R_M = \frac{3/(M-1)}{2\sin^2(\pi/M)} \tag{4-120}$$

表 4-1 给出了 $M$ 取不同值时 MQAM 相对于 MPSK 的符号信噪比改善量。从表中可以看出，QPSK 和 4QAM 的性能相当。当 $M>4$ 时 MQAM 的性能优于 MPSK，例如，64QAM 相对于 64PSK 有近 10dB 的信噪比改善。

**表 4-1　MQAM 相对于 MPSK 的 SNR 改善量**

| $M$ | $10\lg R_M$ |
|---|---|
| 4 | 0 |
| 8 | 1.65 |
| 16 | 4.20 |
| 32 | 7.02 |
| 64 | 9.95 |

## 4.3　功率受限信号的最佳检测和性能分析

### 4.3.1　二进制正交信号的最佳检测和误码性能

在等能量的二进制正交信号传输方式中，信号矢量是二维的，这两个矢量可表示为

$$\begin{aligned} \boldsymbol{s}_1 &= [\sqrt{\varepsilon}\quad 0] \\ \boldsymbol{s}_2 &= [0\quad \sqrt{\varepsilon}] \end{aligned} \tag{4-121}$$

式中，$\varepsilon$ 表示每个信号波形的能量。两个信号点之间的距离为

$$d_{12} = \|\boldsymbol{s}_1 - \boldsymbol{s}_2\| = \sqrt{2\varepsilon} \tag{4-122}$$

假设发送 $\boldsymbol{s}_1$，解调器输出的信号矢量为

$$\boldsymbol{r} = [\sqrt{\varepsilon}+n_1, n_2] \tag{4-123}$$

将 $\boldsymbol{r}$ 代入式(4-67)定义的相关度量，得到 $C(\boldsymbol{r},\boldsymbol{s}_m)(m=1,2)$，发生判决错误的概率为

$$P(\text{error}|\boldsymbol{s}_1) = P[C(\boldsymbol{r},\boldsymbol{s}_1) < C(\boldsymbol{r},\boldsymbol{s}_2)] = P[n_2 - n_1 > \sqrt{\varepsilon}] \tag{4-124}$$

式中，$n_1$ 和 $n_2$ 是均值为 0、方差为 $N_0/2$，且相互独立的高斯随机变量。所以，$n_2 - n_1$ 是均值为 0，方差为 $N_0$ 的高斯随机变量。

$$P[n_2 - n_1 > \sqrt{\varepsilon}] = \int_{\sqrt{\varepsilon}}^{+\infty} \frac{1}{\sqrt{2\pi N_0}}\exp\left(-\frac{x^2}{2N_0}\right)\mathrm{d}x = Q(\sqrt{\varepsilon/N_0}) \tag{4-125}$$

假设发送 $\boldsymbol{s}_2$，由于解调器输出矢量的分量具有对称性，得到相同的错误概率。所以，

二进制正交信号的平均符号错误概率为

$$P_{e,\text{BOrthogonal}} = Q\left(\sqrt{\varepsilon / N_0}\right) = Q\left(\sqrt{\gamma_b}\right) \tag{4-126}$$

式中，$\gamma_b$ 为比特信噪比。将式(4-122)代入式(4-126)可得

$$P_{e,\text{BOrthogonal}} = Q\left[d_{12} / \sqrt{2N_0}\right] \tag{4-127}$$

式(4-127)也说明了信号之间的距离越大，错误概率越小。

对比式(4-88)和式(4-126)可以发现，要达到同样的错误概率，二进制正交信号所需的发送功率是二进制双极性信号的 2 倍。图 4-25 给出了二进制双极性信号和二进制正交信号的错误概率与比特信噪比(dB)的关系曲线。从图中可以看出，二进制正交信号在任何错误概率上所要求的$\gamma_b$比二进制双极性信号高 3dB，这是由信号点之间的距离决定的，二进制双极性信号点之间的距离是 $2\sqrt{\varepsilon}$，而二进制正交信号点之间距离为 $\sqrt{2\varepsilon}$。

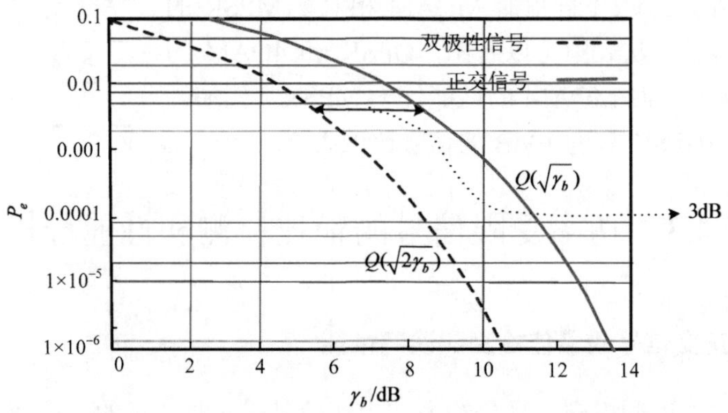


图 4-25　二进制双极性信号与二进制正交信号的错误概率

### 4.3.2　*M* 元正交信号的最佳检测和误码性能

假定先验概率相等，对于 *M* 元等能量的正交信号，可以采用基于最大相关度量的最佳检测器。此时，最大似然检测器可以简化为

$$d_{\text{ML}}(\boldsymbol{r}) = \arg\max_{1\leqslant m\leqslant M} \langle \boldsymbol{r}, \boldsymbol{s}_m \rangle = \arg\max_{1\leqslant m\leqslant M} \sum_{k=1}^{M} r_k s_{mk} \tag{4-128}$$

式中，正交信号的维度和信道符号数 *M* 相等。为了计算错误概率，假设发送信号 $\boldsymbol{s}_1$，则解调器输出的接收信号矢量为

$$\boldsymbol{r} = [\sqrt{\varepsilon} + n_1, n_2, \cdots, n_M] \tag{4-129}$$

式中，$\varepsilon$ 表示每个信号波形的能量；$n_1, n_2, \cdots, n_M$ 是均值为 0、方差为 $N_0/2$，且相互独立的高斯随机变量。此时，*M* 个相关运算器的输出分别为

$$C(\boldsymbol{r}, \boldsymbol{s}_1) = \sqrt{\varepsilon}(\sqrt{\varepsilon} + n_1) = \sqrt{\varepsilon} r_1$$
$$C(\boldsymbol{r}, \boldsymbol{s}_2) = \sqrt{\varepsilon} n_2 = \sqrt{\varepsilon} r_2$$

$$\vdots$$

$$C(\boldsymbol{r},\boldsymbol{s}_M)=\sqrt{\varepsilon}n_M=\sqrt{\varepsilon}r_M \tag{4-130}$$

为了简化分析，可以对式(4-130)进行归一化处理，每一个输出除以$\sqrt{\varepsilon}$。所以，第一个相关器的输出变为$r_1=\sqrt{\varepsilon}+n_1$，可视为均值为$\sqrt{\varepsilon}$、方差为$N_0/2$的高斯随机变量，其他 $M$–1 个相关器的输出$r_m=n_m\ (m=2,3,\cdots,M)$都是均值为 0、方差为$N_0/2$，且相互独立的高斯随机变量。只有满足$r_1\geqslant\max\limits_{2\leqslant m\leqslant M}r_m$时，判决正确。

为了数学推导方便，首先推导发送$\boldsymbol{s}_1$时检测器正确判决的概率，即$r_1\geqslant\max\limits_{2\leqslant m\leqslant M}r_m$的概率，可表示为

$$P_r(\text{correct}|\boldsymbol{s}_1)=\int_{-\infty}^{\infty}P([r_1>n_2]\wedge[r_1>n_3]\cdots\wedge[r_1>n_M]|r_1)p(r_1|\boldsymbol{s}_1)\mathrm{d}r_1 \tag{4-131}$$

式中，$P([r_1>n_2]\wedge[r_1>n_3]\cdots\wedge[r_1>n_M]|r_1)$表示给定$r_1$的条件下$n_1,n_2,\cdots,n_M$同时小于$r_1$的联合概率，符号“∧”表示“与”的关系。由于$\{r_m\}$是相互独立的，所以该联合概率可以表示为$M-1$个边缘概率的乘积，边缘概率为

$$P(r_1>n_m|r_1)=\frac{1}{\sqrt{2\pi}}\int_{-\infty}^{r_1\sqrt{2/N_0}}\mathrm{e}^{-x^2/2}\mathrm{d}x,\quad m=2,3,\cdots,M \tag{4-132}$$

所以，正确判决的概率为

$$P_r(\text{correct}|\boldsymbol{s}_1)=\int_{-\infty}^{+\infty}\left(\frac{1}{\sqrt{2\pi}}\int_{-\infty}^{r_1\sqrt{2/N_0}}\mathrm{e}^{-x^2/2}\mathrm{d}x\right)^{M-1}p(r_1|\boldsymbol{s}_1)\mathrm{d}r_1 \tag{4-133}$$

符号错误概率是$1-P_r(\text{correct}|\boldsymbol{s}_1)$。经过变量替换，可推导得到符号错误概率为

$$P_r(\text{error}|\boldsymbol{s}_1)=\frac{1}{\sqrt{2\pi}}\int_{-\infty}^{\infty}\left[1-\left(\frac{1}{\sqrt{2\pi}}\int_{-\infty}^{y}\mathrm{e}^{-x^2/2}\mathrm{d}x\right)^{M-1}\right]\mathrm{e}^{-\frac{1}{2}\left(y-\sqrt{\frac{2\varepsilon}{N_0}}\right)^2}\mathrm{d}y \tag{4-134}$$

当发送其他信道符号时，可得到相同的错误概率表达式。由于先验概率相等，所以式(4-134)给出的错误概率表达式就是 $M$ 元正交信号的平均符号错误概率。为了得到误码性能曲线，可采用数值积分的方法得到。

在不同数字调制方法性能的比较中，通常希望给出比特错误概率（$P_{eb}$）与比特信噪比（$\gamma_b=\varepsilon_b/N_0$）之间的关系。只有基于统一的误比特率和比特信噪比的关系才可以公平地比较不同调制方式的性能优劣。

令$k=\log_2 M$，则$\varepsilon(\varepsilon_{\text{symbol}})=k\varepsilon_b$，则$M$元正交信号的平均符号错误概率为

$$P_{e,\text{MOrthogonal}}=\frac{1}{\sqrt{2\pi}}\int_{-\infty}^{\infty}\left[1-\left(\frac{1}{\sqrt{2\pi}}\int_{-\infty}^{y}\mathrm{e}^{-x^2/2}\mathrm{d}x\right)^{M-1}\right]\mathrm{e}^{-\frac{1}{2}(y-\sqrt{2k\gamma_b})^2}\mathrm{d}y \tag{4-135}$$

对于先验概率相等的正交信号，当发送$2^k$个符号中的一个时，错成其他符号的概率是相等的，且概率为$P_{e,\text{MOrthogonal}}/(2^k-1)$，$k$比特中$i$个发生错误的情况是$k$比特中取$i$比特的组合。因而，每$k$比特符号的平均错误比特数为

$$\frac{P_{e,\text{MOrthogonal}}}{2^k-1}\sum_{i=1}^{k} i\binom{k}{i} = k\frac{2^{k-1}}{2^k-1}P_{e,\text{MOrthogonal}} \tag{4-136}$$

所以，平均比特错误概率为

$$P_{eb,\text{MOrthogonal}} = \frac{1}{\sqrt{2\pi}}\frac{2^{k-1}}{2^k-1}\int_{-\infty}^{\infty}\left[1-\left(\frac{1}{\sqrt{2\pi}}\int_{-\infty}^{y}\mathrm{e}^{-x^2/2}\mathrm{d}x\right)^{M-1}\right]\mathrm{e}^{-\frac{1}{2}(y-\sqrt{2k\gamma_b})^2}\mathrm{d}y \tag{4-137}$$

当$k \gg 1$时，近似有$P_{eb,\text{MOrthogonal}} = P_{e,\text{MOrthogonal}}/2$。图 4-26 给出了$M = 2,4,8,16,32$时的比特错误概率随着比特信噪比(dB)的变化曲线。

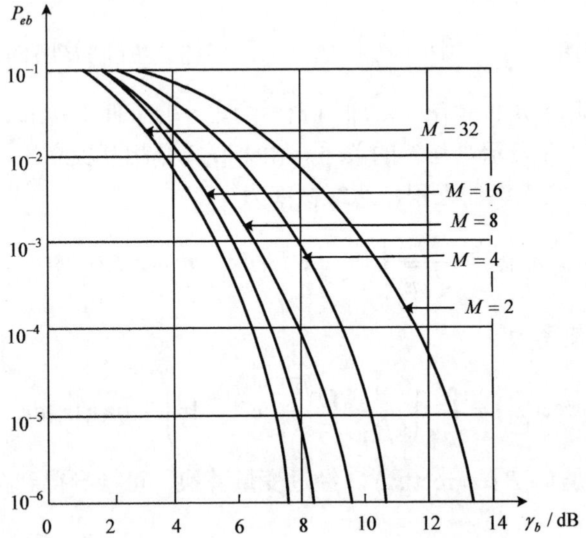


图 4-26　$M$元正交信号的比特错误概率

从图 4-26 中可以看出，$M$越大，则系统误码性能越好(相同比特信噪比下的误比特率越小)。为了达到给定的误比特率，用增大$M$的方法可以减少对比特信噪比的要求。例如，比特错误概率为$10^{-5}$时，若$M=2$，则所需比特信噪比约为 12.7dB；若$M=32$，则需要约 7.5dB 的比特信噪比，所需发送功率节省了 5.2dB。

$M$趋于无穷大时，为了达到任意小的比特错误概率，所要求的比特信噪比是多少？下面研究$M$的增大对正交信号错误概率的影响，引入错误概率的一致边界的概念。

由以上分析可知，当发送信号$\boldsymbol{s}_1$时，符号检测错误的事件可以视为相关度量$C(\boldsymbol{r},\boldsymbol{s}_1)$与其他 $M$–1 个相关度量$C(\boldsymbol{r},\boldsymbol{s}_m)(m=2,3,\cdots,M)$之间进行 $M$–1 次二进制正交信号检测，那么错误概率的上边界由 $M$–1 个事件的一致边界来确定。因此，有

$$\begin{aligned} P_{e,\text{MOrthogonal}} &= P_r\{[r_1 \leqslant r_2]\vee[r_1 \leqslant r_3]\vee\cdots\vee[r_1 \leqslant r_M]|\boldsymbol{s}_1\} \\ &\leqslant (M-1)\int_{-\infty}^{\infty} P_r(r_2 \geqslant r_1|r_1)P_r(r_1|\boldsymbol{s}_1)\mathrm{d}r_1 \\ &= (M-1)P_{e,\text{BOrthogonal}} < MQ(\sqrt{\varepsilon/N_0}) \end{aligned} \tag{4-138}$$

式中，符号“∨”表示“或”的关系。

利用高斯积累分布函数的近似，指数展开为

$$(\forall u \geqslant 0)Q(u) = \frac{1}{\sqrt{2\pi}u}\mathrm{e}^{-u^2/2}\left(1-\frac{1}{u^2}+\frac{1\times 3}{u^4}-\frac{1\times 3\times 5}{u^6}+\cdots\right) \tag{4-139}$$

保留第一项，得到

$$(\forall u \geqslant 0)Q(u) \leqslant \frac{1}{\sqrt{2\pi}u}\mathrm{e}^{-u^2/2} \tag{4-140}$$

式(4-140)代入式(4-138)，得到

$$\begin{aligned} P_{e,\mathrm{MOrthogonal}} &< MQ(\sqrt{\varepsilon/N_0}) \leqslant \frac{2^k}{\sqrt{2\pi\varepsilon/N_0}}\exp[-\varepsilon/(2N_0)] \\ &= \frac{2^k}{\sqrt{2\pi k\gamma_b}}\exp[-k(\gamma_b/2)] \\ &= \frac{1}{\sqrt{2\pi k\gamma_b}}\exp[-k(\gamma_b-2\log 2)/2] \end{aligned} \tag{4-141}$$

当 $k \to \infty (M \to \infty)$ 时，若满足

$$\gamma_b > 2\log 2 = 1.39 \quad (1.42\ \mathrm{dB}) \tag{4-142}$$

则由式(4-141)可知，错误概率按指数趋于 0。

1.42dB 称为错误概率的上边界，其含义是：只要比特信噪比大于 1.42dB，就可得到任意低的错误概率。但是，1.42dB 不是很紧密的上边界，原因是 $Q$ 函数的上边界是疏松的。可以导出，更紧密的上边界是 $\gamma_b > \ln 2 = 0.693(-1.6\mathrm{dB})$。也就是说，在 $M \to \infty$ 时，达到任意小的错误概率所需的最小比特信噪比是–1.6dB。这一最小比特信噪比(–1.6dB)也称为加性高斯白噪声信道的香农极限。

### 4.3.3　*M* 元双正交信号的最佳检测和误码性能

$M$ 元双正交信号集由 $M/2$ 个正交信号及其负值信号构成，双正交信号的解调可以先用 $M/2$ 个相关运算器或匹配滤波器进行解调，然后根据信号极性进行进一步判断。

假设发送信号 $s_1(t)$，其矢量有 $M/2$ 个分量，形式为 $\boldsymbol{s}_1 = [\sqrt{\varepsilon}, 0, \cdots, 0]$，相应的接收信号矢量为

$$\boldsymbol{r} = [\sqrt{\varepsilon}+n_1, n_2, \cdots, n_{M/2}] \tag{4-143}$$

式中，$\{n_m\}(m=1,2,\cdots,M/2)$ 是均值为 0、方差为 $N_0/2$ 的相互独立且同分布的高斯随机变量。计算 $\boldsymbol{r}$ 和 $\boldsymbol{s}_m$ 的相关度量为

$$C(\boldsymbol{r},\boldsymbol{s}_m) = \sum_{k=1}^{M/2} r_k s_{mk}, \quad m = -M/2, \cdots, -1, +1, \cdots, M/2 \tag{4-144}$$

由于 $C(\boldsymbol{r},\boldsymbol{s}_m) = -C(\boldsymbol{r},\boldsymbol{s}_{-m})$，所以首先选择相关度量的幅度最大项为判决输出，有

$$u = \arg\max_{1 \leqslant m \leqslant M/2} |C(\boldsymbol{r}, \boldsymbol{s}_m)| = \arg\max_{1 \leqslant m \leqslant M/2} |r_m| \tag{4-145}$$

然后，根据最大项的正负号确定发送信号是 $s_m(t)$ 还是 $-s_m(t)$，即

$$d_{\mathrm{ML}}(\boldsymbol{r}) = \begin{cases} u, & r_u \geqslant 0 \\ -u, & r_u < 0 \end{cases} \tag{4-146}$$

因而，正确判决的概率是 $r_1 \geqslant \max_{2 \leqslant m \leqslant M/2} |r_m|$ 且 $r_1 > 0$ 的概率，而

$$P(\{|n_m| < r_1 | r_1 > 0\} | \boldsymbol{s}_1) = \frac{1}{\sqrt{\pi N_0}} \int_{-r_1}^{r_1} \mathrm{e}^{-y^2/N_0} \mathrm{d}y = 1 - 2Q\left(\frac{r_1}{\sqrt{N_0/2}}\right) \tag{4-147}$$

所以，正确检测概率为

$$P(\text{correct} | \boldsymbol{s}_1) = \int_0^{\infty} \left[1 - 2Q\left(\frac{r_1}{\sqrt{N_0/2}}\right)\right]^{M/2-1} p(r_1 | \boldsymbol{s}_1) \mathrm{d}r_1 \tag{4-148}$$

将 $p(r_1|\boldsymbol{s}_1)$ 代入式(4-148)，得到

$$P(\text{correct} | \boldsymbol{s}_1) = \int_0^{\infty} \left[1 - 2Q\left(\frac{x}{\sqrt{N_0/2}}\right)\right]^{M/2-1} \frac{1}{\sqrt{\pi N_0}} \mathrm{e}^{-(x-\sqrt{\varepsilon})^2/N_0} \mathrm{d}x \tag{4-149}$$

双正交信号的符号错误概率为 $1 - P_{c,\mathrm{MBiOrthogonal}}$。

$$\begin{aligned} P_{e,\mathrm{MBiOrthogonal}} &= 1 - P_{c,\mathrm{MBiOrthogonal}} = 1 - \frac{1}{M} \sum_{m=1}^{M} P(\text{correct} | \boldsymbol{s}_m) \\ &= 1 - \int_0^{\infty} \left[1 - 2Q\left(\frac{x}{\sqrt{N_0/2}}\right)\right]^{M/2-1} \frac{1}{\sqrt{\pi N_0}} \mathrm{e}^{-(x-\sqrt{\varepsilon})^2/N_0} \mathrm{d}x \\ &= \int_{-\sqrt{2\gamma}}^{\infty} [1 - 2Q(x + \sqrt{2\gamma})]^{M/2-1} \frac{1}{\sqrt{2\pi}} \mathrm{e}^{-x^2/2} \mathrm{d}x \end{aligned} \tag{4-150}$$

式中，$\gamma = \varepsilon / N_0$。

式(4-150)中的错误概率表达式，可以通过数值计算得到符号错误概率与比特信噪比之间的关系曲线，如图 4-27 所示。从图中可以看出，BPSK 的误符号率小于 QPSK 的误符号率。实际上，如果画出比特错误概率与比特信噪比的关系曲线，两条曲线重合。当 $M$ 趋于无穷大时，达到任意小的错误概率需要的最小比特信噪比为-1.6dB，即香农极限。

### 4.3.4　单纯信号的误码性能

由 3.2.4 节可知，单纯信号是由正交信号变换得来的，它是 $M$ 个归一化互相关系数 $\rho_{mn} = -1/(M-1)$ 的等相关信号的集合。在 $M$ 维空间中，这些信号相互正交，且相邻信号之间的间隔相同，均为 $\sqrt{2\varepsilon}$。达到这个间隔所需要的发送信号能量为 $\varepsilon(M-1)/M$，小于正交信号达到该间隔所要求的能量 $\varepsilon$。所以，同样的接收机设计中单纯信号的错误概率与正交信号的错误概率是相同的，但是达到该错误概率所要求的信噪比节省了

$$10\lg(1-\rho) = 10\lg\frac{M}{M-1} (\mathrm{dB}) \tag{4-151}$$

例如，$M=2$时节省了 3dB。当$M$取值很大时，单纯信号节省的功率趋于 0dB。

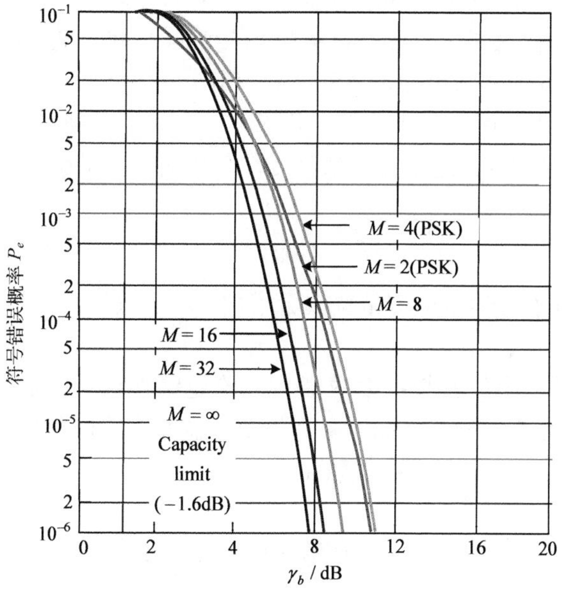


图 4-27　$M$取不同值时双正交信号的符号错误概率和比特信噪比的关系

### 4.3.5　不同数字调制方式的比较

比较不同数字调制方式时，得到 POE 和 SNR 的关系是否就足够了？有几种数字调制方式的比较方法。例如，根据要达到的错误概率比较所需要的 SNR，但意义不大。因为必须基于固定的数据传输速率或等价为固定的带宽。本节讨论一定传输速率下不同数字调制方式的带宽要求和误码性能。有的文献把传输速率看作所需带宽的一种等效度量。实际上，这种等效取决于调制方式和所采用的脉冲形状。

对于双边带数字幅度调制信号，等效低通信号脉冲为$g(t)$（假设理想频谱成形），符号间隔为$T$，谱零点带宽近似为$W\approx 1/T$。在符号间隔$T$内，系统传输$k=\log_2 M$比特信息，所以信息传输速率为$R=k/T$。因而，信息传输速率与带宽之间的关系为

$$W=\frac{R}{\log_2 M} \tag{4-152}$$

带宽效率用信息传输速率与带宽的比值来度量，则有

$$\frac{R}{W}=\log_2 M\ \text{bit/(s}\cdot\text{Hz)} \tag{4-153}$$

对于单边带数字幅度调制信号，等效低通信号脉冲为$g(t)$（假设理想频谱成形），符号间隔为$T$，传输该信号所要求的信道带宽近似为$1/(2T)$。则带宽效率为

$$\frac{R}{W}=2\log_2 M\ \text{bit/(s}\cdot\text{Hz)} \tag{4-154}$$

对于数字相移键控(PSK)信号，带宽效率与双边带数字幅度调制信号具有相同的带宽效率。对于 QAM 信号，有两个相互正交的载波，每个载波传输一路 ASK 信号，传输速率提高比单路 ASK 提高了 1 倍。但是 QAM 信号的同相和正交支路都必须双边带传输，所以 QAM 信号的带宽效率与单边带 ASK 信号相同。

正交信号与前面几种调制方式的带宽要求不同。如果以满足正交性的最小频率间隔 $1/(2T)$ 的正交载波的方法构成 $M$ 元正交信号，则传输 $k$ 信息比特所要求的带宽是

$$W = \frac{M}{2T} = \frac{M}{2\log_2 M}R \tag{4-155}$$

随着 $M$ 的增加，传输正交信号所需带宽也会增加。对于双正交信号，所要求的带宽是正交信号的一半。

数字通信工程设计中经常根据要求达到的给定错误概率，画出归一化的信息速率 $R/W$ 与比特信噪比 $\varepsilon_b/N_0$ 的关系曲线来衡量数字调制方式的优劣。图 4-28 给出了 ASK、

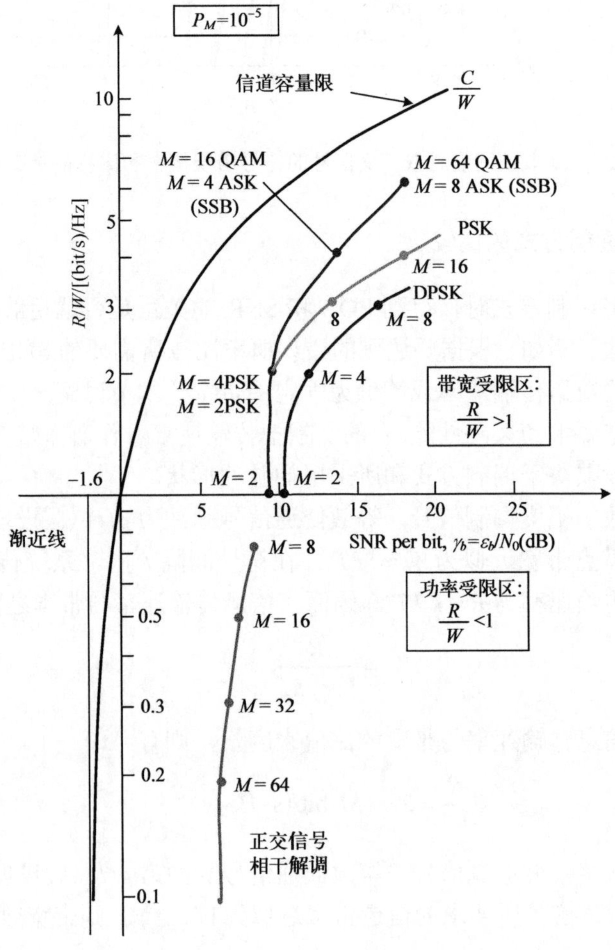


图 4-28　错误概率固定为 $10^{-5}$ 时不同数字调制方式的比较

QAM、PSK 和正交信号在错误概率为$10^{-5}$时的$R/W$与$\varepsilon_b/N_0$的关系曲线。从图中可以看出，对于正交信号，增大$M$将导致带宽效率下降，且$R/W<1$，不适合用于带宽受限信道。但是，固定错误概率下所需的$\varepsilon_b/N_0$下降，有利于功率受限信道上的信息传输；对于 ASK、PSK 和 QAM 信号，增大$M$会提高带宽效率，且$R/W>1$，有利于带宽受限信道，为了保持要求的错误概率，需要提高比特信噪比，不利于在功率受限信道中使用。

## 4.4　有记忆调制信号的最佳检测和性能分析

当信号无记忆时，逐个符号检测器在最小错误概率意义下是最佳的。当发送信号有记忆时，即在连续的符号间隔内发送信号是相互关联的，则最佳检测器根据在连续的符号间隔内接收信号序列的观测值来判决。本节讨论 DPSK 和 CPM 信号的最佳检测与误码性能。

### 4.4.1　DPSK 信号的最佳检测和误码性能

在 4.2 节对 PSK 信号解调的讨论中，假设载波相位估计是完美的。而实际实现中载波提取需要对接收信号进行非线性变换，这将导致相位模糊。例如，BPSK 系统采用平方环法实现载波提取，首先对 BPSK 信号进行平方运算，再用锁相环锁定所产生的 2 倍频分量，然后二分频提取载波频率和相位，这个过程会产生 180° 的相位模糊。克服相位模糊问题的有效方法是采用差分 PSK，利用相邻符号间隔之间的相位变化承载信息。若采用相干解调后再进行差分译码的方法，DPSK 系统的误码率会有所提高，高信噪比下差错概率近似为 MPSK 的 2 倍。

DPSK 信号还有一种不需要估计载波相位的解调方法，这种解调/检测方法属于非相干检测。通过比较当前符号间隔和前一符号间隔接收信号的相位进行直接判断。第$m$个发送信号的等效低通形式矢量为

$$\boldsymbol{s}_{ml}=(\sqrt{2\varepsilon},\sqrt{2\varepsilon}\mathrm{e}^{\mathrm{j}\theta_m}),\quad 1\leqslant m\leqslant M \tag{4-156}$$

式中，$\theta_m=2\pi(m-1)/M$是对应于第$m$个信道符号的相位变化。当发送信号$\boldsymbol{s}_{ml}$时，在相应的两个符号间隔接收信号的等效低通形式矢量为

$$\boldsymbol{r}_l=(r_1,r_2)=(\sqrt{2\varepsilon}\mathrm{e}^{\mathrm{j}\phi}+n_{1l},\sqrt{2\varepsilon}\mathrm{e}^{\mathrm{j}\theta_m+\phi}+n_{2l}),\quad 1\leqslant m\leqslant M \tag{4-157}$$

式中，$n_{1l}$和$n_{2l}$是两个均值为 0、方差为$N_0$的复高斯随机变量；$\phi$为初始相移，是随机变量，在该调制方式中的基本假设是初始相移$\phi$在相邻传输间隔时间上保持不变。采用最大相关度量进行最佳检测，得到

$$\begin{aligned}\hat{m}&=\underset{1\leqslant m\leqslant M}{\arg\max}\left|\boldsymbol{r}_l\cdot\boldsymbol{s}_{ml}\right|\\&=\underset{1\leqslant m\leqslant M}{\arg\max}\sqrt{2\varepsilon}\left|r_1+r_2\mathrm{e}^{-\mathrm{j}\theta_m}\right|\\&=\underset{1\leqslant m\leqslant M}{\arg\max}\left|r_1+r_2\mathrm{e}^{-\mathrm{j}\theta_m}\right|^2\end{aligned}$$

$$
\begin{aligned}
&= \underset{1\leqslant m\leqslant M}{\arg\max}\left(|r_1|^2 + |r_2|^2 + 2\,\mathrm{Re}[r_1^* r_2 \mathrm{e}^{-\mathrm{j}\theta_m}]\right) \\
&= \underset{1\leqslant m\leqslant M}{\arg\max}\left(\mathrm{Re}[r_1^* r_2 \mathrm{e}^{-\mathrm{j}\theta_m}]\right) \\
&= \underset{1\leqslant m\leqslant M}{\arg\max}\left(|r_1 r_2|\cos(\angle r_2 - \angle r_1 - \theta_m)\right) \\
&= \underset{1\leqslant m\leqslant M}{\arg\min}\left(|\angle r_2 - \angle r_1 - \theta_m|\right) \\
&= \underset{1\leqslant m\leqslant M}{\arg\min}\left(|\alpha - \theta_m|\right)
\end{aligned} \tag{4-158}
$$

式中，$\alpha = \angle r_2 - \angle r_1$ 是两个相邻间隔中接收信号的相位差。接收机计算该相位差并与 $\theta_m = 2\pi(m-1)/M$（对所有$1\leqslant m\leqslant M$）进行比较，选择 $m$ 使 $\theta_m$ 最接近 $\alpha$，因此使 $\cos(\alpha-\theta_m)$ 最大。这种解调/检测方法也称为延迟差分相干解调。与 PSK 信号相干检测相比，这种检测方法的复杂性较低，在两个符号间隔时间上 $\phi$ 保持不变的假设成立时，可采用这种方法。

在二进制 DPSK 中，相邻符号之间的相位差为 0 或 $\pi$，对应于 0 或 1。两个等效低通信号分别为

$$
\begin{aligned}
\boldsymbol{s}_{1l} &= \left[\sqrt{2\varepsilon} \quad \sqrt{2\varepsilon}\right] \\
\boldsymbol{s}_{2l} &= \left[\sqrt{2\varepsilon} \quad -\sqrt{2\varepsilon}\right]
\end{aligned} \tag{4-159}
$$

采用上述延迟差分相干检测方法对这两个信号进行处理。显然，在长度为 $2T_s$ 的间隔上，这两个信号是正交的，所以差错概率可由确定的正交二进制信号的差错概率表达式得到，带通信号 $s_1(t)$ 和 $s_2(t)$ 的能量均为 $2\varepsilon$。显而易见，等效低通信号的能量为 $4\varepsilon$，所以

$$
P_b = \frac{1}{2}\mathrm{e}^{-\frac{2\varepsilon}{2N_0}} = \frac{1}{2}\mathrm{e}^{-\frac{\varepsilon_b}{N_0}} \tag{4-160}
$$

这就是二进制 DPSK 的比特差错概率。将该结果与 BPSK 相干检测的差错概率进行比较：

$$
P_b = Q\left(\sqrt{\frac{2\varepsilon_b}{N_0}}\right) \leqslant \frac{1}{2}\mathrm{e}^{-\frac{\varepsilon_b}{N_0}} \tag{4-161}
$$

利用 $Q$ 函数的性质，可知

$$
P_{b,\mathrm{coh}} \leqslant P_{b,\mathrm{non\text{-}coh}} \tag{4-162}
$$

类似于正交二进制 FSK 相干和非相干检测的结果。再有，BPSK 相干检测与二进制 DPSK 在高 SNR 时的性能差小于 0.8dB。图 4-29 所示为相干检测 BPSK 与 DBPSK 的差错概率。

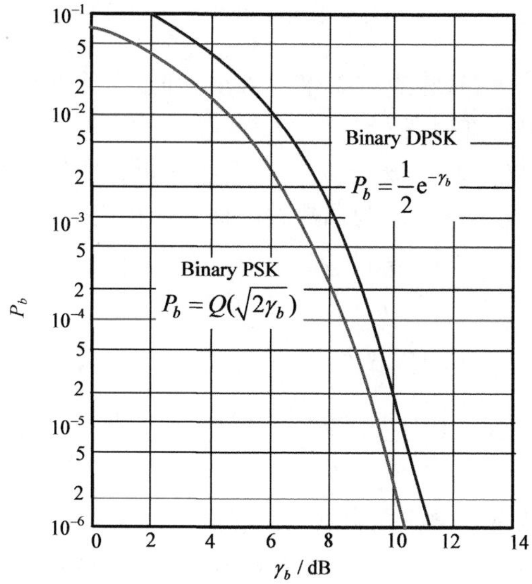


图 4-29　DBPSK 非相干检测与 BPSK 相干检测的比较

### 4.4.2　CPM 信号的最佳检测和误码性能

CPM 是一种有记忆的调制方法。记忆特性来自从一个信号间隔到下一个间隔时发送载波相位的连续性。CPM 信号可以表示为

$$s(t) = \sqrt{\frac{2\varepsilon}{T}}\cos[2\pi f_c t + \phi(t;\boldsymbol{I})] \tag{4-163}$$

式中，$\phi(t;\boldsymbol{I})$ 是载波相位。对于加性高斯噪声信道，接收信号为

$$r(t) = s(t) + n(t) \tag{4-164}$$

式中

$$n(t) = n_i(t)\cos(2\pi f_c t) - n_q(t)\sin(2\pi f_c t) \tag{4-165}$$

CPM 信号的最佳接收机由相关器后跟随一个最大似然序列检测器所组成，该检测器通过状态网格搜索最小欧氏距离的路径。维特比算法是执行这种搜索的一种有效的方法。下面先建立 CPM 的一般状态网格结构，然后描述度量的计算。

具有固定调制指数 $h$ 的 CPM 信号的载波相位偏移可以表示为

$$\begin{aligned}\phi(t;\boldsymbol{I}) &= 2\pi h\sum_{k=-\infty}^{n} I_k q(t-kT)\\ &= \pi h\sum_{k=-\infty}^{n-L} I_k + 2\pi h\sum_{k=n-L+1}^{n} I_k q(t-kT)\\ &= \theta_n + \theta(t;\boldsymbol{I}),\quad nT \leqslant t \leqslant (n+1)T\end{aligned} \tag{4-166}$$

式中，假定当 $t<0$ 时 $q(t)=0$；当 $t \geqslant LT$ 时 $q(t)=1/2$，且

$$q(t)=\int_0^t g(\tau)\mathrm{d}\tau \tag{4-167}$$

当$t<0$和$t\geqslant LT$时，信号脉冲$g(t)=0$。当$L=1$时，为全响应 CPM 信号；当$L>1$时，$L$为正整数，为部分响应 CPM 信号。

那么，当$h$为有理数，即$h=m/p$时，其中，$m$和$p$是互素的正整数，CPM 信号可用网格表示。在这种情况下，当$m$为偶数时，有$p$个相位状态：

$$\Theta_s=\left\{0,\frac{\pi m}{p},\frac{2\pi m}{p},\cdots,\frac{(p-1)\pi m}{p}\right\} \tag{4-168}$$

当$m$为奇数时，有$2p$个相位状态：

$$\Theta_s=\left\{0,\frac{\pi m}{p},\frac{2\pi m}{p},\cdots,\frac{(2p-1)\pi m}{p}\right\} \tag{4-169}$$

如果$L=1$，这些状态是网格图中唯一的状态。如果$L>1$，由于信号脉冲$g(t)$的部分响应特性，则有附加的状态。这些附加的状态可把$\theta(t;\boldsymbol{I})$表示为

$$\theta(t;\boldsymbol{I})=2\pi h\sum_{k=n-L+1}^{n-1} I_k q(t-kT)+2\pi h I_n q(t-nT) \tag{4-170}$$

式中，等号右边的第一项决定于信息符号$(I_{n-1},I_{n-2},\cdots,I_{n-L+1})$，称为相关状态矢量。该项表示未达到最终值的信号脉冲的相位项；第二项表示取决于最近的符号$I_n$的相位贡献。因此，对于长度为$LT(L>1)$的部分响应信号脉冲，CPM 信号（或调制器）在$t=nT$时刻的状态可以表示为相位状态和相关状态的组合，记为

$$S_n=\{\theta_n,I_{n-1},I_{n-2},\cdots,I_{n-L+1}\} \tag{4-171}$$

在这种情况下，当$h=m/p$时，最大可能终值相位状态数为

$$N_s=\begin{cases}pM^{L-1}, & m\text{为偶数}\\ 2pM^{L-1}, & m\text{为奇数}\end{cases} \tag{4-172}$$

现在，假设调制器在$t=nT$时刻的状态是$S_n$，在$nT\leqslant t\leqslant (n+1)T$时间间隔中，由于新符号的影响状态由$S_n$变为$S_{n+1}$，因此在$t=(n+1)T$时，状态变为

$$S_{n+1}=(\theta_{n+1},I_n,I_{n-1},\cdots,I_{n-L+2}) \tag{4-173}$$

式中

$$\theta_{n+1}=\theta_n+\pi h I_{n-L+1} \tag{4-174}$$

**【例 4-1】** 研究一个调制指数为$h=3/4$和$L=2$的部分响应 CPM 信号。求该 CPM 信号的状态。

首先，注意到有 8 个相位状态，即

$$\Theta_s=\left\{0,\pm\frac{\pi}{4},\pm\frac{\pi}{2},\pm\frac{3\pi}{4},\pi\right\} \tag{4-175}$$

式中，每一个相位状态有两个状态，它们是由该 CPM 信号的记忆特性产生的。因此，总的状态数目 $N_s=16$，即

$$\begin{aligned}&(0,1),(0,-1),(\pi,1),(\pi,-1),\\&\left(\frac{1}{4}\pi,1\right),\left(\frac{1}{4}\pi,-1\right),\left(\frac{1}{2}\pi,1\right),\left(\frac{1}{2}\pi,-1\right),\\&\left(\frac{3}{4}\pi,1\right),\left(\frac{3}{4}\pi,-1\right),\left(-\frac{1}{4}\pi,1\right),\left(-\frac{1}{4}\pi,-1\right),\\&\left(-\frac{1}{2}\pi,1\right),\left(-\frac{1}{2}\pi,-1\right),\left(-\frac{3}{4}\pi,1\right),\left(-\frac{3}{4}\pi,-1\right)\end{aligned} \tag{4-176}$$

如果系统的相位状态 $\theta_n=-\pi/4$ 且 $I_{n-1}=-1$，那么

$$\begin{aligned}\theta_{n+1}&=\theta_n+\pi h I_{n-1}\\&=-\frac{1}{4}\pi-\frac{3}{4}\pi=-\pi\end{aligned} \tag{4-177}$$

在 CPM 信号的状态网格表示形式建立起来后，再来研究维特比算法中的度量计算。

回顾对最大似然序列检测器的数学推导，容易证明：在发送符号序列 $\boldsymbol{I}$ 的条件下，观察信号 $r(t)$ 的条件概率的对数与下列相关度量成正比。

$$\begin{aligned}CM_n(\boldsymbol{I})&=\int_{-\infty}^{(n+1)T} r(t)\cos[\omega_c t+\phi(t;\boldsymbol{I})]\mathrm{d}t\\&=CM_{n-1}(\boldsymbol{I})+\int_{nT}^{(n+1)T} r(t)\cos[\omega_c t+\theta(t;\boldsymbol{I})+\theta_n]\mathrm{d}t\end{aligned} \tag{4-178}$$

式中，$CM_{n-1}(\boldsymbol{I})$ 表示直到 $nT$ 时刻的幸存路径的度量，而

$$v_n(\boldsymbol{I};\theta_n)=\int_{nT}^{(n+1)T} r(t)\cos[\omega_c t+\theta(t;\boldsymbol{I})+\theta_n]\mathrm{d}t \tag{4-179}$$

表示在 $nT\leqslant t\leqslant(n+l)T$ 时间间隔内的信号所引起的度量的附加增量。注意：有 $M^L$ 个可能的符号的序列 $\boldsymbol{I}=(I_n,I_{n-1},I_{n-2},\cdots,I_{n-L+1})$，以及 $p$（或 $2p$）个可能的相位状态 $\{\theta_n\}$。因此，在每个信号间隔计算出 $pM^L$（或 $2pM^L$）个不同的 $v_n(\boldsymbol{I};\theta_n)$ 值，其中每个值用作相应于前一信号传输间隔中 $pM^{L-1}$ 个幸存路径的度量的增量。计算 $v_n(\boldsymbol{I};\theta_n)$ 的方框图如图 4-30 所示。

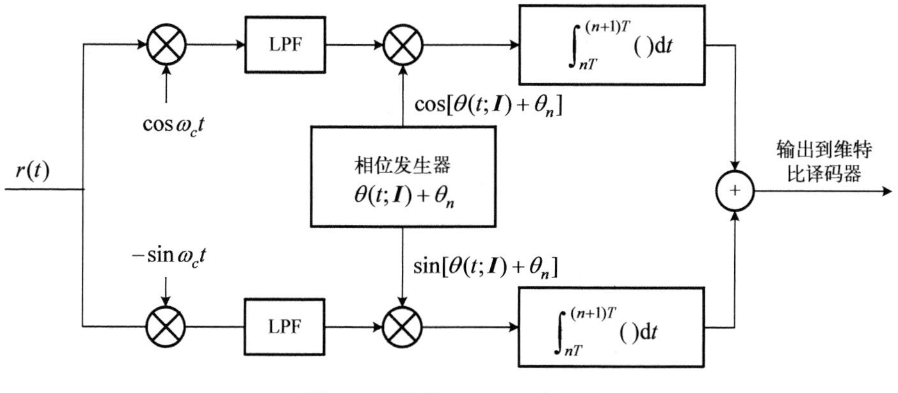


图 4-30　计算 $v_n(\boldsymbol{I};\theta_n)$ 方框图

注意：在维特比译码过程中的每一个状态，幸存路径的数目是 $pM^{L-1}$（或 $2pM^{L-1}$）个增量，该增量附加到现存的度量上，对于每个幸存路径，有 $M$ 个新的 $v_n(\boldsymbol{I};\theta_n)$ 增量，该增量附加到现存的度量上，产生具有 $pM^{L-1}$（或 $2pM^{L-1}$）个度量的 $pM^{L}$（或 $2pM^{L}$）的序列。然而，这些序列的数目将减小到 $pM^{L-1}$（或 $2pM^{L-1}$）个具有相应度量的幸存路径。这是由于在网格的每个节点上汇合的 $M$ 个序列中选取最可能的序列，舍弃了其他 $M-1$ 个序列。

下面分析 CPM 信号的差错性能。在评估采用最大似然序列检测的 CPM 信号的误码性能时，必须确定通过网格路径的最小欧氏距离，这些路径在 $t=0$ 时刻的节点上分离，而后在下一时刻的同样节点上重新汇合。通过网格的两条路径之间的距离与相应的信号有关。

假设有相应于两个相位轨迹 $\phi(t;\boldsymbol{I}_i)$ 和 $\phi(t;\boldsymbol{I}_j)$ 的两个信号 $s_i(t)$ 和 $s_j(t)$。序列 $\boldsymbol{I}_i$ 和 $\boldsymbol{I}_j$ 的第一个符号必须是不同的。那么，在长度为 $NT$（$1/T$ 为符号速率）的间隔上，两个信号之间的欧氏距离可定义为

$$\begin{aligned} d_{ij}^2 &= \int_0^{NT} [s_i(t)-s_j(t)]^2\,\mathrm{d}t \\ &= 2N\varepsilon - 2\frac{2\varepsilon}{T}\int_0^{NT}\cos[\omega_c t+\phi(t;\boldsymbol{I}_i)]\cos[\omega_c t+\phi(t;\boldsymbol{I}_j)]\mathrm{d}t \\ &= 2N\varepsilon - \frac{2\varepsilon}{T}\int_0^{NT}\cos[\phi(t;\boldsymbol{I}_i)-\phi(t;\boldsymbol{I}_j)]\mathrm{d}t \\ &= \frac{2\varepsilon}{T}\int_0^{NT}\{1-\cos[\phi(t;\boldsymbol{I}_i)-\phi(t;\boldsymbol{I}_j)]\}\mathrm{d}t \end{aligned} \tag{4-180}$$

因此，由式(4-180)可知，状态网格图中两条路径之间的欧氏距离与相位差相关。我们希望将距离 $d_{ij}^2$ 用比特能量表示，因为 $\varepsilon=\varepsilon_b\log_2 M$，则式(4-180)可写为

$$d_{ij}^2 = 2\varepsilon_b\delta_{ij}^2 \tag{4-181}$$

式中，$\delta_{ij}^2$ 被定义为

$$\begin{aligned} \delta_{ij}^2 &= \frac{\log_2 M}{T}\int_0^{NT}\{1-\cos[\phi(t;\boldsymbol{I}_i)-\phi(t;\boldsymbol{I}_j)]\}\mathrm{d}t \\ &= \frac{\log_2 M}{T}\int_0^{NT}\{1-\cos[\phi(t;\boldsymbol{I}_i-\boldsymbol{I}_j)]\}\mathrm{d}t \\ &= \frac{\log_2 M}{T}\int_0^{NT}\{1-\cos[\phi(t;\xi)]\}\mathrm{d}t \end{aligned} \tag{4-182}$$

式中，$\phi(t;\boldsymbol{I}_i)-\phi(t;\boldsymbol{I}_j)=\phi(t;\boldsymbol{I}_i-\boldsymbol{I}_j)$，$\xi=\boldsymbol{I}_i-\boldsymbol{I}_j$。并且除 $\xi_0\neq 0$ 外，$\xi$ 的任何元素可取的值为 $0,\pm 2,\pm 4,\cdots,\pm 2(M-1)$。

CPM 信号的差错概率性能主要由相应最小欧氏距离的项来控制，它可表示为

$$P_M = K_{\delta_{\min}} Q\left(\frac{\sqrt{\varepsilon_b}}{N_0}\delta_{\min}^2\right) \tag{4-183}$$

式中，$K_{\delta_{\min}}$ 具有下列最小欧氏距离的路径数，即

$$\begin{aligned}\delta_{\min}^2 &= \lim_{N\to\infty}\min_{i,j}\delta_{ij}^2 \\ &= \lim_{N\to\infty}\min_{i,j}\left\{\frac{\log_2 M}{T}\int_0^{NT}\{1-\cos[\phi(t;\boldsymbol{I}_i-\boldsymbol{I}_j)]\}\mathrm{d}t\right\}\end{aligned} \tag{4-184}$$

注意：对于常规的无记忆二进制 PSK，$N=1$ 且 $\delta_{\min}^2=\delta_{12}^2=2$，因此，式(4-183)中的 $P_M$ 与前面的 2PSK 差错性能表达式具有一致性。

因为 $\delta_{\min}^2$ 可以表征 CPM 的差错性能，所以可研究字符数 $M$、调制指数 $h$ 和部分响应 CPM 信号发送脉冲的长度等变化对 $\delta_{\min}^2$ 的影响。

首先，研究全响应 $(L=1)$ CPM 信号。假定 $M=2$，注意下列这两个序列：

$$\begin{cases}\boldsymbol{I}_i=1,-1,I_2,I_3\\ \boldsymbol{I}_j=-1,1,I_2,I_3\end{cases} \tag{4-185}$$

当 $k=0$ 和 1 时 $\boldsymbol{I}_i$ 和 $\boldsymbol{I}_j$ 的取值是不同的，而在 $k>2$ 时是相同的。这两个序列导致两个相位在第二个符号之后汇合，这相当于差序列：

$$\xi=\{2,-2,0,0,\cdots\} \tag{4-186}$$

我们容易计算出该序列的欧氏距离，它提供了 $\delta_{\min}^2$ 的上边界。$M=2$ 的 CPFSK 的上边界是

$$d_B^2(h)=2\left[1-\frac{\sin(2\pi h)}{2\pi h}\right],\quad M=2 \tag{4-187}$$

当 $h=1/2$ 时，相当于 MSK，则有 $d_B^2(1/2)=2$，所以 $\delta_{\min}^2\leqslant 2$。

对于 $M>2$ 且全响应 CPM 信号，也容易看出在 $t=2T$ 时，相位轨迹汇合。因此通过研究相位差序列 $\xi=\{\alpha,-\alpha,0,0,\cdots\}$，其中，$\alpha=\pm2,\pm4,\cdots,\pm2(M-1)$，可以得到 $\delta_{\min}^2$ 的上边界。这个序列产生的 $M$ 元 CPFSK 上边界为

$$d_B^2(h)=\min_{1\leqslant k\leqslant M-1}\left\{(2\log_2 M)\left[1-\frac{\sin(2k\pi h)}{2k\pi h}\right]\right\} \tag{4-188}$$

通过使用部分响应信号，CPM 信号的最大似然序列检测也可以得到较大的性能增益。例如，对于部分响应信号的升余弦脉冲为

$$g(t)=\begin{cases}\dfrac{1}{2LT}\left(1-\cos\dfrac{2\pi t}{2LT}\right), & 0\leqslant t\leqslant LT\\ 0, & \text{其他}\end{cases} \tag{4-189}$$

对于多重 $h$ CPM 信号，通过改变从一个符号间隔到另一个符号间隔的调制指数，有可能增加各对相位轨迹间的最小欧氏距离 $\delta_{\min}^2$，因此相对恒定 $h$ 的 CPM 信号，改善了性能增益。通常，多重 $h$ CPM 使用固定数目的调制指数，它们在接连的信号传输间隔中周期地改变，因此信号的相位逐段线性变化。

只要采用一个较小数目的不同值，就可获得较大的 SNR 增益。例如，全响应 CPM

且有 2 个调制指数，就能得到相对二进制或四进制 PSK 的 3dB 增益。将调制指数的个数增加到 4 时，就能得到相对于 PSK 的 4.5dB 增益。性能增益也随着信号符号表的增大而增加。注意：当调制指数个数从 1 增加到 2 时，可获得大部分的性能增益。当调制指数个数大于 2 时，对于较小的 $\{h_i\}$ 值，附加的增益比较小。另外，通过增大信道符号集中的符号数目 $M$ 可获得明显的性能增益。

## 习　　题

**4-1**　假设某数字通信系统在一个码元周期 $T_s$ 内发送信号 $s(t)$，接收信号为 $r(t)=s(t)+n(t)$，其中，$n(t)$ 为单边功率谱密度为 $N_0$ 的高斯白噪声，试写出发送 $s(t)$ 时的条件概率密度函数。

**4-2**　试以 NRZI 信号为例，简要阐述基于维特比算法的最大似然(ML)序列检测的搜索过程。

**4-3**　假设采用 BPSK 在功率谱密度为 $N_0/2=10^{-10}$ W/Hz 的 AWGN 信道上传输信息。发送信号能量 $\varepsilon_b=A^2\mathrm{T}/2$，其中，$T$ 是比特间隔，$A$ 是信号幅度。当信息传输速率分别为 100Kbit/s、1Mbit/s 和 10Mbit/s 时，试求要达到 $10^{-5}$ 错误概率所要求的发送信号幅度。

**4-4**　什么是匹配滤波？试给出匹配滤波器的冲激响应和信号波形的关系。

**4-5**　已知匹配滤波器的频率响应为

$$H(f)=\frac{1-\mathrm{e}^{-\mathrm{j}2\pi fT}}{\mathrm{j}2\pi f}$$

(1) 试求 $H(f)$ 对应的冲激响应 $h(t)$；

(2) 试求该滤波器特性所匹配的信号波形。

**4-6**　已知有一个信号为 $s(t)=\begin{cases}(A/T)t\cos(2\pi f_c t), & 0\leqslant t\leqslant T\\ 0, & \text{其他}\end{cases}$。

(1) 试求信号 $s(t)$ 的匹配滤波器的冲激响应；

(2) 试求出 $t=T$ 时刻匹配滤波器的输出；

(3) 假设信号 $s(t)$ 通过一个相关器，它将输入信号 $s(t)$ 和 $s(t)$ 进行相关运算，试求在 $t=T$ 时刻相关器的输出值。试与(2)中的结果相比较并给出结论。

**4-7**　有一个等效低通(复值)信号 $s_l(t), 0\leqslant t\leqslant T$，信号能量为 $\varepsilon=\int_0^T |s(t)|^2\,\mathrm{d}t$。假设该信号受到 AWGN 信道恶化，噪声的等效低通形式为 $n_l(t)$，观测到的信号为

$$r_l(t)=s_l(t)+n_l(t), 0\leqslant t\leqslant T$$

该接收信号通过一个冲激响应为 $h_l(t)$ 的滤波器。试求使得 $t=T$ 时刻输出信噪比最大的 $h_l(t)$。

**4-8**　根据此前的讨论可知，保证相干检测 2FSK 信号正交性的最小频率间隔为 $\Delta f=1/(2T)$。但是，如果频率间隔 $\Delta f$ 超过 $1/(2T)$，2FSK 相干检测可能达到更低的错误概率。试证明 $\Delta f$ 的最佳值为 $0.715/T$，并求出 $\Delta f=0.715/T$ 时的错误概率。

**4-9**　二进制数字通信系统采用以下信号发送信息：

$$s_0(t)=0 \quad (0\leqslant t\leqslant T)$$

$$s_1(t)=A \quad (0\leqslant t\leqslant T)$$

在解调器将接收信号 $r(t)$ 与 $s_i(t)$ $(i=0,1)$ 进行互相关运算，并且在 $t=T$ 时刻对相关器进行抽样，假

设发送 $s_0(t)$ 和 $s_1(t)$ 信号是等概率的，试求加性高斯白噪声(AWGN)信道下的最佳检测器和最佳判决门限。

**4-10**　BPSK 数字调制信号在信道传输过程中受到加性高斯白噪声的干扰。设加性高斯白噪声的双边功率谱密度 $P(f)=N_0/2$，接收机带通滤波器带宽为 $B=2/T$，$T$ 为二进制码元宽度。若二进制码元出现+1 的概率是 1/3，出现−1 的概率是 2/3。

(1) 求出解调的最佳判决门限；

(2) 试推导系统平均误比特率计算公式。

**4-11**　设 2PSK 信号的两个可能信号是 $s_1=-s_2=\sqrt{\varepsilon_b}$，其中，$\varepsilon_b$ 是每比特能量。先验概率是 $P(s_1)=p$，$P(s_2)=1-p$。已知信道噪声是均值为零、双边功率谱密度为 $N_0/2$ 的加性高斯白噪声，试求出最佳 MAP 检测器的度量和 MAP 最佳检测器的判决式。

**4-12**　考查如图 T4-12 所示的 BPSK 系统，其中，$T$ 是信道符号间隔，令 $\int_0^T \cos(4\pi f_c t)\mathrm{d}t=0$。

$$s_i(t)=\pm\sqrt{\frac{2\varepsilon}{T}}g(t)\cos(2\pi f_c t) \qquad g(t)=\begin{cases}1, & 0\leqslant t\leqslant T\\ 0, & 其他\end{cases}$$

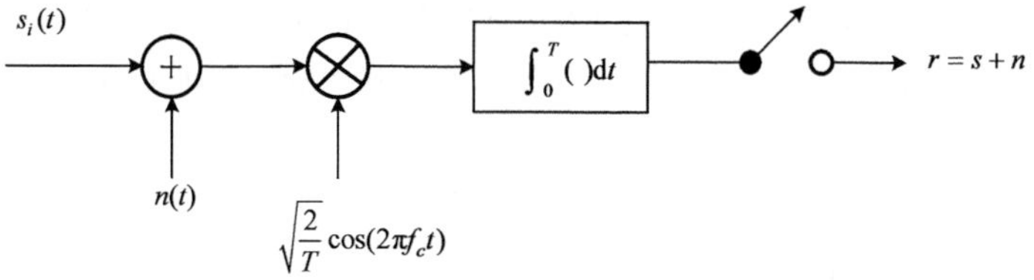


图 T4-12

(1) 试求图 T4-12 所示通信系统中 BPSK 带通信号的发射功率。

(2) 如图 T4-12 所示，一维接收矢量 $\boldsymbol{r}$ 等于一维信号矢量 $\boldsymbol{s}$ 加上噪声采样值 $n$，假设 $n(t)$ 是零均值的高斯白噪声，且功率谱密度为 $N_0/2$，试证 $s=\pm\sqrt{\varepsilon}$，且 $n$ 是均值为零、方差为 $N_0/2$ 的高斯随机过程。

(3) 假设发送波形是等概率的，试求该接收机可获得的最小错误概率。

**4-13**　QPSK 调制时若误比特率为 $10^{-6}$，为减小传输频带，改用 16PSK 调制而信息传输速率不变，且信号映射中采用格雷码，在保持误比特率不变的条件下，需要增加多少分贝发送功率，从中可以得出什么结论？

提示：MPSK 的误符号率计算公式：

$$P_{\mathrm{S,MPSK}}=2Q\left[\sqrt{\frac{2E_S}{n_0}\sin^2\left(\frac{\pi}{M}\right)}\right]$$

其中，$E_S$ 为 MPSK 符号能量；$n_0/2$ 为系统噪声双边功率谱密度。

**4-14**　假设信息传输速率为 $R$ bit/s，试确定正交 BFSK、8PSK、QPSK、64QAM、BPSK 和 16FSK 等 6 种不同频带传输系统各自所占用的带宽，并按照带宽效率从大到小排序。

**4-15**　某通信系统每次发送三种信息符号 $m_1$、$m_2$ 和 $m_3$ 中的一个，分别采用信号 $s_1(t)$、$s_2(t)$ 和 $s_3(t)$ 来承载。$s_3(t)=0$、$s_1(t)$ 和 $s_2(t)$ 如图 T4-15 所示。假设信道是双边功率谱密度为 $N_0/2$ 的加性高斯白噪声信道。

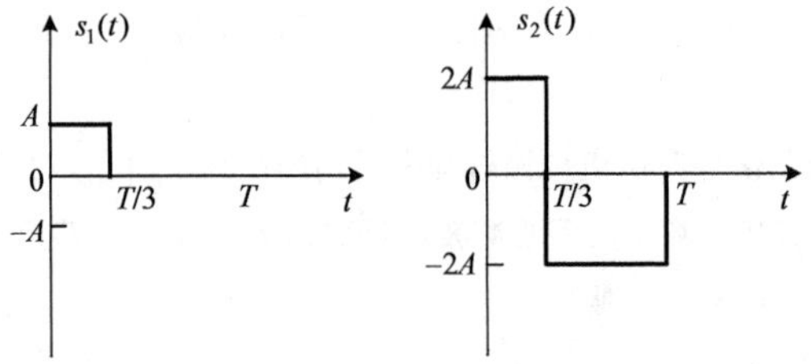


图 T4-15

(1) 试确定该信号集的标准正交基函数，画出信号星座图；

(2) 假设三种信息符号 $m_1$、$m_2$ 和 $m_3$ 是等概率出现的，试给出该系统的最佳判决准则，并在所画的星座图中标出最佳判决区域；

(3) 假设信号是等概率出现的，试推导出最佳检测器的错误概率与平均比特信噪比的关系表达式；

(4) 假设系统每秒发送 3000 个符号，试求信息传输速率。

**4-16** 两个正交载波 $\cos(2\pi f_c t)$ 和 $\sin(2\pi f_c t)$ 分别以 10Kbit/s 和 100Kbit/s 两个不同的速率在 AWGN 信道上传输信息。如果要求两个支路有相同的 $\varepsilon_b / N_0$，试求两个载波信号的相对幅度。

**4-17** 考虑一个数字通信系统采用 QAM 在电话信道上以 2400 波特的速率传输信息。假设信道噪声为加性高斯白噪声。试求信息速率分别为 4800bit/s、9600bit/s 和 19200bit/s 时，要达到 $10^{-6}$ 的错误概率所需要的比特信噪比 $\varepsilon_b / N_0$。

# 第 5 章　载波与符号同步

在数字通信系统中，获得较为理想的载波同步和符号同步是数字接收机实现低误码率接收的重要前提条件。载波同步的目的是在接收机内产生一个和接收信号的载波频率与相位完全一致的本地振荡信号，用于和接收信号混频之后滤波，将接收的带通信号转换为基带信号。从基带信号中恢复出其所携带的数字信息，需要以码元符号的周期对基带信号进行周期性采样和判决。符号同步的目的就是在接收机内产生一个和接收信号所携带的码元符号的周期及相位完全一致的脉冲序列，每个脉冲都对应一个接收码元符号的最佳采样时刻，即基带信号眼图上“眼睛”睁开最大的时刻。

## 5.1　信号参数估计

一个典型的数字相关接收机的结构框图如图 5-1 所示。进入接收机的带通接收信号 $r(t)$ 分为三路：第一路进入相关接收模块进行混频和滤波，用于提取其携带的数字信息；第二路进入载波同步模块，提取接收信号 $r(t)$ 的载波频率估计值 $\hat{f}_c$ 和载波相位估计值 $\hat{\theta}$，输出与 $r(t)$ 的载波同频同相的本地载波信号 $\cos(2\pi\hat{f}_c t+\hat{\theta})$；第三路进入符号同步模块，提取接收信号 $r(t)$ 携带的码元符号的重复周期 $T$ 和每个符号起始时刻，输出与 $r(t)$ 的符号序列同频同相的脉冲序列。符号同步输出的脉冲序列分为两路：一路用于生成 $r(t)$ 的成形脉冲参与相干解调，如果成形脉冲是矩形则可以删除该成形脉冲发生器；另一路用于确定积分器输出的最佳采样时刻 $kT+\hat{\tau}$。

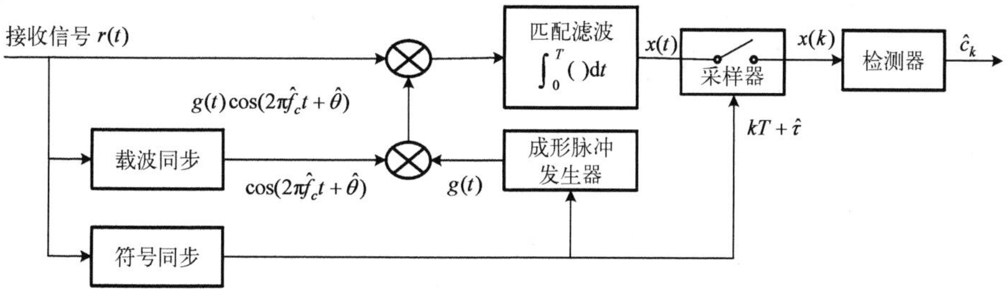


图 5-1　数字相关接收机的结构框图

从信号处理的角度分析，图 5-1 中载波同步和符号同步模块的功能都属于信号参数的估计问题：载波同步完成对接收信号 $r(t)$ 的载波频率 $f_c$ 和载波相位 $\theta$ 的估计，符号同步完成对传播时延 $\tau$ 的估计。假定接收信号 $r(t)$ 是由发送信号 $s(t)$ 叠加噪声 $n(t)$ 得到的，接收信号可表示为

$$r(t)=s(t;f_c,\theta,\tau)+n(t) \tag{5-1}$$

接收信号 $r(t)$ 在接收机内经过数字化之后变成离散的观测样本序列值 $r_1, r_2, \cdots, r_n$ 。由于信道噪声的存在使得每个观测数据出现随机性，可假设每个观测数据 $r_i$ 都独立且服从概率密度函数为 $f(r;f_c,\theta,\tau)$ 的分布，$f(r;f_c,\theta,\tau)$ 的表达式由信道噪声的概率分布以及参数 $f_c$、$\theta$ 和 $\tau$ 共同决定。根据观察样本序列和概率密度函数如何估计参数 $f_c$、$\theta$ 和 $\tau$，在统计学上有两种处理方式：贝叶斯估计和经典估计。二者的区别在于贝叶斯估计将待估计的参数建模成随机变量，并且已知待估计参数的先验概率分布函数 $p(f_c,\theta,\tau)$；经典估计将待估计的参数建模成确定的变量，但是该变量的取值未知。

在贝叶斯估计的模型下，概率密度函数 $f(r;f_c,\theta,\tau)$ 是描述接收信号观测值 $r$、载波频率 $f_c$、载波相位 $\theta$ 和传播时延 $\tau$ 四个随机变量的分布的函数。根据贝叶斯公式，在得到观测样本序列值 $r_1,r_2,\cdots,r_n$ 之后，可计算后验概率密度函数 $p(f_c,\theta,\tau\,|\,r_1,r_2,\cdots,r_n)$ 如下：

$$p(f_c,\theta,\tau\,|\,r_1,r_2,\cdots,r_n)=\frac{p(r_1,r_2,\cdots,r_n\,|\,f_c,\theta,\tau)p(f_c,\theta,\tau)}{p(r_1,r_2,\cdots,r_n)} \tag{5-2}$$

由式(5-2)可知，后验概率主要由参数 $f_c$、$\theta$ 和 $\tau$ 的先验概率密度函数 $p(f_c,\theta,\tau)$ 和给定参数后的条件概率密度函数 $p(r_1,r_2,\cdots,r\,|\,f_c,\theta,\tau)$ 共同决定。贝叶斯估计理论认为，接收端之所以收到观测样本序列值 $r_1,r_2,\cdots,r_n$ 是因为待估计的随机变量参数 $f_c$、$\theta$ 和 $\tau$ 在本次实现中取了一个使得后验概率 $p(f_c,\theta,\tau\,|\,r_1,r_2,\cdots,r_n)$ 最大的值，即

$$(\hat{f}_c,\hat{\theta},\hat{\tau})=\underset{f_c,\theta,\tau}{\arg\max}\, p(f_c,\theta,\tau\,|\,r_1,r_2,\cdots,r_n) \tag{5-3}$$

这就是最大后验概率(MAP)准则。MAP 准则的优势是同时利用了待估计参数的先验知识和观测样本信号，因此估计结果更准确。当没有参数的先验知识可用时，只能采用经典估计方法。

在经典估计的模型下，概率密度函数 $f(r;f_c,\theta,\tau)$ 仅仅是接收信号观测值 $r$ 的函数，$f_c$、$\theta$ 和 $\tau$ 是函数中确定但是未知的固定值，$f(r;f_c,\theta,\tau)=f(r|f_c,\theta,\tau)$。取 $n$ 个独立观测样本的联合概率密度函数称为似然函数，定义为

$$L(f_c,\theta,\tau)=\prod_{i=1}^{n} f(r_i;f_c,\theta,\tau) \tag{5-4}$$

似然函数 $L(f_c,\theta,\tau)$ 是待估计参数 $f_c$、$\theta$ 和 $\tau$ 的函数，描述了获得观测样本序列值 $r_1,r_2,\cdots,r_n$ 的概率。经典估计理论认为接收端之所以收到观测样本序列值 $r_1,r_2,\cdots,r_n$ 是因为待估计参数 $f_c$、$\theta$ 和 $\tau$ 的取值使得似然函数的取值最大，即

$$(\hat{f}_c,\hat{\theta},\hat{\tau})=\underset{f_c,\theta,\tau}{\arg\max}\, L(f_c,\theta,\tau) \tag{5-5}$$

这就是最大似然(ML)准则。当似然函数是连续函数时，一般采用微分法求待估计参数。当似然函数含有多个未知参数时，可将似然函数分别对各参数分别求偏导，并令偏导等于零，构建出式(5-6)所示的似然方程组，然后求解方程组得到这些参数。

$$\begin{cases} \dfrac{\partial}{\partial \hat{f}} L(\hat{f}_c, \hat{\theta}, \hat{\tau}) = 0 \\ \dfrac{\partial}{\partial \hat{\theta}} L(\hat{f}_c, \hat{\theta}, \hat{\tau}) = 0 \\ \dfrac{\partial}{\partial \hat{\tau}} L(\hat{f}_c, \hat{\theta}, \hat{\tau}) = 0 \end{cases} \tag{5-6}$$

从估计性能的角度而言，联合计算方程组的解析解将获得最优的参数估计结果。但是实际工程中似然方程组的解析解一般很难计算或者根本没有解析解，因此多数情况下都是分别估计载波频率、载波相位和符号定时参数，获得次优的参数估计结果。分开估计各参数时每次都是将待估计的一个参数建模为未知的固定值，而将其他参数建模为已知分布的随机变量，通过对各随机变量求期望来消除其他参数对待估计参数的影响。

## 5.2　载波频率估计

在一般的通信假设下，接收机已知发射机的载波频率。因此接收机在收到接收信号后首先与本地产生的标称载波频率信号做混频滤波后变为基带信号，然后对该基带信号做定时估计和载波估计。基带信号中残留的载波频偏是由接收机与发送机的本地振荡器频率偏差以及收发机相对运动带来的多普勒频移共同决定的。在系统设计时一般将残留频偏约束为一个比符号速率小的值，这样就可以先完成符号定时同步以及对接收信号在最佳判决点处的取样，再在此基础上完成载波同步。此时，在载波同步中可以认为定时同步是理想的，即符号传播时延 $\tau$ 已知，从而有效降低载波同步的复杂度。

数字接收机中通常采用的频率估计算法主要有数据辅助和非数据辅助两种模式。数据辅助模式是在数据信息码流中插入一段已知的符号数据(称为导频序列)，在数据帧中插入发送序列完全已知的导频序列，序列的先验概率密度服从 $\delta$ 函数分布。该模式易于获得同步算法的闭合表达式，适合于快速捕获或者建立初始同步，但导频序列的插入会占用额外的带宽资源。非数据辅助模式不需要加入导频序列，假设发送数据符号服从等概分布，通过对发送符号求期望获得同步。该模式没有导频开销，因而具有较高的能量效率和频谱效率，但是对噪声比较敏感，在低信噪比下同步性能急剧下降。

### 5.2.1　数据辅助的频率估计

数据辅助的频率估计由最大似然估计理论导出，并发展出多种适用于工程实现的频率估计算法。因此，本节首先介绍基于最大似然准则的频率估计理论，并给出三条假设作为前提条件：①数据符号已知；②已完成理想的符号定时；③频率偏差相对于符号速率而言很小。根据以上假设，接收信号中包含的传输时延 $\tau$ 是已知的，而残留频偏 $f_d$ 和载波相位 $\theta$ 未知，在最大似然估计理论中，认为待估计参数 $f_d$ 是固定的，而 $\theta$ 则服从 $[0,2\pi)$ 上的均匀分布。

接收机输入信号的数学模型可以表示为包含未知参数 $f_d$ 和 $\theta$ 的发送信号与高斯白噪声的叠加，即

$$r(t) = s(t; f_d, \theta) + w(t) \tag{5-7}$$

式中

$$s(t; f_d, \theta) = \mathrm{e}^{\mathrm{j}(2\pi f_d t + \theta)} \sum_i c_i g(t - iT - \tau) \tag{5-8}$$

式中，$\{c_i\}$ 为符号集；$g(t)$ 为成形滤波器的冲激响应；$T$ 为符号周期。

将 $r(t)$ 在 $N$ 个标准正交函数 $\{\phi_n(t)\}$ 上展开，则发送信号和接收信号可以分别用展开式系数组成的向量 $\boldsymbol{r} = (r_1, r_2, \cdots, r_N)$ 和 $\boldsymbol{s} = (s_1, s_2, \cdots, s_N)$ 来表示。由于加性噪声 $w(t)$ 服从零均值高斯分布，则条件概率密度函数 $f(\boldsymbol{r}|f_d, \theta)$ 可以表示为

$$f(\boldsymbol{r}|f_d, \theta) = \left(\frac{1}{2\pi N_0}\right)^N \exp\left\{-\frac{1}{2N_0}\sum_{n=1}^{N}|r_n - s_n(f_d, \theta)|^2\right\} \tag{5-9}$$

式中

$$r_n = \int_0^{T_0} r(t)\phi_n(t)\mathrm{d}t, \quad s_n(f_d, \theta) = \int_0^{T_0} s(t; f_d, \theta)\phi_n(t)\mathrm{d}t \tag{5-10}$$

式中，$T_0$ 为信号的观测时长。

将式(5-10)代入式(5-9)，并取 $N$ 趋于无穷大，可以得到

$$\lim_{N\to\infty}\sum_{n=1}^{N}|r_n - s_n(f_d, \theta)|^2 = \int_0^{T_0}|r(t) - s(t; f_d, \theta)|^2\,\mathrm{d}t \tag{5-11}$$

从而，似然函数可以表示为

$$L(f_d, \theta) = \exp\left\{-\frac{1}{2N_0}\int_0^{T_0}|r(t) - s(t; f_d, \theta)|^2\,\mathrm{d}t\right\} \tag{5-12}$$

式中

$$|r(t) - s(t; f_d, \theta)|^2 = |r(t)|^2 - 2\,\mathrm{Re}[r(t)s^*(t; f_d, \theta)] + |s(t; f_d, \theta)|^2 \tag{5-13}$$

式(5-13)等号右边第一项不含未知参数，且由式(5-8)可知式(5-13)等号右边第三项为常数，因此似然函数可以等效为

$$L(f_d, \theta) = \exp\left\{\frac{1}{N_0}\mathrm{Re}\left[\int_0^{T_0} r(t)s^*(t; f_d, \theta)\mathrm{d}t\right]\right\} \tag{5-14}$$

将式(5-8)代入式(5-14)，则其中的积分项可以写成

$$\begin{aligned}\int_0^{T_0} r(t)s^*(t; f_d, \theta)\mathrm{d}t &= \mathrm{e}^{-\mathrm{j}\theta}\sum_{k=0}^{K_0-1} c_k^* \int_0^{T_0} r(t)\mathrm{e}^{-\mathrm{j}2\pi f_d t} g(t - kT - \tau)\mathrm{d}t \\ &= \mathrm{e}^{-\mathrm{j}\theta}\sum_{k=0}^{K_0-1} c_k^* x(k; f_d)\end{aligned} \tag{5-15}$$

式中，$K_0 = T_0 / T$ 为信号观测时长内的符号数；$x(k; f_d)$ 为观测信号在 $kT + \tau$ 时刻的采样值：

$$x(k; f_d) \triangleq \int_0^{T_0} r(t) \mathrm{e}^{-\mathrm{j}2\pi f_d t} g(t - kT - \tau) \mathrm{d}t \tag{5-16}$$

将式(5-15)等号右边的求和项，记为

$$\sum_{k=0}^{K_0-1} c_k^* x(k; f_d) \triangleq |X| \mathrm{e}^{\mathrm{j}\psi} \tag{5-17}$$

则有

$$\int_0^{T_0} r(t) s^*(t; f_d, \theta) \mathrm{d}t = |X| \mathrm{e}^{\mathrm{j}(\psi - \theta)} \tag{5-18}$$

将式(5-18)代入式(5-14)，似然函数化为如下形式：

$$L(f_d, \theta) = \exp\left\{ \frac{|X|}{N_0} \cos(\psi - \theta) \right\} \tag{5-19}$$

为了消除无关参数的影响，对似然函数中的 $\theta$ 在 $[0, 2\pi)$ 上求期望，得到

$$L(f_d) = \frac{1}{2\pi} \int_0^{2\pi} \exp\left\{ \frac{|X|}{N_0} \cos(\psi - \theta) \right\} \mathrm{d}\theta = I_0\left( \frac{|X|}{N_0} \right) \tag{5-20}$$

式中，$I_0(\bullet)$ 为零阶修正贝塞尔函数，其为偶函数，且在 $[0, +\infty)$ 上为单调递增的，因此 $L(f_d)$ 与 $|X|$ 在相同的位置取得最大值，再结合式(5-17)可知，$f_d$ 的最大似然估计可以写成如下形式：

$$\hat{f}_d = \arg\max_{f_d} \left| \sum_{k=0}^{K_0-1} c_k^* x(k; f_d) \right| \tag{5-21}$$

然而，上述最大似然估计求解过于复杂，难以在实际工程实现中应用。在实际的数字接收机实现中，如果在频偏估计之前获得了理想的定时同步，那么可以先对接收信号进行匹配滤波和采样，然后利用采样数据进行频偏估计。

接收信号 $r(t)$ 经过匹配滤波器 $g(-t)$，在 $kT + \tau$ 处的采样值可以表示为

$$y(k) = \int_{-\infty}^{+\infty} r(t) g(t - kT - \tau) \mathrm{d}t \tag{5-22}$$

将式(5-8)和式(5-7)代入式(5-22)，可得

$$y(k) = \mathrm{e}^{\mathrm{j}\theta} \sum_i c_i \int_{-\infty}^{+\infty} \mathrm{e}^{\mathrm{j}2\pi f_d t} g(t - iT - \tau) g(t - kT - \tau) \mathrm{d}t + n(k) \tag{5-23}$$

式中，$n(k)$ 为带通高斯白噪声的采样值：

$$n(k) = \int_{-\infty}^{+\infty} w(t) g(t - kT - \tau) \mathrm{d}t \tag{5-24}$$

对于式(5-23)中的 $\mathrm{e}^{\mathrm{j}2\pi f_d t} g(t - iT - \tau)$，由于脉冲成形滤波器 $g(t - iT - \tau)$ 仅在 $t = iT + \tau$ 点的邻域内有较为明显的响应，其他时间的响应较弱，因此可以做如下近似：

$$\mathrm{e}^{\mathrm{j}2\pi f_d t} g(t-iT-\tau) \approx \mathrm{e}^{\mathrm{j}2\pi f_d (iT+\tau)} g(t-iT-\tau) \tag{5-25}$$

将式(5-25)代入式(5-23)，并认为 $g(t)$ 满足奈奎斯特准则，可得

$$y(k) = \mathrm{e}^{\mathrm{j}[2\pi f_d (kT+\tau)+\theta]} c_k + n(k) \tag{5-26}$$

由于数据符号 $\{c_k\}$ 是已知的，因此可以从式(5-26)中消除数据符号的影响，得到

$$z(k) = \mathrm{e}^{\mathrm{j}[2\pi f_d (kT+\tau)+\theta]} + n'(k) \tag{5-27}$$

式中，$n'(k)$ 为消除数据符号影响后的噪声项。基于式(5-27)给出的信号观测值 $\{z(k), k = 0,2,\cdots,K_0-1\}$，发展出了多种工程上可实现的频偏估计算法，下面对其中具有代表性的部分算法进行介绍。

Kay 算法利用相邻观测值之间的相位差消除无关参数 $\tau$ 和 $\theta$ 的影响，进一步利用最大似然准则得到频偏估计。首先，式(5-27)可以改写为

$$z(k) = \rho(k)\exp\{\mathrm{j}[2\pi f_d(kT+\tau)+\theta+\varphi(k)]\} \tag{5-28}$$

式中

$$\rho(k)\mathrm{e}^{\mathrm{j}\varphi(k)} \triangleq 1 + n'(k)\mathrm{e}^{-\mathrm{j}[2\pi f_d (kT+\tau)+\theta]} \tag{5-29}$$

根据式(5-28)，可以计算相邻的两个观测值的相位差为

$$\alpha_k \triangleq \arg\{z(k)z^*(k-1)\} = 2\pi f_d T + \varphi(k) - \varphi(k-1) \tag{5-30}$$

当信噪比足够大时，$\varphi(k)$ 近似服从零均值高斯分布，因此 $\alpha_k$ 也近似服从联合高斯分布。从而可以得到基于观测值 $\{\alpha_k, k=1,2,\cdots,K_0-1\}$ 的似然函数：

$$L(f_d) = f(\alpha_1,\alpha_2,\cdots,\alpha_{K_0-1} | f_d) \tag{5-31}$$

进一步，Kay 算法基于式(5-31)的最大似然估计，得到频偏估计如下：

$$\hat{f}_d = \arg\max_{f_d} L(f_d) = \frac{1}{2\pi T}\sum_{k=1}^{K_0-1}\gamma(k)\arg\{z(k)z^*(k-1)\} \tag{5-32}$$

式中，$\gamma(k)$ 为平滑函数，定义为

$$\gamma(k) = \frac{3K_0}{2(K_0^2-1)}\left[1-\left(\frac{2k-K_0}{K_0}\right)^2\right], \quad k=1,2,\cdots,K_0-1 \tag{5-33}$$

可以证明式(5-32)是无偏估计，且在高信噪比下能够达到修正的克拉美罗限：

$$\mathrm{MCRB}(f_d) = \frac{3}{2\pi^2 T^2 K_0^3}\frac{1}{\varepsilon_s / N_0} \tag{5-34}$$

式中，$\varepsilon_s$ 为平均符号能量。

Fitz 算法利用式(5-27)中观测值的自相关进行频偏估计，首先计算自相关函数

$$R(m) = \frac{1}{K_0-m}\sum_{k=m}^{K_0-1} z(k)z^*(k-m) = \mathrm{e}^{\mathrm{j}2m\pi f_d T} + n''(m) \tag{5-35}$$

式中，$1 \leqslant m \leqslant K_0 - 1$，$n''(m)$ 仍为 0 均值加性噪声。

式(5-35)的辐角可以写成

$$\arg\{R(m)\} = 2m\pi f_d T + \varepsilon(m) \tag{5-36}$$

式中，$\varepsilon(m)$ 是由噪声项 $n''(m)$ 引入的相位误差。通过对式(5-36)求平均，可以消除误差项的影响，从而得到频偏估计

$$\hat{f}_d = \frac{1}{N(N+1)\pi T}\sum_{m=1}^{N}\arg\{R(m)\} \tag{5-37}$$

由于辐角的取值是模 2π 的，为了避免当自相关函数的辐角落在取模运算的边界上导致辐角取值跳变，对 $m$ 的取值上限 $N$ 作如下限制：$N < 1/(2|f_d|T)$。在这一限制下，式 (5-37)是无偏估计，且当 $N = K_0/2$ 时，可以达到修正的克拉美罗限。

除了以上给出的 Kay 算法和 Fitz 算法，常用的频偏估计算法还有 L&R 算法、M&M 算法以及改进的 M&M 算法等，由于篇幅所限，这里不再展开说明，读者可结合相关文献自学。

### 5.2.2 非数据辅助的频率估计

在对数据传输速率要求较高的通信系统中，为了节约有限的频谱资源，无法在传输数据中插入已知的导频序列，因此需要研究非数据辅助的频率估计方法。本节的分析中仍然假设：符号定时是理想的，并且频率偏差相对于符号速率而言非常小，但数据符号是未知的。在上述前提下，需要解决的基本问题可以描述为：通过频率估计方法消除接收信号中频偏 $f_d$ 的影响，从而完成对采样值的正确判决。

非数据辅助的频率估计可以分为闭环算法和开环算法两类。闭环算法需要根据接收机输入信号和最终判决结果来得到当前频偏估计的误差，并根据该误差调整当前估计值。开环算法则是直接从接收机输入信号中提取载波频偏的估计值，而不依赖于判决输出结果。

以 MPSK 调制为例介绍非数据辅助的闭环频偏估计算法，然后将其推广至 QAM 调制方式，算法的基本实现结构如图 5-2 所示。简洁起见，下面的分析忽略了噪声的影响。

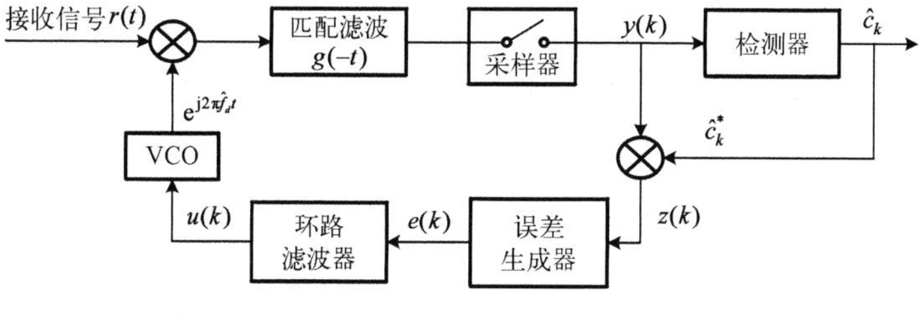


图 5-2 非数据辅助的闭环频偏估计实现框图

接收信号 $r(t)$ 与压控振荡器(Voltage Controlled Oscillator，VCO)输出的当前频偏估计相乘，得到

$$r(t)\mathrm{e}^{\mathrm{j}2\pi\hat{f}_d t}=\mathrm{e}^{\mathrm{j}(2\pi f_\Delta t+\theta)}\sum_i c_i g(t-iT-\tau) \tag{5-38}$$

式中，$f_\Delta \triangleq f_d-\hat{f}_d$ 为频偏真值与当前频偏估计值之差，以下称为频偏残差。根据式(5-25)中给出的近似关系，式(5-38)经过匹配滤波和采样后的信号可以写成

$$y(k)=c_k\mathrm{e}^{\mathrm{j}\varphi(k)} \tag{5-39}$$

式中，$\varphi(k)=2\pi f_\Delta(kT+\tau)+\theta$ 是由频偏残差引入的附加相位。对于 PSK 符号，其幅值为 1，因此通过将采样值与检测器输出的共轭相乘，可以得到

$$z(k)=y(k)\hat{c}_k^*=\mathrm{e}^{\mathrm{j}\psi(k)} \tag{5-40}$$

式中

$$\begin{aligned}\psi(k)&=\varphi(k)+\arg\{c_k\}-\arg\{\hat{c}_k\}\\&=\varphi(k)+\arg\{c_k\}-\frac{2\hat{m}\pi}{M}\end{aligned} \tag{5-41}$$

式中，检测值 $\hat{c}_k$ 中的整数 $\hat{m}$ 由检测器根据以下准则得出：

$$\hat{m}=\arg\left\{\min_m\left|\varphi(k)+\arg\{c_k\}-\frac{2m\pi}{M}\right|\right\} \tag{5-42}$$

根据图 5-2，误差生成器需要根据 $z(k)$ 生成一个误差值 $e(k)$，然后经过环路滤波器后得到激励 $u(k)$ 来控制 VCO 输出的频偏估计值 $\hat{f}_d$。符合预期的结果是：当频偏残差 $f_\Delta>0$ 时，应该得到一个正的激励 $u(k)>0$，使得 VCO 输出的 $\hat{f}_d$ 增大；而当 $f_\Delta<0$ 时，应该得到一个负的激励 $u(k)<0$，使得 VCO 输出的 $\hat{f}_d$ 减小。由此可知，误差生成器和环路滤波器应当根据 $z(k)$ 产生一个与 $f_\Delta$ 相同符号的激励 $u(k)$，显然符合这一要求的误差生成器和环路滤波器的设计不是唯一的，下面仅给出一种较为常用的设计。

由式(5-41)可知，$z(k)$ 的辐角 $\psi(k)$ 与频偏残差 $f_\Delta$ 呈线性关系，再结合式(5-42)可得，$\psi(k)$ 的取值被限制在 $\pm\pi/M$ 的范围内，也就是说 $\psi(k)$ 与 $f_\Delta$ 的关系曲线为锯齿状的，如图 5-3 所示。根据这一关系，一种可行的误差生成器设计为

$$e(k)=\begin{cases}\arg\{z(k)\}, & |\arg\{z(k)\}|<\eta\\ e(k-1), & \text{其他}\end{cases} \tag{5-43}$$

式中，$0<\eta<\pi/M$ 为一个门限参数，通常可选取 $\eta=\pi/(2M)$。由图 5-3 可知，$\arg\{z(k)\}$ 的均值约为 0，而误差生成器的输出 $e(k)$ 实际上是对 $\arg\{z(k)\}$ 限幅后的结果，具体而言，当 $f_\Delta>0$ 时，在 $\eta<|\arg\{z(k)\}|\leqslant\pi/M$ 范围内的值被替换成近似为 $\eta$ 的值；而当 $f_\Delta<0$ 时，在 $\eta<|\arg\{z(k)\}|\leqslant\pi/M$ 范围内的值则被替换成近似为 $-\eta$ 的值。这使得 $e(k)$ 的均值始终与 $f_\Delta$ 保持相同的符号，因此 $e(k)$ 的直流分量可以作为 VCO 的激励信号，即环路滤波器设计为低通滤波器即可。

对于 QAM 方式调制的数据符号，需要将星座图分为若干个圆环区域，每个圆环内的星座点可以被视为 MPSK 调制，而后应用上述非数据辅助的闭环算法可以完成频偏的消除，从而提高该区域内星座点的正确检测概率。

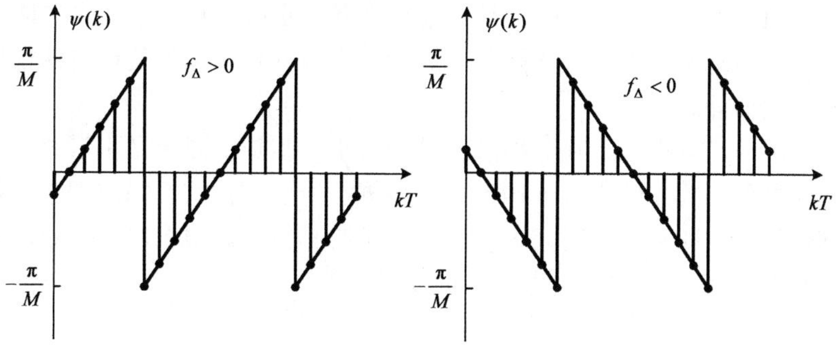


图 5-3　$\psi(k)$ 与 $f_\Delta$ 的关系曲线

非数据辅助的闭环频偏估计算法复杂度相对(开环)较低，适合连续的数据传输，但同步时延较长，为了解决非数据辅助下的快速同步问题，提出了开环频偏估计算法。

接收信号经过匹配滤波器并采样后的输出仍为

$$y(k) = \mathrm{e}^{\mathrm{j}[2\pi f_d(kT+\tau)+\theta]}c_k + n(k) \tag{5-44}$$

对于 MPSK 调制的数据符号 $\{c_k = \mathrm{e}^{\mathrm{j}2m\pi/M}, m = 0,1,\cdots,M-1\}$，其 $M$ 次幂恒等于 1。利用这一性质，对式(5-44)作 $M$ 次方运算，则可以从采样数据中消除未知的数据符号的影响，得到

$$y^M(k) = \mathrm{e}^{\mathrm{j}M[2\pi f_d(kT+\tau)+\theta]} + n'(k) \tag{5-45}$$

式中，$n'(k)$ 为除了等号右边第一项外的其余包含噪声的交叉项之和。为了进一步消除未知相位 $\theta$ 的影响，将式(5-45)与 $y^*(k-1)$ 的 $M$ 次幂相乘，得到

$$[y(k)y^*(k-1)]^M = \mathrm{e}^{\mathrm{j}2M\pi f_d T} + n''(k) \tag{5-46}$$

式中，$n''(k)$ 仍为含噪声的交叉项之和，其均值近似为 0。通过对式(5-46)求平均，可以基本消除噪声项的影响：

$$\frac{1}{K_0-1}\sum_{k=1}^{K_0-1}[y(k)y^*(k-1)]^M = \mathrm{e}^{\mathrm{j}2M\pi f_d T} + \frac{1}{K_0-1}\sum_{k=1}^{K_0-1}n''(k) \tag{5-47}$$

式中，等号右边第二项非常小，因此对其取辐角可以得到频偏估计：

$$\hat{f}_d = \frac{1}{2M\pi T}\arg\left\{\sum_{k=1}^{K_0-1}[y(k)y^*(k-1)]^M\right\} \tag{5-48}$$

对于式(5-48)给出的频偏估计，由于辐角的取值范围为 $(-\pi,\pi]$，因此该算法的前提要求为 $|f_d| < 1/(2MT)$。

### 5.2.3　频率选择性信道下的载波频偏估计

本节中之前给出的频偏估计方法均是在加性高斯白噪声信道模型下推导得到的，也

同样适用于平坦衰落信道下的频偏估计，然而在频率选择性信道下，多径时延引入了符号间干扰，且信道衰落使得信噪比降低，这使得之前介绍的频偏估计方法性能变差，很难完成载波频偏估计。

从上述分析中可以得知，在频率选择性信道下，信道的影响是不可忽略的。在推导频偏估计方法之前，首先给出以下假设：①数据符号已知；②已完成理想的符号定时；③考虑慢衰落信道，即在观测时间内认为信道是时不变的。根据以上假设，接收信号经过匹配滤波并在 $t = kT + \tau$ 完成采样后，可以写成

$$y(k) = \mathrm{e}^{\mathrm{j}2\pi f_d kT} \sum_{l=0}^{L-1} h(l) c_{k-l} + n(k),\ k = 0,1,\cdots,K_0 - 1 \tag{5-49}$$

式中，$\boldsymbol{h} \triangleq [h(0), h(1), \cdots, h(L-1)]^{\mathrm{T}}$ 为等效信道的冲激响应的采样值，其中包含了成形滤波器、真实多径信道和匹配滤波器的响应，当成形滤波器和匹配滤波器的设计满足奈奎斯特准则时，$\boldsymbol{h}$ 即为真实信道。为了便于表达和分析，将采样后的信号用矩阵形式表达，记为

$$\boldsymbol{y} = [y(0), y(1), \cdots, y(K_0 - 1)]^{\mathrm{T}} \tag{5-50}$$

$$\boldsymbol{n} = [n(0), n(1), \cdots, n(K_0 - 1)]^{\mathrm{T}} \tag{5-51}$$

$$\boldsymbol{\varPhi} = \mathrm{diag}\{1, \mathrm{e}^{\mathrm{j}2\pi f_d T}, \mathrm{e}^{\mathrm{j}4\pi f_d T}, \cdots, \mathrm{e}^{\mathrm{j}2\pi f_d (K_0 - 1)T}\} \tag{5-52}$$

此外，$\boldsymbol{C}$ 为 $K_0 \times L$ 的矩阵，其中，第 $i$ 行第 $j$ 列的元素为 $c_{i-j}$，则式(5-49)可以改写为

$$\boldsymbol{y} = \boldsymbol{\varPhi C h} + \boldsymbol{n} \tag{5-53}$$

式(5-53)中的噪声为相互独立的高斯随机变量，从而可以得到似然函数表示为

$$L(\boldsymbol{h}, f_d) = \frac{1}{(2\pi N_0)^{K_0}} \exp\left\{ -\frac{1}{2N_0} (\boldsymbol{y} - \boldsymbol{\varPhi C h})^{\mathrm{H}} (\boldsymbol{y} - \boldsymbol{\varPhi C h}) \right\} \tag{5-54}$$

从式(5-54)可以看出，似然函数中除了待估计参数 $f_d$ 之外，还包含未知参数 $\boldsymbol{h}$，为了导出基于最大似然准则的频偏估计方法，有两种可行的方法：第一种将似然函数对信道响应求数学期望以消除未知参数 $\boldsymbol{h}$；第二种则是通过最大化似然函数得到信道 $\boldsymbol{h}$ 和频偏 $f_d$ 的联合估计。由于第一种方法需要已知信道的统计模型，并且计算过程较为复杂，这里介绍信道响应和频偏联合最大似然估计方法。

首先，将似然函数改写成对数似然函数：

$$\ln L(\boldsymbol{h}, f_d) = -\frac{1}{2N_0} (\boldsymbol{y} - \boldsymbol{\varPhi C h})^{H} (\boldsymbol{y} - \boldsymbol{\varPhi C h}) \tag{5-55}$$

而后，固定频偏 $f_d$ 不变，求出使似然函数达到最大的 $\hat{\boldsymbol{h}}$，即

$$\hat{\boldsymbol{h}} = \arg\max_{\boldsymbol{h} \in \mathbb{C}^L} \ln L(\boldsymbol{h}, f_d) \tag{5-56}$$

令 $\ln L(\boldsymbol{h}, f_d)$ 对 $\boldsymbol{h}$ 的偏导等于 0，可以解出

$$\hat{\boldsymbol{h}} = (\boldsymbol{C}^H \boldsymbol{C})^{-1} \boldsymbol{C}^H \boldsymbol{\varPhi}^H \boldsymbol{y} \tag{5-57}$$

将式(5-57)代入式(5-55)，对数似然函数可以化简为

$$\ln L(f_d) = -\frac{1}{2N_0}[\boldsymbol{y}^H\boldsymbol{y} - \boldsymbol{y}^H\boldsymbol{\Phi C}(\boldsymbol{C}^H\boldsymbol{C})^{-1}\boldsymbol{C}^H\boldsymbol{\Phi}^H\boldsymbol{y}] \tag{5-58}$$

式中，$\boldsymbol{y}^H\boldsymbol{y}$ 不包含未知参数，因此似然函数的最大化实际上等价为下列函数最大化：

$$\Gamma(f_d) = \boldsymbol{y}^H\boldsymbol{\Phi C}(\boldsymbol{C}^H\boldsymbol{C})^{-1}\boldsymbol{C}^H\boldsymbol{\Phi}^H\boldsymbol{y} \tag{5-59}$$

综上所述，最大似然频偏估计可以表示为

$$\hat{f}_d = \arg\max_{f_d} \Gamma(f_d) \tag{5-60}$$

关于式(5-60)的求解，可以通过数值方法搜索 $\Gamma(f_d)$ 最大值的方式得到，也可以通过构造误差函数以闭环的结构来实现。

## 5.3　载波相位估计

一般而言，在数字接收机中载波相位估计通常在频偏估计之后进行，即假设频偏 $f_d$ 是已知的。事实上，残余频偏也可以看作相位误差的一部分，进而通过相位同步来消除，且大部分相位估计器可以在存在一定残余频偏的条件下工作。

本节后续内容仍然假设符号定时同步是理想的，即已知传播时延 $\tau$，并根据数据符号 $\{c_k\}$ 是否已知，将载波相位估计分为数据辅助和非数据辅助两类。对于数据辅助的载波相位估计，本节重点介绍了最大似然估计方法，并进行了最大似然相位估计的性能分析；最后，仍是基于最大似然准则给出了非数据辅助的相位估计一般方法。

### 5.3.1　最大似然载波相位估计

在数据辅助的载波相位估计中，已知数据符号 $\{c_k\}$，且假设参数 $f_d$ 和 $\tau$ 也是已知的，仅有相位 $\theta$ 未知，且取值范围为 $(-\pi,\pi]$。接收机输入的信号仍然采用如下数学模型：

$$r(t) = s(t;\theta) + w(t) \tag{5-61}$$

式中

$$s(t;\theta) = \mathrm{e}^{\mathrm{j}(2\pi f_d t+\theta)}\sum_i c_i g(t - iT - \tau) \tag{5-62}$$

参照 5.2.1 节给出的似然函数推导过程，可以得到似然函数：

$$L(\theta) = \exp\left\{\frac{1}{N_0}\mathrm{Re}\left[\int_0^{T_0} r(t)s^*(t;\theta)\mathrm{d}t\right]\right\} \tag{5-63}$$

根据式(5-15)和式(5-16)，并对似然函数取对数，得到对数似然函数为

$$\ln L(\theta) = \mathrm{Re}\left[\mathrm{e}^{-\mathrm{j}\theta}\sum_{k=0}^{K_0-1} c_k^* x(k)\right] \tag{5-64}$$

式中

$$x(k) \triangleq \int_0^{T_0} r(t)\mathrm{e}^{-\mathrm{j}2\pi f_d t} g(t-kT-\tau)\mathrm{d}t \tag{5-65}$$

载波相位的最大似然估计在式(5-64)的极值处取得，为

$$\hat{\theta} = \arg\left\{\sum_{k=0}^{K_0-1} c_k^* x(k)\right\} \tag{5-66}$$

### 5.3.2 最大似然相位估计性能分析

相较于载波频偏 $f_d$，载波相位 $\theta$ 的最大似然估计在实现上较为容易，下面对最大似然相位估计的性能进行分析。

首先，推导载波相位估计的克拉美罗限，而后通过分析载波相位最大似然估计的均值和方差，以评估该估计的性能。在载波相位的最大似然估计中，除待估计参数 $\theta$ 外，其余参数均已知，这意味着其克拉美罗限与修正的克拉美罗限是一致的，因此我们只需计算修正的克拉美罗限，其定义如下：

$$\mathrm{MCRB}(\theta) = \frac{N_0}{E_{\boldsymbol{u}}\left\{\int_0^{T_0}\left|\frac{\partial s(t;\theta)}{\partial\theta}\right|^2 \mathrm{d}t\right\}} \tag{5-67}$$

式中，$\boldsymbol{u}$ 表示无关参数，将式(5-62)代入式(5-67)的分母可以写成

$$E_{\boldsymbol{u}}\left\{\int_0^{T_0}\left|\frac{\partial s(t;\theta)}{\partial\theta}\right|^2 \mathrm{d}t\right\} = E_{\boldsymbol{u}}\left\{\int_0^{T_0}\left|\sum_i c_i g(t-iT-\tau)\right|^2 \mathrm{d}t\right\} \tag{5-68}$$

由于符号序列 $\{c_k\}$ 满足 $E\{c_i c_j^*\}=0, i\neq j$，从而有

$$E_{\boldsymbol{u}}\left\{\int_0^{T_0}\left|\sum_i c_i g(t-iT-\tau)\right|^2 \mathrm{d}t\right\} = \sum_i E\{|c_i|^2\}\int_0^{T_0} g^2(t-iT-\tau)\mathrm{d}t \tag{5-69}$$

信号 $s(t)$ 在每个数据符号上的平均能量可以表示为

$$\varepsilon_s \triangleq \frac{1}{2}E\{|c_k|^2\}\int_{-\infty}^{+\infty} g^2(t)\mathrm{d}t \tag{5-70}$$

将式(5-70)代入式(5-69)，再将式(5-69)代入式(5-67)，可以得到载波相位估计的修正克拉美罗限为

$$\mathrm{MCRB}(\theta) = \frac{N_0}{2K_0\varepsilon_s} \tag{5-71}$$

下面分析最大似然相位估计的性能，由于脉冲成形滤波器响应 $g(t)$ 的持续时间远小于信号观测时长 $T_0$，式(5-65)可以做如下近似：

$$x(k) \approx [r(t)\mathrm{e}^{-\mathrm{j}2\pi f_d t} * g(-t)]_{t=kT+\tau} \tag{5-72}$$

由此可见，$x(k)$ 可以看作接收信号经过载波频率同步和匹配滤波后的采样值，从而可得

$$x(k) = \mathrm{e}^{\mathrm{j}\theta} c_k + n(k) \tag{5-73}$$

式中

$$n(k) = [w(t)\mathrm{e}^{-\mathrm{j}2\pi f_d t} * g(-t)]_{t=kT+\tau} \tag{5-74}$$

式(5-73)两边同时乘$c_k^*$，得到

$$c_k^* x(k) = \mathrm{e}^{\mathrm{j}\theta}[|c_k|^2 + c_k^* n'(k)] \tag{5-75}$$

式中，$n'(t) \triangleq n(t)\mathrm{e}^{-\mathrm{j}\theta}$，其实部和虚部为零均值且相互独立的随机变量，且双边功率谱密度都为$N_0$。

将式(5-75)代入式(5-66)，载波相位的最大似然估计可以写成

$$\begin{aligned} \hat{\theta} &= \arg\left\{\mathrm{e}^{\mathrm{j}\theta}\sum_{k=1}^{K_0}[|c_k|^2 + c_k^* n'(k)]\right\} \\ &= \theta + \arctan\left(\frac{N_I}{1+N_R}\right) \end{aligned} \tag{5-76}$$

式中

$$N_R + \mathrm{j}N_I \triangleq \frac{\sum_{k=1}^{K_0} c_k^* n'(k)}{\sum_{k=1}^{K_0} |c_k|^2} \tag{5-77}$$

$c_k$和$n'(k)$均为0均值随机变量，这使得$N_R$和$N_I$非常接近于0，这时有$\arctan[N_I/(1+N_R)] \approx N_I$，代入式(5-76)，可以得到

$$\hat{\theta} \approx \theta + N_I \tag{5-78}$$

从而有$E\{\hat{\theta}\} = \theta$，即载波相位的最大似然估计为无偏估计，且其方差为

$$\begin{aligned} \mathrm{var}(\hat{\theta}) &= E[(\hat{\theta} - \theta)^2] \\ &= E(N_I^2) \end{aligned} \tag{5-79}$$

根据式(5-77)解出$N_I$，再将其代入式(5-79)可以得到

$$\mathrm{var}(\hat{\theta}) = \frac{\varepsilon_c N_0}{K_0 E[(\tilde{\varepsilon}_c)^2]} \tag{5-80}$$

式中

$$\varepsilon_c = E[|c_k|^2] \tag{5-81}$$

$$\tilde{\varepsilon}_c = \frac{1}{K_0}\sum_{k=1}^{K_0}|c_k|^2 \tag{5-82}$$

当观测数据量 $K_0$ 足够大时，$\tilde{\varepsilon}_c$ 趋近于 $\varepsilon_c$，因此最大似然估计的方差为

$$\operatorname{var}(\hat{\theta})=\frac{N_0}{K_0\varepsilon_c} \tag{5-83}$$

对比式(5-83)和式(5-71)可知，若脉冲成形滤波器满足如下条件：

$$\int_{-\infty}^{+\infty} g^2(t)\mathrm{d}t=1 \tag{5-84}$$

则有 $\varepsilon_c=2\varepsilon_s$，此时式(5-83)可以写成

$$\operatorname{var}(\hat{\theta})=\frac{N_0}{2K_0\varepsilon_s} \tag{5-85}$$

可见，载波相位的最大似然估计能够达到克拉美罗限，即为最小方差无偏估计。

### 5.3.3 非数据辅助的载波相位估计

与载波频率估计类似，在相位估计中也需要考虑数据符号 $\{c_k\}$ 未知的情况，并研究相应的估计方法。仍然从最大似然估计的角度出发，首先给出数据符号未知情况下的似然函数，而后依据最大似然准则导出可实现的相位估计方法。

根据式(5-12)和式(5-13)，并且仍假设传输时延 $\tau$ 和频偏 $f_d$ 是已知的，可以得到似然函数的表达式为

$$L(\theta,\boldsymbol{c})=\exp\left\{\frac{1}{N_0}\int_0^{T_0}\operatorname{Re}[r(t)s^*(t)]\mathrm{d}t-\frac{1}{2N_0}\int_0^{T_0}|s(t)|^2\,\mathrm{d}t-\frac{1}{2N_0}\int_0^{T_0}|r(t)|^2\,\mathrm{d}t\right\} \tag{5-86}$$

式中，$\boldsymbol{c}=\{c_k\}$，且等号右边第三个积分项中不包含未知参数，因此似然函数可以等效为

$$L(\theta,\boldsymbol{c})=\exp\left\{\frac{1}{N_0}\int_0^{T_0}\operatorname{Re}[r(t)s^*(t)]\mathrm{d}t-\frac{1}{2N_0}\int_0^{T_0}|s(t)|^2\,\mathrm{d}t\right\} \tag{5-87}$$

考虑发送信号仍为式(5-62)给出的数学表达，且脉冲成形滤波器的响应满足奈奎斯特准则，可得

$$\begin{aligned}\int_0^{T_0}|s(t)|^2\,\mathrm{d}t&=\sum_{k=0}^{K_0-1}\sum_{m=0}^{K_0-1}c_k c_m^*\int_0^{T_0} g(t-kT-\tau)g(t-mT-\tau)\mathrm{d}t\\&\approx\sum_{k=0}^{K_0-1}|c_k|^2\end{aligned} \tag{5-88}$$

再结合式(5-15)可以将似然函数化为

$$L(\theta,\boldsymbol{c})=\exp\left\{\frac{1}{N_0}\sum_{k=0}^{K_0-1}\operatorname{Re}[\mathrm{e}^{-\mathrm{j}\theta}c_k^*x(k)]-\frac{1}{2N_0}\sum_{k=0}^{K_0-1}|c_k|^2\right\} \tag{5-89}$$

似然函数乘以一个大于 0 的常数不影响其取极值的位置，因此可以在式(5-89)右边乘以常数：

$$C \triangleq \exp\left\{-\frac{1}{2N_0}\sum_{k=0}^{K_0-1}\left|x(k)\right|^2\right\} \tag{5-90}$$

得到等效的似然函数：

$$L(\theta,\boldsymbol{c}) = \exp\left\{-\frac{1}{2N_0}\sum_{k=0}^{K_0-1}\left|\mathrm{e}^{-\mathrm{j}\theta}x(k)-c_k\right|^2\right\} \tag{5-91}$$

为了从似然函数中消除未知数据符号的影响，将式(5-91)对数据符号集求期望。假设采用 $M$ 元调制且数据符号 $\{c^m, m=0,1,\cdots,M-1\}$ 为等概分布，则求期望后的似然函数表示为

$$L(\theta) = \prod_{k=0}^{K_0-1}\left\{\frac{1}{M}\sum_{m=0}^{M-1}\exp\left[-\frac{1}{2N_0}\left|\mathrm{e}^{-\mathrm{j}\theta}x(k)-c^m\right|^2\right]\right\} \tag{5-92}$$

对似然函数求最大值可以得到相位的最大似然估计，然而式(5-92)的形式比较复杂，很难直接计算其最大值，下面通过一些近似手段，得到可实现的相位估计方法。

在信噪比较大的条件下，可以认为式(5-92)中指数求和的值取决于其中最大的一项，为了简化似然函数的形式，令

$$\hat{m}_k = \arg\min_{0\leqslant m\leqslant M-1}\left|\mathrm{e}^{-\mathrm{j}\theta}x(k)-c^m\right|^2 \tag{5-93}$$

$$\hat{c}_k \triangleq c^{\hat{m}_k} \tag{5-94}$$

由此，式(5-92)给出的似然函数可以近似为

$$L(\theta) \approx \frac{1}{M^{K_0}}\exp\left[-\frac{1}{2N_0}\sum_{k=0}^{K_0-1}\left|\mathrm{e}^{-\mathrm{j}\theta}x(k)-\hat{c}_k\right|^2\right] \tag{5-95}$$

式(5-95)中的求和项可以展开为

$$\sum_{k=0}^{K_0-1}\left|\mathrm{e}^{-\mathrm{j}\theta}x(k)-\hat{c}_k\right|^2 = \sum_{k=0}^{K_0-1}\left|x(k)\right|^2 - 2\sum_{k=0}^{K_0-1}\mathrm{Re}[\mathrm{e}^{-\mathrm{j}\theta}x(k)\hat{c}_k^*] + \sum_{k=0}^{K_0-1}\left|\hat{c}_k\right|^2 \tag{5-96}$$

其中，等号右边的第一项与待估计参数 $\theta$ 无关。根据式(5-93)和式(5-94)可知，$\hat{c}_k$ 的物理意义可以解释为将 $\mathrm{e}^{-\mathrm{j}\theta}x(k)$ 作为输入信号时，检测器的判决输出。再根据式(5-73)可知，如果忽略噪声，$\mathrm{e}^{-\mathrm{j}\theta}x(k)$ 即为发送的数据符号 $c_k$，这说明此处的 $\hat{c}_k$ 即为接收机对发送数据符号的判决输出，因此式(5-96)等号右边的第三项也与待估计参数 $\theta$ 无关，从而对似然函数求最大值等价于求以下函数的最大值：

$$\varGamma(\theta) = \sum_{k=0}^{K_0-1}\mathrm{Re}[\mathrm{e}^{-\mathrm{j}\theta}x(k)\hat{c}_k^*] \tag{5-97}$$

令式(5-97)的导数为零，可解出相位的估计值，即

$$\frac{\mathrm{d}\varGamma(\theta)}{\mathrm{d}\theta} = \sum_{k=0}^{K_0-1}\mathrm{Im}[\mathrm{e}^{-\mathrm{j}\theta}x(k)\hat{c}_k^*] = 0 \tag{5-98}$$

式(5-98)的求解过程可以采用一个面向判决环来实现，结构如图 5-4 所示。其中的误差生成器用于根据当前相位估计情况产生误差：

$$e(k)=\sum_{k=0}^{K_0-1}\mathrm{Im}[\mathrm{e}^{-\mathrm{j}\theta}x(k)\hat{c}_k^*] \tag{5-99}$$

而迭代器则利用误差更新当前的相位估计值，其中 $\gamma$ 为更新因子，用于控制该环路稳定在误差 $e(k)$ 为 0 的状态，此时得到的相位估计值 $\hat{\theta}$ 即为式(5-98)的解。

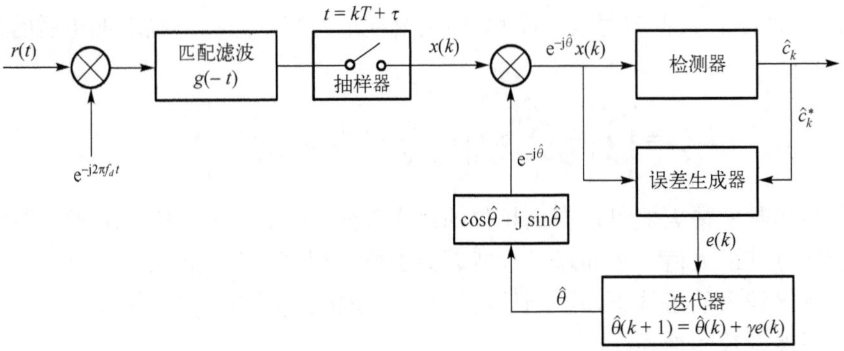


图 5-4　非数据辅助的载波相位估计实现框图

## 5.4　符号定时估计

符号同步的目的是确定对混频输出的基带信号做采样的最佳采样时刻，相当于寻找眼图上“眼睛”睁开最大的时刻。相干解调输出的基带信号需根据符号同步模块的输出进行采样，然而由于接收机时钟与发射机存在差异，同时接收信号中还存在传输时延，如果不进行符号定时同步，则采样会偏离最佳时刻，引入码间串扰，导致误码性能变差。符号同步可以分为外同步和自同步两种方法。外同步法是在调制信号中插入一个位于符号速率(或符号速率的整数倍)频点处的采样时钟信号作为导频，接收端利用窄带滤波器可以得到插入的导频信号并将其用于信号采样。外同步法实现简单，常用于电话传输系统中，但插入的导频不仅需要消耗额外的发射功率，还占用了一部分频谱资源。自同步法可以直接利用接收信号获得最佳采样时刻，是现代数字通信系统中常采用的符号同步方法，因此本节主要介绍符号同步中的自同步法。

根据同步的实现是否需要数据符号判决值，可以将符号同步分为面向判决的定时估计和非面向判决的定时估计，其中面向判决的定时估计需要检测器输出的符号判决值，因此必然为包含反馈的闭环实现结构；而非面向判决的定时估计则包含闭环和前馈两种方法。

### 5.4.1　面向判决的定时估计

仍是基于最大似然准则，推导面向判决的定时估计方法。关于待估计参数 $\tau$ 的对数

似然函数可以表示为

$$L(\tau)=\int_0^{T_0}\mathrm{Re}[r(t)s^*(t)]\mathrm{d}t-\frac{1}{2}\int_0^{T_0}|s(t)|^2\,\mathrm{d}t \tag{5-100}$$

式中

$$s(t)=\sum_i c_i g(t-iT-\tau) \tag{5-101}$$

且待估计参数 $\tau$ 的取值范围为 $[-T/2,T/2)$。

将式(5-101)代入式(5-100)中，得到

$$\begin{aligned}L(\tau)&=\sum_i \mathrm{Re}\left[c_i^*\int_0^{T_0} r(t)g(t-iT-\tau)\mathrm{d}t\right]\\&\quad-\frac{1}{2}\sum_i\sum_m \mathrm{Re}(c_i c_m^*)\int_0^{T_0} g(t-iT-\tau)g(t-mT-\tau)\mathrm{d}t\\&\approx\sum_{k=0}^{K_0-1}\left\{\mathrm{Re}[c_k^* y(kT+\tau)]-\frac{1}{2}\sum_m \mathrm{Re}(c_i c_m^*)h[(k-m)T]\right\}\end{aligned} \tag{5-102}$$

式中

$$y(t)\triangleq r(t)*g(-t) \tag{5-103}$$

$$h(t)\triangleq g(t)*g(-t) \tag{5-104}$$

可以发现，近似后的似然函数等号右边第二项与待估计参数 $\tau$ 无关，因此似然函数可以等效为

$$L(\tau)=\sum_{k=0}^{K_0-1}\mathrm{Re}[c_k^* y(kT+\tau)] \tag{5-105}$$

令似然函数的导数等于 0，可以得到

$$\frac{\mathrm{d}L(\tau)}{\mathrm{d}\tau}=\sum_{k=0}^{K_0-1}\mathrm{Re}[c_k^* y'(kT+\tau)]=0 \tag{5-106}$$

式中，$y'(t)$ 为 $y(t)$ 的导数。

式(5-106)的形式与式(5-98)非常相似，因此也可以通过一种闭环结构来实现定时估计，由于其中数据符号 $\{c_k\}$ 是未知的，在实现中可以使用检测器输出的数据符号判决值来代替。如图 5-5 所示，似然函数的导数值被作为定时估计的误差，用于驱动 VCO 的振荡状态，从而产生采样时钟，使采样时刻稳定在 $kT+\tau$。

### 5.4.2　非面向判决的定时估计

当无法获取到可靠的数据符号判决输出时，就需要利用非面向判决的定时估计方法来获得符号定时同步。关于待估计参数 $\tau$ 和未知参数 $\boldsymbol{c}$ 的似然函数为

$$L(\tau, \boldsymbol{c}) = \exp\left[\frac{2}{N_0}\int_0^{T_0} \mathrm{Re}\{r(t)s^*(t)\}\mathrm{d}t\right] \tag{5-107}$$

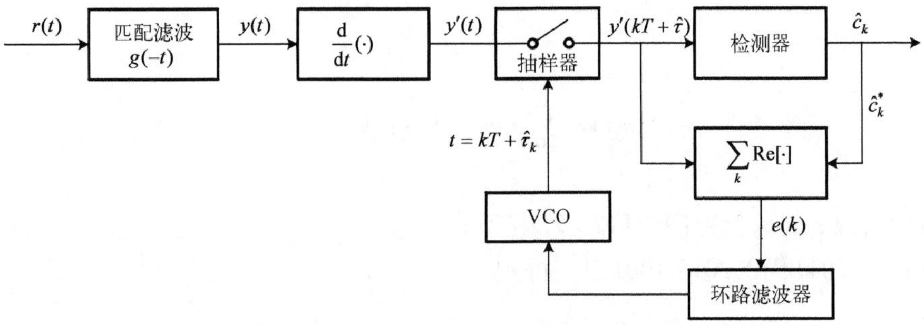


图 5-5　面向判决的定时估计实现框图

式中

$$s(t) = \sum_i c_i g(t - iT - \tau) \tag{5-108}$$

将式(5-108)代入式(5-107)，得到

$$L(\tau, \boldsymbol{c}) = \exp\left\{\frac{2}{N_0}\sum_{k=0}^{K_0-1} \mathrm{Re}[c_k^* y(kT+\tau)]\right\} \tag{5-109}$$

式中

$$y(t) = r(t) * g(-t) \tag{5-110}$$

为了便于求解，需要对似然函数进行近似。对式(5-109)作泰勒级数展开，并取展开式的前 3 项，得到

$$L(\tau, \boldsymbol{c}) = 1 + \frac{2}{N_0}\sum_{k=0}^{K_0-1} \mathrm{Re}[c_k^* y(kT+\tau)] + \frac{2}{N_0^2}\left\{\sum_{k=0}^{K_0-1} \mathrm{Re}[c_k^* y(kT+\tau)]\right\}^2 \tag{5-111}$$

为了从似然函数中消除数据符号，式(5-111)对 $\boldsymbol{c}$ 求均值，由于数据符号为零均值且相互独立的随机变量，求均值后式(5-111)中的一次项和二次交叉项全部为 0。进一步忽略与待估计参数 $\tau$ 无关的项，似然函数可以等效为

$$L(\tau) = \sum_{k=0}^{K_0-1} \left|y(kT+\tau)\right|^2 \tag{5-112}$$

令式(5-113)的导数为 0，得到

$$\frac{\mathrm{d}L(\tau)}{\mathrm{d}\tau} = 2\sum_{k=0}^{K_0-1} \mathrm{Re}[y^*(kT+\tau)y'(kT+\tau)] = 0 \tag{5-113}$$

可以看出，与式(5-106)给出的面向判决的定时估计方法相比，式(5-113)的非面向判决的定时估计将数据符号的判决输出 $c_k$ 替换成了 $y(kT+\tau)$，因此式(5-113)的求解也可以采用相似的反馈闭环结构来实现。

# 习　题

扩展阅读

**5-1**　在 TDMA 系统中，每次突发传输由前导码和数据符号组成，每组前导码包含 20 个已知的符号，数据符号长度为 $M=400$ 。在信噪比为 $\varepsilon_s/N_0=10\text{dB}$ 的情况下，假设利用已知的前导码可以估计出数据符号起始时刻的频偏，然而在数据符号的结束时刻，由于频偏估计残差引入的相位误差增至

$$\Delta\theta = 2M\pi\left|f_d-\hat{f}_d\right|T$$

试求要补偿数据符号结束时刻处 5° 的相位误差，至少需要多少组先导码。

**5-2**　试证明：当 5.2.3 节中的频率选择性信道退化为 $L=1$ 的情况时，式(5-60)给出的载波频偏估计等价于式(5-21)给出的加性高斯白噪声信道下的载波频偏最大似然估计。

**5-3**　已知未调载波信号 $\cos(2\pi f_c t+\theta)$ ，该信号经过加性高斯白噪声信道后的接收信号为

$$r(t)=\cos(2\pi f_c t+\theta)+n(t),\quad 0\leqslant t\leqslant T_0$$

(1)试求载波相位 $\theta$ 的最大似然估计；

(2)试给出载波相位估计的克拉美罗下限。

**5-4**　已知幅度调制信号的接收信号为

$$r(t)=A\cos(2\pi f_c t+\theta)+n(t),\quad 0\leqslant t\leqslant T_0$$

(1)若 $A$ 为等概分布的二元符号，试推导非数据辅助的载波相位最大似然估计；

(2)若 $A$ 服从标准正态分布，试推导非数据辅助的载波相位最大似然估计。

**5-5**　已知 QAM 信号的接收信号为

$$r(t)=\sum_i c_i g(t-iT-\tau)+n(t),\quad 0\leqslant t\leqslant T_0$$

其中，数据符号 $\{c_i\}$ 是已知的，试求该信号传播时延 $\tau$ 的最大似然估计。

# 第6章 信道编码

信道编码又称纠错编码，是提高数字信号传输可靠性的有效方法之一，它起源于1948年香农(Shannon)的开创性论文《通信的数学理论》。本章主要介绍信道编码的基本概念和基本方法，以及一些常用的编译码技术。

## 6.1 引言

在有噪信道上传输数字信号时，所收到的数据不可避免地会出现差错，所以可靠性是数字信息交换和传输系统中必须考虑的主要问题。差错控制是一门以纠错编码为理论依据来控制差错的技术，即针对某一特定的数据传输或存储系统，应用纠错或检错编码及其相应的其他技术(如反馈重传等)来提高整个系统传输数据可靠性的方法。

在数字通信中，利用纠错码或检错码进行差错控制的方式大致有以下几类。

(1)反馈重传方式。发送端发出能够发现(检测)错误的码，通过信道传送到接收端，译码器只须判决码组中有无错误出现。再把判决信号通过反馈信道送回发端。发端根据这些判决信号，把接收端认为有错的消息再次传送，直到接收端认为正确为止。这种差错控制方式也称为自动重传请求(Automatic Repeat Request，ARQ)。

(2)前向纠错方式(FEC)。发送端发送具有一定纠错能力的码，接收端收到这些码后，根据编码产生的规律，译码器不仅能自动地发现错误，而且能够自动地纠正接收矢量在传输中的错误，这种方式的优点是不需要反馈信道，译码实时性较好，收发间的控制电路比 ARQ 的简单。其缺点是译码设备比较复杂，所选用的纠错码必须与信道的干扰情况相匹配，因而对信道的适应性较差。为了获得比较低的误码率，往往须以最坏的信道条件来设计纠错码，故所需的多余码元比检错码要多。

(3)混合纠错方式。混合纠错(Hybrid Error Correction，HEC)方式下发送端发送的码不仅能够被检测出错误，而且还具有一定的纠错能力。译码器得到接收序列以后，首先检验错误情况，如果在码的纠错能力以内，则自动进行纠正。如果错误很多，译码器仅能检测出错误，但无法纠正错误，则接收端通过反馈信道，发送重新传送的消息。这种方式在一定程度上避免了 FEC 方式要求用复杂的译码设备和 ARQ 方式信息连贯性差的缺点，并能达到较低的误码率，因此在实际中应用越来越广泛。

按照译码方法不同，可将信道编码分为检错码、纠错码或纠删码，除了上述的划分以外，通常还按以下方式对纠错码进行分类。

(1)按照对信息元处理方法的不同，分为分组码与卷积码两大类。分组码是把信源输出的信息序列，以 $k$ 个码元划分为一段，通过编码器把这段 $k$ 个码元按一定规则产生 $r$ 个检验(监督)元，输出一个长为 $n=k+r$ 的码组。这种编码中每一码组的检验元仅与本组的信息元有关，而与别组无关。分组码用 $(n, k)$ 表示，$n$ 表示码长，$k$ 表示信息位。卷积码是把信源输出的信息序列，以 $k_0$ 个($k_0$ 通常小于 $k$)码元分为一段，通过编码器输出长为 $n_0(>k_0)$ 的码段，但是该码段中产生的 $n_0-k_0$ 个校验元不仅与本组的信息元有关，而且也与其前 $m$ 段的信息元有关。一般称 $m$ 为编码存储，表示信息码在编码器中需存储的时间，因此卷积码常用 $(n_0,k_0,m)$ 表示。

(2)根据校验元与信息元之间的关系分为线性码与非线性码。若校验元与信息元之间的关系是线性的(满足线性叠加原理)，则称为线性码；否则，称为非线性码。

(3)按照纠正错误的类型可分为纠正随机错误的码、纠正突发错误的码以及既能纠正随机错误又能纠正突发错误的码。

(4)按照每个码元取值来分，可分为二进制码与 $q$ 进制码($q=pm$，$p$ 为素数，$m$ 为正整数)。

(5)按照对每个信息元保护能力是否相等可分为等保护纠错码与不等保护(UEP)纠错码。

# 6.2　线性分组码

## 6.2.1　线性分组码的概念

线性分组码是纠错编码中很重要的一类码，它的生成和接收检验建立在代数群论的基础上，由其引入的许多概念，如码率、距离、重量、码的生成矩阵、一致校验矩阵、伴随式等，可广泛应用于其他各类码中，同时它也在数字通信工程中具有较好的实用价值。

线性分组码是满足线性叠加原理的分组码。以 $k$ 个码元划分为一段，通过线性分组码编码器输出长为 $n=k+r$ 的码组，当分组码中校验元和信息元的关系是线性的时，这种码就称为$(n，k)$线性分组码。对于二元分组码，若每个校验元是码组中的信息元按模2加得到的，就构成线性分组码。

**【例 6-1】** (7, 3)分组码按以下的规则(校验方程)可得到4个校验元 $c_0$、$c_1$、$c_2$、$c_3$：

$$\begin{cases} c_3=c_6+c_4 \\ c_2=c_6+c_5+c_4 \\ c_1=c_6+c_5 \\ c_0=c_5+c_4 \end{cases} \tag{6-1}$$

式中，$c_6$、$c_5$和 $c_4$ 是三个信息元。由此可得到(7, 3)分组码的八个码字。八个信息组与八个码字的对应关系列于表6-1中。式(6-1)中的“+”均表示模2加。信息元与校验元满足线性关系，因此该(7, 3)码是线性码。

**表 6-1　(7, 3)码的码字与信息组的对应关系**

| 信息组 | 码字 |
|---|---|
| 0 0 0 | 0 0 0 0 0 0 0 |
| 0 0 1 | 0 0 1 1 1 0 1 |
| 0 1 0 | 0 1 0 0 1 1 1 |
| 0 1 1 | 0 1 1 1 0 1 0 |
| 0 0 0 | 0 0 0 1 1 1 0 |
| 1 0 1 | 1 0 1 0 0 1 1 |
| 1 1 0 | 0 1 0 1 0 0 1 |
| 1 1 1 | 1 1 1 0 1 0 0 |

线性分组码可以与线性空间联系起来分析。由于每个码字都是一个长为 $n$ 的(二进制)数组，因此可将每个码字看成一个二进

制 $n$ 重数组，进而看成二进制 $n$ 维线性空间 $V_n(F_2)$ 中的一个矢量。$n$ 长的二进制数组共有 $2^n$ 个，每个数组都称为一个二进制 $n$ 重矢量。显然，所有 $2^n$ 个 $n$ 维数组将组成一个 $n$ 维线性空间 $V_n(F_2)$。而 $(n,k)$ 分组码的 $2^k$ 个 $n$ 重矢量就是这个 $n$ 维线性空间的一个子集，如果它能构成一个 $k$ 维线性子空间，就是一个 $(n,k)$ 线性分组码。

**定理 6-1** 二进制 $(n,k)$ 线性分组码，是GF(2) 域上的 $n$ 维线性空间 $V_n$ 中的一个 $k$ 维子空间 $V_{n,k}$。线性分组码的主要性质如下：

(1) 任意两个码字之和(逐位模 2 和)仍是一个码字，即线性分组码具有封闭性；

(2) 码的最小距离等于非零码字的最小重量。

$(n,k)$ 线性分组码的 $2^k$ 个码字将组成 $n$ 维线性空间的一个 $k$ 维子空间，而线性空间可由其基底张成，因此 $(n,k)$ 线性分组码的 $2^k$ 个码字完全可由 $k$ 个独立的向量组成的基底张成。设 $k$ 个向量为

$$\boldsymbol{g}_1 = (g_{11}\ \ g_{12} \cdots g_{1k}\ \ g_{1,k+1} \cdots g_{1n})$$

$$\boldsymbol{g}_2 = (g_{21}\ \ g_{22} \cdots g_{2k}\ \ g_{2,k+1} \cdots g_{2n})$$

$$\vdots$$

$$\boldsymbol{g}_k = (g_{k1}\ \ g_{k2} \cdots g_{kk}\ \ g_{k,k+1} \cdots g_{kn})$$

将它们写成矩阵形式：

$$\boldsymbol{G} = \begin{bmatrix} g_{11} & g_{12} & \cdots & g_{1k} & g_{1,k+1} & \cdots & g_{1n} \\ g_{21} & g_{22} & \cdots & g_{2k} & g_{2,k+1} & \cdots & g_{2n} \\ \vdots & \vdots & & \vdots & \vdots & & \vdots \\ g_{k1} & g_{k2} & \cdots & g_{kk} & g_{k,k+1} & \cdots & g_{kn} \end{bmatrix} \tag{6-2}$$

$(n,k)$ 码中的任何码字，均可由这组基底的线性组合生成，即

$$\boldsymbol{C} = M\boldsymbol{G} = (m_{k-1}m_{k-2}\cdots m_0)\begin{bmatrix} g_{11} & g_{12} & \cdots & g_{1n} \\ g_{21} & g_{22} & \cdots & g_{2n} \\ \vdots & \vdots & & \vdots \\ g_{k1} & g_{k2} & \cdots & g_{kn} \end{bmatrix} \tag{6-3}$$

式中，$M = (m_{k-1}m_{k-2}\cdots m_0)$ 是 $k$ 个信息元组成的信息组。这就是说，每给定一个信息组，通过式(6-3)便可求得其相应的码字。故称这个由 $k$ 个线性无关矢量组成的基底所构成的 $k \times n$ 矩阵 $\boldsymbol{G}$ 为 $(n,k)$ 码的生成矩阵(Generator Matrix)。

值得注意的是线性空间(或子空间)的基底可以不止一组，因此作为码的生成矩阵 $\boldsymbol{G}$ 也可以不止一种形式。但不论哪一种形式，它们都生成相同的线性空间(或子空间)，即生成同一个 $(n,k)$ 线性分组码。

实际上，码的生成矩阵还可由其编码方程直接得出，例如，对于例 6-1 的(7，3)码，可将编码方程改写为

$$[c_6c_5c_4c_3c_2c_1c_0]^{\mathrm{T}}=\begin{bmatrix}c_6\\c_5\\c_4\\c_3\\c_2\\c_1\\c_0\end{bmatrix}=\begin{bmatrix}c_6 & & & & \\ & & c_5 & & \\ & & & & c_4\\ c_6 & & & + & c_4\\ c_6 & + & c_5 & + & c_4\\ c_6 & + & c_5 & & \\ & & c_5 & + & c_4\end{bmatrix}$$

$$=[c_6\ c_5\ c_4]\begin{bmatrix}1&0&0&1&1&1&0\\0&1&0&0&1&1&1\\0&0&1&1&1&0&1\end{bmatrix}$$

$$=[c_6\ c_5\ c_4]\boldsymbol{G}$$

故(7, 3)码的生成矩阵为

$$\boldsymbol{G}=\begin{bmatrix}1&0&0&1&1&1&0\\0&1&0&0&1&1&1\\0&0&1&1&1&0&1\end{bmatrix}$$

在线性分组码中，我们经常用到一种特殊的结构，如前面(7, 3)码的所有码字的前三位，都是与信息组相同的信息元，后面四位是校验元。像这种形式的码，称为系统码。

**定义 6-1** 若信息组以不变的形式，在码字的任意 $k$ 位中出现，该码称为系统码。否则，称为非系统码。

目前较流行的有两种形式的系统码：一是信息组排在码字$(c_{n-1},c_{n-2},\cdots,c_0)$的最左边 $k$ 位，即$c_{n-1},c_{n-2},\cdots,c_{n-k}$，如表 6-1 中所列出的码字就是这种形式；二是信息组被安置在码字的最右边 $k$ 位，即$c_{k-1},c_{k-2},\cdots,c_0$。

若用码字左边 $k$ 位(即前 $k$ 位)作为信息位的系统码形式(本书采用此形式)，式(6-2) $\boldsymbol{G}$ 矩阵左边 $k$ 列应是一个 $k$ 阶单位方阵 $\boldsymbol{I}_k$，(也就是$g_{11}=g_{22}=\cdots=g_{kk}=1$，其余元素均为 0)。因此系统码的生成矩阵可表示成

$$\boldsymbol{G}_0=\begin{bmatrix}1&0&\cdots&0&g_{1,k+1}&\cdots&g_{1n}\\0&1&\cdots&0&g_{2,k+1}&\cdots&g_{2n}\\\vdots&\vdots&&\vdots&\vdots&&\vdots\\0&0&\cdots&1&g_{k,k+1}&\cdots&g_{kn}\end{bmatrix}=[\boldsymbol{I}_k\vdots\boldsymbol{P}] \tag{6-4}$$

其中，$\boldsymbol{P}$ 是一个 $k\times(n-k)$ 维矩阵。只有这种形式的生成矩阵才能生成$(n,k)$系统型线性分组码，也就是标准形式，因此，系统码的生成矩阵也是一个典型的矩阵(或称标准阵)。考察典型矩阵，便于检查 $\boldsymbol{G}$ 的各行是否线性无关。如果 $\boldsymbol{G}$ 不具有标准型，虽能产生线性码，但码字不具备系统码的结构，此时将 $\boldsymbol{G}$ 的非标准型经过行初等变换成标准型 $\boldsymbol{G}_0$，由于系统码的编码与译码较非系统码简单，而且对分组码而言，系统码与非系统码的抗干扰能力完全等价。

编码问题就是在给定的最小汉明距离 $d_0$ 或码率 $R$ 下如何利用已知的 $k$ 个信息元求得

$r=n-k$ 个校验元。除了利用生成矩阵直接计算线性分组码，还可以根据一致校验矩阵(Parity Check Matrix)或一致监督矩阵 $\boldsymbol{H}$ 判断合法码字。如果 $\boldsymbol{C}=[c_n c_{n-1} \cdots c_1]$ 是一个码字，则各码元是满足由 $\boldsymbol{H}$ 所确定的 $r$ 个线性方程的解。一般而言，$(n,k)$ 线性分组码有 $r=n-k$ 个校验元，故必有 $r$ 个独立的线性方程。所以 $(n,k)$ 线性码的 $\boldsymbol{H}$ 矩阵由 $r$ 行和 $n$ 列组成，可表示为

$$\boldsymbol{H}=\begin{bmatrix} h_{11} & h_{12} & \cdots & h_{1n} \\ h_{21} & h_{22} & \cdots & h_{2n} \\ \vdots & \vdots & & \vdots \\ h_{r1} & h_{r2} & \cdots & h_{rn} \end{bmatrix} \tag{6-5}$$

这里 $h_{ij}$ 的下标 $i$ 代表行号，$j$ 代表列号。因此，$\boldsymbol{H}$ 是一个 $r$ 行和 $n$ 列的矩阵。由 $\boldsymbol{H}$ 矩阵可建立线性分组码的 $r$ 个线性方程：

$$\begin{bmatrix} h_{11} & h_{12} & \cdots & h_{1n} \\ h_{21} & h_{22} & \cdots & h_{2n} \\ \vdots & \vdots & & \vdots \\ h_{r1} & h_{r2} & \cdots & h_{rn} \end{bmatrix} \begin{bmatrix} c_{n-1} \\ c_{n-2} \\ \vdots \\ c_1 \\ c_0 \end{bmatrix} = \boldsymbol{0}^{\mathrm{T}} \tag{6-6}$$

简写为

$$\boldsymbol{H}\boldsymbol{C}^{\mathrm{T}}=\boldsymbol{0}^{\mathrm{T}} \tag{6-7}$$

或

$$\boldsymbol{C}\boldsymbol{H}^{\mathrm{T}}=\boldsymbol{0} \tag{6-8}$$

这里 $\boldsymbol{C}=[c_{n-1}c_{n-2}\cdots c_1 c_0]$，$\boldsymbol{C}^{\mathrm{T}}$ 是 $\boldsymbol{C}$ 的转置，$\boldsymbol{0}$ 是一个全为 0 矢量。

综上所述，将 $\boldsymbol{H}$ 矩阵的特点归纳如下。

(1) $\boldsymbol{H}$ 矩阵的每一行代表一个线性方程的系数，它表示求一个校验元的线性方程。

(2) $\boldsymbol{H}$ 矩阵每一列代表此码元与哪几个校验方程有关。

(3) 由 $\boldsymbol{H}$ 矩阵得到的 $(n,k)$ 分组码的每一码字 $C_i\,(i=1,2,\cdots,2^k)$ 都满足由 $\boldsymbol{H}$ 矩阵行所确定的线性方程，即式(6-7)或式(6-8)。

(4) $(n,k)$ 码须有 $r=n-k$ 个独立的校验元，需 $r$ 个独立的线性方程。因此，$\boldsymbol{H}$ 矩阵至少有 $r$ 行，且 $\boldsymbol{H}$ 矩阵的秩为 $r$。若将 $\boldsymbol{H}$ 的每一行看成一个向量，则此 $r$ 个向量必然张成 $n$ 维线性空间中的一个 $r$ 维子空间 $V_{n,r}$。

(5) 考虑到生成矩阵 $\boldsymbol{G}$ 中的每一行及其线性组合都是 $(n,k)$ 码中的一个码字，故有

$$\boldsymbol{G}\boldsymbol{H}^{\mathrm{T}}=\boldsymbol{0}_{r\times k}$$

或

$$\boldsymbol{H}\boldsymbol{G}^{\mathrm{T}}=\boldsymbol{0}^{\mathrm{T}}{}_{r\times k} \tag{6-9}$$

这说明由 $\boldsymbol{G}$ 和 $\boldsymbol{H}$ 的行生成的空间互为零空间，也就是说，$\boldsymbol{H}$ 矩阵的每一行与由 $\boldsymbol{G}$ 矩阵生成的分组码中每一个码字内积均为零。即 $\boldsymbol{G}$ 和 $\boldsymbol{H}$ 彼此正交。

(6)一般而言，系统型$(n,k)$线性分组码的$\boldsymbol{H}$矩阵右边$r$列可以组成一个单位方阵$\boldsymbol{I}_r$，故有

$$\boldsymbol{H}=[\boldsymbol{Q}\vdots\boldsymbol{I}_r]$$

式中，$\boldsymbol{Q}$是一个$r\times k$矩阵。我们称这种形式的矩阵为典型形式或标准形式，采用典型形式的$\boldsymbol{H}$矩阵更易于检查各行是否线性无关。

(7)由式(6-9)易得

$$[\boldsymbol{Q}\vdots\boldsymbol{I}_r][\boldsymbol{I}_k\vdots\boldsymbol{P}]^{\mathrm{T}}=[\boldsymbol{Q}\vdots\boldsymbol{I}_r]\begin{bmatrix}\boldsymbol{I}_k\\ \boldsymbol{P}^{\mathrm{T}}\end{bmatrix}=\boldsymbol{Q}+\boldsymbol{P}^{\mathrm{T}}=\boldsymbol{0}^{\mathrm{T}}$$

即有

$$\boldsymbol{P}=\boldsymbol{Q}^{\mathrm{T}} \tag{6-10}$$

或

$$\boldsymbol{P}^{\mathrm{T}}=\boldsymbol{Q}$$

因此，$\boldsymbol{H}$一定，$\boldsymbol{G}$也就一定，反之亦然。

### 6.2.2 常用的线性分组码

汉明码是一种常用的线性分组码。它由对纠错编码做出杰出贡献的科学家汉明(Hamming)在1950年首先提出。汉明码有以下特征：

码长$n=2^m-1$；

信息位数$k=2^m-m-1$；

校验元位数$r=n-k$；

最小距离$d=3$；

纠错能力$t=1$。

这里$m$为大于等于2的正整数，给定$m$后，即可构造出具体的$(n,k)$汉明码。我们已经知道，一致校验矩阵$\boldsymbol{H}$的列数就是码长$n$，行数等于$m$。如果$m=3$，就可计算出$n=7$，$k=4$，因而是(7, 4)线性码。其$\boldsymbol{H}$矩阵正是用$2^r-1=7$个非零列向量构成的，如下式所示：

$$\boldsymbol{H}=\begin{bmatrix}0&0&0&1&1&1&1\\0&1&1&0&0&1&1\\1&0&1&0&1&0&1\end{bmatrix}$$

这时$\boldsymbol{H}$矩阵的对应列正好是十进制数1～7的二进制表示，对于纠正1位差错来说，其伴随式的值就等于对应的$\boldsymbol{H}$的列矢量，即错误位置。所以这种形式的$\boldsymbol{H}$矩阵构成的码很便于纠错，但这是非系统的(7, 4)汉明码的一致校验矩阵。如果要得到系统码，可调整各列次序来实现。

$$H_0 = \begin{bmatrix} 1 & 1 & 1 & 0 & 1 & 0 & 0 \\ 0 & 1 & 1 & 1 & 0 & 1 & 0 \\ 1 & 1 & 0 & 1 & 0 & 0 & 1 \end{bmatrix} = [Q\ I_3]$$

有了 $H_0$，按照式(6-10)就可得到系统码的生成矩阵为

$$G_0 = [I_4\ Q^{\mathrm{T}}] = \begin{bmatrix} 1 & 0 & 0 & 0 & 1 & 0 & 1 \\ 0 & 1 & 0 & 0 & 1 & 1 & 1 \\ 0 & 0 & 1 & 0 & 1 & 1 & 0 \\ 0 & 0 & 0 & 1 & 0 & 1 & 1 \end{bmatrix}$$

也可得到系统码的校验位。值得一提的是，(7, 4)汉明码的 $H$ 矩阵并非只有以上两种。原则上讲，$(n,k)$汉明码的一致校验矩阵有 $n$ 列 $m$ 行，它的 $n$ 列分别由除了全 0 之外的 $m$ 位码组构成，每个码组只在某列中出现一次。而 $H$ 矩阵各列的次序是可变的。

不难看出，汉明码是纠单个错码的纠错码中编码效率最高的，如(7, 4)汉明码的码率为 4/7，是纠错能力为 1 的 7 重码中编码效率最高的，表 6-2 列出了其全部码字。

**表 6-2　(7, 4)汉明码**

| 信息位 | 码字 | 信息位 | 码字 |
|---|---|---|---|
| 0000 | 0000000 | 1000 | 1000011 |
| 0001 | 0001111 | 1001 | 1001100 |
| 0010 | 0010110 | 1010 | 1010101 |
| 0011 | 0011001 | 1011 | 1011010 |
| 0100 | 0100101 | 1100 | 1100110 |
| 0101 | 0101010 | 1101 | 1101001 |
| 0110 | 0110011 | 1110 | 1110000 |
| 0111 | 0111100 | 1111 | 1111111 |

汉明码如果再加上一位对所有码元都进行校验的监督位，则校验元由 $m$ 增至 $m+1$，信息位不变，码长由 $2^m-1$ 增至 $2^m$，通常把这种 $(2^m, 2^m-1-m)$ 码称为扩展汉明码。扩展汉明码的最小码距增加为 4，能纠正 1 位错误同时检查 2 位错误，简称纠 1 检 2 错码。例如，(7, 4)汉明码可变成(8, 4)扩展汉明码。(8, 4)码的 $H$ 矩阵如下：

$$H_{(8,4)} = \begin{bmatrix} 1 & 1 & 1 & 1 & 1 & 1 & 1 & 1 \\ 1 & 1 & 1 & 0 & 1 & 0 & 0 & 0 \\ 0 & 1 & 1 & 1 & 0 & 1 & 0 & 0 \\ 1 & 1 & 0 & 1 & 0 & 0 & 1 & 0 \end{bmatrix}$$

它的第一行为全 1 行，最后一列的列矢量为$[1000]^{\mathrm{T}}$，它的作用是使第 8 位成为偶校验位，而前 7 位码元同(7, 4)码。这种 $H$ 矩阵，任何 3 列都是线性独立的，而只有 4 列才能线性相关，因此它的 $d_{\min}$ 等于 4，可实现纠 1 位错误同时检出 2 位错误。

### 6.2.3　线性分组码的译码

假设通过信道传送的码字为$\boldsymbol{C}=(c_{n-1}c_{n-2}\cdots c_i\cdots c_1c_0)$，在传输过程中可能引入差错，故接收码组为$\boldsymbol{R}=(r_{n-1}r_{n-2}\cdots r_i\cdots r_1r_0)$，对于加性信道有$\boldsymbol{R}=\boldsymbol{C}+\boldsymbol{E}$，这里$\boldsymbol{E}=(e_{n-1}e_{n-2}\cdots e_i\cdots e_1e_0)$表示码字传输中产生的错误情况，称为“错误图样”。若$e_i=1\ (i=0, 1, 2, \cdots, n-1)$，说明$R$的第$i$位发生了错误。正像发端编码时利用一致校验矩阵$\boldsymbol{H}$可从$2^n$个码组中筛选出$2^k$个许用码组(码字)那样，在接收端收到接收码组$R$后也必须由预先存储在接收端译码器中的一致监督矩阵来筛选，即

$$\boldsymbol{S}^{\mathrm{T}}=\boldsymbol{H}\boldsymbol{R}^{\mathrm{T}} \quad 或 \quad \boldsymbol{S}=\boldsymbol{R}\boldsymbol{H}^{\mathrm{T}} \tag{6-11}$$

并判断$\boldsymbol{S}$是否为零。若$\boldsymbol{S}=\boldsymbol{0}$，则接收码组是许用码组(码字)，进行正确译码，并从该码字中将监督位去除后输出信息码。

由于

$$\boldsymbol{S}=\boldsymbol{R}\boldsymbol{H}^{\mathrm{T}}=(\boldsymbol{C}+\boldsymbol{E})\boldsymbol{H}^{\mathrm{T}}=\boldsymbol{C}\boldsymbol{H}^{\mathrm{T}}+\boldsymbol{E}\boldsymbol{H}^{\mathrm{T}}=\boldsymbol{E}\boldsymbol{H}^{\mathrm{T}}$$

或者

$$\boldsymbol{S}^{\mathrm{T}}=\boldsymbol{H}\boldsymbol{E}^{\mathrm{T}} \tag{6-12}$$

即$\boldsymbol{S}$仅与信道的错误图样$\boldsymbol{E}$有关，而与发送的码字$\boldsymbol{C}$无关，故称$\boldsymbol{S}$为$(n,k)$线性分组码的伴随式。由于$\boldsymbol{H}$是$r\times n$矩阵，$\boldsymbol{E}$为$1\times n$行阵，故$\boldsymbol{S}$是$1\times r$行阵，或者$\boldsymbol{S}^{\mathrm{T}}$为$r\times 1$列阵。当$\boldsymbol{E}$不为零，即有错误时，$\boldsymbol{S}$不为零；否则$\boldsymbol{S}=\boldsymbol{0}$。译码器可以利用伴随式$\boldsymbol{S}$来检错和纠错。

**【例 6-2】** 设(7, 3)码$\boldsymbol{C}=(1101001)$，错误图样$\boldsymbol{E}=(0001000)$，则接收矢量$\boldsymbol{R}=\boldsymbol{C}+\boldsymbol{E}=(1100001)$，相应的伴随式为

$$\boldsymbol{S}^{\mathrm{T}}=\boldsymbol{H}\boldsymbol{E}^{\mathrm{T}}=\begin{bmatrix}1&0&1&1&0&0&0\\1&1&1&0&1&0&0\\1&1&0&0&0&1&0\\0&1&1&0&0&0&1\end{bmatrix}\begin{bmatrix}0\\0\\0\\1\\0\\0\\0\end{bmatrix}=\begin{bmatrix}1\\0\\0\\0\end{bmatrix}=\begin{bmatrix}s_3\\s_2\\s_1\\s_0\end{bmatrix} \tag{6-13}$$

或$\boldsymbol{S}=(s_3s_2s_1s_0)=(1000)$。这里$\boldsymbol{S}^{\mathrm{T}}$正是$\boldsymbol{H}$矩阵中第4列，可见当一位出错时伴随式的结果就是$\boldsymbol{H}$矩阵中与错误图样为“1”的码元位所对应的列矢量。

任何一个错误图样都可以计算出相应的伴随式，错误图样不同则其伴随式也不同。如果接收码组中只有单个错误，则错误图样与所对应的伴随式如表6-3所示。

**表6-3　接收码组中只有单个错误时，错误图样与伴随式的对应关系**

| 错误图样 $\boldsymbol{E}$ | 1000000 | 0100000 | 0010000 | 0001000 | 000010 | 000010 | 0000001 |
|---|---|---|---|---|---|---|---|
| 伴随式 $\boldsymbol{S}$ | 1110 | 0111 | 1101 | 1000 | 0100 | 0010 | 0001 |

由式(6-12)得$S^{\mathrm{T}}=HE^{\mathrm{T}}=HR^{\mathrm{T}}$，若接收码组$R$仅在第$i$位有错误，那么导出的伴随式$S^{\mathrm{T}}$恰是在矩阵$H$的第$i$列的位置。由此可以得出结论：当传输错误数量在码的纠错能力之内时，利用伴随式不仅可以判断出接收码组中是否存在错误，而且还可以指出错误所在的位置。通过计算$R+E=C$，就可以将错误码元纠正过来。

接收端收到码组$(r_6r_5\cdots r_1r_0)$后，原则上可以在译码器中把码集中的所有码字存储起来，将接收码组与其逐一比较，按照“最大似然”准则找出码距最小的一个码字作为译码输出，然后再将校验位去除后得出信息码。在0和1码等概率出现的二元码情况下，通过对称信道传输后误码率为$P_e<\dfrac{1}{2}$。按上述“最大似然译码”方法，能保证译码错误概率最小，故它是“最佳译码”。通过计算，$n$个码元中各差错概率为

$$P_{ei}=C_n^iP_e^i(1-P_e)^{n-i}$$

但是在码长$n$和信息位数$k$很大时，这种在译码器内逐个比较的检错方法是难以实现的。

## 6.3 循　环　码

### 6.3.1 循环码的概念

表 6-4 (7, 3)循环码

| 序号 | 码字 |
|---|---|
| 0 | 0000000 |
| 1 | 0011101 |
| 2 | 0100111 |
| 3 | 0111010 |
| 4 | 1001110 |
| 5 | 1010011 |
| 6 | 1101001 |
| 7 | 1110100 |

循环码是线性分组码的一个重要的子类。它除了具有线性分组码的封闭性外，还有独特的循环性，即若线性分组码的任一码字循环移位所得的码组仍在该码集中，则此线性分组码称为循环码。很明显，$(n,1)$重复码是一个循环码。表6-4中的(7, 3)码是循环码。

**定义 6-2**　任一个$GF(q)$($q$为素数或素数幂)上的$n$维线性空间$V_n$中，一个$n$重子空间$V_{n,k}\subseteq V_n$，若对任何一个$C_i=(c_{n-1}c_{n-2}\cdots c_0)\in V_{n,k}$，恒有$C_i'=(c_{n-1}c_{n-2}\cdots c_0)\in V_{n,k}$，则称$V_{n,k}$是循环子空间或循环码。

循环码的数学描述可用多项式来表示。设码组为$C=(c_{n-1}c_{n-2}\cdots c_1c_0)$，其对应的码多项式可表示为

$$C(x)=c_{n-1}x^{n-1}+c_{n-2}x^{n-2}+\cdots+c_1x+c_0 \tag{6-14}$$

其中，$C_i\in GF(2)$，则它们之间建立了一种一一对应关系，上述多项式也可称为码字多项式，多项式的系数就是码字各分量的值，$x$为一个任意实变量，其幂次$i$代表该分量所在位置。

由循环码的特性可知，若$C=(c_{n-1}c_{n-2}\cdots c_1c_0)$是循环码的一个码字，则$C^{(1)}=(c_{n-2}\cdots c_0c_{n-1})$也是该循环码的一个码字，它的码多项式为

$$C^{(1)}(x)=c_{n-2}x^{n-1}+\cdots+c_0x+c_{n-1}$$

与式(6-14)比较可知：

$$C^{(1)}(x) \equiv xC(x) \mod(x^n+1)$$

同样的道理，$xC^{(1)}(x)$对应的码字$C^{(2)}$相当于将码字$C^{(1)}$左移一位，即$C$左移两位，由此可得

$$\begin{aligned}C^{(2)}(x) &= c_{n-3}x^{n-1} + \cdots + c_0x^2 + c_{n-1}x + c_{n-2} \\ &\equiv xC^{(1)}(x)\mod(x^n+1) \\ &\equiv x^2C(x)\mod(x^n+1)\end{aligned}$$

以此类推，不难得出循环左移$i$位时，有

$$C^i(x) \equiv x^iC(x)\mod(x^n+1), \qquad i=0,1,\cdots,n-1 \tag{6-15}$$

可见$x^iC(x)$在模$x^n+1$下的余式对应着将码字$C$左移$i$位的码字$C^{(i)}$。

**定理 6-2** 若$C(x)$是$n$长循环码中的一个码多项式，则$x^iC(x)$按模$x^n+1$运算的余式必为循环码的另一码多项式。

为了简单起见，上述$\mod(x^n+1)$在码多项式的表示中不一定写出，而用类似式(6-14)表示。在描述某一循环码时，既可像线性分组码那样采用生成矩阵或一致校验矩阵方法，更多的则是以生成多项式形式表述。

**定理 6-3** $(n,k)$循环码的多项式集合$\{C(x)\}$中必定存在唯一的次数最低的非零次码多项式$g(x)$，其次数$r=n-k$，并且集合中任一码多项式都是按模$x^n+1$运算下$g(x)$的倍式。则称$g(x)$为该$(n,k)$循环码的生成多项式。

对于循环码，只要确定了其生成多项式$g(x)$，即可以由$g(x)$产生循环码的全部码组。

假设信息码多项式为$m(x)$，则对应的码多项式为

$$C(x) = m(x)g(x)\mod(x^n+1) \tag{6-16}$$

式中，$m(x)$为次数不大于$k-1$的多项式，故共有$2^k$个$(n,k)$循环码码字。

若用生成多项式对应的码字及其移位来表示生成矩阵的各行，则生成矩阵可写成

$$\boldsymbol{G}(x) = \begin{bmatrix} x^{k-1}g(x) \\ x^{k-2}g(x) \\ \vdots \\ xg(x) \\ g(x) \end{bmatrix} \tag{6-17}$$

式中，$g(x) = x^r + g_{r-1}x^{r-1} + \cdots + g_1x + 1$。

例如，考查表6-4中(7, 3)循环码，$n$=7, $k$=3, $r$=4 其生成多项式及生成矩阵分别为

$$g(x) = A_1(x) = x^4 + x^3 + x^2 + x + 1$$

$$\boldsymbol{G}(x) = \begin{bmatrix} x^2g(x) \\ xg(x) \\ g(x) \end{bmatrix} = \begin{bmatrix} x^6 + x^5 + x^4 + x^2 \\ x^5 + x^4 + x^3 + x \\ x^4 + x^3 + x^2 + 1 \end{bmatrix}$$

即

$$G=\begin{bmatrix}1&1&1&0&1&0&0\\0&1&1&1&0&1&0\\0&0&1&1&1&0&1\end{bmatrix}$$

生成矩阵中的三行都是表 6-4 中的码字，并且是线性无关的。表 6-4 中的所有码字用多项式表示时，均是 $g(x)$ 的倍式。

由式(6-17)所示生成矩阵得到的循环码并非系统码。在系统码中码的最左 $k$ 位是信息码元，随后是 $n-k$ 位校验码元。这相当于码多项式 $C(x)$ 的第 $n-1$～$n-k$ 次的系数是信息位，其余的是校验位。

$$\begin{aligned}C(x)&=m_{k-1}x^{n-1}+\cdots+m_0x^{n-k}+r_{n-k-1}x^{n-k-1}+\cdots+r_0\\&=m(x)x^{n-k}+r(k)\equiv 0\bmod g(x)\end{aligned}\tag{6-18}$$

式中，$m(x)=m_{k-1}x^{k-1}+\cdots+m_1x+m_0$ 是信息多项式，而检验元多项式为 $r(x)=r_{n-k-1}x^{n-k-1}+\cdots+r_1x+r_0$，它的系数 $(r_{n-k-1},\cdots,r_1,r_0)$ 就是信息组 $(m_{k-1},\cdots,m_1,m_0)$ 的校验元。由式(6-18)可知

$$-r(x)=-C(x)+m(x)x^{n-k}=m(x)x^{n-k}\bmod g(x)\tag{6-19}$$

式中，$-r(x)$ 是 $r(x)$ 中的每一系数取加法逆元，在 $GF(2)$ 中加法和减法等效，即在构造二进制系统循环码时，只需将信息码多项式升 $n-k$ 阶(乘以 $x^{n-k}$)，然后以 $g(x)$ 为模，所得余式 $r(x)$ 的系数即为校验元。因此，系统循环码的编码过程就变为多项式按模取余的问题。

系统码的生成矩阵为典型形式 $\boldsymbol{G}[\boldsymbol{I}_K\vdots\boldsymbol{P}]$，与单位矩阵 $\boldsymbol{I}_k$ 每行对应的信息多项式为

$$m_i(x)=m_ix^{k-i}=x^{k-i},\quad i=1,2,\cdots,k$$

由式(6-19)可得相应的校验多项式为

$$r_i(x)=x^{k-i}x^{n-k}=x^{n-i}\bmod g(x),\quad i=1,2,\cdots,k$$

由此得到生成矩阵中每行的码多项式为

$$C_i(x)=x^{n-i}+r_i(x),\quad i=1,2,\cdots,k$$

因此，二进制系统循环码生成矩阵多项式一般表示为

$$\boldsymbol{G}(x)=\begin{bmatrix}C_1(x)\\C_2(x)\\\vdots\\C_k(x)\end{bmatrix}=\begin{bmatrix}x^{n-1}&+&r_1(x)\\x^{n-2}&+&r_2(x)\\&\vdots&\\x^{n-k}&+&r_k(x)\end{bmatrix}$$

与循环码的生成多项式相对应，通常还可定义其校验多项式，令

$$h(x)=(x^n+1)/g(x)=x^k+h_{k-1}x^{k-1}+\cdots+h_1x+1\tag{6-20}$$

式中，$g(x)$ 是生成多项式；$h(x)$ 是常数项为 1 的 $k$ 次多项式。同理，可得一致校验矩阵为

$$\boldsymbol{H}(x)=\begin{bmatrix} x^{n-k-1}\cdot h^*(x) \\ \vdots \\ xh^*(x) \\ h^*(x) \end{bmatrix} \tag{6-21}$$

式中，$h^*(x)$ 为 $h(x)$ 的互反多项式，$h^*(x)=x^k+h_1x^{k-1}+h_2x^{k-2}+\cdots+h_{k-1}x+1$。

### 6.3.2 循环码的编码

一旦循环码的生成多项式 $g(x)$ 确定了，码就完全确定了。循环码的每个码多项式 $C(x)=g(x)m(x)$，都是 $g(x)$ 的倍式。对系统码来说，就是已知信息多项式 $m(x)$，求 $m(x)x^{n-k}$ 被 $g(x)$ 除以后的余式 $r(x)$。所以，循环码的编码器就是 $m(x)$ 乘 $g(x)$ 的乘法器，或者是 $g(x)$ 除法电路。另外，循环码的译码实际上也是用 $g(x)$ 去除接收多项式 $R(x)$，检测余式结果。因此，多项式乘法及除法是编译码的基本运算。本节主要针对二进制编译码，先介绍作为编译码电路核心的多项式除法电路，然后讨论编码电路，对于多进制循环码即 $GF(q)$ 上循环码的电路可以此类推。这里只介绍系统码的编码电路。

设从信源输入编码器的位信息组多项式为 $m(x)=m_{k-1}x^{k-1}+\cdots+m_1x+m_0$。

如果要编出系统码的码字，则由式(6-18)和式(6-19)知：

$$C(x)=m(x)x^{n-k}+r(x)$$
$$r(x)\equiv m(x)x^{n-k} \bmod g(x)$$

系统码的编码器就是信息组 $m(x)$ 乘 $x^{n-k}$，然后用 $g(x)$ 除，求余式 $r(x)$ 的电路。

下面以二进制(7, 4)汉明码为例说明，设其生成多项式为 $g(x)=x^3+x+1$，则系统码编码器如图 6-1 所示。

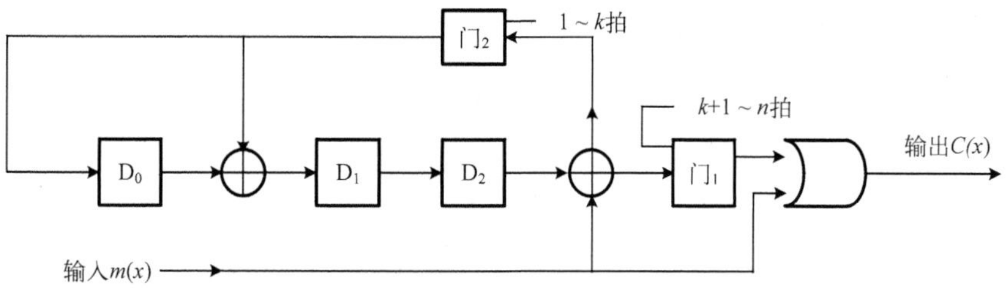


图 6-1 (7, 4)码三级除法编码器

编码过程如下。

(1)三级移存器初态全为 0，门$_1$开，门$_2$关。信息组以高位先入的次序送入电路，一方面经或门输出，另一方面送入 $g(x)$ 除法电路右端，这相应于完成 $x^{n-k}m(x)$ 的除法运算。

(2)四次移位后，信息组全部通过或门输出，它就是系统码码字的前四个信息元，与此同时，它也全部进入 $g(x)$ 电路，完成除法。此时在移存器中的存数就是余式 $r(x)$ 的系数，也就是码字的校验元 $(c_2,c_1,c_0)$。

(3)门$_1$关，门$_2$开，再经三次移位后，移存器中的校验元 $c_2$、$c_1$、$c_0$ 跟在信息组后面，形成一个码字 $(c_6=m_3,c_5=m_2,c_4=m_1,c_3=m_0,c_2,c_1,c_0)$ 从编码器输出。

(4)门$_1$开，门$_2$关，送入第二组信息组，重复上述过程。

表 6-5 列出该编码器的工作过程。输入信息组是(1001)，7 次移位后输出端得到了已编好的码字(1001110)。

**表 6-5 (7, 4)汉明码编码的工作过程**

| 节拍 | 信息组输入 | 移存器内容 | | | 输出码字 |
|---|---|---|---|---|---|
| | | $D_0(x^0)$ | $D_1(x^1)$ | $D_2(x^2)$ | |
| 0 | — | 0 | 0 | 0 | — |
| 1 | 1 | 1 | 1 | 0 | 1 |
| 2 | 0 | 0 | 1 | 1 | 0 |
| 3 | 0 | 1 | 1 | 1 | 0 |
| 4 | 1 | 0 | 1 | 1 | 1 |
| 5 | — | 0 | 0 | 1 | 1 |
| 6 | — | 0 | 0 | 1 | 1 |
| 7 | — | 0 | 0 | 0 | 0 |

### 6.3.3 循环码的译码

接收端译码的目的是检错和纠错。由于任一码多项式$C(x)$都应能被生成多项式$g(x)$整除，所以在收端可以将接收码组$R(x)$用生成多项式去除。当传输中无错误发生时，接收码组和发送码字相同，即$C(x)=R(x)$，故接收码组$R(x)$必能被$g(x)$整除。若码字在传输中发生错误，则$C(x)\neq R(x)$，$R(x)$除以$g(x)$有余项，所以，可以用余项是否为零来判别接收矢量中有无误码。在接收端为纠错而采用的译码方法自然比检错时复杂。同样，为了能够纠错，要求每个可纠正的错误图样必须与一个特定余式有一一对应关系。

设接收码组及其错误图样分别为

$$R(x)=b_{n-1}x^{n-1}+b_{n-2}x^{n-2}+\cdots+b_1x+b_0$$

$$E(x)=e_{n-1}x^{n-1}+e_{n-2}x^{n-2}+\cdots+e_1x+e_0$$

可以证明：对于系统型循环码，接收码组多项式$R(x)$或其错误图样多项式$E(x)$除以$g(x)$所得余式的系数序列就是其伴随式。

即

$$S(x)=R(x)\bmod g(x)=s_{r-1}x^{r-1}+s_{r-2}x^{r-2}+\cdots+s_1x+s_0$$

且

$$S=(s_{r-1}s_{r-2}\cdots s_0)=RH^t$$

用于检错时，根据$S(x)$是否为零就可判断接收码组$R$是否有错，$S(x)=0$时表明$R$无错，$S(x)\neq 0$表明$R$有错。用于纠错时，还需要根据$S(x)$不同的非零情况确定相应的错误位置，从而纠正错误。

### 6.3.4 循环码实例

循环码是实际系统中常使用的一类纠错编码方式，现将常用循环码列举如下。

1. CRC 码

循环冗余校验码(CRC)是一种非常适于检错的差错控制码。由于其检错能力强，它对随机错误和突发错误都能以较低冗余度进行严格检验，且编码和译码检错电路的实现都相当简单，故在数据通信和移动通信中都得到了广泛的应用。

CRC 码可以检测出以下几种形式的错误。

(1)突发长度不超过 $n-k$ 的全部错误。

(2)当突发错误达到 $n-k+1$ 位时，可部分检错，其比例为 $1-2^{-(n-k-1)}$ 。

(3)当超出长度为 $n-k+1$ 的突发错误时，可检错比例为 $1-2^{-(n-k)}$ 。

(4)所有与许用码字距离小于 $d_{\min}$ 的错误。

(5)所有奇数个随机错误。

表 6-6 给出了作为国际标准得到广泛应用的几种 CRC 码的生成多项式，它们均含有因式 $x+1$，这类码不含奇数重量码字，相当于进行了奇偶校验。

**表 6-6 常用 CRC 码**

| CRC 码 | 生成多项式 $g(x)$ | $n-k$ |
|---|---|---|
| CRC－12 码 | $x^{12}+x^{11}+x^3+x^2+x+1$ | 12 |
| CRC－16 码 | $x^{16}+x^{15}+x^2+1$ | 16 |
| CRC－CCITT 码 | $x^{16}+x^{12}+x^5+1$ | 16 |
| CRC-32 | $x^{32}+x^{26}+x^{23}+x^{22}+x^{16}+x^{12}+x^{11}+x^{10}+x^8+x^7+x^5+x^4+x^2+1$ | 32 |

2. BCH 码

BCH 码是一类纠正多个随机错误的循环码，它的参量可以在大范围内变化，选用灵活，适用性强。最为常用的二元 BCH 码是本原 BCH 码，其参量及其关系式为

分组码长：$n=2^m-1$

信息码位数：$k \geqslant n-mt$

最小汉明距离：$d_{\min} \geqslant 2t+1$

其中，$m$ 为正整数，一般 $m \geqslant 3$，纠错位数 $t<(2^m-1)/2$ 。

BCH 码可纠正 $t$ 位错误，实际上能纠正 1 位错的(7, 4)循环汉明码，就是一种 BCH 码。为了认识 BCH 码的特点，表 6-7 给出了码长在 $2^5-1=31$ 的范围内的几种二元 BCH 码的参量，当表中 $n$ 表示码长，$k$ 表示信息位长，$t$ 表示码的纠错能力，生成多项式栏下的数字表示其二进制系数，如表中生成多项式系数序列为(11101101001)时，其生成多项式为 $g(x)=x^{10}+x^9+x^8+x^6+x^5+x^3+1$ ，构成能纠 2 个错误的(31, 21)BCH 码。

表 6-7　部分 BCH 码的参数

| $n$ | $k$ | $t$ | 生成多项式的系数序列 | $n$ | $k$ | $t$ | 生成多项式的系数序列 |
|---|---|---|---|---|---|---|---|
| 7 | 4 | 1 | 1 011 | 31 | 21 | 2 | 11 101 101 001 |
| 15 | 11 | 1 | 10 011 | 31 | 16 | 3 | 1 000 111 110 101 111 |
| 15 | 7 | 2 | 111 010 001 | 31 | 11 | 5 | 101 100 010 011 011 010 101 |
| 15 | 5 | 3 | 10 100 111 111 | 31 | 6 | 7 | 001 011 011 110 101 000 100 111 |
| 31 | 26 | 1 | 100 101 | | | | |

3. RS 码

RS 码是 Reed-Solomon 码的缩写，该码是一种多元 BCH 码。由于 RS 码是以每符号 $m$bit 进行的多元符号编码，在编码方法上与二元$(n,k)$循环码不同。分组块长为$n=2^m-1$的码字比特数为$m(2^m-1)$ bit，当$m=1$时就是二元编码。一般 RS 码常用$m=8$ bit，这类 RS 码具有很高的应用价值。可以纠 $t$ 个符号错误的 RS 码参量如下。

分组长度：$n=2^m-1$（符号）

信息组长度：$k$ 个符号，$k=n-2t$

校验元：$n-k=2t$（符号）

最小汉明距离：$d_{\min}=2t+1$（符号）

RS 码的主要优点如下。

(1)它是多进制纠错码，故特别适用于多进制调制的场合。

(2)因为其最小汉明距离比校验符号数多 1，因此 RS 码的冗余度可以高效利用，可以根据需要，在大范围内调整它的各个参量，特别是便于码率的选择与适配。

(3)译码方便，效率高。

(4)它能纠正 $t$ 个 $m$ 位二进制错误码组。至于一个 $m$ 位二进制码组中到底有 1 位错误，还是 $m$ 位全错了，并不会影响它的纠错能力。因此它适合于在衰落信道中纠正突发性错误。

RS 码还适合于纠正组合差错(随机与突发)的场合，如 RS(64, 40)码，每 6bit 信息构成一个信息符号，240bit 的分组(即 6×40)经编码后，增加了 144bit(24 个符号)冗余，码长为$n=64$符号，具有 12 个符号的纠错能力。如 RS(64, 62)码，用于 64QAM 数字微波系统，其中 2 符号冗余，只占 3%，纠错能力为$t=1$(符号)。

## 6.4　卷　积　码

### 6.4.1　卷积码的结构

卷积码是 1955 年由爱里斯(Elias)提出的。假设卷积码中每组的信息位为$k_0$和码长为$n_0$，在卷积码编码中，本组的$n_0-k_0$个校验元不仅与本组的$k_0$个信息元有关，而且还与以前各时刻输入编码器的信息组有关。

卷积码可以利用码多项式或者生成矩阵等形式来描述。此外，根据卷积码的特点，还可以利用状态图(State Diagram)、树图(Tree)以及格图(Trellis)等工具来描述，下面首先从卷积码的编码开始进行讨论。

卷积码的编码可以通过由移位寄存器组成的网络结构实现。图 6-2 给出了二进制(2, 1, 2)卷积码的编码框图。在图 6-2 中，$D_i(i=1,2)$为移位寄存器。编码时，在某一时刻 $k$ 送入编码器一个信息比特$m_k$，同时移位寄存器中的数据($D_1$和$D_2$中存储的数据分别是$k-1$时刻和$k-2$时刻的输入$m_{k-1}$和$m_{k-2}$)右移一位，编码器根据移位寄存器的输出($m_{k-1}$和$m_{k-2}$)和编码器输入($m_k$)，按照编码器中所确定的规则进行运算，生成该时刻的两个输出码元$c_k^{(1)}$和$c_k^{(2)}$。由编码器结构图可知，该卷积码的编码规则如下：

$$c_k^{(1)}=m_k+m_{k-1}+m_{k-2}$$

$$c_k^{(2)}=m_k+m_{k-2}$$

输出码字为

$$c_k=(c_k^{(1)},c_k^{(2)})$$

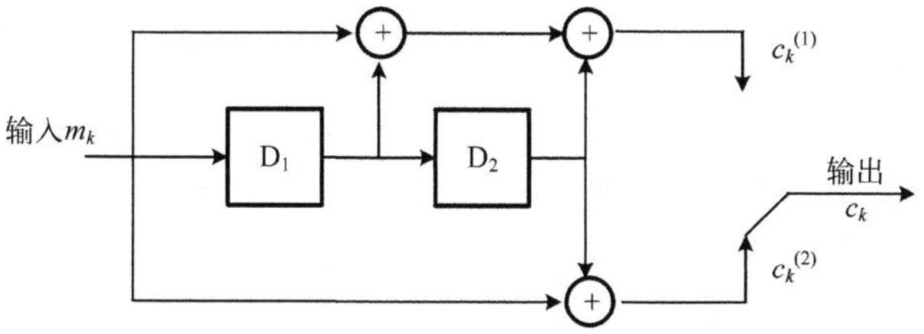


图 6-2 (2, 1, 2)卷积码的编码框图

可见，任一时刻 $k$ 的编码输出$c_k$不仅与当前时刻的输入$m_k$有关，同时与$k-1$时刻和$k-2$时刻的输入$m_{k-1}$和$m_{k-2}$有关，同时，$k$时刻的输入信息元$m_k$还影响接下来$k+1$时刻和$k+2$时刻的编码输出$c_{k+1}$和$c_{k+2}$。

考虑一般的$(n_0,k_0,m)$卷积码，在每一时刻送至编码器的输入信息元为$k_0$个，相应的编码输出为$n_0$个码元。一般情况下，这$n_0$个码元组成的子码称为卷积码的一个子组或者码段。任一时刻$k$送至编码器的信息组记为$m_k=(m_k^{(1)},m_k^{(2)},\cdots,m_k^{(k_0)})$，相应的编码输出码段$c_k=(c_k^{(1)},c_k^{(2)},\cdots,c_k^{(n_0)})$不仅与前面的 $m$ 个时刻的 $m$ 段输入信息组$m_{k-1},m_{k-2},\cdots,m_{k-m}$和输出码段$c_{k-1},c_{k-2},\cdots,c_{k-m}$有关，而且还参与此时刻之后 $m$ 个时刻的输出码段$c_{k+1},c_{k+2},\cdots,c_{k+m}$的计算。上述卷积码的输出实际上是$k_0$个输入信息元与编码寄存器中存储的$m$个信息元线性组合的结果(对于二进制码，输出是模 2 加的结果)，因此这样的卷积码又称为线性卷积码。

编码器中某一时刻与输出相关的非该时刻输入信息组的个数$m$称为编码存储，即编码器中移位寄存器的个数，同时也表示输入信息组在编码器中存储的单位时间。

称$N=m+1$为编码约束度。说明编码过程中互相约束的码段数。称$N_A=Nn_0$为编码约束长度。说明编码过程中互相约束的码元数。称$R=k_0/n_0$为编码速率，简称码率。码率是衡量卷积码编码效率的重要参数。

卷积码的编码操作可以用多项式来表述，它代表了输入比特产生各自输出比特的原理。如上述例子中的码多项式为

$$\begin{cases} g^{(1)}(D) = D^2 + D + 1 \\ g^{(2)}(D) = D^2 + 1 \end{cases} \tag{6-22}$$

式中，算子 $D$ 代表一个单位延迟。我们称式(6-22)中每个多项式为该卷积码的子生成元，其最高次数为 $m$。称式(6-22)为码的生成子多项式。

通常卷积码的编码电路可以看成一个有限状态的线性电路，因此可以利用状态图来描述编码过程。编码器寄存器在任一时刻所存储的数据取值称为编码器的一个状态，以 $S_i$ 来表示。对于图 6-2 所示的二进制(2,1,2)卷积码，编码器中包含两个寄存器，因此，共有 4 种可能状态，相应的取值和标记如表 6-8 所示。

随着信息序列的输入，编码器中寄存器的状态在上述 4 个状态之间发生转移，并输出相应的码序列。将编码器随输入而发生状态转移的过程用流程图的形式来描述，即得到卷积码的状态图。以(2,1,2)卷积码为例，其状态图及相应的输入码元的关系如图 6-3 所示。

**表 6-8　约束长度为 3 的编码寄存器状态表**

| 状态 $S$ | $D_1D_2$ |
|---|---|
| $S_0$ | 00 |
| $S_1$ | 10 |
| $S_2$ | 01 |
| $S_3$ | 11 |

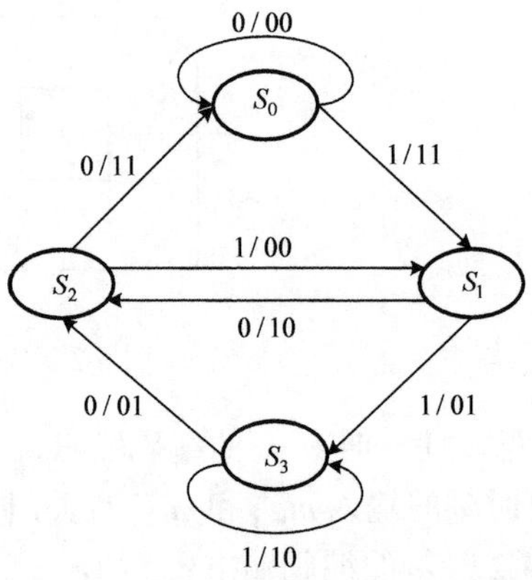


图 6-3　(2, 1, 2)卷积码的编码器状态图

在图 6-3 中，对应每一条转移路径上的标记，斜线前的数码表示输入码元，后面是相应的输出码元。例如，若当前编码器处于 $S_0$ 状态，下一时刻输入为 1 时，编码器从 $S_0$ 状态转移到 $S_1$ 状态，同时编码器输出为 11。编码器的编码过程就是在状态图上转移的过程。例如，对于信息序列 $m$=(1011100)，若卷积码的初始状态为 $S_0$，则在对 $m$ 编码时的状态转移为 $S_0 \to S_1 \to S_2 \to S_1 \to S_3 \to S_3 \to S_2 \to S_0$ 相应的编码输出为(11, 10, 00, 01, 10, 01, 11)。

将状态图按照时间的顺序展开，即得到卷积码的格图(又称篱笆图)表示。例如，考察长度为 $L$=5 的输入信息序列，为使编码器在编码完成后回到初始状态 $S_0$，需要在信息序列的尾端补存与编码器寄存器个数相等的零比特。由此，相应的格图表示如图 6-4 所示。其中每条路径转移分支对应的输入/输出码元与图 6-3 给出的状态图是一致的。图中粗线所对应的输入信息序列为(1011100)，相应的编码输出为(11, 10, 00, 01, 10, 01, 11)。

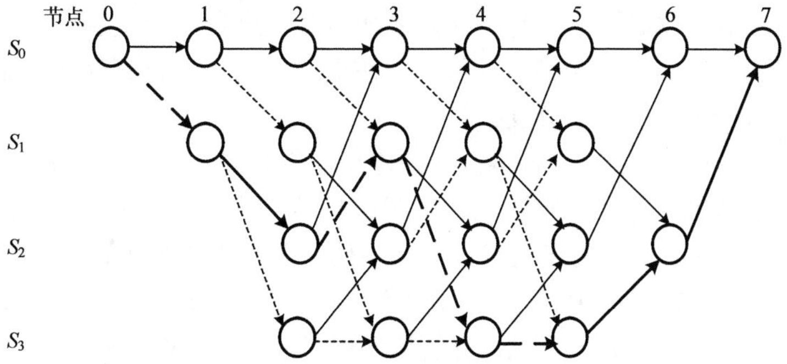


图 6-4　(2, 1, 2)卷积码编码过程的格图描述

### 6.4.2　卷积码的 Viterbi 译码

卷积码的译码可分为代数译码和概率译码两大类。代数译码利用生成矩阵或一致校验矩阵进行译码，最主要的方法是大数逻辑译码。概率译码比较实用的有两种：Viterbi 译码和序列译码。目前，概率译码已成为卷积码最主要的译码方法。Viterbi 译码是一种最大似然译码方法。本节将简要讨论硬判决 Viterbi 译码。

卷积码的码字序列 $C$ 是输入信息序列 $m$ 与编码器冲激响应卷积的结果，$C$ 经过信号传输映射并送至有噪声信道传输，在接收端得到接收序列 $R$。Viterbi 译码方法就是利用接收序列 $R$，根据最大似然估计准则来得到估计的码字序列 $\hat{C}$。即寻找在接收序列 $R$ 的条件下使条件概率 $P(R|C)$ 取得最大值(称为最大度量)时所对应的码字序列作为估值输出。Viterbi 算法就是利用卷积码编码器的格图来计算路径度量。算法首先给格图中的每个状态(节点)指定一个部分路径度量值。这个部分路径度量值由从起始时刻 $t=0$ 的 $S_0$ 状态到当前 $k$ 时刻的 $S_k$ 状态决定。在每个状态，选择达到该状态的具有“最好”部分路径度量的分支，按照所采用的度量，选择满足条件的部分路径作为幸存路径，而将其他达到该状态的分支从格图上删除。Viterbi 算法就是在格图上选择从起始时刻到终止时刻的唯一幸存路径作为最大似然路径。沿着最大似然路径，从终止时刻回溯到起始时刻，所走过的路径对应的编码输出就是最大似然译码输出序列。

可以证明，对于二元对称信道，这种计算和寻找有最大度量路径的过程等价于寻找与 $R$ 有最小汉明距离的路径，这时，Viterbi 算法就是在编码格图上选择与接收序列 $R$ 之间的汉明距离最小的码字序列作为译码输出，因此，Viterbi 译码就等价于最小汉明距离译码。

综上所述，硬判决 Viterbi 算法(Hard Decision Viterbi Algorithm，HDVA)可以按照如下步骤实现。

设$(n_0, k_0, m)$卷积码，若输入的信息序列长度为 $Lk_0+mk_0$(后 $mk_0$ 个码元全为 0，以迫使编码器归零)，则在格图上有 $2^{k_0L}$ 条不同路径。

(1) 设某时刻 $t$ 开始，计算在 $t$ 时刻到达状态 $S_k$ 的所有路径的部分路径度量，可以通过计算接收序列与码字序列的汉明距离 $\sum_{j=1}^{n_0}\left|r_t^{(j)}-c_t^{(j)}\right|$ 来完成。对每一状态挑选并存储一条具有最大度量的部分路径作为幸存路径留选。

(2) $t+1 \to t$，把此时刻进入每一状态的所有分支度量和与之相连的前一时刻的幸存路径的度量相加，得到了此时刻进入每一状态的幸存路径，将其存储并删去其他所有路径，因此幸存路径延长了一个分支。

(3) 若 $t < L+m$，重复以上各步，否则停止，得到具有最大度量的路径。

Viterbi 算法得到的最终幸存路径在格图中是唯一的，也就是最大似然路径。

**【例 6-3】** 考察前面所描述的(2,1,2)卷积码。若输入序列为 $m=(1011100)$，相应的码子序列为 $C=(11,10,00,01,10,01,11)$，如果经过 BSC 信道传输后得到的接收硬判决序列为 $R=(11,10,00,01,11,01,11)$，可见，有两位出现了错误，下面考察通过 Viterbi 算法以最小汉明距离为准则实现译码，从而获得估计信息序列 $\hat{m}$ 和码字序列 $\hat{C}$。

图 6-5 给出了在编码器格图上根据接收序列进行 Viterbi 译码的过程。图中用粗线画出了在每一时刻进入每个状态的幸存路径；在 $t=2$ 时刻以前，进入每一个状态的分支只有一个，因此这些路径就是幸存路径；从 $t=2$ 时刻以后，进入每一个状态节点的路径有两条，按照最小距离准则，选择一条幸存路径。在 $t=7$ 时刻，只剩下唯一的幸存路径，即最大似然路径，与这条路径相对应的码字就是译码输出，显然，根据前述该输入序列的编码码字可知 $\hat{C}=C=(11,\ 10,\ 00,\ 01,\ 10,\ 01,\ 11)$，相应的译码输出信息序列为 $\hat{m}=m=(1011100)$。表 6-9 给出了进入每个状态节点的幸存路径的部分度量值。

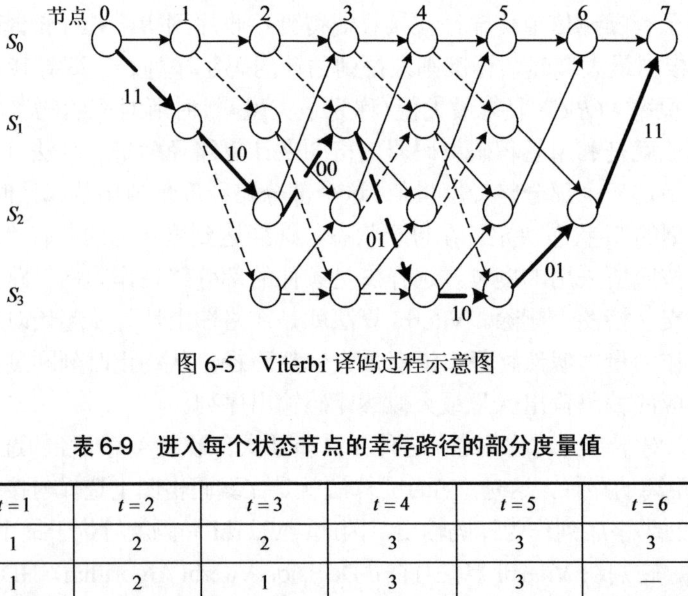


图 6-5 Viterbi 译码过程示意图

**表 6-9 进入每个状态节点的幸存路径的部分度量值**

| 状态 $S$ | $t=1$ | $t=2$ | $t=3$ | $t=4$ | $t=5$ | $t=6$ | $t=7$ |
|---|---|---|---|---|---|---|---|
| $S_0$ | 1 | 2 | 2 | 3 | 3 | 3 | 3 |
| $S_1$ | 1 | 2 | 1 | 3 | 3 | — | — |
| $S_2$ | — | 1 | 3 | 3 | 2 | 2 | — |
| $S_3$ | — | 3 | 3 | 1 | 2 | — | — |

在软判决译码中，接收机并不是将每个接收码元简单地判决为 0 或者 1（1bit 量化），而是使用多比特量化或者直接使用未量化的模拟信号。理想情况下，接收序列 $R$ 直接用于软判决 Viterbi 译码器。软判决 Viterbi 译码器的工作过程与硬判决 Viterbi 译码器的工作过程相似，唯一的区别是度量参数不同。通常，实现软判决 Viterbi 算法有两种方法：

第一种方法是利用欧几里得距离度量代替硬判决时的汉明距离度量，其中接收码元采用多比特量化；第二种方法是采用相关度量选择幸存路径，接收码元也采用多比特量化。软判决与硬判决相比，性能上一般可获得 1.5～2dB 的好处。

### 6.4.3 删除卷积码

删除卷积码是国际通信卫星组织开通的中速率数据传输系统中常用的一种信道编码方法，它通过有规律地删除原卷积码序列中一定数量的码元符号，有效地提高信道传输效率，当然，此时码的纠错能力会相应降低。

删除卷积码又称为删余卷积码，其过程实际上是在编码器的输出码流中系统地删除一部分码元，被删除码元的个数决定了最终的编码速率。例如，对于 1/2 码率的卷积码，在其输出序列中每 4 个码元删除 1 个，相当于对每 2 个输入码元相应的输出为 3 个码元，产生了一个码率为 2/3 的码字。同样地，若在每 6 个输出码元中删除 2 个，就可以实现 3/4 码率。

例如，把(2, 1, 7)卷积码序列每 6 位分为一组：

$$C_0^{(1)}, C_0^{(2)}, C_1^{(1)}, \underline{C_1^{(2)}, C_2^{(1)}}, C_2^{(2)},| C_3^{(1)}, C_3^{(2)}, C_4^{(1)}, \underline{C_4^{(2)}, C_5^{(1)}}, C_5^{(2)},| C_6^{(1)}, C_6^{(2)}, C_7^{(1)}, \underline{C_7^{(2)}, C_8^{(1)}}, C_8^{(2)},|\cdots$$

删除第 4、5 两位(下划线部分)即可得到 3/4 码率的删除卷积码：

$$C_0^{(1)}, C_0^{(2)}, C_1^{(1)}, C_2^{(2)},| C_3^{(1)}, C_3^{(2)}, C_4^{(1)}, C_5^{(2)},| C_6^{(1)}, C_6^{(2)}, C_7^{(1)}, C_8^{(2)},|\cdots$$

可以看出以上序列相当于是每输入 $k_0=3$ 位信息元产生一个 $n_0=4$ 位的子码序列。

表 6-10 表明了码率为 1/2 的码可以被删除，产生码率为 2/3 或 3/4 的好码。对于 2/3 码率的码来说，前两个生成子(八进制表示)用来生成第一个 2bit 的输出帧，而下一帧只用到了第三个生成子(和其他两个一样)。对于 3/4 码率的码来说，紧接着的第三帧要用到第四个生成子。

**表 6-10　码率为 1/2 的收缩码与码率为 2/3、3/4 的码比较**

| $R=(1/2)$ | | $R=(2/3)$ | | $R=(3/4)$ | |
|---|---|---|---|---|---|
| 生成子 | $d_\infty$ | 生成子 | $d_\infty$ | 生成子 | $d_\infty$ |
| 2，7，5 | 5 | 7，5，7 | 3 | 7，5，5，7 | 3 |
| 3，15，17 | 6 | 15，17，15 | 4 | 15，17，15，17 | 4 |
| 4，31，33 | 7 | 31，33，31 | 5 | 31，33，31，31 | 3 |
| 4，37，25 | 8 | 37，25，31 | 4 | 37，25，37，37 | 4 |
| 5，57，65 | 9 | 57，65，57 | 6 | 65，57，57，65 | 4 |
| 6，133，171 | 10 | 133，171，133 | 6 | 133，171，133，171 | 5 |
| 6，135，147 | 10 | 135，147，147 | 6 | 135，147，147，147 | 6 |
| 7，237，345 | 10 | 237，345，237 | 7 | 237，345，237，345 | 6 |

除了运算方面的考虑，删除卷积码还能用于一个译码器提供若干种不同码率的情况，这一点很重要。比如说，我们可以在较好的接收条件下处理 3/4 码率的码，但当噪声级别加大且要求有较大的最小距离 $d_\infty$ 时，允许收端和发端在切换到 2/3 或 1/2 码率的标准上保持一致。这种算法就称为自适应编码(Adaptive Coding)。

## 6.5　Turbo 码

香农在其《通信的数学理论》一文中提出并证明了著名的有噪信道编码定理，他在证明信息速率接近信道容量并可实现无差错传输时引用了如下三个基本条件。

(1) 采用随机编码。

(2) 编码长度趋于无穷，即分组的码组长度无限。

(3) 译码过程采用最大似然译码方案。

在信道编码的研究与发展过程中，基本上是以后两个条件为主要方向。而对于条件(1)，虽然随机选择编码码字可以使获得好码的概率增大，但是最大似然译码器的复杂度随码字数目的增大而增大，当编码长度很大时，译码几乎不可能实现。因此，多年来随机编码理论一直是分析和证明编码定理的主要方法，而如何在构造码上发挥作用却并未引起人们的足够重视。

在 1993 年的 IEEE 国际通信会议上，C.Berrou，A.Glavieux 以及 R. Thitimajashima 开创性地提出了 Turbo 编码思想。最早提出的 Turbo 码又可称为并行级联卷积码(Parallel Concatenated Convolution Code，PCCC)，也是典型的 Turbo 码结构，它巧妙地将卷积码和随机交织器结合在一起，实现了随机编码的思想；同时，采用软输出迭代译码来逼近最大似然译码。仿真结果表明，如果采用大小为 65535 的随机交织器，并进行 18 次迭代，则在 $E_b/n_0 \geqslant 0.7$dB 时，码率为 1/2 的 Turbo 码在 AWGN 信道上的误码率 BER$\leqslant 10^{-5}$，接近香农限。

### 6.5.1　Turbo 码的编码

典型的 Turbo 码编码器主要由分量编码器、随机交织器以及删余矩阵和复接器组成。分量码一般选择为递归系统卷积码(Recursive Systematic Convolutional Code，RSC)，当然也可以是分组码(Block Code，BC)、非递归卷积(Non-Recursive Convolutional，NRC)码以及非系统卷积(Non-Systematic Convolutional，NSC)码，但从后面的分析将看到，分量码的最佳选择是递归系统卷积码。通常两个分量码采用相同的生成矩阵，当然，分量码也可以是不同的。信息序列先送入第一个分量编码器，交织后送入第二个分量编码器。输出的码字由 3 部分组成：输入的信息序列、第一个分量编码器产生的校验序列和第二个分量编码器对交织后的信息序列产生的校验序列，其结构如图 6-6 所示。

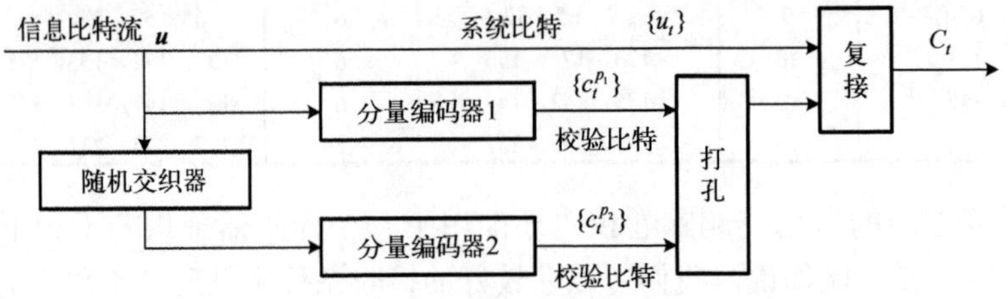


图 6-6　Turbo 码编码器框图

Turbo 码的主要特点之一是在两个编码器之间采用了随机交织器，交织器在信息序列进入第二个编码器之前对它进行置换，这样可以保证使第一个编码器产生小重量校验序列的输入序列，以很大的概率使第二个编码器产生大重量的校验序列。这样，即使分量码是较弱的码，产生的 Turbo 码也可能具有很好的性能，这就是 Turbo 码的“交织增益”。

在编码过程中，信息比特序列 $\boldsymbol{u}$ 在送入第一个分量编码器的同时作为系统比特 $\{u_t\}$ 送入复接器。第二个分量编码器的输入信号是信息比特序列 $\boldsymbol{u}$ 经过随机交织器 $\Pi$ 作用以后的输出信号 $\Pi(\boldsymbol{u})$。其中，随机交织器只改变信息比特序列的顺序，不改变其内容。第一个分量编码器的输出作为校验比特 $\{c_t^{p_1}\}$，第二个分量编码器的输出作为校验比特 $\{c_t^{p_2}\}$。根据系统设计过程中对于码率和频谱效率的不同需要，可以对校验比特打孔，即只保留部分校验比特，从而提高传输效率。然后，将得到的校验比特序列与系统比特复接构成码字序列 $\boldsymbol{C}=(\boldsymbol{C}_1,\boldsymbol{C}_2,\cdots,\boldsymbol{C}_N)$，其中，$\boldsymbol{C}_t=(u_t,c_t^{p_1},c_t^{p_2})$。

从上述编码过程可以看出，Turbo 码巧妙地将分量卷积码和随机交织器结合在一起，实现了香农信道编码定理中的随机编码思想，成为纠错码历史上利用随机编码理论进行码构造的最成功的范例。编码器中采用的交织器实际上等效于一一映射函数，它将输入信息序列进行重新排列，可以有效减小分量编码器输出校验比特的相关性，从而达到结合分量短码构造长码的目的。

### 6.5.2 Turbo 码的迭代译码

对于 Turbo 码来说，它的一个重要特点就是在译码时采用了迭代译码的思想，迭代译码的复杂性随着数据帧的增加而呈线性增长。相应于译码复杂性随码字长度增加而呈指数形式增长的最优最大似然译码来讲，显然迭代译码具有更强的可实现性。为使 Turbo 码达到比较好的译码性能，分量码译码必须采用软输入软输出(Soft-Input Soft-Output, SISO)算法，从而实现迭代译码过程中软信息在分量译码器之间的交换。对于 Turbo 码来说，采用迭代译码的方式可以保证在译码可实现的前提下，接近 Shannon 理论极限的译码性能。实际上，之所以称为 Turbo 码，就是因为在译码器中存在反馈，类似于涡轮机(Turbine)的工作原理。在迭代进行过程中，分量译码器之间互相交换软比特信息来提高译码性能。

图 6-7 给出了与图 6-6 相对应的 Turbo 码译码器结构。它由两个软输入软输出的分量译码器通过随机交织器和解随机交织器级联而成，分量译码器 1 对应编码器中的分量编码器 1，分量译码器 2 对应分量编码器 2，译码器中的随机交织器和编码器中的随机交织器完全相同。Turbo 码的译码结构最突出的特点是通过不同分量译码器间外信息的交互从而不断修正译码过程直到获得满意的译码输出为止。具体的译码过程可以描述如下。

(1) 分量译码器 1 接收到信息比特和校验比特 1 的信道观测信息，结合先验信息计算输出外信息 1，然后送入随机交织器。

(2) 交织以后的外信息 1 作为分量译码器 2 的先验信息 2，结合交织后的系统比特信道观测信息以及校验比特 2 的信道观测信息，计算得到分量译码器 2 的输出外信息 2。

(3) 将分量译码器 2 输出的外信息 2 经过解随机交织器得到的软信息作为分量译码

器 1 的先验信息 1，然后重复过程(1)、(2)，开始迭代，当满足一定的迭代条件后，对分量译码器 2 输入的软信息进行解交织并做硬判决得到译码序列。

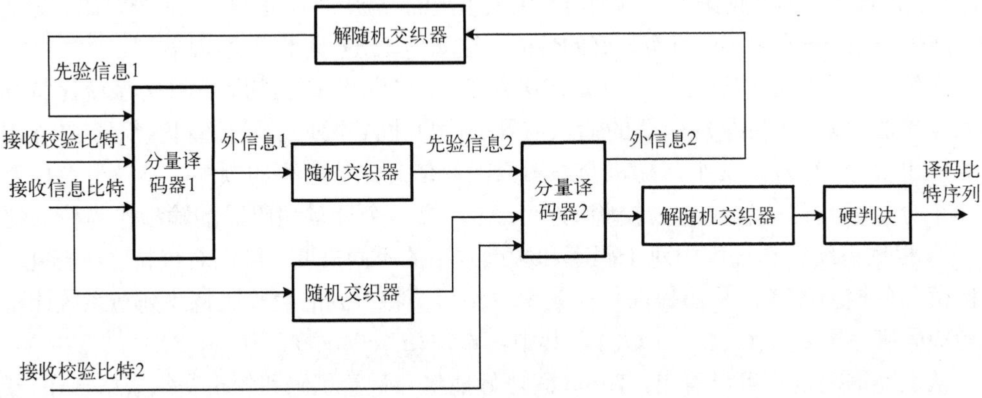


图 6-7　Turbo 码译码器结构

假设 $t$ 时刻编码输出的单极性比特信号为 $\boldsymbol{C}_t=(u_t,c_t^{p_1},c_t^{p_2})$，即 $u_t,c_t^{p_i}\in(0,1)$，$i=1,2$。对应的双极性比特为 $\boldsymbol{X}_t=(x_t^s,x_t^{p_1},x_t^{p_2})$，即 $x_t^s,x_t^{p_i}\in(+1,-1)$，$i=1,2$。假设码字通过 BPSK 调制后经过 AWGN 信道，接收信号为

$$\boldsymbol{Y}_t=(y_t^s,y_t^{p_1},y_t^{p_2}) \tag{6-23}$$

则有

$$y_t^s=\sqrt{E_s}x_t^s+n_t=\sqrt{E_s}(2u_t-1)+n_t \tag{6-24}$$

$$y_t^{p_i}=\sqrt{E_s}x_t^{p_i}+q_t=\sqrt{E_s}(2c_t^{p_i}-1)+q_t\,,\quad i=1,2 \tag{6-25}$$

其中，$E_s$ 表示 BPSK 信号的平均功率；$n_t$ 和 $q_t$ 是服从均值为 0、方差为 $N_0/2$ 的独立同分布高斯随机变量；$x_t^s,y_t^s$ 对应于第 $t$ 个系统比特。在接收端，接收采样经过匹配滤波器之后得到接收序列为

$$\boldsymbol{Y}=(\boldsymbol{Y}_1,\boldsymbol{Y}_2,\cdots,\boldsymbol{Y}_N)$$

$\boldsymbol{Y}$ 经过串/并变换后可得到如下三个序列。

系统接收信息序列：

$$\boldsymbol{Y}^s=(y_1^s,y_2^s,\cdots,y_N^s) \tag{6-26}$$

用于分量译码器 1(对应分量编码器 1)的接收校验序列：

$$\boldsymbol{Y}^{p_1}=(y_1^{p_1},y_2^{p_1},\cdots,y_N^{p_1}) \tag{6-27}$$

用于分量译码器 2(对应分量编码器 2)的接收校验序列：

$$\boldsymbol{Y}^{p_2}=(y_1^{p_2},y_2^{p_2},\cdots,y_N^{p_2}) \tag{6-28}$$

若校验比特经过打孔处理，则在缺失的校验比特处补“0”填充。接收序列 $\{\boldsymbol{Y}^s,\boldsymbol{Y}^{p_1},\boldsymbol{Y}^{p_2}\}$ 被送入分量译码器进行译码，其中分量译码器 1 的输入信号记作 $\boldsymbol{Y}^1=\{\boldsymbol{Y}^s,\boldsymbol{Y}^{p_1}\}$，

分量译码器 2 的输入信号记作 $\boldsymbol{Y}^2=\{\Pi(\boldsymbol{Y}^s),\boldsymbol{Y}^{p_2}\}$。在 Turbo 码的译码过程中常用对数似然比来表示译码过程中传递的基于概率的软信息。下面给出译码过程的符号和定义。

(1) $L(\cdot)$——对数似然比(Logarithm Likelihood Ratio，LLR)。信息比特 $u_t$ 的对数似然比记作

$$L(u_t)=\ln\frac{P(u_t=1|\boldsymbol{Y})}{P(u_t=0|\boldsymbol{Y})} \tag{6-29}$$

从表达式可以看出 $L(u_t)$ 实际上是 $u_t$ 的后验对数似然比，在 Turbo 码的译码中后验对数似然比包含比特的先验信息、信道信息和外信息三部分。

(2) $L^a(\cdot)$——先验对数似然比(A Priori LLR)。比特 $u_t$ 的先验对数似然比定义为

$$L^a(u_t)=\ln\frac{P(u_t=1)}{P(u_t=0)} \tag{6-30}$$

(3) $L^c(\cdot)$——信道信息。比特的信道信息是指从该比特对应的信道观测中直接获取的信息。如比特 $u_t$ 的信道信息记作

$$L^c(u_t)=L_c y_t^s$$

其中，$L_c$ 表示信道置信度。对于噪声服从分布 $N(0,N_0/2)$ 的 AWGN 信道来说，信道置信度定义为

$$L_c=4\sqrt{E_s}/N_0 \tag{6-31}$$

接收序列 $\boldsymbol{Y}^s$、$\boldsymbol{Y}^{p_1}$ 和 $\boldsymbol{Y}^{p_2}$ 经过信道置信度 $L_c$ 加权后即可生成所有系统比特和校验比特的信道信息序列。

(4) $L^e(\cdot)$——外部对数似然比(Extrinsic LLR)。比特 $u_t$ 的外部信息表示从当前译码器产生的除了先验信息和信道信息之外的“新”的信息。由于比特后验对数似然比可以表示为比特的先验对数似然比、信道信息和外部对数似然比三部分之和，因此有

$$L^e(u_t)=L(u_t)-L^c(u_t)-L^a(u_t) \tag{6-32}$$

在 PCCC 译码过程中，假设第 $i$ 个分量译码器输入的信息比特信道信息为 $L^c(\boldsymbol{u})$，该分量译码器结合来自另一个分量译码器输出的先验信息 $L_i^a(\boldsymbol{u})$，输出的后验对数似然信息 $L_i(\boldsymbol{u})$ 可表示为信道信息、先验信息和外信息之和的形式：

$$L_i(\boldsymbol{u})=L^c(\boldsymbol{u})+L_i^a(\boldsymbol{u})+L_i^e(\boldsymbol{u}),\qquad i=1,2 \tag{6-33}$$

其中，外部信息 $L_i^e(\boldsymbol{u})$ 与信道信息 $L^c(\boldsymbol{u})$、先验信息 $L_i^a(\boldsymbol{u})$ 无关，因此可输出经过交织/解交织作为另一个译码器的先验信息，对译码进行修正，提高译码的准确性。在第一次迭代过程中，第一个分量译码器的先验信息 $L_i^a(\boldsymbol{u})=0$。但随着迭代次数的增加，两个分量译码器得到的外部信息值对译码性能提高的作用越来越小，在一定迭代次数后，译码性能不再提高。这时将分量译码器 2 的输出对数似然比经过解交织后进行硬判决即得到译码输出。

在上述译码结构中，可以将分量译码器抽象为一个采用 SISO 译码算法的模块，而 Turbo 译码过程就可以由一系列串行级联的 SISO 译码模块完成，每一个译码模块根据输

入的先验信息、系统和校验比特的信道观测信息生成软判决信息和传递到下一级译码模块的外部信息。SISO 译码模块依据输入和处理信息形式的不同分为乘法 SISO 模块和加法 SISO 模块。如果处理信息为比特对数似然比，则为加法 SISO 译码模块；如果处理信息是比特概率则为乘法 SISO 译码模块。将图 6-7 中的分量译码器模块用 SISO 译码模块替换可以得到迭代译码结构如图 6-8 所示。

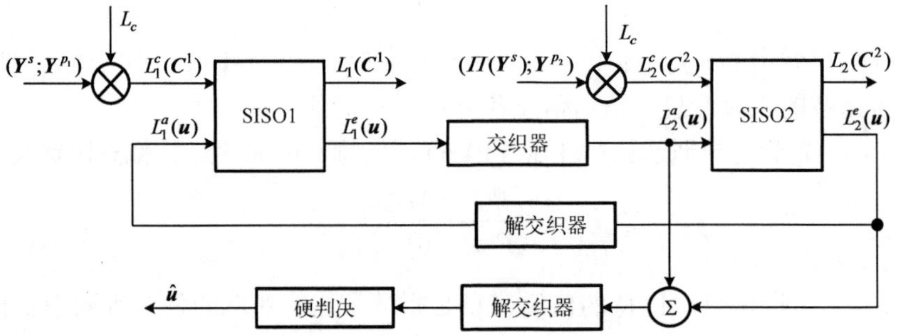


图 6-8　基于 SISO 模块的迭代译码器

对整个 Turbo 码译码器的 SISO 译码模块处理信号做如下定义：

$L_i^c(C^i)$——第 $i$ 个译码器对应码字比特 $C^i$ 的信道信息；

$L_i^a(u)$——第 $i$ 个译码器对应的信息比特先验对数似然比；

$L_i(C^i)$——第 $i$ 个译码器对应码字比特 $C^i$ 的后验对数似然比；

$L_i^e(u)$——第 $i$ 个译码器对应的信息比特外信息对数似然比。

下面讨论 Turbo 码分量码译码算法。迭代译码时分量码的译码算法主要分为最大后验(Maximum A Posteriori，MAP)概率译码算法和基于序列译码的软输出 Viterbi 算法(Soft-Output Viterbi Algorithm，SOVA)两大类。最大后验概率译码算法包括标准 BCJR 算法、MAP 算法、对数域 Log-MAP 算法以及其近似算法 Max-Log-MAP 算法等。其中，Bahl 等提出的标准 BCJR 算法可以得到译码输出序列中每个比特的最大后验概率，但具体实现非常复杂，MAP 算法是标准 BCJR 算法的一种修正算法，能获得较好的性能与复杂度折中。SOVA 算法由 Hagenauer 于 1989 年提出，是 Viterbi 算法的改进类型，其运算量为标准 Viterbi 算法的两倍左右，复杂度低于 MAP 算法，但是译码性能较 MAP 算法差。本节主要阐述 MAP 译码算法。

分量译码器的 MAP 译码以码比特的后验对数似然比或概率分布作为输入。根据码约束，它产生信息比特的后验 LLR $L(u_t)$ 和外信息 LLR $L^e(u_t)$ 作为输出。其输入-输出关系可以用图 6-9 表示。

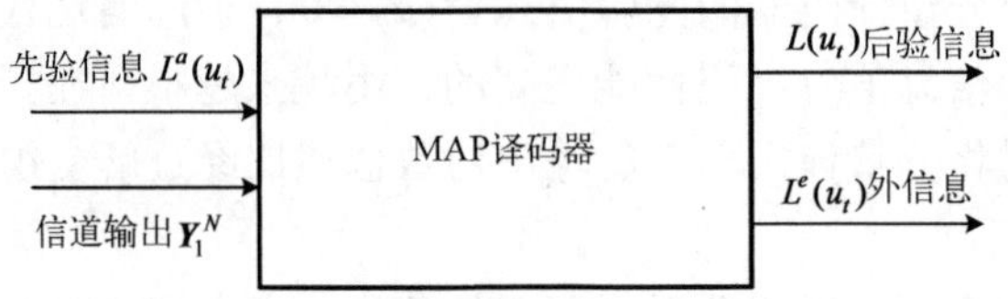


图 6-9　MAP 信道译码器的输入-输出关系

考虑双极性、码率为$k_0/n_0$、存储级数为$m$的递归系统卷积码译码。译码器的接收信号记作$\boldsymbol{Y}_1^N=(\boldsymbol{Y}_1,\cdots,\boldsymbol{Y}_N)=(y_1^s,y_1^p,\cdots,y_N^s,y_N^p)$，其中，$\boldsymbol{Y}_t=(y_t^s,y_t^p)$。$t$时刻信息比特$u_t$的先验对数似然比记作$L^a(u_t)$。在编码端，信息比特$u_t$的输入使得栅格状态从$t-1$时刻的$S_{t-1}=s'$转移到$t$时刻的$S_t=s$，相应的编码输出码字记为$(c_t^s,c_t^p)$，假定使用的是系统码，则$c_t^s=u_t$。假设码字比特首先映射成平均功率为$E_s$的双极性 BPSK 信号$(x_t^s,x_t^p)$，然后通过噪声分布服从$N(0,N_0/2)$的 AWGN 信道传输得到接收信号$(y_t^s,y_t^p)$。

根据贝叶斯原理，信息比特的后验对数似然比可以表示为

$$
\begin{aligned}
L(u_t)&\propto\ln\frac{P(u_t=1\big|\boldsymbol{Y}_1^N)}{P(u_t=0\big|\boldsymbol{Y}_1^N)}\\
&\propto\ln\frac{\sum\limits_{(s',s):u_t=1}P(S_{t-1}=s',S_t=s,\boldsymbol{Y}_1^N)}{\sum\limits_{(s',s):u_t=0}P(S_{t-1}=s',S_t=s,\boldsymbol{Y}_1^N)}
\end{aligned}
\tag{6-34}
$$

其中，求和式中的$(s',s):u_t=1/0$表示所有产生$u_t=1$或者 0 的可能状态转移对。BCJR 算法给出了重要的分解公式：

$$
P(S_{t-1}=s',S_t=s,\boldsymbol{Y}_1^N)=P(s',\boldsymbol{Y}_1^{t-1})\cdot P(\boldsymbol{Y}_t,s\,|\,s')\cdot P(\boldsymbol{Y}_{t+1}^N\,|\,s)\tag{6-35}
$$

令$\alpha_{t-1}(s')=P(s',\boldsymbol{Y}_1^{t-1})$，$\beta_t(s)=P(\boldsymbol{Y}_{t+1}^N\,|\,s)$，$\gamma_t(s',s)=P(\boldsymbol{Y}_t,s\,|\,s')$分别表示前向度量、后向度量和分支转移度量，则有

$$
P(u_t=b\big|\boldsymbol{Y}_1^N)\propto\sum_{(s',s):u_t=b}\alpha_{t-1}(s')\cdot\gamma_t(s',s)\cdot\beta_{t+1}(s),\quad b=0,1\tag{6-36}
$$

将递归系统码编码器等效为一个马尔可夫源，根据马尔可夫源的相关特性可以推出$\alpha_t(s)$、$\beta_t(s)$和$\gamma_t(s',s)$的计算公式：

$$
\begin{aligned}
\alpha_t(s)&=\sum_{s'}P(S_{t-1}=s',S_t=s,\boldsymbol{Y}_1^t)\\
&=\sum_{s'}P(S_{t-1}=s',\boldsymbol{Y}_1^{t-1})\cdot P(S_t=s,\boldsymbol{Y}_t\,|\,S_{t-1}=s',\boldsymbol{Y}_1^{t-1})\\
&=\sum_{s'}\alpha_{t-1}(s')\gamma_t(s',s)
\end{aligned}
\tag{6-37}
$$

$$
\begin{aligned}
\beta_t(s)&=\sum_{s''}P(S_{t+1}=s'',\boldsymbol{Y}_{t+1}^N\,|\,S_t=s)\\
&=\sum_{s''}P(\boldsymbol{Y}_{t+2}^N\,|\,S_{t+1}=s'')\cdot P(S_{t+1}=s'',\boldsymbol{Y}_{t+1}\,|\,S_t=s)\\
&=\sum_{s''}\beta_{t+1}(s'')\gamma_{t+1}(s,s'')
\end{aligned}
\tag{6-38}
$$

$$
\begin{aligned}
\gamma_t(s',s)&=P(S_t=s\,|\,S_{t-1}=s')P(\boldsymbol{Y}_t\,|\,\boldsymbol{S}_{t-1}=s',\boldsymbol{S}_t=s)\\
&=P(u_t)\cdot P(\boldsymbol{Y}_t\,|\,u_t)
\end{aligned}
\tag{6-39}
$$

$\alpha_t(s)$、$\beta_t(s)$和$\gamma_t(s',s)$之间的转换关系可由图 6-10 给出。

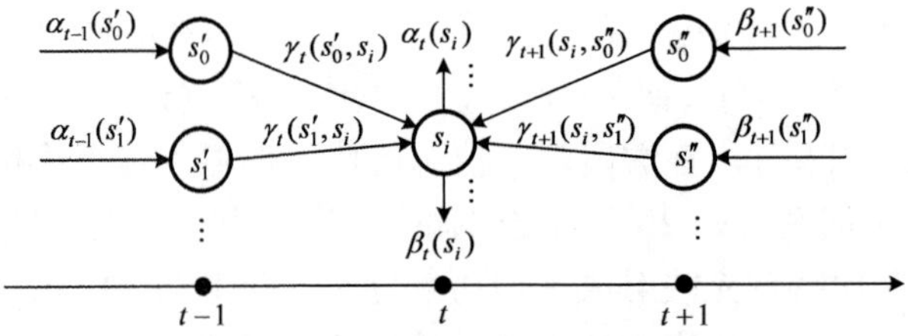


图 6-10　$\alpha_t(s)$、$\beta_t(s)$ 和 $\gamma_t(s',s)$ 间的递推关系图

然而直接递推得到 $\alpha_t(s)$ 和 $\beta_t(s)$ 在数值上是很不稳定的，随着递推时间的增加，它们的动态范围可能超过机器的字长范围。为了得到一个数值上稳定的算法，在实际实现时通常需要对 $\alpha_t(s)$ 和 $\beta_t(s)$ 进行归一化。设 $\alpha_t(s)$ 经过归一化后用 $\tilde{\alpha}_t(s)$ 表示，则

$$\tilde{\alpha}_t(s)=\frac{\alpha_t(s)}{\sum_s \alpha_t(s)} \tag{6-40}$$

设 $\beta_t(s)$ 经过归一化后用 $\tilde{\beta}_t(s)$ 表示，则

$$\tilde{\beta}_t(s)=\frac{\beta_t(s)}{\sum_s \beta_t(s)} \tag{6-41}$$

由此得到码比特的后验 LLR 为

$$\begin{aligned}L(u_t)&=\ln\frac{P(u_t=1|\boldsymbol{Y}_1^N)}{P(u_t=0|\boldsymbol{Y}_1^N)}\\&\propto\ln\frac{\sum\limits_{(s',s):u_t=1}\alpha_{t-1}(s')\cdot\gamma_t(s',s)\cdot\beta_{t+1}(s)}{\sum\limits_{(s',s):u_t=0}\alpha_{t-1}(s')\cdot\gamma_t(s',s)\cdot\beta_{t+1}(s)}\\&\propto\ln\frac{\sum\limits_{(s',s):u_t=1}\tilde{\alpha}_{t-1}(s')\cdot\gamma_t(s',s)\cdot\tilde{\beta}_{t+1}(s)}{\sum\limits_{(s',s):u_t=0}\tilde{\alpha}_{t-1}(s')\cdot\gamma_t(s',s)\cdot\tilde{\beta}_{t+1}(s)}\end{aligned} \tag{6-42}$$

如果假设分量编码器的初始状态为零状态 $s_0$，则 $\tilde{\alpha}_k(s)$ 的初始条件为

$$\tilde{\alpha}_0(s_0)=1$$

$$\tilde{\alpha}_0(s\neq s_0)=0$$

如果编码器在完成信息比特编码之后进行结尾处理，回到零状态，则 $\tilde{\beta}_t(s)$ 递归的初始条件为

$$\tilde{\beta}_N(s_0)=1$$

$$\tilde{\beta}_N(s\neq s_0)=0$$

如果没有进行结尾处理，则编码完成之后的末状态应该在所有可能的状态中等概率分布，即

$$\tilde{\beta}_N(s)=1/2^m,\quad \forall s$$

下面讨论分支转移度量的计算：

$$\begin{aligned}\gamma_t(s',s)&=P(u_t)\cdot P(\boldsymbol{Y}_t\,|\,u_t)\\&\propto P(u_t)\cdot\exp\left[\frac{(y_t^s-\sqrt{E_s}x_t^s)^2+(y_t^p-\sqrt{E_s}x_t^p)^2}{-N_0}\right]\\&\propto\frac{1}{1+\exp[L^a(u_t)]}\exp[u_tL^a(u_t)]\exp\left[\frac{2\sqrt{E_s}(y_t^sx_t^s+y_t^px_t^p)}{N_0}\right]\\&\propto\exp\left[u_tL^a(u_t)+\frac{1}{2}L_cy_t^sx_t^s+\frac{1}{2}L_cy_t^px_t^p\right]\end{aligned}\tag{6-43}$$

其中，$L_c$ 表示信道置信度。令 $\gamma_t^e(s',s)=\exp[L_cy_t^px_t^p/2]$，注意到 $x_t^s=2u_t-1$，将式(6-43)代入式(6-42)，可得

$$\begin{aligned}L(u_t)&=\ln\frac{\sum\limits_{(s',s):u_t=1}\tilde{\alpha}_{t-1}(s')\cdot\gamma_t(s',s)\cdot\tilde{\beta}_{t+1}(s)}{\sum\limits_{(s',s):u_t=0}\tilde{\alpha}_{t-1}(s')\cdot\gamma_t(s',s)\cdot\tilde{\beta}_{t+1}(s)}\\&\propto L^a(u_t)+L_cy_t^s+\frac{\sum\limits_{(s',s):u_t=1}\tilde{\alpha}_{t-1}(s')\cdot\gamma_t^e(s',s)\cdot\tilde{\beta}_{t+1}(s)}{\sum\limits_{(s',s):u_t=0}\tilde{\alpha}_{t-1}(s')\cdot\gamma_t^e(s',s)\cdot\tilde{\beta}_{t+1}(s)}\\&=L^a(u_t)+L_cy_t^s+L^e(u_t)\end{aligned}\tag{6-44}$$

从式(6-44)可以看出码比特后验对数似然比由三部分构成，分别是先验信息 $L^a(u_t)$、信道信息 $L^c(u_t)=L_cy_t^s$ 和外信息 $L^e(u_t)$。

在 Turbo 迭代过程中传递的是外信息，由式(6-45)可计算得出

$$L^e(u_t)=L(u_t)-L^a(u_t)-L^c(u_t)\tag{6-45}$$

图 6-11 给出了 1/2 码率，交织长度为 256、512，RSC 的生成矩阵为[37 21]，迭代次

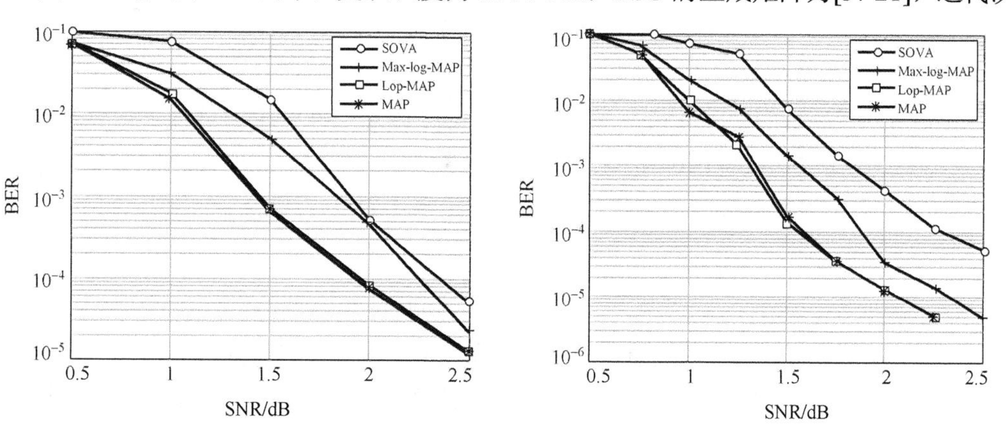


(a) 交织长度为256　　(b) 交织长度为512

图 6-11　不同交织长度下 4 种译码算法的性能比较

数为 10 的 Turbo 码不同算法性能的比较。从图中可以看出，MAP 算法最优，Log-MAP 次之，SOVA 算法最差。Log-MAP 算法能够逼近 MAP 算法性能。

### 6.5.3 Turbo 码的 EXIT 图

Turbo 迭代过程是一个复杂的非线性处理过程，其收敛特性很难用解析方法分析，目前常采用的分析方法主要有三种：密度进化(Density Evolution)法、方差转移(Variance Transfer)法和外信息转移图(EXtrinsic Information Transfer Chart，EXIT 图)法。本节利用 S.ten Brink 首次提出的外信息转移图进行分析。

EXIT 图是一种描述和设计迭代译码体制的有力工具，它包含两条分别描述内码和外码互信息转移特性的曲线，迭代译码过程在 EXIT 图上可以形象地表现为在两条转移特性曲线间以水平、垂直交替的“之”字形路线发展，最后收敛在交会点的译码轨迹。EXIT 图分析的关键在于互信息的计算和对数似然比的建模，下面分别加以介绍。

1. 互信息的计算

EXIT 图描述了软入软出译码器的输入输出互信息变化关系曲线。根据 Shannon 信息论，假设 $x$ 和 $y$ 为实随机变量，其概率密度函数分别为 $f(x)$ 和 $f(y)$，联合概率密度函数为 $f(x,y)$。则 $x$ 和 $y$ 之间的平均互信息(Mutual Information)可以表示为

$$\begin{aligned} I(x;y) &= H(x) - H(x|y) \\ &= \iint f(x,y)\log_2 \frac{f(x,y)}{f(x)f(y)}\mathrm{d}x\mathrm{d}y \end{aligned} \tag{6-46}$$

式中，$H(x)$ 表示 $x$ 的熵(Differential Entropy)：

$$H(x) = \int f(x)\log_2 \frac{1}{f(x)}\mathrm{d}x \tag{6-47}$$

式中，$H(x|y)$ 表示 $x$ 和 $y$ 的条件差分熵(Conditional Differential Entropy)

$$H(x|y) = \int f(x,y)\log_2 \frac{1}{f(x|y)}\mathrm{d}x\mathrm{d}y \tag{6-48}$$

式中，$f(x|y)$ 为条件概率密度函数。

Turbo 迭代处理中交互软信息的两个 SISO 分量处理器被建模为将输入对数似然比序列 $L_{\text{in}}$ 映射为新的外信息对数似然比序列 $L_{\text{out}}$ 的模块，以对数似然比 $L$ 和编码比特 $B$ 之间的互信息作为测度研究迭代处理过程。互信息表达式为

$$I(L;B) = \sum_{b=\pm1}\int_{-\infty}^{\infty} p(l,b)\log_2\left[\frac{p(l|b)}{p(l)}\right]\mathrm{d}l \tag{6-49}$$

其中，$p_L(l)$ 表示对数似然比 $L$ 的概率密度函数；$L$ 和编码比特之间的条件概率密度函数为 $p(l|b)$；联合概率密度函数为 $p(l,b)$。设编码比特 $B$ 为等概分布的随机变量，则有

$$p(l) = \frac{1}{2}[p(l|b=+1) + p(l|b=-1)]$$

$$I=\frac{1}{2}\sum_{b=\pm1}\int_{-\infty}^{+\infty}p(l|b)\times\log_2\left[\frac{2p(l|b)}{p(l|b=+1)+p(l|b=-1)}\right]\mathrm{d}l\text{，}\quad 0\leqslant I\leqslant 1 \tag{6-50}$$

式(6-50)揭示了互信息和对数似然比条件概率密度函数之间的关系。为了简化计算，假设对数似然比的条件概率密度函数具备对称条件(Symmetry Condition) $p(l|b)=p(-l|-b)$，则式(6-50)可以简化为

$$I=\int_{-\infty}^{+\infty}p(l|b+1)\times\log_2\left[\frac{2p(l|b=+1)}{p(l|b=+1)+p(l|b=-1)}\right]\mathrm{d}l \tag{6-51}$$

进一步地，假设条件概率密度函数服从一致性条件(Consistency Condition)：

$$p(l|b=+1)=p(-l|b=+1)\cdot e^{l} \tag{6-52}$$

其中，$e$ 为自然常数。得到简化的近似表达式为

$$I=1-\int_{-\infty}^{+\infty}p(l|b=+1)\times\log_2(1+e^{-l})\mathrm{d}l \tag{6-53}$$

同理可推，对称一致性条件下对数似然比互信息还可以表示为

$$I=1-\int_{-\infty}^{+\infty}p(l|b=-1)\times\log_2(1+e^{l})\mathrm{d}l \tag{6-54}$$

应用各态历经原理，用时间均值代替统计均值后得到

$$I\approx 1-\frac{1}{N}\sum_{k=1}^{N}\log_2(1+e^{-b_k l_k}) \tag{6-55}$$

其中，$N$ 表示观察到的对数似然比 $\{l_k\}$ 的数目；$b_k$ 为相应的比特序列，$b_k\in\{+1,-1\}$。

### 2. 对数似然比的建模

S.ten Brink 通过大量仿真研究，在合理假设条件下给出了对数似然比模型。建模的假设条件如下：①对于交织器足够大的 Turbo 迭代系统，可以认为先验信息和信道观测信息在多次迭代中均不存在相关性；②随着迭代次数的增加，软输入软输出分量译码器输出的外信息的概率密度函数具有高斯分布特性。在上述假设条件下，软输入软输出译码模块的输入先验对数似然比随机变量 $l$ 可以建模为

$$l=\mu_a b+n_a\text{，}\quad n_a\sim N(0,\sigma_a^2)\text{，}\quad \mu_a=\sigma_a^2/2 \tag{6-56}$$

则先验对数似然比的条件概率密度函数可以写成

$$p(l\,|\,b)=\frac{1}{\sqrt{2\pi\sigma_a^2}}\exp\left\{\frac{[l-(\sigma_a^2 b/2)]^2}{-2\sigma_a^2}\right\} \tag{6-57}$$

代入式(6-50)计算输入互信息：

$$I_a=g(\sigma_a)=\int_{-\infty}^{\infty}\frac{1}{\sqrt{2\pi\sigma_a^2}}\exp\left\{\frac{[\alpha-(\sigma_a^2/2)]^2}{-2\sigma_a^2}\right\}\log_2\left(\frac{2}{1+e^{-\alpha}}\right)\mathrm{d}\alpha \tag{6-58}$$

由式(6-58)可见，$I_a$ 只和参数 $\sigma_a$ 相关，由于函数 $g(\sigma_a)$ 没有闭合形式，因此通常采

用数值方法讨论函数的特性。$g(\sigma_a)$ 是单调增函数，数值积分计算后可通过查表获得一定互信息值对应的方差均方根值。$g(\sigma_a \to 0)=0$，$g(\sigma_a \to \infty)=1$。

3. 外部互信息转移特性曲线

EXIT 图假设软输入软输出译码模块输入的先验对数似然比满足高斯分布，根据式(6-58)，确定参数 $\sigma_a$ 的值就能获得确定的输入互信息 $I_a$。软输入软输出模块接收先验对数似然比和信道观测信息以后输出外信息对数似然比 $l^e$。$l^e$ 与编码比特之间的互信息 $I_e$ 可以按照式(6-50)计算：

$$I_e = \frac{1}{2}\sum_{b=\pm1}\int_{-\infty}^{+\infty} p(l^e|b)\times\log_2\left[\frac{2p(l^e|b)}{p(l^e|b=+1)+p(l^e|b=-1)}\right]\mathrm{d}l^e,\quad 0\leqslant I_e\leqslant 1 \tag{6-59}$$

如果外信息对数似然比的条件概率密度函数 $p(l^e|b)$ 满足一致对称条件，则式(6-59)也可以简化为形如式(6-55)的形式，采用时间平均方法求解 $I_e$。如果 $p(l^e|b)$ 不满足一致条件，则需要借助蒙特卡罗仿真，先用直方图(Histogram)方法估计出 $p(l^e|b)$ 再计算输出互信息。将 $I_e$ 看成 $I_a$ 和信噪比 SNR 的函数，外部互信息(Extrinsic Mutual Information)转移特性就可以定义为

$$I_e = T(I_a,\text{SNR}) \tag{6-60}$$

固定 SNR 的条件下，外部互信息转移特性就通过 $I_a$ 和 $I_e$ 的转移关系体现 $I_e = T(I_a)$。

Turbo 迭代译码进行过程中，第一个分量译码器的输出外信息将作为第二个分量译码器的输入先验信息。同样，第二个分量译码器输出的外信息也将作为下一次 Turbo 迭代中第一个分量译码器的输入先验信息。为了利用外信息转移图形描述在给定信噪比条件下的 Turbo 迭代过程，首先画出第一个分量译码器的互信息转移特性曲线 $I_e^1 = T_1(I_a^1)$，然后将交换横纵坐标，在同一个图中绘出第二个分量译码器的互信息转移特性曲线 $I_e^2 = T_2(I_a^2)$。

假设 $n$ 表示译码迭代次数序号，当 $n=0$ 时，第一个分量译码器输入的初始先验信息为零，即 $I_{a,0}^1 = 0$。在第 $n$ 次迭代过程中，第一个分量译码器经过译码处理以后，输出外部互信息 $I_{e,n}^1 = T_1(I_{a,n}^1)$，第一个分量译码器的外信息经过交织以后作为第二个分量译码器的输入先验信息，由于交织和解交织过程不会影响互信息，因此有 $I_{e,n}^1 = I_{a,n}^2$，第二个分量译码器经过译码处理以后输出外部互信息 $I_{e,n}^2 = T_2(I_{a,n}^2)$，外信息解交织以后作为下一次 Turbo 迭代中第一个分量译码器的输入互信息 $I_{a,n+1}^1 = I_{e,n}^2$。在迭代处理过程中，如果有 $I_{e,n+1}^2 > I_{e,n}^2$，则表明译码处理仍然能带来互信息增益，因此迭代继续。根据分量译码器之间的信息传递规律，有 $I_{e,n+1}^2 = T_2[T_1(I_{e,n}^2)]$。注意到互信息转移函数是单调增函数，因此迭代处理需要满足的不等式可以写成 $T_1(I_{e,n}^2) > T_2^{-1}(I_{e,n}^2)$。如果 $I_{e,n+1}^2 = I_{e,n}^2$，则表明迭代译码已经不能带来互信息增益，因此，迭代停止，停止条件可以等效写成 $T_1(I_{e,n}^2) = T_2^{-1}(I_{e,n}^2)$

考虑 1/2 码率，生成多项式为 $(7,\ 5)_8$ 的递归系统卷积码并行级联构成的 Turbo 码。图 6-12 给出了该 Turbo 码迭代译码过程中的互信息转移特性，图中 $I_e$ 表示迭代过程中的输出互信息，$I_a$ 表示迭代过程中输入的先验信息。

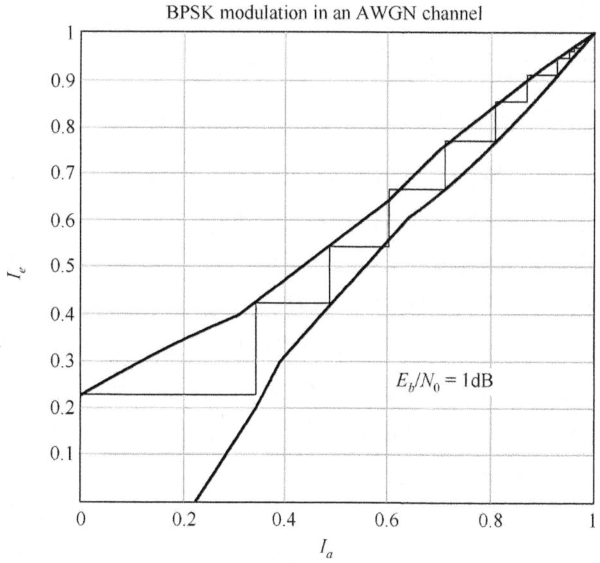


图 6-12　Turbo 码的迭代译码轨迹

EXIT 图可以用来描述软输入软输出分量译码器之间的外信息转移特性，并以此来跟踪分析迭代译码的收敛性。事实上，除了计算对数似然比和编码比特之间的互信息以外，还可以利用信噪比测度、均值测度、方差测度、误码率测度等其他参数跟踪迭代接收中的外信息转移特性，画出 EXIT 图来跟踪分析迭代译码的收敛性。

## 6.6　低密度奇偶校验码(LDPC)

LDPC 码由 Gallager 于 1962 年在其博士论文中提出，它是一种用稀疏的一致校验矩阵定义的线性分组码。LDPC 码和 Turbo 码有着相似的优异性能，与 Turbo 码相比，它还具有以下优点：本身具有良好的内交织特性，抗突发差错能力强，不需要深度交织来获得好的译码性能，从而避免了交织引入的时延；误码平层大大降低；译码算法相对简单，更适于高速译码的实现。本节将从 LDPC 码的图模型出发研究其通用译码算法，并介绍目前在各种标准中应用的 LDPC 码的构造、编码和性能。

### 6.6.1　LDPC 码的概念

假设 LDPC 码长为 $n$，信息位为 $k$，则校验位为 $m=n-k$，因而，其一致校验矩阵 $\boldsymbol{H}$ 为 $m\times n$ 矩阵。设该矩阵每行有 $d_c$ 个“1”，每列有 $d_v$ 个“1”，其中，$d_c \ll n$，$d_v \ll m$，因而 $\boldsymbol{H}$ 矩阵中大部分元素都为“0”，即元素“1”的密度非常低，该类码因此而得名。

众所周知，线性分组码可以由它的生成矩阵 $\boldsymbol{G}=\{g_{ij}\}_{k\times n}$ 决定。若给定生成矩阵 $\boldsymbol{G}$，码字集合可以表示为

$$C=\left\{x\in F_q^n \mid x=\sum_i a_i g_i, a_i\in F_q\right\} \tag{6-61}$$

式中，$g_i$ 为生成矩阵 $\boldsymbol{G}$ 的第 $i$ 行。等价地，线性分组码也可以由其一致校验矩阵 $\boldsymbol{H}$ 来决定。对于给定的一致校验矩阵，码字集合可以表示为

$$C=\{x\in F_q^n \mid \langle x,h_i\rangle=0,\quad i=1,2,\cdots,n-k\} \tag{6-62}$$

式中，$h_i$ 为校验矩阵 $\boldsymbol{H}$ 的第 $i$ 行，即码字与 $\boldsymbol{H}$ 矩阵的各行正交。因此如果选定了一致校验矩阵，这个线性分组码也就确定了。根据一致校验矩阵的不同，LDPC 码分为两大类：规则(Regular) LDPC 码和非规则(Irregular) LDPC 码。规则 LDPC 码的 $\boldsymbol{H}$ 矩阵每行(列)中的非零元素个数相同，而非规则 LPDC 码 $\boldsymbol{H}$ 矩阵每行(列)中的非零元素个数未必相同。

LDPC 码也可以利用图论中的二部图或双向图(Bipartite Graph)表示，以图模型表示线性分组码是现代编码理论的一种重要的新方法，它以二部图的形式描述编码输出的码字比特与约束它们的校验和之间的对应关系。由于该方法是由 Tanner 最先提出的，因此人们又将这种图模型称为 Tanner 图。

Tanner 图由顶点集合和连接的边(Edge)组成，其顶点集可以划分成两个不相交的子集 $X$ 和 $Y$，使得每条边的一个端点在 $X$ 中，另一个端点在 $Y$ 中，子集 $X$ 与 $Y$ 中各自内部的节点互不相连。假设子集 $X$ 中的节点代表编码后的 $n$ 个比特位，称为变量节点(Variable Node，VN)，本节以圆圈 $(v_1,v_2\cdots,v_n)$ 表示，对应一致校验矩阵中相应的列；子集 $Y$ 中的节点代表编码比特组成的 $m$ 个校验方程，称为校验节点(Check Node，CN)，以方块 $(c_1,c_2,\cdots,c_m)$ 表示，对应一致校验矩阵中相应的行。当且仅当第 $i$ 个码字比特参与了第 $j$ 个校验方程的约束时，变量节点 $v_i$ 和校验节点 $c_j$ 之间才有一条边 $(v_i,c_j)$ 相连，即 Tanner 图中对应的节点之间建立一条边，对应 $\boldsymbol{H}$ 矩阵中第 $j$ 行第 $i$ 列的元素非零，对于二进制编码则取值为“1”。图 6-13 给出了一个(10, 2, 4)规则 LDPC 码的一致校验矩阵和它对应的 Tanner 图。

与某个变量节点 VN 相连的边数称为该变量节点的度数(Degree)，记为 $d_v$，相应地 $\boldsymbol{H}$ 矩阵该列重为 $d_v$；类似地，与某个校验节点 CN 相连的边数称为该校验节点的度数 $d_c$，记为 $d_c$，相应 $\boldsymbol{H}$ 矩阵该行重为 $d_c$。上述例子是一个二元域上的 LDPC 码，其一致校验矩阵中每一列有 2 个“1”，每一行有 4 个“1”，即编码码字中的每个比特受到 $d_v$=2 个校验约束，而每个校验约束包括 $d_c$=4 个比特(即与每个校验节点相连的 4 个比特之和为偶数)。

规则 LDPC 码的变量节点和校验节点度数都是不变的，因此可用 $(n,d_v,d_c)$ 表示，其中 $n$ 为码字长度。非规则 LDPC 码的变量节点或者校验节点的度数是变化的。

$$\begin{bmatrix} 1&1&1&1&0&0&0&0&0&0\\ 1&0&0&0&1&1&1&0&0&0\\ 0&1&0&0&1&0&0&1&1&0\\ 0&0&1&0&0&1&0&1&0&1\\ 0&0&0&1&0&0&1&0&1&1 \end{bmatrix}$$

(a) 一致校验矩阵

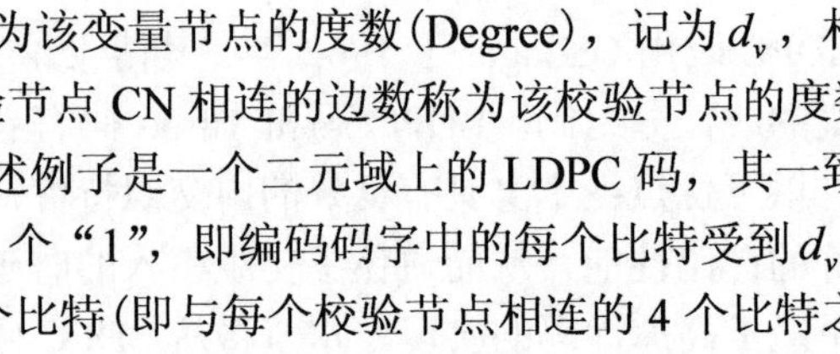

(b) Tanner 图

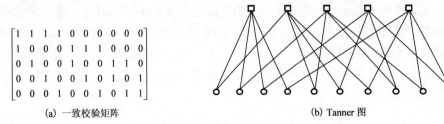

图 6-13　LDPC 码的一致校验矩阵和 Tanner 图

## 6.6.2 LDPC 码的译码

LDPC 码的译码方法多是基于 Tanner 图的消息迭代译码算法。根据消息迭代过程中传送消息的不同形式，可以将 LDPC 码的译码方法分为硬判决译码和软判决译码。目前主要的硬判决译码算法有一步大数逻辑(Majority-Logic，MLG)译码算法、Gallager 提出的比特翻转(Bit-Flipping，BF)算法、加权的大数逻辑(Weighted Majority-Logic，WMLG)译码算法、加权的比特翻转(Weighted Bit-Flipping，WBF)算法；软译码算法主要有迭代结构的置信传播(Belief Propagation，BP)算法、后验概率(A Posteriori Probability，APP)译码以及标准 BP 算法；对信息进行部分处理，降低译码复杂度的改进译码算法，如 Normlized BP-based 算法等。

下面主要介绍 LDPC 码中常用的消息迭代译码算法。

为便于算法描述，如无特殊说明，本节的信道模型为离散无记忆 AWGN 信道，采用 BPSK 调制，将码字 $C=(v_1,v_2,\cdots,v_N)$ 按 $x_i=1-2v_i, v_i\in\{0,1\}, 1\leqslant i\leqslant N$ 的关系，映射为发送序列 $X=(x_1,x_2,\cdots,x_N)$，经信道传输后，接收序列为 $Y=(y_1,y_2,\cdots,y_N)$，其中变量 $y_i=x_i+n_i, 1\leqslant i\leqslant N$，$n_i$ 为均值为 0、方差为 $\sigma^2$ 的独立同分布的高斯噪声。

BP 算法译码过程可以看成在 Tanner 图上进行的消息传递过程，边上传递的消息分为校验节点至变量节点和变量节点至校验节点两种，如图 6-14 所示。令集合 $N(v)$ 表示变量节点集合，$N(c)$ 表示校验节点集合。迭代过程中，每个变量节点向与其相连的校验节点发送变量消息 $Q_{vc}^a$；接着每个校验节点向与其相连的变量节点发送校验消息 $R_{cv}^a$。其中，变量消息 $Q_{vc}^a$ 是在已知与变量节点相连的其他校验节点发送的校验消息 $\{R_{c'v}^a, c'\in N(v)\setminus c\}$ 的前提下，变量节点为 $a$ 的条件概率；$R_{cv}^a$ 是在已知变量节点取值为 $a$ 以及与校验节点相连的其他变量消息 $\{Q_{v'c}^a, v'\in N(c)\setminus v\}$ 的前提下，校验关系成立的条件概率。

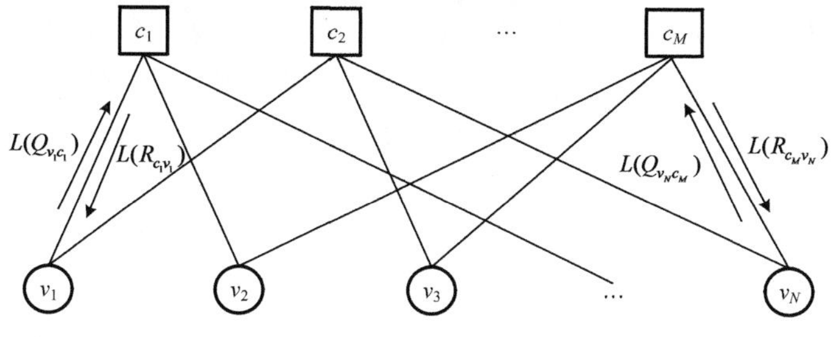


图 6-14 Tanner 图上译码消息的迭代传递

消息传递算法的法则称为消息传递机制(Message-passing Schedule)。BP 算法一般采用并行处理的洪水消息传递机制，迭代过程如下。

(1)初始化。根据一致校验矩阵，对满足 $h_{ij}=1$(即变量节点 $v_i$ 和校验节点 $c_j$ 相连)的每对变量节点与校验节点 $(v_i, c_j)$，定义初始变量消息：

$$Q_{vc}^0=P_v^0=\frac{1}{1+\exp\left(-\frac{2y_i}{\sigma^2}\right)} \tag{6-63}$$

$$Q_{vc}^1 = P_v^1 = \frac{1}{1+\exp\left(\frac{2y_i}{\sigma^2}\right)} \tag{6-64}$$

(2) 迭代过程。

①水平步骤——通过计算变量消息得到新的校验消息：

$$R_{cv}^0 = \frac{1}{2} + \frac{1}{2}\prod_{v'\in N(c)\backslash v}(1-2Q_{v'c}^1) \tag{6-65}$$

$$R_{cv}^1 = 1 - R_{cv}^0 \tag{6-66}$$

②垂直步骤——通过计算校验消息得到新的变量消息：

$$Q_{vc}^0 = P(z_i = 0 \mid \{c'\}_{c'\in N(v)\backslash c}, y_i) = K_{vc}P_v^0 \prod_{c'\in N(v)\backslash c} R_{c'v}^0 \tag{6-67}$$

$$Q_{vc}^1 = K_{vc}P_v^1 \prod_{c'\in N(v)\backslash c} R_{c'v}^1 \tag{6-68}$$

式中，$K_{vc} = \frac{1}{P(\{c'\}_{c'\in N(v)\backslash c} \mid y_i)}$ 是归一化因子，保证 $Q_{vc}^0 + Q_{vc}^1 = 1$。

(3) 译码判决。一轮迭代之后，对每个信息比特 $y_i(i=1,2,\cdots,n)$ 计算它关于接收值和码结构的后验概率：

$$Q_v^0 = K_v P_v^0 \prod_{c\in N(v)} R_{cv}^0 \tag{6-69}$$

$$Q_v^1 = K_v P_v^1 \prod_{c\in N(v)} R_{cv}^1 \tag{6-70}$$

式中，$K_v$ 保证 $Q_v^0 + Q_v^1 = 1$。然后根据 $Q_v^0$ 和 $Q_v^1$ 做出判决：若 $Q_v^0 > 0.5$，则 $\hat{v}_i = 0$；否则 $\hat{v}_i = 1$。由此得到对发送码字的估计 $\hat{C} = (v_1, v_2, \cdots, v_n)$。再计算伴随式 $S = \hat{C}H^{\mathrm{T}}$，如果 $S$=0，那么认为译码成功，结束迭代过程；否则继续迭代直至最大迭代次数。

观察上述迭代过程中的计算式可以看出，校验节点和变量节点消息更新算法中的主要运算是加法和乘法，因此 BP 算法也称为和积算法（Sum Product Algorithm，SPA）。

概率测度下的和积译码算法涉及大量乘除运算，乘法运算在硬件实现的时候所消耗的资源远多于加法运算，因此上述算法不利于硬件实现。通过引入对数似然比，可以较好地解决此问题。基于对数似然测度的 BP 算法的迭代过程如下。

(1) 初始化。根据一致校验矩阵，对满足 $h_{ij}$=1 的每对变量节点 $v_i$ 和校验节点 $c_j$ 定义初始变量消息：

$$L(Q_{vc}) = L(P_v) = log\left(\frac{P_v^0}{P_v^1}\right) = \frac{2y_i}{\sigma^2} \tag{6-71}$$

(2) 迭代过程。

①水平步骤——通过计算变量消息得到新的校验消息：

$$L(Q_{vc}) = \alpha_{vc}\beta_{vc} \tag{6-72}$$

式中，$\alpha_{vc} = \text{sign}[L(Q_{vc})]$，$\beta_{vc} = \text{abs}[L(Q_{vc})]$。

$$L(R_{cv}) = \log\left(\frac{R_{cv}^0}{R_{cv}^1}\right) = \prod_{v' \in N(c)\backslash v} \alpha_{v'c} \cdot \phi\left(\sum_{v' \in N(c)\backslash v} \phi(\beta_{v'c})\right) \tag{6-73}$$

上式中，$\phi(x) = -\log\left[\tanh\left(\frac{x}{2}\right)\right] = \log\left(\frac{e^x+1}{e^x-1}\right)$。

②垂直步骤——通过计算校验消息得到新的变量消息：

$$L(Q_{vc}) = L(P_v) + \sum_{c' \in N(v)\backslash c} L(R_{c'v}) \tag{6-74}$$

(3)译码判决：

$$L(Q_v) = L(P_v) + \sum_{c \in N(v)} L(R_{cv}) \tag{6-75}$$

根据 $L(Q_v)$ 做出判决：若 $L(Q_v) > 0$，则 $\hat{v}_i = 0$，否则 $\hat{v}_i = 1$，由此得到对发送码字的估计 $\hat{C} = (v_1, v_2, \cdots, v_n)$。再计算伴随式 $S = \hat{C}H^{\text{T}}$，如果 $S = 0$，则认为译码成功，结束迭代过程，否则继续迭代直至最大迭代次数。

不难看出，此时更新后的校验消息和变量消息均是以对数似然比形式表示。由于引入对数似然比，推导出来的 BP 算法不需要归一化运算，大量乘、除、指数和对数运算变成了加减运算，降低了每轮迭代的运算复杂度和实现难度，因此对数似然比测度和积译码算法得到了广泛应用。

注意：对数似然比测度下的和积译码算法能够有效降低计算复杂度，但是迭代过程中对双曲正切求对数的核心运算 $\phi(x)$ 较为复杂。分析 $\phi(x)$ 特性可知，式(6-73)中对 $\phi(\beta_{v'c})$ 的求和主要取决于较小的 $\beta_{v'c}$。基于这种思想，可以简化校验消息更新步骤，简化后的算法即最小和算法(Min-Sum，MS)。

MS 算法在降低译码复杂度的同时，译码性能也有所降低。有学者提出在最小和算法校验节点消息更新公式中插入一个归一化常数参数 $\alpha$，能从一定程度上弥补因最小和算法而忽略的其余边的消息，从而较大幅度地提高译码性能，即

$$L(R_{cv}) = \alpha \prod_{v' \in N(c)\backslash v} \alpha_{v'c} \cdot \min_{v' \in N(c)\backslash v} \beta_{v'c} \tag{6-76}$$

这种译码算法称为归一化最小和算法(Normalized Min-Sum，NMS)。为获得最佳译码性能，$\alpha$ 值应该随着信噪比和迭代次数的不同而变化。但是为了保证较低的复杂度，可维持 $\alpha$ 为常数。

图 6-15 给出了 BP、MS 和 NMS 算法的译码性能仿真曲线。采用规则 LDPC（1008, 3, 6)码，编码后信号经过 BPSK 调制，送入 AWGN 信道传输；NMS 算法的归一化参数为 0.8，译码最大迭代次数为 100。从仿真结果可看出，MS 算法引入了较大的误差，性能损失很大，在误比特 $10^{-5}$ 时，BP 算法与 MS 算法性能相差将近 0.5dB；而 NMS 算法选

择最佳参数时，性能与BP算法接近，在高信噪比时，甚至比BP算法要好，这是因为所选取码长较短，Tanner图中存在长度较短的环，降低了BP算法的性能，而NMS算法在一定程度上破除了短环，减少了消息之间的相关性，故可获得好的性能。

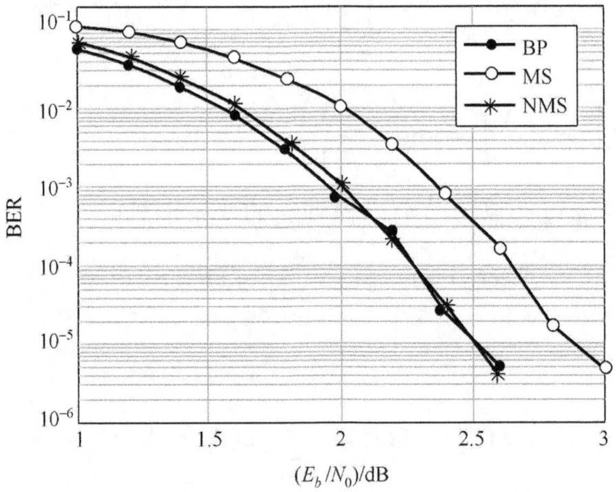


图 6-15　三种译码算法在 AWGN 信道中的性能比较

### 6.6.3　LDPC 码的应用

LDPC 码的应用十分广泛。目前卫星数据广播标准 DVB-S2、IEEE 802.16e、深空通信、磁记录系统和第五代移动通信等领域已经把 LDPC 码作为其信道编码方案之一。

1. IEEE 802.16e 中的 LDPC 码

IEEE 802.16e 是 802.16 工作组制定的一项无线城域网技术标准，它支持在 2~11GHz 频段下的固定和车速移动业务，并支持基站和扇区间的切换。下面对 IEEE 802.16e 中 LDPC 码的构造和编码方法进行介绍。

IEEE 802.16e 标准中的 LDPC 码包含了从 576～2304 的 19 种码长，1/2～5/6 的 4 种码率组合的多种组合方式。前面提到，LDPC 码都是由一个 $m\times n$ 一致校验矩阵 $\boldsymbol{H}$ 定义的，$n$ 表示码长的位数，$m$ 表示校验位的位数。IEEE 802.16e 的 LDPC 码的 $\boldsymbol{H}$ 矩阵为

$$\boldsymbol{H}=\begin{bmatrix} P_{0,0} & P_{0,1} & P_{0,2} & \cdots & P_{0,n_b-2} & P_{0,n_b-1} \\ P_{1,0} & P_{1,1} & P_{1,2} & \cdots & P_{1,n_b-2} & P_{1,n_b-1} \\ P_{2,0} & P_{2,1} & P_{2,2} & \cdots & P_{2,n_b-2} & P_{2,n_b-1} \\ \vdots & \vdots & \vdots & & \vdots & \vdots \\ P_{m_b-1,0} & P_{m_b-1,1} & P_{m_b-1,2} & \cdots & P_{m_b-1,n_b-2} & P_{m_b-1,n_b-1} \end{bmatrix}=P^{\boldsymbol{H}_b} \tag{6-77}$$

式中，$P_{i,j}$ 表示一个 $z\times z$ 单位置换矩阵或者零矩阵，单位置换矩阵是通过将单位矩阵循环右移某个整数位得到的。从式(6-77)中可以看出其 $\boldsymbol{H}$ 矩阵是由一个 $m_b\times n_b$ 的基本矩阵 $\boldsymbol{H}_b$ 扩展生成的。标准中指出 $\boldsymbol{H}_b$ 是由两部分组成，$\boldsymbol{H}_b=[(\boldsymbol{H}_{b1})_{m_b\times k_b}|(\boldsymbol{H}_{b2})_{m_b\times m_b}]$，其中 $\boldsymbol{H}_{b1}$

表示系统位，$\boldsymbol{H}_{b2}$表示校验位，在结构上$\boldsymbol{H}_{b2}$又分为两部分：一个奇重向量$h_b$和一个双线形结构的矩阵，如式(6-78)所示。

$$\boldsymbol{H}_{b2}=\left[\begin{array}{c} h_b(0) \\ h_b(1) \\ \vdots \\ h_b(m_b-1) \end{array}\right]\left[\begin{array}{cccccc} 1 & & & & & \\ 1 & 1 & & & & \\ & 1 & 1 & & & \\ & & \ddots & \ddots & & \\ & & & 1 & 1 & \\ & & & & 1 & 1 \end{array}\right] \tag{6-78}$$

对于各种码长和码率的$\boldsymbol{H}$矩阵都是由基本矩阵$\boldsymbol{H}_b$扩展得到，在扩展时先用二元数值“0”或“1”表示基本矩阵$\boldsymbol{H}_b$，再将该矩阵中的“0”元素以一个$z_f \times z_f$的零矩阵替换，“1”元素以相应移位次数的循环置换矩阵替换，得到扩展生成的一致校验矩阵$\boldsymbol{H}$。其中二元基本矩阵各元素的移位值以矩阵$\boldsymbol{H}_{bm}$表示，在IEEE 802.16e标准中对于不同码率的LDPC码给定了不同的$\boldsymbol{H}_{bm}$矩阵进行了定义。

2．DVB-S2中的LDPC码

DVB-S标准是欧洲数字视频广播(DVB)组织制定的卫星数据广播技术规范，这是一种全球化的卫星传输标准，目前已被世界上很多国家采用。DVB-S2是DVB组织颁布的第二代数字视频卫星广播的标准。DVB-S2支持更广泛的应用业务，且与DVB-S兼容。与DVB-S相比，DVB-S2标准在带宽利用率方面有了质的飞跃，在相同的功耗水平下增加了35%的带宽。这个巨大的进步主要通过三个方面体现出来：新的纠错编码方式(LDPC)、新的调制体制(8PSK、16APSK和32APSK)和新的工作模式(VCM：可变编码调制；ACM：自适应编码调制)。DVB-S2提供了1/4、1/3、2/5、1/2、3/5、2/3、3/4、4/5、5/6、8/9和9/10共11种纠错编码比率，以适应不同的调制方式和系统需求。DVB-S2引入了64800和16200两种LDPC码长，码长极长是其性能优异(距香农限仅0.7dB，比DVB-S标准提高了3dB)的原因之一。

前向纠错(FEC)编码系统是DVB-S2系统中的一个子系统，由外码(BCH)、内码(LDPC)和比特交织(Bit Interleaving)三部分组成。其输入流是BBFRAME(基本比特帧)，输出流是FECFRAME(前向纠错帧)。

每个BBFRAME($K_{\mathrm{bch}}$ bit)由FEC系统处理后产生一个FECFRAME($n_{\mathrm{ldpc}}$ bit)，外码系统BCH码的奇偶校验比特(BCHFEC)加在BBFRAME的后面，内码LDPC码的奇偶校验比特加在BCHFEC的后面，如图6-16所示。

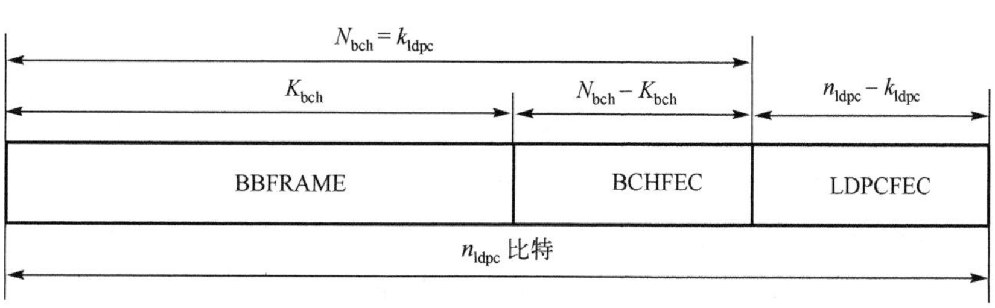


图6-16 DVB-S2标准FEC系统比特交织前的数据格式

表 6-11 和表 6-12 分别给出了长帧（$n_{ldpc}=64800$ bit）和短帧（$n_{ldpc}=16200$ bit）的 FEC 编码参数。

**表 6-11　DVB-S2 标准 FEC 系统的编码参数（长帧 $n_{ldpc}$=64800bit）**

| LDPC 码率 | BCH 信息位 $K_{bch}$ | BCH 码长 $N_{bch}$ LDPC 信息位 $k_{ldpc}$ | BCH 纠错位数 | LDPC 码长 $n_{ldpc}$ |
|---|---|---|---|---|
| 1/4 | 16008 | 16200 | 12 | 64800 |
| 1/3 | 21408 | 21600 | 12 | 64800 |
| 2/5 | 25728 | 25920 | 12 | 64800 |
| 1/2 | 32208 | 32400 | 12 | 64800 |
| 3/5 | 38688 | 38880 | 12 | 64800 |
| 2/3 | 43040 | 43200 | 10 | 64800 |
| 3/4 | 48408 | 48600 | 12 | 64800 |
| 4/5 | 51648 | 51840 | 12 | 64800 |
| 5/6 | 53840 | 54000 | 10 | 64800 |
| 8/9 | 57472 | 57600 | 8 | 64800 |
| 9/10 | 58192 | 58320 | 8 | 64800 |

**表 6-12　DVB-S2 标准 FEC 系统的编码参数（短帧 $n_{ldpc}$=16200bit）**

| LDPC 码率 | BCH 信息位 $K_{bch}$ | BCH 码长 $N_{bch}$ LDPC 信息位 $k_{ldpc}$ | BCH 纠错位数 | LDPC 有效码率 $k_{ldpc}$/16200 | LDPC 码长 $n_{ldpc}$ |
|---|---|---|---|---|---|
| 1/4 | 3072 | 3240 | 12 | 1/5 | 16200 |
| 1/3 | 5232 | 5400 | 12 | 1/3 | 16200 |
| 2/5 | 6312 | 6480 | 12 | 2/5 | 16200 |
| 1/2 | 7032 | 7200 | 12 | 4/9 | 16200 |
| 3/5 | 9552 | 9720 | 12 | 3/5 | 16200 |
| 2/3 | 10632 | 10800 | 12 | 2/3 | 16200 |
| 3/4 | 11712 | 11880 | 12 | 11/15 | 16200 |
| 4/5 | 12432 | 12600 | 12 | 7/9 | 16200 |
| 5/6 | 13152 | 13320 | 12 | 37/45 | 16200 |
| 8/9 | 14232 | 14400 | 12 | 8/9 | 16200 |

## 6.7　Polar 码

极化码(Polar code)是土耳其毕尔肯大学 Arıkan 教授于 2008 年基于信道极化思想提出的一种前向纠错编码。Polar 码构造的核心是通过信道极化(Channel Polarization)处理，在编码侧采用一定方法使各个子信道呈现出不同的可靠性，当码长持续增加时，部分信道将趋向于容量接近 1 的完美信道(无误码)，另一部分信道趋向于容量接近 0 的纯噪声信道，选择在容量接近 1 的信道上直接传输信息以逼近信道容量。Polar 码是目前唯一能够被严格证明理论上可以达到香农极限的信道编码。

信道极化包括信道合并(Channel Combining)和信道分裂(Channel Splitting)两个阶段。对于多个二进制无记忆信道(Binary Discrete Memoryless Channel，BDMC)，其输入的比特经过一系列的线性变换后，除一小部分信道外，其余大部分的信道都呈现信道容量趋于 0 或者 1 的现象。

信道合并就是将 $N$ 个独立相同的二进制无记忆信道 $W$ 通过递归方式产生一个向量信道 $W_N : X^N \to Y^N$，其中 $N$ 是 2 的整数幂。当递归从第 0 级开始时，只有一个独立信道，即 $W_1 = W$，输入和输出之间的转移概率为 $W(y|x)$，其中 $x \in \{0,1\}$ 表示信道的二进制输入，$y$ 表示输出，对于一个二进制离散无记忆信道，存在对称容量和巴氏参数两个重要的信道参数。对称容量(Symmetric Capacity)表征信道等概率输入下的可靠传输最大速率，定义为

$$I(W) = \sum_y \sum_x \frac{1}{2} W(y|x) \log \frac{W(y|x)}{\frac{1}{2}(W(y|0) + W(y|1))} \tag{6-79}$$

巴氏参数(Bhattacharyya Parameter)表示信道只传输 0 或 1 时最大似然判决错误概率上限：

$$Z(W) = \sum_{y \in Y} \sqrt{W(y|0)W(y|1)} \tag{6-80}$$

$I(W)$ 和 $Z(W)$ 的取值范围均为 $[0,1]$，当且仅当 $Z(W) \approx 0$ 时，$I(W) \approx 1$；当且仅当 $Z(W) \approx 1$ 时，$I(W) \approx 0$。

第 1 级递归如图 6-17 所示，信道合并过程联合了 2 个独立的 $W$ 信道，形成了 $W_2 : X^2 \to Y^2$，其转移概率为 $W_2(y_1, y_2 | u_1, u_2) = W(y_1 | u_1 \oplus u_2) W(y_2 | u_2)$。

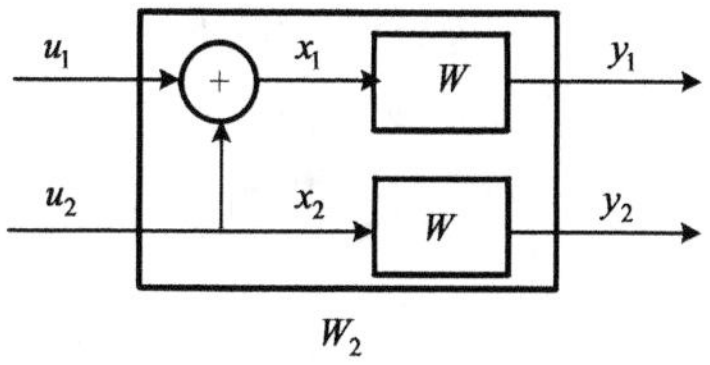

图 6-17　第 1 级信道合并

第 2 级递归如图 6-18 所示，信道合并过程继续基于两个 $W_2$ 形成一个 $W_4 : X^4 \to Y^4$

$$W_4(y_1^4 | u_1^4) = W_2(y_1^2 | u_1 \oplus u_2, u_3 \oplus u_4) W_2(y_3^4 | u_2, u_4) \tag{6-81}$$

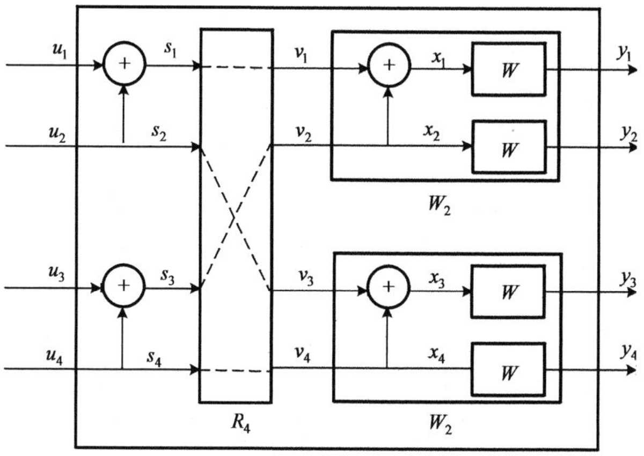

图 6-18　第 2 级信道合并

图 6-18 中 $R_4$ 表示从 $(s_1,s_2,s_3,s_4)$ 到 $v_1^4=(s_1,s_3,s_2,s_4)$ 的置换操作。整个 $W_4$ 的输入映射可以写成 $x_1^4=u_1^4\boldsymbol{G}_4$，其中

$$\boldsymbol{G}_4=\begin{bmatrix}1&0&0&0\\1&0&1&0\\1&1&0&0\\1&1&1&1\end{bmatrix},\quad W_4(y_1^4\left|u_1^4\right.)=W^4(y_1^4\left|u_1^4G_4\right.) \tag{6-82}$$

以此类推，可以得到 $W_N$ 信道，$W_N$ 信道是一个 $N$ 维信道，输入为 $u_1$，$u_2$，…，$u_N$，输出为 $y_1$，$y_2$，…，$y_N$。从图 6-19 可知：$W_N$ 信道由两个独立的 $W_{N/2}$ 联合产生，输入向量 $\boldsymbol{u}_1^N$ 进入信道 $W_N$ 后首先被转换为 $s_1^N$，其中 $s_{2i-1}=u_{2i-1}\oplus u_{2i}$，$s_{2i}=u_{2i}$，$1\le i\le N/2$。$R_N$ 表示置换操作，即输入为 $s_1^N$，输出为 $v_1^N=(s_1,s_3,\cdots,s_{N-1},s_2,s_4,\cdots,s_N)$，$v_1^N$ 是两个独立的 $W_{N/2}$ 的输入。经过递归运算可知：合并信道 $W_N$ 对 $\boldsymbol{u}_1^N$ 的作用等效为 $N$ 个 $W$ 信道对 $x_1^N=\boldsymbol{u}_1^NG_N$ 的作用：

$$W_N(y_1^N\left|\boldsymbol{u}_1^N\right.)=W^N(y_1^N\left|\boldsymbol{u}_1^N G_N\right.)=\prod_{i=1}^{N}W[y_i\left|(\boldsymbol{u}_1^NG_N)_i\right.] \tag{6-83}$$

信道的分解是将上面 $N$ 个独立相同的二进制无记忆信道 $W$ 组合成的 $W_N$ 信道分解成 $N$ 个信道。需要注意的是，这里的信道分解并不是信道合并的逆过程，信道的分解通过数学运算将原来组合的信道 $W_N$ 分解成 $N$ 个一维的信道，这 $N$ 个一维的信道与未组合前的 $N$ 个 $W$ 信道是不同的，其转移概率为

$$W_N^{(i)}(y_1^N,u_1^{i-1}\,|\,u_i)=\sum_{u_{i+1}^N\in X^{N-i}}\frac{1}{2^{N-1}}W_N(y_1^N\,|\,u_1^N) \tag{6-84}$$

式中，$y_1^N$、$u_1^{i-1}$ 表示分裂信道 $W_N^{(i)}$ 的输出；$u_i$ 表示分裂信道 $W_N^{(i)}$ 的输入。可以证明，对于任意的 BDMC 信道 $W$，任意的 $\delta>0$，$N=2^n$，当 $N$ 趋于无穷大时，极化分解信道 $\{W_N^{(i)}\}$ 中，满足

$$\lim_{N\to\infty}\frac{\left|(i\in\{1,2,\cdots,N\}:I(W_N^{(i)})\in(1-\delta,1])\right|}{N}=I(W) \tag{6-85}$$

$$\lim_{N\to\infty}\frac{\left|(i\in\{1,2,\cdots,N\}:I(W_N^{(i)})\in[0,\delta))\right|}{N}=1-I(W) \tag{6-86}$$

即满足 $I(W_N^{(i)})\in(1-\delta,1]$ 的信道数量占总信道数量 $N$ 的比例趋于 $I(W)$，满足 $I(W_N^{(i)})\in[0,\delta)$ 的信道数量占总信道数量 $N$ 的比例趋于 $1-I(W)$。这表明在 $N$ 足够大时，信道经过合并和分解之后，各个分解的比特信道要么变成一个全噪声信道，要么就变成一个无噪声的信道，变成无噪声信道的这些信道可以达到信道的容量 $I(W)$。

极化编码使用巴氏参数作为判定信道好坏的标志，只在 $Z(W_N^{(i)})$ 趋近于 0 的比特信道发送数据信息，另一部分全噪声信道和一小部分介于全噪声和无噪声之间的信道用于传输特定的比特，这就是极化码的编码思想。信息码元送入信道之前要经过一个矩阵 $\boldsymbol{G}_N$ 进

行转换，转换成编码码元再送入信道进行传输，其中 $\boldsymbol{G}_N$ 就是生成矩阵。对于码长 $N=2^n$，$n\geqslant 0$ 的码字，根据前面信道合并分析中给出的生成矩阵得到编码公式：

$$\boldsymbol{x}_1^N=\boldsymbol{u}_1^N\boldsymbol{G}_N \tag{6-87}$$

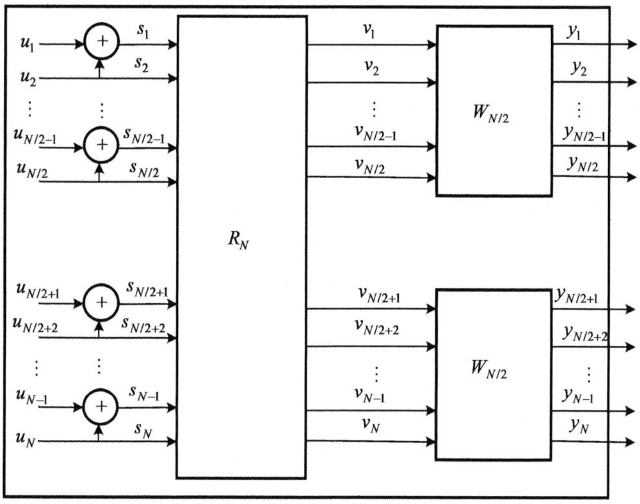


图 6-19 $\boldsymbol{W}_N$ 信道合并过程

在信道极化后，一些适宜用来传输有用信息的噪声较小信道的编号存储在优质信道编号集合 $\varLambda$ 中。编码时将 $\boldsymbol{G}_N$ 中与 $\varLambda$ 中元素相对应的行单独拿出来用于有用比特编码，剩余各行用于固定比特编码，则信道编码的公式可以进一步写为

$$\boldsymbol{x}_1^N=u_{\varLambda}\boldsymbol{G}_N(\varLambda)\oplus u_{\varLambda^c}\boldsymbol{G}_N(\varLambda^C) \tag{6-88}$$

其中，$\varLambda^C$ 表示 $\varLambda$ 的补集。极化码的编码和译码由信息信道相互联系，在译码时，要根据信息信道的分布采取不同的译码方法。当比特信道为信息信道时，传输的是有用的信息，要经过判定来确定比特估计值 $\hat{u}_i=h_i(y_1^N,\hat{u}_1^{i-1})$，具体的形式如下：

$$h_i(y_1^N,\hat{u}_1^{i-1})=\begin{cases}0, & \dfrac{W_N^{(i)}(y_1^N,\hat{u}_1^{i-1}\mid 0)}{W_N^{(i)}(y_1^N,\hat{u}_1^{i-1}\mid 1)}\geqslant 1\\[2ex] 1, & \dfrac{W_N^{i}(y_1^N,\hat{u}_1^{i-1}\mid 0)}{W_N^{i}(y_1^N,\hat{u}_1^{i-1}\mid 1)}<1\end{cases} \tag{6-89}$$

极化码是一种线性分组码，通过构造生成矩阵而获得编码，其译码可以使用串行抵消(Successive Cancellation，SC)译码算法或者 BP 算法。SC 算法的优势在于它可以用于渐近性能的理论进行分析。极化码提出者 Arikan 基于 SC 算法证明了 Polar 码可以达到对称信道容量，并且计算出 Polar 码的译码复杂度仅为 $O(N\log N)$。部分学者针对极化码译码器硬件实现结构设计开展了大量的研究，主要实现方法包括 Pipelined-tree SC 结构、Line SC 结构和半并行 SC 译码器结构等，有兴趣的读者可以参阅相关文献。

极化码(Polar Codes)目前已经被 3GPP 5G 标准采纳作为编码技术方案之一。2016 年 11 月 17 日国际无线标准化机构 3GPP 第 87 次会议在美国拉斯维加斯召开，中国华为技术有限公司主推 Polar Code(极化码)方案，美国高通公司主推低密度奇偶校验码(LDPC)方案，法国主推 Turbo 2.0 方案，最终控制信道编码由极化码胜出。通过对华为技术有限公司极化码试验样机在静止和移动场景下的性能测试，针对短码长和长码长两种场景，在相同信道条件下，Polar 码相对于 Turbo 码可以获得 0.3～0.6dB 的误包率性能增益。

## 习 题

**6-1** 已知某线性分组码的一致校验矩阵为

$$\boldsymbol{H}=\begin{bmatrix}01101010\\01110100\\11010010\\11100001\end{bmatrix}$$

求该码的生成矩阵与码的最小距离。

**6-2** Turbo 码和线性分组码与卷积码相比有哪些特点使其抗噪声性能更好？它有哪些缺点？其在实际应用中受到哪些限制？

**6-3** 已知 (6,3) 分组码的监督方程式为 $C_5+C_4+C_1+C_0=0$ ，$C_5+C_3+C_1=0$ 和 $C_4+C_3+C_2+C_1=0$ 。试问：(1)该码集的一致校验矩阵是什么？(2)相应的生成矩阵是什么？

**6-4** 已知(7, 3)循环码的生成多项式为 $g(x)=x^4+x^2+x+1$ ，试求编码后的所有系统码码组。

**6-5** 已知(3, 1, 3)卷积码编码器的输入和输出关系为

$$c_{1,i}=b_i$$
$$c_{2,i}=b_i+b_{i-1}+b_{i-2}+b_{i-3}$$
$$c_{3,i}=b_i+b_{i-2}+b_{i-3}$$

试画出编码器方框图以及网格图。

# 第 7 章　自适应均衡

一个实际的数字基带传输系统不可能完全满足无码间串扰的传输条件，因而码间串扰几乎是不可避免的。当码间串扰造成严重影响时，有必要对整个系统的传递函数进行校正，使其尽可能满足无码间串扰的条件。为了减小码间串扰的影响，通常需要在接收机中插入一个可调的滤波器，用以校正(或补偿)系统传输特性。这个对系统特性进行校正的过程称为均衡。

均衡有两个基本途径：一是频域均衡，它使包含均衡器在内的整个系统的总传输特性满足无失真传输的条件。它往往是分别校正幅频特性和群时延特性，线路均衡便通常采用频域均衡法。二是时域均衡，就是直接从时间响应考虑，使包括均衡器在内的整个系统的冲激响应满足无码间串扰的条件。目前时域均衡器广泛利用横向滤波器来实现，它可根据信道特性的变化而进行调整。

20 世纪 60 年代以前，均衡器的参数是固定的或手调的，其性能很差。由于信号为时变信号，在设计时，不可能根据先验的统计结果预先了解到信号的统计特性，而要对信号采用短时自适应分析。为了能满足实时处理的要求，处理算法必须能以简单的运算来自动跟踪信号统计特性的变化。1965 年，Lucky 根据极小化极大准则，提出一种迫零自适应均衡器，用来自动调整横向均衡器的抽头加权系数。次年，他将此算法推广应用到跟踪方式的改进上，对推动自适应均衡器的发展做出了很大贡献。同样在 1965 年，DiToro 独立把自适应均衡器应用于对抗码间干扰对高频链路数据传输的影响上。1967 年，Austin 提出了判决-反馈均衡器。1969 年，Gersho、Proakis 和 Miller 使用最小均方误差准则重新描述了自适应均衡器问题。1970 年，Frady 提出分数间隔自适应均衡器方案。1972 年，Ungerboeck 对采用自适应最小均方误差算法的均衡器的收敛性进行了详细的分析。1974 年，Godard 应用卡尔曼滤波器理论推导出了调整横向均衡滤波器抽头加权系数的一种高效算法——快速卡尔曼算法。1978 年，Falconer 和 Ljung 提出了快速卡尔曼算法的一种修正，将其计算复杂性简化到可与简单的 LMS 算法比较的程度，推进了其实用性。Satorius 和 Alexander 在 1979 年、Satorius 和 Pack 在 1981 年证明了色散信道格型自适应均衡器算法的实用性。目前，自适应均衡不仅成为数字通信的一个重要方面，而且已经广泛应用于雷达、声呐、控制和生物医学工程等诸多领域。

## 7.1　时域均衡的基本原理与准则

### 7.1.1　时域均衡的基本原理

在时域均衡中，通常是利用具有可变增益的多抽头横向滤波器来减少接收波形的码间串扰。该横向滤波器也称时域均衡器，它是由一组有抽头的时延线、系数相乘器(或称可变增益电路)及相加器组成的，如图 7-1(a)所示。图中，$T_s$ 是每两个抽头之间的延时，它等于码元间隔，$x(t)$ 表示单个冲激脉冲通过基带传输后在接收端所得到的冲激响应。因为系统有畸变，接收的基带波形 $x(t)$ 有码间串扰，此时每隔时间 $T_s$ 的取样点不等于零，如图 7-1(b)所示。当 $x(t)$ 加入时域均衡器时，使其脉冲响应与接收的脉冲波形叠加，使叠加后的冲激响应即横向滤波器的输出 $y(t)$ 在取样时刻为零。这样，消除(或减弱)了码间串扰，从而不会影响判决结果。

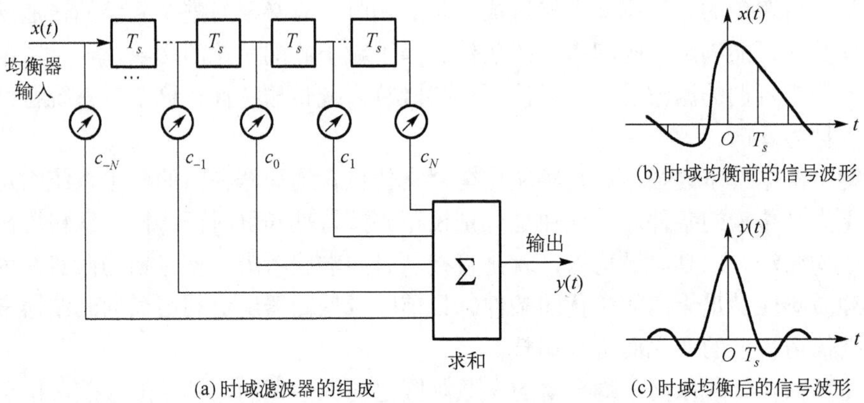


图 7-1　时域均衡器组成及其原理

均衡器的输出实际是信息序列 $\{I_k\}$ 的估计值，第 $k$ 个符号的估计值可以表示为

$$\hat{I}_k = \sum_{j=-N}^{N} c_j x(k-j) \tag{7-1}$$

从信号系统角度看，均衡器的输出波形由下列卷积确定：

$$y(t) = x(t) * e(t) \tag{7-2}$$

式中，$e(t)$ 为均衡器的时域冲激响应。

由图 7-1(a)可知，均衡器的时域冲激响应为

$$e(t) = \sum_{i=-N}^{N} c_i \delta(t - iT_s) \tag{7-3}$$

式中，$c_i$ 为图 7-1 所示有 $2N$+1 个抽头的横向滤波器的某一抽头的增益($i=-N,-N+1,\cdots,-1,0,1,\cdots,N-1,N$)。

由式(7-3)可得均衡器的传输函数 $E(\omega)$ 为

$$E(\omega) = \sum_{i=-N}^{N} c_i \mathrm{e}^{-\mathrm{j}i\omega T_s} \tag{7-4}$$

可以看出，不同的 $c_i$ 将对应不同的 $E(\omega)$，它被 $2N$+1 个 $c_i$ 所确定。由式(7-2)、式(7-3)可得到均衡器的输出为

$$y(t) = \sum_{i=-N}^{N} c_i x(t - iT_s) \tag{7-5}$$

于是，在抽样时刻 $kT_s+t_0$，有

$$y(kT_s+t_0)=\sum_{i=-N}^{N}c_ix(kT_s+t_0-iT_s)=\sum_{i=-N}^{N}c_ix[(k-i)T_s+t_0] \tag{7-6}$$

可简写为

$$y_k=\sum_{i=-N}^{N}c_ix_{k-i} \tag{7-7}$$

式(7-7)说明，均衡器在第 $k$ 个抽样时刻上得到的样值 $y_k$ 将由 $2N+1$ 个 $c_i$ 与 $x_{k-i}$ 的乘积之和来确定。当输入波形 $x(t)$ 给定时，通过调整 $c_i$ 可使指定 $y_k$ 等于零，但要同时使除 $k=0$ 外的所有 $y_k$ 都等于零不易办到。当 $N$ 值有限时，不可能完全消除码间串扰，而当 $N\to\infty$ 时，消除码间串扰在理论上是可能的。然而，$N$ 不可能无穷大，由于抽头越多成本越高，而且各抽头调节误差的积累可能反而影响调节精度，因此，应寻求合适的抽头数及抽头增益 $c_i$，使码间串扰尽量小。

### 7.1.2　均衡准则

横向滤波器的特性完全取决于各抽头系数，而抽头系数的确定则依据均衡的效果。为此，首先要建立度量均衡效果的标准。通常采用的度量标准为峰值畸变准则和均方畸变准则。

1．最小峰值失真准则

峰值失真被定义为

$$D=\frac{1}{y_0}\sum_{\substack{k=-\infty\\k\neq0}}^{\infty}|y_k| \tag{7-8}$$

由该式看出，峰值畸变 $D$ 表示码间串扰的最大可能值(峰值)与 $k=0$ 时刻上的样值之比。显然，对于完全消除码间串扰的均衡器，$D=0$；对于码间串扰不为零的场合，希望 $D$ 有最小值。

均衡器的输入的峰值失真称为初始失真，它可以表示为

$$D_0=\frac{1}{x_0}\sum_{\substack{k=-\infty\\k\neq0}}^{+\infty}|x_k| \tag{7-9}$$

均衡的目的是选择 $c_i$ 使 $D$ 最小。Lucky 曾证明，当初始失真 $D_0\leqslant1$ 时，调整 $2N+1$ 个抽头增益(系数)$c_i$，使 $2N$ 个抽头的样值 $y_k=0$ (除 $k=0$ 外)时，有最小失真 $D$。这就是说，如果均衡器前的二进制眼图不闭合，调整均衡器的抽头系数使输出冲激响应在相应的位置上迫零，此时的峰值畸变最小。从数学意义来说，抽头增益 $\{c_i\}$ 应该是

$$y_k=\begin{cases}0, & 1\leqslant|k|\leqslant N\\1, & k=0\end{cases} \tag{7-10}$$

的 $2N+1$ 个联立方程的解。按照这一准则去调整抽头增益的均衡器称为迫零均衡器。它

能保证 $y_0$ 前后 $N$ 个取样点上无码间串扰，但不能消除所有取样时刻上的码间串扰。式(7-10)又可写成

$$\sum_{i=-N}^{+N} c_i x_{k-i} = \begin{cases} 0, & 1 \leqslant |k| \leqslant N \\ 1, & k=0 \end{cases} \tag{7-11}$$

式(7-11)写成矩阵形式，则有

$$\begin{bmatrix} x_0 & x_{-1} & \cdots & x_{-2N} \\ x_1 & x_0 & \cdots & x_{-2N+1} \\ x_2 & x_1 & \cdots & x_{-2N+2} \\ \vdots & \vdots & & \vdots \\ x_{2N} & x_{2N-1} & \cdots & x_0 \end{bmatrix} \begin{bmatrix} c_{-N} \\ c_{-N+1} \\ \vdots \\ c_0 \\ \vdots \\ c_{N-1} \\ c_N \end{bmatrix} = \begin{bmatrix} 0 \\ \vdots \\ 0 \\ 1 \\ 0 \\ \vdots \\ 0 \end{bmatrix} \tag{7-12}$$

或简写成

$$\boldsymbol{XC} = \boldsymbol{I} \tag{7-13}$$

如果 $x_{-2N},\cdots,x_0,x_{2N}$ 已知，则求解式(7-12)线性方程组可以得到 $c_{-N},\cdots,c_0,\cdots,c_N$ 等 $2N+1$ 个抽头增益值。

2. 最小均方失真准则

均方失真被定义为

$$D_M = \frac{1}{y_0^2} \sum_{\substack{k=-\infty \\ k\neq 0}}^{\infty} y_k^2 \tag{7-14}$$

式中

$$y_k = \sum_{i=-N}^{+N} c_i x_{k-i} \tag{7-15}$$

设发送序列为 $\{I_k\}$，则每个 $I_k$ 的取值是随机的。该序列通过基带系统后，在均衡器的输入端为 $\{x_k\}$ 序列，在均衡器的输出端将获得输出样值序列 $\{y_k\}$，它实际是均衡器在输出端对 $I_k$ 的估计值，即 $y_k = \hat{I}_k$。此时对任意的 $k$ 有

$$\overline{\mu^2} = E[(\hat{I}_k - I_k)^2] = E[(y_k - I_k)^2] \tag{7-16}$$

式中，$E[\cdot]$表示求统计平均。

$\overline{\mu^2}$ 为均方误差，若 $\overline{\mu^2}$ 最小，则表明均衡效果最好。将式(7-15)代入式(7-16)得

$$\overline{\mu^2} = E\left[\left(\sum_{i=-N}^{N} c_i x_{k-i} - I_k\right)^2\right] \tag{7-17}$$

可见，$\overline{\mu^2}$ 是各抽头增益的函数。

$$Q(c)=\frac{\partial\overline{\mu^2}}{\partial c_i} \tag{7-18}$$

为 $\overline{\mu^2}$ 对第 $i$ 个抽头增益 $c_i$ 的偏导。将式(7-17)代入上式有

$$Q(c)=2E[e_k x_{k-i}] \tag{7-19}$$

式中

$$e_k=y_k-I_k=\sum_{i=-N}^{N}c_i x_{k-i}-I_k \tag{7-20}$$

要使 $\overline{\mu^2}$ 为最小，就应使式(7-19)给出的 $Q(c)=0$。由式(7-19)可知，只有在 $e_k$ 与 $x_{k-i}$ 互不相关时才有 $E[e_k x_{k-i}]=0$。因而可得到下述重要概念：若要使 $\overline{\mu^2}$ 最小，误差 $e_k$ 与均衡器输入样值 $x_{k-i}(|i|\leqslant N)$ 应互不相关。这就说明，抽头增益的调整可以借助对误差 $e_k$ 和样值 $x_{k-i}$ 乘积的统计平均值。若这个平均值不等于零，则应通过增益调整使其向零值变化，直至等于零为止。

## 7.2　自适应线性均衡器

在线性均衡器的情况下，我们研究了两种不同准则来确定均衡器系数 $\{c_k\}$ 的值。一个准则是基于均衡器输出端的峰值失真最小化，由式(7-8)定义。另一个准则是基于均衡器输出端均方误差的最小化，由式(7-9)定义。下面介绍两种算法，它们能自动且自适应地实现最佳化。

### 7.2.1　迫零算法

在峰值失真准则中，通过选择均衡器系数 $\{c_k\}$，使式(7-8)定义的峰值失真 $D$ 最小。除均衡器输入端的峰值失真(定义为式(7-9)中的 $D_0$)小于1 的特殊情况外，一般没有简单的算法能实现这种最佳化。当 $D_0<1$ 时，通过强迫均衡器响应使其在 $1\leqslant|n|\leqslant K$ 时满足 $q_n=0$ 且 $q_0=1$，从而使得均衡器输出端的失真 $D$ 最小。在这种情况下，有一种简单的迫零算法，能达到这些条件。

迫零算法的基本原理为：强迫误差序列 $\varepsilon_k=I_k-\hat{I}_k$ 与期望的信息序列 $\{I_k\}$ 的互相关在 $1\leqslant|n|\leqslant K$ 内的位移为零。用该方法求解期望解答的证明很简单，有

$$\begin{aligned}E(\varepsilon_k I_{k-j}^*)&=E[(I_k-\hat{I}_k)I_{k-j}^*]\\&=E\left(I_k I_{k-j}^*\right)-E(\hat{I}_k I_{k-j}^*),\quad j=-K,\cdots,K\end{aligned} \tag{7-21}$$

假定信息符号是不相关的，即 $E(I_k I_{k-j}^*)=\delta_{kj}$，且假定信息序列 $\{I_k\}$ 与加性噪声序列 $\{\eta_k\}$ 不相关。利用式(7-1)给出的 $\{\hat{I}_k\}$ 的表达式，取式(7-21)的期望值后得到

$$E(\varepsilon_k I_{k-j}^*)=\delta_{j0}-q_j,\quad j=-K,\cdots,K \tag{7-22}$$

式中，$\{q_n\}$ 表示均衡器与等效信道冲激响应的卷积，当 $q_0=1$ 且 $1\leqslant|n|\leqslant K$ 时 $q_n=0$，满足条件：

$$E(\varepsilon_k I_{k-j}^*) = 0, \quad j = -K, \cdots, K \tag{7-23}$$

信道响应未知时，式(7-21)的互相关也未知。这一困难可以这样来克服：发送一个确知的训练序列给接收机，以时间平均替代式(7-21)的集平均来估计互相关。初始训练之后，满足式(7-23)的均衡器系数就可确定，其中要求有一个预定长度的训练序列，该长度等于或超过均衡器的长度。

调整均衡器系数的一种简单的递推算法是

$$c_j^{(k+1)} = c_j^{(k)} + \Delta \varepsilon_k I_{k-j}^*, \quad j = -K, \cdots, -1, 0, 1, \cdots, K \tag{7-24}$$

式中，$c_j^{(k)}$ 是第 $j$ 个系数在 $t = kT$ 时刻的值；$\varepsilon_k = I_k - \hat{I}_k$ 是在 $t = kT$ 时刻的误差信号；$\Delta$ 是控制调整速率的标度因子($\Delta$ 是正数，应选择足够小的值以确保迭代过程的收敛)；$\varepsilon_k I_{k-j}^*$ 项是互相关 $E(\varepsilon_k I_{k-j}^*)$ 的估计值。互相关的平均运算通过采用式(7-21)中的递推一阶差分方程算法来实现。

基于上面推导的基本原理，完成训练阶段之后，均衡器的系数收敛到最佳值，在检测器输出端的判决一般是足够可靠的。不过，在实际中，我们可以继续进行系数的自适应调整，这称为自适应模式。在自适应模式下，式(7-24)中的互相关包含误差信号 $\varepsilon_k = I_k - \hat{I}_k$ 和检测的输出序列 $\tilde{I}_{k-j}$，$j = -K, \cdots, K$。因此，在自适应模式中，式(7-24)变为

$$c_j^{(k+1)} = c_j^{(k)} + \Delta \tilde{\varepsilon}_k \tilde{I}_{k-j} \tag{7-25}$$

图 7-2 所示为在训练模式和自适应模式操作中的迫零均衡器。

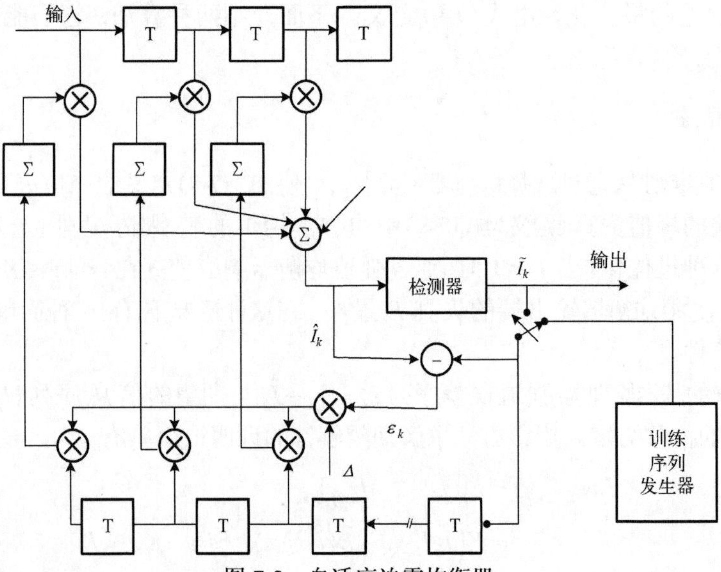


图 7-2　自适应迫零均衡器

迫零均衡算法的特征类似于最小均方(LMS)算法的特征，后者使 MSE 最小，7.2.2 节将详细描述。

### 7.2.2　LMS 算法

通过最小化 MSE 可推导得到，最佳均衡器系数由下列矩阵形式表示的线性方程组

的解确定：

$$\boldsymbol{\Gamma C}=\xi \tag{7-26}$$

式中，$\boldsymbol{\Gamma}$ 是信号样值$\{v_k\}$的$(2K+1)\times(2K+1)$协方差矩阵；$\boldsymbol{C}$ 是$2K+1$个均衡器系数的列矢量；$\xi$ 是信道滤波器系数的$2K+1$维列矢量。最佳均衡器系数矢量$\boldsymbol{C}_{\text{opt}}$的解可通过对协方差矩阵$\Gamma$求逆来确定。除此之外，为了避免直接对矩阵求逆来计算$\boldsymbol{C}_{\text{opt}}$，最简单的迭代过程是最陡下降法，其中的迭代可从任意选择的矢量$\boldsymbol{C}$(如$C_0$)开始。系数的初始选择相当于在$2K+1$维系数空间中 MSE 二次曲面上的某个点。梯度矢量$\boldsymbol{G}_0$具有$2K+1$个梯度分量$\frac{1}{2}\partial \boldsymbol{J}/\partial c_{0k}, k=-K,\cdots,-1,0,1,\cdots,K$。在 MSE 曲面的该点上计算该矢量，而且每一个抽头权值变化的方向与其梯度分量相反。第 $i$ 个抽头权值的变化与第 $i$ 个梯度分置的大小成正比。因此，系数矢量$\boldsymbol{C}$的后续值可按下列关系式求得：

$$\boldsymbol{C}_{k+1}=\boldsymbol{C}_k-\varDelta\boldsymbol{G}_k,\quad k=0,1,2,\cdots \tag{7-27}$$

式中，梯度矢量$\boldsymbol{G}_k$是

$$\boldsymbol{G}_k=\frac{1}{2}\frac{\mathrm{d}J}{\mathrm{d}\boldsymbol{C}_k}=\boldsymbol{\Gamma C}_k-\xi=-E(\varepsilon_k\boldsymbol{V}_k^*) \tag{7-28}$$

矢量$\boldsymbol{C}_k$表示第 $k$ 次迭代的一组系数，$\varepsilon_k=I_k-\hat{I}_k$是第 $k$ 次迭代的误差信号，$\boldsymbol{V}_k$是形成估计值$\hat{I}_k$的接收信号样值矢量，即$\boldsymbol{V}_k=[v_k+K\cdots v_k\cdots v_{k-K}]^{\mathrm{T}}$。$\varDelta$是控制调整速率的标度因子。如果$k=k_0$时达到最小 MSE，那么$G_k=0$，抽头权值不再发生变化。一般来讲，采用最陡下降法时，以有限的$k_0$值并不能达到$J_{\min}(K)$，但可尽可能接近它。

用最陡下降法求最佳抽头权值的主要困难在于梯度矢量$\boldsymbol{C}_k$未知，它决定于协方差矩阵$\Gamma$和互相关矢量$\xi$，这些量本身又决定于等效离散时间信道模型的系数$\{f_k\}$以及信息序列的协方差和加性噪声，所有这些在接收机中一般都是未知的。为了克服这一困难，可以采用梯度矢量的估计值代替真实值，由此式(7-27)就变为

$$\hat{\boldsymbol{C}}_{k+1}=\hat{\boldsymbol{C}}_k-\varDelta\hat{\boldsymbol{G}}_k \tag{7-29}$$

式中，$\hat{\boldsymbol{G}}_k$表示梯度矢量$\boldsymbol{G}_k$的估计值；$\hat{\boldsymbol{C}}_k$表示系数矢量的估计值。

由式(7-28)可知，$\boldsymbol{G}_k$是$\varepsilon_k\boldsymbol{V}_k^*$期望值的负值，因此，$\boldsymbol{G}_k$的估计值为

$$\hat{\boldsymbol{G}}_k=-\varepsilon_k\boldsymbol{V}_k^* \tag{7-30}$$

因为$E(\hat{\boldsymbol{G}}_k)=\hat{\boldsymbol{G}}_k$，估计值$\hat{\boldsymbol{G}}_k$是梯度矢量$\boldsymbol{G}_k$真值的无偏估计值。将式(7-30)代入式(7-29)，得到以下算法：

$$\hat{\boldsymbol{C}}_{k+1}=\hat{\boldsymbol{C}}_k+\varDelta\varepsilon_k\boldsymbol{V}_k^* \tag{7-31}$$

这就是用来递推调整均衡器抽头权值系数的基本LMS算法，该算法由韦德罗于1966年首先提出。图 7-3 所示的均衡器说明了这种算法。

式(7-31)的基本算法及其可能的变形已经应用于高速调制解调器中的许多商用自适应均衡器。仅利用误差信号$\varepsilon_k$和$V_k$分量中的正负号信息，可得到基本算法的 3 种变形如下：

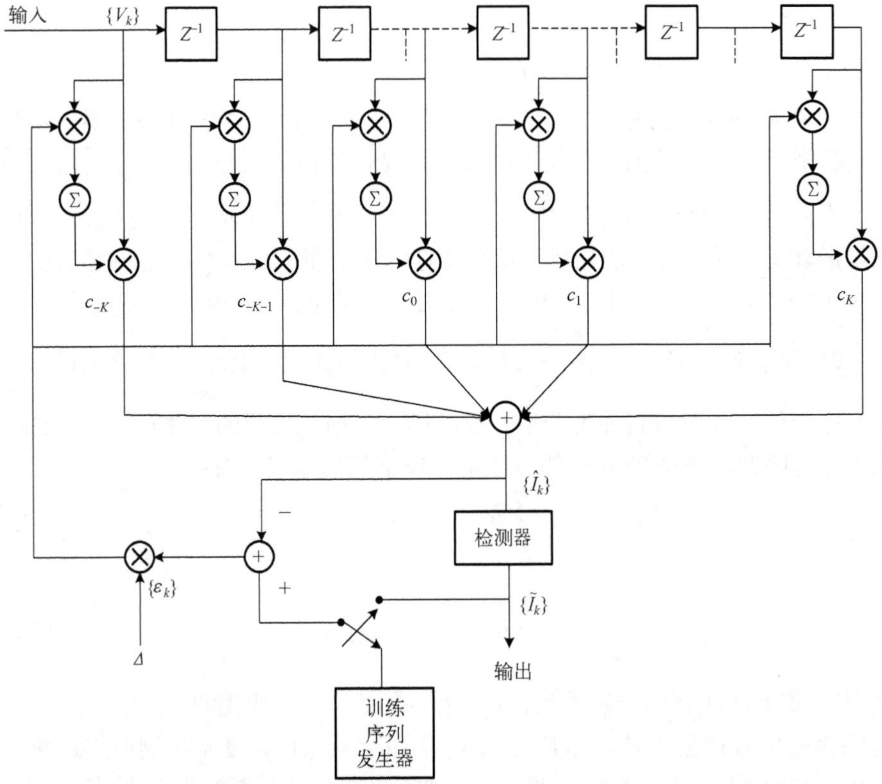


图 7-3　基于 MSE 准则的线性自适应均衡

$$c_{(k+1)j} = c_{kj} + \Delta \text{csgn}(\varepsilon_k) v_{k-j}^*, \quad j = -K, \cdots, -1, 0, 1, \cdots, K \tag{7-32}$$

$$c_{(k+1)j} = c_{kj} + \Delta \varepsilon_k \text{csgn}(v_{k-j}^*), \quad j = -K, \cdots, -1, 0, 1, \cdots, K \tag{7-33}$$

$$c_{(k+1)j} = c_{kj} + \Delta \text{csgn}(\varepsilon_k) \text{csgn}(v_{k-j}^*), \quad j = -K, \cdots, -1, 0, 1, \cdots, K \tag{7-34}$$

式中，csgn$(x)$定义为

$$\text{csgn}(x) = \begin{cases} 1+j, & \text{Re}(x) > 0, \text{Im}(x) > 0 \\ 1-j, & \text{Re}(x) > 0, \text{Im}(x) < 0 \\ -1+j, & \text{Re}(x) < 0, \text{Im}(x) > 0 \\ -1-j, & \text{Re}(x) < 0, \text{Im}(x) < 0 \end{cases} \tag{7-35}$$

注意：在式(7-35)中，$j \equiv \sqrt{-1}$，它不同于式(7-31)和式(7-33)中的参数 $j$。显然，式(7-35)中的算法最容易实现，但它的收敛速率相对其他变形算法是最慢的。

LMS 算法的其他几种变形可以用如下方法得到：在调整均衡器系数之前，将梯度矢量在几次迭代周期上平均或过滤。例如，对 $N$ 个梯度矢量的平均为

$$\bar{\hat{\boldsymbol{G}}}_{mN} = -\frac{1}{N} \sum_{n=0}^{N-1} \epsilon_{mN+n} \boldsymbol{V}_{mN+n}^* \tag{7-36}$$

每 $N$ 次迭代更新一次均衡器系数的相应递推方程为

$$\hat{\boldsymbol{C}}_{(k+1)N}=\hat{\boldsymbol{C}}_{kN}-\varDelta\hat{\boldsymbol{G}}_{kN} \tag{7-37}$$

事实上，式(7-36)执行的平均运算减少了梯度矢量估计值中的噪声，加德纳(Gardner)已证明了这一点。

另一种方法是用低通滤波器对有噪的梯度矢量进行过滤，将滤波器的输出作为梯度向量的估计值。例如，一个简单的低通滤波器对于有噪梯度产生的输出为

$$\bar{\hat{\boldsymbol{G}}}_k=w\bar{\hat{\boldsymbol{G}}}_{k-1}+(1-w)\hat{\boldsymbol{G}}_k,\quad \bar{\hat{\boldsymbol{G}}}(0)=\hat{\boldsymbol{G}}(0) \tag{7-38}$$

式中，$0\leqslant w\leqslant 1$ 的选择确定了该低通滤波器的带宽。当 $w$ 接近 1 时，滤波器的带宽比较小，在许多梯度矢量上进行有效的平均。另外，当 $w$ 比较小时，该滤波器有比较大的带宽，因此对梯度矢量几乎不提供平均。以式(7-38)中过滤的梯度矢量代替 $\boldsymbol{G}_k$，可得到过滤的 LMS 算法为

$$\hat{\boldsymbol{C}}_{k+1}=\hat{\boldsymbol{C}}_k-\varDelta\bar{\hat{\boldsymbol{G}}}_k \tag{7-39}$$

### 7.2.3 LMS 算法的收敛特性

式(7-31)所示的 LMS 算法的收敛特性由步长参数 $\varDelta$ 控制。下面研究如何选择参数 $\varDelta$ 来确保最陡下降算法的收敛。在下面的分析中以式(7-27)为例(即使用梯度的精确值)进行说明。由式(7-27)和式(7-28)得到

$$\boldsymbol{C}_{k+1}=\boldsymbol{C}_k-\varDelta\boldsymbol{G}_k=(\boldsymbol{I}-\varDelta\boldsymbol{\varGamma})\boldsymbol{C}_k+\varDelta\boldsymbol{\xi} \tag{7-40}$$

式中，$\boldsymbol{I}$ 是单位矩阵；$\boldsymbol{\varGamma}$ 是接收信号自相关矩阵；$\boldsymbol{C}_k$ 是 $2K+1$ 维均衡器抽头增益矢量；$\boldsymbol{\xi}$ 是互相关矢量。式(7-40)中的递推关系式可以表示为一个闭环控制系统，如图 7-4 所示。

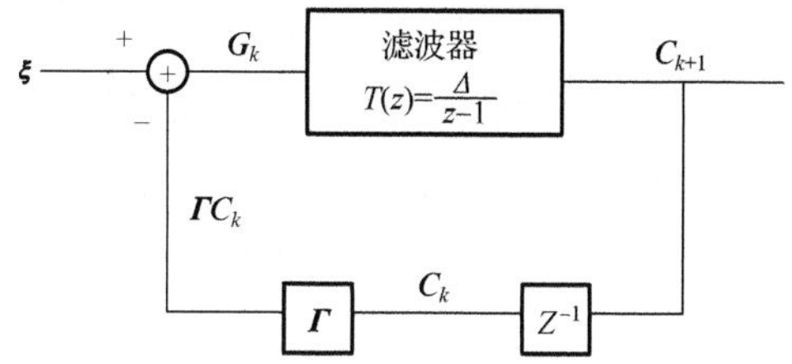


图 7-4　式(7-40)递推关系式的闭环控制系统表示法

式(7-40)中的一组 $2K+1$ 个一阶差分方程通过自相关矩阵 $\boldsymbol{\varGamma}$ 互相耦合，为了求解这些方程并由此建立递推算法的收敛特性，在数学上比较方便的处理方法是运用线性变换将这些方程解耦。矩阵 $\boldsymbol{\varGamma}$ 是可以变换如下：

$$\boldsymbol{\varGamma}=\boldsymbol{U}\boldsymbol{\varLambda}\boldsymbol{U}^{\mathrm{H}} \tag{7-41}$$

式中，$\boldsymbol{U}$ 为 $\boldsymbol{\varGamma}$ 的归一化模态矩阵；$\boldsymbol{\varLambda}$ 是对角矩阵，其对角元素等于 $\boldsymbol{\varGamma}$ 的特征值。

将式(7-41)代入式(7-40)，且定义已变换的(正交化的)矢量 $\boldsymbol{C}_k^0=\boldsymbol{U}^{\mathrm{H}}\boldsymbol{C}_k$ 及 $\boldsymbol{\xi}^0=\boldsymbol{U}^{\mathrm{H}}\boldsymbol{\xi}$，得到

$$\boldsymbol{C}_{k+1}^0=(1-\varDelta\boldsymbol{\varLambda})\boldsymbol{C}_k^0+\varDelta\xi^0 \tag{7-42}$$

于是一阶差分方程组被解耦，其收敛特性由下列齐次方程确定：

$$C_{k+1}^{0} = (I - \Delta\Lambda)C_{k}^{0} \tag{7-43}$$

若所有极点位于单位圆内，即

$$\left|1-\Delta\lambda_k\right|<1, \quad k=-K,\cdots,-1,0,1,\cdots,K \tag{7-44}$$

则递推关系式收敛，式中$\{\lambda_k\}$是$\boldsymbol{\Gamma}$的一组 $2K+1$ 个(可能相重)特征值。因为$\boldsymbol{\Gamma}$是一个自相关矩阵，是正定的，所以对所有$k$，$\lambda_k>0$。因此，如果$\Delta$满足不等式：

$$0<\Delta<\frac{2}{\lambda_{\max}} \tag{7-45}$$

可确保式(7-42)的递推关系式收敛，式中，$\lambda_{\max}$是$\boldsymbol{\Gamma}$的最大特征值。

因为正定矩阵的最大特征值小于该矩阵的所有特征值的总和，而且矩阵的特征值的总和等于它的迹，所以得到$\lambda_{\max}$的简单上边界：

$$\lambda_{\max}<\sum_{k=-K}^{K}\lambda_k=\mathrm{Tr}\boldsymbol{\Gamma}=(2K+1)\boldsymbol{\Gamma}_{kk}=(2K+1)(x_0+N_0) \tag{7-46}$$

由式(7-43)和式(7-44)看到，当$\left|1-\Delta\lambda_k\right|$较小，即当极点位置远离单位圆时收敛迅速。但是，如果$\boldsymbol{\Gamma}$的最大与最小特征值之间存在较大的差距，就不能达到这种期望的状况，但仍然满足式(7-45)。换言之，即使选择$\Delta$接近式(7-45)中的上边界，递推 MSE 算法的收敛速率仍然由最小的特征值$\lambda_{\min}$确定。因此，最终由比值$\lambda_{\max}/\lambda_{\min}$确定收敛速率 $D$，如果比值$\lambda_{\max}/\lambda_{\min}$较小，可以选择$\Delta$达到快速收敛；如果比值$\lambda_{\max}/\lambda_{\min}$比较大，正如信道频率响应有深度频谱零点的情况，该算法的收敛速率比较缓慢。

## 7.3 提高 LMS 算法收敛速度

最陡下降法的主要优点是计算简单。然而，计算简单付出的代价是收敛缓慢，特别是当信道特性导致自相关矩阵$\boldsymbol{\Gamma}$的特征值散布比较大，即$\lambda_{\max}/\lambda_{\min}\geqslant 1$时，为了提高 LMS 算法的收敛速度，本节从提高其初始收敛速度和递推过程的收敛速度两方面进行分析。

### 7.3.1 提高 LMS 算法的初始收敛速率

对任何给定的信道特性，LMS 算法的初始收敛速率是由步长参数$\Delta$控制的。初始收敛速率受到信道频谱特性强烈的影响，它与接收信号协方差矩阵的特征值$\{\lambda_n\}$有关。如果信道的幅度和相位失真比较小，特征值比$\lambda_{\max}/\lambda_{\min}$接近 1，那么均衡器抽头系数收敛到其最佳值就比较快。另外，如果信道频谱特性较差，例如，其频谱的一部分衰减较大，特征值比$\lambda_{\max}/\lambda_{\min}\gg 1$，那么 LMS 的收敛就比较慢。

许多学者在加速 LMS 算法的初始收敛特性的方法上做了大量的研究工作。一种简单的补救方法是，开始使用一个大的步长，如$\Delta_0$，然后步长随着抽头系数收敛到最佳而减少。换言之，使用一个步长序列$\Delta_0>\Delta_1>\Delta_2>\cdots>\Delta_m=\Delta$，这里$\Delta$是 LMS 算法在稳态操作时所使用的最终步长。

张(Change，1971 年)和库里西(Qureshi，1977 年)提出并研究了另一种加速初始收敛速率的方法。这种方法是基于 LMS 算法的附加参数的引入，以加权矩阵 $\boldsymbol{W}$ 来代替步长。在这种情况下，LMS 算法可以推广成以下形式：

$$\begin{aligned}\hat{\boldsymbol{C}}_{k+1} &= \hat{\boldsymbol{C}}_k - \boldsymbol{W}\hat{\boldsymbol{G}}_k \\ &= \hat{\boldsymbol{C}}_k + \boldsymbol{W}(\boldsymbol{\Gamma}\hat{\boldsymbol{C}} - \boldsymbol{\xi}) \\ &= \hat{\boldsymbol{C}}_k + \boldsymbol{W}e_k\boldsymbol{V}_k^*\end{aligned} \tag{7-47}$$

式中，$\boldsymbol{W}$ 是加权矩阵，理想时，$\boldsymbol{W}=\boldsymbol{\Gamma}^{-1}$ 或如果 $\boldsymbol{\Gamma}$ 被估汁，那么 $\boldsymbol{W}$ 可以设置成等于该估计值的逆。

当均衡器的训练序列是周期的且周期为 $N$ 时，协方差矩阵 $\boldsymbol{\Gamma}$ 是特普利茨(Toeplitz)和循环矩阵，并且它的逆矩阵也是循环矩阵。在这种情况下，通过实现一个单独的有限冲激响应(FIR)滤波器且权值等于 $\boldsymbol{W}$ 的第一行，加权矩阵 $\boldsymbol{W}$ 的乘法运算就可以大大简化，这正如库里西(Qureshi，1977 年)所指出的。快速更新算法等价于用 $\boldsymbol{W}$ 乘以梯度矢量 $\hat{\boldsymbol{G}}_k$，这种算法实现简单，如图 7-5 所示，其实现方法是：在周期输入序列用来调整抽头系数之前的路径上插入 FIR 滤波器，该滤波器的 $N$ 个系数为 $w_0, w_1, \cdots, w_{N-1}$。

库里西(Qureshi，1977 年)阐述了一种用接收信号来估计权值的方法，其基本步骤如下。

(1) 采集均衡器延迟线中一个周期($N$ 个符号)的接收数据 $v_0, v_1, \cdots, v_{N-1}$。

(2) 计算 $\{v_n\}$ 离散傅里叶变换(DFE)，标记为 $\{R_n\}$。

(3) 计算离散功率谱 $|R_n|^2$，如果忽略噪声，$|R_n|^2$ 相当于均衡器输入端信号循环协方差矩阵特征值的 $N$ 倍。然后，将 $N$ 倍的噪声方差 $a^2$ 的估计值加上 $|R_n|^2$。

(4) 计算序列 $1/(|R_n|^2 + N_{\hat{\sigma}}^2)$ 的 IDFT，$n = 0, 1, \cdots, N-1$。于是，得到如图 7-5 所示的滤波器系数 $\{w_n\}$。

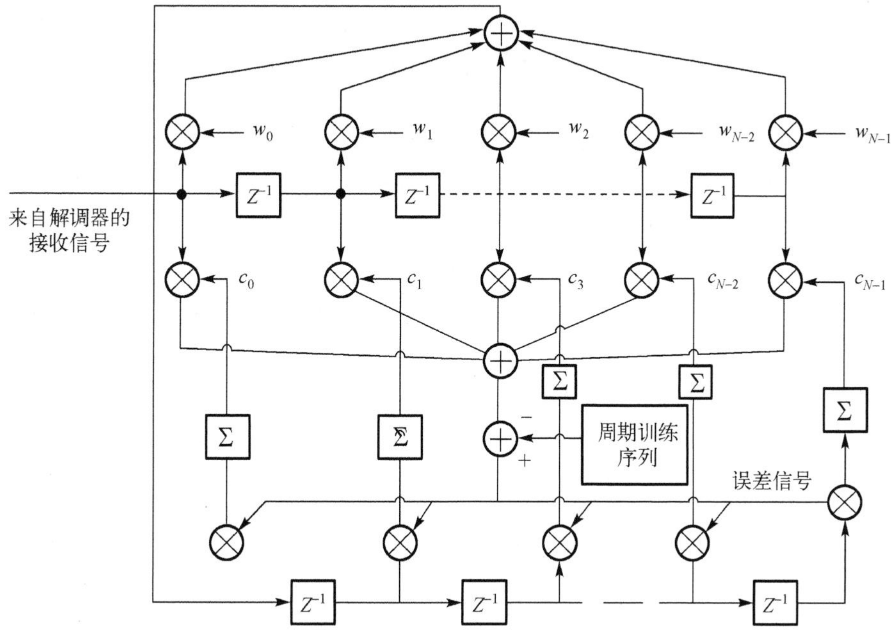


图 7-5　自适应均衡器的快速启动技术

(5) 调整均衡器抽头系数的算法就成为

$$c_j^{(k+1)} = c_j^{(k)} - e_{jm}^{N-1} \sum_{0}^{(k)} w_k v_{k-j-m}^{*}, \quad j = 0, 1, \cdots, N-1 \tag{7-48}$$

### 7.3.2 自适应均衡的递推最小二乘算法

梯度算法收敛慢源自一个基本的限制，即它只有一个调整参数(即参数 $\Delta$)来控制收敛速率。为了得到较快的收敛，有必要设计包含附加参数的更复杂的算法。特别是，如果矩阵 $\boldsymbol{\Gamma}$ 是 $N \times N$ 的且特征值为 $\lambda_1, \lambda_2, \cdots, \lambda_N$，可以使用一种含有 $N$ 个参数的算法，其中每个参数对应一个特征值。本节将讨论如何选择达到快速收敛的最佳参数。

在快速收敛算法的推导中，将采用最小二乘法。因此，将直接处理接收数据，使二次性能指数最小，而以前是使平方误差的期望值最小。这意味着，用时间平均而不是统计平均来表示性能指数。

为了方便，以矩阵形式表示递推最小二乘算法。因此，定义几个必需的矢量和矩阵，将略微改变符号标记。具体地，线性均衡器中，$t$ 时刻($t$ 是整数)的信息符号的估计值表示为

$$\hat{I}(t) = \sum_{j=-k}^{K} c_f(t-1) v_{t-j}$$

通过改变 $c_f(t-1)$ 的指数 $j$，其取值由 $j=0$ 到 $j=N-1$。同时定义

$$y(t) = v_{t+k}$$

那么估计值 $\hat{I}(t)$ 为

$$\begin{aligned} \hat{I}(t) &= \sum_{j=0}^{N-1} c_j(t-1) y(t-j) \\ &= \boldsymbol{C}_N'(t-1) \boldsymbol{Y}_N(t) \end{aligned} \tag{7-49}$$

式中，$\boldsymbol{C}_N(t-1)$ 和 $\boldsymbol{Y}_N(t)$ 分别是均衡器系数 $c_j(t-1)(j=0,1,\cdots,N-1)$ 和输入信号 $y(t-j)(j=0,1,\cdots,N-1)$ 的列矢量。

类似地，在判决反馈均衡器中，抽头系数为 $c_j(t)(j=0,1,\cdots,N-1)$。其中，前面的 $K_1+1$ 是前馈滤波器的系数，剩余的 $K_2 = N - K_1 - 1$ 是反馈滤波器的系数。估计值 $\hat{I}(t)$ 中的数据是 $v_{t+k_1}, \cdots, v_{t+1}, I_{t-1}, \cdots, I_{t-k_2}$，其中，$I_{t-y} = I_{t-j}, 1 \leqslant j \leqslant K_2$ 表示对先前被检测符号的判决。在此，忽略判决差错在算法中的影响。因此，假定 $I_{t-j} = I_{t-j}, 1 \leqslant j \leqslant K_2$。为符号标记方便，定义

$$y(t-j) = \begin{cases} v_{t+K_1-1}, & 0 \leqslant j \leqslant K_1 \\ I_{t+K_1-j}, & K_1 < j \leqslant N-1 \end{cases} \tag{7-50}$$

因此，

$$\begin{aligned} \boldsymbol{Y}_N(t) &= [y(t) y(t-1) \cdots y(t-N+1)]^{\mathrm{T}} \\ &= [v_{t+K_1} \cdots v_{i+1} v_t I_{t-1} \cdots l_{t-K_2}]^{\mathrm{T}} \end{aligned} \tag{7-51}$$

关于 $\hat{I}(t)$ 的递推最小二乘(RLS)估计可以推导如下。假设已观测到矢量 $\boldsymbol{Y}_N(n)$，$n=0,1,\cdots,t$，希望求均衡器(线性或判决反馈)的系数矢量 $\boldsymbol{C}_N(t)$，该系数使下列时间平均的加权平方误差最小：

$$\varepsilon_N^{LS}=\sum_{n=0}^{t}w^{t-n}\left|e_N(n,t)\right|^2 \tag{7-52}$$

式中，误差定义为

$$e_N(n,t)=I(n)-\boldsymbol{C}_N'(t)\boldsymbol{Y}_N(n) \tag{7-53}$$

$w$ 表示加权因子。因此 $0<w<1$，将指数加权引入过去的数据，当信道特性是时变的时候，这样做是恰当的。对 $\varepsilon_N^{LS}$ 相对于系数矢量取最小化得到下列线性方程组：

$$\boldsymbol{R}_N(t)\boldsymbol{C}_N(t)=\boldsymbol{D}_N(t) \tag{7-54}$$

式中，$\boldsymbol{R}_N(t)$ 是信号相关矩阵，定义为

$$\boldsymbol{R}_N(t)=\sum_{n=0}^{t}w^{t-n}\boldsymbol{Y}_N^*(n)\boldsymbol{Y}_N'(n) \tag{7-55}$$

$\boldsymbol{D}_N(t)$ 是互相关矢量：

$$\boldsymbol{D}_N(t)=\sum_{n=0}^{t}w^{t-n}I(n)\boldsymbol{Y}_N^*(n) \tag{7-56}$$

式 (7-54)的解为

$$\boldsymbol{C}_N(t)=\boldsymbol{R}_N^{-1}(t)\boldsymbol{D}_N(t) \tag{7-57}$$

矩阵 $\boldsymbol{R}_N(t)$ 类似于统计自相关矩阵 $\boldsymbol{\Gamma}_N$，矢量 $\boldsymbol{D}_N(t)$ 类似于互相关矢量 $\boldsymbol{\xi}_N$，如前面定义的。$\boldsymbol{R}_N(t)$ 并不是特普利茨(Toeplitz)矩阵。也应当指出，对于小的 $t$ 值，$\boldsymbol{R}_N(t)$ 也许是比较差的状况。因此，习惯上在初始时将矩阵 $\delta\boldsymbol{I}_N$ 加到 $\boldsymbol{R}_N(t)$ 上，其中 $\delta$ 是一个小的正常数，$\boldsymbol{I}_N$ 是单位矩阵。由于对过去的数据采用指数加权，因此加入 $\delta\boldsymbol{I}_N$ 的影响随时间而消除。

假设 $t-1$ 时刻得到解答式(7-57)，即 $\boldsymbol{C}_N(t-1)$，那么就可以根据其计算 $\boldsymbol{C}_N(t)$。对接收到的每一个新的信号分量求解 $N$ 个线性方程组是没有效率的，因此也是不实用的。为了避免这种情况，进行如下处理。首先 $\boldsymbol{R}_N(t)$ 可以递推计算：

$$\boldsymbol{R}_N(t)=w\boldsymbol{R}_N(t-1)+\boldsymbol{Y}_N^*(t)\boldsymbol{Y}_N'(t) \tag{7-58}$$

将式(7-58)称作 $\boldsymbol{R}_N(t)$ 的时间更新方程。

因为在式(7-57)中需用 $\boldsymbol{R}_N(t)$ 的逆，所以利用逆矩阵恒等式：

$$\boldsymbol{R}_N^{-t}(t)=\frac{1}{w}\left[\boldsymbol{R}_N^{-1}(t-1)-\frac{\boldsymbol{R}_N^{-1}(t-1)\boldsymbol{Y}_N^*(t)\boldsymbol{Y}_N'(t)\boldsymbol{R}_N^{-1}(t-1)}{w+\boldsymbol{Y}_N'(t)\boldsymbol{R}_N^{-1}(t-\boldsymbol{1})\boldsymbol{Y}_N^*(t)}\right] \tag{7-59}$$

因此，可按照式(7-59)来递推计算 $\boldsymbol{R}_N^{-1}(t)$。

为方便，定义 $\boldsymbol{P}_N(t)=\boldsymbol{R}_N^{-1}(t)$，同时定义一个 $N$ 维矢量如下：

$$\boldsymbol{K}_N(t)=\frac{1}{w+\mu_N(t)}\boldsymbol{P}_N(t-1)\boldsymbol{Y}_N^*(t) \tag{7-60}$$

它称作卡尔曼增益矢量。式中，$\mu_N(t)$ 是一个标量，定义为

$$\mu_N(t)=\boldsymbol{Y}_N'(t)\boldsymbol{P}_N(t-1)\boldsymbol{Y}_N^*(t) \tag{7-61}$$

利用这些定义，式(7-59)变为

$$\boldsymbol{P}_N(t)=\frac{1}{w}[\boldsymbol{P}_N(t-1)-\boldsymbol{K}_N(t)\boldsymbol{Y}_N'(t)\boldsymbol{P}_N(t-1)] \tag{7-62}$$

假设用 $\boldsymbol{Y}_N^*(t)$ 后乘式(7-62)的两边，那么

$$\begin{aligned}\boldsymbol{P}_N(t)\boldsymbol{Y}_N^*(t)&=\frac{1}{w}[\boldsymbol{P}_N(t-1)\boldsymbol{Y}_N^*(t)-\boldsymbol{K}_N(t)\boldsymbol{Y}_N'(t)\boldsymbol{P}_N(t-1)\boldsymbol{Y}_N^*(t)]\\&=\frac{1}{w}\{[w+\mu_N(t)]\boldsymbol{K}_N(t)-\boldsymbol{K}_N(t)\mu_N(t)\}\\&=\boldsymbol{K}_N(t)\end{aligned} \tag{7-63}$$

因此，卡尔曼增益矢量也可以定义为 $\boldsymbol{P}_N(t)\boldsymbol{Y}_N(t)$。

现在利用矩阵求逆恒等式推导一个方程，以便从 $\boldsymbol{C}_N(t-1)$ 求得 $\boldsymbol{C}_N(t)$。因为

$$\boldsymbol{C}_N(t)=\boldsymbol{P}_N(t)\boldsymbol{D}_N(t)$$

且

$$\boldsymbol{D}_N(t)=w\boldsymbol{D}_N(t-1)+I(t)\boldsymbol{Y}_N^*(t) \tag{7-64}$$

得到

$$\begin{aligned}\boldsymbol{C}_N(t)&=\frac{1}{w}[\boldsymbol{P}_N(t-1)-\boldsymbol{K}_N(t)\boldsymbol{Y}_N'(t)\boldsymbol{P}_N(t-1)][w\boldsymbol{D}_N(t-1)+I(t)\boldsymbol{Y}_N^*(t)]\\&=\boldsymbol{P}_N(t-1)\boldsymbol{D}_N(t-1)+\frac{1}{w}I(t)\boldsymbol{P}_{\mathrm{N}}(t-1)\boldsymbol{Y}_{\mathrm{N}}^*(t)\\&\quad-\boldsymbol{K}_N(t)\boldsymbol{Y}_N'(t)\boldsymbol{P}_N(t-1)\boldsymbol{D}_N(t-1)\\&\quad-\frac{1}{w}I(t)\boldsymbol{K}_N(t)\boldsymbol{Y}_N'(t)\boldsymbol{P}_N(t-1)\boldsymbol{Y}_N^*(t)\\&=\boldsymbol{C}_N(t-1)+\boldsymbol{K}_N(t)\big[I(t)-\boldsymbol{Y}_N'(t)\boldsymbol{C}_N(t-1)\big]\end{aligned} \tag{7-65}$$

注意：$\boldsymbol{Y}_N'(t)\boldsymbol{C}_N(t-1)$ 是均衡器在 $t$ 时刻的输出，即

$$\hat{I}(t)=\boldsymbol{Y}_N'(t)\boldsymbol{C}_N(t-1) \tag{7-66}$$

$$e_N(t,t-1)=I(t)-\hat{I}(t)\equiv e_N(t) \tag{7-67}$$

是期望符号与估计值之间的误差。因此，$\boldsymbol{C}_N(t)$ 按照下列关系式以递推方式更新：

$$\boldsymbol{C}_N(t)=\boldsymbol{C}_N(t-1)+\boldsymbol{K}_N(t)e_N(t) \tag{7-68}$$

这种最佳化产生的残余 MSE 是

$$\varepsilon_{N\min}^{LS}=\sum_{n=0}^{t}w^{t-n}\,|\,I(n)|^2-\boldsymbol{C}_N'(t)\boldsymbol{D}_N^*(t) \tag{7-69}$$

下面进行小结，假设已经获得了 $\boldsymbol{C}_N(t-1)$ 和 $\boldsymbol{P}_N(t-1)$，当接收到一个新的信号分量 $\boldsymbol{Y}_N(t)$ 时，$\boldsymbol{C}_N(t)$ 时间更新的递推计算按下列过程进行。

(1)计算输出：

$$\hat{I}(t)=\boldsymbol{Y}_N'(t)\boldsymbol{C}_N(t-1)$$

(2)计算误差：

$$e_N(t)=I(t)-\hat{I}(t)$$

(3)计算卡尔曼增益矢量：

$$\boldsymbol{K}_N(t)=\frac{\boldsymbol{P}_N(t-1)\boldsymbol{Y}_N'(t)}{w+\boldsymbol{Y}_N'(t)\boldsymbol{P}_N(t-1)\boldsymbol{Y}_N^*(t)}$$

(4)更新相关矩阵的逆：

$$\boldsymbol{P}_N(t)=\frac{1}{w}[\boldsymbol{P}_N(t-1)-\boldsymbol{K}_N(t)\boldsymbol{Y}_N'(t)\boldsymbol{P}_N(t-1)]$$

(5)更新系数：

$$\begin{aligned}\boldsymbol{C}_N(t)&=\boldsymbol{C}_N(t-1)+\boldsymbol{K}_N(t)e_N(t)\\&=\boldsymbol{C}_N(t-1)+\boldsymbol{P}_N(t)\boldsymbol{Y}_N^*(t)e_N(t)\end{aligned}\tag{7-70}$$

式(7-70)所述的算法称作 RLS 直接形式或卡尔曼算法。当均衡器具有一个横向(直接形式)结构时，它是适当的。

注意：均衡器系数随时间改变的值等于误差 $e_N(t)$ 乘以卡尔曼增益矢量 $\boldsymbol{K}_N(t)$。因为 $\boldsymbol{K}_N(t)$ 是 $N$ 维的，所以每一个抽头系数实际上受到 $\boldsymbol{K}_N(t)$ 的一个元素的控制，从而获得快速收敛。相反地，最陡下降法以现有符号标记表示为

$$\boldsymbol{C}_N(t)=\boldsymbol{C}_N(t-1)+\Delta\boldsymbol{Y}_N^*(t)e_N(t)\tag{7-71}$$

其唯一可变的参数是步长 $\varDelta$。

图 7-6 说明当信道的固定参数 $f_0=0.26$、$f_1=0.93$、$f_2=0.26$ 且一个线性均衡器具有

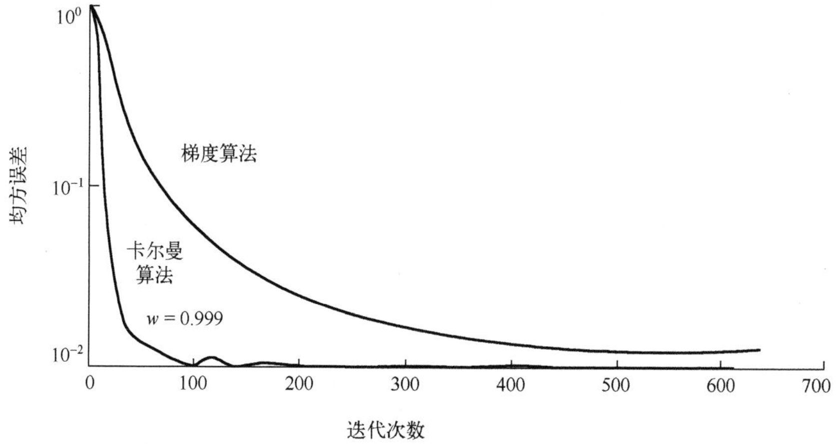


图 7-6　卡尔曼与梯度算法收敛速率的比较

11 个抽头时，这两种算法的初始收敛速率。这个信道的特征值比值是 $\lambda_{\max}/\lambda_{\min}=11$，所有均衡器系数被初始化为零，最陡下降算法以 $\varDelta=0.020$ 实现。卡尔曼算法的优越性是显而易见的，这在时变信道中特别重要。例如，高频无线信道的时变太快，因而不能被梯度算法均衡，但卡尔曼算法完全适应。

尽管上述卡尔曼算法有出色的跟踪性能，但它有两个缺点：一是复杂，二是对递推计算引起的累积噪声敏感，特别是后者会引起算法的不稳定。

式(7-70)中变量的计算或操作(乘、除和减)的次数与 $N^2$ 成正比。大多数操作包含在 $\boldsymbol{P}_N(t)$ 的更新过程中，这部分计算对舍入误差噪声是敏感的。为了补救，人们提出不按式(7-62)计算 $\boldsymbol{P}_N(t)$ 的算法，该算法基于将 $\boldsymbol{P}_N(t)$ 分解成以下形式：

$$\boldsymbol{P}_N(t)=\boldsymbol{S}_N(t)\boldsymbol{\varLambda}_N(t)\boldsymbol{S}'_N(t) \tag{7-72}$$

式中，$\boldsymbol{S}_N(t)$ 是一个下三角矩阵，其对角元素是 1；$\boldsymbol{\varLambda}_N(t)$ 是一个对角矩阵。这样的分解称作平方根因式分解。在平方根算法中 $\boldsymbol{P}_N(t)$ 既没有像式(7-62)中被更新，也没有被计算，而是对 $\boldsymbol{S}_N(t)$ 和 $\boldsymbol{\varLambda}_N(t)$ 进行时间更新。

## 7.4 盲 均 衡

在常规的迫零或最小 MSE 均衡器中，假定发送一个确知的训练序列给接收机，以便初始调整均衡器系数。然而，有一些应用场合，我们希望接收机在没有确知训练序列可用的情况下能与接收信号同步，并能调整均衡器。不利用训练序列，而仅利用所接收到的信号序列即可对信道进行自适应均衡的技术称为盲均衡(或自恢复均衡)。

从 1975 年塞脱的论文开始，过去的近半个世纪已推出 3 种不同类型的自适应盲均衡算法。第一种是基于随机梯度算法，第二种是基于最大似然准则盲均衡算法，第三种是利用接收信号的二阶或更高阶的统计量来估计信道特性并设计均衡器的算法。

### 7.4.1 随机梯度算法

随机梯度迭代均衡方案的基本思想是：应用一个线性 FIR 均衡滤波器，每次迭代中生成期望响应。

我们从最佳均衡器系数的初始猜测值着手，记为 $\{c_n\}$。那么信道响应 $\{f_n\}$ 与均衡器响应 $\{c_n\}$ 的卷积为

$$\{c_n\}*\{f_n\}=\{\delta_n\}+\{e_n\} \tag{7-73}$$

式中，$\{\delta_n\}$ 是单位样值序列；$\{e_n\}$ 是误差序列，由均衡器系数的初始猜测值产生。如果将均衡器冲激响应与接收序列 $\{v_n\}$ 卷积，得到

$$\begin{aligned}\{\hat{I}_n\}&=\{v_n\}*\{c_n\}\\&=\{I_n\}*\{f_n\}*\{c_n\}+\{\eta_n\}*\{c_n\}\\&=\{I_n\}*(\{\delta_n\}+\{e_n\})+\{\eta_n\}*\{c_n\}\\&=\{I_n\}+\{I_n\}*\{e_n\}+\{\eta_n\}*\{c_n\}\end{aligned} \tag{7-74}$$

式(7-74)中的$\{I_n\}$项表示期望数据序列，$\{I_n\}*\{e_n\}$项表示残余 ISI，$\{\eta_n\}*\{c_n\}$项表示加性噪声。问题是利用已解卷积的序列$\{\hat{I}_n\}$求期望响应的“最好的”估计值，一般记为$\{d_n\}$。在训练序列的自适应均衡器情况下，$\{d_n\}=\{I_n\}$。在盲均衡模式中，由$\{\hat{I}_n\}$生成期望响应。

可以使用均方误差(MSE)准则，从观测的均衡器输出$\{\hat{I}_n\}$求$\{I_n\}$的“最好的”估计值。因为发送序列$\{I_n\}$具有非高斯概率密度分布(PDF)，所以 MSE 估计是$\{\hat{I}_n\}$的非线性变换。通常“最好的”估计值$\{d_n\}$由式(7-75)求得

$$\begin{cases} d_n = g(\hat{I}_n), & \text{无记忆} \\ d_n = g(\hat{I}_n, \hat{I}_{n-1}, \cdots, \hat{I}_{n-m}), & m\text{阶记忆} \end{cases} \tag{7-75}$$

式中，$g(\cdot)$是非线性函数。序列$\{d_n\}$用于生成误差信号，再反馈到自适应均衡滤波器，如图 7-7 所示。

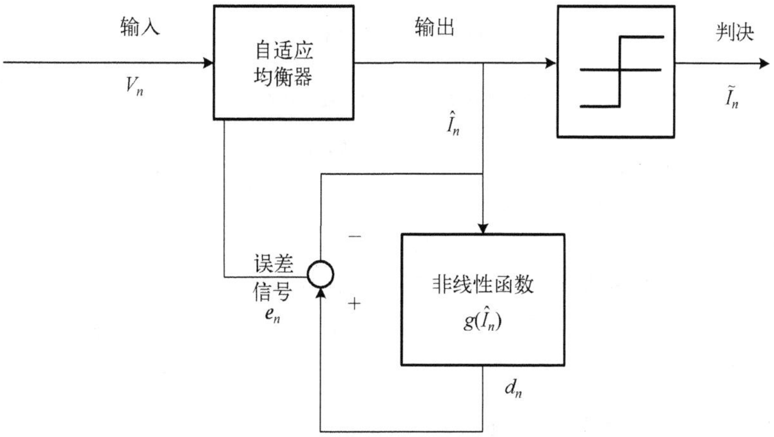


图 7-7　具有随机梯度算法的自适应盲均衡

一个熟知的经典估计问题如下：如果均衡输出为

$$\hat{I}_n = I_n + \tilde{\eta}_n \tag{7-76}$$

式中，假定$\tilde{\eta}_n$是零均值高斯的(这里可以对残余 ISI 和加性噪声引用中心极限定理)$\{I_n\}$与$\{\tilde{\eta}_n\}$是统计独立的。$\{I_n\}$是统计独立且同分布的随机变量，那么$\{I_n\}$的 MSE 估计值为

$$d_n = E(I_n | \hat{I}_n) \tag{7-77}$$

当$\{I_n\}$非高斯时，式(7-77)是均衡器输出的非线性函数。

表 7-1 说明了现有盲均衡算法的一般形式，它们基于 LMS 自适应。其主要差别在于非线性函数的选择。实际中最广泛应用的算法是戈达尔(Godard)算法，有时也称其为恒模算法(CMA)。

由表 7-1 可见，对均衡器输出取非线性函数而得到的输出序列$\{d_n\}$起着期望响应或训练序列的作用。同时，这些算法简单且易实现，因为它们基本上是 LMS 型的算法。正因如此，我们预期这些算法的收敛特性将取决于接收数据$\{v_n\}$的自相关矩阵。

**表 7-1　盲均衡的随机梯度算法**

| 算法名称 | 非线性函数：$g(\hat{I}_n)$ |
|---|---|
| 戈达尔(Godard) | $\dfrac{\hat{I}_n}{\lvert\hat{I}_n\rvert}(\lvert\hat{I}_n\rvert+R_2\lvert\hat{I}_n\rvert-\lvert\hat{I}_n\rvert^3)$，$R_2=\dfrac{E\{\lvert I_n\rvert^4\}}{E\{\lvert I_n\rvert^2\}}$ |
| 塞脱(Sato) | $\zeta\operatorname{csgn}(\hat{I}_n)$, $\zeta=\dfrac{E\{[\mathrm{Re}(I_n)]^2\}}{E\{\lvert\mathrm{Re}(I_n)\rvert\}}$ |
| 本维尼斯特-古尔萨(Benveniste-Goursat) | $\hat{I}_n+k_1(\hat{I}_n-I_n)+k_2\lvert\hat{I}_n-I_n\rvert[\zeta\operatorname{csgn}(\hat{I}_n)-I_n]$，$k_1$ 和 $k_2$ 是正常数 |
| 停止-前进(Stop-and-Go) | $\hat{I}_n+\frac{1}{2}A(\hat{I}_n-I_n)+\frac{1}{2}B(\hat{I}_n-I_n)^*$，其中 $(A,B)=(2,0),(1,1),(1,-1)$ 或 $(0,0)$，取决于面向判决误差 $\hat{I}_n-I_n$ 和误差 $\zeta\operatorname{csgn}(\hat{I}_n)-I_n$ 的符号 |

对于自适应 LMS 型算法，当满足式(7-78)时，以均值收敛；当满足式(7-79)时(式中上标 H 表示共轭转置)，以均方意义收敛。

$$E[v_n g^*(\hat{I}_n)]=E[v_n I_n^*] \tag{7-78}$$

$$\begin{aligned}E[\boldsymbol{c}_n^{\mathrm{H}} v_n g^*(\hat{I}_n)]&=E[\boldsymbol{c}_n^{H} v_n \hat{I}_n^*)]\\E[f_n g^*(I_n)]&=E[\lvert\hat{I}_n\rvert^2]\end{aligned} \tag{7-79}$$

因此，要求均衡器输出$\{\hat{I}_n\}$满足式(7-79)。注意：式(7-79)表明$\{\hat{I}_n\}$的自相关(右边)等于$\hat{I}_n$与$\hat{I}_n$的非线性变换的互相关(左边)，该性质被称作巴斯岗(Bussgang)性质。当均衡器输出序列$\hat{I}_n$满足巴斯岗性质时，表 7-1 所给出的算法都收敛。

随机梯度算法的基本限制是它们的收敛比较慢。将自适应算法由 LMS 型修改成 RLS 型，可以改进收敛的速率。

### 7.4.2　基于最大似然准则的盲均衡

为方便阐述，采用等效离散时间信道模型，该信道模型的输出可以表示为

$$v_n=\sum_{k=0}^{L} f_k I_{n-k}+\eta_n \tag{7-80}$$

式中，$\{f_k\}$是等效离散时间信道的系数；$\{I_n\}$是信息序列；$\{\eta_n\}$是高斯白噪声序列。

对于一组 $N$ 个接收数据点，在已知冲激响应向 $\boldsymbol{f}=[f_0 f_1\cdots f_L]^t$ 和数据矢量 $\boldsymbol{I}=[I_0 I_1\cdots I_N]^t$ 的条件下，接收数据矢量 $\boldsymbol{v}=[v_1 v_2\cdots v_N]^t$ 的(联合)概率密度函数

$$p(\boldsymbol{v}\mid\boldsymbol{f},\boldsymbol{I})=\frac{1}{(2\pi\sigma^2)^N}\exp\left(-\frac{1}{2\sigma^2}\sum_{n=1}^{N}\left|v_n-\sum_{k=0}^{L} f_k I_{n-k}\right|^2\right) \tag{7-81}$$

$\boldsymbol{f}$ 和 $\boldsymbol{I}$ 的联合最大似然估计值是使联合概率密度函数 $p(\boldsymbol{v}\mid\boldsymbol{f},\boldsymbol{I})$ 最大的矢量的值，或者等价为使指数项最小的 $\boldsymbol{f}$ 和 $\boldsymbol{I}$ 值。因此，ML 的解是下列度量在 $\boldsymbol{f}$ 和 $\boldsymbol{I}$ 上的最小值：

$$\begin{aligned}\mathrm{DM}(\boldsymbol{I},\boldsymbol{f})&=\sum_{n=1}^{N}\left|v_n-\sum_{k=0}^{L} f_k I_{n-k}\right|^2\\&=\lVert\boldsymbol{v}-\boldsymbol{A}\boldsymbol{f}\rVert^2\end{aligned} \tag{7-82}$$

式中，矩阵 $\boldsymbol{A}$ 称作数据矩阵，且定义为

$$\boldsymbol{A}=\begin{bmatrix} I_1 & 0 & 0 & \cdots & 0 \\ I_2 & I_1 & 0 & \cdots & 0 \\ I_3 & I_2 & I_1 & \cdots & 0 \\ \vdots & \vdots & \vdots & & \vdots \\ I_N & I_{N-1} & I_{N-2} & \cdots & I_{N-L} \end{bmatrix} \tag{7-83}$$

首先注意到，当数据矢量 $\boldsymbol{I}$(或数据矩阵 $\boldsymbol{A}$)已知时，通过式(7-82)对 $\boldsymbol{f}$ 的最小化而得到的 ML 信道冲激响应估计值为

$$f_{\mathrm{ML}}(\boldsymbol{I})=(\boldsymbol{A}^{\mathrm{H}}\boldsymbol{A})^{-1}\boldsymbol{A}^{\mathrm{H}}\boldsymbol{v} \tag{7-84}$$

另外，当信道冲激响应 $\boldsymbol{f}$ 已知时，数据序列 $\boldsymbol{I}$ 的最佳 ML 检测器对 ISI 信道利用维特比算法来进行网格搜索(或树搜索)。

当 $\boldsymbol{f}$ 和 $\boldsymbol{I}$ 都未知时，性能指数 $\mathrm{DM}(\boldsymbol{I},\boldsymbol{f})$ 的最小化可以在 $\boldsymbol{f}$ 和 $\boldsymbol{I}$ 上联合进行。另一种方法，$\boldsymbol{f}$ 可以由概率密度函数 $p(\boldsymbol{v}|\boldsymbol{f})$ 估计，$p(\boldsymbol{v}|\boldsymbol{f})$ 可通过 $p(\boldsymbol{v},\boldsymbol{I}|\boldsymbol{f})$ 在所有可能的数据序列上平均得到，即

$$\begin{aligned} p(\boldsymbol{v}|\boldsymbol{f}) &= \sum_m p(\boldsymbol{v},\boldsymbol{I}^{(m)}|\boldsymbol{f}) \\ &= \sum_m p(\boldsymbol{v}|\boldsymbol{I}^{(m)},\boldsymbol{f})P(\boldsymbol{I}^{(m)}) \end{aligned} \tag{7-85}$$

式中，$P(\boldsymbol{I}^{(m)})$ 是序列 $\boldsymbol{I}=\boldsymbol{I}^{(m)}(m=1,2,\cdots,M^N)$ 的概率；$M$ 是信号星座的大小。

1. 基于在数据序列上平均的信道估计

如上述讨论所指出的，当 $\boldsymbol{f}$ 和 $\boldsymbol{I}$ 两者都未知时，一种方法是在所有可能的数据序列上对概率密度函数 $p(\boldsymbol{v},\boldsymbol{I}|\boldsymbol{f})$ 求平均后估计冲激响应 $\boldsymbol{f}$，因此

$$\begin{aligned} p(\boldsymbol{v}|\boldsymbol{f}) &= \sum_m p(\boldsymbol{v}|\boldsymbol{I}^{(m)},\boldsymbol{f})P(\boldsymbol{I}^{(m)}) \\ &= \sum_m \left[\frac{1}{(2\pi\sigma^2)^N}\exp\left(-\frac{\|\boldsymbol{v}-\boldsymbol{A}^{(m)}\boldsymbol{f}\|^2}{2\sigma^2}\right)\right]P(\boldsymbol{I}^{(m)}) \end{aligned} \tag{7-86}$$

其次，使 $p(\boldsymbol{v}|\boldsymbol{f})$ 最小的 $\boldsymbol{f}$ 估计值是下列方程的解：

$$\frac{\partial p(\boldsymbol{v}|\boldsymbol{f})}{\partial \boldsymbol{f}}=\sum_m P(\boldsymbol{I}^{(m)})(\boldsymbol{A}^{(m)t}\boldsymbol{A}^{(m)}\boldsymbol{f}-\boldsymbol{A}^{(m)\mathrm{H}}\boldsymbol{v})\exp\left(-\frac{\|\boldsymbol{v}-\boldsymbol{A}^{(m)}\boldsymbol{f}\|^2}{2\sigma^2}\right)=0 \tag{7-87}$$

因此，$\boldsymbol{f}$ 的估计值为

$$\boldsymbol{f}=\left[\sum_m P(\boldsymbol{I}^{(m)})\boldsymbol{A}^{(m)t}\boldsymbol{A}^{(m)}g(\boldsymbol{v},\boldsymbol{A}^{(m)}\boldsymbol{F})\right]^{-1}\times\sum_m P(\boldsymbol{I}^{(m)})g(\boldsymbol{v},\boldsymbol{A}^{(m)},\boldsymbol{f})\boldsymbol{A}^{(m)t}\boldsymbol{v} \tag{7-88}$$

式中，函数 $g(\boldsymbol{v},\boldsymbol{A}^{(m)},\boldsymbol{f})$ 定义为

$$g(\boldsymbol{v},\boldsymbol{A}^{(m)},\boldsymbol{f})=\exp\left(-\frac{\|\boldsymbol{v}-\boldsymbol{A}^{(m)}\boldsymbol{f}\|^2}{2\sigma^2}\right) \tag{7-89}$$

将最佳 $\boldsymbol{f}$ 的解记为 $\boldsymbol{f}_{\mathrm{ML}}$。

方程(7-88)是在给定接收信号矢量 $\boldsymbol{v}$ 的条件下求解信道冲激响应估计值的非线性方程。通过直接求解方程(7-88)来获得最佳解答一般很困难，设计一种数值方法来递推求解 $\boldsymbol{f}_{\mathrm{ML}}$ 是比较简单的。具体地有

$$\boldsymbol{f}^{(k+1)}=\left[\sum_{m}P(\boldsymbol{I}^{(m)})\boldsymbol{A}^{(m)t}\boldsymbol{A}^{(m)}g(\boldsymbol{v},\boldsymbol{A}^{(m)},\boldsymbol{f}^{(k)})\right]^{-1}\times\sum_{m}P(\boldsymbol{I}^{(m)})g(\boldsymbol{v},\boldsymbol{A}^{(m)},\boldsymbol{r}^{(k)})\boldsymbol{A}^{(m)\mathrm{H}}\boldsymbol{v} \tag{7-90}$$

一旦从式(7-88)或式(7-90)的解中得到 $\boldsymbol{f}_{\mathrm{ML}}$ 就可在式(7-82)的度量 $\mathrm{DM}(\boldsymbol{I},\boldsymbol{f}_{\mathrm{ML}})$ 对所有可能的数据序列的最小化中使用该估计值。因此 $\boldsymbol{I}_{\mathrm{ML}}$ 是使 $\mathrm{DM}(\boldsymbol{I},\boldsymbol{f}_{\mathrm{ML}})$ 最小的序列 $\boldsymbol{I}$，即

$$\min_{\boldsymbol{I}}\mathrm{DM}(\boldsymbol{I},\boldsymbol{f}_{\mathrm{ML}})=\min_{\boldsymbol{I}}\|\boldsymbol{v}-\boldsymbol{A}\boldsymbol{f}_{\mathrm{ML}}\|^2 \tag{7-91}$$

我们知道，维特比算法是进行 $\mathrm{DM}(\boldsymbol{I},\boldsymbol{f}_{\mathrm{ML}})$ 在 $\boldsymbol{I}$ 上最小化的高效计算法。

这种算法有两个主要的缺点。首先，式(7-90)给出的 $\boldsymbol{f}_{\mathrm{ML}}$ 递推运算的计算量大。其次，也许是更重要的，估计值 $\boldsymbol{f}_{\mathrm{ML}}$ 不像最大似然估计 $\boldsymbol{f}_{\mathrm{ML}}(\boldsymbol{I})$ 那样好，后者是当序列 $\boldsymbol{I}$ 已知时得到的。因此，基于估计值 $\boldsymbol{f}_{\mathrm{ML}}$ 的盲均衡器(维特比算法)的差错率性能比基于 $\boldsymbol{f}_{\mathrm{ML}}(\boldsymbol{I})$ 的差。下面将研究联合信道和数据的估计。

### 2. 联合信道和数据的估计

本节研究式(7-82)给出的性能指数 $\mathrm{DM}(\boldsymbol{I},\boldsymbol{f})$ 的联合最佳化。因为冲激响应矢量 $\boldsymbol{f}$ 的元素是连续的，数据矢量 $\boldsymbol{I}$ 的元素是离散的，所以一种方法是对每个可能的发送数据序列求 $\boldsymbol{f}$ 的最大似然估计值，然后为每一个相应的信道估计值选择使 $\mathrm{DM}(\boldsymbol{I},\boldsymbol{f})$ 最小的数据序列。因此，相应于第 $m$ 个数据序列 $\boldsymbol{I}(m)$ 的信道估计值是

$$\boldsymbol{f}_{\mathrm{ML}}(\boldsymbol{I}^{(m)})=(\boldsymbol{A}^{(m)\mathrm{H}}\boldsymbol{A}^{(m)})^{-1}\boldsymbol{A}^{(m)\mathrm{H}}\boldsymbol{v} \tag{7-92}$$

对于第 $m$ 个数据序列，度量 $\mathrm{DM}(\boldsymbol{I},\boldsymbol{f})$ 为

$$\mathrm{DM}[\boldsymbol{I}^{(m)},\boldsymbol{f}_{\mathrm{ML}}(\boldsymbol{I}^{(m)})]=\|\boldsymbol{v}-\boldsymbol{A}^{(m)}\boldsymbol{f}_{\mathrm{ML}}(\boldsymbol{I}^{(m)})\|^2 \tag{7-93}$$

其次，从 $M^N$ 个可能的序列集合中选择使式(7-93)中的代价函数最小的数据序列，即求

$$\min_{\boldsymbol{I}^{(m)}}\mathrm{DM}[\boldsymbol{I}^{(m)},\boldsymbol{f}_{\mathrm{ML}}(\boldsymbol{I}^{(m)})] \tag{7-94}$$

上述方法是一种耗费计算的搜索方法，其计算复杂性随数据分组长度而指数增长。可选择 $N=L+1$，使 $M^L$ 个幸存序列中的每一个都有一个信道估计值。此后对于维特比算法在网格上搜索的每一条幸存路径继续维持各自的信道估计值。

另外一种类似的方法由塞沙德里在 1994 年提出。在本质上，塞沙德里的算法是一种一般化的维特比算法(GVA)，它将发送数据序列的 $K\geqslant 1$ 个最好的估计值保持到网格的每个状态以及相应的信道估计值中。在塞沙德里的 GVA 中，搜索从开始直到网格的第 L 级，即直到接收序列 $(v_1,w_2,\cdots,v_L)$ 已被处理的点，这种搜索与常规维特比算法(VA)相同。因此，直到第 $L$ 级，进行了耗时较长的搜索。与每一个数据序列 $\boldsymbol{I}^{(m)}$ 相关联的有一个相应的信道估计值 $\boldsymbol{f}_{\mathrm{ML}}(\boldsymbol{I}^{(m)})$，从这一级开始修正搜索，使每个状态保持 $K\geqslant 1$ 个幸

存序列和相关联的信道估计值，以代替每个状态的唯一序列。因此，GVA 用来处理接收信号序列$\{v_n, n \geqslant L+1\}$，在每一级使用 LMS 算法更新信道的估计值，以进一步减少计算的复杂性。塞沙德里的论文给出的模拟结果表明在适度的信噪比以及$K=4$的情况下，GVA 盲均衡算法运行得相当好。因此，GVA 的计算复杂性比常规 VA 有适度的增加。但还有其他计算，它们涉及信道估计值$f(\boldsymbol{I}^{(m)})$的估计和更新，信道估计值是与每一个幸存数据估计值相关联的。

### 7.4.3　基于二阶和高阶信号统计量的盲均衡算法

我们知道，一般而言，接收信号序列的二阶统计量(自相关)提供了信道特性的幅度信息，而不是相位信息。但是，如果接收信号的自相关函数是周期的(如数字调制信号)，就有可能从接收信号同时获得信道的幅度和相位信息。接收信号的这种循环平稳特性是可以利用的。而利用更高阶的统计方法，从接收信号估计信道响应也是可能的。特别是，若信道输入是非高斯的，那么一个线性离散时不变系统的冲激响应可以从接收信号的累积量获得。

正是基于这个思想，吉安拉基斯(Giannakis)和吉安拉基斯与孟德尔(Giannakis & Mendel)提出了一种估计信道冲激响应的简单方法，它是根据接收信号序列的四阶累积量进行的，下面进行简单介绍。

四阶累积量定义为

$$\begin{aligned} c(v_k, v_{k+m}, v_{k+n}, v_{k+l}) \equiv c_r(m,n,l) &= E(v_k v_{k+m} v_{k+n} v_{k+l}) \\ &\quad - E(v_k v_{k+m})E(v_{k+n} v_{k+l}) \\ &\quad - E(v_k v_{k+n})E(v_{k+m} v_{k+l}) \\ &\quad - E(v_k v_{k+l})E(v_{k+m} v_{k+n}) \end{aligned} \tag{7-95}$$

一个高斯信号过程的四阶累积量是零，因此可得到

$$c_r(m,n,l) = c(I_k, I_{k+m}, I_{k+n}, I_{k+l}) \sum_{k=0}^{\infty} f_k f_{k+n} f_{k+n} f_{k+l} \tag{7-96}$$

当信道的输入序列$\{I_n\}$统计独立且同分布时，$c(I_k, I_{k+m}, I_{k+n}, I_{k+l})$为常数，记作$k$。那么，如果信道响应的长度是$L+l$，可以令$m=n=l=-L$，则有

$$c_r\left(-L,-L,-L_{-}\right) = kf_L f_0^3 \tag{7-97}$$

类似地，如果令$m=0, n=L,$ 及$l=p$得到

$$c_r(0,L,p) = kf_l f_0^2 f_p \tag{7-98}$$

如果将式(7-97)和式(7-98)结合起来，可得到具有一个标度因子的冲激响应如下：

$$f_p = f_0 \frac{c_r(0,L,p)}{c_r(-L,-L,-L)}, \quad p=1,2,\cdots,L \tag{7-99}$$

累积量$c_r(m,n,l)$是由接收信号序列$\{v_n\}$的样值平均来估计的。

哈兹那可斯(Hatzinakos)和尼基亚斯(Nikias)提出了另外一种基于高阶统计量的方法。该方法被认为是第一个基于多谱的自适应盲均衡方法，称为倒三谱均衡算法(TEA)。这种方法利用接收信号序列$\{v_n\}$的四阶累积量的复倒谱(倒三谱)来估计信道的响应特性。TEA只取决于$\{v_n\}$的四阶累积量，并且它能够分别地重构信道的最小相位和最大相位特性，然后由测得的信道特性计算信道均衡器的系数。TEA中所用的基本方法是计算接收序列$\{v_n\}$的倒三谱，它是$\{v_n\}$对数倒三谱的(三维)傅里叶逆变换(倒三谱是四阶累积量序列$c_r(m,n,l)$的三维离散傅里叶变换)。均衡器的系数由倒谱系数计算。

通过将信道估计与信道均衡分离，对ISI使用任何类型的均衡器都是可能的。这类算法的主要缺点是在对接收信号进行高阶矩(累积量)的估计中涉及的数据量大及其内在计算复杂。

扩展阅读

## 习　题

**7-1**　通过查阅资料分析时域均衡和频域均衡有何不同。

**7-2**　请回答时域均衡的两条准则，并分析其差异性。

**7-3**　已知输入信号$x(t)$的抽样值为$x_{-1}=0.2$，$x_0=1$，$x_1=-0.3$，$x_2=0.1$，其他$x_k=0$。设计一个三抽头的零均衡器，求三个抽头的系数，并计算均衡前后的峰值失真。

**7-4**　已知三抽头横向滤波器的抽头增益分别为$C_{\pm1}=-1/3$，$C_0=1\frac{1}{5}$，输入信号的样值为$x_1=1/3$，$x_0=1$，$x_{-1}=1/5$，其他$x$值为0，试求均衡输出信号$y$的样值。

**7-5**　吉特林(Gitlin)等在1982年提出的抽头泄露LMS算法可表示为

$$C_N(n+1)=wC_N(n)+\Delta\varepsilon(n)V_N(n)$$

其中，$0<w<1$，$\Delta$是步长，$V_N(n)$是时刻$n$的数据矢量。试求$C_N(n)$均值的收敛条件。

# 第 8 章　多载波和多天线系统

正交频分复用(OFDM)是一种多载波调制技术，也可以看成特殊的复用技术。OFDM技术应用最早可以追溯到20世纪60年代，当时主要用于高频军事通信系统。到20世纪70年代，人们开始研究多载波系统的数字化实现方法，并将离散傅里叶变换(Discrete Fourier Transform，DFT)运用到OFDM的调制解调之中，为OFDM的推广奠定了基础。20世纪80年代，大规模集成电路的发展让快速傅里叶变换(Fast Fourier Transform，FFT)技术不再是难以逾越的障碍，数字信号处理(Digital Signal Processing，DSP)技术以及高性能可编程逻辑器件的飞速发展极大地推动了OFDM在无线信道环境中的实用化。目前，OFDM已经广泛应用到第五代蜂窝移动通信系统等宽带无线通信、数字音频广播(Digital Audio Broadcasting，DAB)、地面数字视频广播(Digital Video Broadcasting-Terrestrial，DVB-T)和无线局域网通信标准中。

20世纪90年代，Bell实验室的Telatar和Foschini将多输入多输出(Multiple-Input Multiple-Output，MIMO)系统概念引入无线通信领域，通过在发送端和接收端使用多个天线实现多个数据链路共享时间和频段的传输，使频谱效率大大增加。MIMO技术使得空间成为一种并列于时间、功率和频率的通信资源，用于提高通信系统的可靠性和有效性。与传统的SISO系统相比，MIMO技术可以利用空间资源显著提高系统的信道容量或有效改善通信系统性能。

OFDM和MIMO技术都是第四代移动通信的物理层关键技术，适用于在复杂多径传输环境和有限频谱资源条件下提供宽带高速传输。本章主要介绍OFDM和MIMO的基本概念和原理。

## 8.1　多载波通信

数字调制可以分为单载波调制和多载波调制。单载波调制系统通常需要设计合适的均衡算法应对信道带来的多径干扰，多载波调制则通过将数据流分解为若干个低速数据流，延长码元周期，增强对码间串扰(Inter-Symbol Interference，ISI)的鲁棒性。

### 8.1.1　单载波和多载波调制

在等效低通单载波数字调制系统中，假设发送符号序列为$\{a_n\}$，每个符号时间周期长度为$T$，码元速率为$R_s=1/T$。发送滤波器为$g_{\mathrm{T}}(t)$，发送符号序列通过带宽为$W$的带限信道$h(t)$，接收滤波器为$g_{\mathrm{R}}(t)$，均衡器为$g_{\mathrm{E}}(t)$，则系统总的等效冲激响应可以写成

$$g(t)=g_{\mathrm{T}}(t)*h(t)*g_{\mathrm{R}}(t)*g_{\mathrm{E}}(t) \tag{8-1}$$

假设均衡器输出信号为$y(t)$，为了恢复符号$a_k$，在$t=kT$时间抽样，则抽样判决器

输出的信号可以写成

$$
\begin{aligned}
y(t=kT) &= \sum_{m=-\infty}^{\infty} a_m g(kT-mT)+n(kT) \\
&= a_k g(0)+\sum_{m=-\infty,m\neq k}^{\infty} a_m g(kT-mT)+n(kT)
\end{aligned}
\tag{8-2}
$$

由于信道带宽受限，因此总的级联响应 $g(t)$ 通常具有无穷时长。式(8-2)中的 $\sum_{m=-\infty,m\neq k}^{\infty} a_m g(kT-mT)$ 表示第 $k$ 个码元的前后码元对当前码元造成的码间串扰。码间串扰和加性噪声是引起错误判决的主要原因，为了消除码间串扰，通常要求单载波传输系统总的时域冲激响应满足奈奎斯特第一准则：

$$
g(kT)=\delta(k)=\begin{cases}1, & k=0\\ 0, & k\neq 0\end{cases}
\tag{8-3}
$$

或者等效要求系统总的频域响应满足：

$$
\sum_{k=-\infty}^{\infty} G\left(f-\frac{k}{T}\right)=\text{Constant}, \quad |f|\leqslant \frac{1}{2T}
\tag{8-4}
$$

根据奈奎斯特准则，当等效低通系统的传递函数为理想低通传输特性时，系统具有最小带宽 $W=R_s/2$，对应的频带带宽为 $R_s$。在实际的通信系统设计中，通常选择发射和接收滤波器为物理可实现的平方根升余弦滤波器，使得发送滤波器和接收滤波器的级联满足奈奎斯特第一准则，这样就要求均衡器能够完全补偿信道特性。为了支持码元速率为 $R_s$ 的数据传输，单载波传输系统所需要的最小带宽值为 $R_s$。当进一步提升单载波调制系统的传输速率时，信号就需要更大的带宽。当信号带宽不断增大，增加到大于信道的相干带宽时，通信链路中的信道就会转化成频率选择性的多径衰落信道，使得均衡器设计的难度加大。如果信道还具有时变特性，则均衡器需要具有自适应特性来对抗时变多径衰落信道的影响。自适应均衡器通常采用具有可调系数的 FIR 滤波器实现，信道多径扩展越大，所需要的均衡器抽头数越多，实现复杂度越大。

多径衰落信道的最佳检测器是最大似然序列检测器，而最大似然序列检测器的复杂度取决于调制阶数和多径数量。假设多径信道导致的码间串扰扩展长度为 $L$，数字调制的阶数为 $M$，则最大似然序列检测需要求解 $M^L$ 个可能的欧氏路径距离。因此，当增大传输速率导致多径长度变大时，会引起最大似然序列检测的复杂度呈指数级增长。另外，如果采用基于最小均方误差或者最小二乘准则设计均衡器，信道的频率选择性越强，其频域传递函数的逆函数越容易产生噪声放大效应，均衡器的效果变差。综上所述，在宽带高速传输场景下，码间串扰随着数据速率的增大而增加，如果再考虑信道时变等条件，信道均衡很可能因为复杂度太高而无法实现或者性能下降，因此在高速数据传输中，单载波传输方案面临均衡过于复杂的挑战。

为了克服宽带频率选择性信道对单载波传输系统的影响，可以采用多载波传输方案。多载波调制具有多种实现方式，其中最为简单的方式是将高速数据流分成多个低速并行数据流，分别调制到以不同子载波频率为中心的正交子信道上，即发射信号占据带宽相等的多个子信道，每个子信道具有不同的载波频率，通过将宽带传输分解为多个并行的低速子信道传输，可以使得子信道的带宽远小于信道的相干带宽，从而使得每个子信道上的数据经历平坦衰落，避免了码间串扰导致的高复杂度均衡处理。假设高速传输对应的码元持续时间为 $T_s$。如果采用单载波调制实现，则需要占用较大的信号带宽 $B$，如果信号带宽 $B$ 大于信道相干带宽 $B_c$，则信号在信道传输过程中产生码间串扰。如果改用多载波调制，则可将高速数据流分解为 $N$ 个并行子数据流，码元持续时间变为原来的 $N$ 倍，子信道带宽 $B_N$ 只有原来的 $1/N$，只要子信道数目 $N$ 足够大，就可以保证 $B_N$ 小于信道的相干带宽，从而保证每个子信道的信号经历平坦衰落，克服码间串扰的影响。多载波发射机结构如图 8-1 所示。

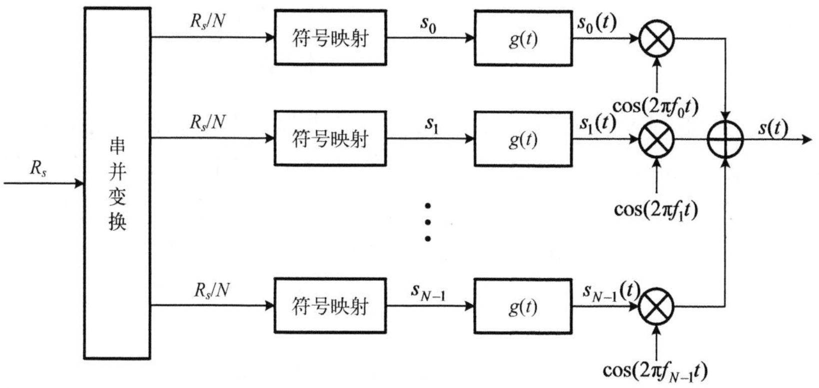


图 8-1　多载波调制系统发射端框图

从图 8-1 可以看出，比特数据流通过串并变换分成 $N$ 个子数据流，其中第 $n$ 个子数据流 $s_n$ 经 QAM/PSK 等线性调制后通过成形滤波器 $g(t)$ 得到信号 $s_n(t)$，$s_n(t)$ 被调制到频率为 $f_n$ 的子载波上，单个子信道上数据速率为 $R_N$，占据带宽为 $B_N$。所有子信道上的调制信号通过求和生成多载波信号发射出去。

$$y(t)=\sum_{i=0}^{N-1} x_i g(t)\cos(2\pi f_i t+\phi_i) \tag{8-5}$$

式中，$x_i$ 表示第 $i$ 个子载波的发射信号；$\phi_i$ 表示第 $i$ 个子载波的相位。如果多载波调制的各个子信道相互不重合，则可以选择 $f_i = f_c + iB_N, i=0,\cdots,N-1$。每个子数据流占据带宽为 $B_N$，则系统总的频带带宽为 $B = NB_N$，由此可知，数据速率 $R_{\text{Total}} \approx NR_N$。可见，在理想条件下，多载波调制方式和单载波传输方式相比，具有相同的总数据速率和系统带宽，但是通过多载波调制方式调整每个子信道上的带宽可以完全消除码间串扰，从而大大简化每个子载波上的接收处理。

多载波调制系统的接收端如图 8-2 所示。首先通过设置以子载波频率 $f_i$ 为中心的带通滤波器滤取出各个子信道上的信号，即 $s_i(t)+n_i(t)$，其中，$n_i(t)$ 为噪声。然后，针对每个子信道利用本地载波 $\cos(2\pi f_i t)$ 进行相干接收，最后通过并串变换恢复原始数据流。

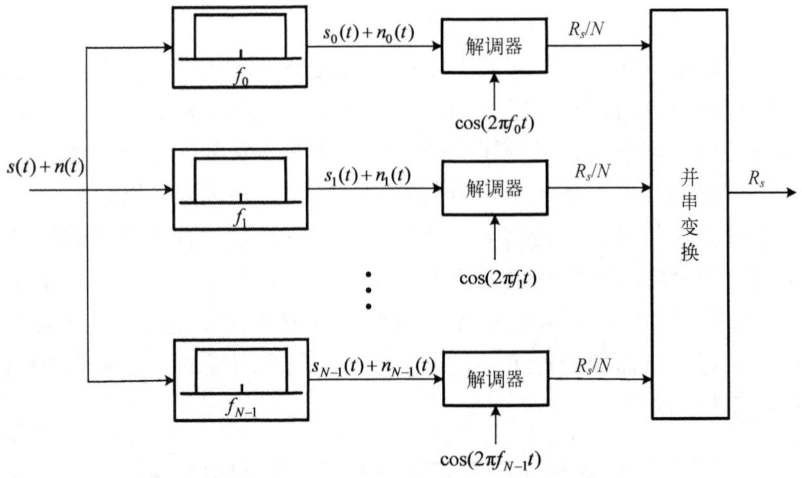


图 8-2　多载波调制系统的接收端

上面描述的就是子载波相互不重叠的多载波调制过程。OFDM 可以看作一种特殊的多载波调制技术。与传统多载波调制技术类似，OFDM 调制将有用信道划分为多个并行的子信道来传输数据，每个子信道的频谱特性都近似平坦，如图 8-3 所示，从而大大降低了 ISI 干扰的影响。因此，接收机只需要进行简单的单抽头均衡，就能有效抑制 ISI 干扰，有些应用场合甚至没有均衡的必要，由此带来的好处是大大简化了接收机的设计。

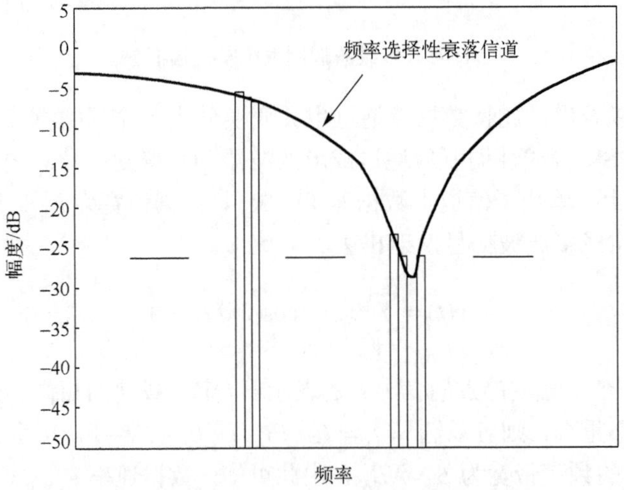


图 8-3　OFDM 调制子信道划分示意图

另外，一般多载波调制技术将信道分为不重叠的子信道来并行传输数据，需要在各子信道之间保留足够的保护间隔，而 OFDM 技术保证各子信道相互正交，所以子信道间可以相互重叠，如图 8-4 所示。OFDM 技术的这种特殊结构不但减小了子信道间的干扰，还大大提高了系统的频谱利用率。

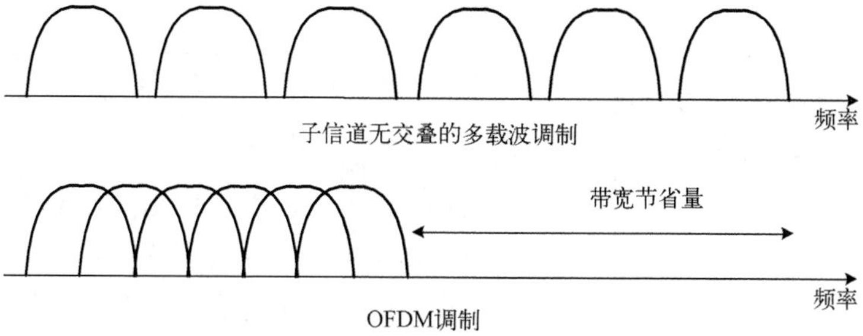


图 8-4　OFDM 调制节省带宽示意图

### 8.1.2　最佳功率注水分配

在多载波系统中，信道被划分为多个子信道，可以认为每个子信道近似理想的平衰落。假设多载波系统总的信道传递函数为 $H(f)$，信道带宽为 $B$，信道中噪声的功率谱密度为 $N(f)$，子信道带宽为 $\Delta f$ 。带宽内信号的总发射功率为 $P$，根据 Shannon 信道容量公式，该高斯白噪声信道的信道容量可以表示为

$$C = B\log_2\left(1+\frac{P}{BN_0}\right) \tag{8-6}$$

其中，$C$ 表示信道容量，单位为 bit/s；$BN_0$ 表示信道带宽内加性高斯噪声的功率。在多载波系统中，如果子信道带宽足够小，则第 $i$ 个子信道容量可以表示为

$$C_i = \Delta f\log_2\left[1+\frac{\Delta fP(f_i)\left|H(f_i)\right|^2}{\Delta fN(f_i)}\right] \tag{8-7}$$

其中，$P(f_i)$ 表示子信道中心频率 $f_i$ 处信号的功率谱密度；$H(f_i)$ 和 $N(f_i)$ 分别表示信道和噪声在子信道中心频率 $f_i$ 处的传递函数和功率谱密度。因此，总的信道容量可以写成：

$$C = \sum_{i=1}^{N} C_i = \Delta f\sum_{i=1}^{N}\log_2\left[1+\frac{P(f_i)\left|H(f_i)\right|^2}{N(f_i)}\right] \tag{8-8}$$

假设子信道数目足够多，则可以认为 $\Delta f \to 0$，式(8-8)的求和可以用积分代替：

$$C = \int_B \log_2\left[1+\frac{P(f)\left|H(f)\right|^2}{N(f)}\right]\mathrm{d}f \tag{8-9}$$

注意到信道容量需要满足总功率限制条件 $\int_B P(f)\mathrm{d}f = P$。为了实现信道容量最大化，利用变分法将其变换为

$$\arg\max_{P(f)} \int_B \left\{\log_2\left[1+\frac{P(f)\left|H(f)\right|^2}{N(f)}\right]+\lambda P(f)\right\}\mathrm{d}f \tag{8-10}$$

经过求解，可以得到

$$P(f)=\begin{cases} K-\dfrac{N(f)}{\left|H(f)\right|^2}, & f\in B \\ 0\,, & f\notin B \end{cases} \tag{8-11}$$

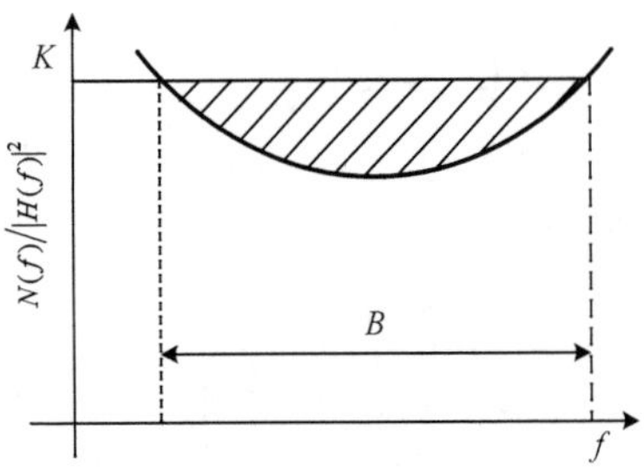


图 8-5　多载波信号功率的注水分配

由式(8-11)可知，当信噪比$\left|H(f)\right|^2/N(f)$较大时，当前子信道对应的信号功率也可以取较大的值；反之，若当前子信道信噪比$\left|H(f)\right|^2/N(f)$较小时，则可以发送较小功率的信号。图 8-5 中给出了信号发射功率分配示意图，其中实曲线表示信道带宽内不同频率信噪比的倒数，为了实现信道容量最大化，可以像把水倒入实曲线碗中一样分配信号功率$P(f)$，这就是注水分配。

### 8.1.3　正交频分复用(OFDM)的概念

微课

OFDM 是一种子载波之间相互重叠的特殊多载波调制，为了避免载波间干扰，需要使得各个子载波满足相互正交的条件。假设共有 $N$ 路叠加的子载波信号：

$$\{\cos[2\pi(f_c+f_i)t+\phi_i],\quad i=0,1,2\cdots,N-1\}$$

则在码元持续时间 $T$ 内任意两个子载波都正交的条件是

$$\int_0^T \cos[2\pi(f_c+f_i)t+\phi_k]\cos[2\pi(f_c+f_j)t+\phi_i]\mathrm{d}t=0 \tag{8-12}$$

将式(8-12)展开，可得

$$\begin{aligned}
&\int_0^T \cos[2\pi(f_c+f_i)t+\phi_i]\cos[2\pi(f_c+f_j)t+\phi_j]\mathrm{d}t \\
&=\frac{1}{2}\int_0^T \cos[2\pi(f_i-f_j)t+\phi_i-\phi_j]\,\mathrm{d}t+\frac{1}{2}\int_0^T \cos[2\pi(2f_c+f_i+f_j)t+\phi_i+\phi_j]\mathrm{d}t \\
&=\frac{\sin[2\pi(f_i-f_j)T+\phi_k-\phi_i]}{2\pi(f_i-f_j)}-\frac{\sin(\phi_k-\phi_i)}{2\pi(f_i-f_j)}+\frac{\sin[2\pi(f_i+f_j)T+\phi_k+\phi_i]}{2\pi(f_i+f_j)}-\frac{\sin(\phi_k+\phi_i)}{2\pi(f_i+f_j)} \\
&=0
\end{aligned} \tag{8-13}$$

在上述推导过程中没有限定子载波相位的取值。为了满足正交条件，可知子载波频率需要满足

$$(f_i-f_j)T=n \tag{8-14}$$

式中，$n$ 为非零整数。式(8-14)表明在码元间隔$[0,T]$内，不同子载波保持正交要求子载波之间的频率差为$n/T$。显然，可取的最小频率间隔为$\Delta f=1/T$。该正交条件保证了子信道中信号即使相互交叠，也不会发生载波间干扰(Inter-Carrier Interference，ICI)。

同理，可以证明存在如下正交关系：

$$\int_0^T \sin[2\pi(f_c+m\Delta f)t+\phi_m]\cdot\sin[2\pi(f_c+n\Delta f)t+\phi_n]\mathrm{d}t=\begin{cases}\dfrac{T}{2}, & m=n \\ 0, & m\neq n\end{cases} \tag{8-15}$$

$$\int_0^T \sin[2\pi(f_c+m\Delta f)t+\phi_m]\cdot\cos[2\pi(f_c+n\Delta f)t+\phi_n]\mathrm{d}t=0$$

在每个子载波上可以调制不同的 PSK 或 QAM 符号，令 $X_k$ 是第 $k$（$k=0,1,\cdots,N-1$）个子载波的数据符号 $X_k=a_k+\mathrm{j}b_k$，则第 $k$ 个子载波上的实带通已调信号可以写成

$$\{a_k\cos[2\pi(f_c+k\Delta f)t+\phi_k]-b_k\sin[2\pi(f_c+k\Delta f)t+\phi_k]\}g\left(t-t_s-\frac{T}{2}\right),\quad 0\leqslant t\leqslant T \tag{8-16}$$

式中，$t_s$ 表示多载波符号起始时间；$g(t)$ 表示数据符号的成形脉冲。在 OFDM 系统中的成形脉冲 $g(t)$ 通常取为矩形脉冲：

$$g(t)=\begin{cases}1, & \text{当}|t|\leqslant T/2\\ 0, & \text{其他}\end{cases} \tag{8-17}$$

假设第 $k$ 个子载波的频率为 $f_k=f_c+\left(k-\dfrac{N-1}{2}\right)\Delta f$，OFDM 信号的时域表达形式可以写成

$$s(t)=\mathrm{Re}\left\{\sum_{k=0}^{N-1}X_i g\left(t-t_s-\frac{T}{2}\right)\exp\left[\mathrm{j}2\pi\left(f_c+\left(k-\frac{N-1}{2}\right)\Delta f\right)(t-t_s)\right]\right\} \tag{8-18}$$

式中，矩形脉冲 $g\left(t-t_s-\dfrac{T}{2}\right)$ 取值为 1，可以忽略，符号 $s(t)$ 的等效低通表示形式可以写为

$$s(t)=\sum_{k=0}^{N-1}X_k\exp[\mathrm{j}2\pi k\Delta f(t-t_s)] \tag{8-19}$$

OFDM 符号任意两个子载波的相互正交关系也可由等效低通表示形式推出，第 $k$ 个子载波和第 $l$（$k\neq l$）个子载波的内积必须满足下述条件：

$$\frac{1}{T}\int_{t_s}^{t_s+T}X_kX_l^*\exp[\mathrm{j}2\pi k\Delta f(t-t_s)]\exp[-\mathrm{j}2\pi l\Delta f(t-t_s)]\mathrm{d}t=0 \tag{8-20}$$

从式(8-20)同样可以得出：任意两个子载波的间隔为 $1/T$ 的整数倍时，各个子载波相互正交。为了节省带宽资源，OFDM 相邻子载波的频率间隔取最小值 $\Delta f=1/T$。

OFDM 子载波之间的正交性可以从频域角度得到直观的认识。OFDM 每个子载波都采用矩形脉冲成形，时间宽度为 $T$ 的矩形脉冲信号频谱形状为 $\mathrm{sinc}(fT)$ 函数。因此，OFDM 信号频谱可以看成 $N$ 个以子载波频率 $f_k$ 为中心的多个 sinc 函数的叠加，由于子载波间隔刚好为 $1/T$，因此每个子载波频域上的最大值处刚好也是其他子载波频谱的零点。图 8-6 给出了 3 个 OFDM 子载波的频谱示意图。从图中可以看出，OFDM 子载波在频域相互交叠，当前子载波的频域最大值点正好是其他子载波的零点，即子载波在频域相互正交，在理想条件下不存在子载波间干扰。

取子载波间隔 $\Delta f=1/T$，OFDM 符号 $s(t)$ 的等效低通形式可表示为

$$s(t)=\sum_{k=0}^{N-1}X_k\exp\left[\frac{\mathrm{j}2k\pi}{T}(t-t_s)\right] \tag{8-21}$$

接收端解调第 $l$ 个子载波信号的过程为：首先将接收信号 $s(t)$ 与第 $l$ 个解调载波 $\exp\left[-\dfrac{\mathrm{j}2l\pi}{T}(t-t_s)\right]$ 相乘，然后在持续时间 $T$ 内积分，利用子载波的正交性条件就可获得发送信号估计 $\hat{X}_l$，即

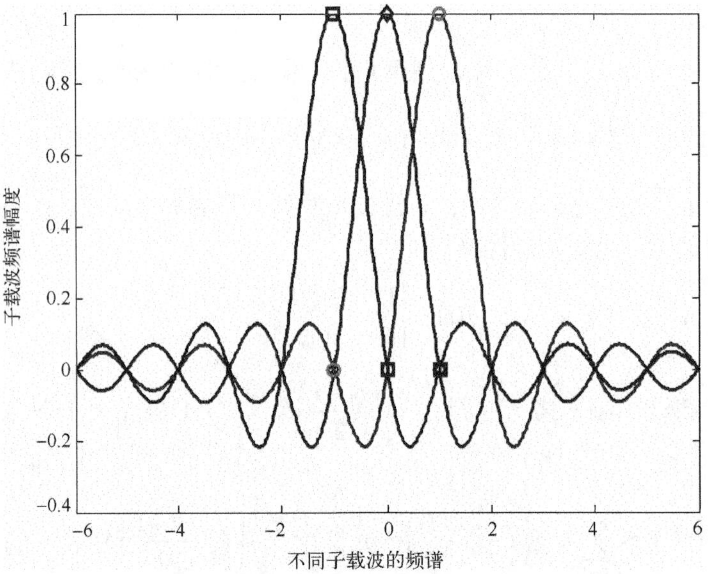


图 8-6　OFDM 子载波频域正交示意图

$$\begin{aligned}\hat{X}_l &= \frac{1}{T}\int_{t_s}^{t_s+T}\left\{\exp\left[-\frac{\mathrm{j}2l\pi}{T}(t-t_s)\right]\sum_{k=0}^{N-1}X_k\exp\left[\frac{\mathrm{j}2k\pi}{T}(t-t_s)\right]\right\}\mathrm{d}t \\ &= \sum_{k=0}^{N-1}X_k\frac{1}{T}\int_{t_s}^{t_s+T}\exp\left[\frac{\mathrm{j}2(k-l)\pi}{T}(t-t_s)\right]\mathrm{d}t \\ &= X_l\end{aligned} \tag{8-22}$$

图 8-7 给出了 OFDM 系统的基本框图，发送端将各子载波发送信号与相应载波相乘后相加，信号经过信道后到达接收端，接收端将接收信号与各子载波相乘积分，完成子载波解调。

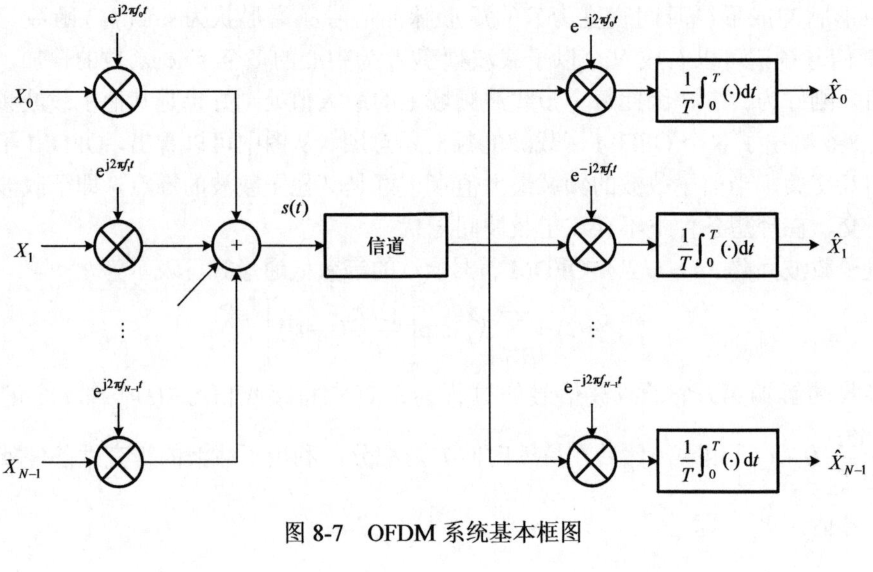


图 8-7　OFDM 系统基本框图

### 8.1.4　OFDM 系统的 FFT 实现

微课

OFDM 技术诞生之初，调制和解调所需的指数函数由同频且严格正交的正弦和余弦信号合成，这种模拟实现方式使得 OFDM 系统中存在大量振荡器，系统复杂度过高，实现难度很大，因此并没有引起人们的重视。直到 1971 年，Weinstein 和 Ebert 提出了用离散傅里叶变换和快速傅里叶变换技术实现多载波调制解调功能，极大简化了 OFDM 系统的实现过程，促进了 OFDM 技术的飞速发展和广泛应用。

对式(8-21)表示的连续 OFDM 信号 $s(t)$ 以 $T/N$ 的时间间隔抽样获得离散信号。从 $t=t_s$ 开始的信号 $s(t)$ 在 $t=t_s+\dfrac{nT}{N}$（$n=0,1,\cdots,N-1$）时刻的抽样信号可以表示为

$$s(n)=s(t_s+nT)=\sum_{k=0}^{N-1}X_k\mathrm{e}^{\mathrm{j}\frac{2\pi}{N}kn} \tag{8-23}$$

式(8-23)表明，OFDM 调制信号 $s(n)$ 是发送信号 $X_k$（$k=0,1,\cdots,N-1$）的离散傅里叶反变换。忽略信道和噪声的影响，在接收机收到信号 $\{s(n),n=0,1,\cdots,N-1\}$ 后，式(8-23)对应的离散域接收端的解调过程可以写成

$$X_k=\frac{1}{N}\sum_{k=0}^{N-1}s(n)\mathrm{e}^{-\mathrm{j}\frac{2\pi}{N}kn} \tag{8-24}$$

式(8-24)表明，OFDM 解调信号 $X_k$ 可以看成 $s(n)$（$n=0,1,\cdots,N-1$）的 DFT。在实际应用中，通常将子载波数目 $N$ 取为 2 的整数次幂，此时 OFDM 通信系统可采用更高效快捷的快速傅里叶逆变换(Inverse Fast Fourier Transform，IFFT)和 FFT 实现。

### 8.1.5　OFDM 的调制解调系统框图

OFDM 通过将符号时间间隔扩展为原来的 $N$ 倍，可以减小多径衰落信道对 OFDM 符号的影响，但是多径时延的影响依然存在。实际上，多径时延不但会引发 OFDM 符号之间的干扰，还会破坏子载波间的正交性，造成 ICI 干扰。为了在克服 ISI 的同时保持子载波间的正交性，人们提出用 OFDM 符号的最后一部分复制到符号前端保护间隔，以消除多径信道带来的符号间干扰，这种循环复制的保护间隔称为循环前缀(Cyclic Prefix，CP)。如图 8-8 所示，经过 IFFT 后得到长度为 $T$ 的 OFDM 符号，任意第 $i$ 个符号中最后长度为 $T_G$ 的信号被复制到第 $i$ 个符号前端构成循环前缀。

考虑以 $T/N$ 为抽样间隔的离散 OFDM 系统，假设信道在一个 OFDM 持续时间 $T$ 内保持不变，信道多径时延长度为 $L$，则信道冲激响应矢量可以表示为 $\boldsymbol{h}^{(i)}=[h^{(i)}(0),h^{(i)}(1),\cdots,h^{(i)}(L-1)]^{\mathrm{T}}$，第 $i$ 个 OFDM 符号的第 $n$ 个时域样点记作 $s^{(i)}(n)$，$0\leqslant n\leqslant N-1$，加入长度为 $N_g$ 循环前缀后，发送信号可以写成

$$x^{(i)}(n)=s^{(i)}([n]_N),\quad -N_g\leqslant n\leqslant N-1 \tag{8-25}$$

式中，$[\cdot]_N$ 表示取模 $N$ 运算，第 $i$ 个 OFDM 符号变为

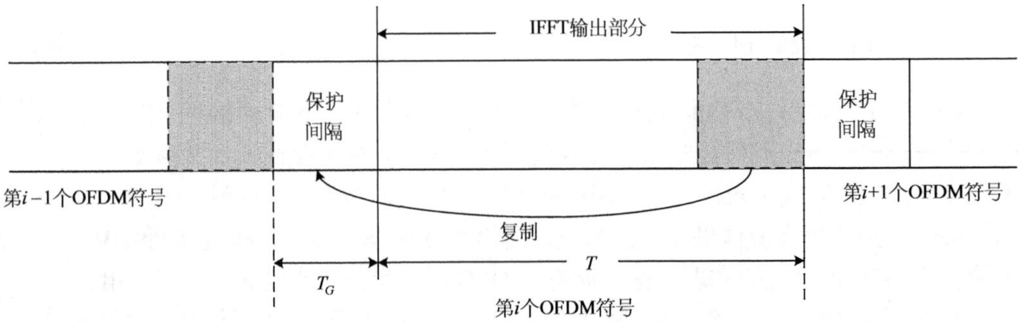


图 8-8　OFDM 保护间隔与循环前缀示意图

$$
\begin{aligned}
\boldsymbol{x}^{(i)} &= [x^{(i)}(-N_g),\cdots,x^{(i)}(-1),x^{(i)}(0),\cdots,x^{(i)}(N-1)]^{\mathrm{T}} \\
&= [s^{(i)}(N-N_g),\cdots,s^{(i)}(N-1),s^{(i)}(0),\cdots,s^{(i)}(N-1)]^{\mathrm{T}}
\end{aligned}
$$

不考虑噪声影响，将 $\boldsymbol{x}^{(i)}$ 通过信道 $\boldsymbol{h}^{(i)}$ 后输出信号 $y^{(i)}(n)$， $0 \leqslant n \leqslant N-1$ 为 $\boldsymbol{x}^{(i)}$ 与信道冲激响应的线性卷积：

$$
y^{(i)}(n) = \sum_{l=0}^{L-1} x^{(i)}(n-l)h^{(i)}(l) \tag{8-26}
$$

显然，当循环前缀长度满足 $N_g \geqslant L-1$ 时，$x^{(i)}(n-l) = x^{(i)}([n-l]_N)$，其中 $0 \leqslant l \leqslant L-1$，$0 \leqslant n \leqslant N-1$。由此可见，式(8-26)实际上可以写成循环卷积：

$$
y^{(i)}(n) = \sum_{l=0}^{L-1} x^{(i)}([n-l]_N)h^{(i)}(l) = x^{(i)}(n) \otimes h^{(i)}(n) \tag{8-27}
$$

式(8-27)写成矩阵形式，为

$$
\begin{aligned}
&\begin{bmatrix} y^{(i)}(0) \\ \vdots \\ y^{(i)}(N-1) \end{bmatrix} \\
&= \begin{bmatrix} h^{(i)}(L-1) & \cdots & h^{(i)}(0) & 0 & \cdots & 0 \\ 0 & h^{(i)}(L-1) & \cdots & h^{(i)}(0) & \cdots & 0 \\ \vdots & \vdots & \vdots & \vdots & & \vdots \\ 0 & \cdots & h^{(i)}(L-1) & \cdots & \cdots & h^{(i)}(0) \end{bmatrix}_{N\times(N+L-1)} \begin{bmatrix} x^{(i)}(-L+1) \\ \vdots \\ x^{(i)}(0) \\ \vdots \\ x^{(i)}(N-1) \end{bmatrix}_{(N+L-1)\times 1}
\end{aligned} \tag{8-28}
$$

当循环前缀长度大于 $L-1$ 时，可知式(8-28)等式右边的输入信号矢量中元素满足：

$$
x^{(i)}(-l) = x^{(i)}(N-l), \quad l = 1,\cdots,L-1 \tag{8-29}
$$

将式(8-29)代入式(8-28)可得

$$
\begin{bmatrix} y^{(i)}(0) \\ \vdots \\ y^{(i)}(N-1) \end{bmatrix} = \boldsymbol{\varPsi}^{(i)}{}_{N\times N} \begin{bmatrix} x^{(i)}(0) \\ \vdots \\ x^{(i)}(N-1) \end{bmatrix} \tag{8-30}
$$

$$\boldsymbol{\Psi}^{(i)}=\begin{bmatrix} h^{(i)}(0) & 0,\cdots & h^{(i)}(L-1) & \cdots & \cdots & h^{(i)}(1) \\ h^{(i)}(1) & h^{(i)}(0) & 0,\cdots & h^{(i)}(L-1) & \cdots & h^{(i)}(2) \\ h^{(i)}(2) & h^{(i)}(1) & h^{(i)}(0) & \cdots & \ddots & h^{(i)}(3) \\ \vdots & & & & & \\ & \cdots & \cdots & \ddots & \cdots & \vdots \\ h^{(i)}(L-1) & & & & & \\ \vdots & \ddots & \cdots & \cdots & h^{(i)}(0) & 0 \\ 0 & \cdots & h^{(i)}(L-1) & \cdots & h^{(i)}(1) & h^{(i)}(0) \end{bmatrix}_{N\times N} \tag{8-31}$$

注意到矩阵 $\boldsymbol{\Psi}^{(i)}$ 为循环矩阵，它可以被 FFT 矩阵对角化，即

$$\boldsymbol{H}^{(i)}=\boldsymbol{F}\boldsymbol{\Psi}^{(i)}\boldsymbol{F}^{\mathrm{H}} \tag{8-32}$$

式中，$\boldsymbol{H}^{(i)}=\mathrm{diag}[H^{(i)}(N-1),\cdots,H^{(i)}(0)]$ 为对角阵，其对角线元素为信道冲激响应 $\boldsymbol{h}^{(i)}$ 的 FFT 值。$\boldsymbol{F}$ 为 FFT 酉矩阵，它的第 $(k,l)$ 个元素为

$$[\boldsymbol{F}]_{k,l}=\frac{1}{\sqrt{N}}\mathrm{e}^{-\mathrm{j}\frac{2\pi(k-1)(l-1)}{N}},\quad 1\leqslant k,l\leqslant N \tag{8-33}$$

添加循环前缀之前的信号矢量可以写成 $\boldsymbol{s}^{(i)}=[s^{(i)}(0)\quad s^{(i)}(1)\quad\cdots\quad s^{(i)}(N-1)]^{\mathrm{T}}$，注意到 $\boldsymbol{s}^{(i)}=\sqrt{N}\boldsymbol{F}^{\mathrm{H}}\boldsymbol{X}^{(i)}$，其中 $\boldsymbol{X}^{(i)}=[X^{(i)}(0)\quad X^{(i)}(1)\quad\cdots\quad X^{(i)}(N-1)]^{\mathrm{T}}$。在式(8-30)左右乘以 $\sqrt{N}\boldsymbol{F}$ 作 FFT，可得

$$\begin{bmatrix} Y^{(i)}(0) \\ \vdots \\ Y^{(i)}(N-1) \end{bmatrix}=\begin{bmatrix} H^{(i)}(0) & & & \\ & H^{(i)}(1) & & \\ & & \ddots & \\ & & & H^{(i)}(N-1) \end{bmatrix}\begin{bmatrix} X^{(i)}(0) \\ \vdots \\ X^{(i)}(N-1) \end{bmatrix} \tag{8-34}$$

这里 $X^{(i)}(k)$ 和 $Y^{(i)}(k)$（$k=0,\cdots,N-1$）分别为第 $k$ 个子载波频域的发送和接收信号。式(8-34)意味着对任意 $k$，都有

$$Y^{(i)}(k)=H^{(i)}(k)X^{(i)}(k) \tag{8-35}$$

式(8-35)表明，第 $k$ 个子载波的频域接收信号为该子载波上的信道频率响应与频域发送信号的乘积，与其他子载波的发送信号无关。换句话说，在多径信道下采用循环前缀能保证子载波间的正交性，避免产生载波间干扰。

基于式(8-35)所示的发送和接收信号之间的关系，在获得了信道频率响应的估计值后，可以进行单抽头的频域均衡，获得发送符号的估计 $\hat{X}^{(i)}(k)$：

$$\hat{X}^{(i)}(k)=\frac{Y^{(i)}(k)\hat{H}(k)^{*}}{|\hat{H}(k)|^{2}} \tag{8-36}$$

其中，$\hat{H}(k)$ 表示第 $k$ 个子载波上的信道频率响应的估计值。式(8-36)充分说明：加入循环前缀后，OFDM 系统保持了各个子载波的正交性，同时将频率选择性信道影响转变为各个子载波上的平衰落，大大降低了均衡的复杂度。加入了循环前缀之后的 OFDM 调制解调的系统框图如图 8-9 所示。

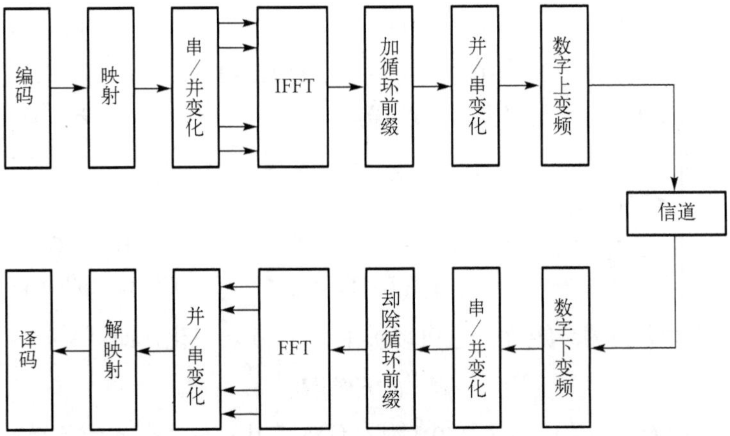


图 8-9　OFDM 系统模型框图

### 8.1.6　OFDM 的降峰均比技术

OFDM 符号是由多个独立的经过调制的子载波信号相加而成的，这样合成信号在同相叠加时可能产生较大的峰值功率，反相叠加时功率又呈现较小功率，总体使得 OFDM 发射机输出信号的瞬时值产生较大的波动，从而带来较大的峰均功率比(Peak-to-Average Power Ratio，PAPR)。离散时间信号 $\{s_n\}$ 峰均功率比可以被定义为信号的瞬时峰值功率与平均功率的比值(以 dB 为单位)，即

$$\mathrm{PAPR(dB)}=10\log_{10}\frac{\max_n\{|s_n|^2\}}{E\{|s_n|^2\}},\quad 0\leqslant n\leqslant N-1 \tag{8-37}$$

对于包含 $N$ 个子信道的 OFDM 系统来说，当这 $N$ 个子载波信号以相同的相位叠加时，所得到信号的峰值功率将达到最大值，可以达到平均功率的 $N$ 倍，即

$$\mathrm{PAPR(dB)}=10\log_{10}N$$

例如，$N=256$ 的情况中，OFDM 系统的最大 PAPR=24dB。可见，随着子载波数 $N$ 的增加，PAPR 会增大。为了从统计意义上分析 PAPR，仿真分析时通常采用累积分布函数(Cumulative Distribution Function，CDF)进行分析：

$$P\{\mathrm{PAPR}\leqslant z\} \tag{8-38}$$

即 PAPR 约束在数值 $z$ 以内的概率。有时也可以采用互补累积分布函数(Complementary Cumulative Distribution Function，CCDF)进行分析：

$$P\{\mathrm{PAPR}>z\} \tag{8-39}$$

即统计 PAPR 大于某数值 $z$ 的概率。图 8-10 给出了不同子载波数目条件下 OFDM 信号的 PAPR 互补累积的概率分布，从图中可以看出，随着子载波数目的增加，PAPR 性能恶化明显，$N$=1024 时，峰均功率比性能最差，1%的 OFDM 符号峰均功率比约大于 10.5dB。

高的 PAPR 对发射机内放大器的线性度提出了很高的要求，增加了设备的代价。如果放大器的线性动态范围不能满足信号的变化，则会产生信号畸变，信号频谱泄露，各

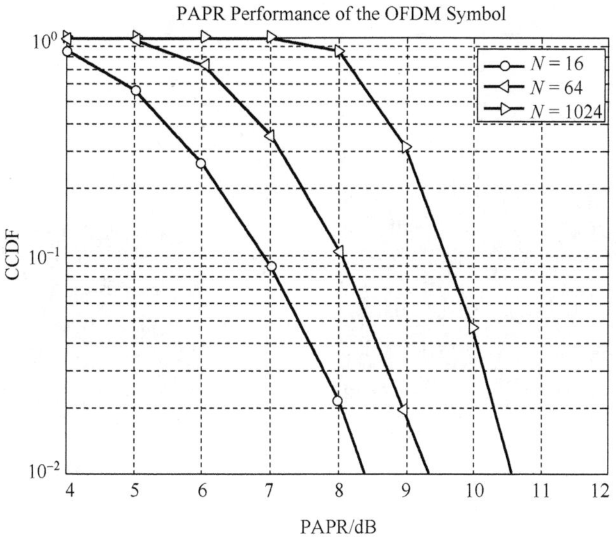


图 8-10　不同子载波数时 OFDM 的 PAPR 互补累积概率分布

子载波之间的正交性也会遭到破坏，产生干扰使系统性能下降。另外，PAPR 较高的信号意味着接收信号动态范围较大，要求接收机 A/D 转换器具有较高的分辨率，高分辨率的 A/D 会增加接收端的复杂度和功率消耗。

目前已提出的 OFDM 降峰均功率比算法有很多，如信号畸变技术、编码类技术和概率类技术等。这里仅简要介绍其中最为简单的限幅降峰均功率比算法。在 OFDM 系统中，较大的峰值信号出现的概率相对较小，限幅类算法直接对 OFDM 信号幅度进行削波操作来降低信号的 PAPR 值。图 8-11 给出了基于削波法的降 PAPR 算法处理框图。

图 8-11　削波法降 PAPR 示意图

从图 8-11 中可以看出，削波法首先对原始的 OFDM 符号 $s_n$ 进行了 $I$ 倍的内插运算。之所以需要内插，是因为对 OFDM 符号周期内信号进行过采样有助于更加准确地反映信号的变化特性，最后输入放大器的 OFDM 信号都是经过了数模转换的连续信号，因此内插有助于采集到更贴近实际情况的信号功率波动，从而更加准确地衡量 OFDM 系统的 PAPR 值。接下来，直接对内插之后的信号进行削波处理。通常，需要设计一个允许信号通过的最大值，例如，可以选择削波门限为 $A_{\max}=1.7v$，$v$ 为信号均值。图 8-12 给出了削波前后的信号幅度的变化。从图中可以看出，信号幅度突出的峰值被削顶。

削波操作是一种非线性过程，会引起信号的畸变，导致信号的带内失真，系统误码性能下降，同时也可能导致带外辐射功率增加。限幅操作可以看成 OFDM 采样信号和矩形窗函数的时域相乘运算，如果 OFDM 信号的幅值小于门限，则矩形窗函数的幅值为 1；而当信号幅度超过门限时，矩形窗函数幅值小于 1，原始信号与窗函数频谱的卷积导致了带外扩展的产生。因此，该算法在限幅之后还需要进行低通滤波以降低带外频谱干扰。

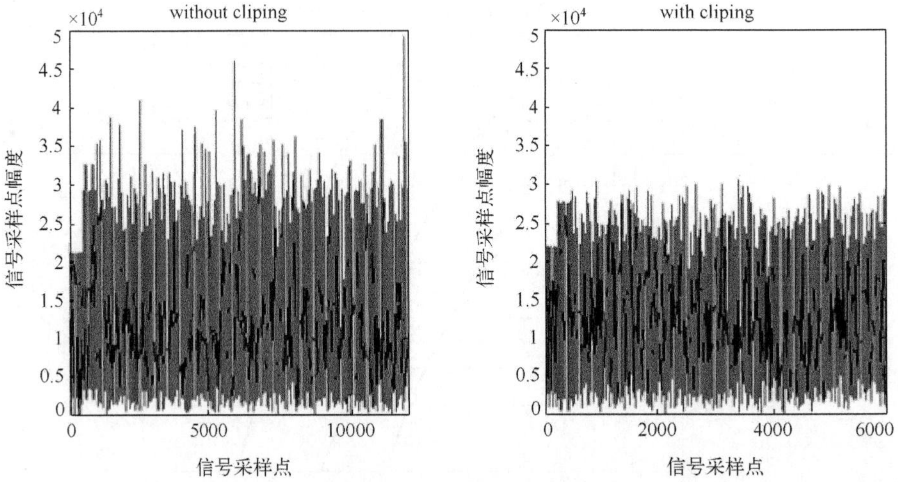


图 8-12　削波对信号的影响

### 8.1.7　同步误差对 OFDM 系统的影响

OFDM 具有能有效对抗多径衰落、频谱效率高、硬件实现复杂度低、可以动态分配功率和信息比特等优点。但是由于 OFDM 系统的发送信号是由多个正交子载波上的发送信号叠加而成的，所以 OFDM 技术对频率和定时偏差具有敏感性。本节主要分析定时和频率偏差对 OFDM 系统的影响。

假设 $N$ 为 OFDM 的 IFFT(FFT) 点数，在每个 OFDM 符号前加入长度为 $N_G$ 的循环前缀。$X(k)$ 表示调制在第 $k$ 个子载波上的频域符号。发送端基带 OFDM 时域采样信号 $x(n)$ 可以表示为

$$x(n)=\frac{1}{\sqrt{N}}\sum_{k=0}^{N-1}X(k)\exp(\mathrm{j}2\pi kn/N) \tag{8-40}$$

其中，$n\in[-N_G,N-1]$。假设多径衰落信道的冲激响应为

$$h(n)=\sum_{l=0}^{L-1}h_l\delta(n-\tau_l) \tag{8-41}$$

其中，$L$ 为信道的多径数；$h_l$ 为第 $l$ 条路径对应的复增益；$\tau_l$ 为第 $l$ 条路径对应的时延。当不存在定时和频率偏差时，接收信号可以表示为 $y(n)=x(n)*h(n)$。对接收信号 $y(n)$ 进行 FFT 运算得到其频域表达式：

$$\begin{aligned}Y(k)&=\sum_{n=0}^{N-1}y(n)\mathrm{e}^{-\mathrm{j}2\pi kn/N}=\sum_{n=0}^{N-1}\left[\sum_{m=0}^{\infty}h(m)x(n-m)+n(n)\right]\mathrm{e}^{-\mathrm{j}2\pi kn/N}\\&=\sum_{n=0}^{N-1}\left\{\sum_{m=0}^{\infty}h(m)\left[\frac{1}{N}\sum_{i=0}^{N-1}X(i)\mathrm{e}^{\mathrm{j}2\pi i(n-m)/N}\right]\right\}\mathrm{e}^{-\mathrm{j}2\pi kn/N}+N(k)\\&=H(k)X(k)+N(k)\end{aligned} \tag{8-42}$$

其中，$X(k)$、$Y(k)$、$H(k)$、$N(k)$ 分别为第 $k$ 个子载波上的发射信号、接收信号、多径信道和噪声的频率响应。发射信号经过多径衰落信道后，存在定时偏差和频率偏差的接收时域采样信号 $r(n)$ 为

$$r(n)=\sum_{l=0}^{L-1}h_l x(n-d-\tau_l)\mathrm{e}^{\mathrm{j}2\pi\varepsilon n/N}+n(n) \tag{8-43}$$

其中，$d$ 为以采样周期归一化的符号定时偏差(Symbol Timing Offset，STO)；$\varepsilon$ 为以子载波间隔归一化的载波频偏。令频率偏差为 $\varepsilon=\varepsilon_f+\varepsilon_i$，其中 $\varepsilon_f$ 为小数倍频偏($\varepsilon_f\in[-0.5,0.5]$)，$\varepsilon_i$ 为整数倍频偏。$n(n)$ 表示均值为 0、方差为 $\sigma_n^2$ 的加性高斯白噪声信号。

当存在定时偏差和频率偏差时，接收信号的时域表达式为

$$\begin{aligned}r(n)&=\mathrm{IDFT}[R(k)]=\mathrm{IDFT}[H(k)X(k)+N(k)]\\&=\frac{1}{N}\sum_{k=0}^{N-1}H(k)X(k)\mathrm{e}^{\mathrm{j}2\pi(k+\varepsilon)(n+d)/N}+n(n)\end{aligned} \tag{8-44}$$

其中，$R(k)$ 为第 $k$ 个子载波上接收信号 $r(n)$ 的频率响应。下面分别讨论定时偏差和频率偏差对 OFDM 系统的影响。

### 1. 定时偏差对 OFDM 的影响

定时同步是为了确定 FFT 操作的起始位置，正确的运算起始位置是 CP 后的第一个样值点。若存在定时偏差，符号定时位置可能出现提前或滞后，二者将会给系统性能带来不同的影响。图 8-13 表示了四种不同定时位置的情况。为了表述方便，这里的分析忽略信道和噪声的影响。

Case 1：估计的 OFDM 信号起始位置为理想位置，因此子载波间的正交性得到保证。在此情况下，接收端可以完美地恢复信号，且没有任何干扰。

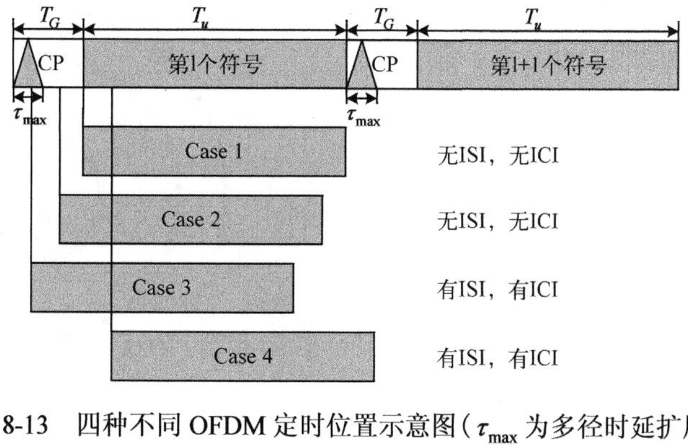


图 8-13　四种不同 OFDM 定时位置示意图($\tau_{\max}$ 为多径时延扩展)

Case 2：估计定时位置位于未受信道多径时延扩展污染的 CP 内。第 $l$ 个符号与第 $l+1$ 个符号不会重叠，因此不存在由前一个符号引起的 ISI。为了观察定时偏差的影响，这里对接收信号进行频域分析：

$$
\begin{aligned}
R(k) &= \text{FFT}[r(n)] = \sum_{n=0}^{N-1} r(n)\mathrm{e}^{-\mathrm{j}2\pi kn/N} \\
&= \frac{1}{N}\sum_{n=0}^{N-1}\left[\sum_{m=0}^{N-1} H(m)X(m)\,\mathrm{e}^{\mathrm{j}2\pi m(n+d)/N}\right]\mathrm{e}^{-\mathrm{j}2\pi kn/N} + N(k) \\
&= \frac{1}{N}\sum_{m=0}^{N-1} H(m)X(m)\,\mathrm{e}^{\mathrm{j}2\pi md/N}\sum_{n=0}^{N-1}\mathrm{e}^{\mathrm{j}2\pi n(m-k)/N} + N(k) \\
&= H(k)X(k)\mathrm{e}^{\mathrm{j}2\pi kd/N} + N(k)
\end{aligned} \tag{8-45}
$$

式(8-45)中第三行的因子 $\sum_{n=0}^{N-1}\mathrm{e}^{\mathrm{j}2\pi n(m-k)/N}$ 可以进一步表示为

$$
\sum_{n=0}^{N-1}\mathrm{e}^{\mathrm{j}2\pi n(m-k)/N} = \mathrm{e}^{\mathrm{j}2\pi(m-k)\frac{N-1}{N}}\frac{\sin[\pi(k-m)]}{\sin[\pi(k-m)/N]} = \begin{cases} N, & k=m \\ 0, & k\neq m \end{cases} \tag{8-46}
$$

式(8-46)表明子载波间的正交性在此情况下得以保持。然而，STO 使得接收信号中存在相位偏差，信号解调星座图产生旋转，并且相位偏差与 $d$ 和 $k$ 成正比,如图 8-14 所示，分别为 Case 1 和 Case 2 的星座图,与分析结果吻合。

Case 3：估计的定时位置在受信道多径扩展污染的 CP 内。此时，第 $l$ 个符号与第 $l+1$ 个符号重叠，即存在由前一个符号引起的 ISI。另外，子载波间的正交性被前一个符号破坏而出现了 ICI。

Case 4：估计的定时位置滞后于正确的定时位置。此情况下，在 FFT 运算窗口内，信号由当前第 $l$ 个符号的一部分与第 $l+1$ 个符号的一部分组成。在 FFT 间隔内的接收信号可以表示为

$$
r(n) = \begin{cases} r_l(n+d), & 0 \leqslant n \leqslant N-1-d \\ r_{l+1}(n+2d-N_G), & N-d \leqslant n \leqslant N-1 \end{cases} \tag{8-47}
$$

对信号 $[r(n)]_{n=0}^{N-1}$ 进行 FFT 得到频域信号：

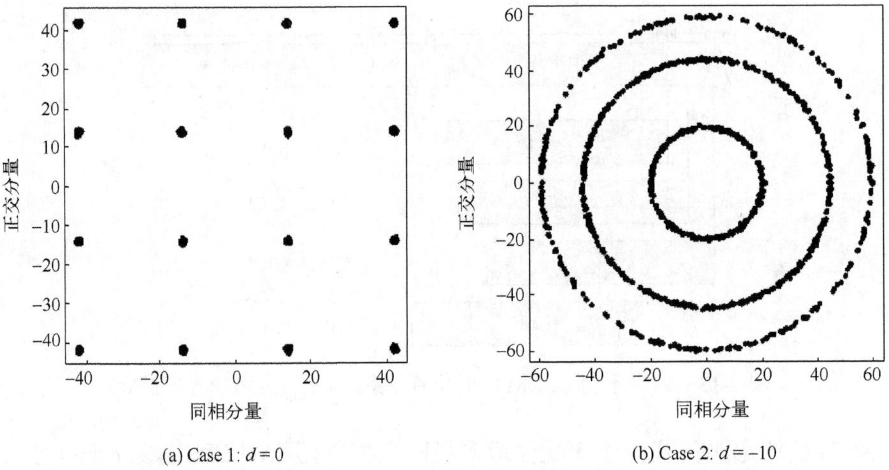


(a) Case 1: $d=0$　　(b) Case 2: $d=-10$

图 8-14　不同 STO 影响下的信号解调星座图(Case 1，Case 2)

$$
\begin{aligned}
R_l(k) = \mathrm{FFT}[r(n)] &= \sum_{n=0}^{N-1-d} r_l(n+d)\mathrm{e}^{-\mathrm{j}2\pi kn/N} + \sum_{n=N-d}^{N-1} r_{l+1}(n+2d-N_G)\mathrm{e}^{-\mathrm{j}2\pi kn/N} \\
&= \frac{1}{N}\sum_{n=0}^{N-1-d}\left[\sum_{m=0}^{N-1} H_l(m)X_l(m)\mathrm{e}^{\mathrm{j}2\pi m(n+d)/N}\right]\mathrm{e}^{-\mathrm{j}2\pi kn/N} \\
&\quad + \frac{1}{N}\sum_{n=N-d}^{N-1}\left[\sum_{m=0}^{N-1} H_{l+1}(m)X_{l+1}(m)\mathrm{e}^{\mathrm{j}2\pi m(n+2d-N_G)/N}\right]\mathrm{e}^{-\mathrm{j}2\pi kn/N} + N(k) \qquad (8\text{-}48) \\
&= \frac{N-d}{N} H_l(k)X_l(k)\mathrm{e}^{\frac{\mathrm{j}2\pi kd}{N}} + \frac{1}{N}\sum_{m=0,m\neq k}^{N-1} H_l(m)X_l(m)\mathrm{e}^{\frac{\mathrm{j}2\pi md}{N}}\sum_{n=0}^{N-1-d}\mathrm{e}^{\frac{\mathrm{j}2\pi n(m-k)}{N}} \\
&\quad + \frac{1}{N}\sum_{m=0}^{N-1} H_{l+1}(m)X_{l+1}(m)\mathrm{e}^{\mathrm{j}2\pi m(2d-N_G)/N}\sum_{n=N-d}^{N-1}\mathrm{e}^{\mathrm{j}2\pi n(m-k)/N} + N(k)
\end{aligned}
$$

$$
\sum_{n=0}^{N-1-d}\mathrm{e}^{\mathrm{j}2\pi n(m-k)/N} = \mathrm{e}^{\mathrm{j}2\pi(m-k)\frac{N-1-d}{N}}\frac{\sin[\pi(k-m)(N-d)/N]}{\sin[\pi(k-m)/N]} = \begin{cases} N-d, & k=m \\ \text{非零}, & k\neq m \end{cases} \qquad (8\text{-}49)
$$

式(8-48)中最后一个等式后的第二项对应 ICI，表明子载波的正交性已经被破坏，第三项对应来自下一个符号 $X_{l+1}(k)$ 的 ISI。图 8-15 分别为 Case 3 和 Case 4 的信号星座图。相比于 Case3，Case 4 中信号解调失真更严重。

综上所述，OFDM 系统要求定时同步估计位于未受多径时延扩展影响的循环前缀中。当定时同步位于此范围时，定时偏差只会引起接收信号频域的相位旋转，并不会过多影响系统性能。

### 2. 载波频率偏差对 OFDM 的影响

与单载波系统不同，由于子载波间需要保持严格正交，OFDM 系统的解调性能对频偏更加敏感。频率偏差分为两部分：整数倍频率偏差(Integer carrier Frequency Offset，IFO) $\varepsilon_i$ 和小数倍频率偏差(Fractional carrier Frequency Offset，FFO) $\varepsilon_f$，即 $\varepsilon=\varepsilon_f+\varepsilon_i$。下面分别分析整数倍和小数倍频偏对接收信号的影响。

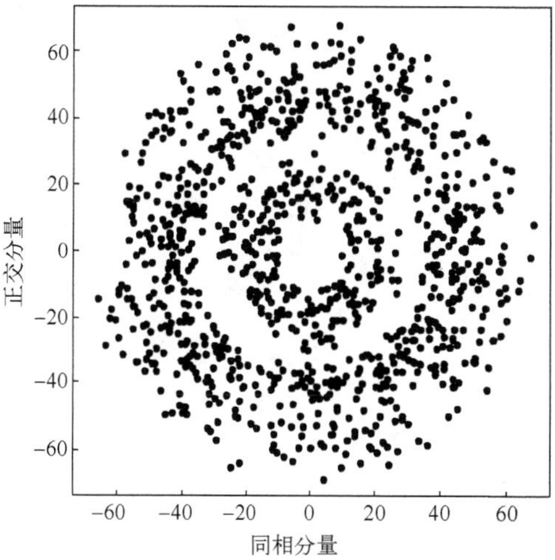


(a) Case 3: $d=-60$

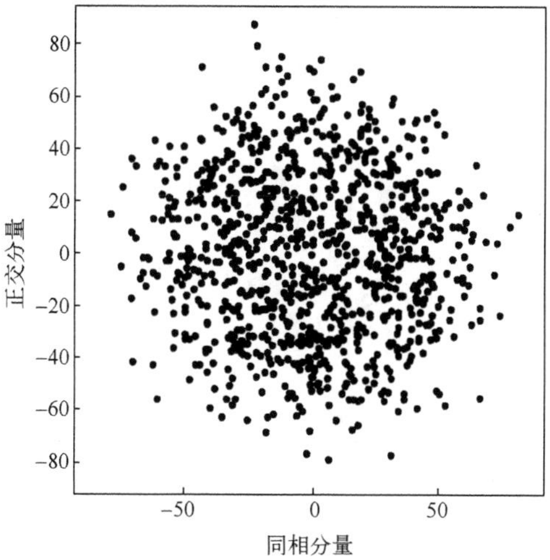


(b) Case 4: $d=50$

图 8-15　不同 STO 影响下的信号解调星座图(Case 3，Case 4)

当存在整数倍频偏 $\varepsilon_i$ 时，时域接收信号为 $x(n)\mathrm{e}^{\mathrm{j}2\pi\varepsilon_i n/N}$ ，频域信号 $X(k)$ 被循环移位 $\varepsilon_i$ ，则第 $k$ 个子载波上的频域接收信号为 $X(k-\varepsilon_i)$ 。此时，子载波之间的正交性没有被破坏，没有产生 ICI，但如果不补偿整数倍频偏，将会导致系统性能的显著恶化。因此，整数倍频偏需要被估计和补偿。

当存在小数倍频偏 $\varepsilon_f$ 时，接收信号的频域表达式为

$$\begin{aligned} R(k) &= \mathrm{FFT}[r(n)] = \frac{1}{N}\sum_{n=0}^{N-1}\left[\sum_{m=0}^{N-1} H(m)X(m)\,\mathrm{e}^{\mathrm{j}2\pi(m+\varepsilon_f)n/N}\right]\mathrm{e}^{-\mathrm{j}2\pi kn/N} + N(k) \\ &= \frac{1}{N}\sum_{m=0}^{N-1} H(m)X(m)\sum_{n=0}^{N-1}\mathrm{e}^{\mathrm{j}2\pi(m-k+\varepsilon_f)n/N} + N(k) \\ &= \mathrm{e}^{\mathrm{j}\pi\varepsilon_f(N-1)/N}\frac{\sin(\pi\varepsilon_f)}{N\sin(\pi\varepsilon_f/N)}H(k)X(k) + I(k) + N(k) \end{aligned} \tag{8-50}$$

其中

$$I(k) = \mathrm{e}^{\mathrm{j}\pi\varepsilon_f(N-1)/N}\sum_{m=0,m\neq k}^{N-1}\frac{\sin[\pi(m-k+\varepsilon_f)]}{N\sin[\pi(m-k+\varepsilon_f)/N]}H(m)X(m)\mathrm{e}^{\mathrm{j}\pi(m-k)(N-1)/N} \tag{8-51}$$

式(8-50)最后一行第一项的系数表示由 $\varepsilon_f$ 产生的第 $k$ 个子载波的幅度和相位失真；$I(k)$ 表示第 $k$ 个子载波上的 ICI。图 8-16 显示了不同小数倍频偏下的接收信号解调星座图。可以看出，随着小数倍频偏 $\varepsilon_f$ 的增大，解调信号星座图失真更加严重。

假设调制数据的均值为零，且互不相关，即 $E[X(k)]=0$ ， $E[X(k)X^*(l)]=|X|^2\delta_{lk}$ ，$E[I(k)]=0$ ，则有

$$E[|I(k)|^2] = |X|^2\sum_{m=0,m\neq k}^{N-1} E[|H(m)|^2]\left\{\frac{\sin(\pi\varepsilon_f)}{N\sin[\pi(m-k+\varepsilon_f)/N]}\right\}^2 \tag{8-52}$$

如果信道响应增益的均值为常数，式(8-52)可转化为

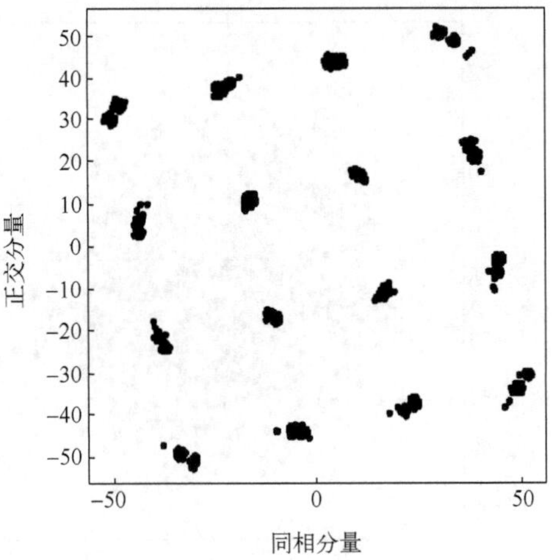


(a) $\varepsilon_f=0.01$

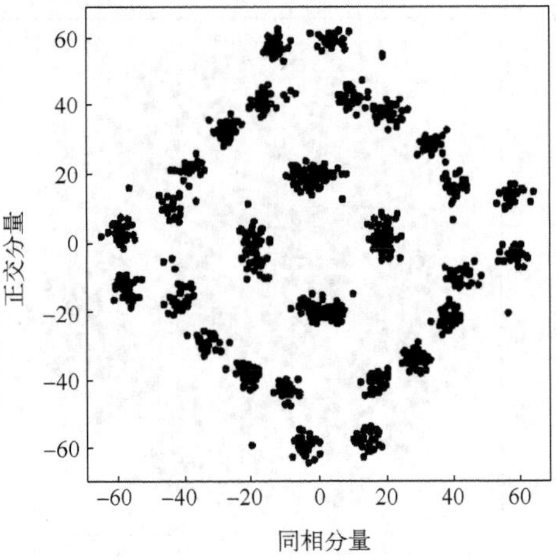


(b) $\varepsilon_f=0.04$

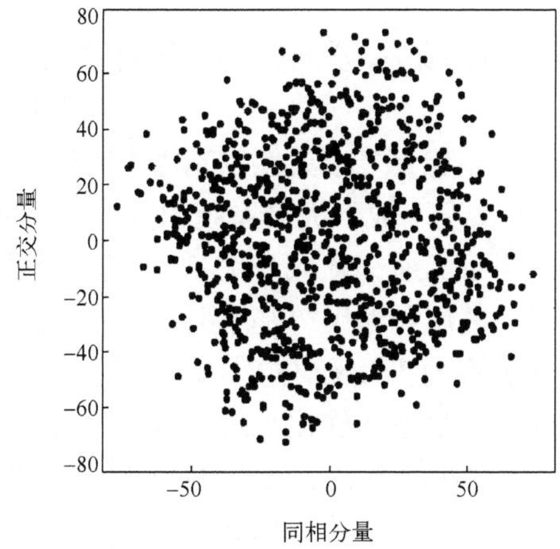

(c) $\varepsilon_f = 0.2$

图 8-16　不同 FFO 影响下的信号解调星座图

$$E[|I(k)|^2] = |X|^2 |H|^2 [\sin(\pi\varepsilon_f)]^2 \sum_{p=-k, p\neq k}^{N-k-1} \frac{1}{N^2\{\sin[\pi(p+\varepsilon_f)/N]\}^2} \tag{8-53}$$

经过数学分析可知，如果设无频偏时子载波上的信噪比为 SNR，频偏为 $\varepsilon_f$ 时信噪比表示为

$$\mathrm{SNR}_e(\varepsilon_f) \geqslant \frac{\mathrm{SNR}}{1+0.5947\cdot\mathrm{SNR}\cdot\sin^2(\pi\varepsilon_f)}\left[\frac{\sin(\pi\varepsilon_f)}{\pi\varepsilon_f}\right]^2 \tag{8-54}$$

根据式(8-54)，图 8-17 给出了不同信噪比 SNR 时 OFDM 系统中的有效信噪比与频率偏差的关系。从图中可以看出，频偏对系统性能影响很大，因此 OFDM 系统要求精确的频率同步算法。已有文献的研究指出，为了保证 OFDM 系统性能，在 AWGN 信道中，残余频偏应小于子载波间隔的 4%；在多径衰落信道中，则应小于子载波间隔的 2%。

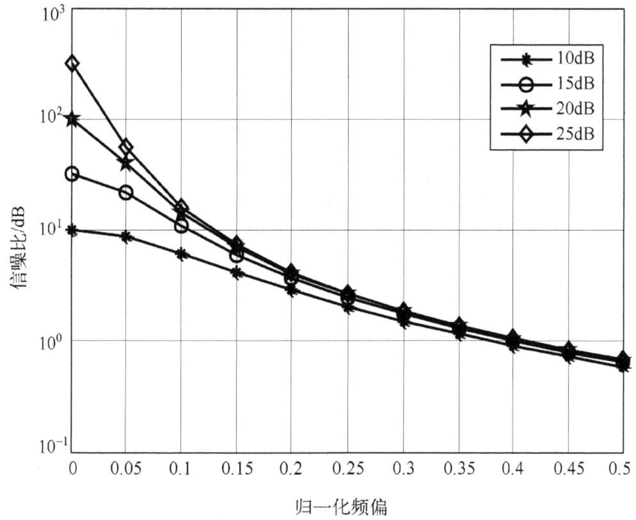


图 8-17　不同频率偏差下的系统有效信噪比

## 8.2　多输入多输出(MIMO)技术

微课

MIMO系统通过在收发两端配置多根天线以利用空间资源来获取分集与复用两方面的增益，能够在不增加带宽的情况下成倍提高系统的容量和频谱利用率。MIMO的提出，使得之前以单天线系统研究为主的通信领域产生了大量新的概念与内容。本节就MIMO系统的信道模型、信道容量、复用和编码等基本概念展开论述。

20世纪90年代，Bell实验室的Telatar与Foschini等分别独立提出了MIMO的概念，这种传输架构突破了以往在限定信道下优化系统的观念，通过构造一个本身容量很大的信道来提高数据传输效率。考虑如图8-18所示的具有$N_{\rm T}$个发射天线、$N_{\rm R}$个接收天线的平坦衰落MIMO系统，输入信号矢量为$\boldsymbol{x}=[x_1,x_2,\cdots,x_{N_{\rm T}}]^{\rm T}$，元素$x_i$表示从第$i$个发送天线上发射的信号，均为独立同分布的零均值高斯随机变量。假设发射端发送信号总功率为$P$，该发射功率在各个发射天线之间均匀分布，则有

$$E(\boldsymbol{x}\boldsymbol{x}^{\rm H})=\frac{P}{N_{\rm T}}\boldsymbol{I}_{N_{\rm T}} \tag{8-55}$$

式中，$\boldsymbol{I}_{N_{\rm T}}$表示$N_{\rm T}$维的单位矩阵。假设发送信号的带宽足够窄，信道为平坦衰落信道，用$N_{\rm R}\times N_{\rm T}$维矩阵$\boldsymbol{H}$表示信道矩阵：

$$\boldsymbol{H}=\begin{bmatrix} h_{11} & \cdots & h_{1N_{\rm T}} \\ \vdots & & \vdots \\ h_{N_{\rm R}1} & & h_{N_{\rm R}N_{\rm T}} \end{bmatrix} \tag{8-56}$$

式中，$h_{ji}\ (1\leqslant j\leqslant N_{\rm R},1\leqslant i\leqslant N_{\rm T})$表示第$i$根发射天线到第$j$根接收天线之间的信道衰落系数。为了简单起见，这里忽略信道对信号的衰减以及天线增益对信号产生的放大效应，假设每根接收天线上接收信号的功率都等于总的发射功率，即认为信道各个元素满足归一化约束：

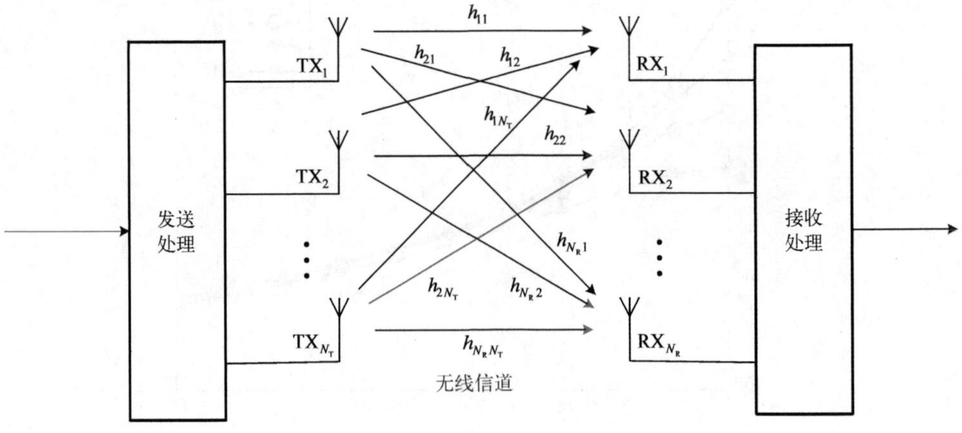


图8-18　MIMO系统模型

$$\sum_{j=1}^{N_T}\left|h_{i,j}\right|^2 = N_T,\quad i=1,2,\cdots,N_R \tag{8-57}$$

在 MIMO 系统中，可以假设各个信道元素为确定性或随机变量，假设其为随机变量，则式(8-57)的左端需要增加求均值符号 $E(\cdot)$。

假设接收信号矢量记作 $\boldsymbol{y}=[y_1,y_2,\cdots,y_{N_R}]^T$ ，则有

$$\boldsymbol{y}=\boldsymbol{H}\boldsymbol{x}+\boldsymbol{n} \tag{8-58}$$

式中，$\boldsymbol{n}=[n_1,n_2,\cdots,n_{N_R}]^T$ 表示零均值循环对称复高斯噪声矢量，元素 $n_i$ 表示第 $i$ 个接收天线上的噪声，元素 $n_i$ 之间互不相关，而且具有相同的噪声功率 $N_0$。

### 8.2.1　MIMO 系统的信道模型

MIMO 信道模型的相关研究成果有很多，从建模方法上，MIMO 信道可以分为物理信道模型和分析信道模型两种基本类型。

物理信道模型以电磁波传播理论为基础，通过描述收发天线阵列之间的双向多径电波传播过程来描述无线信道。此类模型采用复振幅、极化方式、发射角、到达角、多径时延等电波传播物理参数对传播环境进行详细的描述。在足够计算复杂度的支持下，物理信道模型可以精确描述电波传播的整个过程，但此种模型并不考虑收发天线阵列特性(天线方向图、天线数、阵列结构、极化和天线互耦)以及系统带宽等因素的影响。与物理信道模型不同，分析信道模型不需要考虑电磁波的物理传播特性，而是通过数学或者解析的方法描述收发天线对之间的信道传输函数，基于信道参数产生符合信道统计特征的随机信道矩阵。该方法广泛应用于 MIMO 系统信号处理算法设计、系统设计和性能评估中。

参照已有的信道建模理论，采用基于收发衰落相关特征的分析信道建模方法，分为独立同分布 MIMO 信道模型和相关 MIMO 信道模型两种情况。

#### 1. 独立同分布 MIMO 信道模型

首先，考虑传播环境中散射足够丰富，接收端和发射端的角度扩展都较大的情况。假定信道衰落因子为复高斯分布的随机变量，利用其一阶矩和二阶矩反映信道的衰落特征，此时只要天线单元的间距大于相干距离，可以认为 MIMO 信道的各子信道经历的是不相关衰落，在统计上接近独立同分布。根据子信道上衰落的频率选择特性不同，可分为独立同分布平坦衰落信道模型和独立同分布频率选择性信道模型。

1)独立同分布平坦衰落信道模型

在非频率选择性(平坦)衰落情况下，MIMO 信道模型相对比较简单，由于各对天线间的子信道可以等效为一个瑞利衰落的独立信道。

此时，MIMO 信道矩阵 $\boldsymbol{H}$ 中的单个元素满足：

$$h_{ji}(t,\tau)=h_{ji}(t)\delta(\tau-\tau_0) \tag{8-59}$$

式中，$i=1,\cdots,N_T,\ j=1,\cdots,N_R$。不同发射与接收天线对之间的信道 $h_{ji}(t)$ 相互独立，而且都服从零均值单位方差的复高斯分布的随机变量，即 $h_{ji}(t)\sim \text{i.i.d.CN}(0,1)$。此时 $|h_{ji}(t)|$ 服

从瑞利分布，这就是最常用的非频率选择性瑞利衰落 MIMO 信道，适用于路径数量很多，没有视距路径，且发送端及接收端的天线间距离足够大的信道环境。

2）独立同分布频率选择性信道模型

采用多抽头延迟线模型来建立 MIMO 多径信道模型，时延为 $\tau$ 时 MIMO 信道的信道矩阵表示为

$$\boldsymbol{H}(t,\tau)=\sum_{l=1}^{L}\boldsymbol{H}^{l}(t)\delta(\tau-\tau_l) \tag{8-60}$$

式中，$L$ 为多径数目；$\tau_l$ 为第 $l$ 条路径的延时；$\boldsymbol{H}^l=[h_{ji}^l(t)]_{1\leqslant j\leqslant N_{\mathrm{R}},1\leqslant i\leqslant N_{\mathrm{T}}}$ 表示延时为 $\tau_l$ 的复信道增益矩阵，$h_{ji}^l(t)$ 是第 $i$ 根发送天线到第 $j$ 根接收天线之间第 $l$ 条路径的复传输系数。基于广义平稳不相关散射假设，认为不同时延对应的传输系数不相关，因此有

$$E\{h_{ji}^{l_1}(t)[h_{ji}^{l_2}(t)]^*\}=0\,,\quad \forall l_1\neq l_2 \tag{8-61}$$

为简化模型，假设 $|h_{ji}^l(t)|$ 服从瑞利分布，对于给定的时延传输系数的平均功率相同，即

$$P^l=E(|h_{ji}^l(t)|^2),\quad j=1,\cdots,N_{\mathrm{R}},\quad i=1,\cdots,N_{\mathrm{T}} \tag{8-62}$$

多径信道的平均功率时延可表示为

$$P(\tau)=\sum_{l=0}^{L-1}P^l\delta(\tau-\tau_l) \tag{8-63}$$

按照信道传输环境的不同可以选择对应的时延和平均功率参数 $\{\tau_l,P^l\}$ 实现具有特定时延扩展的多径信道。为了反映多径信道的时变特性，选择经典的 Jakes 模型表征多普勒谱，此时信道系数的相关特性可以写成

$$E\{h_{ji}^l(t)[h_{ji}^l(t-\xi)]^*\}=P^l J_0(2\pi f_d\xi) \tag{8-64}$$

式中，$f_d$ 表示最大多普勒频移；$J_0(\cdot)$ 表示零阶第一类贝塞尔函数。

2. 相关 MIMO 信道模型

对于发送或接收端存在相关性的情况，需要建立相关信道模型。为了简化分析，这里仅考虑时不变 MIMO 信道的相关性建模，时变条件下的建模可以以此类推。因此，以下推导去掉时间标号 $t$。下面给出一种 IST SATURN 信道模型中典型的相关 MIMO 信道建模方法。

IST SATURN 信道模型得名于欧盟信息社会技术 SATURN（Smart Antenna Technology in Universal Roadband wireless Network）计划，由 K.Yu 等学者首次提出。该模型采用发送和接收端信道协方差矩阵的直积逼近 MIMO 信道的协方差矩阵，即

$$\boldsymbol{R}_{\boldsymbol{H}^l}^{\mathrm{MIMO}}=\boldsymbol{R}_{\boldsymbol{H}^l}^{\mathrm{TX}}\otimes\boldsymbol{R}_{\boldsymbol{H}^l}^{\mathrm{RX}} \tag{8-65}$$

式中，$\boldsymbol{R}_{\boldsymbol{H}^l}^{\mathrm{MIMO}}$ 表示 MIMO 信道冲激响应第 $l$ 个时延抽头上的协方差矩阵；$\boldsymbol{R}_{\boldsymbol{H}^l}^{\mathrm{TX}}$ 和 $\boldsymbol{R}_{\boldsymbol{H}^l}^{\mathrm{RX}}$ 分别表示发送和接收端的信道协方差矩阵，分别定义为

$$\boldsymbol{R}_{\boldsymbol{H}^l}^{\mathrm{MIMO}}=E[\mathrm{vec}(\boldsymbol{H}^l)\mathrm{vec}^{\mathrm{H}}(\boldsymbol{H}^l)] \tag{8-66}$$

$$\boldsymbol{R}_{\boldsymbol{H}^l}^{\mathrm{TX}}=E\{[(\boldsymbol{h}_j^l)^{\mathrm{H}}\boldsymbol{h}_j^l]^{\mathrm{T}}\};\quad \boldsymbol{R}_{\boldsymbol{H}^l}^{\mathrm{RX}}=E\{\boldsymbol{h}_i^l(\boldsymbol{h}_i^l)^{\mathrm{H}}\} \tag{8-67}$$

式(8-66)中，$\mathrm{vec}(\bullet)$是矩阵向量化操作，即将矩阵按列堆叠成一个列向量；式(8-67)中，$\boldsymbol{h}_j^l$是$\boldsymbol{H}^l$的第$j$行($j=1,\cdots,N_{\mathrm{R}}$)，$\boldsymbol{h}_i^l$是$\boldsymbol{H}^l$的第$i$列($i=1,\cdots,N_{\mathrm{T}}$)。IST SATURN 信道模型采用子信道协方差矩阵表征空间相关信息，协方差矩阵中包含 MIMO 传播信道的相位信息，目前该模型已被 3GPP 与 3GPP2 的空间信道模型采用。利用发射和接收相关矩阵，空间相关 MIMO 信道矩阵$\boldsymbol{H}^l$可以分解为

$$\boldsymbol{H}^l=(\boldsymbol{R}_{\boldsymbol{H}^l}^{\mathrm{TX}})^{1/2}\boldsymbol{H}_w(\boldsymbol{R}_{\boldsymbol{H}^l}^{\mathrm{TX}})^{1/2} \tag{8-68}$$

式中，$\boldsymbol{H}_w$是独立同分布零均值单位方差的复高斯矩阵；$(\bullet)^{1/2}$为矩阵求均方根运算。

MIMO 信道的空间相关性会导致中断容量和遍历容量的损失。天线间距是影响相关性的重要因素。为尽量减小空间相关性，通常要求设立间距大于信道相关距离的独立的偶极子(Dipole Antenna)天线或者采用间距大于信道相关距离的分离天线阵列。

### 8.2.2　MIMO 信道的容量

信道容量可以定义为传输错误概率任意小时系统可以达到的最大可能传输速率。Bell 实验室的 Foschini 和 Telatar 最早针对 MIMO 信道容量进行了理论分析，他们的研究成果表明，假设信道为丰富散射的空间独立平坦衰落信道，发送端未知信道状态信息，接收端已知信道状态信息(Channel State Information，CSI)，在相同带宽和功率消耗的前提下，空间复用技术可以使得信道容量((bit/s)/Hz)随着发射与接收天线数中的最小值$\min\{N_{\mathrm{T}},N_{\mathrm{R}}\}$呈线性增长。该理论分析成果预示着通过利用空间资源，MIMO 系统能够获得传统单天线系统无法比拟的信道容量。

依据 MIMO 信号表达式(8-58)分析，假设发送端未知信道信息，接收端已知信道信息。MIMO 信道容量可以定义为发送和接收信号之间的最大互信息：

$$C=\max_{f(\boldsymbol{x})} I(\boldsymbol{x};\boldsymbol{y}) \tag{8-69}$$

式中，$f(\boldsymbol{x})$表示发送信号$\boldsymbol{x}$的概率密度函数；$I(\boldsymbol{x};\boldsymbol{y})$表示发送信号$\boldsymbol{x}$和接收信号$\boldsymbol{y}$之间的互信息，根据互信息概念

$$I(\boldsymbol{x};\boldsymbol{y})=h(\boldsymbol{y})-h(\boldsymbol{y}\,|\,\boldsymbol{x}) \tag{8-70}$$

式中，$h(\boldsymbol{y})$表示接收信号矢量$\boldsymbol{y}$的微分熵(Differential Entropy)；$h(\boldsymbol{y}\,|\,\boldsymbol{x})$表示接收信号矢量在已知发送信号$\boldsymbol{x}$条件下的条件微分熵(Conditional Differential Entropy)。由于发送信号矢量$\boldsymbol{x}$和噪声矢量$\boldsymbol{n}$是相互独立的，因此$h(\boldsymbol{y}\,|\,\boldsymbol{x})=h(\boldsymbol{n})$，可知

$$I(\boldsymbol{x};\boldsymbol{y})=h(\boldsymbol{y})-h(\boldsymbol{n}) \tag{8-71}$$

令接收信号矢量$\boldsymbol{y}$的协方差矩阵为$\boldsymbol{R}_{\boldsymbol{y}}=E(\boldsymbol{y}\boldsymbol{y}^{\mathrm{H}})$，噪声的协方差矩阵为$\boldsymbol{R}_{\boldsymbol{n}}=N_0\boldsymbol{I}_{N_{\mathrm{R}}}$，则

$$\boldsymbol{R}_{\boldsymbol{y}}=\boldsymbol{H}\boldsymbol{R}_{\boldsymbol{x}}\boldsymbol{H}^{\mathrm{H}}+N_0\boldsymbol{I}_{N_{\mathrm{R}}} \tag{8-72}$$

其中，$\boldsymbol{R}_{\boldsymbol{y}}=E(\boldsymbol{x}\boldsymbol{x}^{\mathrm{H}})$表示发送信号$\boldsymbol{x}$的协方差矩阵。给定协方差矩阵$\boldsymbol{R}_{\boldsymbol{y}}$，当接收信号矢量$\boldsymbol{y}$为零均值循环对称复高斯矢量时可以最大化$h(\boldsymbol{y})$，这意味着要求发送信号$\boldsymbol{x}$也为零均值循环对称复高斯矢量。此时，接收信号矢量$\boldsymbol{y}$和噪声矢量$\boldsymbol{n}$的微分熵可以写成

$$h(\boldsymbol{y}) = \log_2[\det(\pi e \boldsymbol{R}_y)] \ (\text{bit/s})/\text{Hz}$$
$$h(\boldsymbol{n}) = \log_2[\det(\pi e N_0 \boldsymbol{I}_{N_R})] \ (\text{bit/s})/\text{Hz} \tag{8-73}$$

将式(8-73)代入式(8-71)，可知

$$I(\boldsymbol{x};\boldsymbol{y}) = \log_2\left[\det\left(\boldsymbol{I}_{N_R} + \frac{1}{N_0}\boldsymbol{H}\boldsymbol{R}_x\boldsymbol{H}^H\right)\right] (\text{bit/s})/\text{Hz} \tag{8-74}$$

由式(8-69)可知

$$C = \max_{\text{Tr}(\boldsymbol{R}_x)=P} \log_2\left[\det\left(\boldsymbol{I}_{N_R} + \frac{1}{N_0}\boldsymbol{H}\boldsymbol{R}_x\boldsymbol{H}^H\right)\right] (\text{bit/s})/\text{Hz} \tag{8-75}$$

式(8-75)即高斯 MIMO 信道的对数行列式容量公式。

当发送端未知信道信息时，通常只能选择发送功率在各个发送天线上均匀分布，即认为 $\boldsymbol{R}_x = \frac{P}{N_T}\boldsymbol{I}_{N_T}$，此时式(8-75)变为

$$C = \log_2\left[\det\left(\boldsymbol{I}_{N_R} + \frac{P}{N_0 N_T}\boldsymbol{H}\boldsymbol{H}^H\right)\right] (\text{bit/s})/\text{Hz} \tag{8-76}$$

由于 $\boldsymbol{H}\boldsymbol{H}^H$ 为 $N_R \times N_R$ 的 Hermitian 矩阵，因此可以对其进行特征值分解(Eigen Decomposition)，即 $\boldsymbol{H}\boldsymbol{H}^H = \boldsymbol{U}\boldsymbol{\Lambda}\boldsymbol{U}^H$，其中，$\boldsymbol{U}$ 为 $N_R \times N_R$ 的酉矩阵，而 $\boldsymbol{\Lambda} = \text{diag}\{\lambda_1 \quad \lambda_2 \quad \cdots \quad \lambda_{N_R}\}$ 为所有的特征值 $\lambda_i$ 按照降序排列构成的 $N_R$ 阶对角矩阵，其对角元素为 $\boldsymbol{H}\boldsymbol{H}^H$ 的特征值，又因为矩阵 $\boldsymbol{H}\boldsymbol{H}^H$ 为半正定矩阵，因此 $\lambda_i \geqslant 0$，假设

$$\lambda_i = \begin{cases} \sigma_i^2, & i = 1,2,\cdots,r \\ 0, & i = r+1, r+2, \cdots, N_R \end{cases} \tag{8-77}$$

式中，$\sigma_i$ 表示矩阵 $\boldsymbol{H}$ 的非零奇异值；$r$ 表示信道矩阵的秩。将 $\boldsymbol{H}\boldsymbol{H}^H = \boldsymbol{U}\boldsymbol{\Lambda}\boldsymbol{U}^H$ 代入式(8-76)可知

$$\begin{aligned} C &= \log_2\left[\det\left(\boldsymbol{I}_{N_R} + \frac{P}{N_0 N_T}\boldsymbol{U}\boldsymbol{\Lambda}\boldsymbol{U}^H\right)\right] \\ &= \log_2\left[\det\left(\boldsymbol{I}_{N_R} + \frac{P}{N_0 N_T}\boldsymbol{\Lambda}\right)\right] \end{aligned} \tag{8-78}$$

式(8-78)的推导应用到了公式 $\det(\boldsymbol{I}+\boldsymbol{A}\boldsymbol{B}) = \det(\boldsymbol{I}+\boldsymbol{B}\boldsymbol{A})$，因为 $\boldsymbol{\Lambda}$ 为对角阵，所以

$$C = \sum_{i=1}^{r} \log_2\left[\left(1 + \frac{P}{N_0 N_T}\lambda_i\right)\right] \tag{8-79}$$

从式(8-79)可以看出，MIMO 信道容量可以看成 $r$ 个 SISO 信道容量之和，其中每个 SISO 信道的信号功率平均分配 $p_i = P/N_T$，信道功率增益为 $\lambda_i$。如图 8-19 所示，MIMO 系统构建的多天线传输链路相当于在发射机和接收机之间开设了 $r$ 条并行的空间传输链路，$r$ 为信道矩阵的秩。注意：这里假设的条件是发射端未知信道信息，接收端已知信道信息。

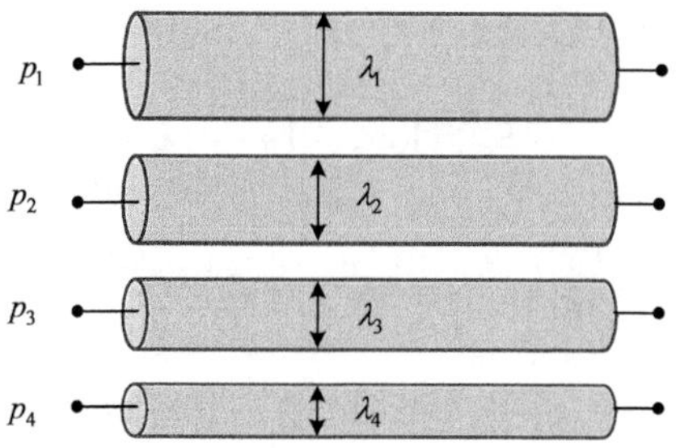


图 8-19　MIMO 等效并行信道

如果假设发送端已知信道信息，则可以进一步依据“注水原理”，在不同的发射天线上更合理地分配发射功率，使得信道容量进一步提升。注水原理简单而言就是要在好状态的信道中分配更多的信号功率，在状态较差的信道中分配相对少的信号功率。

假设多天线发射端的发射信号为零均值循环对称复高斯信号 $\tilde{\boldsymbol{x}}$，如果发送端已知信道信息，根据矩阵的奇异值分解原理 $\boldsymbol{H}=\boldsymbol{U\Sigma V}^{\mathrm{H}}$，其中 $\boldsymbol{U}$ 为 $N_{\mathrm{R}}$ 阶酉矩阵，$\boldsymbol{V}$ 为 $N_{\mathrm{T}}$ 阶酉矩阵，$\boldsymbol{\Sigma}$ 为 $N_{\mathrm{R}}\times N_{\mathrm{T}}$ 的对角矩阵，其 $r$ 个非零对角元素为 $\boldsymbol{H}$ 矩阵的奇异值。

$$\boldsymbol{\Sigma}=\begin{bmatrix}\sigma_1 & & & & \cdots & 0\\ & \ddots & & & & \vdots\\ & & \sigma_r & & & \\ & & & 0 & & \\ \vdots & & & & \ddots & \\ 0 & \cdots & & & & 0\end{bmatrix}_{N_{\mathrm{R}}\times N_{\mathrm{T}}} \tag{8-80}$$

发射端和接收端都已知信道时，根据信道矩阵分解的传输结构如图 8-20 所示。$\tilde{\boldsymbol{x}}$ 发射之前可以先乘以酉矩阵 $\boldsymbol{V}$，通过信道传输再乘以矩阵 $\boldsymbol{U}^{\mathrm{H}}$，由此利用 MIMO 矩阵分解完成等效的并行传输，此时发射和接收信号关系可以写成

$$\begin{aligned}\tilde{\boldsymbol{y}}&=\boldsymbol{U}^{\mathrm{H}}\boldsymbol{H}\boldsymbol{V}\tilde{\boldsymbol{x}}+\boldsymbol{U}^{\mathrm{H}}\boldsymbol{n}\\&=\boldsymbol{\Sigma}\tilde{\boldsymbol{x}}+\boldsymbol{n}'\end{aligned} \tag{8-81}$$

式中，$\tilde{\boldsymbol{y}}$ 为 $N_{\mathrm{R}}\times 1$ 的接收信号；$\boldsymbol{n}'$ 依然为零均值循环对称高斯噪声矢量，且有 $E(\boldsymbol{n}\boldsymbol{n}^{\mathrm{H}})=N_0\boldsymbol{I}_{N_{\mathrm{R}}}$。此时发送信号功率不一定需要在 $N_{\mathrm{T}}$ 个维度上均匀分布，只需要满足总功率受限条件 $E(\tilde{\boldsymbol{x}}^{\mathrm{H}}\tilde{\boldsymbol{x}})=P$。从式(8-81)可以看出，通过信道分解，MIMO 信道传输被转化为了 $r$ 个并行 SISO 信道传输：

$$\tilde{y}_i=\sigma_i\tilde{x}_i+n_i',\quad i=1,2,\cdots,r \tag{8-82}$$

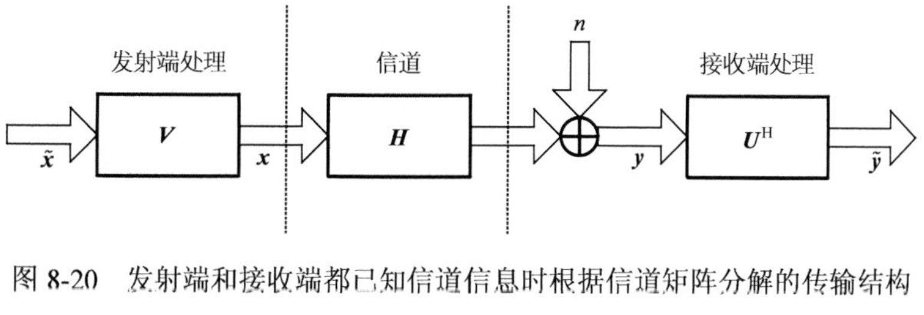


图 8-20　发射端和接收端都已知信道信息时根据信道矩阵分解的传输结构

此时，MIMO 信道容量可以分解成为多个并行 SISO 信道容量之和：

$$C=\sum_{i=1}^{r}\log_2\left[\left(1+\frac{p_i}{N_0}\lambda_i\right)\right] \tag{8-83}$$

式中，$p_i$ 表示第 $i$ 根天线上发射信号的功率，且满足 $\sum_{i=1}^{r}p_i=P$；$\lambda_i=\sigma_i^2$ 表示矩阵 $\boldsymbol{HH}^{\mathrm{H}}$ 的非零特征值。为了最大化互信息，发射端可以根据不同子信道的信道增益分配发射功率 $\{p_i\}$：

$$C=\max_{\sum_{i=1}^{r}p_i=P}\left\{\sum_{i=1}^{r}\log_2\left[\left(1+\frac{p_i}{N_0}\lambda_i\right)\right]\right\} \tag{8-84}$$

利用拉格朗日法，可以计算出最优的功率分配：

$$p_i^{\mathrm{opt}}=\left(\mu-\frac{N_0}{\lambda_i}\right)^+ \tag{8-85}$$

式中，$x^+=\max(x,0)$；$\mu$ 为满足条件 $\sum_{i=1}^{r}p_i=P$ 的常数。式(8-85)实际上反映了一种功率分配的注水法则，如图 8-21 所示。将 MIMO 信道看成一个深度为常数 $\mu$ 的水池，根据 MIMO 信道分解而成的 SISO 信道状态，第 $r$ 个子信道的水池底座高度为 $N_0/\lambda_i$。如果空间子信道质量较差，则 $\lambda_i$ 取值较小，如果底座高度 $N_0/\lambda_i\geqslant\mu$，则该子信道不分配功率，处于非用态；反之，若空间子信道状态较好，$\lambda_i$ 取值较大，底座高度为 $N_0/\lambda_i<\mu$，则该子信道所分配的功率为 $p_i=\mu-N_0/\lambda_i$。依据信道状态自适应分配各空间子信道上的信号功率可以进一步提升传输效率，获得比发端未知信道状态时更大的信道容量。

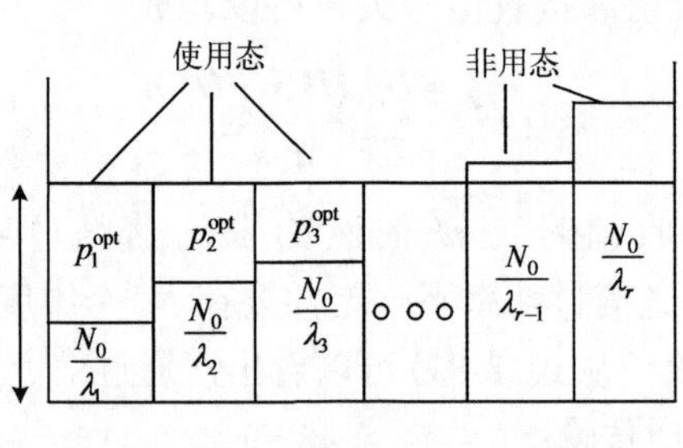


图 8-21　功率分配的注水法则

以上关于信道容量的结论都是基于确定性信道系数的假设，而实际的无线传播环境下，信道是随机变量，此时信道容量也成为随机变量，需要用遍历信道容量(Ergodic Capacity)或者中断信道容量(Outage Capacity)来衡量。

遍历信道容量也指平均信道容量，是随机信道容量的所有可能实现的集合平均。根据式(8-79)，发送端未知信道信息，接收端已知信道信息时随机信道条件下的遍历信道容量可以表示为

$$\overline{C}=E\left\{\sum_{i=1}^{r}\log_2\left[\left(1+\frac{P}{N_0N_{\mathrm{T}}}\lambda_i\right)\right]\right\} \tag{8-86}$$

式中，$E\{\cdot\}$ 表示取均值。注意：由于信道矩阵 $\boldsymbol{H}$ 是随机的，与之相关的信道容量也是随机的。遍历容量反映 MIMO 衰落信道的长期特性(平均特性)，因此需要在大量的独立衰落的块之间编码来达到。

在有限块长传输的系统中，通常关注中断信道容量，中断信道容量是指能以某一定义的较大概率保证获得的信息传输速率。例如，定义 10%的中断信道容量 $C_{\mathrm{outage}}$ 就是指 $P(C\leqslant C_{\mathrm{outage}})=10\%$，即 90%的信道实现都能保证 $C_{\mathrm{outage}}$ 以上的信息传输速率。中断信道容量也表征了不能达到给定信息传输速率 $C_{\mathrm{outage}}$ 的概率。中断容量反映 MIMO 衰落信道的短期特性(瞬时特性)，可在一个衰落间隔内编码得到。

MIMO 空分复用技术的容量增益来源于丰富散射、天线空间相关性较低的假设环境，此时收发天线对之间的衰落信道统计特性是独立同分布的瑞利分布。当 MIMO 信道存在空间相关性时，会导致中断容量和遍历容量的损失。

### 8.2.3　MIMO 的复用

MIMO 系统通过配置多根天线引入的空间资源，一方面可以用来加入信号冗余保护以提高传输可靠性，即利用分集获得性能增益；另一方面，也可以通过多天线建立多条独立数据通道(Data Pipes)，利用空间复用(Spatial Multiplexing)技术提高信息传输速率，由此获得的传输速率增益称为复用增益。具体来说，将高速信源数据流分成多个并行子数据流，独立地进行编码调制，通过不同发送天线发射不同的数据信息，这种数据传输在空间上的复用，称为空间复用技术。可以通过 MIMO 信道容量来描述空间复用增益。

1998 年，贝尔实验室的 Foschini 等提出的著名的 V-BLAST(Vertical Bell Laboratories Layered Space-Time)系统是最早的空分复用 MIMO 架构之一，V-BLAST 将独立数据流直接从不同发射天线发送，不存在任何时间或空间上的冗余，只能采用相干方法检测信号。考虑平衰落信道下的 V-BLAST 系统，如图 8-22 所示。系统包含 $N_{\mathrm{T}}$ 根发射天线，$N_{\mathrm{R}}$ 根接收天线，且 $N_{\mathrm{R}}\geqslant N_{\mathrm{T}}$，用链路 $(N_{\mathrm{T}},N_{\mathrm{R}})$ 表示。发送数据流经串并变换顺序分配到 $N_{\mathrm{T}}$ 根发射天线对应的调制器中，分别进行调制输出。可见，$N_{\mathrm{T}}$ 根数据流分别承载相互独立的信息，即将空间资源用于提高链路传输效率，这是 V-BLAST 系统的最显著特点。设某时刻第 $i$ 根发射天线上发送符号 $x_i$ 取自包含 $M_c=2^R$ 个符号的星座 $X$，第 $i$ 根发射天线到第 $j$ 根接收天线间信道衰落系数为 $h_{ji}$，则第 $n_j$ 接收天线上的接收信号为

$$y_j=\sum_{i=1}^{N_{\mathrm{T}}}h_{j,i}x_i+n_j,\quad j=1,\cdots,N_{\mathrm{R}} \tag{8-87}$$

式中，$n_j$ 是方差为 $\sigma_n^2$ 的零均值加性高斯白噪声。设发送符号矢量 $\boldsymbol{x}=[x_1,x_2,\cdots,x_{N_{\mathrm{T}}}]^{\mathrm{T}}$，总平均功率为 1，即 $E[\|\boldsymbol{x}\|^2]=1$ ($\|\cdot\|$表示求矢量的模，$E(\cdot)$表示求随机变量的均值)；信道矩阵 $\boldsymbol{H}=[h_{ji}]_{N_{\mathrm{R}}\times N_{\mathrm{T}}}$ 中各元素统计独立，服从方差为 1 的零均值循环对称复高斯分布 $\mathrm{CN}(0,1)$，且服从块衰落假设(即信道在某段时间内保持不变，但在不同段之间相互独立

地变化，又称静态信道假设）。由上述归一化条件可得到平均每根接收天线上的符号信噪比为 $E_s/N_0=1/\sigma_n^2$。容易推断，式(8-87)表示成矩阵形式后和式(8-58)相同。

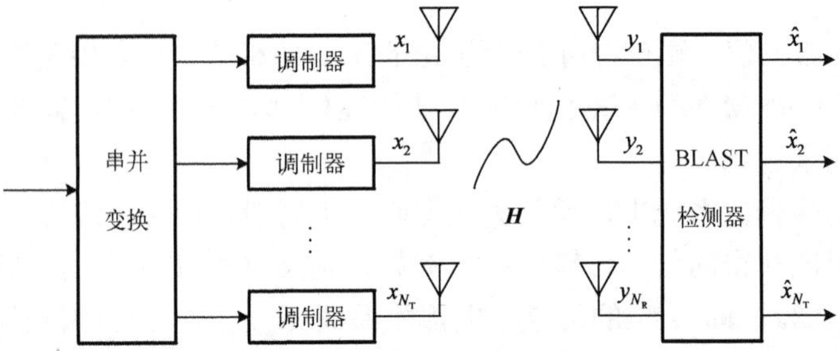


图 8-22　V-BLAST 系统框图

V-BLAST 信号检测算法的目的就是利用观测 $\boldsymbol{y}$ 与信道状态信息 $\boldsymbol{H}$ 获得对发射信号 $\boldsymbol{x}$ 的估计。显然，这是一个多元检测问题，通信中最优的方法是基于 ML 准则的检测算法：

$$\hat{\boldsymbol{x}}^{\mathrm{ML}}=\arg\max_{\tilde{\boldsymbol{x}}\in\mathcal{X}^{N_\mathrm{T}}} p\left(\boldsymbol{y}\,|\,\tilde{\boldsymbol{x}},\boldsymbol{H}\right)=\arg\min_{\tilde{\boldsymbol{x}}\in\mathcal{X}^{N_\mathrm{T}}}\left\|\boldsymbol{y}-\boldsymbol{H}\tilde{\boldsymbol{x}}\right\|^2 \tag{8-88}$$

ML 检测方法采用穷尽搜索，其复杂度随发射天线数呈指数增长，实现的复杂度很大。为了降低检测复杂度，可以根据信号估计理论，基于信号模型式(8-58)直接获得 $\boldsymbol{x}$ 的最小二乘(Least Square，LS)估计，然后对估计值按照 $\boldsymbol{x}$ 的取值范围做量化，便可得到检测结果。我们称这种线性检测方法为 LS 检测：

$$\widehat{\boldsymbol{x}}^{\mathrm{LS}}=\boldsymbol{H}^{+}\boldsymbol{y}=(\boldsymbol{H}^{\mathrm{H}}\boldsymbol{H})^{-1}\boldsymbol{H}^{\mathrm{H}}\boldsymbol{y},\quad \hat{\boldsymbol{x}}^{\mathrm{LS}}=\mathrm{slice}(\widehat{\boldsymbol{x}}^{\mathrm{LS}}) \tag{8-89}$$

式中，$\boldsymbol{H}^{+}$ 表示信道矩阵 $\boldsymbol{H}$ 的 Moore-Penrose 逆；slice(·)为量化函数。在 LS 检测中，权矩阵 $\boldsymbol{H}^{+}$ 的第 $i$ 行向量完全抑制了 $x_m, m\neq i$ 对 $x_i$ 的检测统计量的干扰，因此 LS 检测也称迫零(Zero Forcing，ZF)检测。注意到接收信号中所含的加性噪声也会受到 LS 检测矩阵的影响 $\tilde{\boldsymbol{n}}=(\boldsymbol{H}^{\mathrm{H}}\boldsymbol{H})^{-1}\boldsymbol{H}^{\mathrm{H}}\boldsymbol{n}$，利用信道矩阵的 SVD 分解计算检测后噪声的功率：

$$\begin{aligned}E\left\|\tilde{\boldsymbol{n}}^{\mathrm{LS}}\right\|^2&=E\left\|(\boldsymbol{H}^{\mathrm{H}}\boldsymbol{H})^{-1}\boldsymbol{H}^{\mathrm{H}}\boldsymbol{n}\right\|^2\\&=E\left\|\boldsymbol{V}(\boldsymbol{\Sigma}^{\mathrm{H}}\boldsymbol{\Sigma})^{-1}\boldsymbol{\Sigma}^{\mathrm{H}}\boldsymbol{U}^{\mathrm{H}}\boldsymbol{n}\right\|^2\\&=\sum_{i=1}^{r}\frac{\sigma_n^2}{\sigma_i^2}\end{aligned} \tag{8-90}$$

其中，$r$ 表示信道奇异值分解中非零奇异值的个数；$\sigma_i$ 表示信道矩阵的第 $i$ 个非零奇异值。

为了最大化检测后的信干噪比，还可以基于最小均方误差(MMSE)估计准则进行 MMSE 检测：

$$\widehat{\boldsymbol{x}}^{\mathrm{MMSE}}=(\boldsymbol{H}^{\mathrm{H}}\boldsymbol{H}+\sigma_n^2\boldsymbol{I}_{N_\mathrm{T}})^{-1}\boldsymbol{H}^{\mathrm{H}}\boldsymbol{y},\quad \hat{\boldsymbol{x}}^{\mathrm{MMSE}}=\mathrm{slice}(\widehat{\boldsymbol{x}}^{\mathrm{MMSE}}) \tag{8-91}$$

同样，考察 MMSE 检测矩阵对检测后噪声的影响：

$$\begin{aligned}E\left\|\tilde{\boldsymbol{n}}^{\mathrm{MMSE}}\right\|^2&=E\left\|(\boldsymbol{H}^{\mathrm{H}}\boldsymbol{H}+\sigma_n^2\boldsymbol{I}_{N_\mathrm{T}})^{-1}\boldsymbol{H}^{\mathrm{H}}\boldsymbol{n}\right\|^2\\&=E\left\|(\boldsymbol{V}\boldsymbol{\Sigma}^{\mathrm{H}}\boldsymbol{\Sigma}\boldsymbol{V}^{\mathrm{H}}+\sigma_n^2\boldsymbol{I}_{N_\mathrm{T}})^{-1}\boldsymbol{V}\boldsymbol{\Sigma}^{\mathrm{H}}\boldsymbol{U}^{H}\boldsymbol{n}\right\|^2\\&=\sum_{i=1}^{r}\frac{\sigma_n^2\sigma_i^2}{(\sigma_n^2+\sigma_i^2)^2}\end{aligned} \tag{8-92}$$

从 LS 检测和 MMSE 检测可以看出，线性检测受到信道矩阵条件数的影响，如果信道条件数大，即最小的奇异值很小，则可能放大检测后的噪声方差。横向对比 LS 检测和 MMSE 检测：

$$E\left\|\tilde{\boldsymbol{n}}^{\mathrm{LS}}\right\|^2=\sum_{i=1}^{r}\frac{\sigma_n^2}{\sigma_i^2}\approx\frac{\sigma_n^2}{\sigma_{\min}^2} \tag{8-93}$$

$$E\left\|\tilde{\boldsymbol{n}}^{\mathrm{MMSE}}\right\|^2=\sum_{i=1}^{r}\frac{\sigma_n^2\sigma_i^2}{(\sigma_n^2+\sigma_i^2)^2}\approx\frac{\sigma_n^2\sigma_{\min}^2}{(\sigma_n^2+\sigma_{\min}^2)^2} \tag{8-94}$$

其中，$\sigma_{\min}^2$ 表示信道矩阵最小奇异值的平方。对比式(8-93)和式(8-94)可以看出，LS 检测和 MMSE 检测相比，在信道奇异值较小时可能会更加严重地放大噪声。

除了线性检测，排序串行干扰消除(Ordered Successive Interference Cancellation，OSIC)算法也是空分复用 MIMO 系统的常用检测算法，OSIC 算法由 Wolniansky 等学者首先提出，用于 V-BLAST 检测。该算法的基本原理是：对于某当前发射天线对应的待检测信号，首先利用投影算子使已检测信号与当前检测信号构成的空间和未检测信号构成的空间相互正交(称干扰抑制)，然后在当前检测信号所在空间内，利用已检测信号重新生成它们对接收信号的贡献并去除其影响(称干扰抵消)，从而获得当前检测信号。在算法中，通常需要按照最大信噪比原则对信号的检测顺序进行优化，目的是减轻由干扰抵消带来的误差传播问题。

球形译码(Sphere Decoding，SD)算法是另一类重要的复用 MIMO 系统检测算法。1999 年，Viterbo 将 SD 算法引入解决衰落信道下实数模型的格型码译码问题中，并给出了清晰的算法流程。2000 年，Damen 将该算法用于 V-BLAST 信号模型中，作为最大似然检测的一种实现方法。球形译码算法原理的一种直观解释是：以给定点为球心，圈出一个适当大小的球，只对所有落入这个球的点进行搜索，从而球内离给定点最近的点也是整个格形中离该点最近的点。在搜索过程中，如果发现球中的某点，那么以该点与给定点间的距离作为搜索球的更新半径，从而加快搜索，称为收缩半径。在通信理论中，由于高斯信道下格型调制的最大似然检测问题等价于最近点问题，因此，它可以作为最大似然检测的一种有效快速算法。已经证明，SD 算法可以获得复杂度随天线数呈指数增长的最大似然检测的性能，而其复杂度在较宽信噪比范围内与信号维数仅呈多项式关系，并与每一维信号所采用的调制方式无关(在 V-BLAST 系统中，每一维信号对应于每一发射天线上的发送信号)。

### 8.2.4 MIMO 的编码

无线信道中，信号功率随时间、频率和空间而波动，信道的不稳定多径衰落可能导致通信系统性能严重降低，甚至无法正常通信。无线通信系统通常采用分集技术来对抗衰落。分集的基本思想是：在衰落链路中增加独立的信号传输途径，使接收端获得多个发送信号的副本(分集分支)。随着副本数量的增加，任何时刻某个或多个副本没有经历深衰落的概率相应增加。这样在接收端采用一定的合并方式，就能有效克服衰落的影响。通信系统广泛采用的分集技术有时间分集(Temporal Diversity)、频率分集(Frequency

Diversity)和空间分集(Spatial Diversity)等。时间分集技术通过获得发送信号在足够大时间间隔下的独立副本增强信号传输性能，常用的时间分集技术包括交织、前向纠错编码以及自动请求重传等；频率分集技术通常通过扩频通信或者多载波调制技术来实现，通过获得发送信号在足够大频率间隔内的独立副本增强信号接收性能。时间和频率分集通常需要在时间或频率上引入冗余，从而导致信息传输效率的降低。

MIMO 系统在发送端或接收端引入多天线为利用空间分集提供了可能。空间分集又称为天线分集，当天线间距足够大(一般认为大于 10 倍波长)时，可以近似认为多根天线可以实现独立信道传输，相同发送符号经过多天线间信道传输后就可以在接收端收到经历独立衰落的信号副本，多个统计独立衰落信道同时处于深衰落的概率非常低，因此可以获得分集增益。MIMO 系统的分集增益通常用分集阶数(Diversity Order)来衡量。在无线通信系统中，分集阶数指的是独立衰落的分支数。

空时编码(Space-Time Coding，STC)技术是 MIMO 系统中最为典型的获取空间分集的技术，该技术可以联合考虑空间分集和时间分集，在发送信号中引入相关性，既可以获得分集增益，又没有带宽损失。对于空间独立的 $N_T \times N_R$ MIMO 信道，存在 $N_T N_R$ 个独立衰落的传输路径，空时编码的目的是开发这 $N_T N_R$ 阶空间分集，只要这 $N_T N_R$ 个路径不同时陷入深度衰落，接收端就能检测出发送信号，从而大幅提高系统抗衰落的能力。此外，空时编码系统不要求接收端必须使用多个天线，$N_R$ 的大小可根据性能需求以及实际情况而定。

空时编码的系统性研究开始于 1998 年，Tarokh 等在前人对分集技术研究的基础上，开创性地提出了衰落信道下空时编码的两大设计准则，并给出了具体的设计实例，为空时编码的后续研究做好了铺垫工作。此后，空时编码技术一直是备受关注的热点研究领域，出现了很多相关研究成果，它们从设计方法的角度大致可分为空时格型码(Space-Time Trellis Codes，STTC)、空时分组码(Space-Time Block Codes，STBC)和差分空时码(Differential Space-Time Codes，DSTC)三类。

STTC 在延时分集的基础上结合格形编码调制(Trellis Coded Modulation，TCM)，将一定数量的比特共同编码为一个空时帧，是传统 TCM 编码在 MIMO 系统中的推广。它不仅可获得全分集增益，当编码器包含较多状态数时还具有较高的编码增益。STTC 最大的缺点是译码需要对整个空时帧采用搜索算法。若 STTC 采用有 $2^b$ 个信号点的星座，编码器中包含 $2^a$ 个状态数，帧长包含 $L$ 个符号，则状态转移图中共有 $2^{bL+a}$ 条路径，译码复杂度随状态数、调制阶数和帧长的增加而呈指数增加。其次，STTC 的编码设计也十分困难，在状态数大的情况下很难找到系统的设计方法，一般需要借助计算机搜索。这些问题的存在使得 STTC 的研究和实用化进程比较缓慢。

2000 年，Tarokh 和 Jafarkhani 等针对接收端不知道信道状态信息的非相干 MIMO 系统，首次提出了基于正交设计的差分空时码；Hochwald 利用信道衰落的连续性与酉空时星座的酉变换不变性提出了差分酉空时调制(Differential Unitary Space-Time Modulation，DUSTM)方案，其信号星座不再是复平面上点的集合，而是若干个酉复矩阵构成的群；同年，Hughes 也通过对传统的差分相移键控(DPSK)技术做类比提出了差分空时调制，并认为它们是空时分组码的一个分支。DSTC 能在接收端不知道信道状态信息的情况下进行非相干译码，并且也能获得全分集增益。DSTC 的好处在于接收端无须对信道进行估计，也不必担心信道估计精准度对系统性能的影响，但与相干空时编码相比，其性能要恶化 3dB。

在相干 MIMO 系统中，空时分组码(STBC)由于其编/译码复杂度更低获得了更加广泛的应用前景。STBC 将 MIMO 系统调制器输出的固定数目的符号编码成一个空时码字矩阵，各个码字矩阵在时间轴上依次排列。虽然每个码字的编/译码方式都相同，但编/译码过程在各个码字之间相互独立进行。直观上看，各个码字像是分布的空时二维平面上彼此独立的“块(Block)”，因而很多文献也把 STBC 翻译成“空时块码”。

图 8-23 的 STBC 系统结构框图描述了 STBC 的编/译码过程。编码器每次从前端调制器输出中取 $N_s$ 个信号 $s_1,s_2,\cdots,s_{N_s}$ 进行编码，生成 $T\times N_{\mathrm{T}}$ 维码字矩阵 $\boldsymbol{C}$（$T\geqslant N_{\mathrm{T}}$）；它经过 $N_{\mathrm{T}}$ 个发送天线、$N_{\mathrm{R}}$ 个接收天线的 MIMO 信道 $\boldsymbol{H}$ 、并受噪声 $\boldsymbol{N}$ 的干扰之后，接收端收到的信号是一个 $T\times N_{\mathrm{R}}$ 维矩阵 $\boldsymbol{Y}$；译码器通过合适的译码算法从 $\boldsymbol{Y}$ 中恢复发送信号 $s_1,s_2,\cdots,s_{N_s}$ 。通过合理地设计码字矩阵 $\boldsymbol{C}$ ，STBC 能获得全部分集增益。

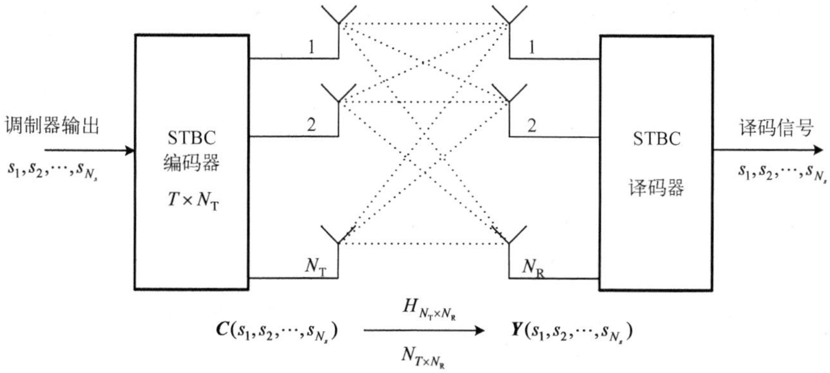


图 8-23　空时分组码系统结构示意图

最早的 STBC 是 Alamouti 和 Tarokh 于 1999 年提出的正交空时分组码(Orthogonal STBC，OSTBC)。这种码由于其正交特性而具有最低 ML 译码复杂度，从而深受人们喜爱。下面主要介绍 Alamouti 码的基本原理。

假设 MIMO 系统的发射天线数 $N_{\mathrm{T}}=2$，接收天线 $N_{\mathrm{R}}=1$，则 Alamouti 码的生成矩阵为

$$\boldsymbol{C}_{T\times N_{\mathrm{T}}}=\begin{bmatrix} s_1 & s_2 \\ -s_2^* & s_1^* \end{bmatrix} \tag{8-95}$$

其中，$s_1$ 和 $s_2$ 是从 $M$ 元信号星座中选择的两个待发送符号。在第一个时隙，符号 $s_1$ 和 $s_2$ 分别在两根天线上传输；在第二个时隙，符号 $-s_2^*$ 和 $s_1^*$ 分别在两根天线上传输。因此，两根发射天线在两个时隙中实际上只传输了两个符号 $s_1$ 和 $s_2$，Alamouti 码的空间码率 $R_{\mathrm{s}}$=1。这也是正交 STBC 的最高可能速率。

假设信道矩阵 $\boldsymbol{H}\in\mathbb{C}^{N_{\mathrm{T}}\times N_{\mathrm{R}}}$ 在一个码字时间内保持不变，不同码字之间独立地变化；对于当前考虑的 MISO 系统：$\boldsymbol{H}=[h_{11}\ h_{12}]^{\mathrm{T}}$，在 Alamouti 码译码时，则接收端的单个接

收天线在两个时隙的接收信号为

$$\begin{cases} y_1 = h_{11}s_1 + h_{12}s_2 + n_1 \\ y_2 = -h_{11}s_2^* + h_{12}s_1^* + n_2 \end{cases} \tag{8-96}$$

其中，$y_1$ 和 $y_2$ 分别表示接收端天线在时隙 1 和时隙 2 的接收信号；$n_1$ 和 $n_2$ 都是零均值循环对称不相关复高斯随机变量，方差都是 $\sigma_n^2$。

考虑基于接收信号进行最大似然检测，由于 $n_1$ 和 $n_2$ 互不相关，则两个时隙接收信号的联合条件概率密度函数可以写成

$$p(y_1, y_2 | s_1, s_2) = \frac{1}{2\pi\sigma_n^2}\exp\left[-\left(|y_1 - h_{11}s_1 - h_{12}s_2|^2 + |y_2 - h_{11}s_1 - h_{12}s_2|^2\right)/2\sigma_n^2\right] \tag{8-97}$$

因此，依据最大似然译码准则，通过搜索使得欧氏距离度量最小的符号作为译码输出：

$$(s_1, s_2) = \underset{(s_1, s_2)}{\arg\min}\, C(s_1, s_2) = |y_1 - h_{11}s_1 - h_{12}s_2|^2 + |y_2 - h_{11}s_1 - h_{12}s_2|^2 \tag{8-98}$$

显然最大似然译码随着符号数目的增加具有指数级复杂度。将欧氏距离表达式展开，并且去掉与判决无关的项，可得

$$\begin{aligned} C(s_1, s_2) &= |y_1 - h_{11}s_1 - h_{12}s_2|^2 + |y_2 - h_{11}s_1 - h_{12}s_2|^2 \\ &= |s_1|^2(|h_{11}|^2 + |h_{12}|^2) - 2\mathrm{Re}(y_1^* h_{11}s_1 + y_2^* h_{12}s_1) \\ &\quad + |s_2|^2(|h_{11}|^2 + |h_{12}|^2) - 2\mathrm{Re}(y_1^* h_{12}s_2 - y_2 h_{11}^* s_2) \\ &= C(s_1) + C(s_2) \end{aligned} \tag{8-99}$$

因此，可以观察到符号对的代价函数实际可以解耦，分解成两个符号的独立代价函数。$s_1$ 取使得 $C(s_1)$ 最小的符号，$s_2$ 取使得 $C(s_2)$ 最小的符号即可，这样可以大大降低复杂度。进一步，如果假设符号选择具有恒定能量的星座，则上述代价函数中的 $|s_1|^2(|h_{11}|^2 + |h_{12}|^2)$ 和 $|s_2|^2(|h_{11}|^2 + |h_{12}|^2)$ 也可以忽略。此时，代价函数进一步简化为

$$\begin{cases} C'(s_1) = 2\mathrm{Re}(y_1^* h_{11}s_1 + y_2^* h_{12}s_1) \\ C'(s_2) = \mathrm{Re}(y_1^* h_{12}s_2 - y_2 h_{11}^* s_2) \end{cases} \tag{8-100}$$

实际上，可以把 Alamouti 码的系统函数变形写成如下形式：

$$\begin{bmatrix} y_1 \\ y_2^* \end{bmatrix} = \begin{bmatrix} h_{11} & h_{12} \\ h_{12}^* & -h_{11}^* \end{bmatrix} \begin{bmatrix} s_1 \\ s_2 \end{bmatrix} + \begin{bmatrix} n_1 \\ n_2^* \end{bmatrix} \tag{8-101}$$

简写为

$$\boldsymbol{y} = \boldsymbol{H}\boldsymbol{s} + \boldsymbol{\eta} \tag{8-102}$$

在信道已知的条件下，$\boldsymbol{H}$ 为已知的正交矩阵。因此，可以直接在式(8-101)左右两边同时乘以 $\boldsymbol{H}^{\mathrm{H}}$，得到

$$\begin{bmatrix} \hat{s}_1 \\ \hat{s}_2 \end{bmatrix} = \begin{bmatrix} h_{11}^* & h_{12} \\ h_{12}^* & -h_{11} \end{bmatrix} \begin{bmatrix} y_1 \\ y_2^* \end{bmatrix} \tag{8-103}$$

即

$$\begin{cases} \hat{s}_1 = (|h_{11}|^2 + |h_{12}|^2)s_1 + h_{11}^* n_1 + h_{12} n_2^* \\ \hat{s}_2 = (|h_{11}|^2 + |h_{12}|^2)s_2 + h_{12}^* n_1 - h_{11} n_2^* \end{cases} \tag{8-104}$$

从式(8-104)可以看出，Alamouti 码可以达到 2 阶分集。

Alamouti 码的接收天线数大于 1 时，正交空时码也可以通过合理的设计达到 $N_{\mathrm{T}}N_{\mathrm{R}}$ 阶的最大分集增益，此时信道矩阵可以写成：

$$\boldsymbol{H} = \begin{bmatrix} h_{11} & h_{12} \\ \vdots & \vdots \\ h_{N_{\mathrm{R}}1} & h_{N_{\mathrm{R}}2} \end{bmatrix} \tag{8-105}$$

第一个时隙的接收信号可以写成：

$$\boldsymbol{y}_1 = \boldsymbol{H}\begin{bmatrix} s_1 \\ s_2 \end{bmatrix} + \boldsymbol{n}_1 \tag{8-106}$$

第二个时隙的接收信号写成：

$$\boldsymbol{y}_2 = \boldsymbol{H}\begin{bmatrix} -s_2^* \\ s_1^* \end{bmatrix} + \boldsymbol{n}_2 \tag{8-107}$$

类似于 2 根发射天线、1 根接收天线的场景，将式(8-106)和式(8-107)合并，可以得到方程：

$$\begin{bmatrix} \boldsymbol{y}_1 \\ \boldsymbol{y}_2^* \end{bmatrix} = \begin{bmatrix} \boldsymbol{h}_1 & \boldsymbol{h}_2 \\ \boldsymbol{h}_2^* & -\boldsymbol{h}_1^* \end{bmatrix}\begin{bmatrix} s_1 \\ s_2 \end{bmatrix} + \begin{bmatrix} \boldsymbol{n}_1 \\ \boldsymbol{n}_2^* \end{bmatrix} \tag{8-108}$$

其中，$\boldsymbol{h}_1$ 和 $\boldsymbol{h}_2$ 分别为式(8-105)所示矩阵的第一列和第二列。由于矩阵列之间的正交性，信号检测可以按照式(8-109)进行：

$$\begin{bmatrix} \hat{s}_1 \\ \hat{s}_2 \end{bmatrix} = \tilde{\boldsymbol{H}}^{\mathrm{H}}\tilde{\boldsymbol{H}}\begin{bmatrix} s_1 \\ s_2 \end{bmatrix} + \tilde{\boldsymbol{H}}^{\mathrm{H}}\begin{bmatrix} \boldsymbol{n}_1 \\ \boldsymbol{n}_2^* \end{bmatrix} \tag{8-109}$$

其中

$$\tilde{\boldsymbol{H}} = \begin{bmatrix} \boldsymbol{h}_1 & \boldsymbol{h}_2 \\ \boldsymbol{h}_2^* & -\boldsymbol{h}_1^* \end{bmatrix} \tag{8-110}$$

式(8-109)可以化简为

$$\begin{bmatrix} \hat{s}_1 \\ \hat{s}_2 \end{bmatrix} = \left[\sum_{i=1}^{N_{\mathrm{R}}}(|h_{i1}|^2 + |h_{i2}|^2)\right]\boldsymbol{I}_2\begin{bmatrix} s_1 \\ s_2 \end{bmatrix} + \tilde{\boldsymbol{H}}^{\mathrm{H}}\begin{bmatrix} \boldsymbol{n}_1 \\ \boldsymbol{n}_2^* \end{bmatrix} \tag{8-111}$$

从式(8-111)可以看出，Alamouti 码可以获得 $2N_{\mathrm{R}}$ 阶的全分集增益。

学者针对发射天线数大于 2 的情况进行了深入研究。一个实的 $N \times N$ 矩阵 $\boldsymbol{G}$，其元素包含 $g_1, -g_1, g_2, -g_2 \cdots, g_N, -g_N$，在式(8-112)成立时满足正交关系：

$$G^{\mathrm{T}}G=\left(\sum_{i=1}^{N}g_i^2\right)I_N \tag{8-112}$$

已有学者证明，只有当 $N=2,4,8$ 时，才存在速率为 1 的正交码。例如，当发射天线数为 4 时，下列的发射矩阵满足正交关系：

$$G=\begin{bmatrix} s_1 & s_2 & s_3 & s_4 \\ -s_2 & s_1 & -s_4 & s_3 \\ -s_3 & s_4 & s_1 & -s_2 \\ -s_4 & -s_3 & s_2 & s_1 \end{bmatrix} \tag{8-113}$$

实数正交生成矩阵适合发射 PAM 信号或者能够分解为两个 PAM 信号的方形 QAM 星座。此时系统可以达到 $N_{\mathrm{T}}N_{\mathrm{R}}$ 的全分集增益。

如果降低码率，也可以在发射天线数目 $N_{\mathrm{T}}>2$ 时设计出复数正交 STBC 编码矩阵。例如，$N_{\mathrm{T}}=4$ 时，空间码速率为 $1/2$ 和 $3/4$ 的 STBC 编码矩阵分别为

$$C=\begin{bmatrix} s_1 & s_2 & s_3 & s_4 \\ -s_2 & s_1 & -s_4 & s_3 \\ -s_3 & s_4 & s_1 & -s_2 \\ -s_4 & -s_3 & s_2 & s_1 \\ s_1^* & s_2^* & s_3^* & s_4^* \\ -s_2^* & s_1^* & -s_4^* & s_3^* \\ -s_3^* & s_4^* & s_1^* & -s_2^* \\ -s_4^* & -s_3^* & s_2^* & s_1^* \end{bmatrix} \tag{8-114}$$

$$C=\begin{bmatrix} s_1 & s_2 & s_3/\sqrt{2} & s_3/\sqrt{2} \\ -s_2^* & s_1^* & s_3/\sqrt{2} & -s_3/\sqrt{2} \\ s_3^*/\sqrt{2} & s_3^*/\sqrt{2} & (-s_1-s_1^*+s_2-s_2^*)/2 & (-s_2-s_2^*+s_1-s_1^*)/2 \\ s_3^*/\sqrt{2} & -s_3^*/\sqrt{2} & (s_2+s_2^*+s_1-s_1^*)/2 & -(s_2-s_2^*+s_1+s_1^*)/2 \end{bmatrix} \tag{8-115}$$

### 8.2.5　MIMO 技术的应用

自从 20 世纪 90 年代，多输入多输出的概念引入无线通信系统设计中以来，MIMO 技术已成为实现高频谱利用率、高速率、高可靠性数据传输的热点方案之一。基于 Foschini 和 Telatar 的奠基性理论研究成果，1999 年，Bell 实验室建立了 V-BLAST（Vertical Bell-Labs Layered Space-Time）系统的实验室原型机。测试表明，在室内环境下，工作在 1.9GHz 的 8 根发射天线，12 根接收天线链路 V-BLAST 系统可以达到 20～40（bits/s）/Hz 的频谱利用率。从实践的角度证明了 MIMO 结构能够在不增加系统带宽和功率的前提下，有效地提高系统容量。1998 年，Tarokh 和 Alamouti 开创性地提出了衰落信道下空时编码的两大设计准则，并给出了空时码设计实例，从而引发了空时编码研究的热潮。1999 年，Marzetta 与 Hochwald 利用 Shannon 信息理论首次推导了 Rayleigh

平坦衰落信道下，收发两端均未知信道矩阵时，多天线系统所能达到的信道容量，为非相干系统的设计奠定了重要的理论基础。2000 年，Tarokh 和 Jafarkhani 等针对接收端不知道信道状态信息的非相干 MIMO 系统，首次提出了基于正交设计的差分空时码。差分空时码能在接收端不知道信道状态信息的情况下进行非相干译码，并且也能获得全分集增益，其好处在于接收端无须对信道进行估计，也不必担心信道估计精准度对系统性能的影响，但与相干空时编码相比，其性能要恶化 3dB。

MIMO 系统在传输有效性和可靠性两方面的卓越性能使其成为近十多年来通信学术界和工业界的一个研究热点。目前，已有很多标准采用 MIMO 技术作为其物理层基本方案。在 3GPP(3rd Generation Partnership Project)1 与 3GPP2 中，分别将空时发送分集(Space-Time Transmit Diversity，STTD)与空时扩展(Space-Time Spreading，STS)技术作为可选发送模式；无线局域网标准 IEEE 802.11n、无线城域网标准 IEEE 802.16a 以及 3GPP 的长期演进计划(Long Term Evolution -Advanced，LTE-A)均采用了 MIMO 技术。另外，Airgo、Atheros、Linksys 和 D-Link 等公司已发布了各种 MIMO 芯片组。

## 习　　题

**8-1**　请简述 OFDM 技术的优点和缺点。

**8-2**　请简述 MIMO 技术和 SISO 传输相比存在的优势。

**8-3**　在 OFDM 信号体制中对各子载波频率间隔有何要求？为什么？

**8-4**　假设某 OFDM 系统子载波数为 64，带宽为 10MHz，循环前缀长度为 OFDM 符号长度为 1/4，每个有用子载波采用 QPSK 调制方式传输数据，该系统通过 COST207 Bad Urban 信道，试仿真分析某 OFDM 系统的误码性能。

**8-5**　有一个 4 根发射天线、4 根接收天线的平坦衰落 MIMO 系统，发射端未知信道信息，接收端已知信道信息，总发射功率为 1W，高斯白噪声方差为 $N_0$，试求该 MIMO 系统的信道容量。

**8-6**　试采用 ML 检测仿真平衰落 Alamouti 码 MIMO 系统的性能。

# 第 9 章　无线协同通信

无线协同通信技术的出现最早可以追溯到 Cover 和 El Gamal 在 1979 年关于中继信道的研究工作，源节点和目的节点在中继节点的帮助下完成通信任务。协同通信技术源于中继信道，但是协同通信技术的主要目的是通过多节点间的协作处理来抵抗信道衰落和提高系统传输性能。在整个协同通信网络中，每个节点既可作为源节点或目的节点，也可作为协同节点进行中继传输。

一般而言，协同通信大致可分为两个阶段。第一阶段是广播阶段，源节点将信息发送给目的节点和协同中继节点；第二阶段为中继协同阶段，协同中继节点接收到源节点的信息后，经过一定的处理再转发给目的节点。最后，目的节点合并所有收到的信息。通过节点间协同，可以实现节点间资源共享，提高系统性能。

协同通信作为一种可提高传输质量和系统容量的通信手段，具有以下优点。

(1) 扩大网络覆盖范围。协同通信技术因中继加入了通信，能有效抵抗信道的衰落影响，一定程度上扩大了网络信号覆盖的范围，减少了小区内信号的盲点，使本处于信号微弱或信号覆盖不到地方的用户可以成功链接网络，从而提升了边缘小区用户的通信质量。

(2) 提高用户服务质量。协同通信通过节点间彼此分享各自的天线，形成虚拟的 MIMO 系统来获得空间分集增益，从而提高系统的吞吐量、改善系统的传输性能和提高频谱效率。

(3) 节约资源。与建设基站相比，部署中继需要投入的资金要低得多，一定程度上节约了成本，并且部署中继的工程量也相对较低。在应急网络中，如发生自然灾害或人为导致的网络崩溃，可以通过迅速部署中继节点以保证网络通信顺畅，能及时弥补因基础设施被破坏所带来的负面影响。

## 9.1　无线协同通信系统模型

在协同通信系统中，假定每个节点只配备单根天线，以半双工方式工作。协同通信系统模型与源节点、中继节点以及目的节点的构成有关，基本的两跳协同通信系统模型主要有以下 3 种结构。

### 9.1.1　单源单中继系统模型

单源单中继又称为三节点协同通信，图 9-1 所示就是三节点协同通信的基本模型。从图中可以看到，三节点协同通信 S-R-D 包括一个源节点 S、一个中继节点 R 和一个目的节点 D。

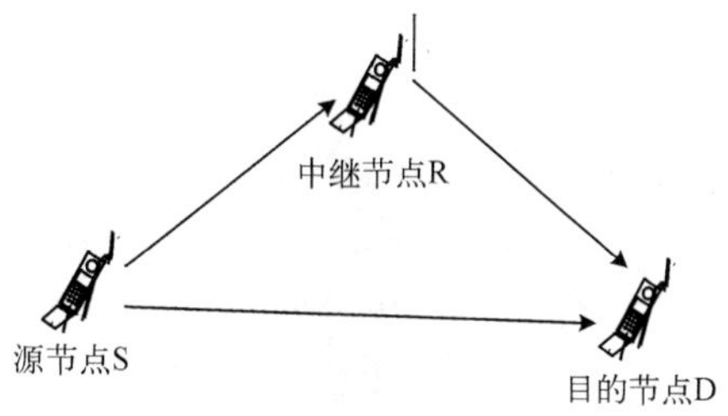


图 9-1　单源单中继系统模型

在上述系统模型中，整个协同通信过程分为两个基本阶段。首先是广播阶段，源节点 S 将信息发送给目的节点 D，同时协同中继节点 R 也接收了源节点 S 发送的信息；接着就是中继阶段，协同中继节点 R 将收到的信息经过一定规则处理后转发给目的节点 D，目的节点 D 则将两次收到的信号进行合并处理，以此达到空间分集效果。

### 9.1.2　单源多中继系统模型

单源多中继系统模型也称为"并行多中继模型"，其模型如图 9-2 所示。

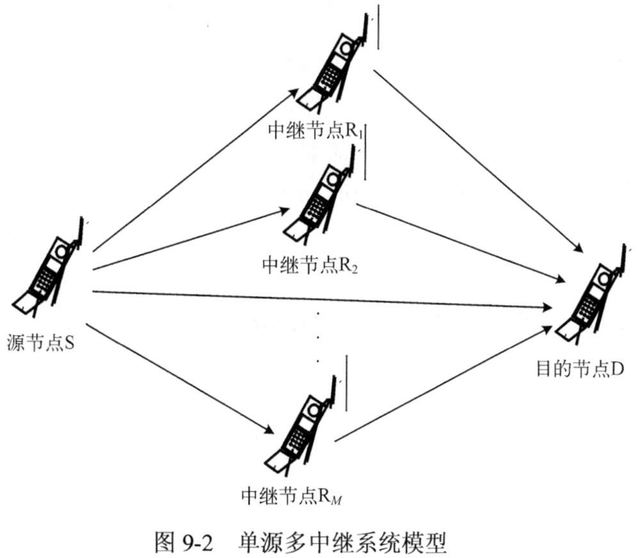


图 9-2　单源多中继系统模型

相比于图 9-1，图 9-2 中的模型将系统中的一个中继节点变为同时存在多个中继，而其他类型节点的个数不变，因此该类模型一般存在一条直传链路和多条协作链路。多个中继将接收的源广播信号依据相应的中继协议处理后再将信息进行转发，到达目的节点的信号通过一定的方式完成信号间的合并。该模型中系统可靠性和稳定性等性能，与图 9-1 中简单的三点系统模型相比有了较大的提高，但系统中完成信号传输的复杂程度会随着中继个数增多而迅速提高。

### 9.1.3　多源多中继系统模型

多源多中继系统模型如图 9-3 所示。

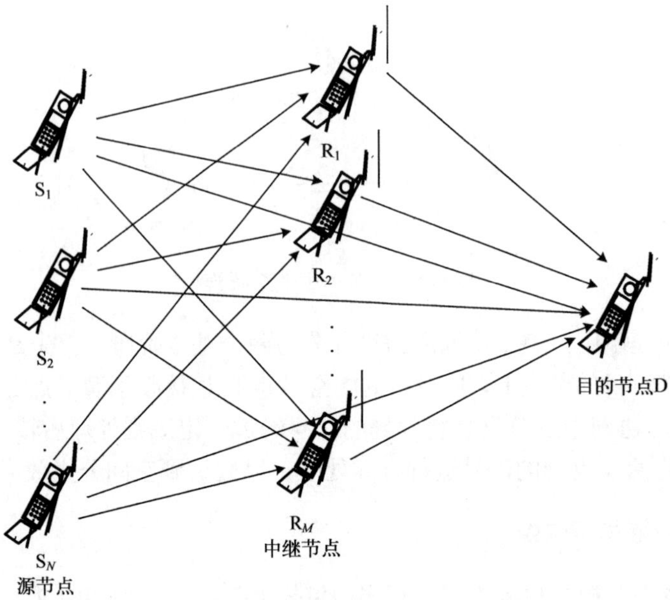


图 9-3　多源多中继系统模型

相比于图 9-2 所示模型，图 9-3 中的模型与实际存在的协作网络较为接近，系统源节点的个数增多。多个中继为多个源节点发出的信号进行协作传输，能够有效利用空闲中继，提高系统传输速率。协作过程中需要考虑中继节点转发优先级以及如何在提高系统性能时避免流冲突的产生等多个方面的问题，因此对整个系统的复杂处理能力提出了新的更高的要求。

## 9.2　无线协同通信的关键问题

在多中继协同系统模型中，往往存在多个潜在的中继节点，那么首先需要解决的问题是如何选择合适的中继节点来执行协同传输？即中继选择策略问题。当中继节点接收到源节点发射的信号后，以何种方式向目的节点转发信号？即协同通信策略或方式问题。由于协同通信中各节点存在资源限制，尤其是像在无线传感器等低功耗要求网络中，如何在各节点中合理分配资源以完成数据转发？即协同资源分配问题。通常将信道容量、传输可靠性能、节点生存周期、系统开销以及实现复杂度等作为评价指标，设计协同通信系统的功率、时间、频率等多维资源。

除了上述三个基本问题之外，无线协同通信还需要重点考虑以下关键技术问题。

### 1. 系统复杂度问题

在协同通信系统中，用户设备必须有能力检测其他用户发送的信号，这会增加用户设备中接收机的复杂度。尽管用户协同可以提高系统的数据速率、扩大覆盖范围等，但会增加额外的系统复杂度。当然，在某些特定的方案中，需要在性能增益和复杂度之间取得折中，与增加的复杂度相比，当用户协同给系统带来的增益较大时，采用协同还是值得的。事实上，协同分集的一个最大优点是减小数据速率对无线信道变化的衰落影响。为了保证一些实时业务，如话音和视频，对最小数据速率有一定的要求，通过协同分集能够降低中断概率，进而获得更好的服务质量。

2. 容量问题

协同通信系统相比传统的点对点通信系统，引入了协同中继节点，能够有效提高系统通信容量。然而，协同通信系统的精确系统容量目前还没有结论，如何从信息论角度出发，推导出协同通信系统的精确容量限是协同通信系统存在的一个问题。

3. 同步问题

在无线协同通信系统中，协同中继节点分布在不同地理位置上，并且各个节点自身携带的晶振存在偏差，将导致各个中继节点到达目的节点的信号存在频率和时间偏差，从而目的节点可能无法获得分集合并增益。因此，为了实现分布式多个节点信号在目的节点的有效合并，解决各个节点间的时间和频率同步问题是无线协同通信系统的一个基本要求。

4. 安全问题

在协同通信系统中，为了保证协同节点之间数据信息的安全性，通常用户数据在传输之前要进行加密处理，使得协同节点能够检测并接收信号，但却无法解出该用户发送的数据。这种加密处理尽管在一定程度上保证了数据的安全性，但是将会增加用户接收机的复杂度。并且，没有任何一种加密算法能完全保证传输信息的安全，未来的无线协同通信系统将额外采用一些增强的加密方案，如物理层安全传输技术等。

## 9.3 协同通信的方式

在协同通信中，按照中继节点对接收信号不同的处理策略，中继协议可分为两大类，即固定中继协议和自适应中继协议。

### 9.3.1 固定中继协议

在固定中继转发方案中，信道资源是以固定的或确定的方式在源节点和中继节点之间进行分配的。固定中继协同通信策略主要包括放大转发(Amplify-and-Forward，AF)、解码转发(Decode-and-Forward，DF)和编码协作(Code Cooperation，CC)三种基本协议。

1. 放大转发方式

放大转发是三种传输处理协议中最简单的一种信号处理协议，放大转发方式如图 9-4 所示。

在信号传输的第二阶段中，中继对源节点发送来的信号采取直接放大方式，并转发该信号到目的节点。这种协议方式是对信号直接做模拟信号处理，是一种非再生中继方

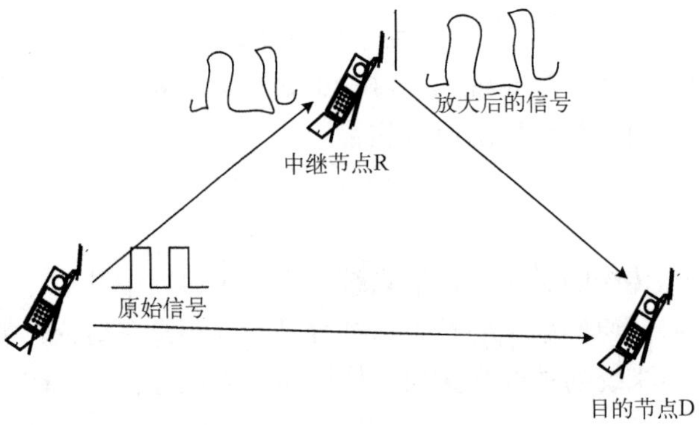


图 9-4　AF 协议模型

式。由于在中继处是对附带噪声信号的有用信号进行放大，在放大有用信号的同时会不可避免地同时放大噪声信号，这样在低信噪比场景下，采用放大转发处理的信号在目的节点获得的输出信噪比远不如在高信噪比场景下获得的输出信噪比。但是 AF 方案实现复杂度低，中继节点不需要知道源节点具体的编码和调制方案。另外，当源-中继链路不足以保证中继可靠解码时，AF 方案也可获得相对较好的系统性能。

2. 解码转发方式

解码转发是一种再生中继的传输方式，解码转发方式如图 9-5 所示。

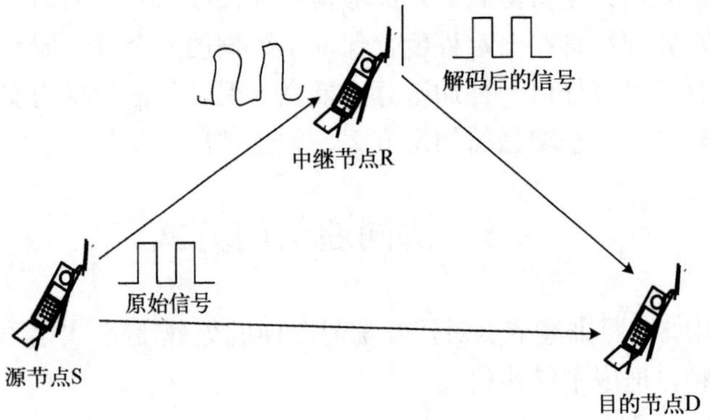


图 9-5　DF 协议模型

在信号传输的第二阶段中，中继节点对源节点发送来的信号进行解调和解码，然后将解码后的信号再编码，生成与源节点相同的信息，从而消除源到中继链路的噪声影响，这种协议处理方式是对信号做数字信号处理。

与 AF 相比，采用 DF 协议时，中继节点通过对接收信号进行译码再编码过程，将经由 S-R 链路后信号中存在的噪声影响进行了去除，从而有效地避免了 AF 中对噪声信号的放大。但是若源节点广播的信号通过 S-R 链路之后噪声与干扰等过大时，中继节点对该信号的译码难度增加，其可靠性会下降，发生误判的概率会增加，易造成目的节点收到错误的中继转发信号而使系统性能下降，即差错传播现象。

3. 编码协作方式

编码协作传输协议在协同传输的两个阶段利用源节点对数据进行信道编码，通过用户间的协同实现不同用户在不同阶段分别发送编码码字的不同部分，编码协作方式如图 9-6 所示。

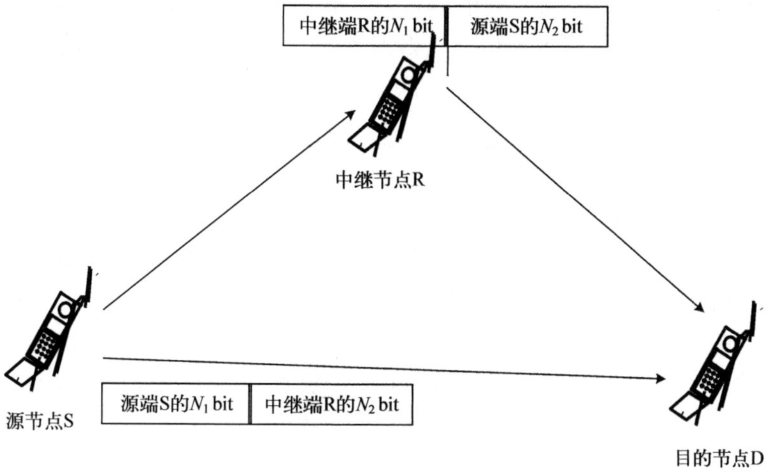


图 9-6　CC 协议模型

具体来说，源节点和中继节点将本身各自的编码码字，通过打孔处理分为 $N_1$ 和 $N_2$ 两部分，在信号传输的第一时隙，源节点 S 和中继节点 R 分别向目的节点 D 发送本身符号信息的 $N_1$ bit。由于无线信道具有广播特性，同样源节点 S 和中继节点 R 可以得到对方的发送信息；在信号传输的第二时隙中，源节点和中继节点分别对各自接收到对方的信息进行 CRC 校验。若两节点同时能够校验正确，源节点 S 和中继节点 R 将在第二时隙内传送对方 $N_2$ bit 的符号信息到达目的节点 D。编码协作方式既可以采用现有的线性分组码和卷积码来实现，也可以利用乘积码等其他编码方式。由于编码码字内部不同部分之间的相关特性，如果目的节点是通过相互独立的信道接收到码字的不同部分，在获得分集增益的同时还可以获得编码增益，从而实现较高的带宽效率。可见，编码协作传输是信道编码和空间分集技术相结合的一项新技术，但相比前两种方式，编码协作的处理过程更为复杂。

### 9.3.2　自适应中继协议

自适应中继协议基本类型可分为两种方式，即选择中继协议和增量中继协议，在此基础上又提出了各种协议相互混合的自适应协议类型。

选择中继协议是指当中继节点在侦听并接收源节点广播的信号之后，需要根据 S-R 链路信道状态信息来判定该中继是否对信号进行相应处理并转发。例如，在选择性 DF 中继策略中，当满足中继节点的瞬时接收信噪比大于预设的阈值条件时，该中继才会被选作协作中继进行信息传输；否则，如果 S-R 链路上存在较强衰落，导致中继节点的瞬时接收信噪比小于设定阈值，该中继不参与源节点到目的节点之间的信息传输。

对于增量中继策略，系统需要在中继与目的节点之间设置反馈信道，目的是进行节点之间应答消息的传输，若目的节点能够成功译码恢复出源节点发出的广播信息，则通过反馈信道向中继发出一个确认信号，表明中继不需要再重传这一阶段源节点发出的广播信息，避免了中继节点对相同信息的重复发送，能有效节省中继开销。该协议被认为是目前已有中继协议中较为高效的协议，中继无须在整个过程中一直处于转发模式，只需要在目的节点获取源节点的信息失败时参与协作，即中继传输的第二阶段是随机变化的。

1. SAF、SDF 单中继选择策略

单中继选择 AF(Single Relay Amplify-and-Forward, SAF)和单中继选择 DF(Single Relay Decode-and-Forward, SDF)策略即在系统潜在的多个中继节点中选取一个最优的中继节点参与系统的协同通信。该系统进行协同传输的过程与前述的 AF、DF 基本模式相同，也被分为两个阶段，即第一阶段的广播和第二阶段的协作。SAF/SDF 单中继选择策略通过在 $N$ 个中继中选择一个最佳中继节点，能够获得 $N$ 阶分集增益，有效避免了链路较差的中继进行协作，也能够减少系统功率消耗和资源的浪费。

2. 自适应译码转发(ADF)协议

在前述的 DF 基本模型中，如果中继对数据产生错误判决，会导致错误前向传播，反而会造成目的节点的性能恶化。为了避免中继采用 DF 译码失败仍参与协作而造成系统性能下降的问题，自适应译码转发(ADF)协议被提出。在 ADF 协议过程中，中继并不是一直参与协作，而是中继节点根据循环冗余校验(CRC)来判定是否译码成功。如果能够成功译码，则该中继参与协作传输；否则，说明其不能将源节点广播信息无误地传输至目的节点，则放弃该节点进行协作。即只有当中继节点检测来自源节点的信号质量满足某一个预定的性能指标时(如译码正确，或者中继节点处的接收信噪比大于某一预定的门限值等)，才参与协作传输，否则保持沉默。

第一种方法是信号在源节点发射之前先进行循环冗余校验(CRC)码处理。这样，中继节点接收到源节点的信息后先进行译码处理，之后通过 CRC 来判别接收到的信息比特中是否存在错误。如果检测出错误，则不进行信息转发；反之则转发信号。可见，CRC 的引入在一定程度上牺牲了部分信息传输速率。

第二种方法不需要对源节点发送信号进行 CRC 操作，只需在每个中继节点处设定一个门限值。在对中继节点的接收信号进行译码处理之前，先比较它的等效信噪比与门限值的大小。如果大于门限值，中继节点将进行译码处理，并进行信息转发；反之不对信号进行处理。基于门限的方法虽然简便，但是门限值的选择至关重要。如果太小，中继节点译出的信息很可能存在错误；如果太大，每个中继节点可能都不会进行信息转发，这样协作将失去意义。另外，即便是等效信噪比大于门限值，也并不能保证中继节点译码信息完全正确。

3. 混合译码放大转发中继策略

混合译码放大转发(Hybrid Decode-Amplify-and-Forward，HDAF)协议是基于 ADF 协议，将其与 AF 协议混合，能够充分发挥 ADF 和 AF 策略优势、避免单独使用某种策略所带来的不足。其协议的基本过程是，当中继节点获取的信号能够达到正确译码要求时，采用 ADF 策略；否则，采用 AF 中继策略。HDAF 策略将 AF 协议与 ADF 协议的优点有效结合，降低了中继节点采用 ADF 转发出现译码错误情况给系统带来的性能损失。当中继链路质量较好时，采用 ADF 策略；当中继链路质量较差时，采用 AF 协议。两种策略的结合能够有效降低系统的错误概率。已有结论证明该策略在选择合适的中继节点位置上，相比于使用单独的 AF 或仅考虑 ADF 的转发策略，极大地提高了系统译码性能。

实际应用中，固定中继虽然在频谱效率和可靠性方面较差，但是其实现简单，便于实施；自适应中继协议则对系统的要求较高，实现较为复杂，但同时也提高了系统的分集增益和资源利用率。可见，在选择不同的中继传输策略时，往往是性能与复杂度的折中，需要综合考虑系统的实际情况进行选择，即在提高性能的同时是以牺牲复杂度为代价的；反之，追求复杂度的降低则往往达不到最优的性能。

## 9.4　协同分集与合并技术

### 9.4.1　分集技术

目前通信网络中应用较广的分集技术主要包括时间分集、频率分集和空间分集。

1. 时间分集

时间分集通常是把源节点发出的同一信号在不同时隙进行传输，充分利用了信号在一定时间间隔中出现的衰落是互不干扰、相互独立的特征。但该时间间隔需要满足一定的要求，一般情况下要满足大于无线信道的相干时间，即

$$\Delta t \geqslant \frac{1}{2f_m} = \frac{1}{2(v/\lambda)} \tag{9-1}$$

式中，$\Delta t$ 表示信道的相干时间；$f_m$ 表示最大多普勒频移；$v$ 表示终端的移动速度；$\lambda$ 表示载波波长。由式(9-1)可以看出，当 $v=0$ (表示终端处于静止状态)时，$\Delta t \to \infty$，表明对于固定位置的终端不能够获取到时间分集增益。

时间分集主要利用多个时隙进行信息传输，相比同样效果的 MIMO 系统，减少了对于多天线的需求，但却牺牲了时间资源，适用于传输速率要求不是很高的系统。

2. 频率分集

频率分集与时间分集实现原理基本类似，是利用不同频段上传输的同一信号间衰落互相独立的特点，在目的节点进行信号合并从而达到多径传输获取增益的效果。两个频

段之间的频率间隔取值 $\Delta f$ 一般要使式(9-2)成立：

$$\Delta f \geqslant B = \frac{1}{\Delta \tau_m} \tag{9-2}$$

式中，$B$ 表示信道的相关带宽；$\Delta\tau_m$ 表示最大时延扩展。当系统采用频率分集进行传输时，要满足不同信号间的衰落不相关的特性，就必须将信号间采用的带宽间隔进行相应的扩大，因此占用较多频带资源，导致其频谱利用率降低。

3. 空间分集

空间分集，就是通过在发送端和(或)接收端安装多根天线来实现空间上的分集技术，因此也称为天线分集。在无线通信环境中，信号的不相关特性是空间分集能够实现抗信道衰落的主要原因。基本思路是，当两个天线的距离超过发送信号工作波长的 1/2 时，可以认为用这两根天线发送或接收的信号经过的空间传输信道是不相关的。换句话说，如果从一根天线上得到的信号衰落非常严重时，从另一根天线上得到的信号不一定在同一时刻衰落也严重，于是通过一定的合并技术将这两路信号合并后，便可得到一个信噪比较好的总的信号。

4. 三种分集技术的比较

时间分集技术以额外的时间为代价来增加系统的分集增益，一定程度上降低了系统的传输速率；频率分集技术以额外的频率为代价来增加系统的分集增益，一定程度上降低了系统的频谱利用率。与之相比，空间分集技术不仅没有上述的缺陷，并且能获得较大的分集增益。与单天线技术相比，多天线系统通过利用空间分集，能够有效提高系统传输性能。

然而，多天线系统为了获取空间分集需要安装多根天线，这无疑增加了系统的成本，并且由于空间分集要求天线间保持一定的距离，这就限制了该技术的使用范围。

协同分集技术通过网络中多个用户相互独立的天线进行共享，从而组合成虚拟 MIMO 系统，实现了源节点到目的节点的多条路径传输，使目的节点能够获取相应的空间分集增益。其实质上应用的是 MIMO 原理，成功地解决了 MIMO 需要安装多天线的难题。协同分集技术最早是在中继信道模型上提出的，源节点利用中继传输，产生与直传信道不相干的链路，因而可以产生独立于源节点到目的节点的传输路径。

### 9.4.2 合并技术

分集技术的关键除了将独立互不相关的相同信号各自传输外，另外很重要的一点是如何把这些独立信道传送的信号有效合并成一个性能较好的信号。无线通信系统通常利用分集技术在接收机处可得到 $M$ 个衰落特性相互独立的信号，再用合并技术以某种方式在接收机把接收到的 $M$ 个独立衰落信号按照某一准则相加后合并输出，从而获得分集增益。常见的合并方式有如下四种：选择性合并(Selection Combining，SC)、门限合并(Threshold Combining，TC)、最大比合并(Maximal Ratio Combining，MRC)和等增益合并(Equal Gain Combining，EGC)。

假设接收节点接收到的来自 $M$ 路的信号，分别为 $r_1$，$r_2,\cdots,r_M$，其权重分别为 $a_1$，$a_2,\cdots,a_M$，那么它们合并后的信号表示为

$$r=\sum_{k=1}^{M}\alpha_k r_k,\quad k=1,2,\cdots,M \tag{9-3}$$

1. 选择性合并

选择性合并又称为开关相加，通过合并器从输入的 $M$ 路信号中选择出信噪比最大的一路信号作为最终的输出信号，即只存在一路信号的权重不为零，除此之外的支路信号权重都设为零。在实际的运用中，直接估计得到每条支路的瞬时信噪比较为复杂，一般都会选择接收平均功率最大的一路信号来代替信噪比最大的信号作为输出信号。而事实也证明，在各个支路噪声平均功率相同的情况下，选择平均功率最大的信号也就是选择了信噪比最大的信号。

2. 门限合并

门限合并又称为切换合并，$M$ 路输入信号通过合并器后依次进行扫描，当任何一路信号的信噪比比预设的门限值高时，停止扫描，则此路信号被选中作为输出信号。这条支路的信号被选定以后，就会一直把它作为输出，当支路信噪比低于预设门限值时，将切换成另一支路信号。如果出现此种状况，合并器会重新利用顺序扫描的办法选定新的输出支路。对于选择性合并来讲，合并器需要选择信号信噪比最高的支路，这使得系统需要在每个支路的接收机检测其信噪比，系统复杂度较大。而与此不同的是，门限合并避免了选择性合并的缺点，仅使用了一个接收机对所有支路进行检测，从这方面来看，门限合并一定程度上降低了系统的成本。但门限合并也存在自身的不足，在其选择方式中采用顺序扫描，选择的是第一个扫描得到的大于预设门限值的支路，并不是选择信噪比最高的信号支路，因此在性能方面会相对差于选择性合并。

3. 最大比合并

最大比合并(MRC)方案是为了全部利用多根接收天线提供的空间分集，期望选择可最大化接收信噪比(SNR)的权重因子。其工作原理是在接收端的多个不相关分集支路，通过适当的相位调整和幅度补偿，实现在目的节点的同相相加，再送入检测器进行相干检测。各条支路的加权系数与该支路的信噪比成正比，信噪比越大，加权系数越大，对最终合并信号的贡献值也越大。此方案在接收端只对信号做线性处理，通过最大似然检测即可还原出源节点的原始信息。在最大比合并方式中，输出信号的信噪比为各个支路输入信号的信噪比之和，与门限合并、选择性合并相比，最大比合并是一种性能最优的合并方式。

4. 等增益合并

等增益合并又称作相位均衡，只对多条支路信道的相位偏移进行校正而幅度不做校正，即 $M$ 根天线接收到的每个信号乘以一个复权重因子，以补偿信道的相位转动。

从信噪比最大化的方面来看，最大比合并方式是性能最好的实现办法，但由于它需要获取每一条输入支路信号的相位信息和幅度信息，无疑增加了实现操作的复杂度。等增益合并方式和最大比合并方式的主要不同方面是，前者不需要知道各个支路信噪比的情况，每条支路上都乘上相同幅度的系数，实现更为简单。当 $M$ 较大时，其性能与最大比合并比较相近，且如果各路输入信号的信噪比相等时，等增益合并性能等同于最大比合并。

## 9.5 协同中继选择技术

协同通信网络中，存在多个潜在中继节点，如果这些中继都参与协作传输，可能不会给系统性能带来提高，还将造成有限资源的浪费。通过中继节点的合理选取才能对系统的误码率、中断性能以及信道容量等性能产生提升效果。可见，中继选择对协同通信系统性能的好坏有重要影响，一直以来是协同通信研究的主要方向之一。以下对目前常用的协同中继选择策略进行简要描述。

### 9.5.1 中继节点选择的性能指标

有关协同通信的研究都是为了获得比传统两跳或多跳通信系统更好的通信性能。协同通信系统的性能指标主要有信道容量、吞吐量、中断性能、差错概率、能量效率、平均时延、公平性等。在中继选择过程中，一方面考虑每次选择的中继能使系统性能得到提升，另一方面还需要考虑中继选择策略带来的开销、时延以及中继选择的公平性等。

1. 信道容量与吞吐量

信道容量是表征信道传输能力的一个直观参量，反映了信道所能传输的最大信息速率。中继选择实际上就是从多个候选节点中选择一个信道条件最好的节点作为协同中继，因此信道容量可作为中继选择优劣的一个直观评价标准。吞吐量是指在没有帧丢失的情况下，无线通信设备能够接收的最大速率，中继选择的优劣也可用吞吐量来进行评价。

2. 中断性能

当信道衰落特性保持不变时，系统可按照理论容量进行数据传输。但是实际信道的衰落效应通常是时变的，当信道可支持的传输速率低于业务要求的最低传输速率时，就会发生中断。中断概率定义为

$$P_{\text{outage}} = P_{\gamma}\{C(\gamma) = \log(1+\gamma) < R\} \tag{9-4}$$

式中，$C(\gamma)$ 表示信道容量；$R$ 表示传输速率。正是由于各中继节点所历经的无线信道衰落情况不同，通过合适的中继选择可以达到降低系统的中断概率的目的。因此，中继选择的优劣也可通过中断概率反映出来。

3. 差错概率

差错概率包括误符号率（Symbol Erroor Probability，SEP）、误比特率（Bit Error Ratio,

BER)、误帧率(Frame Error Ratio，FER)等，是分析通信系统性能的一组重要指标。协同通信系统因为可以获得空间分集增益，在相同传输功率和信道状态下，协同通信系统可以比传统的两跳通信系统获得更低的差错概率。在多中继网络中，由于各个中继节点位于不同位置，所经历的信道状态也不一样，不同中继节点所对应的差错概率也将不同，因而差错概率也可成为中继选择性能的衡量指标。

4. 能量效率

能量效率(Energy Efficiency，EE)简称能效，协同通信系统中的能效定义为有效信息传输速率 $R$(bit/s)与信号发射功率(W)的比值，即 bit/J。能量效率可作为中继选择中考虑的另一个重要因素，即在考虑中继选择时，将能量效率作为一个衡量指标。最佳中继为在相同通信速率和误码性能下节省能量最多的。

5. 平均时延

在多中继网络中，由于各个中继节点位于不同位置，所经历的信道状态也不一样，各个中继节点到目的节点的平均时延也不同。因而，对于一些时敏性通信业务，还可以将平均时延作为中继选择的一个衡量指标。

6. 公平性

由前面可见，协同中继技术通过利用中继节点进行转发，能够获得性能提升。然而，网络中的这些潜在中继节点可能也是其他需要进行业务传输的移动终端，由于各个终端的能量有限，这些节点没有义务频繁地为其他用户提供中继服务，即不同终端节点间的业务传输的公平性问题。在协同通信系统中，考虑不同终端节点间的公平性也是一个重要因素。

### 9.5.2 中继选择策略

1. 基于门限的选择性中继策略

选择性中继策略最早由 Laneman 等人提出，其主要思路是当源节点到某个中继节点(S-R)信道噪声干扰过大造成通信质量较差时，该中继此时不参与系统协作，保持沉默；若当源节点到某个中继节点 S-R 链路信道上噪声和干扰都比较小时，此时该中继的接收信号中有用信号较多，则该节点被选中作为最优中继进行信号传输。即中继节点是否进行协作与 S-R 信道质量密切相关。

但是前述策略并没有考虑 R-D 链路状态，当 S-R 信道质量比较好，但是 R-D 链路历经了较大的衰落程度等情况导致链路性能较差时，采用中继传输的整个系统信道增益并不能得到有效的改善。不同于仅考虑 S-R 链路状态的中继选择方式，需要综合考虑 S-R 链路和 R-D 链路状态，提出基于门限的单中继译码转发系统中的中继选择策略。

该策略的基本思路是对于全部参与的协作模式，不管中继链路和 S-D 链路质量的好坏都保持协作，虽能获得较好分集效果，但整个协作系统频谱效率仅为 1/2。若 S-D 直传链路性能非常好，中继就无须参与协作。故为了折中分集效果和频谱效率，定义最佳中继协作能力的度量 $\beta_{rb}$，目的节点计算 $\beta_{rb}$ 与源节点-目的节点瞬时信道增益 $\beta_{sd}$ 的比值，并将该比值与协作门限 $\alpha$ 进行比较，再决定是否需要中继协作。

设源节点和中继节点的发送功率分别为 $P_S$ 和 $P_{Ri}$ ($i$=1, 2,…,$N$)，信息传输速率为 $v$，源节点的发送信噪比为 $\mathrm{SNR} = P_S / N_S$。中继在第一时隙收到源节点信息后，若要正确解码，需 $\mathrm{S} - R_i$ 链路的瞬时信噪比 $\gamma_{Sr_i}$ 不小于信噪比门限 $\gamma_{\mathrm{th}}$。因此，候选中继集合可表示为

$$\Omega_k = \{R_i : \gamma_{Sr_i} \geqslant \gamma_{\mathrm{th}}\} \tag{9-5}$$

式中，$\gamma_{Sr_i} = P_S |h_{sr_i}|^2 / N_0 = \mathrm{SNR} |h_{sr_i}|^2$，表示中继 $R_i$ 接收源节点的瞬时信噪比，其服从参数为 $\overline{\gamma_{Sr_i}} = 1/(\mathrm{SNR} \cdot \delta_{Sr_i}^2)$ 的指数分布，$\gamma_{\mathrm{th}} = 2^{2R} - 1$。

若所有中继均无法正确译码，即候选中继集合 $\Omega_k$ 为空集，则采用源节点重传模式。源节点重传事件可定义为

$$\varnothing^{\mathrm{DRT}} = \{\Omega_k = \varnothing\} \tag{9-6}$$

此时，系统传输的互信息量为

$$I_{\mathrm{DRT}} = 1/2 \cdot \log(1 + \gamma_{sd}) \tag{9-7}$$

式中，$\gamma_{sd} = \mathrm{SNR} |h_{sd}|^2$，表示目的节点接收源节点信号的瞬时信噪比，其服从参数为 $\overline{\gamma_{sd}} = 1/(\mathrm{SNR} \cdot \delta_{sd}^2)$ 的指数分布。

若候选集合 $\Omega_k$ 非空，则在第二时隙，正确解码中继 $R_i \in \Omega_k$ 向目的节点发送训练序列。在所有能正确解码的中继节点中，选择 $R_i - D$ 链路的瞬时信噪比最大的一个作为最优中继，即可表示为

$$R_b = \arg\max_{R_i \in \Omega_k} \{\gamma_{r_i d}\} \tag{9-8}$$

式中，$\gamma_{r_i d} = P_{R_i} |h_{r_i d}|^2 / N_0$ 表示目的节点接收中继转发信号的瞬时信噪比，其服从参数为 $\overline{\gamma_{r_i d}} = 1/(P_{R_i} \cdot \delta_{r_i d}^2 / N_0)$ 的指数分布。

由式(9-8)可知，$\gamma_{r_i d}$ 的大小主要与 $P_{R_i}$ 和 $|h_{r_i d}|^2$ 有关。在等功率分配条件下，即 $P_S = P_{R_i}$ 时，可以化简为根据瞬时信道增益 $|h_{r_i d}|^2$ 进行中继节点的选择，即有

$$R_b = \arg\max_{R_i \in \Omega_k} \{h_{r_i d}\} \tag{9-9}$$

此时，目的节点计算 $R_b$ 协作能力度量 $\beta_{rb} = |h_{r_b d}|^2$，通过在第一时隙估计得到源节点的信道系数 $h_{sd}$，可得源-目的节点之间的瞬时信道增益 $\beta_{sd} = |h_{sd}|^2$，且 $|h_{r_b d}|^2$ 和 $|h_{sd}|^2$ 分别服从参数为 $1/\delta_{r_b d}^2$ 和 $1/\delta_{sd}^2$ 的指数分布。最后，目的节点计算比值 $\beta_{rb} / \beta_{sd}$，并将其与协作门限 $\alpha$ 相比较。若 $\beta_{rb} / \beta_{sd} < \alpha$，说明最佳中继传输信道不理想，若采用中继协作传输将降低系统性能。因此，仅直接传输，无须中继协作传输。故直接传输事件可定义为

$$\varnothing^{\mathrm{DT}} = \{\beta_{rb} / \beta_{sd} < \alpha\} \tag{9-10}$$

直传模式下，系统互信息量为

$$I_{\mathrm{DT}} = 1/2 \cdot \log(1 + \gamma_{sd}) \tag{9-11}$$

若 $\beta_{rb} / \beta_{sd} > \alpha$，则说明最佳中继的信道特性更为理想。此时，目的节点可发出一个

控制指令来通知该最佳中继协作传输。故协作传输事件可定义为

$$\varnothing^{C}=\left\{\beta_{rb}/\beta_{sd}\geqslant\alpha\right\} \tag{9-12}$$

可得中继协作传输的系统互信息量为

$$I_{\mathrm{DF}}=1/2\cdot\log(1+\gamma_{sd}+\gamma_{r_bd}) \tag{9-13}$$

式中，$\gamma_{r_bd}=P_{\mathrm{S}}|h_{r_bd}|^2/N_0=\mathrm{SNR}|h_{r_bd}|^2$ 服从参数为 $\overline{\gamma_{r_bd}}=1/(\mathrm{SNR}\cdot\delta_{r_bd}{}^2)$ 的指数分布，表示最佳中继到目的节点的瞬时信噪比。

综上所述，基于门限决策的 SDF 中继选择策略流程如下。

(1) 源节点 S 广播信息，目的节点和 $N$ 个中继分别估计 $h_{sd}$ 和 $h_{sr_i}$，从而获得 $\beta_{sd}$ 和 $\gamma_{sr_i}$。

(2) 中继处设置信噪比门限 $\gamma_{\mathrm{th}}$，分别与其瞬时信噪比 $\gamma_{sr_i}$ 相比较，若 $\gamma_{sr_i}\geqslant\gamma_{\mathrm{th}}$，将 $R_i$ 放入中继候选集合。

(3) 若 $\Omega_k=\varnothing$，则采用源节点重传。

(4) 若 $\Omega_k\neq\varnothing$，取 $R_b=\arg\max\limits_{R_i\in\Omega_k}\{h_{r_id}\}$，得到 $\beta_{rb}$。

(5) 计算 $\beta_{rb}/\beta_{sd}$，若 $\beta_{rb}/\beta_{sd}\geqslant\alpha$，则采用最佳中继 $R_b$ 实现协作传输；否则，中继不参与协作。

策略分析：

(1) 随着中继数目 $N$ 的增加，中继选择系统的中断概率将明显降低。原因是中继数目越多，中继正确解码源节点信号的可能性越大，且选出的最佳中继信道情况 $|h_{r_bd}|^2$ 也越好，故中断概率会随着中继数目 $N$ 增加而降低。同时，随着发送信噪比(SNR)不断升高，目的节点接收信号的瞬时信噪比 $\gamma_{sd}+\gamma_{r_bd}$ 越高，则协作传输的中断概率相应越低，因此中断概率也会随着信噪比的升高而不断降低。

(2) 协作门限较低时，系统中断概率接近于无门限 SDF 中继选择策略。但较高的协作门限，会使中断概率有所升高。

(3) 协作门限较低时，系统频谱效率与无门限 SDF 中继选择策略接近，随着协作门限的提高，系统频谱效率不断提高。

(4) 较高协作门限将使系统的频谱效率明显提高，但随着中继节点数目的增加，系统频谱效率略有下降。中继数目 $N$ 越多，从中选出的最佳中继协作能力度量 $\beta_{rb}$ 越大，协作传输事件 $\varnothing^{C}$ 发生的概率就越大，且协作传输频谱效率仅为 1/2，所以频谱效率有所下降。

(5) 在信噪比较低和中继节点较少时，不同协作门限下系统中断概率十分接近，但频谱效率差别较明显。此时，可适当提高协作门限 $\alpha$，使直传事件 $\varnothing^{\mathrm{DT}}$ 发生的概率提高，则系统频谱效率将有所提高。

### 2. 基于瞬时信道状态的中继选择策略

机会中继(Opportunistic Relaying，OR)是典型的基于瞬时信道状态信息的分布式中继选择策略。它的基本思想是从 $M$ 个候选中继节点中，快速选择一个在源节点与目的节点之间，具有最佳端到端路径的节点作为协同中继，为源节点转发信息。

如图 9-7 所示，机会中继的实现过程如下：源节点首先发送 RTS (Ready-To-Send) 分组，目的节点监听到后，就向源节点回复 CTS (Clear-To-Send) 分组。网络中所有的潜在中继节点都监听 RTS 和 CTS 分组，其中能够正确接收 RTS 和 CTS 分组的节点就为候选中继节点。每个候选中继节点 $R_i$ 根据所接收的 RTS 和 CTS 分组分别估计其与源节点间的信道状态 $h_{s,i}$，以及其与目的节点间的信道状态 $h_{i,d}$，再根据估计的 $h_{s,i}$ 和 $h_{i,d}$，计算相应的信道度量参数 $h_i$。若某条中继链路的信道条件越好，则计算得到的 $h_i$ 越大。$h_i$ 的计算遵循最小法则和调和平均法则。

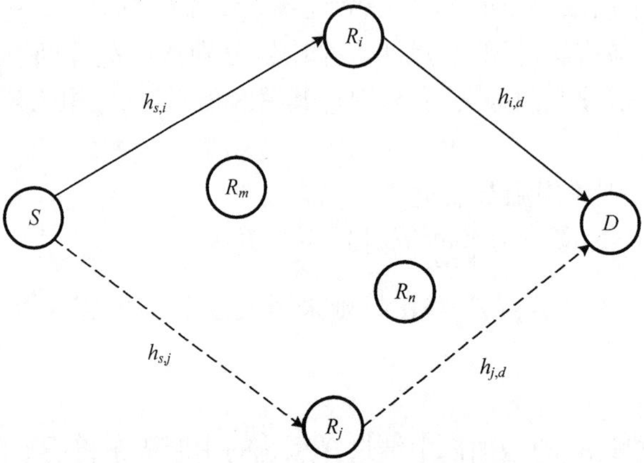


图 9-7　机会中继系统模型

最小法则：

$$h_i = \min\left\{\left|h_{s,i}\right|^2, \left|h_{i,d}\right|^2\right\} \tag{9-14}$$

调和平均法则：

$$h_i = \frac{2\left|h_{s,i}\right|^2\left|h_{i,d}\right|^2}{\left|h_{s,i}\right|^2 + \left|h_{i,d}\right|^2} \tag{9-15}$$

当所有中继节点计算获得链路的 $h_i$ 后，就设置并启动定时器，定时时间为 $h_i$ 的倒数，则具有最佳端到端路径的候选中继节点的定时器会最先超时，该中继节点会向整个网络广播一个标志分组以表明其是最佳中继节点。而其他还没有超时的候选中继节点在接收到标志分组后放弃竞争。若其他候选中继节点没有监听到标志分组，此时最佳中继会把标志分组发送给目的节点，然后由目的节点向其他候选中继节点发布此消息。当最佳中继选出后，就能向目的节点转发信源信息。不论最佳中继与源节点是否同时发送信息，都与中继选择的过程无关。中继节点监听源节点与目的节点之间的瞬时信道状态，并以一种分布式方式在信道状态改变之前决定出最佳中继进行协同传输。因此，不需要每个中继节点处的拓扑信息(特别是每个中继节点处的源节点和目的节点的位置信息)。机会中继可以与放大转发或解码转发结合使用，两种方式在高 SNR 下都能实现全分集增益。

以混合译码放大转发(HDAF)协议为例，进一步说明机会中继策略选择的流程。在该策略中，所有中继均采用 HDAF 协议，并能根据信道状况自适应地选择 AF 或 DF 方式转发信号。因此，该策略能克服 AF 协议的噪声放大和 DF 协议的错误传播问题。当选定中继协议后，目的节点将从 $N$ 个中继中选择一个能使目的端接收信噪比最大的最优中继来参与协作传输。主要分成以下两个步骤。

(1)确定中继节点转发协议。

假定源和中继的发送功率相等，即 $P_S = P_R$，信息传输速率为 $R$ bit/s，源节点的发送信噪比 $\mathrm{SNR} = P_S / N_0 = P_R / N_0$。若中继能正确译码源信号，说明 $S$ 与 $R_i$ 之间的传输没有发生中断，则系统互信息量应满足：

$$I_{sr_i} = 1/2 \cdot \log[(1 + P_S |h_{sr_i}|^2 / N_0)] > R \tag{9-16}$$

令协作方案的选择门限 $T = (2^{2R} - 1)/\mathrm{SNR}$，当 $|h_{sr_i}|^2 > T$ 时，中继能正确解码源信息，采用 DF 协议转发信号可避免噪声放大问题。若 $|h_{sr_i}|^2 < T$，则中继译码失败，采用 AF 协议转发信号可避免错误传播问题。

因此，根据中继能否正确译码可将所有中继分为 DF 协议候选中继集合 $\Omega_{\mathrm{DF}}$ 和 AF 协议候选中继集合 $\Omega_{\mathrm{AF}}$，它们分别可表示为

$$\Omega_{\mathrm{DF}} = R_i : |h_{sr_i}|^2 > T \tag{9-17}$$

$$\Omega_{\mathrm{AF}} = R_i : |h_{sr_i}|^2 < T \tag{9-18}$$

那么在第二时隙，集合 $\Omega_{\mathrm{AF}}$ 中的中继将使用 AF 方案参与协作传输，集合 $\Omega_{\mathrm{DF}}$ 中的则采用 DF 方案协作转发信号。

(2)选择最优中继节点。

根据信息论知识，所选最优中继应能使目的节点具有最高的接收信噪比。因此，可先分别从集合 $\Omega_{\mathrm{DF}}$ 与 $\Omega_{\mathrm{AF}}$ 中选出各自的最优中继 $R_b^{\mathrm{DF}}$ 与 $R_b^{\mathrm{AF}}$，再从两者中选取使目的节点处接收信噪比最高的作为最优中继 $R_b$。

对于集合 $\Omega_{\mathrm{AF}}$，最优中继 $R_b^{\mathrm{AF}}$ 可表示为

$$\begin{aligned} R_b^{\mathrm{AF}} &= \arg\max_{R_i \in \Omega_{\mathrm{AF}}} \left\{ \frac{P_{\mathrm{S}} P_{\mathrm{R}} |h_{sr_i}|^2 |h_{r_i d}|^2}{N_0 (P_{\mathrm{S}} |h_{sr_i}|^2 + P_{\mathrm{R}} |h_{r_i d}|^2 + N_0)} \right\} \\ &= \arg\max_{R_i \in \Omega_{\mathrm{AF}}} \left\{ \frac{\mathrm{SNR} |h_{sr_i}|^2 |h_{r_i d}|^2}{(\mathrm{SNR} |h_{sr_i}|^2 + \mathrm{SNR} |h_{r_i d}|^2 + 1)} \right\} \end{aligned} \tag{9-19}$$

对于集合 $\Omega_{\mathrm{DF}}$，最优中继 $R_b^{\mathrm{DF}}$ 可表示为

$$\begin{aligned} R_b^{\mathrm{DF}} &= \arg\max_{R_i \in \Omega_{\mathrm{DF}}} \left\{ \frac{P_{\mathrm{S}} |h_{sd}|^2}{N_0} + \frac{P_{\mathrm{R}} |h_{r_i d}|^2}{N_0} \right\} \\ &= \arg\max_{R_i \in \Omega_{\mathrm{DF}}} \left\{ |h_{sd}|^2 \mathrm{SNR} + |h_{r_i d}|^2 \mathrm{SNR} \right\} \\ &= \arg\max_{R_i \in \Omega_{\mathrm{DF}}} \left\{ |h_{r_i d}|^2 \mathrm{SNR} \right\} \end{aligned} \tag{9-20}$$

最终，目的节点选出 $R_b^{\mathrm{DF}}$ 和 $R_b^{\mathrm{AF}}$ 之间的最优者为最佳中继 $R_b$，并通知 $R_b$ 采用相应协

作方案转发源信号，此时 $R_b$ 可表示为

$$R_b = \max\{R_b^{\mathrm{DF}}, R_b^{\mathrm{AF}}\} \tag{9-21}$$

因此，HDAF 协议下的最优中继选择策略传输的互信息量为

$$I_{\mathrm{HDAF}} = \begin{cases} I_{\mathrm{DF}}, & |h_{sr_b}|^2 > T \\ I_{\mathrm{AF}}, & |h_{sr_b}|^2 \leqslant T \end{cases} \tag{9-22}$$

综上，HDAF 协议下最优中继选择策略的具体流程描述如图 9-8 所示，具体包括如下操作。

(1) 源节点广播信号 $x_s$，中继 $R_i$ 和目的节点分别估计信道系数 $h_{sd}$ 与 $h_{sr_i}$，从而获得信道增益 $|h_{sd}|^2$ 和 $|h_{sr_i}|^2$。

(2) 中继 $R_i$ 将获得的 $|h_{sr_i}|^2$ 与设定的协作方案选择门限 $T$ 相比较。若 $|h_{sr_i}|^2 > T$，将 $R_i$ 放入 DF 中继候选集合 $\Omega_{\mathrm{DF}}$，反之，则将 $R_i$ 放入 AF 中继候选集合 $\Omega_{\mathrm{AF}}$。

(3) 目的节点根据 $R_i$ 发送的训练序列可获得 $|h_{r_id}|^2$，然后分别选出集合 $\Omega_{\mathrm{DF}}$ 和 $\Omega_{\mathrm{AF}}$ 的最佳中继 $R_b^{\mathrm{DF}}$ 和 $R_b^{\mathrm{AF}}$。最后，选择两者之中的最优者，并通知 $R_b$ 协助源节点传输信号至目的节点。

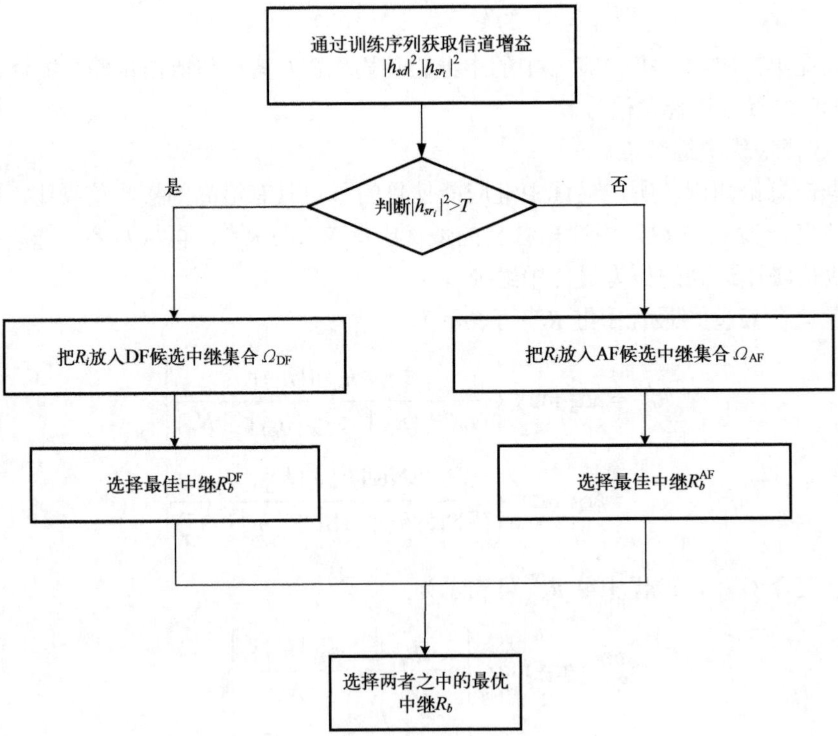


图 9-8　中继选择策略流程

策略分析：

(1) HDAF 协议下最优中继选择策略的误码率显然低于固定 AF 和 DF 协议下的中继选择策略。由于该策略需要分别从 AF 和 DF 候选中继集合中选出各自的最优中继，再

从两者之中选出更优者，故选出的最优中继显然比固定 AF 和 DF 协议下选出的最优中继使得目的节点的接收信噪比更大。所以，该策略传输的系统互信息量更大，中断概率有所降低。

(2) 中继数量 $N$ 的增加将带来误码率的不断下降。原因是中继数量越多，中继正确解码源信号的可能性越大，选出的最优中继采用 DF 协议的机会越大。因此，该策略的系统误码率会随着中继数量 $N$ 的增加而降低。

### 3. 基于系统中断概率的中继选择策略

中断概率通常指当系统传输速率小于正常通信的最低标准速率而发生中断的概率。通常将中断概率看作描述通信容量的另一种表现方式，当系统最低要求的带宽利用率为 $R$ 时，系统信噪比为 $\gamma$ 时，中断概率一般可以描述为

$$P_{\text{outage}} = P_r\{C(r) = \log(1+\gamma) < R\} \tag{9-23}$$

如图 9-9 所示，采用单源多中继协同系统模型，基于放大转发协议设计一种最优的单中继选择策略，该策略以最小化中断概率为目标，选择端到端瞬时信噪比最大的中继节点转发源节点消息。当选定中继 $R_i$ 时，系统的最大平均互信息量 $I_{\text{SAF}}$ 为

$$I_{\text{SAF}} = \frac{1}{2}\log[1 + P|h_{s,d}|^2 + f(P|h_{s,i}|^2, P_i|h_{i,d}|^2)] \tag{9-24}$$

式中，$f(x,y) = \dfrac{xy}{1+x+y}$。

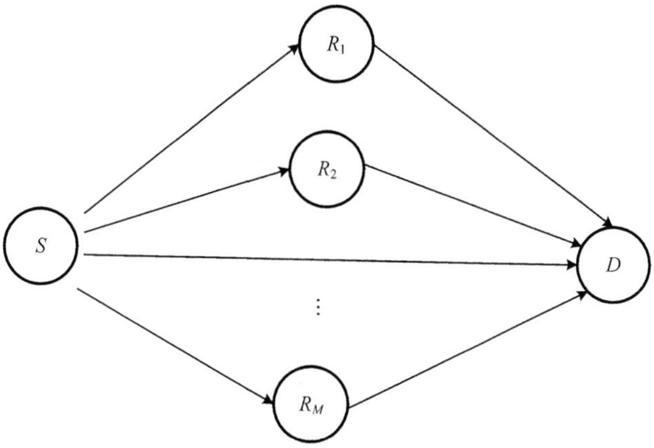


图 9-9　单源多中继协同系统模型图

为了最小化系统中断概率，实质上就是最大化目的节点处的瞬时接收信噪比，因此，中继选择准则为

$$b = \arg\max_i \left( \frac{|h_{s,i}|^2 |h_{i,d}|^2 PP_i}{1 + |h_{s,i}|^2 P + |h_{i,d}|^2 P_i} \right) \tag{9-25}$$

则，此时系统接收信噪比为

$$\gamma = P|h_{s,d}|^2 + \max_i \left( \frac{|h_{s,i}|^2 |h_{i,d}|^2 PP_i}{1+|h_{s,i}|^2 P + |h_{i,d}|^2 P_i} \right) \tag{9-26}$$

此时，系统中断概率为

$$P_{\text{outage}} = P_r\{I < C\} = P_r\{\gamma < 2^{2R-1}\} \tag{9-27}$$

基于中断概率的中继选择一般需要先获取信道衰落情况和系统信噪比，一定的低中断概率降低就能够有效提高信息传输的可靠性。

4. 基于端到端误符号率的中继选择策略

基于系统误符号率的中继选择策略，综合考虑了网络中的信道速率、系统信噪比以及网络结构中物理层调制解调方式和合并方式等多种要素，与实际的通信网络特性更为接近。

首先以单源多中继协同系统模型为例，分析误符号率性能。

在 AF 系统中，假设源节点的发射信号为 $x$，则候选中继节点 $R_i$ 接收后得到的信号为：

$$y_{s,i} = |h_{s,i}|^2 + h_{s,i}^* n_{s,i} \tag{9-28}$$

$R_i$ 对其接收到的信号 $y_{s,i}$ 进行适当放大，放大系数为 $\beta$，再转发给目的节点 $D$，因此目的节点进行相干接收后得到的信号为

$$y_{i,d} = |h_{i,d}|^2 (\beta y_{s,i}) + h_{i,d}^* n_{i,d} = \beta |h_{i,d}|^2 |h_{s,i}|^2 x + \beta |h_{i,d}|^2 h_{s,i}^* n_{s,i} + h_{i,d}^* n_{i,d} \tag{9-29}$$

目的节点 $D$ 收到的来自源节点 $S$ 的信号为

$$y_{s,d} = |h_{s,d}|^2 x + h_{s,d}^* n_{s,d} \tag{9-30}$$

目的节点采用 MRC 方式对式(9-29)和式(9-30)进行合并，容易得到

$$y_d = y_{s,d} + y_{i,d} = \varphi_i + n_i' \tag{9-31}$$

式中

$$\varphi_i = \beta |h_{s,i}|^2 |h_{i,d}|^2 + |h_{s,d}|^2 \tag{9-32}$$

$$n_i' = \beta h_{s,i}^* |h_{i,d}|^2 n_{s,i} + h_{i,d}^* n_{i,d} + h_{s,d}^* n_{s,d} \tag{9-33}$$

由于 $n_{s,i}$、$n_{i,d}$、$n_{s,d}$ 都是零均值、单边功率谱密度 $N_0$ 的复高斯白噪声，所以经过线性组合后得到的 $n_i'$ 仍为高斯过程。同时，容易求得 $n_i'$ 的统计特性如下：

$$m_{n'}(t) = 0 \tag{9-34}$$

$$R_{n'}(\tau) = [\beta^2 |h_{s,i}|^2 |h_{i,d}|^4 + |h_{i,d}|^2 + |h_{s,d}|^2] N_0 \delta(t) \tag{9-35}$$

假定系统采用 PSK 调制，经过候选中继节点 $R_i$ 传输后目的节点的误符号率为

$$\text{SER}_i = 2Q\left(\sqrt{[\phi_i^2 (1-\rho) P] / \sigma_{n'}^2}\right) \tag{9-36}$$

其中，$\sigma_{n'}^2 = R_{n'}(0)$，$\rho$ 为邻近 PSK 信号的互相关系数。在给定发射信号 $x$ 的情况下，互相关系数 $\rho$ 可以看成常数。

在 DF 系统中，假定中继节点能正确解码，那么目的节点接收信号为

$$y_{i,d} = |h_{i,d}|^2 + h_{i,d}^{*} n_{i,d} \tag{9-37}$$

目的节点还接收到来自源节点的信号 $y_{s,d}$，对式(9-30)和式(9-37)进行 MRC 合并得

$$y_d = (|h_{i,d}|^2 + |h_{s,d}|^2)x + h_{i,d}^{*} n_{i,d} + h_{s,d}^{*} n_{s,d} = \varphi_i x + n_i'' \tag{9-38}$$

其中

$$\varphi_i = |h_{i,d}|^2 + |h_{s,d}|^2 \tag{9-39}$$

$$n_i'' = h_{i,d}^{*} n_{i,d} + h_{s,d}^{*} n_{s,d} \tag{9-40}$$

与 AF 系统的分析相同，$n_i''$ 仍为高斯过程，并且均值和自相关函数如下：

$$m_{n''}(t) = 0 \tag{9-41}$$

$$R_{n''}(\tau) = (|h_{i,d}|^4 + |h_{s,d}|^2) N_0 \delta(t) \tag{9-42}$$

由此可以得到目的节点的误符号率为

$$\mathrm{SER}_i = 2Q\left[\sqrt{(|h_{i,d}|^2 + |h_{s,d}|^2)(1-\rho)P / \sigma_{n''}^2}\right] \tag{9-43}$$

由式(9-43)可见，选择不同的中继将会带来不同的误符号率。按照这种思路可以在中继节点集合中查找使误符号率最小的中继作为最佳中继。因此，基于误符号率的中继选择策略可以将信道系数代入式(9-36)和式(9-43)首先计算系统的误符号率，选择其中使误符号率最小的中继为源节点转发信息。基于误符号率的协同中继节点选择策略的优点是将物理层调制方式和终端信号合并方式综合考虑进来，更贴近实际。

### 5. 基于平均信道信息的中继选择策略

在进行中继选择策略设计时，前述方案大多是基于瞬时信道情况，在实际通信系统中获取准确的瞬时信道情况是比较困难的。此时，中继选择可以考虑基于平均(或统计)信道状态信息，如距离、路径损耗、平均信噪比等，这些平均(或统计)信道状态信息通常与节点所处的地理区域直接相关。

在用户协同通信区域内，当目的节点和各中继节点已知各自的节点位置信息时，用户协同区域是一个以目的节点为中心的圆，且其大小正比于源节点与目的节点之间的距离。只有当中继节点处于该用户协同区域时，源节点通过中继进行协同传输才受益；否则，源节点将采用直接传输进行通信。当候选中继节点与源节点之间的距离一定时，最佳中继就是距离目的节点最近的那个中继节点。

基于平均信噪比的中继选择策略的基本思路是，首先求取每个节点测量其与目的节点之间的平均 SNR，当平均 SNR 的测量值大于预置 SNR 门限时，即为候选中继节点。所有的候选中继节点把自己的平均 SNR 信息发送给源节点，源节点从中选择一个具有最大平均 SNR 的中继节点作为最佳中继，并将选择结果广播给目的节点和其他候选中继节点，最佳中继节点就开始协助源节点转发信息。

基于平均(或统计)信道信息的中继选择策略更适用于静态网络或者准静态网络，即网络中各个节点的位置相对固定或者信道状态变化较缓慢的情况。

# 习　题

扩展阅读

**9-1**　试给出主要的协同通信方式，并简单比较。

**9-2**　分析并比较四种协同合并分集技术的性能差别。

**9-3**　给出典型的协同中继选择策略，并简要阐述原理。

**9-4**　试解释译码转发方式的差错传播现象，并提出解决方案。

**9-5**　假定系统最低业务传输速率需求 $R$ 为 10bit/s，信噪比 $\gamma$ 服从如下的瑞利分布，计算此时系统的中断概率。

$$f(\gamma)=\frac{r}{20}e^{-\frac{\gamma^2}{40}}$$

**9-6**　假定某系统的传输速率为 100Kbit/s，发送机的发射功率为 1W，请给出该系统的能量效率。

# 第 10 章　物理层安全传输技术

无线通信自诞生的那一刻起，其安全问题就如同幽灵一般无处不在、无时不在，成为挥之不去的梦魇。与传统有线通信网络相比，无线通信以电磁波作为信息传输的载体，具有在空间中以光速进行自由、开放传播的物理特性。这种特性既是区别于有线通信的一个标志性特点，同时也为攻击者实施恶意攻击提供了天然的条件，是引发无线安全问题的根源所在。

物理层安全(Physical Layer Security，PLS)从网络协议栈的最底层来实现安全通信。而传统基于计算量的加密机制主要集中于应用层，通过复杂加密算法得到的密钥对消息进行加密处理，并假定物理层链路是无差错的。两者有着诸多本质的区别。

(1)基本原理不同。无线物理层安全主要是利用无线信道间的差异性、互易性、随机性和时变等特性来设计保密通信方案。这些信道特性使得合法收发双方的无线信道是收发双方专属的，并且窃听者无法重构和复制，可见物理层安全是一种实现无线通信“内在安全”的解决方案。而传统的加密机制主要是发送端使用加密密钥进行加密处理，合法用户根据相应的解密密钥进行解密操作。由于未知相应的解密密钥，窃听者将无法获取信息。系统的保密性不依赖于加密和解密算法的保密性，而仅仅依赖于密钥的保密性。

(2)实现方法不同。物理层安全主要从安全编码、信号处理、密钥提取等角度来保证合法收发用户间正常通信，同时抑制窃听者的接收。而传统的加密机制主要依赖于一些复杂的加密算法，如经典的 RSA 和 AES 算法。这些加密算法大多数是基于一个难于计算的复杂函数而设计的。

(3)安全效果不同。物理层安全将从物理层确保窃听者接收的信号质量非常差，其安全效果是窃听者的误码率趋近于 0.5、误帧率为 100%或丢包率为 100%等。而传统的加密机制假定窃听者能够正确接收密文信息，并进行相应的解调和译码等信号处理，但是窃听者由于未知相应的解密密钥将无法在应用层解析该密文，其安全效果是在协议栈上层呈现为一堆乱码。也就是说传统加密机制或安全协议的安全效果主要呈现在信息层面，而物理层安全的安全效果主要呈现在信号层面。

(4)安全隐患不同。物理层安全传输性能主要依赖于合法信道和窃听信道之间的差异性、随机性等信道特性。这些信道特性通常呈现为随机变化，在给无线网络带来安全隐患的同时，也将带来安全传输机遇。如何利用这些随机性来确保合法信道的等效信噪比始终高于窃听信道的等效信噪比，成为物理层安全研究的基本问题。而传统的加密机制的安全性主要依赖于高计算量的加密算法强度。随着计算机的运算能力提升，传统的加密算法将变得更加不可靠。此外，现有的密钥分配体制主要是基于计算模型(Computational Model)的，需要可信的第三方参与完成，这一点将给整个网络的安全性带来极大的隐患。

需要提及的是，传统基于计算量的加密机制对发送数据并没有过多的假设，加密算法能够对发送数据进行批处理，并且传统的加密系统、扩频和跳频等技术已广泛应用于无线通信领域。无线物理层安全传输技术主要针对的是物理层的窃听和截获等攻击，并不是要代替传统基于计算量的加密机制，而是对整个无线通信网络的安全体系的补充和增强，特别是对于物理层这一最短板。并且，物理层安全与传统基于计算量的加密机制、扩频和跳频等机制并不冲突，多层安全机制的融合将提供更为完备的无线通信网络安全体系架构，为未来无线通信网络提供更强有力的安全防护能力。

# 10.1　物理层安全的基本概念和模型

### 10.1.1　香农保密通信模型

密码学研究的基本问题就是采用密码方法来隐蔽和保护需要保密的消息，使未授权者不能提取信息。其中，被隐蔽的消息称为明文(Plaintext)。密码可将明文变换成另一种隐蔽的形式，称为密文(Ciphertext)或密报(Cryptogram)。这个变换过程称为加密(Encryption)。其逆过程，即由密文恢复出原明文的过程称为解密(Decryption)。对明文进行加密时所采用的一组规则称为加密算法(Encryption Algorithm)。传送消息的预定对象称作合法接收端(Legitimate Receiver)，其对密文进行解密时所采用的一组规则称为解密算法(Decryption Algorithm)。加密和解密算法通常都是在一组密钥(Key)控制下进行的，分别称为加密密钥和解密密钥。此外，非授权者通过各种方法(如搭线窃听、电磁窃听、声音窃听等)来获取机密信息，称其为窃听者(Eavesdropper)。

通常，安全通信(又称保密通信，Secrecy Communications)包括两层含义：第一，合法收发用户之间能够进行无差错的传输；第二，确保其他用户无法获取该发送信息。香农首次从概率统计观点出发研究了信息的保密问题，如图 10-1 所示的保密系统。保密系统设计的目的就是使得窃听者即使在完全准确地接收到信号的条件下，也无法恢复出原始信息。

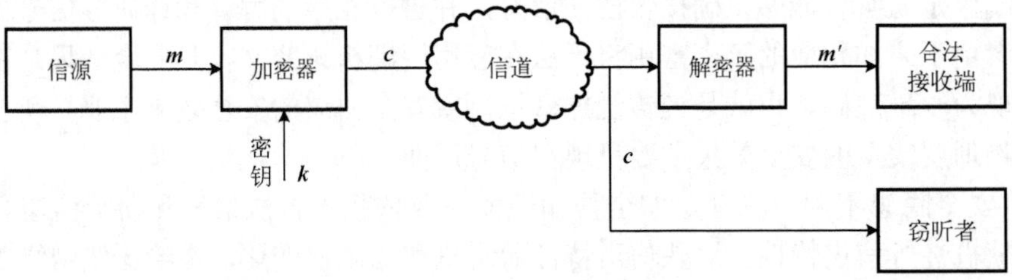


图 10-1　保密系统

信源是产生消息的源头，假设信源字母表为 $M=\{a_i, i=0,1,\cdots,q-1\}$，字母 $a_i$ 出现的概率为 $p_i \geqslant 0$，并且满足

$$\sum_{i=0}^{q-1} p_i = 1 \tag{10-1}$$

信源产生一个长为 $L$ 个符号的消息序列为

$$\boldsymbol{m}=(m_1,m_2,\cdots,m_L),\quad m_i\in M \tag{10-2}$$

将所有的 $L$ 个符号信源输出的集合 $\boldsymbol{m}\in\mathfrak{M}=M^L$，称为消息空间或明文空间 $\mathfrak{M}$。密钥源是产生密钥序列的数据源，通常是离散的，设密钥字母表为 $\mathbb{k}=\{k_t,t=0,1,\cdots,s-1\}$，字母 $k_t$ 出现的概率为 $p(k_t)\geqslant 0$，并且满足

$$\sum_{t=0}^{s-1}k_t=1 \tag{10-3}$$

对于长度为 $r$ 的所有密钥序列 $\boldsymbol{k}=(k_1,k_2,\cdots,k_r)$, $(k_1,k_2,\cdots,k_r)\in\mathbb{k}$ 称为密钥空间 $\mathbb{k}$。一般消息空间和密钥空间是相互独立的，合法接收端已知密钥 $\boldsymbol{k}$ 和密钥空间 $\mathbb{k}$，窃听者并不知道密钥 $\boldsymbol{k}$。

加密变换就是将明文空间中的元素 $\boldsymbol{m}$ 在密钥控制下变换为密文 $\boldsymbol{c}$，即

$$\boldsymbol{c}=(c_1,c_2,\cdots,c_V)=E_{\boldsymbol{k}}(m_1,m_2,\cdots,m_L) \tag{10-4}$$

其中，$V$ 表示密文长度。密文 $\boldsymbol{c}$ 的全体集合称为密文空间 $\boldsymbol{V}$。

香农 1949 年首次阐述了安全通信的基本原理，并从信息论角度证明，完美的或无条件的保密系统具有以下结论：

**定理 10-1**　完美的保密系统存在的必要条件是

$$H(\mathbb{k})\geqslant H(M^L) \tag{10-5}$$

式中，$H(\mathbb{k})$ 表示密钥熵；$H(M^L)$ 表示明文熵；$H(\cdot)$ 表示信息熵计算。

从上述定理可见，当密钥的信息熵大于或等于发送消息的信息熵时，系统能够达到完全保密(Perfect Secrecy)。换而言之，为了实现完美保密，通信双方必须具有大量的随机密钥，如“一次一密”(One-time Pad)，即每次通信双方传递的明文都使用临时随机密钥和对称算法进行加密处理，这样密钥一次一变。

然而，“一次一密”方案在现实中存在随机密钥产生和分配等困难，人们提出了基于计算量的密码体制。其主要分为以下几种：按照密码算法对明文信息的加密方式，分为序列密码体制和分组密码体制；按照加密过程中是否注入了客观随机因素，分为确定型密码体制和概率型密码体制；按照是否能进行可逆的加密变换，又可分为单向函数密码体制和双向函数密码体制。而最常见的是按照密码算法所使用的加密密钥与解密密钥是否相同，能否由加密过程推导出解密过程(或由解密过程推导出加密过程)而将密码体制分为对称密码体制和非对称密码体制。

对称密码体制是一种传统密码体制，也称为私钥密码体制。在对称加密系统中，加密和解密采用相同的密钥，即使两者不同，也能够由其中的一个推导出另外一个。因此，在对称密码体制中，终端具有加密能力就意味着有解密能力。对称密码体制的优点是计算开销小、加密速度快、可以达到很高的保密强度等。常见的对称密钥算法有 DES、RC4、RC5、A5 等。

在对称密码体制中，需要通信双方选择和保存共同的密钥，并且必须信任对方不会将密钥泄露出去，从而实现数据的机密性和完整性。对于具有 $n$ 个用户的无线通信网络，

需要 $n(n-1)/2$ 个密钥。这些密钥分发需要通过安全信道来进行，在用户数较大的情况下，密钥的分发和保存将成为问题。W. Diffie 和 M. Hellman 在 1976 年发表的 *New Direction in Cryptography* 文章中，提出了非对称密码体制的概念，即公开密码体制。在非对称密码体制中，加密和解密使用不同密钥的加密算法，也称为公私钥加密。假设两个用户要加密交换数据，双方交换公钥，使用时一方用对方的公钥加密，另一方即可使用自己的私钥进行解密。因此，对于具有 $n$ 个用户的无线通信网络，只需要 $n$ 对密钥，即 $2n$ 个密钥。并且，公钥是公开发布的，用户只需要保管自己的私钥即可。常见的非对称加密算法有 ECC、DSA、RSA 算法等。

### 10.1.2 Wyner 窃听信道模型

在图 10-1 所示模型中，香农的研究并没有考虑无线环境中噪声或干扰的影响。直到 1975 年，Wyner 首次研究了含噪的窃听信道(Wiretap Channel，又称搭线信道)模型，该模型将主信道和窃听信道都建模为离散无记忆信道(Discrete Memoryless Channel，DMC)。图 10-2 给出了 Wyner 所提的窃听信道模型。发送端 Alice 将消息 $\boldsymbol{S}^K=(s_1,s_2,\cdots,s_K)$ 编码为 $\boldsymbol{X}^N\triangleq(x_1,x_2,\cdots,x_N)$，其中 $N$ 表示码字长度。$\boldsymbol{Y}^N\triangleq(y_1,y_2,\cdots,y_N)$ 表示 $\boldsymbol{X}^N$ 通过一个离散无记忆信道后合法接收端 Bob 的接收信号。Bob 将对信号 $\boldsymbol{Y}^N$ 进行译码处理，其中 $\hat{\boldsymbol{S}}^K=(\hat{s}_1,\hat{s}_2,\cdots,\hat{s}_K)$ 表示译码输出。Alice 和 Bob 间的错误概率定义为

$$P_e=\frac{1}{K}\sum_{k=1}^{K}\Pr\{s_k\neq\hat{s}_k\} \tag{10-6}$$

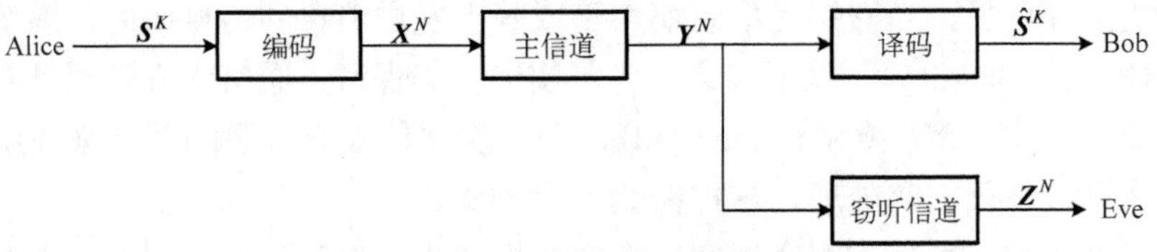


图 10-2　Wyner 所提的窃听信道模型

此外，$\boldsymbol{Z}^N\triangleq(z_1,z_2,\cdots,z_N)$ 表示窃听者 Eve 的接收信号。Wyner 定义窃听者 Eve 的信道疑义度(Equivocation Rate)为

$$\Delta=\frac{1}{K}H(\boldsymbol{S}^K\mid\boldsymbol{Z}^N) \tag{10-7}$$

从而，一个速率对 $(R_s,R_e)$ 是可达的当且仅当对于任意的 $\varepsilon>0$，将存在一种编码-译码方案使得下面的关系式均成立：

$$\begin{cases}\dfrac{H(\boldsymbol{S}^K)}{N}\geqslant R_s-\varepsilon\\ \Delta\geqslant R_e-\varepsilon\\ P_e\leqslant\varepsilon\end{cases} \tag{10-8}$$

Wyner 证明，当窃听信道是主信道的退化信道时，即信道的输入和输出满足马尔可

大链关系 $x \to y \to z$，存在这样一种 wiretap 编码方案使得合法收发用户间能够以任意小的错误概率 $P_e$ 进行传输，同时窃听者的信道疑义度趋近于信源熵，即窃听者获取不到 Alice 发送的任何信息。与传统基于计算量的加密机制不同，Wyner 基于物理层的信道特征来实现信息的安全传输，因此被称为物理层安全。

## 10.2　无密钥的安全传输技术

无线物理层安全(PLS)，来源于但同时又高于无线通信本身的安全理念。它从无线信号传播特点入手，利用无线信道的不可测量、不可复制的内生安全属性，从物理层探索无线通信内生安全机制，可促进安全与通信一体化。当前，有关物理层安全技术研究的两大分支为：无密钥的物理层安全传输技术和基于无线信道的密钥生成技术。

无线信道作为一种天然的随机源，其具有互易性、时变性、空时唯一性等特征，且随着传播环境、终端位置、发送时间等时空环境动态变化，即不同时空位置的无线信道表现出来的特征属性完全不同，同时对于处于不同时空位置的第三方来说具有无法重构、无法复制等特点，可见无线信道特征是一种“内生式”安全属性。

无密钥的物理层安全传输技术的实质是利用发送端到合法接收端和窃听者间无线信道的差异性来设计信号传输和处理机制，使得只有在期望位置上的合法接收端才能正确解调信号，而在其他位置上的信号是置乱加扰、污损残缺、不可恢复的。无密钥的安全传输方案主要集中在多天线系统中对空域资源的综合利用，如波束成形(Beamforming)、人工噪声(Artificial Noise，AN)以及物理层安全编码等技术。

### 10.2.1　基本窃听信道和保密容量

Csiszar 和 Leung-Yan-Cheong 等分别将 Wyner 所提的退化窃听信道模型扩展到离散无记忆的广播信道和高斯信道。Csiszar 首先给出了更为一般的非退化窃听信道的速率-模糊率区域为

$$\Re = \bigcup_{p_u, p_{v|u}, p_{x|v}} \{(R_s, R_e): 0 \leqslant R_e \leqslant I(v;y|u) - I(v;z|u), R_e \leqslant R_s \leqslant I(v;y)\} \tag{10-9}$$

式中，$I(x;y)$ 表示 $x$ 和 $y$ 之间的互信息；$u$ 和 $v$ 是引入的辅助随机变量，满足马尔可夫链关系 $u \to v \to x \to (y,z)$。

进一步，将窃听者的信道疑义度最大化为信息熵，即 $R_e = R_s$，可得保密容量(Secrecy Capacity)定义为主信道和窃听信道的容量差。即

$$C_s = \max_{p_v, p_{x|v}} [I(v;y) - I(v;z)]^+ \tag{10-10}$$

式中，$v$ 是引入的辅助随机变量，并满足马尔可夫链关系 $v \to x \to (y,z)$。

图 10-3 给出的是高斯窃听信道模型。定义了高斯窃听信道的保密容量为

$$C_s = [C_m - C_w]^+ \tag{10-11}$$

式中，$C_m = \dfrac{1}{2}\log\left(1+\dfrac{P}{\sigma_1^2}\right)$，$C_w = \dfrac{1}{2}\log\left(1+\dfrac{P}{\sigma_1^2+\sigma_2^2}\right)$ 分别表示主信道容量和窃听信道容量；

$P$ 表示系统发送功率；$\sigma_1^2$、$\sigma_2^2$ 分别表示噪声 $n_1^N$、$n_2^N$ 的方差。$[x]^+ = \max\{0, x\}$。$\log_2(\cdot)$ 表示以 2 为底的对数。

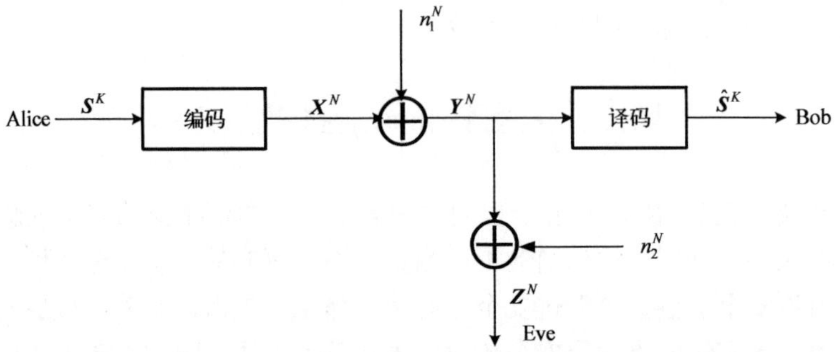


图 10-3　高斯窃听信道模型

从式(10-11)可见，为了获得正的保密容量，需要窃听者接收端的额外噪声项 $n_2^N$ 始终存在，即要求主信道信噪比高于窃听信道信噪比。此外，该保密容量存在上界：

$$C_s \leqslant \frac{1}{2}\log\left(1+\frac{\sigma_2^2}{\sigma_1^2}\right) \tag{10-12}$$

也就是说，无论发送端使用多大功率，式(10-12)的保密容量受限于合法接收端和窃听者的噪声功率比值，这个值通常是很小的，致使高斯信道下的保密传输不能在实际系统中得到运用。

进一步，定义一个更为实际衰落信道的单天线窃听系统(图 10-4)，Alice 到 Bob 的衰落信道假定为 $h_m \in \mathbb{C}$，Alice 到窃听者 Eve 的衰落信道假定为 $h_w \in \mathbb{C}$。从而，合法接收端和窃听者的接收信号分别表示为

$$\begin{cases} y_{\mathrm{b}} = h_m^* x + n_{\mathrm{b}} \\ y_{\mathrm{e}} = h_w^* x + n_{\mathrm{e}} \end{cases} \tag{10-13}$$

其中，$n_{\mathrm{b}} \sim \mathcal{CN}(0, \sigma_m^2)$，$n_{\mathrm{e}} \sim \mathcal{CN}(0, \sigma_w^2)$。

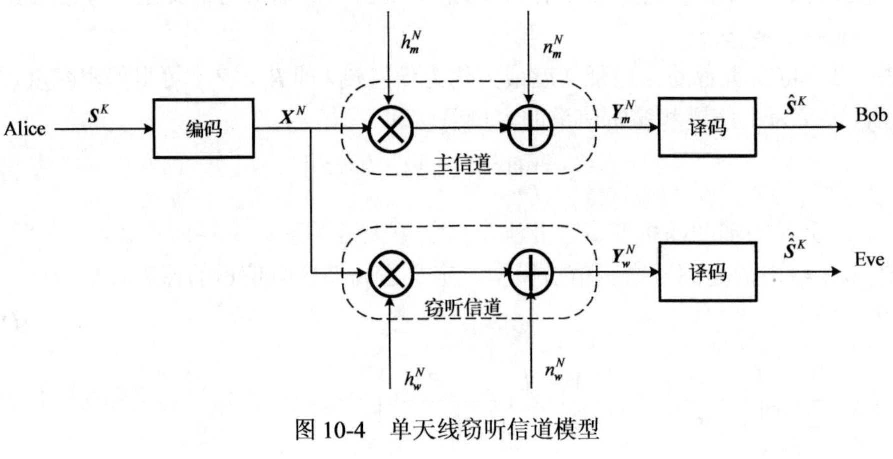


图 10-4　单天线窃听信道模型

此时，在衰落信道下的保密容量定义为

$$C_s = \left[ \log\left(1+\frac{P\,|h_m|^2}{\sigma_m^2}\right) - \log\left(1+\frac{P\,|h_w|^2}{\sigma_w^2}\right) \right]^+ \tag{10-14}$$

从式(10-14)式可见，为了获得正的保密容量，需要满足主信道增益$|h_m|^2$大于窃听信道增益$|h_w|^2$。然而，在实际环境中，无线信道的衰落变化无法一直保证主信道总是好于窃听信道。下图 10-5 给出了衰落信道和高斯信道下的归一化保密容量(Normalization Average Secrecy Capacity)与主信道平均增益$\bar{\gamma}_m = P\mathbb{E}[|h_m|^2]/\sigma_m^2$，其中窃听信道平均增益表示为$\bar{\gamma}_w = P\mathbb{E}[|h_w|^2]/\sigma_w^2$。归一化操作以主信道的信道容量为参考。图中红色虚线表示高斯信道下的保密容量(10-11)，黑色实线表示衰落信道下保密容量(10-14)。从图中可见，由于衰落的影响，衰落信道下的保密容量小于高斯信道下的保密容量。然而，当主信道平均增益小于窃听信道平均增益时，衰落信道仍然能够获得正的保密容量。此时，信道衰落的引入仍可以帮助系统获取安全性。

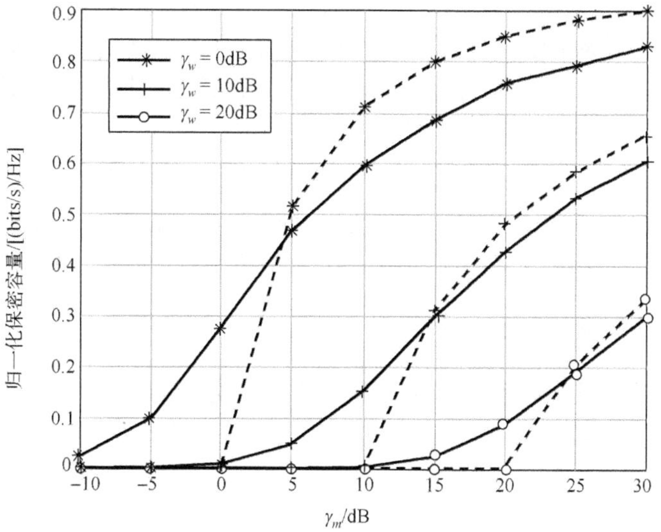


图 10-5　高斯信道和衰落信道下归一化平均保密速率

### 10.2.2　基于波束成形的安全传输技术

波束成形可视为一种预编码技术，其中迫零波束成形等技术在 MIMO 通信系统和协作中继网络中应用非常广泛。可以利用波束成形来实现物理层安全传输，其核心思想是通过使发射信号聚焦于合法接收者，同时降低信号泄露于非法节点，避免信息被非法节点接收。

考虑如图 10-6 所示的多输入单输出单窃听(Multiple-input Single-output Single-antenna Eavesdropper，MISOSE)系统，其中发送端(Alice)配备$N_t$根传输天线，合法接收端(Bob)为单根天线，窃听者(Eve)为单根天线。Alice 到 Bob 的信道假定为$\boldsymbol{h}_m \in \mathbb{C}^{N_t}$，Alice 到窃听者 Eve 的信道假定为$\boldsymbol{h}_w \in \mathbb{C}^{N_t}$。

令信源发送信号$\boldsymbol{x}$为$N_t \times 1$的传输信号矢量，其具有零均值和$N_t \times N_t$方差矩阵$\boldsymbol{Q}$，

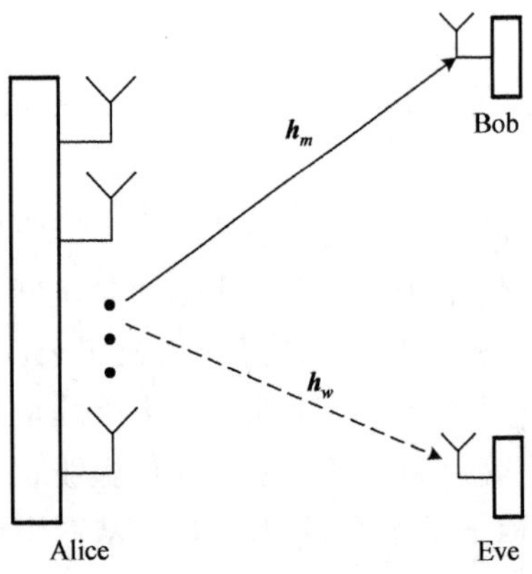


图 10-6　MISOSE 信道模型

即 $\boldsymbol{x} \sim \mathcal{CN}(\boldsymbol{0}, \boldsymbol{Q})$，$\mathrm{Tr}(\boldsymbol{Q}) \leqslant P$，$P$ 表示发送功率。从而，合法接收端 Bob 和窃听者 Eve 的接收信号能够分别表示为

$$\begin{cases} y_{\mathrm{b}} = \boldsymbol{h}_m^{\mathrm{H}} \boldsymbol{x} + n_{\mathrm{b}} \\ y_{\mathrm{e}} = \boldsymbol{h}_w^{\mathrm{H}} \boldsymbol{x} + n_{\mathrm{e}} \end{cases} \tag{10-15}$$

式中，$n_{\mathrm{b}} \sim \mathcal{CN}(0,\sigma^2),\ n_{\mathrm{e}} \sim \mathcal{CN}(0,\sigma^2)$。

已有文献给出了 MISOSE 系统的保密容量。其保密容量定义为

$$C_s = \max_{\boldsymbol{Q} \succeq 0} \left[ \log\left(1 + \frac{\boldsymbol{h}_m^{\mathrm{H}} \boldsymbol{Q} \boldsymbol{h}_m}{\sigma^2}\right) - \log\left(1 + \frac{\boldsymbol{h}_w^{\mathrm{H}} \boldsymbol{Q} \boldsymbol{h}_w}{\sigma^2}\right) \right]^+ \tag{10-16}$$

进一步，可以证明 MISOSE 系统的最优输入信号方差矩阵的秩为 1，$\mathrm{Rank}(\boldsymbol{Q}) = 1$，即发送端 Alice 使用波束成形技术最大化保密容量。可见，对于多输入单输出系统而言，其最优的安全传输策略为波束成形技术。此时，其系统保密容量可以计算如下。

**定理 10-2**　MISOSE 系统的保密容量为

$$C_s = \{\log[\lambda_{\max}(\boldsymbol{I}_{N_t} + P\boldsymbol{h}_m\boldsymbol{h}_m^{\mathrm{H}},\ \boldsymbol{I}_{N_t} + P\boldsymbol{h}_w\boldsymbol{h}_w^{\mathrm{H}})]\}^+ \tag{10-17}$$

式中，$\lambda_{\max}(\boldsymbol{A},\ \boldsymbol{B})$ 表示矩阵 $\boldsymbol{A}$ 和 $\boldsymbol{B}$ 的最大广义特征值；$N_t$ 表示发送端天线数目。并且，最优波束成形矢量为矩阵 $\boldsymbol{A}$ 和 $\boldsymbol{B}$ 的最大广义特征值所对应的特征向量。

### 10.2.3　人工噪声辅助的安全传输技术

人工噪声辅助安全传输技术的主要思路就是，发送端产生的人为噪声被设计成仅仅只对窃听信道形成干扰，而不影响合法接收信道的信息传输。为此，将人为噪声产生在合法接收信道的“零空间”(Null Space)之中，而信息则是通过合法接收信道的“值域空间”(Range Space)进行传输，如此散布在“零空间”中的人为噪声将不会影响合法接收信道的信息传输，这种设计必须依赖合法接收信道的精确信息。而通常情况下，由于窃听信道的“值域空间”与合法接收信道不同，散布在其“值域空间”中的人为噪声将对其形成干扰，严重恶化窃听信道的质量。如此，通过选择性地恶化窃听信道，合法通信双方即可保证大于零的保密容量。但是，这种技术需要精确知悉信道状态信息，因而设计具有非精确知悉信道状态信息的鲁棒策略至关重要。下面以 MISO 窃听系统为例来设计人工噪声辅助的安全传输方案。

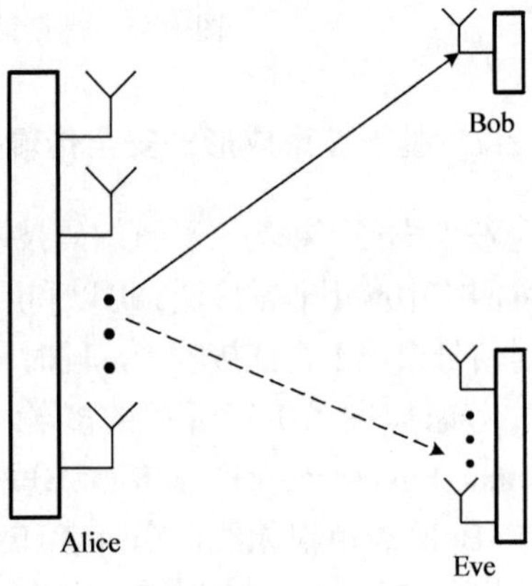


图 10-7　单个多天线窃听者情况下的 MISO 窃听系统

考虑如图 10-7 所示的 MISO 窃听系统，其中

发送端(Alice)配备 $N_t$ 根传输天线，合法接收端(Bob)为单根天线，窃听者(Eve)为 $N_e$ 根天线。Alice 到 Bob 的信道假定为 $\boldsymbol{h}\in\mathbb{C}^{N_t}$，Alice 到窃听者 Eve 的信道假定为 $\boldsymbol{G}\in\mathbb{C}^{N_t\times N_e}$。假定 Bob 和 Eve 的接收端噪声为零均值复高斯白噪声，方差为 $\sigma^2$。

发送端采用人工噪声辅助的安全传输策略，其发送信号能够表示为

$$\boldsymbol{x}=\sqrt{\phi P}\boldsymbol{t}s+\sqrt{(1-\phi)P/(N_t-1)}\boldsymbol{T}\boldsymbol{z} \tag{10-18}$$

式中，$s$ 表示有用信号，其功率假定为 $\mathbb{E}\{|s|^2\}=1$；$\boldsymbol{t}$ 表示有用信号的归一化波束成形矢量，$\|\boldsymbol{t}\|_2=1$；$\boldsymbol{z}\in\mathbb{C}^{N_t-1}$ 表示添加的人工噪声矢量，其元素服从独立同分布的零均值复高斯分布，方差为 1；$\boldsymbol{T}\in\mathbb{C}^{N_t\times(N_t-1)}$ 表示人工噪声的波束成形矢量；$\phi$ 表示有用信号和人工噪声之间的功率分配因子，$0\leqslant\phi\leqslant1$；$P$ 表示 Alice 的发送总功率。

合法接收端 Bob 和窃听者 Eve 的接收信号能够分别表示为

$$\begin{aligned}y_b&=\boldsymbol{h}^{\mathrm{H}}\boldsymbol{x}+n_b=\sqrt{\phi P}\boldsymbol{h}^{\mathrm{H}}\boldsymbol{t}s+\sqrt{(1-\phi)P/(N_t-1)}\boldsymbol{h}^{\mathrm{H}}\boldsymbol{T}\boldsymbol{z}+n_b\\ \boldsymbol{y}_e&=\boldsymbol{G}^{\mathrm{H}}\boldsymbol{x}+\boldsymbol{n}_e=\sqrt{\phi P}\boldsymbol{G}^{\mathrm{H}}\boldsymbol{t}s+\sqrt{(1-\phi)P/(N_t-1)}\boldsymbol{G}^{\mathrm{H}}\boldsymbol{T}\boldsymbol{z}+\boldsymbol{n}_e\end{aligned} \tag{10-19}$$

式中，$n_b\sim\mathcal{CN}(0,\sigma^2),\ \boldsymbol{n}_e\sim\mathcal{CN}(\boldsymbol{0},\sigma^2\boldsymbol{I}_{N_e})$。

假定 Alice 已知理想的主信道信息，而仅知道窃听信道的统计信息。Alice 将选择波束成形矢量 $\boldsymbol{t}$ 位于主信道方向，即 $\boldsymbol{t}=\boldsymbol{h}/\|\boldsymbol{h}\|_2$。而人工噪声矢量 $\boldsymbol{T}$ 将设计处于主信道的零空间，即人工噪声的信号方向正交于主信道，$\boldsymbol{h}^{\mathrm{H}}\boldsymbol{T}=\boldsymbol{0}$。

从而，合法接收端 Bob 和窃听者 Eve 的接收信干噪比(SINR)能够分别表示为

$$\begin{aligned}\mathrm{SINR}_d&=\phi\rho\|\boldsymbol{h}\|_2^2\\ \mathrm{SINR}_e&=\phi\rho\boldsymbol{g}_1^{\mathrm{H}}\left[\frac{(1-\phi)\rho}{N_t-1}\boldsymbol{G}_2\boldsymbol{G}_2^{\mathrm{H}}+\boldsymbol{I}_{N_e}\right]^{-1}\boldsymbol{g}_1\end{aligned} \tag{10-20}$$

式中，$\boldsymbol{g}_1=\boldsymbol{G}^{\mathrm{H}}\boldsymbol{t}$；$\boldsymbol{G}_2=\boldsymbol{G}^{\mathrm{H}}\boldsymbol{T}$；$\rho=P/\sigma^2$ 表示信噪比(SNR)。

相应地，MISO 窃听系统的保密传输速率可表示为

$$\begin{aligned}R_s&=[\log(1+\mathrm{SINR}_d)-\log(1+\mathrm{SINR}_e)]^+\\ &=\left[\log(1+\phi\rho\|\boldsymbol{h}\|_2^2)-\log\left(1+\phi\rho\boldsymbol{g}_1^{\mathrm{H}}\left[\frac{(1-\phi)\rho}{N_t-1}\boldsymbol{G}_2\boldsymbol{G}_2^{\mathrm{H}}+\boldsymbol{I}_{N_e}\right]^{-1}\boldsymbol{g}_1\right)\right]^+\end{aligned} \tag{10-21}$$

### 10.2.4 物理层安全编码

上述利用信号处理技术来实现物理层安全传输，在整个无线通信系统中一定程度上增加了系统开销。物理层安全编码方法通过对信源进行安全编码，同样不需要密钥，且避免了上述方法带来的资源开销。

陪集编码，作为安全编码中的一个最初始的方法，最早由 Wyner 提出，在编码时将信源和多个子码本相对应，在信息输入时随机选取子码本为码字，通过信道译码，合法接收者可以得到无误码信息，从而获得正确码字，而窃听者由于信道质量不同得不到正确译码信息，无法选择对应的码本。

根据前面 Wyner 提出的窃听信道模型，窃听者 Eve 使用窃听信道窃取 Alice 与 Bob 双

方的通信消息。若 Eve 的信道信噪比(SNR)低于 Alice 与 Bob 之间信道的信噪比(SNR)，将会导致在窃听端的误比特率较高。可见，当 Eve 与 Bob 信道信噪比的差异达到一定条件时，可以设想 Alice 与 Bob 双方可以无误码传输信息，而 Eve 接收不到有用信息。

物理层安全编码的性能主要由安全间隙来评价，安全间隙的定义如图 10-8 所示。当 Eve 的信道信噪比向左移动至小于 $SNR_{E\text{-}max}$ 时，其误比特率将接近于 0.5(如图中 A 点)，这时窃听到的信息不具有任何价值；当合法者 Bob 的信道信噪比大于 $SNR_{B\text{-}min}$ 时，其误比特率 $BER_B$ 将趋近于 0(如图中 B 点)。此时，安全间隙使用图中 A、B 两点的信噪比差值来表示。安全编码的主要设计思路就是同时实现合法接收者处于通信的可靠区，非法窃听者处于通信的安全区。为了降低对信道的依赖，安全间隙越小越好，误码曲线越陡峭，所以研究如何减小安全间隙成为安全编码设计的要点。

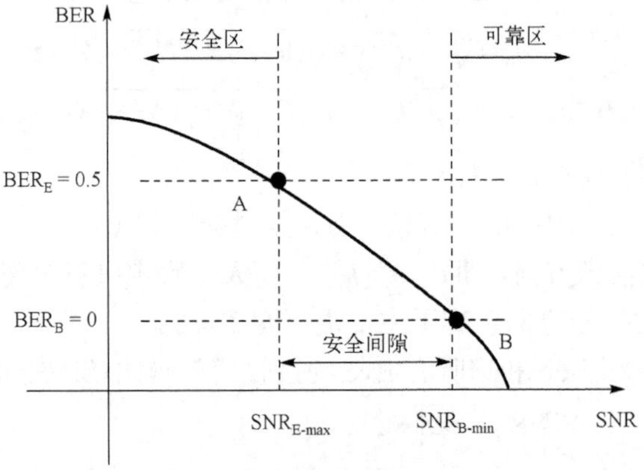


图 10-8　安全间隙

随着译码性能强的信道编码的出现，以高性能码为母码与无线系统自身的特性相结合，成为当下安全编码的探究热点。当前已有研究利用低密度奇偶校验(Low-Density Parity-Check，LDPC)码、Polar 码、Turbo 码以及其级联码来实现上述安全编码的设计。

# 10.3　基于无线信道的密钥生成技术

基于无线信道的密钥生成技术的实质是利用通信双方私有的信道特征，提取无线信道“指纹”特征信息，提供实时生成、无须分发的快速密钥更新手段，达到逼近“一次一密”的完美加密效果。

## 10.3.1　密钥生成的主要步骤

基于无线信道的密钥生成(Key Generation)技术的主要思想是利用两个用户(信源和合法接收端)间无线信道的唯一特性作为对称密钥的公共随机源。通常，信道信息的获取是由信源发送训练序列，接收端根据接收信号进行信道估计。通过假定两个用户工作于时分双工(Time Division Duplexing，TDD)模式或工作于频分双工(Frequency Division Duplexing，FDD)模式且上下行频率处于相干带宽内，两个用户间的上下行信道满足互易特性，在两个用户间获得的信道估计值将近似相同，因而能够利用无线信道信息作为密钥生成的随机源。进一步，根据天线传播理论知识，窃听者处于合法接收端半个波长以外，两者经历的无线信道将是独立衰落，因而窃听者并不能获取到信源到合法接收端相同的随机密钥。可见，基于无线信道的密钥生成技术能够在合法收发双方直接产生密钥，并不需要进行密钥分发和共享。

然而，由于接收端遭受干扰、衰落、噪声等的影响，这些信道估计值将发生色散，从而造成密钥提取数据存在不一致的比特，该现象称为密钥失调(Key Disagreement)。此时，通常使用密钥协商(Key Reconciliation)和保密增强(Privacy Amplification)等技术来对两个用户间的初始密钥进行错误检测、纠错，从而得到最终可使用的密钥。

可见，利用无线信道进行密钥生成需要无线信道满足以下条件：时变、信道互易和空间去相关等三个特性。

(1)时变特性是基于无线信道的密钥产生的主要随机源，其可以通过用户或目标的移动来获得。当无线信道呈现静态或准静态特征时，提取的密钥序列的相关性较强，将给安全传输带来隐患。

(2)信道互易性是密钥产生的基础条件，假定在一个相干时间内，两个用户间的无线信道具有相同的统计特性，如信道增益、相移偏移、时延等。利用这些信道特征参数，信源和合法接收端可以得到相同的密钥序列。

(3)空间去相关性是密钥产生的保障，其确保处于半个波长以外的窃听者经历了与合法用户间不同的衰落信道。由于窃听者与合法接收端所经历的无线信道衰落不同，相应的信道特征参数也不同，因而各自提取的密钥序列将不相关。

一个基于无线信道的密钥生成基本过程如图 10-9 所示。密钥生成过程主要分为四步：①发送信道探测信号；②估计随机信道信息和量化；③提取密钥比特数据和信息协商；④保密增强。主要有三种方案来实现物理层密钥产生：基于接收信号强度(Received Signal Strength，RSS)的方法、基于信道相位估计的方法和基于信道状态信息(包括信道冲激响应(Channel Impulse Response，CIR)和信道频率响应(Channel Frequency Response，CFR))的方法。

信道量化(Channel Quantization)：Alice 和 Bob 分别使用量化器对信道特征数据进行量化。不同的信道提取方案将对应不同的量化器设计。现有的量化方案主要有双门限量化、多比特量化、等概量化、基于交互量化误差等。

信息协商(Information Reconciliation)：为了消除 Alice 和 Bob 之间提取密钥的不一致问题，收发双方将在公共信道上采用信息交互的方式对不一致的密钥比特数据进行校验和纠错，从而得到一致的密钥比特。目前已有的信息协商方法包括极化码(Polar Code)、LDPC 码、Cascade 方法、折半查找方法、BCH 码、Turbo 码等。需要提及的是，通过增加错误控制编码在提高密钥一致性的同时，也将造成一定的资源浪费。

保密增强(Privacy Amplification)：将从纠错后的密钥比特数据中提取出密钥。其目标就是确保 Alice 和 Bob 的密钥安全性，使得窃听者 Eve 并不能获取到该密钥数据。主要思想是运用压缩函数 $g:\{0,1\}^{n_{\text{rec}}}\to\{0,1\}^k(k<n_{\text{rec}})$ 来对纠错后的密钥比特数据 $\mathbb{S}$ 进行提取，同时保证窃听者对提取数据 $g(\mathbb{S})$ 获取的信息几乎为零。其中，$n_{\text{rec}}$ 和 $k$ 分别表示纠

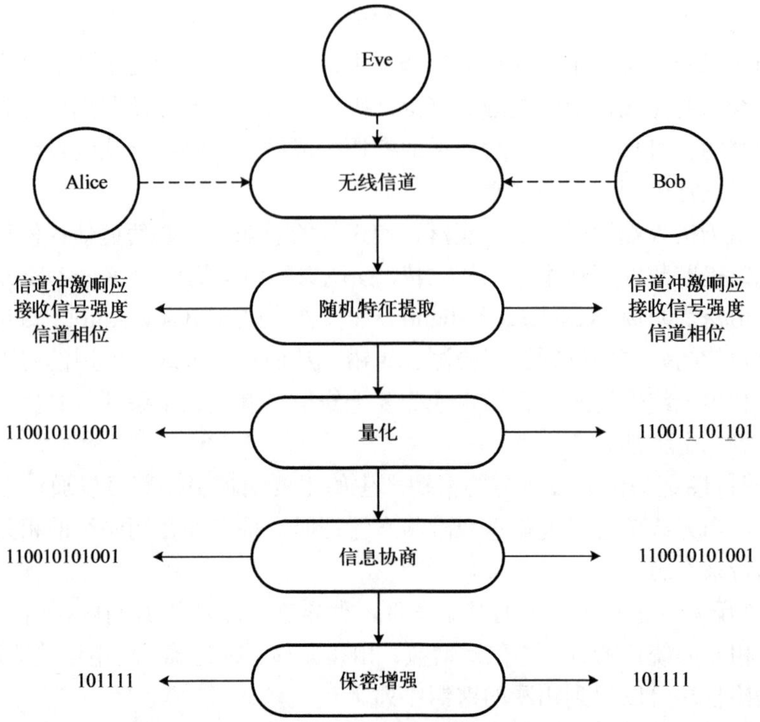


图 10-9　基于无线信道的密钥生成基本过程

错后的密钥比特数据序列 $\mathbb{S}$ 的长度和密钥提取比特数。在实际场景中，这个压缩函数可以使用常用的 Hash 函数或提取器等方法来实现。

### 10.3.2　密钥生成技术

#### 1. 基于接收信号强度的密钥生成技术

基于接收信号强度(RSS)的密钥生成技术是合法收发用户利用其接收到的信号强度信息进行密钥的生成和提取。其主要过程如下。

(1)信道探测：在第一个时隙，Alice 发送探测信号 $S_A$ 到 Bob，Bob 基于接收信号 $S_A$ 的 RSS 进行估计。在第二个时隙，Bob 发送探测信号 $S_B$ 到 Alice，Alice 基于接收信号 $S_B$ 的 RSS 进行估计。

(2)信道量化：Alice 和 Bob 分别对接收信号的 RSS 进行量化，双门限的量化器表示如下：

$$Q(x)=\begin{cases}1, & x>q^{+}\\0, & x\leqslant q^{-}\end{cases} \tag{10-22}$$

其中，$x$ 表示采样数值；$q^{+}$ 和 $q^{-}$ 分别表示量化器的上、下界。

(3)错误纠正：噪声、干扰、硬件误差等影响，可能导致 Alice 和 Bob 间的提取比特数据存在不一致问题。此时，需要使用信息协商和保密增强机制来获取密钥一致性。

基于 RSS 的密钥生成技术在密钥生成速率(KGR)和密钥不一致概率(KDP)间存在

平衡折中问题，即为了减小 KDP，Alice 和 Bob 需要利用连续多个信道测量值来提取单个密钥比特数据，从而降低了 KGR。进一步，对 RSS 数据进行过采样将造成测量值具有很强的相关性，致使密钥比特数据具有很低的信息熵。为了解决这一问题，多天线技术被引入来进一步提升基于 RSS 的密钥生成速率。多天线技术提供了丰富的空间资源，自然增加了无线信道的随机特性。

2. 基于信道相位的密钥生成技术

相比基于 RSS 的密钥生成，基于信道相位的密钥生成技术具有三大优势：①在窄带衰落信道中，接收信号的相位值呈现均匀分布；②接收信号的相位估计可以获得更好的解空间，因而带来更大的密钥产生速率；③信道相位可以在多个节点累积，因而有利于群密钥(Group Key)生成。其主要过程如下。

(1)信道探测：在第一个时隙，Alice 发送探测信号 $S_A$ 到 Bob，Bob 基于接收信号 $S_A$ 的信道相位进行估计。在第二个时隙，Bob 发送探测信号 $S_B$ 到 Alice，Alice 基于接收信号 $S_B$ 的信道相位进行估计。

(2)信道量化：基于信道相位的密钥生成采用的量化器需要将均匀分布的信道相位进行量化处理。信道相位均匀分布在[0,2π]，被分成 $2^N$ 等份，量化函数表示为

$$Q(\varphi_i)=q,\ \varphi_i\in\left[\frac{2\pi(q-1)}{2^N},\frac{2\pi q}{2^N}\right) \tag{10-23}$$

其中，$\varphi_i$ 表示信道相位估计值，$q=1,2,\cdots,2^N$。

(3)错误纠正：类似于前面的基于 RSS 的密钥生成技术，需要使用信息协商和保密增强技术来解决 Alice 和 Bob 间的密钥不一致问题。

3. 基于信道冲激响应的密钥生成技术

假定工作在时分复用模式，Alice 和 Bob 通过估计得到的信道状态信息来提取密钥比特数据。基于信道冲激响应的密钥生成技术的主要过程分为以下三步：

(1)Alice 和 Bob 依次发送导频信号到对方接收机；

(2)Alice 和 Bob 分别估计得到信道状态信息 $h_{ab}$ 和 $h_{ba}$；

(3)Alice 和 Bob 分别使用如图 10-9 所示的信道量化、信息协商和保密增强等步骤来消除密钥不一致问题。

可见，基于信道冲激响应的密钥生成技术的性能很大程度上依赖于信道估计值。此外，当窃听者 Eve 能够获取到 Alice 和 Bob 间的信道估计时，安全性能将失效。

### 10.3.3 密钥生成性能评估

为了有效地评价基于无线信道的密钥生成性能，介绍几个基于无线信道的密钥生成技术中重要的性能指标。

(1)密钥不一致概率(Key Disagreement Probability，KDP)：表示在错误纠正前，Alice 和 Bob 间不一致比特数目占据总比特数的概率。其刻画了基于无线信道的密钥产生的鲁

棒性。相对应的一个指标就是密钥一致性概率(Key Consistency Probability，KCP)。

(2) 密钥生成速率(Key Generation Rate，KGR)：表示 Alice 和 Bob 间基于无线信道的密钥生成速率。其刻画了基于无线信道的密钥产生的有效性。

(3) 安全密钥容量(Secret Key Capacity)：表示 Alice 和 Bob 间基于无线信道的密钥生成速率的最大值。

假设合法通信双方 Alice 和 Bob 分别对随机源进行 $m$ 次观测，观测结果记为 $\boldsymbol{x}=[x_1,x_2,\cdots,x_m]$ 和 $\boldsymbol{y}=[y_1,y_2,\cdots,y_m]$，$\boldsymbol{z}=[z_1,z_2,\cdots,z_m]$ 是窃听者 Eve 对随机源的观测结果。在任意给定时刻，Alice 和 Bob 的观测量 $(x_i,y_i)$ 是高度相关的，而合法通信双方的观测值与窃听者的观测值基本不相关。Alice 和 Bob 通过一个公开的无差错信道交互信息 $v$ 进行信息协商，最后分别获得密钥序列 $K_{\rm A}$ 和 $K_{\rm B}$。对于足够大的 $m$ 和任意 $\varepsilon>0$，如果 $K_{\rm A}$、$K_{\rm B}$ 以及密钥生成速率 $R$ 满足：

$$\Pr(K=K_{\rm A}=K_{\rm B})\geqslant 1-\varepsilon \tag{10-24}$$

$$I(K;v,\boldsymbol{z})/m\leqslant\varepsilon \tag{10-25}$$

$$H(K)\geqslant\log|K|-\varepsilon \tag{10-26}$$

$$H(K)/m\geqslant R-\varepsilon \tag{10-27}$$

则称 $K_{\rm A}$、$K_{\rm B}$ 为 $\varepsilon$-密钥，式中，$\Pr(\cdot)$ 表示概率，$|K|$ 表示 $K$ 的所有可能取值构成集合的势。

式(10-24)保证了 Alice 和 Bob 能够以很大的概率获得一致的密钥。式(10-25)保证了窃听者 Eve 从对随机源的观测获得的观测值 $\boldsymbol{z}$ 以及 Alice 和 Bob 在公开信道交互的信息 $v$ 中，几乎无法获得关于密钥的任何信息。式(10-26)从信息熵的角度说明了 Alice 和 Bob 获得的密钥近似均匀分布。式(10-27)表示当密钥 $K_{\rm A}$ 和 $K_{\rm B}$ 可达时，$R$ 被称为可达密钥生成速率，所有 $R$ 中的最大值被称为密钥容量，记为 $C_s$。密钥容量与信道容量不同，虽然已有学者对其进行了大量研究，但是目前仍然没有一个具体的结果对其进行描述，可以得到密钥容量的上下界：

$$\begin{aligned}&C_s\leqslant\min[I(\boldsymbol{x};\boldsymbol{y}),I(\boldsymbol{x};\boldsymbol{y}\mid\boldsymbol{z})]\\&C_s\geqslant\max[I(\boldsymbol{x};\boldsymbol{y})-I(\boldsymbol{x};\boldsymbol{z}),I(\boldsymbol{x};\boldsymbol{y})-I(\boldsymbol{y};\boldsymbol{z})]\end{aligned} \tag{10-28}$$

(4) 密钥随机性(Key Randomness)是衡量密钥提取性能的一个非常重要的指标，目前被广泛采用的 NIST(National Institute of Standards and Technology)随机性测试是由美国国家标准研究院制定的检测随机性的标准，总共包含 16 项指标。该标准按照一定的测试算法，通过对待检测序列与理想随机序列进行偏离程度的比较，得到各项指标的 $P$-value($\in[0,1]$)值作为随机性测试结果。如果所有检测项的 $P$-value≥0.01，则待检测序列通过随机性测试。

## 10.4　射频指纹识别技术

近年来，无线通信设备的射频指纹提取和识别方法得到了国内外广泛的关注。这种方法通过分析无线设备的通信信号来提取设备的射频指纹(Radio Frequency Fingerprinting，RFF)。就像每个人有不同的指纹，每个无线设备也有不同的射频指纹，即硬件的差异，这种硬件上的差异会反映在通信信号中，通过分析接收到的射频信号就可以提取出该特征。这种根据通信信号提取设备硬件特征的方法被称为射频指纹提取，而利用射频指纹对不同的无线设备进行识别的方法则称为射频指纹识别。无线通信设备的射频指纹提取和识别方法工作在物理层，因此其既能够单独运作，也可以辅助和增强传统的无线网络识别机制，从而为无线网络提供更高的安全性能。可见，从无线设备发射的信号可以提取特征作为其设备身份的唯一标识，从而准确识别不同发射源个体，或实现无线设备的身份认证。

设备指纹识别/认证的工作流程如图 10-10 所示，整体可以分为信号采集、预处理和指纹识别三个步骤，具体步骤描述如下。

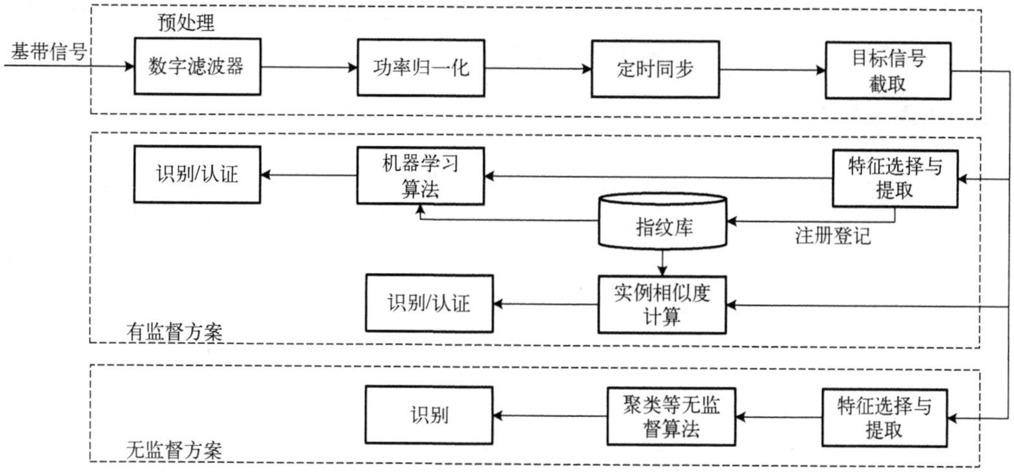


图 10-10　射频指纹识别认证过程

(1)信号采集。通过对接收机下变频采样得到基带信号。

(2)预处理。对于采集到的基带信号进行预处理主要包括以下四个步骤。

①滤波：采集到的基带数字信号通常需要通过数字滤波器去除可能污染指纹的噪声、干扰、泄露的本振等。

②功率归一化：大多数情况下，需要进行归一化来消除接收功率等与采集环境相关的差异，例如，发射机和接收机之间距离的变化会导致接收功率的变化。

③定时同步：通常需要定时同步来检测信号的起始，当设备指纹不具备时间平移不变性时，定时同步的精度直接影响最终的识别性能。

④目标信号截取：根据设备指纹的目标信号区间，主要可以分成瞬态信号段、稳态信号段。其中稳态信号段又可以分成前导段和数据段，前导段中还包含半稳态信号部分。针对不同的信号目标区间，提取设备指纹的方法也有着显著的区别。

(3)指纹识别。最后也是关键的一步是开发指纹识别算法来识别无线设备并检测非法设备。指纹识别根据是否存在关于合法设备的指纹先验信息(称为白名单或者指纹库)，可以分成有监督的和无监督的两大类。

①在有监督的指纹识别系统中，通常包括注册登记和身份识别/认证两个模块。在注册期间，对每个设备或者每类设备进行信号采集和指纹提取，获得的指纹存储在数据库(白名单)中。在识别阶段，将新获得的物理层设备指纹与数据库中的指纹进行比较，进

行设备识别或认证。其中，设备识别(Identification/ Classification)是一对多比较，从所有登记的设备或类别中识别/分类出该设备或其所属类别，设备认证(Authentication/ Verification)则是一对一的比较，确认其声称的设备身份或者所属类别是否匹配。

②有监督指纹识别在实际环境中，提前进行注册登记并不总是可行的，例如，远程硬件升级、购买新设备等，其扩展性较差。和有监督方法相比，无监督指纹识别不需要训练集提前进行注册，必须从先前未标记的目标信号段中找到隐藏的结构，将相似的指纹分组在一起并映射到相同的物理设备。由于缺少合法设备信息，无监督方法通常无法区分合法设备和非法设备。但是，当具有不同指纹的多个设备采用相同身份标识(称为伪装攻击)或单个设备采用多个身份标识(称为 Sybil 攻击)时，无监督的方法可以有效检测这些攻击的存在，减轻身份欺骗攻击的威胁。

### 10.4.1　射频指纹特征参数

无线通信设备的通信信号遵从各种不同的标准，可以通过截取一段信号来进行射频指纹的提取，这段目标信号被定义为可识别信号。这些可识别信号分为稳态信号和瞬态信号两大类。

瞬态信号通常持续时间极短，一般在纳秒级或亚微秒级，因此基于瞬态信号的射频指纹提取和识别方法对于可识别信号的检测精度要求极高，从而导致检测成本较高。而稳态信号的持续时间相对较长，一般都在微秒级以上，检测精度相对要求较低。

可识别信号本身就是一种射频指纹，但这种指纹包含的冗余信息过多，维数太大，识别阶段计算量巨大，导致识别效率不足。因此，需要先去除可识别信号中无关和冗余信息，尽可能多地保留设备特征，这本质上就是一个信号降维的过程。图 10-11 是目前采用的典型射频指纹特征参数。

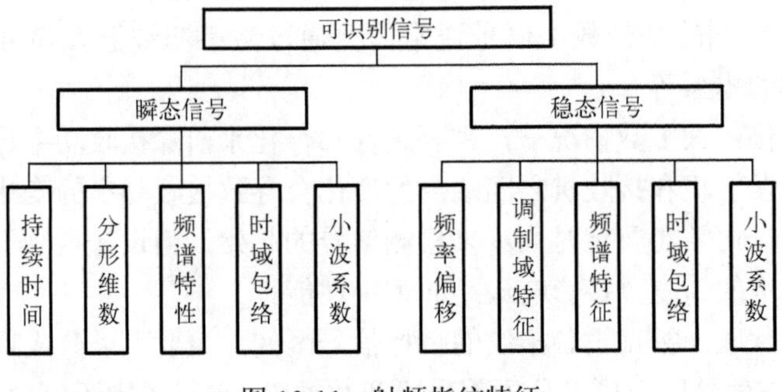


图 10-11　射频指纹特征

### 10.4.2　射频指纹识别方法

射频指纹提取与识别技术实际上最早是来源于军用技术，可以追溯到二战时期的敌我雷达识别，主要通过直接比较接收信号的波形图和我方雷达已经登记的波形图来进行敌我判断。然而，随着设备的增多和生产工艺的提升，直接比较信号波形这种方法已经不切实际。根据可识别信号的分类，分成瞬态信号射频指纹方法和稳态信号射频指纹方法两个部分进行论述。

瞬态信号射频指纹方法是指根据开启/关闭瞬态信号提取设备射频指纹，主要是利用开启瞬态信号，即发射机功率从零到达额定功率时发送的信号部分。这部分信号不承载任何数据信息，只与发射机硬件特征相关，具有数据独立性。其持续时间极为短暂，一般在纳秒级，在射频指纹提取前，要对信号进行极为精确的起始点检测与瞬态信号截取。

所有的通信信号都具有瞬态信号部分，却不一定包含如前置导频符号等稳态信号，即无线设备的稳态信号部分可能会发生变化，并不一定能从每个信号都能够抽取出相同的可识别稳态信号。因此，早期射频指纹研究领域主要关注基于瞬态信号的射频指纹提取和识别技术。然而，相比于稳态信号，瞬态信号由于其相对较短的持续时间，瞬态检测及可识别信号的截取需要较高的采样速率。因此，基于瞬态信号的射频指纹技术如果要做到实时工作，面临着许多困难。另外，随着技术的不断发展，几乎所有的数字通信系统都在数据段之前加入了前导序列，以便简化接收机的设计。由于稳定的前导能够提供一个稳定的可识别稳态信号，近期稳态信号射频指纹提取和识别技术引起了人们关注。

## 习　　题

扩展阅读

**10-1**　试证明 MISOSE 系统的最优输入信号方差矩阵的秩为 1，即发送端使用波束成形技术最大化保密容量。

**10-2**　求解有用信号和人工噪声之间的功率分配因子 $\phi$，使得人工噪声策略下 MISO 窃听系统的保密传输速率最大化，即式(10-12)成立。

**10-3**　给出基于无线信道的密钥生成的主要过程，并简要阐述。

**10-4**　给出基于无线信道的密钥生成性能评价指标，并简要阐述每个指标的含义。

**10-5**　假定某次基于接收信号强度的信道探测共得到 45 个信号点，结果如图 T10-5 所示，采用式(10-22)的量化方式，请给出相应的量化比特输出。

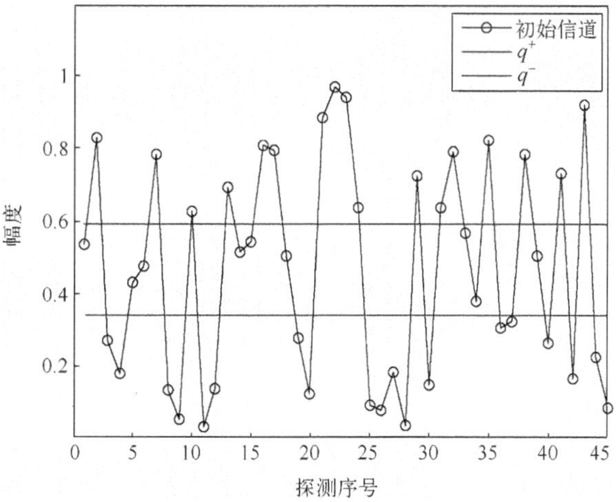


图 T10-5

**10-6**　某次基于无线信道的密钥生成 NIST 随机性测试结果如表 T10-6 所示：

表 T10-6　NIST 随机性测试结果

| 测试项 | 场景 A | 场景 B |
| --- | --- | --- |
| Frequency | 0.7399 | 0.7399 |
| Block Frequency | 0.8343 | 0.2757 |
| Cumulative Sums | 0.0909, 0.7399 | 0.3505, 0.7399 |
| Runs | 0.1626 | 0.5341 |
| Longest Run of Ones | 0.0352 | 0.2757 |
| FFT | 0.0127 | 0.2133 |
| Approximate Entropy | 0.0000 | 0.3505 |
| Serial | 0.0000, 0.0002 | 0.3505, 0.0909 |

请回答场景 A 和场景 B 是否通过了随机性测试。

**10-7**　试给出设备指纹识别/认证的工作流程，并简要阐述。

# 第 11 章　多址接入技术

多址接入是多个用户使用同一个公共物理信道实现相互通信的信道接入规则，如图 11-1。从信号层面而言，多址接入使得参与竞争公共物理信道的多个用户信号在某个信号维度正交，即通过该维度的信号处理能将各个用户的信号互不干扰地解调出来。多址接入技术本质上是基于信号分割理论和技术，给各个信号打上不同的“地址”，然后根据信号的“地址”进行分发，从而实现互不干扰的通信。例如，在移动通信系统中，小区基站要同时为小区内多个移动用户提供通信服务，需要采取某种方式来区分各个通信用户，从而使其互不干扰地接入基站。

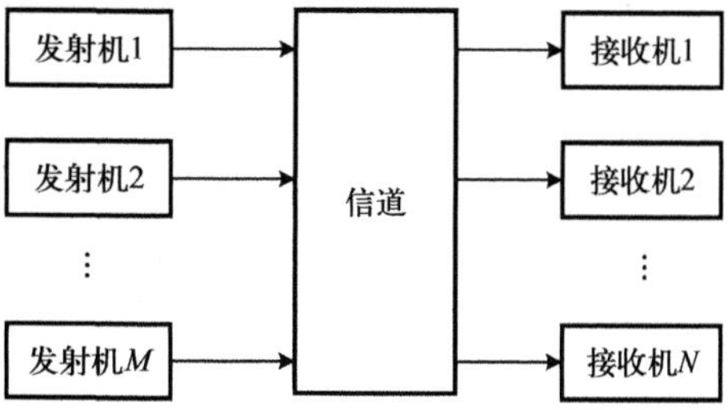


图 11-1　多址系统

多址技术在通信网络中通过多址接入协议实现，运行于 OSI 七层模型的数据链路层。目前采用的多址接入方法大多属于正交多址接入，其特点是各用户所占用的资源在时域或频域、码域或者空域等相互正交，从而避免相互干扰，该方法具有低复杂度的优势。正交多址接入技术主要包括频分多址(Frequency Division Multiple Access，FDMA)、时分多址(Time Division Multiple Access，TDMA)、码分多址(Code Division Multiple Access，CDMA)、空分多址(Space Division Multiple Access，SDMA)和随机多址等。随着信号处理技术的进步，对占用资源相互正交的要求也在不断放松，比如近年来兴起的非正交多址(Non-Orthogonal Multiple Access，NOMA)技术可结合功率控制来实现不同用户的区分，不要求信号正交。下面先简单了解这几种不同接入方式的主要区别，以建立一个整体的认识，从 11.1 节开始，将详细介绍和分析各种接入方式。

时分多址指的是将时间分割为多个时间窗口(在 TDMA 系统中，时间窗口一般称为“时隙”)，各用户分别占用一部分时隙，且各用户所占用的时隙互不重叠。频分多址指的是将可用频段划分为多个子频段，各用户分别占用一部分子频段，且互不重叠。码分多址则通过不同的正交(或非正交)码字区分不同用户。空分多址一般使用有向天线实现信道划分，要求用户的角度差大于天线的分辨角。这四者属于非竞争式的多址技术，不同的用户被分配固定的正交的参量(时隙、子频段、码字或者空间)以进行区分。而随机多址属于竞争式的多址技术，它不给用户分配固定的参量，不同的用户根据网络状态或者自身的业务需求竞争信道资源(通常为时间窗口)“随机”的发起通信。在随机多址系统中，尽管对每个用户而言，其占用信道资源的时间窗口是随机的，但它还是要求不同的用户能“随机”地用不同的时间窗口进行通信，从而避免干扰，因此，其本质上还是正交多址技术。随着频谱资源变得越来越稀缺和物联网对海量连接要求的不断增长，正交接入技术的频谱效率已经无法满足人们的要求，多种非正交多址接入技术(NOMA)逐渐被提出。目前，最常用的是将传统的信道资源扩展到功率域，在相同的时频资源块上，通过不同的功率等级在功率域实现多址接入。多址技术的分类如图 11-2 所示。

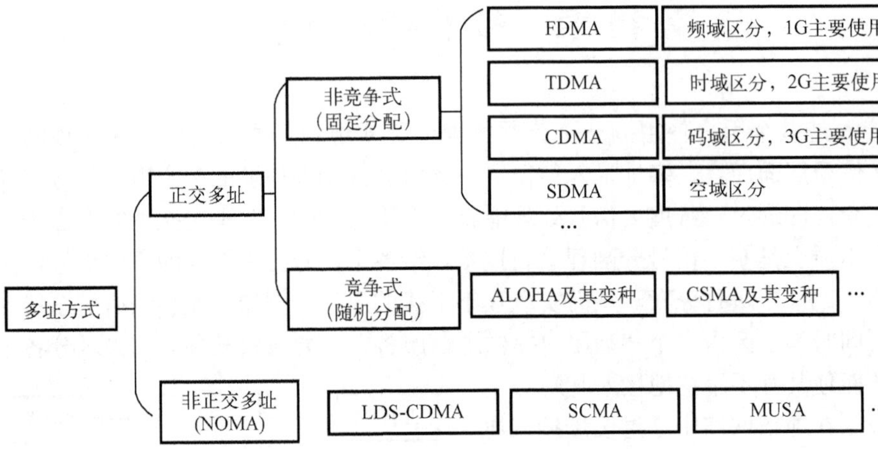


图 11-2　多址技术的分类

# 11.1　常用多址技术

## 11.1.1　频分多址(FDMA)

频分多址(FDMA)以频率作为信号分割的参量，它把系统可利用的无线频谱分成若干互不交叠的子频带，这些子频带按照一定的规则分配给系统用户，一般是分配给每个用户一个唯一的频带。在该用户通信的整个过程中，其他用户不能共享这一频带。在实际应用时，为了防止各用户信号相互干扰和因系统的频率漂移造成频带之间的重叠，各用户频带之间通常都要留有一定的频带间隔，称为保护频带。第一代移动通信系统采用的多址技术即 FDMA 技术。

### 1. 频分多址基本原理

如果用频率 $f$、时间 $t$ 和代码 $c$ 作为三维空间的三个坐标，则 FDMA 系统在这个坐标系中的位置如图 11-3 所示，它表示系统的每个用户由不同的频带来区分，但可以在同一时间、用同一代码进行通信。

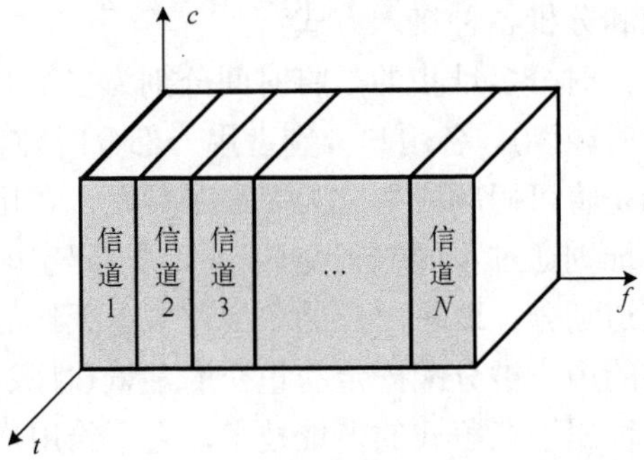


图 11-3　频分多址工作方式

### 2. 频分多址系统的特点

FDMA 系统具有以下特点。

(1) 每个信道占用一个频带，相邻频带之间的间隔应满足传输信号带宽的要求。为了在有限的频谱中增加信道数量，系统均希望间隔越窄越好。FDMA 信道的相对带宽较窄，每个子频带仅支持一个电路连接，也就是说 FDMA 通常在窄带系统中应用。

(2)符号间隔相较于多径延迟扩展而言是很大的。在 FDMA 数字通信系统中，每个子频带只传送一路数字信号，信号速率低(对应着符号间隔大)，远低于多径时延扩展所限定的极限速率。所以在窄带 FDMA 系统中，由于码间串扰引起的误码极小，一般无须进行复杂的均衡。

(3)由于需要重复配置收发信设备，基站复杂且庞大。基站有多少信道，就需要多少部收发信机，同时需用天线共用器，功率损耗大，在实际中易产生信道间的互调干扰。

(4)FDMA 系统对带通滤波器的要求较高。FDMA 系统中接收设备必须使用带通滤波器使指定信道里的信号通过，而滤除其他频率的信号，从而限制邻近信道间的相互干扰。如果带通滤波器性能不理想会带来信道间的干扰。

(5)越区切换较为复杂和困难。因为在 FDMA 系统中，分配好话音信道后，基站和移动用户间是连续传输的。但是在越区切换时，往往需要瞬时中断传输以把通信从一个频率切换到另一个频率。对于话音，瞬时中断问题不大，但对于数据传输而言，将带来数据的丢失。

3. 频分多址系统的容量

根据香农信息论，在带宽为 $W$ 的理想 AWGN 信道中，单个用户的容量为

$$C = W\log_2\left(1+\frac{P}{Wn_0}\right) \tag{11-1}$$

其中，$P$ 为用户发送信号所用的功率；$n_0$ 为加性高斯白噪声的功率谱密度。

在 FDMA 系统中，假设总共有 $K$ 个用户，不考虑保护频带所浪费的带宽，则每个用户分配的带宽为 $W/K$。因此，每个用户的容量为

$$C_K = \frac{W}{K}\log_2\left[1+\frac{P}{(W/K)n_0}\right] \tag{11-2}$$

$K$ 个用户的总容量就可以表示为

$$KC_K = W\log_2\left(1+\frac{KP}{Wn_0}\right) \tag{11-3}$$

对照式(11-1)和式(11-3)，可以发现，$K$ 个用户的总容量实际上等效于具有平均功率 $P_{AV} = KP$ 的单个用户的容量。对于一个固定的带宽 $W$，随着用户数 $K$ 的增加，总容量会趋于无限(其前提假设是不同频带的信号永远不相互干扰，并且不考虑保护频带带来的频率浪费)。与此同时，随着 $K$ 的增加，每个用户分配到较小的带宽 $(W/K)$，所以分配给每个用户的容量减小。

可以进一步推导其在极限信道容量传输时的频谱效率。假设信息传输以极限 $C$ 进行传输，比特平均能量为 $E_b$，则在达到信道容量极限时的频谱效率可以用式(11-4)表示，其相对于 $E_b/n_0$ 的变化曲线如图 11-4 所示。

$$\frac{C_K}{W} = \frac{1}{K}\log_2\left[1+K\frac{C_K}{W}\left(\frac{E_b}{n_0}\right)\right] \tag{11-4}$$

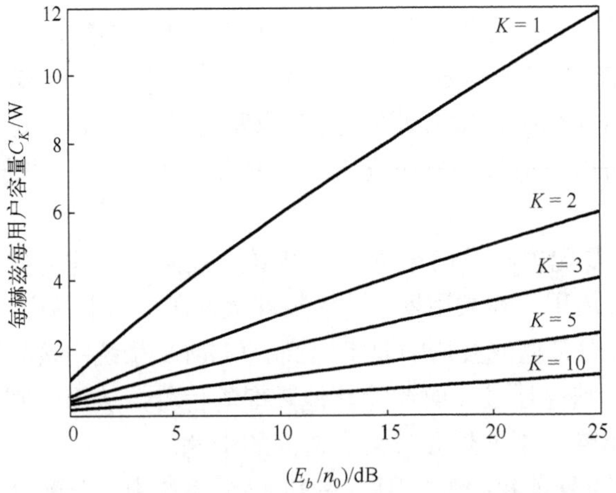


图 11-4　FDMA 的归一化容量与 $E_b/n_0$ 的函数关系

定义归一化总容量 $C_n = KC_K/W$，它表示的是每单位带宽上所有 $K$ 个用户的总比特率。则式(11-4)可进一步简写为

$$C_n = \log_2\left(1 + C_n \frac{E_b}{n_0}\right) \tag{11-5}$$

或

$$\frac{E_b}{n_0} = \frac{2^{C_n} - 1}{C_n} \tag{11-6}$$

图 11-5 给出了 $C_n$ 相对于 $E_b/N_0$ 在理论上的变化曲线。

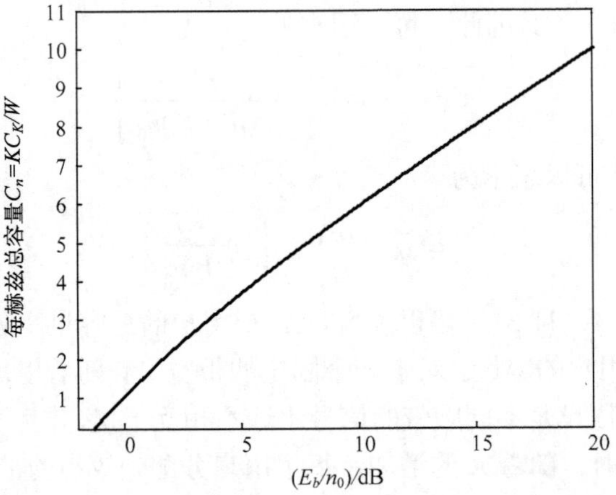


图 11-5　FDMA 的每赫兹总容量与 $E_b/n_0$ 的函数关系

### 11.1.2　时分多址(TDMA)

#### 1. 时分多址基本原理

TDMA 系统以时间作为信号分割的参量，它把时间划分为称作“时隙”的时间小

段，N 个时隙组成一帧，无论时隙与时隙之间，还是帧与帧之间，在时间轴上必须互不重叠。在每一帧中固定位置周期性重复出现的一系列时隙组成一个信道，系统的每一个用户可以占用一个或几个这样的信道。这样，各个用户在每帧中只能在规定的时隙内向基站发射信号，也就避免了相互干扰。同时，基站发向各个用户的信号也都是按规定好的顺序，在相应的时隙传输，各个用户只要在规定的时隙内接收，就能从时分多路复用的信号中接收到发给它的信号。

TDMA 方式的主要问题是整个系统要有精确的同步，一般由一个基准站点提供系统内各个节点的时钟，才能保证各个节点准确地按时隙提取本节点所需的信息。各时隙间应留有保护时隙，以减少码间干扰的影响。当信道条件差或者码率过高时，还需要进行自适应均衡。

另外，TDMA 系统的收发还有一个双工问题。可以采用频分双工(FDD)方式，也可以采用时分双工(TDD)方式，而且采用时分双工方式时不需要使用双工器，因为收发处于不同的时隙，由高速开关在不同时间把接收机或发射机接到天线即可。

如果用频率 $f$、时间 $t$ 和代码 $c$ 作为三维空间的三个坐标，则 TDMA 系统在这个坐标系中的位置如图 11-6 所示，它表示系统的每个用户由不同的时隙所区分，但可以在同一频带、用同一码字进行通信。

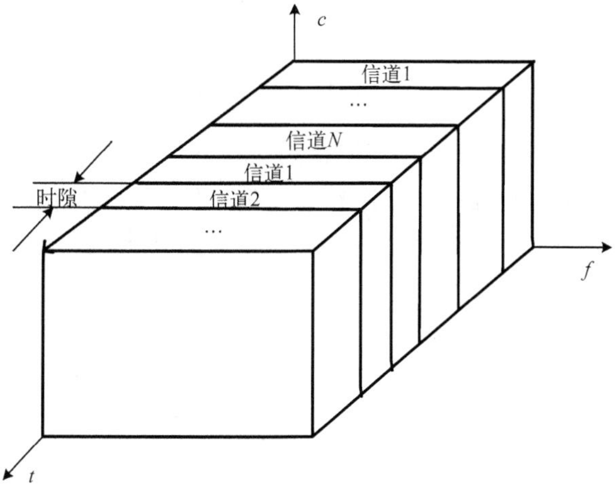


图 11-6　时分多址工作方式

TDMA 通信系统的帧长度和帧结构可以比较灵活地进行定义，不同系统中它们通常是不同的，而且帧结构和系统的双工方式也有关。不但不同通信系统的帧结构可能有很大差异，即使在同一个通信系统中，不同传输方向上的时隙结构也可能不尽相同。因此不可能定义一种通用的时隙结构来适应各种通信网络场景。反过来说，我们可以灵活改变帧结构来适应不同的通信网络场景和需求。

### 2. 时分多址系统的特点

TDMA 系统具有以下特点。

(1) TDMA 系统通过分配给每个用户一个互不重叠的时隙，使 $N$ 个用户可以共享同一个载波信道。

(2) 有额外的同步开销。同步技术是 TDMA 系统正常工作的重要保证(包括帧同步、时隙同步和比特同步等)。假设每路编码速率设为 $R$ bit/s，共 $N$ 个时隙，则在这个载波上传输的速率将大于 $NR$ bit/s。这是因为 TDMA 系统中需要较高的同步开销。

(3) 基站复杂性减小。多个时分信道共用一个载波，占据相同带宽，只需一部收发信机，互调干扰小。

(4) 越区切换简单。由于在 TDMA 中移动台是不连续地突发式传输，所以切换处理组网对一个用户单元来说是很简单的，因为它可以利用空闲时隙监测其他基站，这样越区切换技术可在无信息传输时进行，因而没有必要中断信息的传输，数据也不会因越区切换而丢失。

(5) 由于受频率选择性衰落信道的影响，TDMA 的码速率受到限制，单载频的系统容量是有限的。一般 FDMA 和 TDMA 结合起来，可提供较大的系统容量。

3. 时分多址系统的容量

在理想 AWGN 信道中，TDMA 系统的每个用户在 $1/K$ 时间内通过带宽为 $W$ 的信道以平均功率 $KP$ 发送信号，因此，每个用户的容量为

$$C_K = \left(\frac{1}{K}\right) W \log_2\left(1+\frac{KP}{Wn_0}\right) \tag{11-7}$$

比较式(11-2)和式(11-7)可知，相同信道条件下，TDMA 与 FDMA 系统的容量相同。从实用的角度来看，在 TDMA 中，当 $K$ 很大时，对发射机来说，保持发射机功率为 $KP$ 是不可能的。因此，存在一个实际的限制，当超过此限制时，发射机功率不能随着 $K$ 的增加而增加。

### 11.1.3　码分多址(CDMA)

1. 码分多址基本原理

在 CDMA 系统中，不同用户用各自不同的正交编码序列来区分。具体而言，每个用户分配一个唯一的伪随机 $M$ 位码片序列(Chip Sequence)，各个用户之间的码片序列相互正交。一个用户如果想要发送比特 1，则用它自己的 $M$ 位码片序列来表征；如果要发送 0，则用其码片序列的反码来表征。尽管无论从频域还是时域来看，不同用户的 CDMA 信号都是互相重叠的，但是接收端的相关器可以在多个 CDMA 信号中选出使用预定码片序列的信号，其他信号因使用了不同码片序列而不能被解调，从而达到了正交的效果。在实际应用中，其他用户信号的存在类似于在信道中引入了噪声或干扰，通常称为多址干扰。

如果用频率 $f$、时间 $t$ 和代码 $c$ 作为三维空间的三个坐标，则 CDMA 系统在这个坐标系中的位置如图 11-7 所示，它表示系统的每个用户由不同的码片序列所区分，但可以

在同一时间、同一频带进行通信。

由上面的介绍可以看出，CDMA 技术的原理本质上是基于扩频技术，它将需要传送的具有一定信号带宽的信息数据，用一个带宽远大于信号带宽的高速伪随机码片序列进行调制，使原数据信号的带宽被扩展，再经载波调制并发送出去(因此码片序列也被称为扩频序列)。接收端使用完全相同的伪随机码片序列，与接收的带宽信号做相关处理，把宽带信号，换成原信息数据的窄带信号，即解扩，以实现信息通信。按照采用的扩频调制方式的不同，CDMA 可以分为跳频码分多址(FH-CDMA)、直扩码分多址(DS-CDMA)、混合码分多址、同步码分多址(Synchronous CDMA，SCDMA)和大区域同步码分多址(LAS-CDMA)。

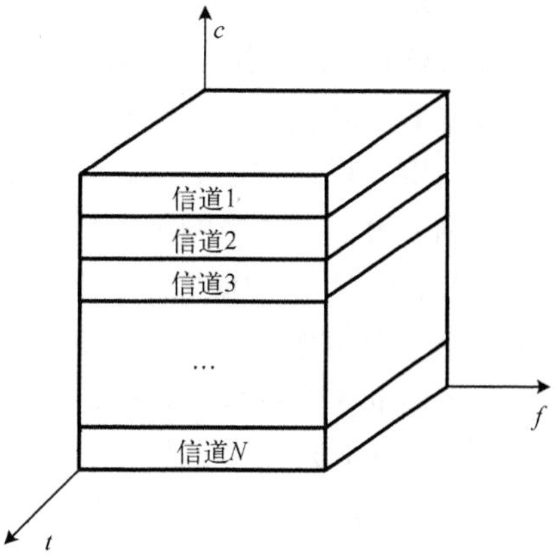

图 11-7　码分多址工作方式

1)跳频码分多址

FH-CDMA 系统中，每个用户根据各自的伪随机序列(即码片序列)，动态改变其已调信号的中心频率，各用户的中心频率可在给定的系统带宽内随机改变。发射机频率根据指定的法则在可用的频率之间跳跃，接收机与发射机同步操作，始终保持与发射机同样的中心频率。FH-CDMA 系统中各用户使用的频率序列要求相互正交(或准正交)，即在一个伪随机序列周期对应的时间区间内，各用户使用的频率在任一时刻都不相同(或相同的概率非常小)。

2)直扩码分多址

DS-CDMA 系统中，所有用户工作在相同的中心频率上，输入的数据序列与伪随机序列相乘得到宽带信号，不同的用户使用不同的伪随机序列，这些伪随机序列相互正交，利用其优良的自相关特性和互相关特性来区分不同的用户。DS-CDMA 系统中既可以利用完全正交的码序列来区分不同的用户(或信道)，也可以利用准正交的 PN 序列来区别不同的用户(或信道)。

3)混合码分多址

混合码分多址方式主要有如下几种。

①直扩/跳频(DS/FH)系统：在直接序列扩展频谱系统的基础上，增加载波频率跳变的功能。

②直扩/跳时(DS/TH)系统：在直接序列扩展频谱系统的基础上，增加对射频信号突发时间跳变控制的功能。

③直扩/跳频/跳时(DS/FH/TH)系统：将 3 种基本扩展频谱系统组合起来构成一个直扩/跳频/跳时混合式扩频系统，其复杂程度高，一般很少使用。

另外，还有很多其他混合码分多址方式，如 FDMA 和 DS-CDMA 混合、TDMA 与 DS-CDMA 混合(TD/CDMA)、TDMA 与跳频混合(TDMA/FH)、FH-CDMA 与 DS-CDMA 混合(DS/FH-CDMA)等。

4）同步码分多址

SCDMA 是建立在 CDMA 基础上的，它采用智能天线、同步 CDMA 和软件无线电等技术收单，通过无线分配网络提供健全和完善的传输，使无线信道传送上行信息相互正交和同步，减少交互干扰。对于宽带中的通道干扰问题，可用 SCDMA 通道来解决，使 SCDMA 数据不会影响用保护带隔离的其他通道。

SCDMA 是由我国大唐电信科技股份有限公司研制的新一代无线通信技术平台，也是我国第一个拥有完全自主知识产权的无线通信核心技术。该技术也是我国第三代移动通信技术标准 TD-SCDMA 的知识产权核心组成部分。

5）大区域同步码分多址

LAS-CDMA 使用了一种被称为 LAS 编码的扩频地址编码设计，通过建立“零干扰窗口”，产生强大的零干扰多址码，很好地改善了实际 CDMA 系统中系统容量由于存在的多用户干扰而受限的问题。LAS 地址编码由两级编码 LA 码和 LS 码组成，LA 码和 LS 码可以减少或完全消除自干扰和相互干扰，包括符号间干扰（ISI）、多址干扰（MAI）和相邻小区干扰（ACI）。

### 2. 码分多址系统的特点

CDMA 系统具有以下特点。

（1）频率共享。CDMA 系统可以实现多用户在同一时间内使用同一频率进行各自的通信而不会相互干扰。

（2）通信容量大。由于对一个 CDMA 系统用户而言，其他用户信号相当于噪声，这样增加 CDMA 系统中的用户数目会线性增加噪声背景，使系统的性能下降，但不会中断通信，所以 CDMA 系统具有软容量特性，对用户数目没有绝对限制。这就是说，CDMA 是干扰限制性系统，目前也有很多抗干扰技术来进一步提高系统容量。

（3）抗多径衰落。当频谱带宽比信道的相关带宽大时，固有的频率分集将具有减小小尺度衰落的作用。由于 CDMA 是扩频系统，其信号被扩展在一个较宽的频谱上，因此可以减小多径衰落。

（4）接收效果好。在 CDMA 系统中，信道数据速率很高，因此码片时长很短，通常比信道的时延扩展小得多。因为伪随机序列有低的自相关性，所以超过一个码片时延的多径将被认为是噪声，受到接收机的自然抑制。当然，如果能采用分集接收最大合并比技术，可获得最佳的抗多径衰落效果，可进一步提高接收的可靠性。

（5）平滑的软切换。CDMA 系统中所有小区使用相同的频率，所以它可以用宏空间分集来进行软切换，使越区切换得以平滑地完成。当移动台处于小区边缘时，同时有两个或两个以上的基站向该移动台发送相同的信号，移动台的分集接收机能同时接收合并这些信号，此时处于宏分集状态。当某一基站的信号强于当前基站信号且稳定后，移动台会自动切换到该基站的控制上，这种切换可以在通信的过程中平滑完成，称为软切换。软切换由移动交换中心来执行，它可以同时监视来自两个以上基站的特定用户信号，选择任意时刻信号最好的一个，而不用切换频率。

（6）信号功率谱密度低。在 CDMA 系统中，信号功率被扩展到比自身频带宽度宽百倍以上的频带范围内，因而其功率谱密度大大降低。由此可得到两方面的好处：其一，具有较强的抗窄带干扰能力；其二，对窄带系统的干扰很小，有可能与其他系统共用频带，使有限的频谱资源得到更充分的使用。

虽然 CDMA 系统具有较多的优越性，但也存在两个重要的问题：一个是自干扰问题，另一个是“远-近”效应问题。

(1) 自干扰问题。

虽然理论上 CDMA 系统是希望通过正交的码片序列(扩频序列)进行多用户的区分，但在实际中不同的用户采用的扩频序列不是完全正交的。这一点与 FDMA 和 TDMA 是不同的，FDMA 具有合理的保护频隙，TDMA 具有合理的保护时隙，接收信号近似保持正交，而 CDMA 对这种正交性是不能保证的。CDMA 系统在同步状态下，各用户序列的互相关系数虽然不为零，但比较小；而在非同步状态下，各用户序列的互相关系数不但不为零，有时还比较大。这种扩频码集的非零互相关系数引起的各用户之间的相互干扰被称为多址干扰(Multiple Access Interference，MAI)，在异步传输信道以及多径传播环境中多址干扰更为严重。由于这种干扰是系统本身产生的，所以称为自干扰。解决自干扰问题的根本办法是找到在同步状态下和非同步状态下序列的互相关系数均为零的数字序列。

(2) “远-近”效应问题。

如果 CDMA 系统中不同的用户都以相同的功率发射信号，那么离基站近的用户的接收功率就会高于离基站远的用户的接收功率。这样在不同位置的用户，其信号在基站的接收状况将会不同。即使各用户到基站的距离相等，各用户信道上的不同衰落也会使到达基站的信号各不相同。如果期望用户与基站的距离比干扰用户与基站的距离远得多，那么干扰用户的信号在基站的接收功率就会比期望用户信号的接收功率大得多(最大可以相差 80dB)。

在同步 CDMA 系统中，接收功率的不同不会产生不良影响，因为不同用户信号之间是正交的；在非同步 CDMA 系统中，接收功率的不同有可能产生严重的影响，因为此时不同用户的非同步扩频波形不再是严格正交的，从而对弱信号有着明显的抑制作用，会使弱信号的接收性能很差甚至无法通信，这种现象被称为“远-近”效应。

为了解决“远-近”效应问题，在大多数 CDMA 实际系统中采用功率控制技术。蜂窝系统中由基站来提供功率控制，以保证在基站覆盖区内的每一个用户给基站提供相同功率的信号。这就解决了由于一个邻近用户的信号过强而覆盖了远处用户信号的问题。基站的功率控制通过快速抽样每一个移动终端的无线信号强度指示来实现。尽管在每个小区内使用功率控制，但小区外的移动终端还会产生不在接收基站控制内的干扰。

### 3. 码分多址系统的容量

在 CDMA 系统中，每个用户发送一个带宽为 $W$、平均功率为 $P$ 的伪随机信号。系统容量取决于 $K$ 个用户协同工作的程度。其极端情况是非协同 CDMA，此时每个用户信号的接收机不知道其他用户的扩频波形，或者在解调过程中忽略它们。因此，在每个用户接收机中都把其他用户信号看作干扰。此时，多用户接收机由一组 $K$ 个单用户接收机组成。如果假设每个用户的伪随机信号波形是高斯的，则每个用户信号将受到功率为$(K-1)P$的高斯干扰和功率为$Wn_0$的加性高斯噪声的恶化。因此，每个用户的容量为

$$C_K = W\log_2\left[1+\frac{P}{Wn_0+(K-1)P}\right] \tag{11-8}$$

或者效率为

$$\frac{C_K}{W} = \log_2\left[1+\frac{C_K}{W}\frac{E_b/n_0}{1+(K-1)(C_K/W)E_b/n_0}\right] \tag{11-9}$$

图 11-8 给出了$C_K/W$随$E_b/n_0$而变化的曲线。

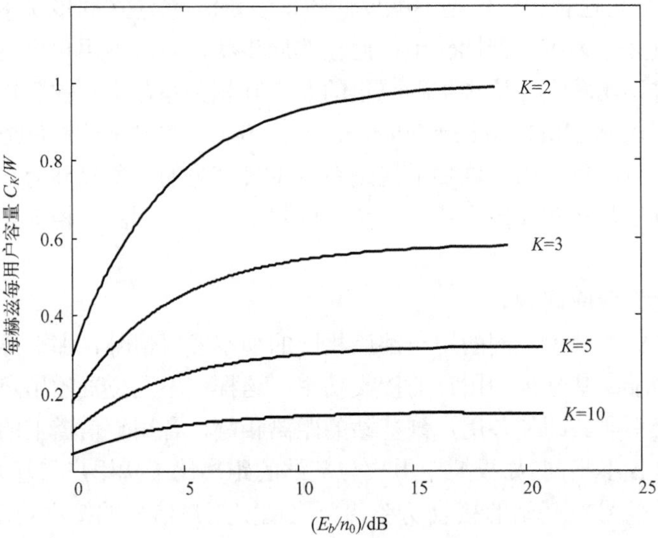


图 11-8　非协同 CDMA 的归一化容量与$E_b/n_0$的函数关系

对于大量用户的情况，可以使用近似式$\ln(1+x)\leqslant x$，则有

$$\frac{C_K}{W} \leqslant \frac{C_K}{W}\frac{E_b/n_0}{1+K(C_K/W)(E_b/n_0)}\log_2 \mathrm{e} \tag{11-10}$$

同样采用归一化总容量$C_n = KC_K/W$，由式(11-10)可推导出：

$$C_n \leqslant \log_2 \mathrm{e} - \frac{1}{E_b/n_0} \leqslant \frac{1}{\ln 2} - \frac{1}{E_b/n_0} < \frac{1}{\ln 2} \tag{11-11}$$

与式(11-2)和式(11-7)比较可知，CDMA 系统的总容量并不像 TDMA 和 FDMA 那样随着$K$的增加而增加。

## 11.2　随 机 多 址

前面介绍的 FDMA、TDMA 和 CDMA 都属于固定的多址分配方式，即不同的用户被固定地分配互不干扰的频率、时隙或者码字，这种分配方式往往需要通信终端间严格

的同步，且需要一个中心控制节点(如蜂窝网络中的基站)。而在分布式无线网络中，为了降低对组网设备的要求，常采用另外一种解决思路，即随机多址技术，它允许不同的用户对同一资源进行随机的竞争，因此也称为竞争式多址分配方式。随机多址接入协议中最有代表性的工作主要有 ALOHA 协议和载波侦听多址接入(Carrier Sense Multiple Access ，CSMA)协议，下面分别对它们进行简单介绍。

### 11.2.1　ALOHA 协议

假定连接在共享信道上各网络节点的业务特征具有明显的突发性和间歇性，即在业务量和发送速率上都具有很高的峰值/均值比率，每个网络节点在绝大部分时间里不产生数据，一旦出现数据要求传输，立即以信道的总带宽所允许的最高速率突发传送出去。在这种情况下，共享信道可以由所有网络节点完全随机地使用，任意一个节点可以在产生数据的任何时刻进行发送，而无须关心其他节点和信道的状况，这就是随机接入方法的基本概念。

20 世纪 70 年代初，夏威夷大学建立了一个以无线电波连接几个小岛上计算机的通信网络，该网络使用了称为 ALOHA 的随机多址接入协议。这项研究计划的目的是要解决夏威夷群岛之间的通信问题，ALOHA 协议可以使分散在各岛的多个用户通过无线信道来使用中心计算机，从而实现一点到多点的数据通信。

#### 1. 纯 ALOHA(Pure-ALOHA)

在 ALOHA 协议诞生后的几十年里，先后又出现了以 ALOHA 为基础的多种改进和加强版本，为了区别，最初的 ALOHA 协议也称为纯 ALOHA(Pure-ALOHA)，其算法描述如下。

(1)多个用户终端作为网络节点在系统中处于同等地位，每个用户的业务量和发送速率都有很高的峰值/均值比(突发性)，即每个用户在绝大部分的时间里不产生信息，一旦有信息要发送，立即以系统最大可用资源(信道总带宽)允许的最高速率发送出去。

(2)每个用户可以独立地、随机地发送所产生的信息，每个信息包(数据分组)都使用纠错编码。

(3)信息发送后，用户监听从接收端发来的确认信息(ACK)。由于用户的数据分组发送时间是任意的，如果多个用户的发送分组在时间上有重叠，则各个分组就会产生冲突(Collision)，导致接收错误。这种情况下错误被检测出来，发送用户会收到接收方发回的一个否认信息(NAK)。

(4)当收到一个 NAK 后，信息被发送端简单地重新传送。当然，如果冲突的用户立即进行重传，会再次发生冲突。因此，用户须经过一个随机的时间后再进行重传。

(5)发送端发送信息后，如果在一个给定时间内没有收到 ACK 或 NAK，发送用户就认为这个分组未能成功传送，于是会经过随机选择的一个延迟后再次发送这个信息，以避免再次冲突。

显然，这是一种多个用户共用同一频率带宽的多址接入方式，不同用户通过接入信道时刻的不同实现各自对信道资源的占用。由于每个用户的接入时刻是随机的，因而不同用户在接入时可能存在冲突。

为了评估 ALOHA 协议的效能，对系统进行统计分析，首先作如下假设。

(1)共享的无线信道是不引起传输差错的理想信道，即数据分组未能成功传输的原因只是由于出现了冲突，且即使只有 1bit 的时间重叠也将造成整个分组的接收失败。

(2)用户的分组数据进入共享信道的过程为泊松过程，分组长度固定且相等，时间长度为 $T$。

(3)单位时间内进入信道的总业务量为 $G$，其中成功传输的业务量为 $S$，且有 $G=S+$ 单位时间内的重传业务量，$G$ 也称为信道负载，且假定其分布仍然是泊松分布。

(4)在考虑冲突时，忽略信道传播时延。

如果以 $T$ 作为单位时间，$S$ 即为单位时间内成功传输一个分组的概率(也称为吞吐率)，应有 $S \leqslant 1$，但 $G$ 可能大于 1。

根据泊松公式，在时间 $T$ 内出现 $K$ 个分组的概率为

$$P(K)=\frac{(\lambda T)^{K}\mathrm{e}^{-\lambda T}}{K!},\quad K \geqslant 0 \tag{11-12}$$

式中，$\lambda$ 为分组到达速率，此时信道负载为 $G=\lambda T$。分组能够成功传输的条件是：没有两个分组在时间上出现任何重叠(冲突)。只要其他用户没有在前面的 $T$ 时间内和后面的 $T$ 时间内传输信息，用户就可以连续地传输信息。如果另一个用户在前面的 $T$ 时间内传输信息，它的尾部就会与当前要传输的信息发生冲突。如果另一个用户在后面的 $T$ 时间内传输信息，它会与当前要传输信息的尾部发生冲突。这样，每个分组至少需要 $2T$ 的时间间隔，此间隔也称为冲突窗口。

在 $2T$ 的冲突窗口内成功传输一个分组的概率应是“前一 $T$ 内不发送分组”和“后一个 $T$ 内只发送一个分组”这两事件同时发生的概率。因此成功传输的概率为

$$P_{\text{suc}}=P(0)\times P(1)=\mathrm{e}^{-\lambda T}\times(\lambda T)\mathrm{e}^{-\lambda T}=\lambda T\mathrm{e}^{-2\lambda T}=G\mathrm{e}^{-2G} \tag{11-13}$$

在单位时间意义上，成功传输概率也即系统的吞吐率：

$$S=P_{\text{suc}}=G\mathrm{e}^{-2G} \tag{11-14}$$

式(11-14)反映了纯 ALOHA 系统的吞吐率与信道总负载之间的定量关系。为了求出最大吞吐率，令 $\mathrm{d}S/\mathrm{d}G=0$，可以解得当 $G=0.5$ 时，$S=S_{\max}=1/2\mathrm{e}\approx 0.184$。

ALOHA 系统存在传输冲突并需要重传，因而还需要考虑其时延特性。如果定义分组传输时延 $D$ 是从分组在发送端产生到接收端成功接收的一段时间间隔，那么它将包括发送前的排队时间、发送时间(包括可能碰撞后的随机延迟和重传时间)和传播时延。在纯 ALOHA 系统中，不存在排队时间。因此，以单位时间 $T$ 进行归一化的平均分组时延可表示为

$$D=1+\alpha+E\delta \tag{11-15}$$

其中，第一项是一次便成功传输的归一化时延；第二项是归一化的传播时延，$\alpha=\tau/T$（$\tau$ 为实际传播时延）；第三项是由于冲突引起重传而产生的平均时延，$E$ 为平均重传次数，$\delta$ 是每次重传所产生的平均时延。这样问题归结为求 $E$ 和 $\delta$。

根据 $G$ 和 $S$ 的含义，不难理解一个分组的平均发送次数就等于 $G/S$。除去成功的一

次，则平均重传次数为

$$E=(G/S)-1=e^{2G}-1 \tag{11-16}$$

每次重传的平均时延$\delta$的大小与冲突后的重传策略有关。通常采用的一种简单重传策略是：当发送端检测出发送的分组需要重传时，立即计算一个在[1，$k$]区间内均匀分布的随机数$\xi$，据此延迟$\xi T$后再重传冲突的分组。加上传播时延，归一化后的平均一次重传时延为

$$\delta=\alpha+\frac{k+1}{2} \tag{11-17}$$

所以

$$D=1+\alpha+\left(e^{2G}-1\right)\left(\alpha+\frac{k+1}{2}\right) \tag{11-18}$$

2. 时隙 ALOHA(Slot-ALOHA)

纯 ALOHA 协议只能提供约 0.184 的最大吞吐率。为了提高吞吐率，需要设法减少各用户发送数据分组时出现冲突的机会，显然，缩小冲突窗口将有助于减小发生的概率。如果将冲突窗口从 $2T$ 缩小至 $T$(不能再缩小了，否则数据分组无法完整传输)，则系统吞吐量有望得到提高。

一种可行的方法是将时间信道资源划分成定长的时隙，每一时隙宽度为 $T$，正好传输一个数据分组(实际中还要加上传播时间$\alpha T$)。各用户在一个时隙内产生的分组不能完全地随到随发，必须限制在每个时隙的起始时刻发送至信道。这样就要求网络中所有用户的发送操作都必须被同步至统一的时隙定时关系中。

纯 ALOHA 系统的重传方式在时隙 ALOHA 系统中需要进行修正，如果接收到一个 NAK 信息或接收超时，用户应该在随机整数倍的时延时隙后再进行重传。

依据这种时隙控制方法，时间信道上无冲突地发送数据分组的概率等于在一个 $T$ 内整个网络内只有一个分组到达的概率，即

$$P(1)=\lambda T e^{-\lambda T}=Ge^{-G} \tag{11-19}$$

则吞吐率为

$$S=P(1)=Ge^{-G} \tag{11-20}$$

令 $dS/dG=0$，可以解得当 $G=1.0$ 时，$S=S_{max}=1/e\approx 0.368$。可见，时隙 ALOHA 系统的最大吞吐率比纯 ALOHA 系统提高了一倍。系统性能的提高，是源于时隙 ALOHA 对发送的随机性作了一定的限制，并且引入了网络同步机制。

时隙 ALOHA 系统的分组传输时延的求取方法与纯 ALOHA 系统类似，只是要把新分组和经延时后的重发分组在发送前的等待时间附加进去即可，这个等待时间简单地平均为 $0.5T$，因此可得

$$D=1.5+\alpha+\left(e^{G}-1\right)\left(0.5+\alpha+\frac{k+1}{2}\right) \tag{11-21}$$

### 11.2.2 载波侦听多址技术(CSMA)

在 ALOHA 协议里，当用户试图发送分组的时候，并不考虑信道当前的忙闲状态，一旦产生了分组就独自决定将分组发送至信道,这种发送控制策略显然有严重的盲目性。改进后的时隙 ALOHA，其最大吞吐率也只达到 0.368。如果要进一步提高系统的吞吐率，还应该进一步减小发生冲突的概率。除了缩小冲突窗口的思路之外，另外一个解决办法就是减小分组发送的盲目性，通过在发送之前进行“侦听”来确定信道的忙闲状态，然后决定是否发送分组。这就是目前广为使用的载波侦听多址接入方式。

CSMA 的基本原理是任何一个网络节点在它的分组发送之前，首先侦听一个信道中是否存在其他的节点正在发送数据分组，如果侦听到数据分组的载波信号，说明信道正忙，否则信道处于空闲状态，然后根据预定的控制策略在以下两方面做出决定。

(1)若信道空闲，应该立即将自己的分组发送至信道，还是为慎重起见稍后再发送。

(2)若信道忙，应该继续坚持侦听载波，还是暂时退避一段时间再侦听。

应当注意到，由于电信号在介质中传播时存在延迟，在不同观察点上侦听到同一信号的出现或消失的时刻是不相同的。例如，当 A 点发送载波信号时，在距离很近的 B 点可能立即就能侦听到该信号，了解到信道处于忙的状态。但在距离很远的 C 点，信号尚未到达，因此信道被认为是处于空闲状态。这是影响控制决策正确性的原因之一。另外，如果有两个或两个以上节点与发送源节点的距离相等或相近，它们可能会同时侦听到载波信号的出现或消失。如果多个节点同时检测到信道空闲，而这时它们都有数据要发送，就必然会造成信道占用冲突。这是影响控制决策正确性的原因之二。从这一点看，CSMA 方式仍然不能完全消除数据分组的“碰撞”现象。当然，这样的冲突可以采用与 ALOHA 系统类似的方式去解决。然而，如果网络节点之间的传播时间较长，这样的情况会频繁发生，最终将导致 CSMA 协议效率的降低。因此，相比而言，基于 CSMA 的协议更适合用于网络覆盖较小，如局域网的应用中，而 ALOHA 协议更多用于较大覆盖，如广域网的应用中。

根据不同的应用需要可以选用不同的 CSMA 实现方案，不同的 CSMA 控制处理策略将导致不同的系统接入性能。CSMA 采用的控制处理策略可以细分为几种不同的实现形式：①非坚持型 CSMA；②1-坚持型 CSMA；③$p$-坚持型 CSMA。

#### 1. 非坚持型 CSMA (Non-Persistent CSMA)

当一个网络节点有一个数据分组产生之后，先将它排队缓冲，然后立即开始侦听信道状态。若侦听到信道空闲，即可发送分组。若信道正忙，则暂时不坚持侦听信道，随机延迟一段时间后再次侦听信道状态。如此循环，直到将数据分组发送完为止。这个控制过程可由如下控制算法描述。

(1)新数据分组进入缓冲器，等待发送。

(2)侦听信道。若信道空闲，发送分组，发送完返回第(1)步；若信道正忙，则放弃侦听，选择随机数，开始延时。

(3)延时结束，转至第(2)步。

如图 11-9 所示为这个控制过程的示意图。

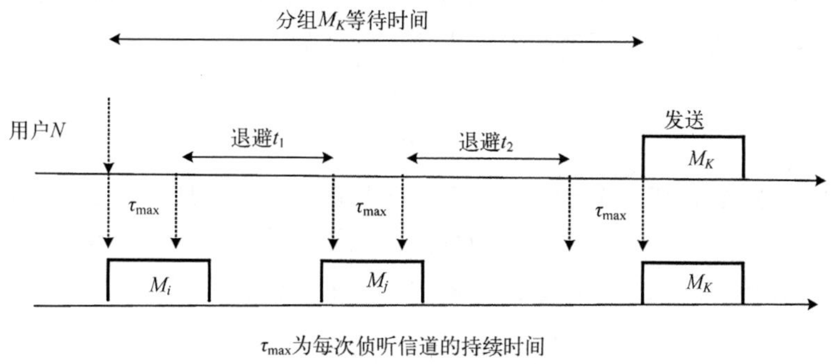


图 11-9　非坚持型 CSMA 协议控制算法

非坚持型 CSMA 协议的控制特点是当节点侦听到信道忙时，能够主动地退避一段随机时间，暂时放弃侦听信道，这有利于减少传输冲突的机会，有利于提高系统的吞吐率和信道利用率。

为了分析非坚持型 CSMA 系统的吞吐率性能，作如下假设。

(1)系统中的节点(用户站)数目是无限的，而且所有站的数据分组产生(包括新分组到达和重发分组到达)过程服从泊松分布。

(2)所有数据分组的长度相同，它的发送时间为 $T$。

(3)信道最长距离上的传播迟延(相距最远的两个站之间的双向传播时延)设为 $\tau_{max}$，归一化后为 $\alpha=\tau_{max}/T$。

(4)每个用户站任何时候只有一个分组准备好发送，对载波的检测是瞬时完成的，不引入收发切换时延。

(5)信道本身是无差错的，并且由于发送冲突所造成的任意长度的分组重叠都将引起分组差错，它们必须被重发。

令 $B$ 是信道的忙碌期，定义为某一个分组从出现在信道中开始，直到经信道最大传播延迟后该分组的数据信号完全消失为止的一段时间区间。若这个区间内只有一个分组出现，则这个 $B$ 是成功传输忙碌期，否则就是不成功传输忙碌期，如图 11-10 所示。

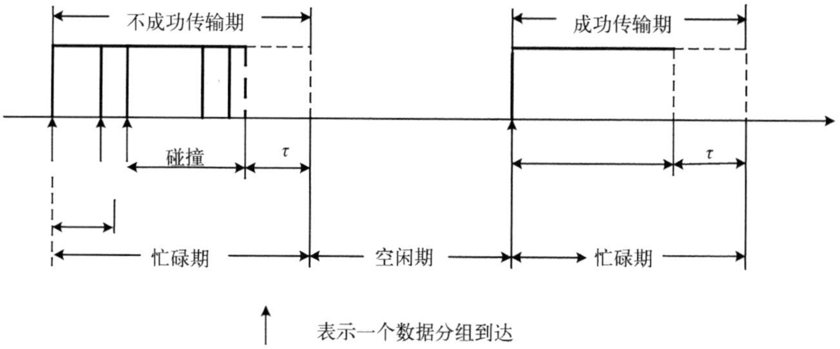


图 11-10　非坚持型 CSMA 系统的信道忙碌期和空闲期

令 $I$ 是信道空闲期，定义为在信道中完全没有数据信号的时间区间。从一个忙碌期 $B$ 开始，至紧跟着一个空闲期 $I$ 结束，这段时间区间定义为一个信道周期。

在系统稳态的情况下，系统的吞吐率可以定义如下：

$$S=\frac{\overline{U}}{\overline{B}+\overline{I}} \tag{11-22}$$

式中，$\overline{B}$ 和 $\overline{I}$ 分别是 $B$ 和 $I$ 的统计平均值。$\overline{U}$ 是在一个忙碌期中用于成功传输数据分组的平均时间，它实际上等于在一个信道周期内某用户站发送一个分组前的时间 $\tau_{\max}$ 内无其他分组到达的概率。已知信道总业务量为 $G$，由泊松公式有

$$\overline{U}=P_0(\tau_{\max})=\mathrm{e}^{-\alpha G},\quad \alpha=\tau_{\max}/T \tag{11-23}$$

而 $\overline{I}$ 实际上又是一个平均速率为 $G$ 的泊松数据流的平均时间间隔，即

$$\overline{I}=\frac{1}{G} \tag{11-24}$$

为了求出 $\overline{B}$，定义一个随机变量 $Y$，它等于在一个不成功忙碌期开始的 $(0,\ \tau_{\max})$ 区间内的第一个分组出现时刻与最后一个分组出现时刻的间隔。那么，不成功传输期的平均长度应该等于 $1+\overline{Y}+\alpha$。这里 $\overline{Y}$ 为 $Y$ 的平均值，其分布函数为

$$F_y(y)=P_r[\text{在}\alpha-y\text{期间无到达}]=\begin{cases}0, & y<0\\ \mathrm{e}^{-(\alpha-\overline{y})G}, & 0\leqslant y\leqslant\alpha\\ 1, & y>\alpha\end{cases} \tag{11-25}$$

由式(11-25)可求得平均间隔长度为

$$\overline{Y}=\alpha-\frac{1-\mathrm{e}^{-\alpha G}}{G} \tag{11-26}$$

平均忙碌期的长度由式(11-27)求出：

$$\begin{aligned}\overline{B}&=P_r[\text{成功传输}](1+\alpha)+P_r[\text{不成功传输}](1+\overline{Y}+\alpha)\\&=\mathrm{e}^{-\alpha G}(1+\alpha)+(1-\mathrm{e}^{-\alpha G})\left(1+\alpha-\frac{1-\mathrm{e}^{-\alpha G}}{G}+\alpha\right)\\&=\frac{(1-\mathrm{e}^{-\alpha G})^2+1}{G}-\alpha\mathrm{e}^{-\alpha G}+2\alpha\end{aligned} \tag{11-27}$$

将 $\overline{U}$、$\overline{I}$ 和 $\overline{B}$ 的表达式代入式(11-22)，最后获得系统的吞吐率公式如下：

$$S=\frac{G\mathrm{e}^{-\alpha G}}{G(1+2\alpha-\alpha\mathrm{e}^{-\alpha G})+(1-\mathrm{e}^{-\alpha G})^2+1} \tag{11-28}$$

当 $\alpha\ll 1$ 时，式(11-28)可近似表示为

$$S=\frac{G\mathrm{e}^{-\alpha G}}{G(1+2\alpha)+G^{-\alpha G}} \tag{11-29}$$

与 ALOHA 方法类似，CSMA 也可按时隙同步方式工作(时隙宽度为 $\tau_{\max}$)，以便减少冲突窗口，进一步提高吞吐率。此时，分析可得如下吞吐率公式：

$$S=\frac{\alpha G\mathrm{e}^{-\alpha G}}{\alpha+(1-\mathrm{e}^{-\alpha G})} \tag{11-30}$$

当忽略信道传播迟延时，式(11-29)和式(11-30)均收敛于同一公式，即

$$\lim_{\alpha\to 0}S=\frac{G}{1+G} \tag{11-31}$$

当$\alpha\to 0$时，若信道上的总业务量$G$无限增长，理论上有可能使系统吞吐率趋于1。

2. 1-坚持型CSMA(1-Persistent CSMA)

如果一个网络节点准备好发送一个数据分组但却侦听到信道不空闲时，它仍坚持继续侦听信道，直到侦听到信道变为空闲时立即发送分组，这种控制过程可以用如下控制算法进行描述。

(1)新数据分组进入缓冲器，等待发送。

(2)侦听信道：若信道空闲，发送分组，发送完毕返回第(1)步；若信道忙碌，则继续转至第(2)步。

如图11-11所示为这个控制过程的示意图。

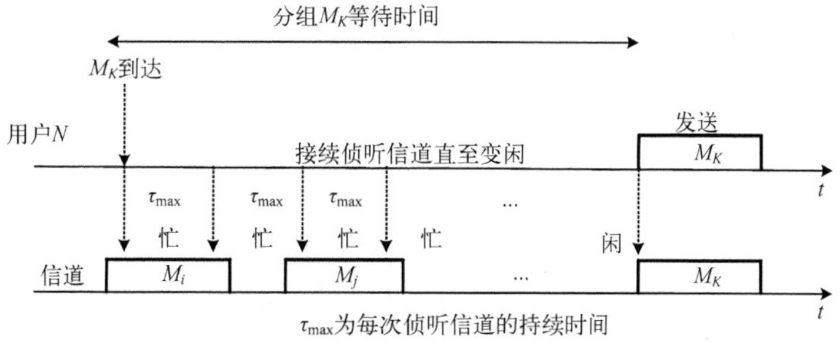


图11-11　1-坚持型CSMA的控制过程示意图

1-坚持型CSMA在信道忙碌时一直要坚持继续侦听信道，虽然减小了信道的空闲时间，但也使得多于一个节点同时侦听得知信道空闲进而同时进行分组发送的可能性增大。所以，这种协议的发送冲突机会比非坚持型CSMA明显得多，从而导致其吞吐性能比后者差。但是由于其控制简单，因而具有较好的实用价值。

经分析得吞吐率公式如下：

$$S=\frac{G[1+G+\alpha G(1+G+\alpha G/2)]\mathrm{e}^{-G(1+2\alpha)}}{G(1+2\alpha)-(1-\mathrm{e}^{-\alpha G})+(1+\alpha G)\mathrm{e}^{-G(1+\alpha)}}\quad\text{(非时隙)} \tag{11-32}$$

$$S=\frac{G\mathrm{e}^{-G(1+\alpha)}(1+\alpha-\mathrm{e}^{-\alpha G})}{(1+\alpha)(1-\mathrm{e}^{-\alpha G})+\alpha\mathrm{e}^{-G(1+\alpha)}}\quad\text{(分时隙)} \tag{11-33}$$

当忽略信道传播延迟时，上述两式均收敛于：

$$\lim_{\alpha\to 0}S=\frac{G\mathrm{e}^{-G}(1+G)}{G+\mathrm{e}^{-G}} \tag{11-34}$$

对式(11-34)求极值可得，当 $G$=1.0 时，$S_{max}$=0.538。由此可知，1-坚持型 CSMA 的吞吐性能比非坚持型 CSMA 要差，最大理想吞吐率只能达到 0.538。

3. $p$-坚持型 CSMA（$p$-Persistent CSMA）

为了进一步提高系统吞吐率，一方面需要坚持对信道状态进行持续侦听，这有利于及时了解信道的忙闲情况，避免信道时间的浪费，另一方面，即使已侦听到信道空闲，也不一定非要立即发送分组，若某个节点能主动退避一下，就可以减少冲突的可能性。这就是 $p$-坚持型 CSMA 的控制策略。其算法描述如下。

(1)新数据分组进入缓冲器，等待发送。

(2)侦听信道。若信道不空闲，继续侦听，转至第二步；若信道空闲，在[0,1]区间选择一个随机数 $r$，若 $r \leqslant p$，发送数据分组，发送完毕返回第(1)步；否则，开始延时 $\tau_{max}$，暂停侦听信道。

(3)延时结束，转至第(2)步。

$p$-坚持型 CSMA 考虑到了存在一个以上节点同时侦听到信道空闲的可能性，要求任一节点以 $1-p$ 的概率主动退避，放弃发送分组的机会，因而可以更进一步地减少数据分组的碰撞概率，在性能上比前述两种形式的 CSMA 更好。当忽略信道传播延迟($\alpha$=0)时，可得到理想情况下的吞吐率性能，表示为

$$S=\frac{G\mathrm{e}^{-G}(1+pGx)}{G+\mathrm{e}^{-G}} \quad \alpha=0 \tag{11-35}$$

式中

$$x=\sum_{k=0}^{\infty}\frac{[(1-p)G]^k}{\left[1-(1-p)^{k+1}\right]k!} \tag{11-36}$$

当式(11-35)中的 $p$=1 时，可得

$$S|_{p=1}=\frac{G\mathrm{e}^{-G}(1+G)}{G+\mathrm{e}^{-G}} \tag{11-37}$$

这与 1-坚持型 CSMA 吞吐公式一致。

4. 各种 CSMA 方式性能比较

以上介绍了三种不同的基于 CSMA 的接入控制方法。由于它们在减少发送冲突方面采用了各不相同的控制策略，所获得的接入性能也不尽相同。相比之下，非坚持型 CSMA 可以大大减少接入过程的碰撞机会，能使系统的最大吞吐量达到信道容量的 80%以上。但由于退避的原因，将会使系统对数据分组的响应时间变长，即时延性能较差。相反，1-坚持型 CSMA 由于毫无退避措施，在业务量很小时，数据分组的发送机会多，响应也快。但若节点数增多或总的业务量增加时，碰撞的机会将急剧增加，吞吐和时延特性急剧变坏，其最大吞吐量只能达到信道容量的 53%。$p$-坚持型 CSMA 是前两者之间折中的一种改进方案，或者更确切地说是 1-坚持型 CSMA 的改进方案。如果能适当地选取合适的 $p$ 值，可以获得比较满意的系统性能。

应该指出的是，上述 3 种 CSMA 方法的载波侦听只在数据分组发送之前进行，一旦分组已经发送，即使发生了碰撞，有关节点也得让该分组照样发送完毕。这样实际上白白浪费了一个 $\tau_{max}$ 的信道工作时间。如果不仅在发送分组前进行载波侦听，而且在发送过程中也进行载波侦听，并在侦听到冲突后及时中止发送，这样就可以减少信道占用时间(可换算成信道容量)的浪费，从而更进一步地提高系统吞吐能力和减少分组传输时延。这种改进的接入方法称为具有碰撞检测的 CSMA(Carrier Sense Multiple Access with Collision Detection，CSMA/CD)，目前广泛地用于有线局域网的多址接入协议中。

在无线网络中，因为在发送节点附近发生的碰撞中，发送信号的功率总是远大于接收到的信号功率，检测结果总会认为无碰撞发生，所以通常难以实施对碰撞的检测，因此在无线局域网的实现中只能改为避免冲突的机制，即冲突避免的载波侦听多址接入(Carrier Sense Multiple Access with Collision Avoidance，CSMA/CA)。这种方案采用主动避免碰撞而非被动侦测的方式来解决冲突问题，可以满足那些不易准确侦测是否有冲突发生的需求。目前 IEEE 802.11 MAC 层协议就是采用的 CSMA/CA 技术。

### 11.2.3　冲突避免的载波侦听多址接入(CSMA/CA)

#### 1. CSMA/CA 概述

CSMA/CA 是 IEEE 802.11 MAC 层协议 DCF 模式所采用的机制，它定义了两种访问模式：基本访问模式和 RTS/CTS 访问模式。

在基本访问模式下，数据的传输过程为 DATA-ACK，如图 11-12 所示。如果源节点要发送数据，首先对信道进行侦听。如果信道连续空闲了一段特定的时间间隔 DIFS，源节点才可以发送 DATA(数据分组)。如果目的节点成功地收到 DATA，也要侦听信道一段特定的时间间隔 SIFS，然后向源节点发送一个 ACK 应答。然而，如果信道忙，那么源节点需要等待信道变为空闲，并且再等待 DIFS 的时间，然后在一个特定的竞争窗口中随机地选择一段时间进行避退。如果避退期间信道仍然空闲，源节点就可以在避退时间结束后发送数据帧；如果在避退期间检测到信道忙，源节点将冻结避退定时器，等待下次信道空闲时继续避退。

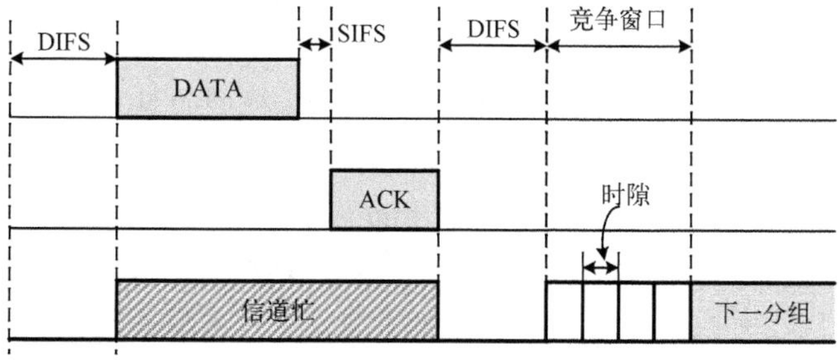


图 11-12　IEEE 802.11 DCF 的基本访问模式

为了缓解隐藏节点问题，DCF 还定义了 RTS/CTS 访问模式。在发送数据前，首先发送一个比较短小的 RTS/CTS 握手信号，数据的传输过程为 RTS-CTS-DATA-ACK。其中，RTS/CTS 分组中包含了一个称为 NAV(网络分配向量)的域，该域说明了接下来的数据帧需要传输的时间。收到 RTS/CTS 的邻居节点更新自己的 NAV 值，由此判断自己在多长时间内不能发送数据，这种机制也称为“虚拟载波侦听”。RTS/CTS 访问模式可以缓解隐藏节点问题，但并不能彻底消除该问题。事实上，在多跳无线网络中，隐藏节点仍然是一个重要问题。

如图 11-13 所示(图中 $R_{tx}$ 和 $R_{CS}$ 分别为通信距离和载波侦听距离)，如果一个节点 $H$ 处于某一链路目标节点 $D$ 的载波侦听范围内，而处于源节点 $S$ 的载波侦听范围外，那么节点 $H$ 相对于源节点 $S$ 就称为隐藏节点。因为 $H$ 不能感知到 $S$ 的发送，所以当 $S$ 向 $D$ 的传送正在进行时，$H$ 错误地认为可以向 $A$ 发送数据了。$S$ 和 $H$ 同时发送的分组将会在 $D$ 处引起碰撞，从而可能导致 $D$ 无法正确接收来自 $S$ 的分组。可见，隐藏节点将会引起吞吐量的下降。

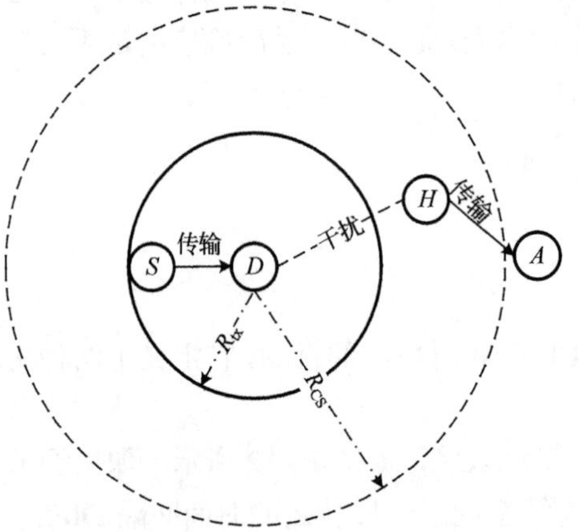

图 11-13　隐藏节点示意图

为了缓解无线网络中的分组碰撞问题，DCF 使用了二进制指数避退算法：如果发送分组后，发送节点在一定的时间内没有收到 ACK，那么它假设分组发生了碰撞，将竞争窗口翻一倍，直到达到最大值 $W_m$，然后在竞争窗口中随机地选择一段时间进行避退。一旦数据发送成功，那么节点将竞争窗口复位，即设置为最小值 $W_0$。此外，每次数据发送成功，发送节点需要先进行随机避退，才能尝试下次发送。

2. MAC 层协议模型

在了解了 CSMA/CA 的接入机制和二进制避退机制后，就可以建立比较完整的 MAC 协议模型了。针对 IEEE 802.11 DCF，Bianchi 在 2000 年将其行为建模为一个马尔可夫过程，能够对完美信道下由饱和节点组成的单跳网络给出很准确的分析结果。Bianchi 的这一模型也被奉为 IEEE 802.11 DCF 的经典模型。近来，有不少文献分别对 Bianchi 的工作进行改进，使其适应更真实的信道环境和非饱和状态，或者进行扩展使其能在多跳的情景下分析某一业务流的吞吐量。总结这些已有的工作并加以完善，本章分析中将考虑下列因素：网络非饱和、存在隐藏节点、存在信道传输错误和捕获效应。这样，改进后的 IEEE 802.11 DCF 协议的马尔可夫模型如图 11-14 所示。

图中状态 $(I,j)$ 表示节点处于第 $i$ 次退避，且此时刻退避窗口为 $j$，因而只有节点处于状态 $(i, 0)$ 时节点才会尝试发送分组。状态 Idle 表示节点处于发送队列为空(即没有数据要发送)的状态。它包括下面两种情况：①在节点发送结束后发送队列为空；②节点处于空闲状态且队列内没有数据发送，直到一个新的分组到来准备发送。$W_i$ 表示第 $i$ 次避退可能选择的最大避退窗口，并且有 $W_i = 2^i W_0$，$i = 1, 2, \cdots, m$；$W_m$ 表示避退窗口的最大值。$p$ 表示分组发送失败的概率，而不仅仅是分组的碰撞概率。分组发送失败的起因可能是邻居节点或隐藏节点引起的碰撞(除去由于捕获效应而接收到的碰撞分组)或者信道传输错误。$q$ 表示在发送队列内至少存在一个待发送分组的概率。

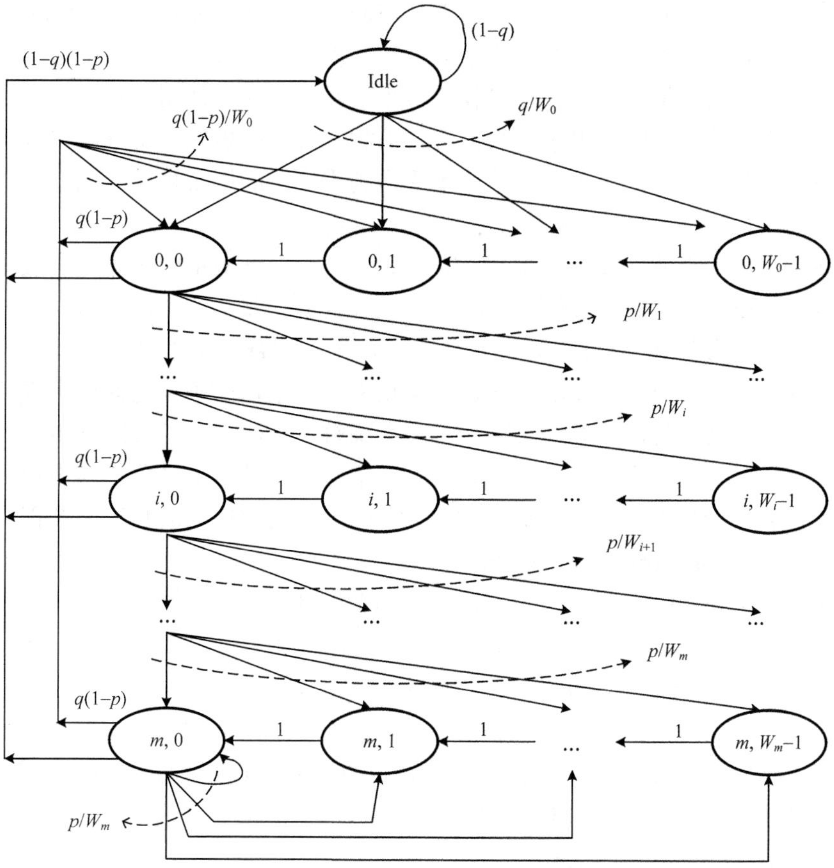


图 11-14　IEEE 802.11 DCF 协议的马尔可夫模型

利用该模型，就可以进行网络平均吞吐量的分析。在这方面，根据不同的具体网络场景，也有大量的资料和专业文献可供参考。

## 11.3　非正交多址(NOMA)技术

随着频谱资源变得越来越稀缺和物联网对海量连接要求的不断增长，以 FDMA 和 TDMA 等为代表的正交接入技术的频谱效率已经无法满足人们的要求，多种非正交多址接入技术(NOMA)逐渐被提出。

### 11.3.1　NOMA 技术概述

NOMA 的思想是发射端不同的用户分配非正交的通信资源。在正交方案当中，如果一块资源平均分配给 $N$ 个用户，那么受正交性的约束，每个用户只能够分配到 $1/N$ 的资源。NOMA 摆脱了正交的限制，因此每个用户分配到的资源可以大于 $1/N$。在极限情况下，每个用户都可以分配到所有的资源，实现多个用户的资源共享。但是，多个用户的信号是非正交，就一定会带来多用户干扰。为了解决这个问题，接收机侧需要采用比较复杂的接收机技术，典型的是连续干扰消除(Successive Interference Cancelation，SIC)接收机。SIC 接收机按照一定的顺序逐个解调每个用户的信号。在第一个用户的信号解调出来后，把它的信号重构出来并在接收信号当中减去，对其他用户就没有干扰了。这样逐次把所有用户的信号解调出来。与正交传输相比，接收机复杂度有所提升，但可以获得更高的频谱效率，因此非正交传输的本质是利用复杂的接收机设计来换取更高的频谱效率。

当前学术界和工业界提出了多种 NOMA 方案，根据多个用户信号重叠利用的资源域的不同，可以将 NOMA 技术分为功率域 NOMA 和码域 NOMA。功率域 NOMA 是将不同用户的信道叠加在同一时/频/码域资源上，根据用户信道条件的差异性给不同用户分配不同的功率：信道条件差的用户多分配功率，反之信道条件差的用户少分配功率，在接收端使用连续干扰消除算法实现信号的正确解调；码域 MONA 是给不同用户分配不同的码字，以牺牲一定带宽为代价获得扩码增益，在码域上区分不同用户。

目前代表性的技术方案主要包括 NTT DoCoMo 公司提出的功率域非正交多址接入(Power Domain Non-Orthogonal Multiple Access，PD-NOMA)、华为公司提出的稀疏码多址接入(Sparse Code Multiple Access，SCMA)、中兴公司提出的多用户共享接入(Multi-User Shared Access，MUSA)、大唐电信提出的图样分割多址接入(Pattern Division Multiple Access，PDMA)、Intel 公司提出的低码率扩频(Low Code Rate Spreading，LCRS)非正交多址、高通公司提出的资源扩展多址接入(Resource Spread Multiple Access，RSMA)、LG 公司提出的非正交多址接入(Non-Orthogonal Multiple Access，NOMA)等。下面分别介绍几种典型的 NOMA 技术。

### 11.3.2　几种典型的 NOMA 技术

1. MUSA

MUSA 是中兴公司提出的基于复数域多元码序列的码域 NOMA 技术方案。MUSA 原理框图如图 11-15 所示，首先每个用户选择一个低互相关的复数域多元码序列对要发射的调制符号进行扩展，然后不同用户扩展后的符号就可以在相同的时频资源里发送。接收机收到混叠的用户数据后，首先利用 ZF 检测或者 MMSE 检测等线性检测算法得到用户的初始估计数据，然后采用 SIC 技术对叠加的用户信号进行干扰消除以恢复出各个用户的原始数据。

MUSA 技术和传统 CDMA 技术的不同之处在于：CDMA 使用很长的彼此具有严格正交性的 PN 序列对符号做扩展，目的是提升系统的抗干扰能力；而 MUSA 使用短的复数域多元码序列对符号做扩展，扩展序列的长度 $N$ 小于同时接入的用户数 $K$，目标是降低 SIC 计算复杂度以及提升系统过载性能。MUSA 使用的短扩展序列不能保证正交性，因此会导致接收端存在多用户的多址干扰，因此需要额外的干扰消除技术来进行多用户检测。扩展码序列的选择和接收端多用户检测算法是影响 MUSA 性能的关键因素，现有研究主要针对用户如何选择扩展序列以减少碰撞、如何降低干扰消除的时延和计算复杂度等问题。

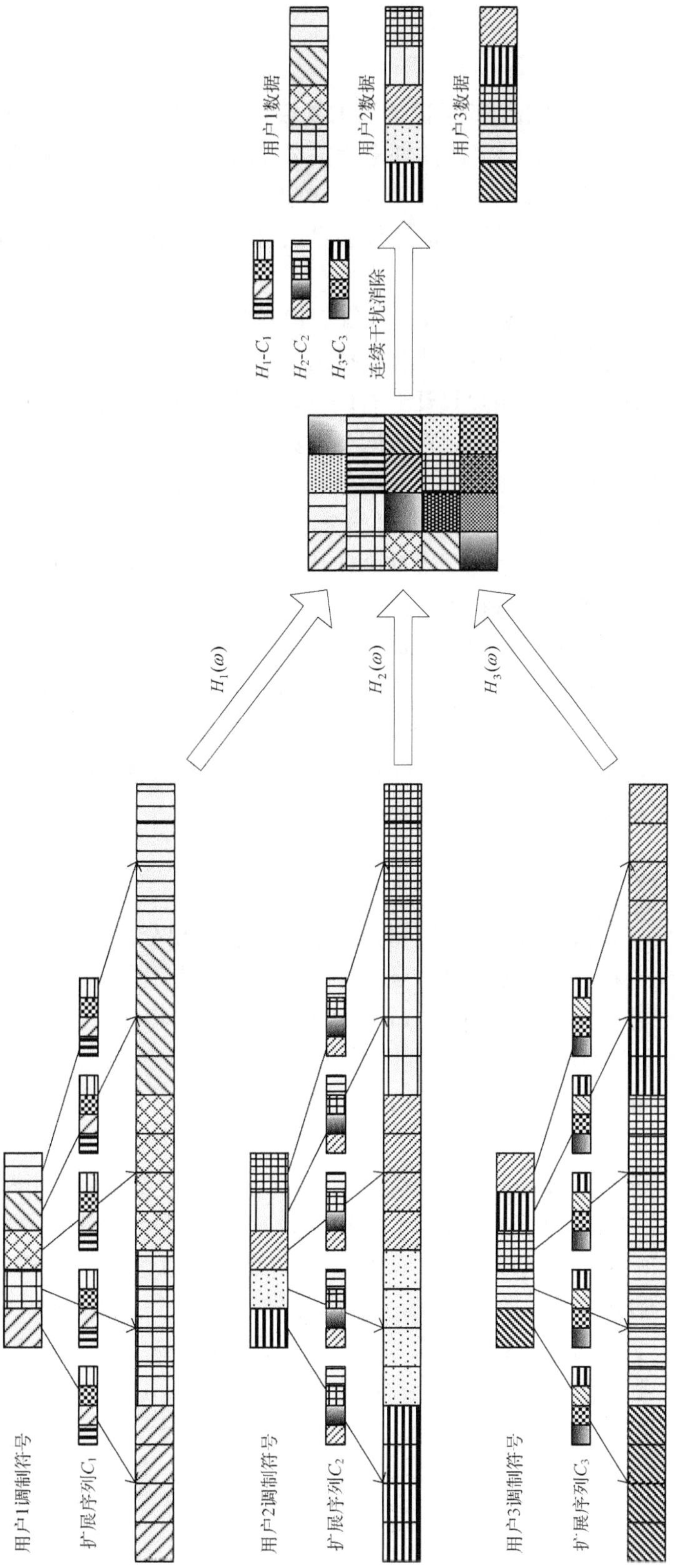


图 11-15　MUSA 的原理模型

2. SCMA

SCMA 是华为公司提出的基于稀疏多维复数域码本映射的码域 NOMA 技术。SCMA 技术的思想来源于 Hoshyar 等提出的低密度签名 CDMA（Low-Density Signature CDMA，LDS-CDMA），LDS-CDMA 的主要原理是发送端对用户数据符号采用非正交的稀疏码扩频序列进行扩频，接收端采用基于消息传递算法（Message Passing Algorithm，MPA）的多用户检测算法进行译码。

2013 年，华为公司的 Hosein Nikopour 等将 LDS 技术中的正交幅度调制映射器和 LDS 扩频器级联为码本选择器进行联合优化，提出了面向 5G 的 SCMA 技术。SCMA 系统的工作原理是：SCMA 为每个用户设计专有码本，发送端各用户根据码本将输入比特直接映射成多维稀疏复数域码字，然后在相同的时频资源里叠加传输；在接收端由于各用户在码域上非正交，即同一个子信道上可能叠加传输多个用户的码字信息，因此需要采用 MPA 等多用户检测算法进行多用户信号的分离。MPA 的基本思想是基于发送端码字的稀疏性，将联合最大似然概率的判决准则转化为多个边缘函数的乘积，通过在用户和子信道间迭代地传递外部信息进行求解。

与 LDS-CDMA 相比，SCMA 将调制和扩频两个模块联合设计，可以从星座图和扩频因子两个方面全局优化获得更高编码增益的码字，码本设计的调制模块引入高维调制技术可以带来额外的成形增益。SCMA 码字的稀疏性决定了系统负载和接收端译码的复杂度，需要根据应用场景进行选择。目前，学术界关于 SCMA 的研究主要集中于发送端的码本设计方案和接收端的低复杂度译码算法两个方面。

3. PD-NOMA

PD-NOMA 是 NTT DoCoMo 公司提出的功率域 NOMA 技术。PD-NOMA 在蜂窝网下行链路的工作过程是：基站根据它到各用户的信道状态不同给各用户分配不同的发送功率，然后使用叠加编码（Superposition Coding，SC）机制将各用户的信号映射到相同的时/频/码域资源上叠加传输；接收端利用远近效应，各用户按照 SINR 的降序排列使用 SIC 算法进行多用户检测。这样的结构也适用于上行链路，此时基站采用 SIC 译码各个用户发送的上行信息。

以图 11-16 的下行 PD-NOMA 系统为例，系统包括一个基站和两个距离不同的用户，其中一个为信道传播损耗小的近端用户 1，另一个为信道传播损耗大的远端用户 2。PD-NOMA 系统中基站给远端用户 2 分配较大的功率，给近端用户 1 分配较小的功率，两个用户的信号叠加发送。在接收端，具有较好信道条件的近端用户 1 在解码过程中先解码出远端用户 2 的信号，然后采用 SIC 算法从叠加信号中减去用户 2 的信号，再解码出自己的信号；而信道条件较差的远端用户 2 直接将近端用户 1 的信号作为干扰直接对自己的信号进行解码。

4. PDMA

PDMA 是一种非正交特征图样的多址接入技术。在发送端，多个用户的信号进行功

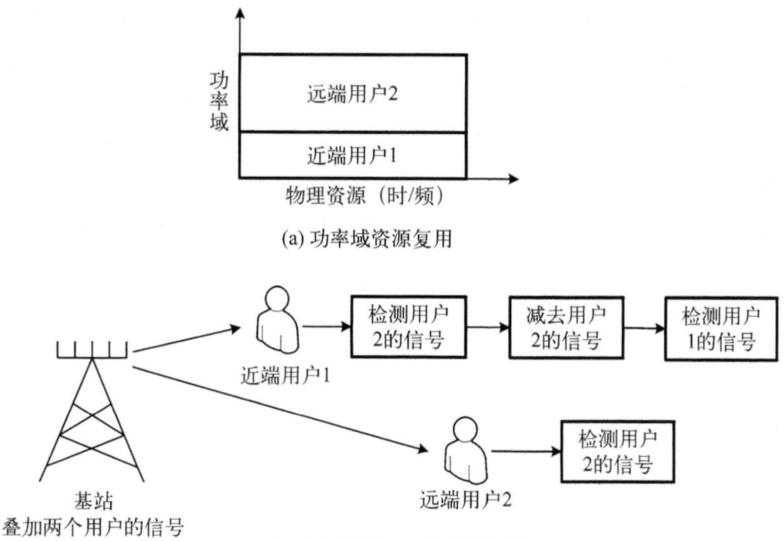


(a) 功率域资源复用

(b) 下行链路NOMA系统模型

图 11-16　PD-NOMA 的原理模型

率域、空域和码域的单独或者联合编码，在相同的时频资源里叠加传输；接收端采用串行干扰抵消接收算法进行多用户检测，恢复出各用户的数据。不同于 MUSA 和 SCMA 在码域对多个用户数据叠加、PD-NOMA 在功率域对多个用户数据叠加，PDMA 同时在功率域、空域和码域混合或者选择性使用。这使得 PDMA 技术具有更大的优化自由度，能更灵活地利用功率域、空域和码域提升系统容量。但是，多种类型资源的非正交复用也导致了 PDMA 系统接收机检测算法的高复杂度。

## 习　　题

扩展阅读

**11-1**　试举例说明 FDMA、TDMA 和 CDMA 的应用及特点。

**11-2**　研究 AWGN 信道中具有 $K=2$ 个用户的某 FDMA 系统，其中分配给用户 1 的带宽 $W_1=\alpha W$，分配给用户 2 的带宽 $W_2=(1-\alpha)W$，其中，$0\leqslant\alpha\leqslant1$。令 $P_1$ 和 $P_2$ 分别是两个用户的平均功率。试求两个用户的容量 $C_1$ 和 $C_2$ 及其和 $C_1+C_2$ 与 $\alpha$ 的关系。

**11-3**　考虑一个与用户数无关且限制每个用户的发送功率为 $P$ 的 TDMA 系统。试求每个用户的容量 $C_K$ 及总容量 $KC_K$。画出 $C_K$ 和 $KC_K$ 作为 $\varepsilon_b/n_0$ 函数的曲线，并说明 $K\to\infty$ 时的结果。

**11-4**　在纯 ALOHA 系统中，信道比特率为 2400bit/s。假设每个终端平均每分钟发送 100bit 的消息。

(1) 试求能够使用该信道的最大终端数；

(2) 若采用时隙 ALOHA，重做 (1)。

**11-5**　考虑一个纯 ALOHA 系统。该系统运行的吞吐量 $S=0.1$，并以泊松到达率 $\lambda$ 产生分组。

(1) 试求信道负载 $G$；

(2) 试求为发送一个分组而试传的平均次数。

**11-6** 考虑一个总线传输速率为 10Mbit/s 的 CSMA/CD 系统。总线为 2km，传播时延为 5μs/km，分组长度为 1000bit。试求：

(1) 端到端延时 $\tau_d$；

(2) 分组持续时间 $T_p$；

(3) 该总线的最大利用率和最大比特率。

**11-7** 请以两用户系统为例，分析在只限定功率的条件下，TD、FD、NOMA 相交与 TDMA 和 FDMA 等正交多址是否有容量域上的增益？

# 第 12 章　机器学习在数字通信物理层中的应用

传统的数字通信系统设计是在一定的模型假设下进行详尽的理论推导来实现的。具体分为三个步骤：①积累数字通信领域的专业知识；②基于物理的数学建模；③通信算法设计和性能优化。近年来，将机器学习应用于数字通信的方法逐渐吸引了研究学者的注意，与传统的数字通信系统设计方法完全不同，其具体过程为：①获取训练数据；②基于假设选取机器学习模型；③利用训练数据对所选取的模型进行训练。相对于传统的数字通信系统设计方法，将机器学习应用于数字通信系统需要满足什么条件，可以获得怎样的潜在性能增益？本章将带着这些问题，重点讨论机器学习在数字通信物理层中的应用。

## 12.1　使用机器学习的条件

相对于传统的工程实现方法，基于机器学习的方法具有很多潜在的优势。例如，在特定的条件下(在代价允许的条件下获取可靠的数据集)，基于机器学习的方法可以以较低代价进行快速的部署。然而其潜在的缺点也是明显的，即次优的性能与有限的性能保证，同时基于机器学习的方法通常不具备可解释性。这些潜在的缺点意味着，应用机器学习在数字通信的物理层是有条件的。

要判断能否将机器学习应用于数字通信的物理层，可以考虑以下两个方面：第一，传统基于数学模型的方法是否可以很好地解决物理层传输问题；第二，基于机器学习的方法是否可以带来性能增益。具体来说，如果传统的基于数学模型的方法不可行，或者基于数学模型的方法无法实现最优性能，又或者实现最优性能要求的复杂度过高，则可以考虑使用基于机器学习的方法。更进一步，应用机器学习的方法还需要满足数据集存在且可靠、待解决的任务不要求可解释性、待解决的问题不要求最优性能，以及待解决问题本身不具备快时变性等条件。

## 12.2　打开深度神经网络在数字通信物理层应用的黑盒子

深度神经网络(Deep Neural Network，DNN)作为一种强大的工具，已经在科学研究和工程应用中得到了广泛的关注和应用，例如，应用 DNN 对蛋白质的空间结构进行预测、图像识别、语音识别以及自然语言处理等，这些问题都有一个共同点，即无法用准确的数学模型描述并解决。

与这些问题不同的是通信问题。早在 1948 年，香农在其划时代的论文《通信的数学原理》中，就对数字通信进行了详尽的描述。在此之后，人们在香农的基础上对数字通信系统进行了广泛的研究，数字通信系统得到了蓬勃的发展，但是由于无线信道的复杂性，通信系统理论性能与实际性能之间一直存在差距，这推动了学者对无线信道进行数学建模等方式乃至现在应用机器学习的方式展开研究。

为了缩小这个差距，一个自然的想法是利用一个 DNN 在给定的无线信道模型下去联合优化发射机和接收机，而不是传统的将发射机和接收机分为各个模块，即采用纯数据驱动的方式端到端地联合优化发射机和接收机。另一个自然的想法是利用 DNN 尽可能准确地恢复信道状态信息，然后对接收信号进行均衡，以尽可能降低无线信道对信号的破坏。相较于传统的数字通信物理层传输技术，基于 DNN 的技术展现了具有竞争性的优势，其背后的数学原理以及限制条件是本节重点考虑的问题。

如图 12-1 上半部分所示的是传统通信系统传输信息的结构框图。假设信息源生成一系列的信源符号，每个信源信号 $s\in\{1,2,\cdots,M\}$ 携带 $\log_2 M$ 比特信息，这些符号将被传输至接收者。发射机中的调制模块将信源符号 $s$ 映射为 $N$ 维信号 $\boldsymbol{x}\in\mathbb{R}^N$，信号集可以表示为 $\boldsymbol{x}_1,\boldsymbol{x}_2,\cdots,\boldsymbol{x}_M$。在信号传输的过程中，$N$ 维信号在无线信道的影响(信道的大、小尺度衰落，热噪声等)下变为 $\boldsymbol{y}\in\mathbb{R}^N$，该过程满足条件概率分布 $p(\boldsymbol{y}\mid\boldsymbol{x})=\prod_{n=1}^{N}p(y_n\mid x_n)$。$N$ 维信号的传输可以通过在 $N/2$ 个带通信道进行正交分量与同向分量调制实现。在接收端，接收机将接收到的信号解调为 $\hat{s}$。

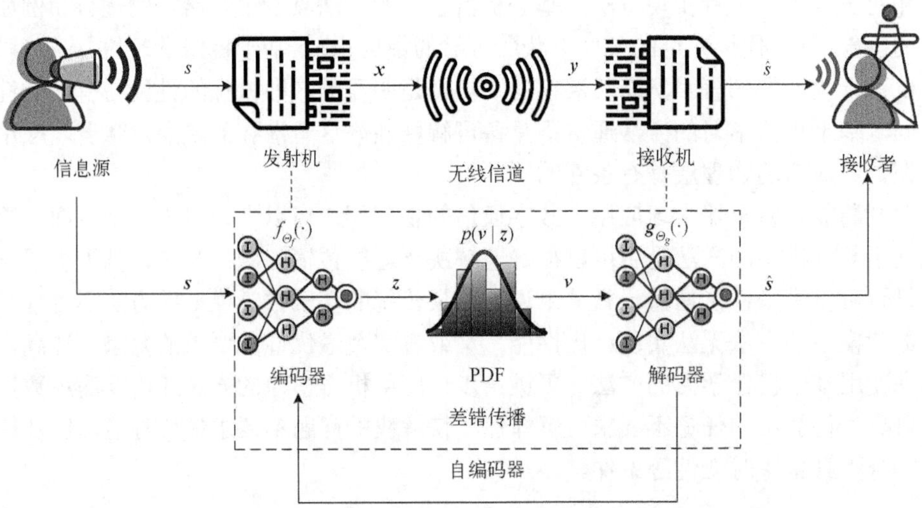


图 12-1　传统无线通信系统和基于自编码器的通信系统结构框图

如果从滤波与信号推理的角度来看待信息传输的过程，那么使用基于 DNN 的自编码器的实现过程则与诺伯特·维纳的观点相吻合。如图 12-1 下半部分虚线框结构所示，一个基于 DNN 的自编码器(Autoencoder，AE)由一个编码器和一个解码器组成，其中的编码器和解码器分别为由参数 $\boldsymbol{\Theta}_f$ 和 $\boldsymbol{\Theta}_g$ 组成的前馈神经网络组成。需要注意的是，为了便于神经网络处理，每一个信源符号 $s$ 首先需要转换为 one-hot 向量 $\boldsymbol{s}\in\mathbb{R}^M$ 再输入编码器中。在给定的限制条件(如发射功率限制)、信道概率密度函数(Probability Density Function，PDF)以及损失函数(Loss Function)以最小化误符号率为目标对自编码器进行优化，那么编码器将可能学习为一个合适的映射 $\boldsymbol{z}=f_{\boldsymbol{\Theta}_f}(\boldsymbol{s})$，解码器学习将受到信道影响的信号 $\boldsymbol{v}$ 估计为 $\hat{\boldsymbol{s}}=g_{\boldsymbol{\Theta}_g}(\boldsymbol{v})$，其中 $\boldsymbol{z},\boldsymbol{v}\in\mathbb{R}^N$。这里使用 $\boldsymbol{z}_1,\boldsymbol{z}_2,\cdots,\boldsymbol{z}_M$ 表示从编码器生成的信号是为了便于与传统发射机生成的信号进行区分。下面将从三个角度来分析物理层传输中的神经网络。

### 12.2.1　从信号传输的角度理解自编码器

从整个自编码器(通信系统)的角度看，其目标是以尽可能低的差错概率将信息从信源传输到接收者。符号差错概率，即接收者将给定的发送符号错误地判决为不同的发送符号的概率定义为

$$P_e=\frac{1}{M}\sum_{m=1}^{M}P_r(\hat{\boldsymbol{s}}\neq\boldsymbol{s}_m\mid\boldsymbol{s}_m)\tag{12-1}$$

自编码器的损失函数可以用交叉熵损失函数定义为

$$\mathcal{L}_{\log}(\hat{\boldsymbol{s}},\boldsymbol{s};\boldsymbol{\Theta}_f,\boldsymbol{\Theta}_g)=-\frac{1}{B}\sum_{b=1}^{B}\sum_{i=1}^{M}\boldsymbol{s}^{(b)}[i]\log(\hat{\boldsymbol{s}}^{(b)}[i])=-\frac{1}{B}\sum_{b=1}^{B}\log(\hat{\boldsymbol{s}}^{(b)}[s])\tag{12-2}$$

式中，$\boldsymbol{s}^{(b)}[i]$ 表示含有 $B$ 个训练样本的训练集中的第 $b$ 个矢量训练样本的第 $i$ 个元素。为了训练自编码器最小化其误符号率，自编码器的参数集可以通过优化损失函数得到，即

$$\begin{aligned}&(\boldsymbol{\Theta}_f^*,\boldsymbol{\Theta}_g^*)=\mathop{\arg\min}_{(\boldsymbol{\Theta}_f,\boldsymbol{\Theta}_g)}[\mathcal{L}_{\log}(\hat{\boldsymbol{s}},\boldsymbol{s};\boldsymbol{\Theta}_f,\boldsymbol{\Theta}_g)]\\&\text{subject to } E\left[\|\boldsymbol{z}\|_2^2\right]\leqslant P_{\text{av}}\end{aligned}\tag{12-3}$$

式中，$P_{\text{av}}$ 表示平均功率，方便起见，这里可以设置其为 $P_{\text{av}}=1/M$。现在，我们一定非常好奇训练完成后的映射函数 $\boldsymbol{z}=f_{\boldsymbol{\Theta}_f}(\boldsymbol{s})$ 会将信源映射为怎样的星座。下面将从星座优化的角度，解释编码器的行为。

### 12.2.2　编码器：最佳星座映射

现在把注意力集中到编码器。在数字通信领域，一个编码器需要学习到一个具有鲁棒性的映射 $\boldsymbol{z}=f_{\boldsymbol{\Theta}_f}(\boldsymbol{s})$ 去传输信号 $\boldsymbol{s}$，以此来对抗无线信道的扰动，包括热噪声、信道衰落、非线性失真、相位抖动等，这个优化目标等价于寻找一种调制方式，在给定的功率约束条件下，把属于 $M$ 个符号的信号集中的信号 $\boldsymbol{s}$ 映射到星座点 $\boldsymbol{z}$，并且使得不同的星座点之间的距离最大。通常寻找最佳星座的问题会假定信道是高斯信道，如果是瑞利衰落信道则要求信道的 PDF 完全已知。在高斯信道的条件下寻找最佳星座的问题，通常与(晶体)最密堆积的问题联系在一起，这个问题实际上是一个被广泛研究的古老数学问题。

这里使用经典的梯度搜索技术来寻找最佳星座。考虑零均值的平稳加性高斯白噪声(AWGN)信道，假设单边噪声功率密度为 $2N_0$。在信噪比较大的情况下，式(12-1)的误符号率可以渐近表示为

$$P_e\sim\exp\left(-\frac{1}{8N_0}\min_{i\neq j}\|\boldsymbol{z}_i-\boldsymbol{z}_j\|_2^2\right)\tag{12-4}$$

为了最小化误符号率 $P_e$，该优化问题可以表示为

$$\begin{aligned}\{\boldsymbol{z}_m^*\}_{m=1}^M &= \underset{\{\boldsymbol{z}_m\}_{m=1}^M}{\arg\min}(P_e) \\ \text{subject to } & E[\|\boldsymbol{z}\|_2^2] \leqslant P_{\text{av}}\end{aligned} \tag{12-5}$$

式中，$\{\boldsymbol{z}_m^*\}_{m=1}^M$ 表示最佳星座点集。式(12-5)所示的优化问题可以通过带约束的梯度搜索算法实现。将 $\{\boldsymbol{z}_m\}_{m=1}^M$ 表示为 $M\times N$ 的矩阵形式：

$$\boldsymbol{Z} = [\boldsymbol{z}_1, \boldsymbol{z}_2, \cdots, \boldsymbol{z}_M]^{\mathrm{T}} \tag{12-6}$$

那么，第 $k$ 步带约束的梯度搜索算法可表示为

$$\begin{aligned}\boldsymbol{Z}'_{k+1} &= \boldsymbol{Z}_k - \eta_k \nabla P_e(\boldsymbol{Z}_k) \\ \boldsymbol{Z}_{k+1} &= \frac{\boldsymbol{Z}'_{k+1}}{\sum_i \sum_j (\boldsymbol{Z}'_{k+1}[i,j])^2}\end{aligned} \tag{12-7}$$

式中，$\eta_k$ 为步长，$\nabla P_e(\boldsymbol{Z}_k) \in \mathbb{R}^{M\times N}$ 为 $P_e$ 相对于当前星座点 $\boldsymbol{Z}_k$ 的梯度，即

$$\nabla P_e(\boldsymbol{Z}_k) = [\boldsymbol{g}_1, \boldsymbol{g}_2, \cdots, \boldsymbol{g}_M]^{\mathrm{T}} \tag{12-8}$$

式中

$$\boldsymbol{g}_m \sim -\sum_{i\neq m} \exp\left(-\frac{\|\boldsymbol{z}_m - \boldsymbol{z}_i\|_2^2}{8N_0}\right)\left(\frac{1}{\|\boldsymbol{z}_m - \boldsymbol{z}_i\|_2^2} + \frac{1}{4N_0}\right)\mathbf{1}_{\boldsymbol{z}_m - \boldsymbol{z}_i} \tag{12-9}$$

向量 $\mathbf{1}_{\boldsymbol{z}_m - \boldsymbol{z}_i}$ 表示方向为 $\boldsymbol{z}_m - \boldsymbol{z}_i$ 的 $N$ 维单位向量。对比式(12-3)和式(12-5)可以发现，在通信系统中，一个自编码器中的编码器的行为实际上是通过优化损失函数的方式来寻找最佳星座。如果对自编码进行训练时，无线信道满足 $\boldsymbol{v} - \boldsymbol{z} \sim \mathcal{N}_N(\boldsymbol{0}, \boldsymbol{\Sigma})$，其中 $\boldsymbol{0}$ 表示 $N$ 维零向量，$\boldsymbol{\Sigma} = (2N_0/N)\boldsymbol{I}$ 为 $N\times N$ 的对角矩阵，那么

$$\{f_{\boldsymbol{\Phi}_f^*}(\boldsymbol{s}_m)\}_{m=1}^M \to \{\boldsymbol{z}_m^*\}_{m=1}^M \tag{12-10}$$

如图 12-2(a)所示的是由梯度搜索技术得到的最佳星座图，当信号为 $N=2$ 的二维信号和 $N=3$ 的三维信号时，分别进行了 1000 步与 3000 步的迭代搜索，其中步长 $\eta=2\times10^{-4}$。图 12-2(b)所示的是由自编码训练得到的星座图，完成了 $10^6$ 期(Epochs)的训练，每一期的输入数据包含 $M$ 个不同的信源符号。

当 $N=2$ 且 $M=8$ 时，由自编码器生成的二维星座图与最佳星座图较为相似，均接近形成了正六边形的晶体样式，相对于梯度搜索技术得到的最优星座图略有不同，而且存在相位旋转；当 $N=2$ 且 $M=16$ 时，自编码器生成的星座图虽然与梯度搜索技术得到的最优星座图相比有较大的不同，但均有(近似于)等边三角形的晶体样式。当 $N=3$ 且 $M=16$ 时，最佳星座图中有一个星座点位于以原点为球心 $P_{\text{av}}$ 为半径的球心上，其余的 15 个星座点(近似)分布于球面上，形状与截角二十面体的顶点分布相似，即形成了正五边形与正六边形的表面；自编码器生成的星座点则几乎位于一个平面上。

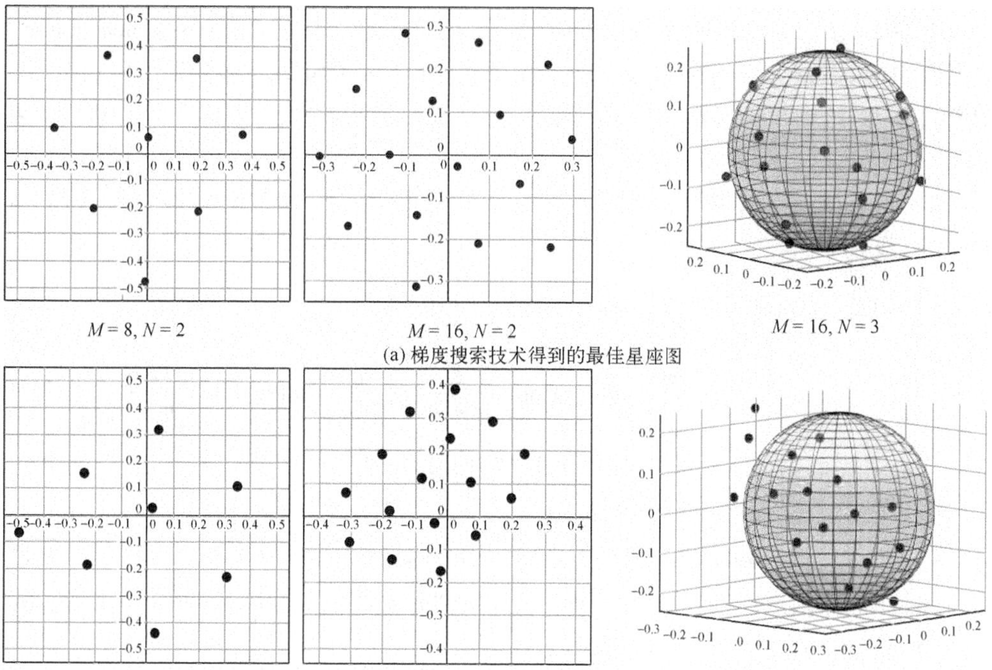

M = 8, N = 2　　M = 16, N = 2　　M = 16, N = 3

(a) 梯度搜索技术得到的最佳星座图

M = 8, N = 2　　M = 16, N = 2　　M = 16, N = 3

(b) 自编码器生成的星座图

图 12-2　梯度搜索技术得到的最佳星座图与自编码器生成的星座图

### 12.2.3　解码器：信号推理

现在，我们把注意力集中在图 12-1 右下角的解码器，研究其内部的机理。如图 12-3 (a) 所示的是基于一个具有 $2S-1$ 个隐藏层的推理模型示意图，这样的推理模型图可以用于对 CSI 恢复、信道估计以及符号检测等问题的表示。方便起见，这里用 $\boldsymbol{z}$ 而不是 $\boldsymbol{s}$ 表示解码器的期望输出，因为可以假设 $\boldsymbol{z}=f_{\boldsymbol{\Theta}_f}(\boldsymbol{s})$ 是双射 (Bijection) 的。如果解码器的网络具

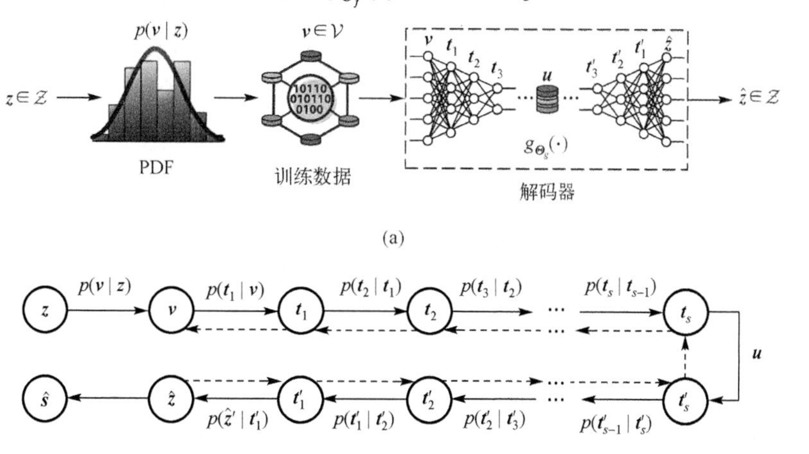


图 12-3　基于 DNN 的解码器推理模型示意图与其对应的图模型表示

有对称结构，那么这个解码器可以视为一个子自编码器，其瓶颈层(Bottleneck Layer)或最中间层(Middlemost Layer)用 $\boldsymbol{u}$ 表示。这里使用 $\boldsymbol{z}$ 表示 CSI 或者被传输的信道符号，即期望输出。解码器根据其得到的观测输入 $\boldsymbol{v}$ (一般是接收端的接收信号)进行推理，输出为 $\hat{\boldsymbol{z}} = g_{\boldsymbol{\Theta}_g}(\boldsymbol{v})$。

假设联合概率密度函数 $p(\boldsymbol{v},\boldsymbol{z})$ 已知，那么期望风险(Expected Risk) $C_{p(\boldsymbol{v},\boldsymbol{z})}(g_{\boldsymbol{\Theta}_g},\mathcal{L}_{\log})$ 可以表示为

$$\begin{aligned} E[\mathcal{L}_{\log}(\hat{\boldsymbol{z}},\boldsymbol{z};\boldsymbol{\Theta}_g)] &= \sum_{\boldsymbol{v}\in\mathcal{V},\boldsymbol{z}\in\mathcal{Z}} p(\boldsymbol{v},\boldsymbol{z})\log\left[\frac{1}{Q(\boldsymbol{z}\mid\boldsymbol{v})}\right] \\ &= \sum_{\boldsymbol{v}\in\mathcal{V},\boldsymbol{z}\in\mathcal{Z}} p(\boldsymbol{v},\boldsymbol{z})\log\left[\frac{1}{p(\boldsymbol{z}\mid\boldsymbol{v})}\right] + \sum_{\boldsymbol{v}\in\mathcal{V},\boldsymbol{z}\in\mathcal{Z}} p(\boldsymbol{v},\boldsymbol{z})\log\left[\frac{p(\boldsymbol{z}\mid\boldsymbol{v})}{Q(\boldsymbol{z}\mid\boldsymbol{v})}\right] \\ &= H(\boldsymbol{z}\mid\boldsymbol{v}) + D_{\mathrm{KL}}[p(\boldsymbol{z}\mid\boldsymbol{v})\,\|\,Q(\boldsymbol{z}\mid\boldsymbol{v})] \\ &\geqslant H(\boldsymbol{z}\mid\boldsymbol{v}) \end{aligned} \tag{12-11}$$

式中，$Q(\cdot\mid\boldsymbol{v}) = g_{\boldsymbol{\Theta}_g}(\boldsymbol{v}) \in p(\mathcal{Z})$，$D_{\mathrm{KL}}[p(\boldsymbol{z}\mid\boldsymbol{v})\,\|\,Q(\boldsymbol{z}\mid\boldsymbol{v})]$ 表示 $p(\boldsymbol{z}\mid\boldsymbol{v})$ 与 $Q(\boldsymbol{z}\mid\boldsymbol{v})$ 之间的 Kullback-Leible 散度。当且仅当解码器满足条件先验即 $g_{\boldsymbol{\Theta}_g}(\boldsymbol{v}) = p(\boldsymbol{z}\mid\boldsymbol{v})$ 时，期望风险达到最小值即 $\min\limits_{g_{\boldsymbol{\Theta}_g}} C_{p(\boldsymbol{v},\boldsymbol{z})}(g_{\boldsymbol{\Theta}_g},\mathcal{L}_{\log}) = H(\boldsymbol{z}\mid\boldsymbol{v})$。

在物理层传输中，与信道相关的联合概率分布 $p(\boldsymbol{v},\boldsymbol{z})$ 一般是未知的，仅有一个从 $p(\boldsymbol{v},\boldsymbol{z})$ 采样得到的独立同分布训练集 $\mathcal{D}_B := \{(\boldsymbol{v}^{(b)},\boldsymbol{z}^{(b)})\}_{b=1}^{B}$，在这种情况下，经验风险(Empirical Risk)定义为

$$\widehat{C}_{p(\boldsymbol{v},\boldsymbol{z})}(g_{\boldsymbol{\Theta}_g},\mathcal{L},\mathcal{D}_B) = \frac{1}{B}\sum_{b=1}^{B}\mathcal{L}[\boldsymbol{z}_b, g_{\boldsymbol{\Theta}_g}(\boldsymbol{v}_b)] \tag{12-12}$$

实际上，从 $p(\boldsymbol{v},\boldsymbol{z})$ 采样得到的 $\mathcal{D}_B$ 一般是有限集，由此导致的经验风险与期望风险之间的差异可被定义为

$$\mathrm{gen}_{p(\boldsymbol{v},\boldsymbol{z})}(g_{\boldsymbol{\Theta}_g},\mathcal{L},\mathcal{D}_B) = C_{p(\boldsymbol{v},\boldsymbol{z})}(g_{\boldsymbol{\Theta}_g},\mathcal{L}_{\log}) - \widehat{C}_{p(\boldsymbol{v},\boldsymbol{z})}(g_{\boldsymbol{\Theta}_g},\mathcal{L},\mathcal{D}_B) \tag{12-13}$$

现在可以得到初步的结论，即基于 DNN 的接收机是在给定训练集 $\mathcal{D}_B$ 情况下以最小化经验风险为目标的估计器，其性能要次于在给定概率分布 $p(\boldsymbol{v},\boldsymbol{z})$ 情况下期望风险最低的估计器。

### 12.2.4　神经网络中的信息流

这里进一步量化分析信息在神经网络中的流动情况。图 12-3(b)是与图 12-3(a)对应的图模型表示，其中 $\boldsymbol{t}_i$ 与 $\boldsymbol{t}'_i$ $(1 \leqslant i \leqslant S)$ 分别表示从输入端起第 $i$ 个隐藏层的表示与从输出端起第 $i$ 个隐藏层的表示。通常，由于没有变量之间准确的联合概率分布，因此无法直接计算香农熵，这里可以利用基于矩阵的 $\alpha$ -Renyi's 熵对香农熵进行估算。

考虑一个经典的 OFDM 信道估计问题。$\boldsymbol{z} \triangleq [H[0],H[1],\cdots,H[N_c-1]]^{\mathrm{T}}$ 表示信道频域响应(Channel Frequency Response，CFR)，$N_c$ 表示子载波数。记 $\boldsymbol{v} \triangleq \hat{\boldsymbol{z}}_{\mathrm{LS}}$，$\hat{\boldsymbol{z}}_{\mathrm{LS}}$ 表示 $\boldsymbol{z}$ 的最小二乘(Least-Square，LS)信道估计。需要注意的是，通常情况下不会使用最小均方误

差(Minimum Mean Square Error，MMSE)估计，因为 MMSE 估计器需要信道的协方差矩阵。这里使用导频数 $N_p = N_c / 4$ 的线性插值。

根据式(12-11)，上述信道估计问题的最小对数期望风险 $H(z\,|\,\hat{z}_{\mathrm{LS}})$ 可以用 $\alpha$=1.01 的 Renyi's 熵 $S_\alpha(z\,|\,\hat{z}_{\mathrm{LS}}) = S_\alpha(z,\hat{z}_{\mathrm{LS}}) - S_\alpha(\hat{z}_{\mathrm{LS}})$ 估计。

如图 12-4 所示的是不同信噪比与子载波数条件下 $S_\alpha(z\,|\,\hat{z}_{\mathrm{LS}})$ 的变化曲线，可以发现 $S_\alpha(z\,|\,\hat{z}_{\mathrm{LS}})$ 随着训练集样本数的增加而单调递减。当 $B \to \infty$ 时，$S_\alpha(z\,|\,\hat{z}_{\mathrm{LS}})$ 下降的速度变慢，这是因为当训练集样本数趋于无穷大时，联合概率分布 $p(z,\hat{z}_{\mathrm{LS}})$ 可以被完美地学习，此时经验风险趋于期望风险。有趣的是，当样本数 $B > 580$ 时，产生训练样本时的信噪比越低，或者样本的维度 $N$ 越大时，获得相同 $S_\alpha(z\,|\,\hat{z}_{\mathrm{LS}})$ 所需的样本数 $B$ 越小。

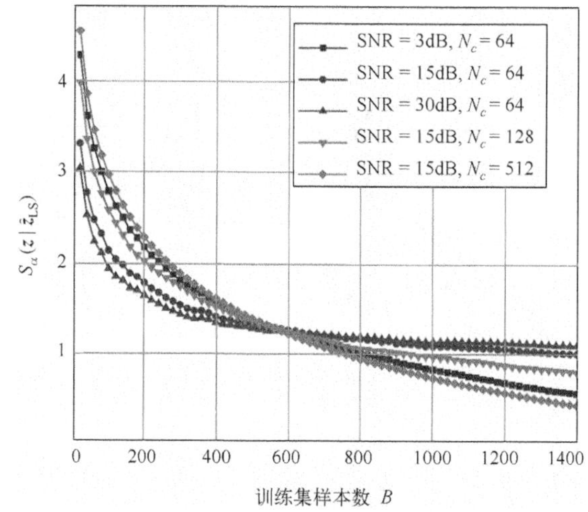


图 12-4　不同信噪比下生成的训练集与子载波数时的条件熵 $S_\alpha(z\,|\,\hat{z}_{\mathrm{LS}})$

如图 12-5 所示的是基于 DNN 的 OFDM 信道估计器的三类信息平面(Information Plane，IP)与 MSE 损失函数曲线，该 DNN 的网络拓扑结构为“$128-64-32-16-8-16-32-64-128$”，激活函数为线性激活函数，$N_c = 64$，$S = 4$，复数输入数据采用实部与虚部拼接的方式输入神经网络，训练批尺寸(Batch Size)为 100，学习率 $\eta$=0.001。需要注意的是，之所以选择线性激活函数，是因为在不含有非线性失真的条件下信道估计问题具有 MSE 最优的线性估计器，所以选择线性激活函数是合理的。$V$ 和 $V'$ 分别表示解码器的输入端和输出端。根据图 12-5(a)即第一类信息平面 IP-Ⅰ可知，隐藏层与输出端之间的互信息 $I(T;V')$ 的最终值趋近于隐藏层与输入端之间的互信息 $I(T;V)$ 的最终值，这意味着信息通过每一个隐藏层逐渐从输入端流向输出端。根据图 12-5(b)即第二类信息平面 IP-Ⅱ可知，每一个隐藏层均满足 $I(T';V') < I(T;V)$，这表示每一个隐藏层均没有发生过拟合(Overfitting)。从图 12-5(c)的第三类信息平面 IP-Ⅲ可以观察到，$I(T;V)$ 接近 $I(T';V)$。结合三类信息平面，当训练次数超过 200 次时，所有的互信息均不再发生明显的变化，此时 MSE 损失也趋于较低的值，这说明对于 64 个子载波的 OFDM 信道估计问题，200 次训练可以收敛。

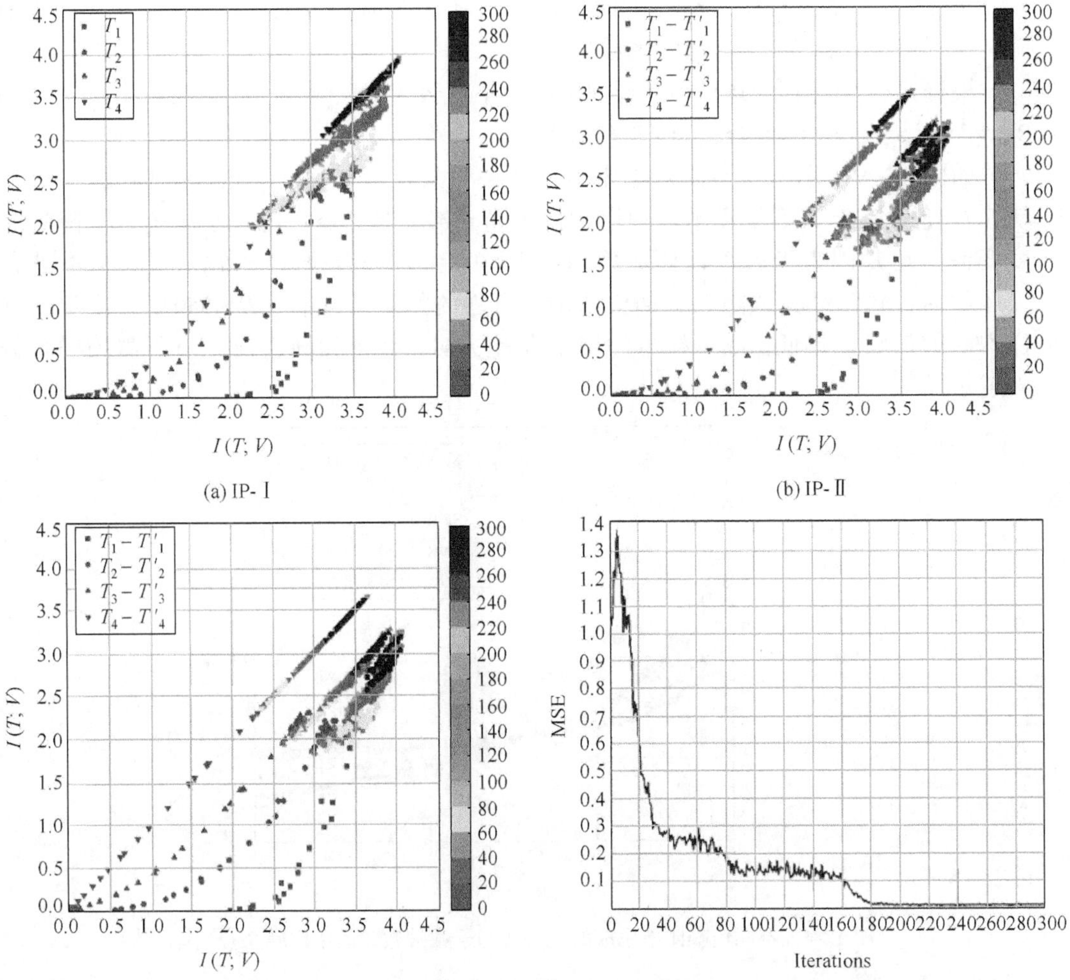


(a) IP-Ⅰ　(b) IP-Ⅱ　(c) IP-Ⅲ　(d) 损失函数

图 12-5　基于 DNN 的 OFDM 信道估计器的三类信息平面与损失函数曲线

那么浅层神经网络是否具有类似的学习能力呢？如图 12-6 所示的是基于单隐藏层前馈神经网络(Single Hidden Layer Feedforward Neural Network，SLFN)的 OFDM 信道估计器的三类信息平面与损失函数曲线，该 SLFN 的网络拓扑结构为“128－128－128”，其他超参数(Hyperparameter)与 $S=4$ 的 DNN 保持一致。由于 SLFN 仅有一层隐藏层，因此其网络的第一类信息平面 IP-Ⅰ与第二类信息平面 IP-Ⅱ完全一致。根据 IP-Ⅰ可知，当训练次数超过 50 次时，$I(T;V')$ 趋向于接近 $I(T;V)$，并且 $I(T;V)$ 的最终值约等于 3.5，这与 $S=4$ 的 DNN 最终所得的结果一致。进一步将 SLFN 的 MSE 损失曲线与 DNN 的损失曲线进行对比，可以发现 SLFN 的损失曲线下降得更加迅速与平滑。综合这些结果可知，一个具有 128 个隐藏层神经元的 SLFN 具备处理 $N_c=64$ 的 OFDM 信道估计问题的能力，而且其学习的速度与效果优于 $S=4$ 的深度神经网络。

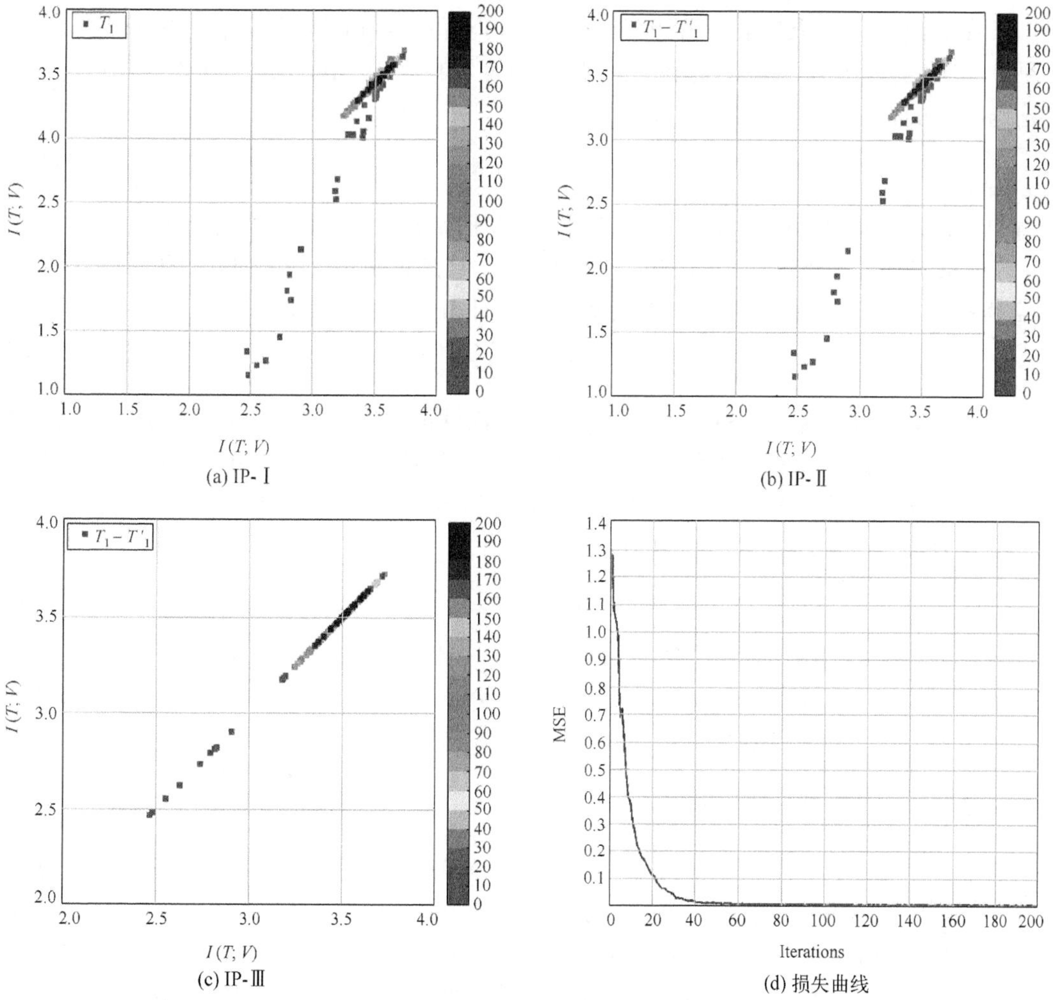


(a) IP-Ⅰ　(b) IP-Ⅱ　(c) IP-Ⅲ　(d) 损失曲线

图 12-6　基于 SLFN 的 OFDM 信道估计器的三类信息平面与损失函数曲线

# 12.3　基于机器学习的信道估计的性能分析

近年来，基于机器学习的信道估计成为学术界关注的焦点，其性能已经通过仿真实验得到验证，但相关的理论分析仍较为欠缺。为此，本节对基于机器学习的信道估计的理论性能进行分析。首先，采用假设检验得出其均方误差(Mean Square Error，MSE)的理论上界。更进一步，针对学习模块为线性模型且输入维度较低的场景，为假设检验中的随机变量建立统计模型，从而得出了性能与训练数据集大小的解析关系。

## 12.3.1　信道估计

在导频辅助的信道估计中，发送端会传输接收端已知的导频信号用于信道估计。通常采用 LS 估计来获得初始的估计结果，然后通过改善初始估计结果的估计精度，获得更精确的信道估计结果，相关的方法已有大量研究成果。

在LS估计中，接收信号除以发送信号即可获得信道估计结果。用$\hat{\boldsymbol{h}}_p$来表征包含LS估计结果的$N_p \times 1$维向量，其中，$N_p$为导频信号的数量。$\hat{\boldsymbol{h}}_p$可以被建模为真实信道响应与噪声的叠加，如式(12-14)所示：

$$\hat{\boldsymbol{h}}_p = \boldsymbol{h} + \boldsymbol{n} \tag{12-14}$$

其中，$\boldsymbol{n}$为高斯白噪声向量，令其方差为$\sigma^2$。向量$\boldsymbol{h}$包含信道的真实响应。

记$\hat{\boldsymbol{h}}_s$为包含最终估计结果的$N_p \times 1$维向量，它是对$\hat{\boldsymbol{h}}_p$进一步处理得到的更高精度的信道估计。用多元函数$\boldsymbol{f}(\cdot)$表征特定的信道估计方法，即

$$\hat{\boldsymbol{h}}_s = \boldsymbol{f}(\hat{\boldsymbol{h}}_p) \tag{12-15}$$

本节的主要目标是分析信道估计的性能，而性能分析通常会聚焦于某个单一的信道响应的估计。因此，只考虑估计结果$\hat{\boldsymbol{h}}_s$中的一个估计值。定义$\hat{h}_s$为向量$\hat{\boldsymbol{h}}_s$中的任意一个元素。性能分析针对$\hat{h}_s$展开。注意：省略了$\hat{h}_s$的序号下标，这是因为在分析中，并不关心$\hat{h}_s$在$\hat{\boldsymbol{h}}_s$中的哪个位置。则式(12-15)可简化为

$$\hat{h}_s = f(\hat{\boldsymbol{h}}_p) \tag{12-16}$$

作为一个通用表达式，式(12-15)代表了许多种类的信道估计方法。信道估计方法设计的目标是为了追求低的均方误差。用$f_{\text{opt}}(\cdot)$来表示均方误差最小的估计方法，也称为MMSE估计，其解析表达式依赖于信道的统计模型。

### 12.3.2 基于机器学习的信道估计

利用机器学习，信道估计可以通过完全不同的方式实现。在基于机器学习的信道估计中，最关键的模块是学习模块，它可以逼近某个特定函数，也就是实现式(12-16)中的函数，从而完成信道估计。卷积神经网络(Convolution Neural Network，CNN)、递归神经网络(Recurrent Neural Network，RNN)以及线性模型等都可以用作学习模块。其中，线性结构的输出直接与输入相连，是最简单的一种学习模块，它只能拟合线性函数。

基于机器学习的信道估计包含两个阶段：训练阶段和使用阶段。在训练阶段，基于训练数据集$\mathcal{T}$，通过减小损失函数来优化学习模块的参数，从而使之具备信道估计功能。具体地，数据集$\mathcal{T}$可以表达为$\mathcal{T} = \{(\hat{\boldsymbol{h}}_p(1), h_s(1)) \cdots (\hat{\boldsymbol{h}}_p(m), h_s(m)) \cdots (\hat{\boldsymbol{h}}_p(M), h_s(M))\}$，其中，$(\hat{\boldsymbol{h}}_p(m), h_s(m))$表示$\mathcal{T}$中第$m$对训练数据，$h_s(m)$是输入$\hat{\boldsymbol{h}}_p(m)$的标签。为了表达简便，在不需要表明序号时，省略掉序号$m$。损失函数定义为估计的误差平方，即$\mathcal{L}(f(\hat{\boldsymbol{h}}_p), h_s) = |f(\hat{\boldsymbol{h}}_p) - h_s|^2$。此外，记$\mathcal{L}_{\mathcal{T}}$为数据集$\mathcal{T}$上的平均损失函数，即

$$\mathcal{L}_{\mathcal{T}} = \frac{1}{M}\sum_m \left| f(\hat{\boldsymbol{h}}_p(m)) - h_s(m) \right|^2 \tag{12-17}$$

以下称为训练损失。通过最小化$\mathcal{L}_{\mathcal{T}}$，学习模块就可以逼近某种有良好估计性能的函数。在使用阶段，初始估计$\hat{\boldsymbol{h}}_p$输入到学习模块后，学习模块就可以对$\hat{\boldsymbol{h}}_p$进行处理，输出高精度的估计结果$\hat{h}_s$。

有关基于机器学习的信道估计的理论分析方面的研究比较缺乏。当训练数据量无穷

大时，训练损失将趋近于其期望值，即 MSE。此时，MMSE 估计可以通过训练学到，因为最小化训练损失的估计器就是最小化 MMSE 的估计器。然而，在实际系统中，训练样本数目通常是有限的，所以它只是 MSE 的采样值。由于训练只能保证在训练数据上的平均损失函数最小，当输入的数据为不包含于数据集 $\mathcal{T}$ 的新数据时，对应输出的估计性能将不可控。目前，只有仿真实验结果能够证明基于机器学习的信道估计的性能。因此，本节分析基于机器学习的信道估计的 MSE 性能，也就是任意输入下估计误差的期望值。

### 12.3.3 基于机器学习的信道估计的理论分析

信道估计的 MSE 也是损失函数的期望值，如下：

$$\mathcal{L}_{\mathrm{E}} = \mathbb{E}[L(f(\hat{\boldsymbol{h}}_p), h_s)] = \mathbb{E}[|f(\hat{\boldsymbol{h}}_p) - h_s|^2] \tag{12-18}$$

$f(\hat{\boldsymbol{h}}_p)$ 和 $h_s$ 的联合概率密度函数依赖于信道统计参数，其获取较为困难。因此，估计方法 $f(\cdot)$ 的 MSE 通常难以求解。

记 $f_*(\cdot)$ 为基于机器学习的信道估计方法学到的函数。前面提到，学得的估计器通常并不是 MMSE 估计 $f_{\mathrm{opt}}(\cdot)$，所以 $f_*(\cdot)$ 相比于 $f_{\mathrm{opt}}(\cdot)$ 会有一定的 MSE 损失。用 $\mathcal{L}_{\mathrm{E1}}$ 和 $\mathcal{L}_{\mathrm{E2}}$ 分别表示 $f_{\mathrm{opt}}(\cdot)$ 和 $f_*(\cdot)$ 的 MSE。令 $\Delta_{\mathcal{L}_{\mathrm{E}}}$ 表示 $f_{\mathrm{opt}}(\cdot)$ 与 $f_*(\cdot)$ 的 MSE 差值，即 $\Delta_{\mathcal{L}_{\mathrm{E}}} = \mathcal{L}_{\mathrm{E2}} - \mathcal{L}_{\mathrm{E1}}$。要计算 $f_*(\cdot)$ 的 MSE 比较困难，并且相比于 MSE 的准确数值 $\mathcal{L}_{\mathrm{E2}}$，我们更关心 MSE 差值 $\Delta_{\mathcal{L}_{\mathrm{E}}}$。由于 MSE 差值 $\Delta_{\mathcal{L}_{\mathrm{E}}}$ 可以反映出基于机器学习的信道估计的性能距离最优性能有多近，所以它可以比 MSE 的确切值 $\mathcal{L}_{\mathrm{E2}}$ 更清晰地反映出学习性能。因此本节考察 MSE 差值 $\Delta_{\mathcal{L}_{\mathrm{E}}}$。

基于假设检验对 $\Delta_{\mathcal{L}_{\mathrm{E}}}$ 进行分析。定义 $\Delta_{\mathcal{L}_{\mathrm{E}}} \geqslant \Delta_{\mathcal{L}_{\mathrm{E}}}^0$ 为假设 $H_0$，$\Delta_{\mathcal{L}_{\mathrm{E}}} < \Delta_{\mathcal{L}_{\mathrm{E}}}^0$ 为假设 $H_1$。设置信度为 $1-\varepsilon_0$。那么，如果在假设 $H_0$ 下，所观测的事件的发生概率小于 $\varepsilon_0$，也就是 $P(H_0) \leqslant \varepsilon_0$，我们就可以接受假设 $H_1$，也就是 MSE 差值 $\Delta_{\mathcal{L}_{\mathrm{E}}}$ 的上界是 $\Delta_{\mathcal{L}_{\mathrm{E}}}^0$。具体而言，就是可以相信学到的估计器 $f_*(\cdot)$ 的 MSE 相比 MMSE 估计 $f_{\mathrm{opt}}(\cdot)$ 的 MSE，差值不会超过 $\Delta_{\mathcal{L}_{\mathrm{E}}}^0$，且置信度为 $1-\varepsilon_0$。由于条件 $P(H_0) \leqslant \varepsilon_0$ 是否能够满足还不确定，接下来将对 $P(H_0)$ 进行分析。

记 $\xi_1$ 为 $f_{\mathrm{opt}}(\cdot)$ 的训练损失，即

$$\xi_1 = \frac{1}{M}\sum_m \left| f_{\mathrm{opt}}(\hat{\boldsymbol{h}}_p(m)) - h_s(m) \right|^2$$

记 $\xi_2$ 为 $f_*(\cdot)$ 的训练损失，即

$$\xi_2 = \frac{1}{M}\sum_m | f_*(\hat{\boldsymbol{h}}_p(m)) - h_s(m)|^2$$

学到的估计器有最小训练损失，即 $\xi_1 \geqslant \xi_2$。记 $\varepsilon$ 为事件 $\xi_1 \geqslant \xi_2$ 的概率。注意到 $P(H_0)$ 为事件 $\xi_1 \geqslant \xi_2$ 在假设 $H_0$ 下的概率，有 $P(H_0) = \varepsilon \big| \Delta_{\mathcal{L}_{\mathrm{E}}} \geqslant \Delta_{\mathcal{L}_{\mathrm{E}}}^0$。为了简化 $\varepsilon$ 的表达式，需要下述假设。

**假设 12-1**　$\xi_1$ 独立于 $\xi_2$，即 $p(\xi_1, \xi_2) = p_1(\xi_1) p_2(\xi_2)$，其中，$p_1(\xi_1)$ 和 $p_2(\xi_2)$ 分别是 $\xi_1$ 和 $\xi_2$ 的概率密度函数。

如果假设 12-1 不成立，例如，当 $f_{\text{opt}}(\cdot)=f_*(\cdot)$ 时，$P(H_0)$ 的真实值将会低于计算得到的值 $\varepsilon$。具体而言，当 $f_*(\cdot)$ 十分接近于 $f_{\text{opt}}(\cdot)$ 时，$\xi_1$ 和 $\xi_2$ 的相关性将增强，导致两者独立性的假设不成立，这将有利于假设 $H_1$。因此，$P(H_0)$ 的真实值将会减小，从而低于其计算结果 $\varepsilon$。在这种情况下，依然可以以相同的置信度接受假设 $H_1$。这是因为置信度可以认为是 $P(H_1)$ 的下界，假设 $H_1$ 的真实值是可以高于置信度的。换言之，在假设 12-1 下得到的假设检验结果适用于假设 12-1 不成立的情况。

在假设 12-1 下，$\varepsilon$ 可以表达为

$$\begin{aligned}\varepsilon &= \int_0^{\infty}\int_0^{x_1} p(x_1,x_2)\mathrm{d}x_2\mathrm{d}x_1 \\ &= \int_0^{\infty} p_1(x_1)\int_0^{x_1} p_2(x_2)\mathrm{d}x_2\mathrm{d}x_1 \\ &= \int_0^{\infty} p_1(x_1)F_2(x_1)\mathrm{d}x_1\end{aligned} \tag{12-19}$$

其中，$F_2(x)$ 是 $\xi_2$ 的累积分布函数，即 $F_2(x)=\int_{-\infty}^{x} p_2(z)\mathrm{d}z$。

$\varepsilon$ 的值依赖于 $\Delta_{\mathcal{L}_{\mathrm{E}}}$。图 12-7 给出了 $p_1(x)$ 和 $F_2(x)$ 的一个示例。随着 $\Delta_{\mathcal{L}_{\mathrm{E}}}$ 的增加，$p_1(x)$ 的高数值区域将会向 $F_2(x)$ 的零值区域移动。根据式(12-19)，当 $p_1(x)$ 与 $F_2(x)$ 的乘积趋于 0 时，$\varepsilon$ 值会非常小。因此，可以推断 $\varepsilon$ 与 $\Delta_{\mathcal{L}_{\mathrm{E}}}$ 呈负相关。

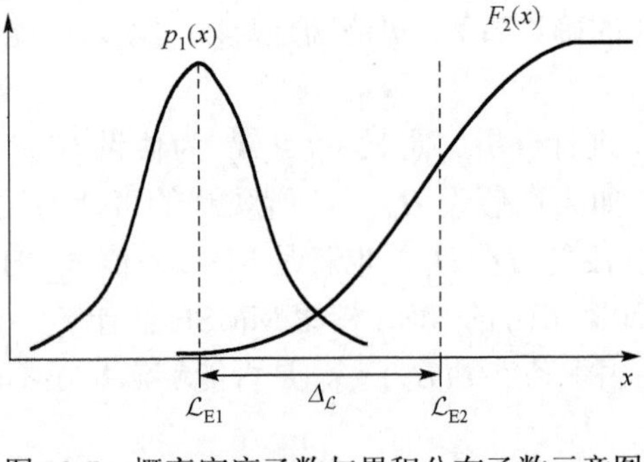


图 12-7　概率密度函数与累积分布函数示意图

假设当 $\Delta_{\mathcal{L}_{\mathrm{E}}}=\Delta_{\mathcal{L}_{\mathrm{E}}}^0$ 时，$\varepsilon$ 的值为 $\varepsilon_0$。当 $\Delta_{\mathcal{L}_{\mathrm{E}}}\geqslant\Delta_{\mathcal{L}_{\mathrm{E}}}^0$ 时，有 $P(H_0)=\varepsilon$。因为 $\varepsilon$ 与 $\Delta_{\mathcal{L}_{\mathrm{E}}}$ 呈负相关，所以在 $\Delta_{\mathcal{L}_{\mathrm{E}}}$ 取其最小值 $\Delta_{\mathcal{L}_{\mathrm{E}}}^0$ 时，$P(H_0)$ 达到其最大值。又由 $\Delta_{\mathcal{L}_{\mathrm{E}}}=\Delta_{\mathcal{L}_{\mathrm{E}}}^0$ 时，有 $\varepsilon=\varepsilon_0$，可知 $P(H_0)$ 的值不会超过 $\varepsilon_0$。因此，有 $P(H_0)\leqslant\varepsilon_0$。综上证明了假设检验的条件：$P(H_0)\leqslant\varepsilon_0$。由此也就证明了相比最优估计，基于机器学习的信道估计的 MSE 损失以一定置信度小于某个上界值。

学习模块在经过训练后，对于在训练数据集上的数据通常都具有很好的性能，但对于不属于训练数据集的数据，其性能是未知的。在处理不属于训练数据集的数据时，学习模块也应当获得理想的性能，这样机器学习方法才具备有效性。在使用机器学习方法时，要证明其在应用中的有效性是一个难点，而上述分析实际上证明了基于机器学习的信道估计的有效性。通常机器学习方法的有效性是通过实验进行验证的，而本节从理论的角度进行了证明。分析表明，基于机器学习的信道估计的 MSE 存在上界。前面提到，

MSE 实际上就是损失函数的期望，而损失函数的期望值可以描述新数据(没有出现在训练数据集中)的性能。因此，上述分析表明当输入新数据时，基于机器学习的信道估计器的 MSE 性能是可控的，是存在一个上界的。

### 12.3.4 训练数据量与性能的解析关系

为了得出训练数据量与 $\Delta^0_{\mathcal{L}_\mathrm{E}}$ 的解析关系，需要获得训练损失 $\xi_1$ 与 $\xi_2$ 的概率分布。基于以下两个假设，可以给出训练损失的一种概率模型。

**假设 12-2** 输出误差服从复高斯分布，即 $(f(\hat{\boldsymbol{h}}_p)-h_s)\sim CN(0,\mathcal{L}_\mathrm{E})$。$\mathcal{L}_\mathrm{E}$ 实际上就是估计 $f(\hat{\boldsymbol{h}}_p)$ 的 MSE。

**假设 12-3** 输出误差相互独立，即对于 $m_1 \neq m_2$，有 $f(\hat{\boldsymbol{h}}_p(m_1))-h_s(m_1)$ 和 $f(\hat{\boldsymbol{h}}_p(m_2))-h_s(m_2)$ 相互独立。

在假设 12-2 和假设 12-3 下可得，$2M\xi_1/\mathcal{L}_\mathrm{E1}$ 和 $2M\xi_2/\mathcal{L}_\mathrm{E2}$ 都服从卡方分布 $\chi^2(2M)$。记 $\kappa=2M$ 为卡方分布 $\chi^2(2M)$ 的自由度。那么，$\xi_1$ 的 PDF 为

$$p_1(x)=\frac{\kappa}{\mathcal{L}_\mathrm{E1}}p_{\chi^2_\kappa}\left(\frac{\kappa x}{\mathcal{L}_\mathrm{E1}}\right) \tag{12-20}$$

$\xi_2$ 的 CDF 为

$$F_2(x)=F_{\chi^2_\kappa}\left(\frac{\kappa x}{\mathcal{L}_\mathrm{E2}}\right) \tag{12-21}$$

注意：当学习模块为近似线性且输入维度较低时，假设 12-2 和假设 12-3 近似成立。上述概率模型是在假设 12-2 和假设 12-3 下给出的，因此，下面得出的结论是针对上述特定场景的。有关上述概率模型的推导以及假设成立条件的内容，请参考相关文献。

将式(12-20)和式(12-21)代入式(12-19)，得

$$\varepsilon=\int_0^\infty F_{\chi^2_\kappa}\left(\frac{\varsigma_1}{1+\dfrac{\Delta_{\mathcal{L}_\mathrm{E}}}{\mathcal{L}_\mathrm{E1}}}\right)p_{\chi^2_\kappa}(\varsigma_1)\mathrm{d}\varsigma_1 \tag{12-22}$$

从式(12-22)可以看出，$\varepsilon$ 的值取决于 $\kappa$（$\kappa$ 与训练数据量有关）、MSE 差值 $\Delta_{\mathcal{L}_\mathrm{E}}$ 以及最小 MSE $\mathcal{L}_\mathrm{E1}$。定义 $\alpha=\Delta_{\mathcal{L}_\mathrm{E}}/\mathcal{L}_\mathrm{E1}$，其中，$\alpha$ 可以看作缩放 MSE 差值。将 $\alpha$ 作为基于机器学习的信道估计的性能度量。那么，现在只剩下两个参数，即 $\kappa$ 和 $\alpha$。在确定好置信度 $1-\varepsilon$ 后，即可得出 $\alpha$ 与 $\kappa$ 的解析关系。

## 12.4 一种可在线训练的低复杂度学习型信道估计方法

本节介绍一种正交频分复用(OFDM)系统中基于机器学习的信道估计方法。在该学习型估计器中采用的是十分简单的学习模块。因此，训练过程得以加快，所需的训练数据也明显减小。此外，介绍一种用最小二乘(LS)估计结果构造训练数据的方法，该训练

数据可以在数据传输过程中生成。基于该构造方法，介绍一种训练数据生成方案。该方案通过发送一个额外的块状导频来生成训练数据。该学习型信道估计方法与 MMSE 估计相比，对实际系统的非理性特性表现出更强的适应能力。与其他采用离线训练的基于机器学习的信道估计方法相比，该方法在快速变化的信道条件下表现出明显的性能优势。

### 12.4.1 线性学习型信道估计器

在基于机器学习的信道估计中，保证训练过程中和使用过程中的信道条件一致十分重要，特别是那些需要解决的非理想因素。然而，现有的大多数基于机器学习的信道估计方法都采用离线训练的模式，而要产生与现实应用高度吻合的高质量数据集具有很高的挑战性。此外，在使用过程中，即使信道场景改变，估计器也无法进行二次训练。所以如果采用离线训练，基于机器学习的信道估计方法将不适用于信道环境快速切换的系统。这促使我们探索在线训练的方案，其中，训练数据是在传输过程中收集的，训练也是可以实时进行的，以适应快速变化的信道条件。

要设计在线训练模式，需要解决两个问题，即如何减小所需的训练数据量以及如何在线收集训练数据。

#### 1. 网络结构

训练数据集的大小通常跟神经网络中的参数量是成比例的。一个深度神经网络通常会包含大量参数，因此，它也需要大规模的数据集。例如，如果一个全连接神经网络有 $L$ 层，每一层有 $U_l$ 个神经元，则训练需要优化 $\sum_{l=1}^{L-1} U_l U_{l+1}$ 个参数。为了减少所需的训练数据量，采用一种简单的网络结构，如图 12-8 所示。该网络只需要优化 $MS$ 个参数。

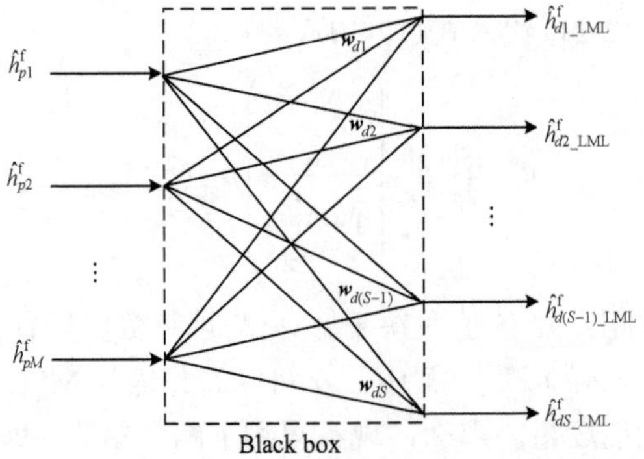


图 12-8 网络结构示意图

在此网络中，输出通过一个单层网络直接与输入相连。令 $\boldsymbol{W}_d$ 为包含网络中的复值权系数的矩阵，有 $\boldsymbol{W}_d = [\boldsymbol{w}_{d1}^{\mathrm{T}},\cdots,\boldsymbol{w}_{ds}^{\mathrm{T}}]^{\mathrm{T}}$。$\boldsymbol{w}_{ds}$ 表示权系数向量，它包含连接第 $s$ 个输出 $\hat{h}_{d\_k,s}^{\mathrm{f}}$ 与所有输入 $\hat{\boldsymbol{h}}_p^{\mathrm{f}}$ 的权系数，即

$$\hat{h}_{d\_k,s}^{\mathrm{f}} = \boldsymbol{w}_{ds}^{\mathrm{T}} \hat{\boldsymbol{h}}_{p\_k}^{\mathrm{f}} \tag{12-23}$$

虽然所提的信道估计方法的结构与传统的线性信道估计相同，但获取插值系数矩阵

$\boldsymbol{W}_d$ 的方式有很大区别。传统方法是基于模型的方式，而所提方法是基于数据的方式。这会带来两方面的好处。首先，在复杂信道模型下，如非线性模型，所提的估计器依然可以直接通过训练进行优化，而传统方法则需要针对信道模型推导估计器的表示式，一般而言，估计器的闭合表达式是很难求解的。此外，所提方法可以适应实际系统中未知的非理想特性，而在传统方法中，如果不对这些非理想特性进行建模并予以解决，信道估计通常会遭受性能损失。

2. 估计器的训练

为学得系数矩阵 $\boldsymbol{W}_d$，需要提供一个训练数据集，记为 $\mathcal{T}$。假设数据集的数据量为 $T$，且 $T>M$，其中，$M$ 是估计器的输入维度，如图 12-8 所示。数据集 $\mathcal{T}$ 可展开表达为 $\mathcal{T}=\{(\boldsymbol{x}_I(1),\boldsymbol{y}_O(1)),\cdots,(\boldsymbol{x}_I(T),\boldsymbol{y}_O(T))\}$，其中，$\boldsymbol{x}_I$ 和 $\boldsymbol{y}_O$ 分别表示输入以及对应输入的标签。关于如何在线产生输入以及标签的介绍在后面给出。

基于数据集 $\mathcal{T}$ 的训练可以看作求解使得损失函数 $\mathcal{L}_2=\dfrac{1}{S}\|\boldsymbol{W}_d\boldsymbol{x}_I-\boldsymbol{y}_O\|_2^2$ 最小的系数矩阵 $\boldsymbol{W}_{d*}$，用公式表达为 $\boldsymbol{W}_{d*}=\underset{\boldsymbol{W}_d}{\arg\min}\sum\limits_t\|\boldsymbol{W}_d\boldsymbol{x}_I(t)-\boldsymbol{y}_O(t)\|_2^2$。该优化问题有闭合解，如下：

$$\boldsymbol{W}_{d*}=\boldsymbol{Y}_O(\boldsymbol{X}_I)^{\dagger} \tag{12-24}$$

其中，$\boldsymbol{Y}_O=[\boldsymbol{y}_O(1),\cdots,\boldsymbol{y}_O(T)]$ 是一个 $S\times T$ 矩阵，它包含训练数据的所有标签。$\boldsymbol{X}_I=[\boldsymbol{x}_I(1),\cdots,\boldsymbol{x}_I(T)]$ 是包含输入数据的 $M\times T$ 矩阵。MP 广义逆 $(\boldsymbol{X}_I)^{\dagger}$ 可以利用奇异值分解(Singular Value Decomposition，SVD)进行计算。

在学到系数矩阵 $\boldsymbol{W}_{d*}$ 后，信道估计即可根据式(12-23)完成，以获得数据子载波处的信道响应。$\boldsymbol{W}_{d*}$ 是在传输 OFDM 符号的过程中得到的，这是一种实时的训练。因此，将训练过程称为在线训练。

### 12.4.2　训练数据生成方式

前面给出的训练数据 $(\boldsymbol{x}_I(t),\boldsymbol{y}_O(t))$ 没有进行具体介绍，其中，$t$ 是数据在数据集中的序数号。在本节中，我们将首先给出一种新的训练数据结构。关于该训练数据结构的可行性分析请参考文献。基于该训练数据结构，再给出一种训练数据生成方案。

1. 训练数据结构

输入 $\boldsymbol{x}_\mathrm{I}$ 通常是导频子载波处的 LS 信道估计结果，而标签 $\boldsymbol{y}_\mathrm{O}$ 是理想的输出，即需要估计的数据子载波处的信道响应真值。输入可以通过传输导频信号获得，但标签在传输过程中很难获得。然而，我们发现数据子载波处的信道响应的 LS 估计结果可以代替其真值做标签。这种标签可以通过传输额外导频信号(数据子载波处的信号在接收端也是已知的)或者通过判决反馈的方式来获得，具体的训练数据生成方案在后面给出。采用这种结构，训练数据就可以在传输 OFDM 符号的过程中获得了。

训练数据的输入和标签分别为 $\boldsymbol{x}_I(t)=\hat{\boldsymbol{h}}_{p\_t}^{\mathrm{f}}$ 以及 $\boldsymbol{y}_O(t)=\hat{\boldsymbol{h}}_{d\_t}^{\mathrm{f}}$。$\hat{\boldsymbol{h}}_{p\_t}^{\mathrm{f}}$ 类似于式(12-23)中的 $\hat{\boldsymbol{h}}_{p\_k}^{\mathrm{f}}$，它包含导频处信道响应的 LS 估计。$\hat{\boldsymbol{h}}_{d\_t}^{\mathrm{f}}$ 包含数据子载波位置的信道响应的 LS 估计。

该结构使得训练数据与使用阶段要恢复的数据是来自同一 OFDM 帧的。这对基于机器学习的信道估计来说有重要意义，因为这可以保证训练阶段和使用阶段的信道条件一致。训练数据中可能包含实际系统的非理想特征，如非线性失真等，而这些特征通常难以通过简单的模型进行描述。因此，在利用这些训练数据进行训练后，实际系统中的非理想特征对信道估计性能的影响就可以得到有效抑制。

2. 训练数据生成方案

一种较为直观的方案是在发送数据前，先发送块状导频以生成训练数据。块状导频的所有子载波都传输导频信号，因此，“数据”子载波处的信道响应也可以通过 LS 估计获得。将这种方案称为导频辅助的训练数据生成(Pilot Aided Training Data Generation, PATDG)方案。

首先，基于块状导频采用 LS 估计获得全频域信道响应，即

$$\hat{\boldsymbol{h}}^{\mathrm{f}}=(\boldsymbol{X}^{\mathrm{f}})^{-1}\boldsymbol{y}^{\mathrm{f}} \tag{12-25}$$

训练数据基于 LS 估计结果 $\hat{\boldsymbol{h}}^{\mathrm{f}}$ 生成。

考虑到频谱效率，块状导频数越少越好。因此，需要充分利用每一个块状导频以生成尽可能多的训练数据。图 12-9 描述了所提的训练数据生成方案。$\hat{\boldsymbol{h}}^{\mathrm{f}}$ 中相邻 $(M-1)D^{\mathrm{f}}$ 个 LS 估计值为一组，其中，$M$ 个值作为导频子载波处信道响应的估计值 $\hat{\boldsymbol{h}}^{\mathrm{f}}_{p\_t}$，剩余 $S$ 个值作为数据子载波处信道响应的估计值 $\hat{\boldsymbol{h}}^{\mathrm{f}}_{d\_t}$。因此，这样的一组 LS 估计可以提供一个训练数据对，即 $(\hat{\boldsymbol{h}}^{\mathrm{f}}_{p\_t},\hat{\boldsymbol{h}}^{\mathrm{f}}_{d\_t})$。基于 $\hat{\boldsymbol{h}}^{\mathrm{f}}$，最多可以产生 $K-(M-1)D^{\mathrm{f}}+1$ 个这样的 LS 估计值组，如图 12-9 所示。因此，$\hat{\boldsymbol{h}}^{\mathrm{f}}$ 可以提供 $K-(M-1)D^{\mathrm{f}}+1$ 个训练数据对。如果在训练阶段发送 $N_p$ 个块状导频符号，利用上述方案可以产生 $N_p(K-(M-1)D^{\mathrm{f}}+1)$ 个训练数据对。那么，数据集 $\mathcal{T}$ 可以展开表达为 $\mathcal{T}=\{(\hat{\boldsymbol{h}}^{\mathrm{f}}_{p\_1},\hat{\boldsymbol{h}}^{\mathrm{f}}_{d\_1}),\cdots,(\hat{\boldsymbol{h}}^{\mathrm{f}}_{p\_T},\hat{\boldsymbol{h}}^{\mathrm{f}}_{d\_T})\}$，其数据量 $T$ 为

$$T=N_{\mathrm{p}}(K-(M-1)D^{\mathrm{f}}+1) \tag{12-26}$$

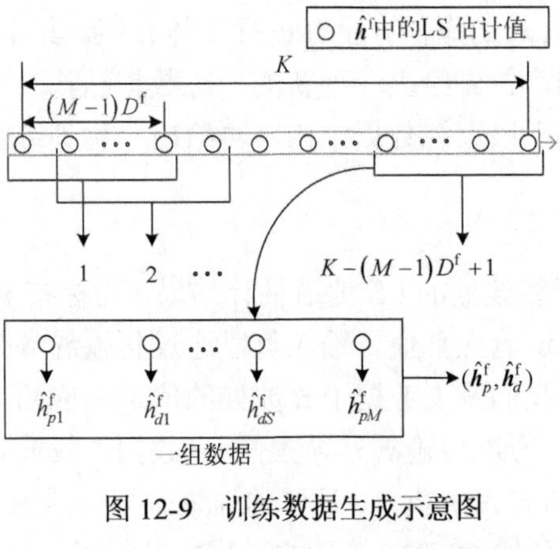


图 12-9 训练数据生成示意图

注意：块状导频符号所用的调制方式需要与后续的数据符号保持一致。

在特定条件下，一个块状导频符号就可以提供所需的训练数据，即 $N_p=1$。相关文

献中的仿真结果证明了这点。采用 PATDG 时，OFDM 的数据结构以及所提估计方法的流程在图 12-10 中进行了描述。在接收到一个 OFDM 帧后，接收机首先利用块状导频提供的训练数据对估计器进行训练。然后，利用训练的估计器获取 OFDM 符号中数据子载波处的信道响应。在收到下一帧 OFDM 符号后，接收机又会对估计器重新进行训练。因此，估计器可以适应信道环境快速变化的场景。

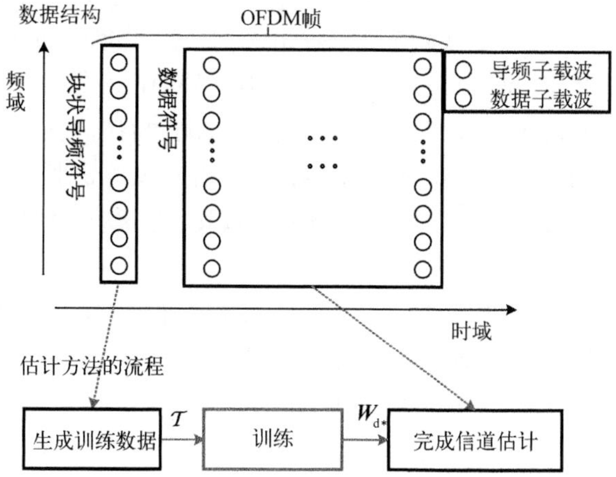


图 12-10　采用 PATDG 时系统的数据结构以及估计算法流程

## 习　题

**12-1**　如何评价一个分类器的性能？尝试编写一个神经网络分类器的程序，选择合适的性能指标，测试其性能并与传统分类器进行比较。例如，使用前馈神经网络实现 8PSK 信号的译码，并与最大似然判决的性能进行对比。

**12-2**　考虑一个线性门限单神经元 $y=f(\boldsymbol{w}^{\mathrm{T}}\boldsymbol{x})$，$f(a)=\begin{cases}1, & a>0\\0, & a\leqslant 0\end{cases}$，输入信号为 $\boldsymbol{x}\in\mathbb{R}^{K\times 1}$，权重为 $\boldsymbol{w}\in\mathbb{R}^{K\times 1}$，输出为二进制信号 $y\in\{0,1\}$。该单神经元最多可以准确判别多少个样本？每个神经元的记忆容量为多少比特？

**12-3**　LMMSE 信道估计的性能为什么要优于 LS 信道估计的性能？基于机器学习的信道估计性能在什么条件下可以逼近 LMMSE 信道估计的性能？

**12-4**　尝试编写程序，利用机器学习实现 OFDM 系统的信道估计，并将其性能与 LMMSE 以及 LS 信道估计进行对比。

# 参 考 文 献

曹志刚, 宋铁成, 杨鸿文, 等, 2015. 通信原理与应用[M]. 北京: 高等教育出版社.

蔡跃明, 杨炜伟, 杨文东, 等, 2018. 协同通信技术[M]. 北京: 机械工业出版社.

丁铭, 罗汉文, 2013. 多点协作通信系统——理论与应用(英文版)[M]. 上海: 上海交通大学出版社.

HAYKIN S, 2018. 通信系统[M]. 4 版. 宋铁成, 徐平平, 徐志勇, 等译. 北京: 电子工业出版社.

胡爱群, 李古月, 2014. 无线通信物理层安全方法综述[J]. 数据采集与处理, 29(3): 341-350.

黄开枝, 金梁, 陈亚军, 等, 2020. 无线物理层密钥生成技术发展及新的挑战[J]. 电子与信息学报, 42(10): 2330-2341.

黄开枝, 金梁, 钟州, 2019. 5G 物理层安全技术-以通信促安全[J]. 中兴通讯技术, 25(4): 43-49.

罗鹏飞, 张文明, 2012. 随机信号分析与处理[M]. 2 版. 北京: 清华大学出版社.

马东堂, 等, 2018. 通信原理[M]. 北京: 高等教育出版社.

彭木根, 2009. 协同无线通信原理与应用[M]. 北京: 机械工业出版社.

PROAKIS J G, SALEHI M, 2019. 数字通信[M]. 5 版. 张力军, 张宗橙, 宋荣方, 等译. 北京: 电子工业出版社.

盛骤, 谢式千, 潘承毅, 2008. 概率论与数理统计[M]. 4 版. 北京: 高等教育出版社.

王海涛, 张祯松, 朱震宇, 2014. 协同通信——提升无线通信系统性能的倍增器[J]. 数字通信世界, (3): 1-6.

俞佳宝, 胡爱群, 朱长明, 等, 2016. 无线通信设备的射频指纹提取与识别方法[J]. 密码学报, 3(5): 433-446.

张晓瀛, 马东堂, 熊俊, 等, 2021. 通信原理仿真基础[M]. 北京: 电子工业出版社.

BLOCH M, BARROS J, 2011. Physical-layer security: From Information Theory to Security Engineering[M]. Cambridge: Cambridge University Press.

BOUTROS J, VITERBO E, RASTELLO C, et al, 1996. Good lattice constellations for both Rayleigh fading and Gaussian channels[J]. IEEE transactions on information theory, 42(2): 502-518.

CHEN X M, NG D W K, CHEN H H, 2016. Secrecy wireless information and power transfer: Challenges and opportunities[J]. IEEE wireless communications, 23(2): 54-61.

CSISZAR I, KORNER J, 1978. Broadcast channels with confidential messages[J]. IEEE transactions on information theory, 24(3): 339-348.

FELIX A, CAMMERER S, DÖRNER S, et al, 2018. OFDM-autoencoder for end-to-end learning of communications systems[C]. 2018 IEEE 19th International Workshop on Signal Processing Advances in Wireless Communications. Kalamata: 1-5.

FITZ M P, 1991. Planar filtered techniques for burst mode carrier synchronization[C]. IEEE GLOBECOM'91. Phoenix : 365-369.

FOSCHINI G, GITLIN R, WEINSTEIN S, 1974. Optimization of two-dimensional signal constellations in the presence of Gaussian noise[J]. IEEE transactions on communications, 22(1): 28-38.

GARDNER F M, 2005. Phaselock techniques[M]. 3rd ed. New Jersey: John Wiley & Sons, Inc.

GIRALDO L G S, RAO M, PRINCIPE J C, 2014. Measures of entropy from data using infinitely divisible kernels[J]. IEEE transactions on information theory, 61(1): 535-548.

HEBLEY M G, TAYLOR D P, 1998. The effect of diversity on a burst-mode carrier-frequency estimator in the frequency-selective multipath channel[J]. IEEE transactions on communications, 46(4): 553-560.

HONG Y W P, LAN P C, KUO C C J, 2014. Signal processing approaches to secure physical layer communications in multi-antenna wireless systems[M]. Berlin: Springer.

JORGE G C, DE ANDRADE A A, COSTA S I, et al, 2015. Algebraic constructions of densest lattices[J]. Journal of algebra, 429: 218-235.

KAY S, 1989. A fast and accurate single frequency estimator[J]. IEEE transactions on acoustics speech and signal processing, 37(12): 1987-1990.

LEHMANN E L, ROMANO J P, 2006. Testing statistical hypotheses[M]. Berlin: Springer Science & Business Media.

LEUNG-YAN-CHEONG S, HELLMAN M, 1978. The Gaussian wire-tap channel[J]. IEEE transactions on information theory, 24(4): 451-456.

LI L, CHEN H, CHANG H H, et al, 2019. Deep residual learning meets OFDM channel estimation[J]. IEEE wireless communications letters, 9(5): 615-618.

LIANG N Y, HUANG G B, SARATCHANDRAN P, et al, 2006. A fast and accurate online sequential learning algorithm for feedforward networks[J]. IEEE transactions on neural networks, 17(6): 1411-1423.

LIU J, MEI K, ZHANG X, et al, 2019. Online extreme learning machine-based channel estimation and equalization for OFDM systems[J]. IEEE communications letters, 23(7): 1276-1279.

LIU R H, TRAPPE R, 2010. Securing wireless communications at the physical layer[M]. Berlin: Springer.

LIU Y L, CHEN H H, WANG L M, 2016. Physical layer security for next generation wireless networks: theories, technologies, and challenges[J]. IEEE communications and surveys tutorials, 19(1): 347-376.

LUO Y, PU L, ZHENG P, et al, 2016. RSS-based secret key generation in underwater acoustic networks: Advantages, challenges, and performance improvements[J]. IEEE communications magazine: articles, news, and events of interest to communications engineers, 54(2): 32-38.

MEI K, LIU J, ZHANG X C, et al, 2021. Performance analysis on machine learning-based channel estimation[J]. IEEE transactions on communications, 69(8): 5183-5193.

MEI K, LIU J, ZHANG X Y, et al, 2021. A low complexity learning-based channel estimation for OFDM systems with online training[J]. IEEE transactions on communications, 69(10): 6722-6733.

MENGALI U, D'ANDREA A N, 1997. Synchronization techniques for digital receivers[M]. New York: Plenum Press.

MORELLI M, MENGALI U, 2000. Carrier-frequency estimation for transmissions over selective channels[J]. IEEE transactions on communications, 48(9): 1580-1589.

O'SHEA T, HOYDIS J. 2017. An introduction to deep learning for the physical layer[J]. IEEE transactions on cognitive communications and networking, 3(4): 563-575.

OZDEMIR M K, ARSLAN H, 2007. Channel estimation for wireless OFDM systems[J]. IEEE communications surveys, 9(2): 18-48.

PROAKIS J G, SALEHI M, 2008. Digital communications[M]. 5th ed. New York: McGraw-Hill Education.

SHANNON C E, 2001. A mathematical theory of communication[J]. ACM SIGMOBILE mobile computing and communications review, 5(1): 3-55.

SKLAR B, RAY P K, 1988. Digital communications: Fundamentals and applications[M]. Englewood Cliffs: Prentice-hall.

WANG T, WEN C K, JIN S, et al, 2018. Deep learning-based CSI feedback approach for time-varying massive MIMO channels[J]. IEEE wireless communications letters, 8(2): 416-419.

WEN C K, SHIH W T, JIN S, 2018. Deep learning for massive MIMO CSI feedback[J]. IEEE wireless communications letters, 7(5): 748-751.

WYNER A D, 1975. The wire-tap channel[J]. The bell system technical journal, 54(8): 1355-1367.

XIONG J, WONG K K, MA D, et al, 2012. A closed-form power allocation for minimizing secrecy outage probability for MISO wiretap channels via masked beamforming[J]. IEEE communications letters, 16(9): 1496-1499.

YU S, EMIGH M, SANTANA E, et al, 2017. Autoencoders trained with relevant information: Blending Shannon and Wiener's perspectives[C]. 2017 IEEE International Conference on Acoustics, Speech and Signal Processing. New Orleans: 6115-6119.

YU S, PRINCIPE J C, 2019. Understanding autoencoders with information theoretic concepts[J]. Neural networks, 117: 104-123.

ZAIDI A, ESTELLA-AGUERRI I, SHAMAI S, et al, 2020. On the information bottleneck problems: Models, connections, applications and information theoretic views[J]. Entropy, 22(2): 151.

ZHOU X Y, SONG L Y, ZHANG Y, 2013. Physical layer security in wireless communications[M]. Boca Raton: CRC Press.

# 附录　误差函数、互补误差函数表

误差函数　$\mathrm{erf}(x)=\dfrac{2}{\sqrt{\pi}}\int_0^x \mathrm{e}^{-y^2}\mathrm{d}y$

互补误差函数　$\mathrm{erfc}(x)=1-\mathrm{erf}(x)=\dfrac{2}{\sqrt{\pi}}\int_x^\infty \mathrm{e}^{-y^2}\mathrm{d}y$

$$当x\gg 1时，\ \mathrm{erf}(x)\approx\frac{\mathrm{e}^{-x^2}}{\sqrt{\pi x}}$$

互补误差函数可以通过正态分布进行计算。定义$Q(x)$函数：

$$Q(x)=\int_x^\infty \frac{1}{\sqrt{2\pi}}\exp\left(-\frac{y^2}{2}\right)\mathrm{d}y$$

它表示标准正态分布概率密度函数尾部的面积。其数值可以通过各种计算工具进行计算，也可以通过查表获得。对于标准正态分布，$Q(x)$与互补误差函数之间的关系如下：

$$Q(x)=\frac{1}{2}\mathrm{erfc}\left(\frac{x}{\sqrt{2}}\right)$$

当$x\leqslant 5$时，$\mathrm{erf}(x)$、$\mathrm{erfc}(x)$与$x$的关系如附表1所示。

**附表1　erf(x)、erfc(x)与x的关系**

| $x$ | erf$(x)$ | erfc$(x)$ | $x$ | erf$(x)$ | erfc$(x)$ |
|---|---|---|---|---|---|
| 0.05 | 0.05637 | 0.94636 | 0.85 | 0.77066 | 0.22934 |
| 0.10 | 0.11246 | 0.88745 | 0.90 | 0.79691 | 0.20309 |
| 0.15 | 0.16799 | 0.83201 | 0.95 | 0.82089 | 0.17911 |
| 0.20 | 0.22270 | 0.77730 | 1.00 | 0.84270 | 0.15730 |
| 0.25 | 0.27632 | 0.72368 | 1.05 | 0.86244 | 0.13756 |
| 0.30 | 0.32862 | 0.67138 | 1.10 | 0.88020 | 0.11980 |
| 0.35 | 0.37938 | 0.62062 | 1.15 | 0.89912 | 0.10388 |
| 0.40 | 0.42839 | 0.57163 | 1.20 | 0.91031 | 0.08969 |
| 0.45 | 0.47548 | 0.52452 | 1.25 | 0.92290 | 0.07710 |
| 0.50 | 0.52050 | 0.47950 | 1.30 | 0.93401 | 0.06599 |
| 0.55 | 0.56332 | 0.43668 | 1.35 | 0.94376 | 0.05624 |
| 0.60 | 0.60385 | 0.39615 | 1.40 | 0.95228 | 0.04772 |
| 0.65 | 0.64203 | 0.35797 | 1.45 | 0.95969 | 0.04031 |
| 0.70 | 0.67780 | 0.32220 | 1.50 | 0.96610 | 0.03390 |
| 0.75 | 0.71115 | 0.28885 | 1.55 | 0.97162 | 0.02838 |
| 0.80 | 0.74210 | 0.25790 | 1.60 | 0.97635 | 0.02365 |

续表

| $x$ | erf($x$) | erfc($x$) | $x$ | erf($x$) | erfc($x$) |
|---|---|---|---|---|---|
| 1.65 | 0.98037 | 0.01963 | 2.45 | 0.99947 | $5.3\times10^{-4}$ |
| 1.70 | 0.98379 | 0.01621 | 2.50 | 0.99959 | $4.1\times10^{-4}$ |
| 1.75 | 0.98667 | 0.01333 | 2.55 | 0.99969 | $3.1\times10^{-4}$ |
| 1.80 | 0.98909 | 0.01091 | 2.60 | 0.99976 | $2.4\times10^{-4}$ |
| 1.85 | 0.99111 | 0.00889 | 2.65 | 0.99982 | $1.8\times10^{-4}$ |
| 1.90 | 0.99279 | 0.00721 | 2.70 | 0.99987 | $1.3\times10^{-4}$ |
| 1.95 | 0.99418 | 0.00582 | 2.75 | 0.99990 | $1.0\times10^{-4}$ |
| 2.00 | 0.99532 | 0.00468 | 2.80 | 0.999925 | $7.5\times10^{-5}$ |
| 2.05 | 0.99626 | 0.00374 | 2.85 | 0.999944 | $5.6\times10^{-5}$ |
| 2.10 | 0.99702 | 0.00298 | 2.90 | 0.999959 | $4.1\times10^{-5}$ |
| 2.15 | 0.99763 | 0.00237 | 2.95 | 0.999970 | $3.0\times10^{-5}$ |
| 2.20 | 0.99814 | 0.00186 | 3.00 | 0.999978 | $2.2\times10^{-5}$ |
| 2.25 | 0.99854 | 0.00146 | 3.50 | 0.999993 | $7.0\times10^{-7}$ |
| 2.30 | 0.99886 | 0.00114 | 4.00 | 0.999999984 | $1.6\times10^{-8}$ |
| 2.35 | 0.99911 | $8.9\times10^{-4}$ | 4.50 | 0.9999999998 | $2.0\times10^{-10}$ |
| 2.40 | 0.99931 | $6.9\times10^{-4}$ | 5.00 | 0.9999999999985 | $1.5\times10^{-12}$ |